"十三五"国家重点出版物出版规划项目
卓越工程能力培养与工程教育专业认证系列规划教材
（电气工程及其自动化、自动化专业）

发电厂电气主系统

第 4 版

许　珉　主编

机 械 工 业 出 版 社

本书着重讲述了发电厂和变电站电气部分的有关基本理论和设计方法。主要内容有：导体的发热与电动力；主要电气设备的工作原理及选择计算方法；电气主接线、厂用电及设计；配电装置；发电厂与变电站的二次接线；电力变压器和同步发电机的运行理论；特高压直流输电技术等。本次修订结合电力系统新技术和新设备的发展，与时俱进，内容丰富全面，实用性强，力求概念阐述准确，难点讲清楚，公式推演全面，易于讲授，便于自学。结合实际工程，注重介绍发电厂和变电站电气一次部分设计方法及工程图样，可作为课程设计与毕业设计的参考，扫描书中的二维码可观看帮助学生学习的小视频。本书例题、习题丰富，附有大量思考题与习题，可供学生复习参考。书后附有自耦变压器运行和变压器并列运行的仿真实验、常用电气设备的技术参数和课程（毕业）设计题目及选择题、部分计算题参考答案。

本书主要作为普通高等学校电气工程及其自动化及相关专业的本科教材，也可作为远程教育、函授、高职高专教材以及从事发电厂和变电站的电气设计、施工、运行、管理以及相关工程技术人员的参考书。

图书在版编目（CIP）数据

发电厂电气主系统/许珉主编．—4版．—北京：机械工业出版社，2021.7（2024.8重印）

“十三五”国家重点出版物出版规划项目　卓越工程能力培养与工程教育专业认证系列规划教材．电气工程及其自动化、自动化专业

ISBN 978-7-111-67922-6

Ⅰ.①发…　Ⅱ.①许…　Ⅲ.①发电厂-电气设备-高等学校-教材②电厂电气系统-高等学校-教材　Ⅳ.①TM62

中国版本图书馆CIP数据核字（2021）第060320号

机械工业出版社（北京市百万庄大街22号　邮政编码100037）
策划编辑：王雅新　责任编辑：王雅新　王　荣
责任校对：陈　越　责任印制：常天培
河北京平诚乾印刷有限公司印刷
2024年8月第4版第7次印刷
184mm×260mm · 26.75印张 · 628千字
标准书号：ISBN 978-7-111-67922-6
定价：69.80元

电话服务	网络服务
客服电话：010-88361066	机　工　官　网：www.cmpbook.com
010-88379833	机　工　官　博：weibo.com/cmp1952
010-68326294	金　　书　　网：www.golden-book.com
封底无防伪标均为盗版	机工教育服务网：www.cmpedu.com

"十三五"国家重点出版物出版规划项目

卓越工程能力培养与工程教育专业认证系列规划教材

（电气工程及其自动化、自动化专业）

编审委员会

序

工程教育在我国高等教育中占有重要地位，高素质工程科技人才是支撑产业转型升级、实施国家重大发展战略的重要保障。当前，世界范围内新一轮科技革命和产业变革加速进行，以新技术、新业态、新产业、新模式为特点的新经济蓬勃发展，迫切需要培养、造就一大批多样化、创新型卓越工程科技人才。目前，我国高等工程教育规模世界第一。我国工科本科在校生约占我国本科在校生总数的1/3。近年来我国每年工科本科毕业生占世界总数的1/3以上。如何保证和提高高等工程教育质量，如何适应国家战略需求和企业需要，一直受到教育界、工程界和社会各方面的关注。多年以来，我国一直致力于提高高等教育的质量，组织并实施了多项重大工程，包括卓越工程师教育培养计划（以下简称卓越计划）、工程教育专业认证和新工科建设等。

卓越计划的主要任务是探索建立高校与行业企业联合培养人才的新机制，创新工程教育人才培养模式，建设高水平工程教育教师队伍，扩大工程教育的对外开放。计划实施以来，各相关部门建立了协同育人机制。卓越计划要求试点专业要大力改革课程体系和教学形式，依据卓越计划培养标准，遵循工程的集成与创新特征，以强化工程实践能力、工程设计能力与工程创新能力为核心，重构课程体系和教学内容，加强跨专业、跨学科的复合型人才培养，着力推动基于问题的学习、基于项目的学习、基于案例的学习等多种研究性学习方法，加强学生创新能力训练，“真刀真枪”做毕业设计。卓越计划实施以来，培养了一批获得行业认可、具备很好的国际视野和创新能力、适应经济社会发展需要的各类型高质量人才，教育培养模式改革创新取得突破，教师队伍建设初见成效，为卓越计划的后续实施和最终目标的达成奠定了坚实基础。各高校以卓越计划为突破口，逐渐形成各具特色的人才培养模式。

2016年6月2日，我国正式成为工程教育“华盛顿协议”第18个成员，标志着我国工程教育真正融入世界工程教育，人才培养质量开始与其他成员达到了实质等效，同时，也为以后我国参加国际工程师认证奠定了基础，为我国工程师走向世界创造了条件。专业认证把以学生为中心、以产出为导向和持续改进作为三大基本理念，与传统的内容驱动、重视投入的教育形成了鲜明对比，是一种教育范式的革新。通过专业认证，把先进的教育理念引入我国工程教育，有力地推动了我国工程教育专业教学改革，逐步引导我国高等工程教育实现从以教师为中心向以学生为中心转变、从以课程为导向向以产出为导向转变、从质量监控向持续改进转变。

在实施卓越计划和开展工程教育专业认证的过程中，许多高校的电气工程及其自动化、自动化专业结合自身的办学特色，引入先进的教育理念，在专业建设、人才培养模式、教学内容、教学方法、课程建设等方面积极开展教学改革，取得了较好的效果，建设了一大批优质课程。为了将这些优秀的教学改革经验和教学内容推广给广大高校，中国工程教育专业认证协会电子信息与电气工程类专业认证分委员会、教育部高等学校电气类专业教学指导委员会、教育部高等学校自动化类专业教学指导委员会、中国机械工业教育协会自动化学科教学委员会、中国机械工业教育协会电气工程及其自动化学科教学委员会联合组织规划了“卓越工程能力培养与工程教育专业认证系列规划教材（电气工程及其自动化、自动化专业）”。本套教材通过国家新闻出版广电总局的评审，入选了“十三五”国家重点图书。本套教材密切联系行业和市场需求，以学生工程能力培养为主线，以教育培养优秀工程师为目标，突出学生工程理念、工程思维和工程能力的培养。本套教材在广泛吸纳相关学校在“卓越工程师教育培养计划”实施和工程教育专业认证过程中的经验和成果的基础上，针对目前同类教材存在的内容滞后、与工程脱节等问题，紧密结合工程应用和行业企业需求，突出实际工程案例，强化学生工程能力的教育培养，积极进行教材内容、结构、体系和展现形式的改革。

经过全体教材编审委员会委员和编者的努力，本套教材陆续跟读者见面了。由于时间紧迫，各校相关专业教学改革推进的程度不同，本套教材还存在许多问题。希望各位老师对本套教材多提宝贵意见，以使教材内容不断完善提高。也希望通过本套教材在高校的推广使用，促进我国高等工程教育教学质量的提高，为实现高等教育的内涵式发展贡献一份力量。

卓越工程能力培养与工程教育专业认证系列规划教材
（电气工程及其自动化、自动化专业）
编审委员会

前 言

本书是针对高等教育本科电气工程及其自动化专业而编写的，可作为该专业“发电厂电气主系统”或“发电厂电气部分”课程的教学用书。随着电力工业的新发展和教学的需要，教材需要不断地更新与完善，与第3版相比本次修订版本有以下特点：

1）结合电力系统新技术和新设备的发展，对部分章节的过时内容进行了修改和更新，例如：传统的断路器控制电路和中央信号在新建发电厂和变电站中早已不使用，内容陈旧、滞后于行业现状，因此删除了该部分内容，更新修改了计算机保护中的断路器控制电路内容并增加了断路器机构内的电气控制电路；详细修订增加了电子式互感器的内容，以适应电子式互感器得到广泛应用的需要；近年来我国特高压直流输电技术快速发展，建设及运行已比较成熟，增加了特高压直流输电及换流站电气主接线等内容；根据变电站的新设计，更新了变电站设计举例及图样；增加了真空和SF_6断路器的原理与结构；根据新规程修改了火电厂厂用电的有关内容；修改了大型水电厂厂用电接线设计等内容；介绍了广泛使用的低压抽出式开关柜；修改了同步发电机的运行；修改了附录A等内容。

2）在全面讲述发电厂和变电站电气主系统的基本理论的基础上，为培养学生的工程设计能力，注重讲述电气一次设计方法，结合某发电厂电气一次初步设计图样和某变电站的电气一次初步设计图样，在相应章节详细介绍了发电厂和变电站电气一次部分的设计方法，可供本科学生课程设计和毕业设计参考，也可供远程教育、函授和高职高专学生课程设计和毕业设计参考。

3）为加强本课程实验教学环节内容，解决本课程的实验问题，增加了自耦变压器运行和变压器并列运行的仿真实验，可作为本课程的实验教学内容，或供学生在学习过程中参考。

4）修订后的教材内容全面、与时俱进、实用性强、更易于自学、例题和习题丰富，附有大量思考题与习题，可供学生复习参考，也适合作为各类电力公司招聘考试的参考书。

许珉担任本书主编并对全书进行了统稿与修改。其中第一、八章由许辉编写，第二、三章，附录D、E由许珉编写，第四、五章由魏臻珠编写，第六章，附录B、C由孔斌编写，第七章，附录A由王奕编写，第九、十章由王金凤编写。

本书编写过程中参阅了书末所列有关参考文献，以及国家标准、电力行业的运行与设计技术规程和有关设计单位的工程图样与电气设备生产厂家等的技术资料，在此一并表示衷心的感谢。

限于编者水平，书中错误及不妥之处在所难免，恳请读者和同行批评指正。

编　者

目　录

第一章 绪论

电是能量的一种表现形式，是现代社会中最方便、最洁净和最重要的能源。在工农业生产、交通运输以及城乡人民的日常生活等各个方面，广泛地使用着电能。电能有许多优点：第一，电能便于转换，在电能生产部门，可以方便地将其他形式的能源转换成电能；在电能使用部门，可方便地将电能转换成其他形式的能量。例如，通过电动机将电能转换成机械能，拖动各种机械设备；通过各种灯具转换成光能，满足用户照明需要；通过电炉等设备转换成热能，满足加热和熔炼需要。第二，电能通过输电线路可以远距离经济输送，供给远方用户使用。第三，电能便于控制，生产部门利用电能控制生产过程，容易实现自动化，能提高产品质量和企业的经济效益。第四，电能是洁净能源，不会对环境造成污染。

自从 1882 年有电力以来至 1949 年，经过 67 年发展，我国装机总容量只达到 185 万 kW，年发电量为 43 亿 kWh，分别居世界第 21 位和第 25 位。新中国成立以后，我国电力工业以世界罕见的速度向前发展。1996 年，我国发电装机容量和年发电量均居世界第二位，仅次于美国；2014 年，我国发电装机容量超过美国。2005 年我国全年发电量为 24975 亿 kWh，全国发电装机容量为 51718 万 kW，水电 11739 万 kW。2010 年我国全年发电量为 42278 亿 kWh，全国发电装机容量为 96641 万 kW，其中，水电 21340 万 kW，火电 70663 万 kW，核电 1082 万 kW，风电 3107 万 kW。2015 年我国全年发电量为 56938 亿 kWh，全国发电装机容量 152121 万 kW，其中，水电 31953 万 kW，火电 100050 万 kW，核电 2717 万 kW，风电 13130 万 kW，太阳能 4263 万 kW。2018 年我国全年发电量为 69940 亿 kWh，全国发电装机容量 190000 万 kW，其中，水电 35000 万 kW，火电 114000 万 kW，核电 4466 万 kW，风电 18000 万 kW，太阳能 17000 万 kW。

第一节 发电厂和变电站的基本类型

电能不能大量储存，电能生产的特点是，发电、输电、变电、配电和用电是在同一瞬间完成的，即发电厂生产电能和用户消耗电能是同时完成的。大部分大型发电厂都远离用户，发电厂生产的电能需要经过变压器升压和高压输电线路远距离输送，再经过降压变电站若干次降压后用户才可使用。发电厂、高压交流和直流输电线路、变电站、配电线路和用户构成了一个整体——电力系统。

一、发电厂的基本类型

发电厂是把各种一次能源，如燃料的化学能、水能、核能、风能、太阳能和其他

能源转换成二次能源——电能的工厂。按照发电厂所消耗一次能源的不同，发电厂有以下类型。

1. 火力发电厂

以煤炭、石油、天然气等为燃料的发电厂称为火力发电厂。由于火电项目建设周期短，建设投资相对较少，我国煤炭的储量又较大，在我国的电源结构中，火电机组装机容量约占总装机容量的60%～70%。但是燃煤电厂产生的二氧化硫（SO_2）、氮氧化物（NO_x）、二氧化碳（CO_2）和粉尘物等均为大气污染源，易形成雾霾天气。燃煤产生的SO_2将引起酸雨，腐蚀材料，毁坏庄稼；燃煤产生大量CO_2，而CO_2将引起温室效应，使全球气候变暖，导致全球气候变化异常，冰山融化，地球陆地变小，威胁人类未来的生存；燃煤产生的NO_x，会破坏臭氧层，造成紫外线对地面生物的强烈辐射，危害生物。节能减排，采用大容量、高参数、高效率、低排放的机组是火电设备发展的主流方向。燃煤电厂需要采取烟气“超低排放”技术措施，以减轻对环境的污染。60万kW和100万kW机组已经成为燃煤电厂的主力机型，我国已建成一批总装机容量在400万kW以上的大型燃煤电厂。我国最大的火电厂（也是世界最大）内蒙古大唐托克托电厂装机容量672万kW（8×60万kW+2×30万kW+2×66万kW）。容量为110万kW的超超临界空冷发电机组是我国最大的燃煤机组（安装在新疆农六师煤电有限公司）。

燃煤电厂使用的工质是水，水的临界压力和温度是22.115MPa和347.15℃，在这个压力和温度下，水的密度和蒸汽的密度是相同的。一般把锅炉内工质压力低于这个值的称为亚临界锅炉，高于这个压力值的称为超临界锅炉；主蒸汽和再热蒸汽温度为600℃、蒸汽压力27MPa及以上的称为超超临界锅炉。在超临界与超超临界状态，水由液态直接变为气态，即由湿蒸汽直接成为饱和蒸汽、过热蒸汽，超临界与超超临界机组只能采用没有汽包的直流锅炉。

火力发电厂按蒸汽压力和温度的不同分为以下几类：

1）中低压发电厂：蒸汽压力一般为3.92MPa、温度为450℃的发电厂，锅炉蒸发量小于或等于130t/h，单机功率小于或等于25MW。

2）高压发电厂：蒸汽压力一般为9.9MPa、温度为540℃的发电厂，锅炉蒸发量小于或等于410t/h，单机功率小于或等于100MW。

3）超高压发电厂：蒸汽压力一般为13.83MPa、过热器/再热器出口温度为540℃/540℃的发电厂，锅炉蒸发量小于或等于670t/h，单机功率小于或等于200MW。

4）亚临界压力发电厂：蒸汽压力一般为16.77MPa、过热器/再热器出口温度为540℃/540℃的发电厂，锅炉蒸发量为1025t/h，单机功率为300MW。

100万kW机组火电厂视频

5）超临界压力发电厂：蒸汽压力大于22.115MPa、温度为550℃/550℃的发电厂，锅炉蒸发量发1900t/h，单机功率为600MW及以上。

6）超超临界压力发电厂：物理学中没有超超临界这个分界点，只表示超临界技术发展的更高阶段，表示更高的压力和温度。我国超超临界锅炉主蒸汽压力为27MPa及以上，主蒸汽和再热蒸汽温度一般为600℃及以上，单机功率为600MW及以上。发电机容量越大且温度越高，热效率越高，煤耗越少，节约能源效果越好。

以煤炭、天然气为燃料的火力发电厂的生产过程简介如下：

（1）凝汽式火电厂 凝汽式火电厂仅生产电能。凝汽式火电厂中，煤粉（或石油、天然气等）在锅炉的炉膛里燃烧时将化学能转换成热能，加热锅炉里的软化水产生蒸汽，蒸汽通过管道送到汽轮机，推动汽轮机旋转，将热能转换成机械能，再由汽轮机带动发电机旋转，将机械能转换成电能。汽轮机做完功的蒸汽进入凝汽器凝结成水。

图 1-1 为某 600MW 超超临界机组风烟、制粉系统流程示意图。用斗轮机将煤场的原煤装到输煤带上输送到锅炉间的原煤斗，再落入给煤机，由给煤机调节煤量，送进磨煤机磨成煤粉。这部分煤粉再进入煤粉分离器将煤粉分成粗细两部分，粗粉返回磨煤机重新磨制，合格的细粉经一次风管道被混合的一次风（一次风用来输送、加热干燥煤粉，并为煤粉燃烧初期提供氧气。由一次风机提供，从一次风机出来分两路，进入空气预热器加热送到磨煤机的风叫一次热风，不经过空气预热器而直接送到磨煤机的风叫一次冷风。一次热风和一次冷风在磨煤机入口处进行混合）吹进燃烧器，进入锅炉炉膛内燃烧。同时冷空气经送风机进入空气预热器加热为热空气（称为二次风）送到炉膛补充氧气助燃，提高燃烧质量。锅炉的三大风机包括送风机、引风机和一次风机，它们是火力发电厂的主要辅机之一，其耗电量占发电厂发电量的 1.5% ~2.5%。600MW 机组有 2 台送风机，2 台引风机，2 台一次风机（也称为六大风机），另有 2 台密封风机（供给磨煤机密封用空气的风机）。给煤机采用一次冷风密封以防止磨煤机中的热风粉混合物回流给煤机。

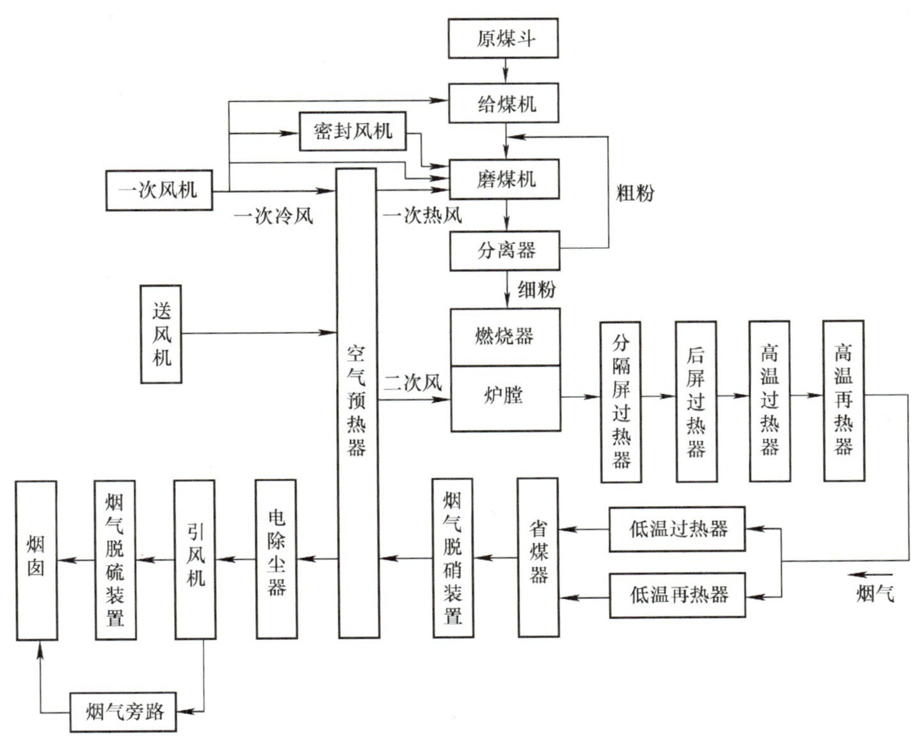

图 1-1 某 600MW 超超临界机组风烟、制粉系统流程示意图

在炉膛内，燃料燃烧放出热量，其热量加热炉膛内四周水冷壁内的软化水成为蒸汽进入过热器。布置在炉膛上部的分隔屏过热器、后屏过热器和高温过热器主要吸收炉膛

辐射热量加热蒸汽，另外它们还依次吸收烟气热量来加热蒸汽。烟气在排出过程中继续经过水平烟道的高温再热器和尾部双烟道内安置的低温再热器、低温过热器、省煤器和空气预热器，把热量传给过热蒸汽、水和空气。尾部烟道底部的低温烟气经脱硝装置脱硝、电除尘器除去烟气中的灰尘、脱硫装置脱硫后，通过引风机从烟囱排入大气。

燃料在炉膛内燃烧后落入锅炉底部的灰渣和除尘器下部排出的细灰，用高压水将其冲到灰渣泵房，经灰渣泵排至储灰场。大机组多采用气力除灰，用空压机在管道中传送煤灰到灰库。

图 1-2 为某 600MW 机组汽水系统，该机组采用 3 台高压加热器、1 台除氧器及 4 台低压加热器的 8 级回热系统。来自锅炉（直流锅炉）的过热蒸汽首先在汽轮机高压缸内做功，从高压缸排出后又送入锅炉低温再热器和高温再热器中再加热，加热后的蒸汽又进入中压缸、低压缸继续做功，最后汽轮机的排汽进入凝汽器，并被冷却水冷却（循环水泵从冷却塔抽取大量的冷却水经管道进入凝汽器吸收热量），凝结成水。冷却水将吸收的热量排入冷却塔冷却后循环使用。为了提高机组的热效率，凝结水并不直接送入锅炉中，而是经过一系列的加热器加热后再进入锅炉。加热器的热源来自由汽缸的不同部位抽出的蒸汽，用它们对加热器中的水进行加热。凝结水集中在凝汽器下部由凝结水泵升压后依次流过轴封冷却器（也称加热器）和 4 个低压加热器，在那里吸收来自汽轮机低压缸抽汽的热量，凝结水温度不断升高然后进入除氧器，除氧器将凝结水中溶解的氧气除去，以免对设备和管道造成腐蚀。同时除氧器本身也是一个混合式加热器，也可对凝结水进行加热。从除氧器下部水箱出来的水被送入前置给水泵增加给水泵进口压力，防止给水泵汽蚀（给水泵、凝结水泵、循环水泵是火力发电厂最主要的 3 种水泵），再由给水泵将水升到很高的压力。从给水泵出来的水称为给水，给水依次流过 3 个高压加热器，温度进一步升高后又进入锅炉进行下一轮的汽水循环，即经过省煤器、水冷壁、汽水分离器、低温过热器、分隔屏过热器、后屏过热器、高温过热器再次变成合格的过热蒸汽。为了使用和管理上的方便，一般将加热器进行编号，高压加热器为 1 ~3 号，除氧器为 4 号，低压加热器为 5 ~8 号。

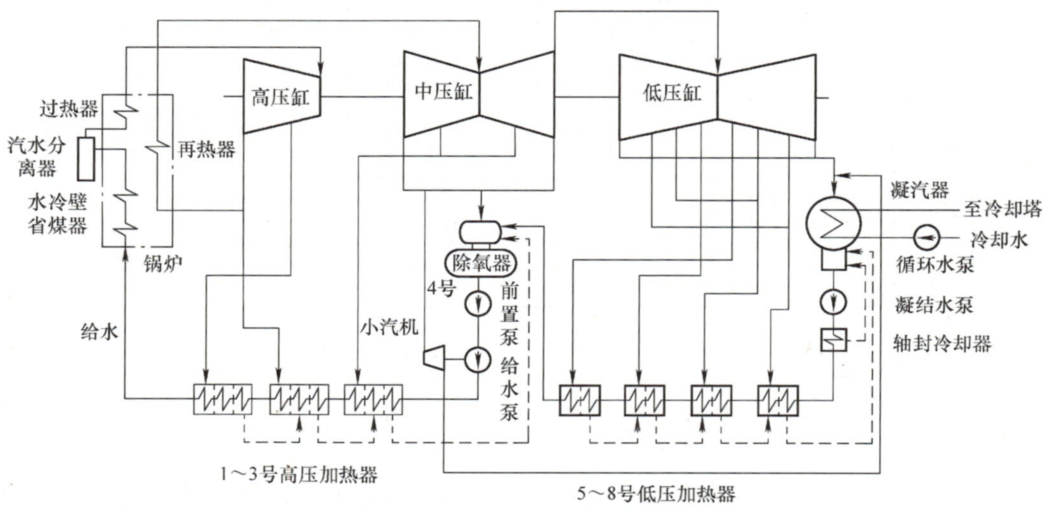

图 1-2 某 600MW 机组汽水系统

汽水系统中的蒸汽和凝结水，由于经过许多管道、阀门和设备，难免产生泄漏等各种汽水损失，因此必须不断向系统补充经过化学处理的补充给水，这些补充给水一般都补入除氧器或凝汽器中。

蒸汽在高、低压加热器中对给水或凝结水加热过程中不断放出热量而降温凝结成水，这种在加热器内由蒸汽凝结成的水称为疏水。高压加热器疏水逐级自流入除氧器，低压加热器疏水逐级自流入凝汽器。

汽水分离器内装有脱水装置，防止蒸汽带水进入过热器管中。分离的水经连接管进入储水箱再与给水混合后进入省煤器、水冷壁进行再循环或至凝汽器。汽水分离器在起动时或低负荷时，起汽水分离作用；在正常运行时，呈干态运行，只作为一个通道。

由于在凝汽器中，大量的热量被循环水带走，故一般凝汽式火电厂的效率都比较低，即使是现代超超高温高压的凝汽式火电厂，效率也只有40%～50%。

（2）热电厂　热电厂除了发电以外，还向用户供热。它与凝汽式火电厂的不同之处主要是从汽轮机中间段抽出一部分做过功的蒸汽供给热用户使用，或经热交换器将水加热后，供给用户热水。这样，可以减少被循环水带走的热量损失，提高总效率。热电厂的总效率可达到60%～70%。

（3）燃气发电厂　燃气发电厂中的燃气轮机与凝汽式火电厂的汽轮机工作原理相似，所不同的是燃气轮机的工质是高温高压的气体而不是蒸汽。这些作为工质的气体可以是天然气，也可以是用清洁煤技术将煤炭转化成的清洁煤气等。

燃气轮机的工作过程是：空气被压气机连续地吸入和压缩，压力升高后流入燃烧室与天然气或清洁煤气混合成高温燃气，燃烧产生的高温高压气体进入燃气轮机中膨胀做功，推动叶片旋转，燃气轮机再带动发电机发电，燃烧做功后的乏烟气压力降低排进大气（或利用）。这种单纯用燃气轮机驱动发电机的燃气发电厂的热效率只有35%～40%，因为燃气轮机循环的工质最高温度比蒸汽动力循环高，它最后的排出温度还很高。为了提高效率，燃气发电厂一般采用燃气-蒸汽联合循环系统，即将燃气轮机中做功后的乏烟气再利用，排进余热锅炉，如图1-3所示，加热余热锅炉中的水产生高温高压蒸汽，再送蒸汽到汽轮机中去做功，从而提高了发电机的输出功率。汽轮机做功后的蒸汽进入凝汽器凝结成水，再进入余热锅炉加热产生高温高压蒸汽。余热锅炉中降低温度的乏烟气排进大气。燃气-蒸汽联合循环系统的热效率可达53%～60%以上。燃气-蒸汽联合循环发电环保性能好，燃气燃烧后排出的乏烟气不含灰尘，几乎不含二氧化硫（SO_2），氮氧化物（NO_x）和二氧化碳（CO_2）排放少，因此燃气发电厂被称为“清洁电厂”。

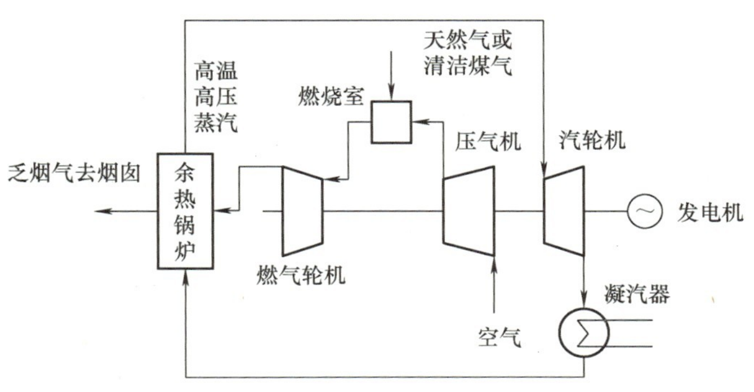

图1-3　燃气-蒸汽联合循环发电原理图

上述生产过程中，如

果燃料采用清洁煤气，煤的气化过程需要空气和蒸汽，在联合循环中，空气可以从燃气轮机的压气机中抽气供给，蒸汽可以从汽轮机或锅炉中抽气供给，这样就把煤的气化与联合循环的主要部件组成一个有机整体，故称为整体煤气化联合循环（IGCC）。采用清洁煤技术的电站，对提高发电厂的效率和环境保护，无疑意义是巨大的。

2. 水力发电厂

水力资源是一种便宜且绿色的用之不竭的可再生能源。我国水能资源丰富，河流水能资源技术可开发装机容量为5.4亿kW，经济可开发装机容量为3.95亿kW，是世界上水力资源最丰富的国家，水电装机容量居世界第一。三峡水力发电厂（三峡水电站）是我国最大也是世界最大的水力发电厂，共安装32台70万kW水轮发电机组，其中左岸14台，右岸12台，地下6台，另外还有2台5万kW的厂用电源机组，总装机容量为2250万kW，年均发电量为847亿kWh，远远超过位居世界第二的巴西伊泰普水电站（共安装20台70万kW水轮发电机组）。白鹤滩水电站是金沙江下游4个梯级开发的巨型水电站——乌东德、白鹤滩、溪洛渡、向家坝中的第2个梯级，具有以发电为主，兼有防洪、拦沙、改善下游航运条件和发展库区通航等综合效益，水库正常蓄水位为825m，安装16台世界上单机容量最大的100万kW的巨型水轮发电机组，总装机容量为1600万kW，年均发电量为602.43亿kWh，预计2022年全部机组发电。电站建成后，将仅次于三峡水力发电厂，成为中国也是世界第二大水力发电厂。白鹤滩拦河坝为混凝土双曲拱坝，高289m，坝顶高程834m，顶宽13m，最大底宽72m。金沙江下游第3个梯级溪洛渡水电站是我国第三大水力发电厂，安装18台单机容量77万kW的水轮发电机组，总装机容量为1386万kW。金沙江下游第4个梯级向家坝水电站，安装8台单机容量为80万kW的巨型水轮发电机组，总装机容量共775万kW（8×80万kW+3×45万kW）。金沙江下游第1个梯级乌东德水电站安装12台单机容量为85万kW的巨型水轮发电机组，总装机容量为1020万kW，预计2022年全部机组发电。金沙江下游4个梯级水电站总装机容量超过了2个三峡水力发电厂。

水力发电厂是将水的位能和动能转换成电能的工厂，也称水电站。根据水利枢纽布置的不同，水电站的类型可以分为堤坝式、引水式、混合式等。

（1）堤坝式水电站　由于水的位能和动能是与水流量及水的落差（也称为水头）成正比的，它直接影响到水电站的总装机容量。在水流量一定的情况下，要提高水电站的总装机容量必须提高水头。但是许多河流水位的落差沿河流是分散的，为提高落差就需要在河流的上游修建堤坝蓄水，提高水头，进行发电。这种水电站就叫作堤坝式水电站，通常这类水电站又细分为堤后式和河床式两种。

1）堤后式水电站。这种水电站的厂房建在坝后，全部水头的压力由坝体承受，水库的水由压力水管引入厂房，推动水轮发电机发电。堤后式水电站适合于高、中水头的场合，其布置情况如图1-4所示。著名的三峡水电站就是采用堤后式布置方式。

2）河床式水电站。这种水电站的厂房和挡水坝连成一体，厂房也起挡水作用。由于厂房修建在河床中，故称河床式。河床式水电站的水头一般较低，大都在30m以下，其布置情况如图1-5所示。葛洲坝水电站采用的是河床式布置方式。

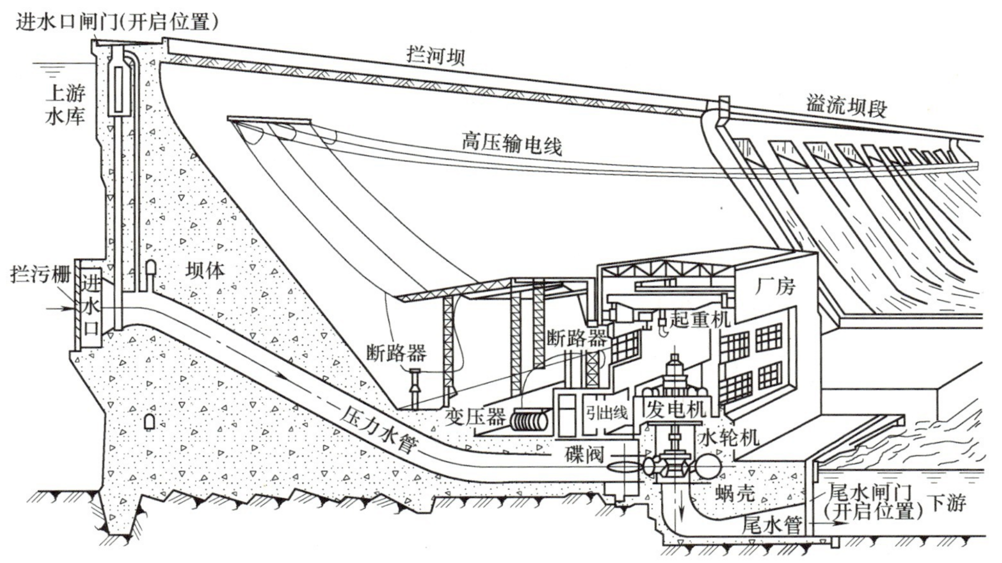

图 1-4 堤后式水电站示意图

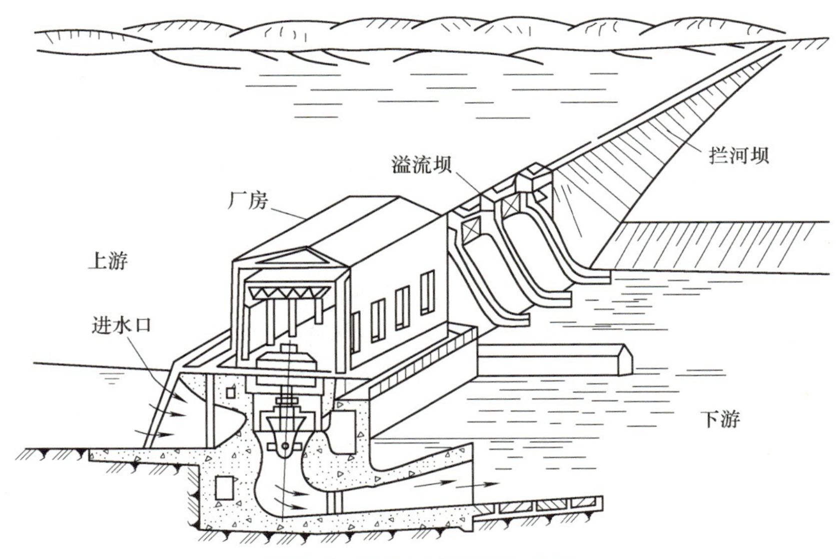

图 1-5 河床式水电站示意图

(2) 引水式水电站 这种水电站建在山区水流湍急的河道上或河床坡度较陡的地段，由引水渠道提供水头，一般不需要修建堤坝，或只修低堰，适用于水头比较高的情况。引水式水电站的布置如图 1-6 所示。

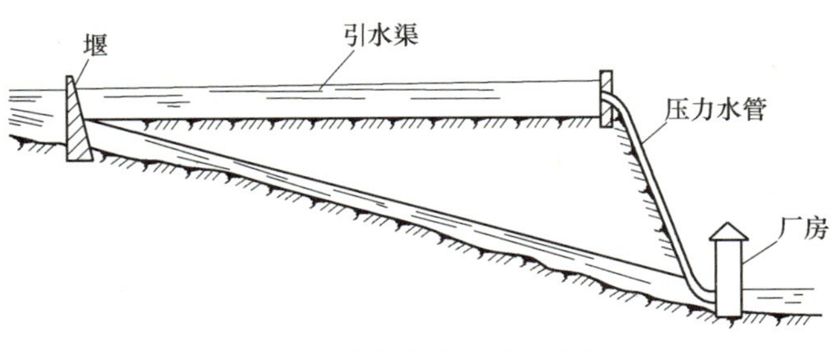

图 1-6 引水式水电站示意图

(3) 混合式水电站　这种类型的水电站是在适合开发的河段拦河筑坝，坝上游河段的落差由坝积蓄，而压力引水道集中坝下游河段的落差，水电站的水头是这两部分落差之和。这就是混合开发模式，而由这种集中落差方式修建的水电站称为混合式水电站，它具有堤坝式和引水式两种水电站的特点。

3. 抽水蓄能电站

抽水蓄能电站是利用电力系统负荷低谷时的电能将下水库的水抽到上水库，在电力系统负荷高峰期再放水下来发电的水电站，又称为蓄能式水电站。抽水蓄能电站既生产电能又消耗电能，因此具有很强的调峰填谷作用。抽水蓄能电站是将低谷时电力系统富余的电能转变为电网高峰时期的高价值电能，它的发电电价高于低谷时买入的用于抽水的电量电价，因而从中获取经济效益。抽水蓄能电站示意图如图 1-7 所示，它有上水库和下水库两个水库，装设具有“水轮机-发电机”和“电动机-水泵”两种可逆工作方式的机组。在夜晚或周末负荷低谷期间填谷，电站的机组采用“电动机-水泵”方式运行，吸收低谷时电力系统富余的电能，将下水库的水抽到上水库，以位能的形式将电能大规模储存起来。在电力系统的峰荷期间，机组采用“水轮机-发电机”方式运行，将上水库的水放下来发电，用以担任电力系统峰荷中的尖峰部分。抽水蓄能电站可以使电网总体燃料得以节省，有效调节电网电能生产、供应、使用之间的动态平衡，对保证电网安全稳定运行有重要作用。

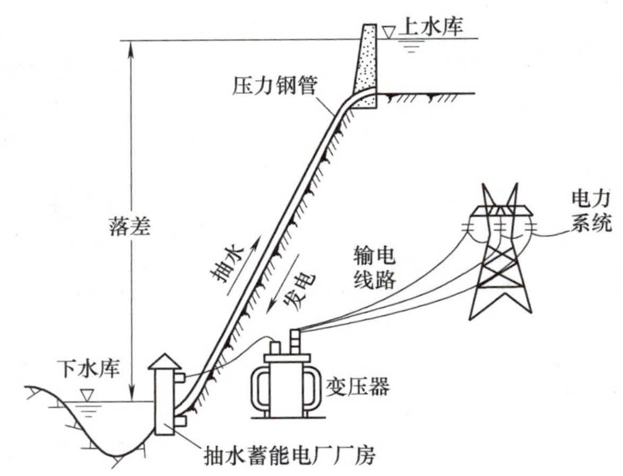

图 1-7　抽水蓄能电站示意图

由于抽水蓄能电站的机组具有起停灵活、迅速、跟踪负荷变化的能力强等特点，除了调峰填谷外，还适合承担调频和为电力系统提供事故备用、调相（可相应减少系统需要配置的无功补偿设备）及系统瓦解时作为恢复电网的黑起动电源等功能。我国的丰宁抽水蓄能电站是世界上最大的抽水蓄能电站，它位于河北省丰宁满族自治县，总装机容量为 360 万 kW，安装 12 台 30 万 kW 的可逆式水轮发电机组。

4. 核电厂

核电是一种可供长期使用的清洁能源。一个 1000MW 的火电厂一天要燃烧 9600t 标准煤，一年需要燃烧 350 万 t 标准煤。而相应 1000MW 的核电厂，每年仅需要 30t 的低浓铀原料。煤炭资源是有限的，煤炭的用途又十分广泛，建设核电厂特别是在沿海地区以核电厂替代燃煤火电厂，既可节约煤炭，又减少了对大气环境的污染。我国核电发展快速，已建设了秦山核电基地、岭澳核电厂等数十台核电机组，我国建成的最大核电机组单机容量为 175 万 kW，该机组采用三代核电技术 EPR（原子能反应堆），一期 2 台已在广东台山核电站运行。

核电厂的生产过程与火电厂相似，把火电厂的锅炉换成核反应堆就成了核电厂，

核电厂的核心设备就是核反应堆。核反应堆中的核原料铀-235的原子核，在中子的轰击下会产生裂变反应，而释放出热能。根据所使用的慢化剂（能够使中子有效减速的材料叫慢化剂，适合作为慢化剂的材料有普通的纯净水、重水和石墨等介质）和冷却剂，核反应堆可分为轻水堆、重水堆、石墨气冷堆及石墨沸水堆以及液态金属冷却快中子堆数种。目前使用最多的是以普通水（也叫轻水）作为慢化剂和冷却剂的轻水堆。轻水堆又分为压水堆和沸水堆，它们分别以高压欠热轻水和沸腾轻水作慢化剂和冷却剂。下面以压水堆核电厂和沸水堆核电厂为例简单说明核电厂的工作原理。

（1）压水堆核电厂　压水堆核电厂的示意图如图1-8所示。压水堆核电厂里的核燃料，被加工成燃料芯块以组件的形式安装在反应堆里。在反应堆里还安装有控制棒（内装中子吸收体），通过控制它在堆芯中的位置，来控制压水堆的核裂变速度。为提高核电厂的运行可靠性，一般压水堆核电厂将整个系统分为一回路系统、二回路系统和三回路系统。

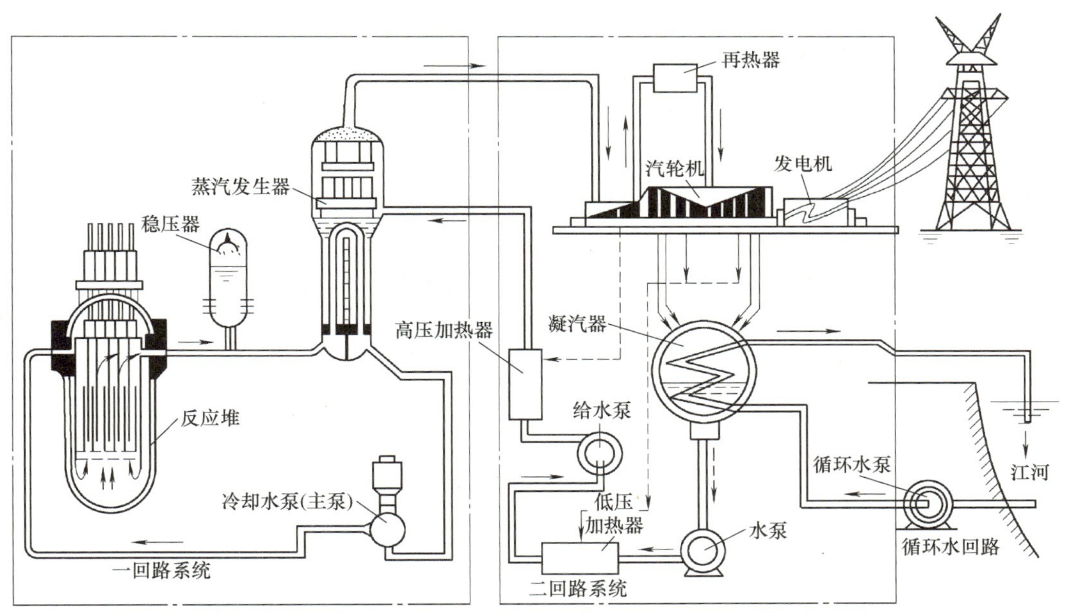

图1-8　压水堆核电厂的示意图

一回路系统是一个闭路的强制循环回路，冷却水由冷却水泵（又称压水堆主泵或主循环水泵）驱动，形成压力为15MPa左右的蒸馏水，它循环于反应堆内部与蒸汽发生器之间。由图1-8可见，水在反应堆芯部时吸收燃料元件裂变时释放的热量，被加热到300℃以上，而后水进入一回路系统的另一个重要设备，即蒸汽发生器的U形管里。一回路水的压力和温度都高，它在U形管里面流动，二回路水的压力低，在管外流动，吸收一回路水的热量而被加热成蒸汽。一回路水把热量传给二回路水后，本身温度降低，它再经冷却水泵返回反应堆，再次吸收燃料发出来的热量进入蒸汽发生器的U形管里并使燃料得到冷却。这样周而复始地循环流动，重复地吸收和交换热量，使堆芯得以冷却，使二回路系统产生蒸汽。

在一回路系统里还有一个稳压器，它是一个圆柱形的耐压罐，是为了保持一回路的

压力恒定而设置的安全措施。它的上部充以气体（或是蒸汽），下部是和一回路管道相通的水。一旦一回路中的压力有波动，罐上部具有压缩性的气体就能补偿这个压力的变化。

二回路水在蒸汽发生器吸收热量后沸腾，产生的蒸汽进入汽轮机的高压缸做功，高压缸的排气经再热器再热提高温度后，再进入低压缸做功。膨胀做功后的蒸汽在凝汽器中被凝结成水，再被送到蒸汽发生器加热，形成一个闭合回路。

凝汽器中的冷却水就是三回路，它也叫作循环水。循环水通常取自于核电厂附近比较大的河流或水库，当然它们的排水口与取水口之间有一定距离，使得循环水得以冷却。若核电厂附近没有河流或水库，也可以采用冷却塔形式来冷却循环水。

压水堆核电厂采用轻水作为慢化剂和冷却剂，反应堆体积小，建设周期短，造价低，加上3个回路之间彼此分开，提高了核电厂的安全性，排入河流的循环水是无放射性物质的。

（2）沸水堆核电厂　沸水堆核电厂的示意图如图1-9所示。沸水堆核电厂是以沸腾轻水作为慢化剂和冷却剂，它没有蒸汽发生器，在反应堆里直接产生饱和蒸汽，将饱和蒸汽经分离器与干燥器除去水分后直接送到汽轮发电机做功。做过功的蒸汽经过冷凝器冷凝成水后，经过软化器软化和加热器加热，再经过给水泵送回到反应堆。与压水堆核电厂相比，沸水堆核电厂由于没有昂贵的蒸汽发生器，节省了投资，但是有将放射性物质带入汽轮发电机的危险。这是因为轻水直接与堆芯接触，不仅由于核燃料的泄漏而受到放射性物质的污染，而且水回路中的管道、阀门等是由金属制造的，它们不断地被水腐蚀后，少量的合金不可避免地进入水中成为水的杂质，这些杂质随水流入堆芯时便受到中子的冲击，也会产生放射性物质。所以，沸水堆核电厂对预防放射性问题要求更高。

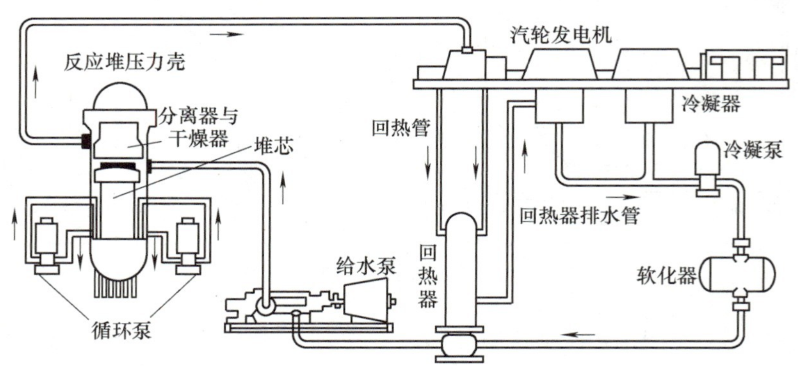

图1-9　沸水堆核电厂的示意图

5. 新能源发电

（1）太阳能发电　太阳能是太阳向宇宙空间发射的辐射能，到达地球表面的太阳能约为8.2×10^9万kW，我国每年接受的太阳辐射能约相当于24000亿t标准煤，若将其千分之一转换为电能，就能满足我国电力用户的用电需求。太阳能是取之不尽、用之不竭的清洁能源。

太阳能发电有光发电和热发电两种方式。

1）太阳能光发电。这种发电方式不通过热过程而直接将太阳的光能转换成电能，

其中光伏电池（太阳能电池）是一种主要的太阳能光发电形式，也叫光伏发电。光伏发电是利用光生伏特效应，当用适当波长的光照射到半导体材料上时，半导体材料吸收光能后两端产生电动势，利用此原理，用半导体材料做成太阳能电池，可以将照射在它上面的太阳光直接变换成电能，它是目前太阳能发电的发展方向。硅是目前太阳能电池应用最多的材料，典型应用包括单晶硅电池、多晶硅电池、非晶硅薄膜电池等。单晶硅电池转换效率最高，已达16%～19%（我国晴天太阳辐射功率密度为1000W/m^2，每平方米单晶硅电池可以发出160W～190W的功率），但其生产成本高，价格贵；多晶硅电池转换效率可以达到15%～18%；非晶硅薄膜电池转换效率较低，为8%～10%，但其原材料丰富，生产过程无毒，能耗低，无污染，成本远远低于晶体硅太阳能电池。

由于光伏系统发出的是直流电，如果要为交流负载供电，必须配备逆变器将其转换成交流电（380V）。独立（离网）光伏系统需要配置蓄电池，将有日照时发出的多余电能储存起来，供晚间或阴雨天使用。并网光伏系统与电网相连，有日照时发出的电供给用户使用，如有多余，可以输入电网，在晚间或阴雨天则由电网向用户供电。

2）太阳能热发电。这种发电方式是将吸收的太阳辐射热能直接转换成电能，也叫光热发电。目前应用较多的太阳能光热发电有槽式、塔式光热电站。槽式太阳能热发电系统是利用槽形抛物面聚光反射镜加热其上方集热管中的导热油，再利用导热油加热锅炉产生蒸汽，驱动汽轮机带动发电机组发电。塔式太阳能光热发电是在很大面积的场地上整齐地布置大量的定日镜（反射镜）阵列，每台定日镜都配备有跟踪系统，准确地将太阳光反射集中到一个高塔顶部的吸热器上，吸热器就像锅炉一样能将吸收的光能转换成热能，再将吸热器中的热量通过换热装置加热水产生过热蒸汽，送到汽轮机做功发电。塔式太阳能光热发电一直是太阳能光热发电站的主要发展方向，它的光热发电效率高于槽式光热发电，同时，因为可以通过扩大镜场和增加反射镜数量来扩大规模，便于大规模开发，从而降低建设成本。2018年12月，我国甘肃敦煌建成了目前我国装机容量最大的100MW级熔盐塔式光热电站，它的吸热塔高260m，可24h连续发电。该电站镜场总反射面积达140多万m^2，每当阳光普照大地，1.2万多面定日镜就会将万束光线反射集中到吸热塔顶部的吸热器上，如图1-10所示，对3万t熔

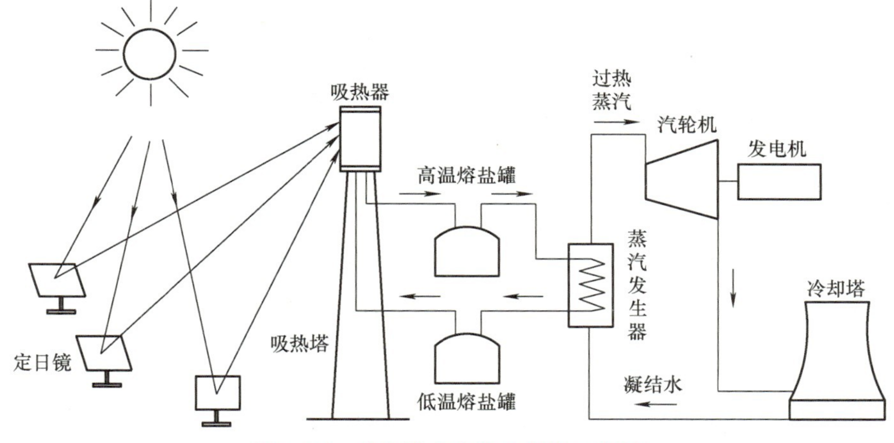

图1-10 熔盐塔式光热电站的示意图

盐（由60%的硝酸钠和40%的硝酸钾混合而成）进行加热使其融化，融化盐的温度能达到565℃。高温的液态盐流入高温熔盐罐中，部分热熔盐进入蒸汽发生器换热将水变成过热蒸汽，驱动汽轮发电机组发电；另一部分热熔盐存储在高温熔盐罐中，为日落后满负荷发电积蓄能量。释放部分热量后温度降低的熔盐，流入低温熔盐罐中，再进入吸热塔顶部的吸热器吸热。汽轮机中做过功的蒸汽经冷却塔被冷却水冷却后再进入蒸汽发生器加热成过热蒸汽。

光伏发电的缺点是电能储存难度大且成本高，电能不稳定，难以持续发电。与光伏发电相比，熔盐塔式光热电站的最大优点在于，可24h连续、稳定、灵活的调控发电，保证电网的电压和频率稳定，与现有火电厂和电网系统有更好的兼容性。

(2) 风力发电　将风能转换成电能的发电方式称为风力发电。风力资源属于一种取之不尽，又不会产生任何污染的可再生能源，又是一种过程性的能源，具有随机性，所以对风能的利用，技术上比较复杂。我国风力资源丰富，实际可开发利用的陆地上风能资源储量为2.53亿kW，陆地70m高度平均风功率密度达到200W/m^{2}及以上等级的风能资源技术可开发量为50亿kW（风能丰富区年平均风速在6m/s以上，年平均风功率密度大于300W/m^2，3～25m/s风速小时数在5000h以上）。图1-11是风力发电装置的示意图。2极三相交流发电机转速约为3000r/min（转速$n=60f/p$，f为频率，p为极对数），4极（2对磁极）三相交流发电机转速约为1500r/min，而风力机转速较低，小型风力机转速为每分钟最多几百转，大中型风力机转速为每分钟几十转甚至十几转。风力机转速范围为12～200r/min，发电机转速范围为1000～1500r/min，风力机与发电机之间必须通过增速齿轮箱连接，发电机才能以额定转速旋转。

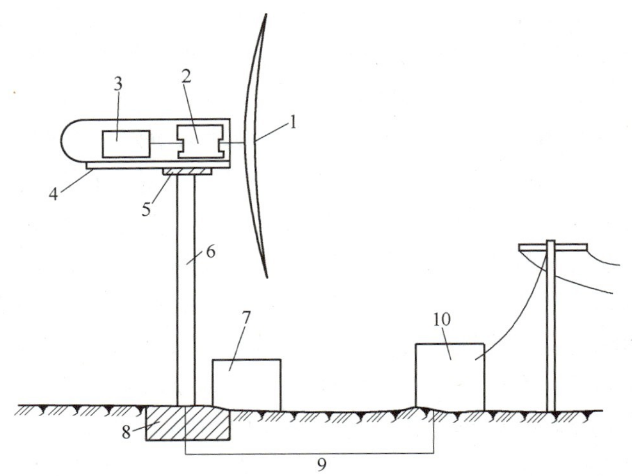

图1-11　风力发电装置的示意图

1—风力机　2—升速齿轮箱　3—发电机　4—改变方向的驱动装置　5—底板　6—塔架　7—控制和保护装置　8—基础底板　9—电缆线路　10—配电装置

风力发电有离网型和并网型两类，离网型风力发电机组功率较小，往往用于解决偏远地区用户的用电问题。并网型风力发电机组的容量较大，并且是大规模开发建设，由几十台甚至上百台风力发电机组构成风电场。并网型风力发电机组分为恒速恒频风力发电机组和变速恒频风力发电机组两类。

1）恒速恒频风力发电机组。恒速恒频风力发电机组的原理如下：风力吹动风力机旋转，将风能变换为机械能，通过齿轮箱升速后驱动异步发电机，将机械能转化为电能。恒速恒频风力发电机组具有结构简单、运行可靠、经济性好等优点。但恒速恒频

风力发电机的风力机转速不能随风速而变，从而降低了对风能的利用效率，当风速突变时，巨大的风能变化将通过风力机主轴、齿轮箱和发电机等部件，在这些部件上产生很大的机械应力，并网时会产生较大的电流冲击。由于采用异步发电机，运行中需要从电力系统中吸收无功功率，因此需在发电机端并联电容器以补偿无功功率。

2）变速恒频风力发电机组。变速恒频风力发电机组又分为直驱同步发电机型和双馈感应发电机型两类。

① 直驱式同步发电机型。低转速发电机都是多极结构，水轮发电机就是低速多极发电机，目前风力机用的直驱式发电机主要采用多极构造，为了提高发电效率，发电机的极数非常大，通常在100极左右。该风力机直接与同步发电机转子相连接，带动其旋转，发电机定子输出电压的频率随转速而变化，通过“交流→直流→交流”或者“交流→交流”变频器变换成电网电压的频率，再与电网联络。

大型风力发电机组在实际运行中，齿轮箱是故障较高的部件。采用无齿轮箱结构能大大提高风电机组的可靠性，降低故障率，提高风电机组的寿命。不用齿轮箱用风力机浆叶直接带动低速多极发电机旋转发电是可行的，这种风力发电机称为直驱式风力发电机。直驱式风力发电机已从小型风力发电机向大型风力发电机应用发展，应用越来越广泛。该类发电机的缺点是结构复杂，体积大。

② 双馈感应发电机型。风力机通过齿轮箱升速后驱动双馈感应发电机转子旋转。双馈感应发电机为交流励磁发电机，有定子和转子两套绕组，一般采用4极或6极，由于其定、转子都能向电网馈电，故简称双馈发电机。其定子绕组直接与电网相连接输出电能，其转子具有三相对称绕组，由定子侧取得交流电通过变频器向转子绕组供给交流励磁电流。双馈感应发电机通过改变励磁电流频率来改变发电机的转速，使定子输出电压的频率保持恒定的电网频率，达到恒频发电的目的，对电网扰动小。

变速恒频风力发电机组实现了发电机转速和电网频率的解耦，降低了对风力发电机转速的要求，同时提高了风能的利用效率，会成为今后风力发电设备的主流。

（3）地热发电　利用地下蒸汽和热水等地下热资源发电，称为地热发电。地球本身是个大热库，地热资源遍布世界各地，仅地表10km以内就有可供开采的热能，地热能的储量很大，它的总量约为煤炭的1.7×10^{8}倍。但是，目前世界上实际能利用的地热资源很少，主要限于蒸汽田和热水田，这两者统称为地热田。地热蒸汽田以蒸汽为主，温度较高，一般可以达到160℃以上，可以将地热气田的蒸汽直接引入普通汽轮发电机组发电。地热热水田则以热水为主，温度较低，一般为50～160℃。这就需要将地热水中的热能转换成地热蒸汽再引入普通汽轮发电机组发电。地热电站既没有燃料运输设备，也没有庞大的锅炉，当然也就没有灰渣、烟气等污染物，是清洁的能源。它的发电成本比水电和火电都低，而且地热发电后排出的热水还可以用于采暖、医疗、提取化学物质等。

（4）潮汐发电　潮汐是在月亮引潮力作用下海水时涨时落的自然现象，我国钱塘江最大的潮差有8.39m。据计算，世界潮汐能的蕴藏量约有27亿kW，若全部转换成电能，每年的发电量大约有1.2万亿kWh。潮汐发电的原理与水电站相似，它是利用海水涨、落形成的水位落差来发电的，即是一种将海水涨、落潮时形成的位能转换成机械能和电能的发电形式。为达到发电的目的，必须在海湾或有潮汐的河流入海口建

设拦水堤坝，将海湾或河口与海洋隔开形成水库，再在坝内或坝房安装水轮发电机组，利用潮起潮落时的水位升降使水轮机做功而发电。潮汐能是一种清洁的、用之不竭的再生能源，我国的蕴藏量非常丰富。

（5）生物质能发电及垃圾电厂　利用通过叶绿素将太阳能转化为化学能而储存在绿色植物内部的能量（生物质能）发电，称为生物质能发电，这属于再生能源，原料包括农作物秸秆、有机垃圾等，我国每年约有7亿t的秸秆用于沼气发电。

用垃圾作为燃料的电厂称为垃圾电厂，它与一般的火电厂的工作原理相似。利用城市大量的垃圾发电，既可充分利用能源，又可减轻对环境的污染，是目前世界许多国家采用的垃圾处理方式，我国许多大中城市从环保与城市的发展出发也有一些垃圾电厂在运行。

二、变电站的基本类型

变电站是联系发电厂和用户的中间环节，起着变换和分配电能的作用。从发电厂送出的电能一般经过升压远距离输送，再经过多次降压后用户才能使用，所以电力系统中的变电站数量多于发电厂，据大约统计，系统变压器的容量是发电机容量的7~10倍。按变电站在电力系统中的地位和作用，一般可分为枢纽变电站、区域变电站、地区变电站、终端变电站和用户变电站等，另外还有开关站和串补站。

1. 枢纽变电站

枢纽变电站是处于枢纽位置、汇集多个电源和联络线或连接不同电力系统的重要变电站。

枢纽变电站在电力系统中的主要作用和功能是：

1）汇集分别来自若干发电厂的输电主干线路，并与电网中的若干关键点连接，同时还与下一级电压的电网相连接。

2）作为大、中型发电厂接入最高一级电压电网的连接点。

3）几个枢纽变电站与若干输电主干线路组成主要电网的骨架。

4）作为相邻电力系统之间互联的连接点。

5）作为下一级电压电网的主要电源。

枢纽变电站发生事故将破坏电力系统的运行稳定性，使相连接的电力系统解列，并造成大面积停电。由于枢纽变电站在电网中的重要性，因此对其电气主接线、电气设备、保护和安全自动装置都要求具备较高的可靠性，以避免因变电站中发生事故而影响电网的正常运行或造成电网瓦解等严重事故。

枢纽变电站的电压等级一般为220~1000kV。枢纽变电站一般装设两台主变压器，也可装设3~4台主变压器。枢纽变电站低压侧通常连接并联电容器、并联电抗器或静止补偿装置等无功设备，还常设高压并联电抗器以及串联补偿装置等。

2. 区域变电站

区域变电站是向数个地区或大城市供电的变电站。在电力网最高电压等级的变电站中，除少数为枢纽变电站外，其余均为区域变电站。它将远处的电能转送到负荷中心，同时降压后向当地和临近地区供电。区域变电站发生事故时将造成大面积停电，因此对其高压电气主接线的可靠性要求较高。

区域变电站电压的等级一般为 330kV、500kV、750kV。区域变电站一般装设两台主变压器。区域变电站常规装设并联电容器、并联电抗器或静止补偿装置。

3. 地区变电站

地区变电站是向一个地区或大、中城市供电的变电站。全站停电只影响本地区或城市的用电。地区变电站靠近负荷中心，以受电为主，有些也是终端变电站，因此高压电气主接线尽量采用断路器较少的简易接线。为提高供电可靠性，当本地区内有若干变电站时，可以采用正常时分区供电、事故时互为备用的方式。地区变电站要求有两个电源向其供电，两个电源通常从区域变电站和地区发电厂引接，也可以从同一电源的不同母线段上引接。地区变电站位置尽可能靠近负荷中心。

地区变电站一般电压等级为 110kV 和 220kV。它通常从 110kV 和 220kV 的电网受电，降压至 35kV 或 66kV 及以下电压后向电力负荷供电。地区变电站一般装设两台主变压器。地区变电站一般不装设调相机或静止无功补偿装置。在变电站内装有旨在提高功率因数的并联电容器补偿装置。

同塔双回 220kV 输电线路视频

4. 终端变电站

终端变电站是处于电力网末端，包括分支线末端的变电站，有时特指采用变压器-线路单元、不设高压侧母线、不设高压断路器的变电站。终端变电站接线简单、占地少、投资省。高压侧电压多为 110kV 或者更低（如 35kV），经过变压器降压为 6～10kV 电压后直接向用户送电。全站停电的影响只是所供电的用户，影响面较小。

5. 用户变电站

用户变电站是向工矿企业、交通、邮电部门、医疗机构和大型建筑物等较大负荷或特殊负荷供电的变电站。它从电力网受电降压后直接向用户的用电设备供电。高压侧电压多为 110kV 及以下。

6. 开关站

在超高压远距离输电线路的中间，用断路器将线路分段和增加分支线路的工程设施称为开关站。开关站与变电站的区别在于：①没有主变压器；②进出线属同一电压等级；③站用电的电源引自站外其他高压或中压线路。

开关站的主要功能是：①将长距离输电线路分段，以降低工频过电压水平和操作过电压水平；②当线路发生故障时，由于在开关站的两侧都装设了断路器，所以仅使一段线路被切除，系统阻抗增加不多，既提高了系统的稳定性，又缩小了事故范围；③超/特高压远距离交流输电，空载时线路电压随线路长度增加而增高，为了保证电压质量，全线需分段并设开关站安装无功补偿装置（电抗器）来吸收容性充电无功功率；④开关站可增设主变压器扩建为变电站。

安装相间绝缘棒的同塔双回 220kV 输电线路

三、交流输电与电力系统的互联

由于大容量发电厂一般有大量功率需要远距离输送，如果采用较低电压输电，输电线路的电阻损耗会造成输送功率的巨大浪费，因此，提高输电电压等级（功率一定时，电压等级越高，电流越小，输电线路的电阻损耗越小）就成为必然的选择。交流电网电压等级范围的划分为 380V 及以下为低压；3～35kV 为中压；66～220kV 为高压；330～750kV 为超高压；1000kV 及以上为特高压。但是电压等级越高，电气设备绝缘费

用也越大，因此要根据输送功率和距离等选择合适的电压等级。

输电线路是发电厂向外输送电力至变电站和负荷的不可缺少的设施，由它们构成的电力系统规模越大，抵抗事故能力越强，承受冲击负荷的能力越强，对提高供电可靠性和保证电能质量越有利。发展联合电力系统有很大的优越性，很多问题都可以迎刃而解。

建设联合电力网，连接各大煤电、大水电、大核电、大可再生能源发电基地和主要负荷中心，将大大有利于优化电网的电源结构，实现更大范围内的能源资源优化配置，有利于实现“西电东送”和“北电南送”，有利于进行电力系统经济调度，实现水电、核电与火电互补，尽量多发水电和核电，尽量少发火电，减少燃煤消耗，节约煤炭资源，从而降低电能成本，提高运行的经济性。同时还能降低二氧化碳（CO_2）、烟尘等有害气体的排放，减轻环境污染。

联合电力网占有很大的地域，存在时差和季差，各地区中最大负荷出现的时间不同，可以利用时差和季差，错开高峰用电，从而减小系统的高峰负荷数值，减少系统内的调峰发电机装机容量。另外由于联合电力网内各部分之间的备用容量可以相互支援，可减少电网的备用容量，提高发电设备的利用率，减少联合电力网中发电设备的总容量，降低电网的建设投资。联合电力网容量很大，个别机组的开停甚至故障甩负荷，对系统的影响将减小，有利于高效的大容量机组的应用，从而可节约投资，降低煤耗，降低成本。

除去台湾省和香港、澳门两个特别行政区外，我国已经形成华北（北京、天津、山西、河北及部分内蒙古）、东北（黑龙江、吉林、辽宁及部分内蒙古）、华东（上海、江苏、浙江、安徽）、华中（河南、湖北、湖南、江西）、西北（陕西、甘肃、青海、宁夏）、川渝（四川、重庆）和南方电网（广东、广西、云南、贵州）等7个跨省区电网，以及山东、福建、海南、新疆和西藏5个独立的省级电网。跨省、跨大区电网的全国互联已经在2013年9月实现。

1981年我国建成第一条500kV，全长595km的河南平顶山姚孟电厂—武汉凤凰山变电站的超高压输电线路。全长146km的青海官亭—兰州东750kV超高压输变电示范工程在2005年10月投运，它是世界海拔最高的输变电工程。全长654km的晋东南—南阳—荆门1000kV特高压交流输变电示范工程是我国第一条特高压输电线路，也是世界上目前运行电压最高、技术水平最为先进的交流输变电工程。该线路在2009年1月通电试运行，导线采用8×LGJ-500/35钢芯铝绞线，自然输送功率为500万kW。1000kV交流的输送能力是500kV交流的4~5倍，经济输电距离为500kV交流的3倍，线路损耗率为500kV交流的1/4~1/3，单位走廊宽度的输送容量为500kV的2.5~3.1倍。

同塔双回500kV输电线路视频

第二节　发电厂和变电站电气设备简述

一、主要电气设备

1. 电气一次设备

直接生产、转换和输配电能的设备，称为电气一次设备。它们主要有以下几种：

（1）生产和转换电能的设备　如发电机、电动机、变压器等，它们是直接生产和转换电能的最主要电气设备。

（2）接通或断开电路的开关电器　为满足运行、操作或事故处理的需要，将电路接通或断开的设备，如断路器、隔离开关、接触器、熔断器等。

（3）限制故障电流和防御过电压的电器　如用于限制短路电流的电抗器和防御过电压的避雷器、避雷针、避雷线等。

（4）接地装置　用来保证电力系统正常工作的工作接地或保护人身安全的保护接地，它们均与埋入地中的金属接地体或连成接地网的接地装置连接。

（5）载流导体　电气设备必须通过载流导体按照生产和分配电能的顺序或者按照设计要求连接起来，常见的载流导体有裸导体、绝缘导线和电力电缆等。

（6）补偿装置　如调相机、电力电容器、消弧线圈、并联电抗器等。它们分别用来补偿系统无功功率、补偿小电流接地系统中的单相接地电容电流，吸收系统过剩的无功功率等。

（7）仪用互感器　如电压互感器和电流互感器，它们将一次回路中的高电压和大电流变成二次回路中的低电压和小电流，供给测量仪表和继电保护装置使用。

2. 电气二次设备

对电气一次设备进行测量、控制、监视和保护用的设备，称为电气二次设备，它们主要有：

（1）测量仪表　如电压表、电流表、功率表、电能表等，用以测量一次回路的运行参数。

（2）继电保护及自动装置　它们用以迅速反应电气故障或不正常运行情况，并根据要求切除故障、发出信号或做相应的调节。

（3）直流设备　直流设备主要用于供给保护、操作、信号以及事故照明等设备的直流供电，它们有直流发电机组、蓄电池、硅整流装置等。

（4）控制设备和信号设备及其控制电缆　控制设备是指对断路器进行手动或自动的开、合操作控制的设备；信号设备有光字牌信号、反映断路器和隔离开关位置的信号、主控制室的中央信号等。控制电缆用于某些二次设备之间的连接。

（5）绝缘监察装置　用以监视交流和直流系统的绝缘状况。

二、电气接线

在发电厂和变电站中，电气接线分为电气一次接线和电气二次接线。电气一次设备根据工作要求和它们的作用，按照一定顺序连接起来而构成的电路称为电气主接线，又叫一次回路、一次接线或电气主系统，它表示出电能的生产、汇集、转换、分配关系和运行方式，是运行操作、切换电路的依据。二次设备相互连接而成的电路称为二次回路、二次接线或二次系统，二次接线表示出继电保护、控制与信号回路和自动装置的电气连接以及它们动作后作用于一次设备的关系。用国家规定的图形和文字符号将一次回路和二次回路绘制成的电路图或电气接线图，分别称为电气主接线图（常绘制成单线图）和电气二次接线图。

三、配电装置

配电装置是以电气主接线为主要依据，由开关设备、保护设备、测量设备、母线以及必要的辅助设备组成的接受和分配电能的电气装置。如果说电气主接线反映的是电气一次设备的连接关系，那么配电装置是具体实现电气主接线功能的重要电气装置。按照电气设备的安装地点、电压等级和组装方式的不同，配电装置有着不同的分类方法，这些将在后续章节中详细介绍。

第三节　直流输电及换流站

追溯历史，在电力发展初期采用的输电方式是用直流发电机直接向直流负荷输电，由于当时技术条件的限制，不能直接将直流电升压，输电距离受到极大的限制，不能满足输送容量增长和输电距离增加的要求。19 世纪 80 年代末，人类发明了三相交流发电机和变压器，1891 年，世界上第一个三相交流发电站在德国竣工，此后，交流输电普遍代替了直流输电。随着电力系统的迅速发展，输电功率和输电距离的进一步增加，交流输电也遇到了一系列技术困难。大功率换流器（整流器和逆变器）的研究成功，为高压直流输电突破了技术上的障碍，直流输电重新受到人们的重视。1954 年，瑞典建起了世界上第一条远距离高压直流输电工程，之后，直流输电在世界上得到了较快发展。我国直流输电技术发展很快，1990 年我国建成第一条全长 1050km 的葛洲坝—上海 ±500kV 超高压直流输电线路，额定输送功率为 120 万 kW。我国第一条 ±800kV 特高压直流（±400kV、±500kV、±660kV 为超高压，±800kV 及以上为特高压）输电线路是云南楚雄—广东广州的特高压直流输电线路，该线路全长 1373km，额定输送功率为 500 万 kW，于 2010 年 6 月全部建成投运。线路全长 1907km、额定输送功率为 640 万 kW 的向家坝—上海 ±800kV 特高压直流输电线路于 2010 年 7 月全部建成投运。2012 年 12 月，锦屏—苏南特高压直流工程建成投运，线路全长 2059km（第一条长度超过 2000km 直流线路），额定电压为 ±800kV，额定输送功率为 720 万 kW。2019 年，我国建成的世界上首条 ±1100kV 特高压直流输电线路工程：准东—皖南（昌吉—古泉）±1100kV 特高压直流输电线路工程投入运行。它起于新疆昌吉准东五彩湾（昌吉）换流站，止于安徽宣城皖南（古泉）换流站，全长约 3324.143km，额定输送功率为 1200 万 kW。与 ±800kV 特高压直流输电线路相比，±1100kV 特高压直流输电线路将输送容量从 640 万 kW 上升至 1200 万 kW，经济输电距离提升至 3000～5000km。2005 年 8 月运行的河南三门峡灵宝换流站是西北电网—华中电网联网的直流背靠背输电工程的核心，灵宝背靠背换流站额定直流功率为 1110MW，直流电压为 120kV，交流西北电网侧出线电压等级为 330kV，交流华中电网侧出线电压等级为 500kV，功率可双向传输。经多年来特高压直流输电工程的建设，我国已成为世界上直流输电电压最高、容量最大、发展最快的国家。特高压直流输电技术经济优势显著，±800kV 直流的输送能力是 ±500kV 直流的 2.3 倍，经济输电距离为 ±500kV 直流的 2.7 倍，线路损耗率为 ±500kV 直流的 2/5，单位走廊宽度的输送容量为 ±500kV 直流的 1.6 倍。

一、直流输电系统的结构

直流输电系统由整流站、直流线路、逆变站组成。换流站是指在高压直流输电系统中，为了完成将交流电变换为直流电或者将直流电变换为交流电的转换，并达到电力系统对于安全稳定及电能质量的要求而建立的直流输电设施。将交流电变换为直流电的换流站称为整流站，将直流电变换为交流电的换流站称为逆变站。在现代直流输电系统中，只有输电环节是直流电，发电系统和用电系统仍然是交流电。在输电线路的送端，交流系统的交流电经换流站内的换流变压器送到整流器，将高压交流电变为高压直流电后送入直流输电线路。直流电通过输电线路送到受端换流站内的逆变器，将高压直流电又变为高压交流电，再经过换流变压器将电能输送到交流系统。当输送功率方向可逆时，一个换流站既可作为整流站，又可作为逆变站运行。

直流输电系统可分为两端（或点对点）直流输电系统和多端直流输电系统两大类。两端直流输电系统可分为单极系统、双极系统和背靠背直流输电系统三种类型。

特高压 ±800kV 直流输电线路

1. 单极直流输电系统

单极运行方式有单极金属回线和单极大地回线两种运行方式。单极系统是由整流侧换流器、直流线路、逆变侧换流器、接地极线及相关设备构成。在单极大地回线运行方式中，利用一个极的输电线路和大地构成直流侧的单极回路，在该运行方式中，两端换流站均需接地，大地作为一根导线。在单极金属回线运行方式中，利用低缘绝的导线代替单极大地回线方式中的大地回线。

2. 双极直流输电系统

双极系统有双极两端中性点接地方式、双极一端中性点接地方式和双极金属中性线方式三种类型。

双极两端中性点接地方式运行的灵活性和可靠性均高于单极系统，实际工程中大多数直流输电工程采用此接线方式。双极两端换流器中性点接地方式（简称双极方式）的正负两极通过输电线路相连，两端换流器的中性点接地。实际上它可看成是两个独立的单极大地回路方式。正负两极在地回路中的电流方向相反，地中电流为两极电流的差值。双极对称运行时，地中无电流流过，或仅有少量的不平衡电流流过，通常小于额定电流的1%。因此，在双极对称方式运行时，可消除单极大地回线运行方式由于地中电流所引起的电腐蚀等问题（大地电流所经之处，将引起埋设于地下或放置在地面的管道、金属设施发生电化学腐蚀，使中性点接地变压器产生直流偏磁而造成变压器磁饱和等问题）。

3. 背靠背直流输电系统

背靠背直流系统是无直流输电线路的两端直流输电系统，它主要用于两个异步运行（不同频率或频率相同但异步）的交流电力系统之间的联网或送电，也称为异步联络站。如果两个被联电网的额定频率不相同（如 50Hz 和 60Hz），也可称为变频站。背靠背直流系统的整流站和逆变站的设备装设在一个站内，也称背靠背换流站。在背靠背换流站内，整流器和逆变器的直流侧通过平波电抗器相连，而其交流侧则分别与各自的被联电网相连，从而形成两个交流电网的联网。两个被联电网之间交换功率的大小和方向（功率可以双向传输交换）均由控制系统进行快速方便的控制。

图 1-12 所示为 ±500kV 两端双极直流输电系统电气主接线图（单线图）。在图 1-12

中，每端 ±500kV 超高压双极直流换流站采用 2 个 12 脉动换流器单元串联的接线方式，端电压为 1000kV，中性点选在串联的 2 个 12 脉动换流器单元中间，就构成了 ±500kV 双极直流输电系统。也就是每极采用 1 个 12 脉动换流器单元的接线方式，每个换流器单元采用 3 台单相双绕组换流变压器与一个三相桥式 6 脉动整流电路连接形成 1 个 6 脉动换流器单元，两个 6 脉动换流器单元串联构成一个 12 脉动换流器单元，每极用了 6 台（2×3 台）单相双绕组换流变压器。

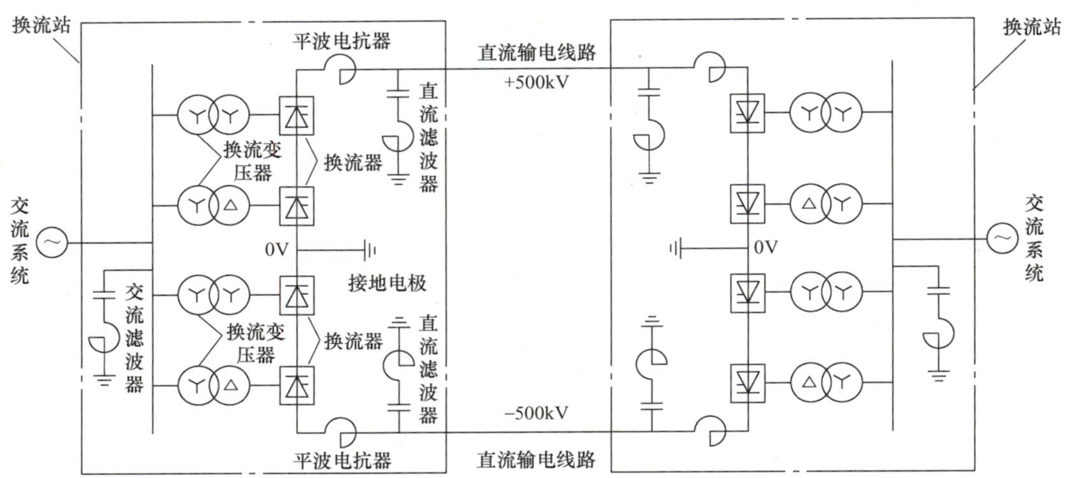

图 1-12　两端双极直流输电系统电气主接线图

二、直流输电的特点

1. 直流输电的优点

1）直流输电不存在交流输电的稳定问题。采用直流线路连接两个交流系统，由于直流线路没有电抗，不存在两端交流发电机需要同步运行稳定性的问题，有利于远距离大容量送电。

2）高压直流输电线路不产生电容电流，不会像交流长输电线路那样发生电压升高的现象，不需要安装并联电抗器补偿。

3）直流输电一般采用双极中性点接地方式，因此高压直流输电具有明显的经济性。输送相同功率时，直流输电线路仅需正负两极导线，而三相交流线路需要三相导线。直流架空线路与交流架空线路相比，在输电线路导线截面积和电流密度相同的条件下，输送相同的电功率，直流线路所用导线和绝缘材料可节省约 1/3。另外，直流输电线路的杆塔结构也比同容量的三相交流输电线路的简单，线路走廊宽度和占地面积也大幅减少。

4）直流输电线路向发生短路的交流系统输送的短路电流不大，故障侧交流系统的短路电流与没有互连时几乎一样。因此不必更换两侧原有断路器或采取限流措施。

5）由于直流输电的电流或功率是通过计算机控制系统改变换流器的触发延迟角来实现的，它的调节响应速度极快，可根据交流系统的要求，快速增加或减少直流输送的有功功率和换流器的无功功率，实现潮流翻转，对交流系统的有功功率和无功功率平衡起快速调节作用，从而提高交流系统频率和电压的稳定性。如果采用双极线路，当一极

故障，另一极仍可以大地作为回路，继续输送一半的功率，这也提高了运行的可靠性。

6）直流架空输电线只用两根，导线电阻损耗比交流输电小；没有感抗和容抗的无功损耗；没有趋肤效应，导线的截面积利用充分。另外，直流架空线路的“空间电荷效应”使其电晕损耗和无线电干扰都比交流线路小。

7）直流输电线联系的两端交流系统不需要同步运行，因此可用以实现不同频率或相同频率交流系统之间的非同步连接。

2. 直流输电的缺点

直流输电的换流站比交流系统的变电站复杂、造价高、运行管理要求高；换流器运行中需要大量的无功补偿，正常运行时可达直流输送功率的40% ~60%，需要安装大量无功补偿设备；换流器运行中在交流侧和直流侧均会产生谐波，要装设滤波器；直流输电以大地作为回路时，会引起沿途金属设施，如金属构件、金属管道、电缆的腐蚀，需要采取防护措施；多端（三端及以上）直流输电系统技术比较复杂，需研制高压直流断路器，由于通过直流断路器的直流电流没有过零点，高电压等级大容量的直流断路器的灭弧问题解决困难，阻碍了多端直流输电系统的发展。

由上可见，高压直流输电具有线路输电能力强、损耗小、两侧交流系统不需同步运行、发生故障时对电网造成的损失小等优点，特别适用于长距离点对点大功率输电，而采用交流输电系统便于向多端输电。交流与直流输电配合，将是现代电力系统的发展趋势。

本课程是“电气工程及其自动化”专业的主要专业课程之一。其主要目的和任务是：通过课堂讲授、多媒体教学、课程设计、实验、习题以及生产实习等教学环节，使学生树立起工程观点，掌握发电厂和变电站电气主系统的设计方法与运行理论，并在分析、计算和解决实际工程问题能力等方面得到一定的训练。

思考题与习题

1. 试述火力发电厂的分类、生产过程和特点。
2. 试述水力发电厂的分类、生产过程和特点。
3. 试述核能发电厂的生产过程和特点。
4. 抽水蓄能电站在电力系统中的作用是什么？
5. 有哪些新能源的发电形式？
6. 变电站的基本类型有哪些？
7. 什么是电气一次设备和二次设备？
8. 交流电网电压等级范围是如何划分的？
9. 两端直流输电系统可分为几种类型？
10. 本课程的主要目的和任务是什么？

第二章

开关电器和互感器的原理

第一节　开关电器

在发电厂和变电站中，经常需要对发电机、变压器和输电线路进行正常情况下的投入运行或退出运行的操作，发生故障时，应能够迅速切除很大的故障电流，在检修电气设备时需要隔离带电部分，以保证检修人员的安全。为了完成这些任务，在发电厂和变电站中需装设必要的开关电器。常用的高压开关电器有高压断路器、隔离开关、负荷开关和熔断器等。常用的低压开关电器有低压断路器、刀开关、接触器和熔断器等。由于各种开关电器的结构和工作原理不同，故其在电路中的作用也不同。本节主要介绍高压断路器和隔离开关。

一、开关电器的灭弧原理

（一）电弧现象

电弧是一种气体游离放电现象，用开关电器开断电源电压高于 10～20V，电流大于 80～100mA 的电路时，在开关的动静触头分离瞬间，触头间就会产生电弧，如图 2-1 所示。电弧的特点是：能量集中、温度很高、亮度很强；电弧是良导体，维持电弧稳定燃烧的电压很低；电弧的质量很轻，在气体或电动力的作用下，很容易移动变形等。电弧在工业上有很多有益的应用，例如，利用其高温的电弧焊接机、电弧炼钢炉等。但在开关电器中，电弧是有害的，要求尽快熄灭，否则会对电力设备的正常操作和安全运行带来不利影响。

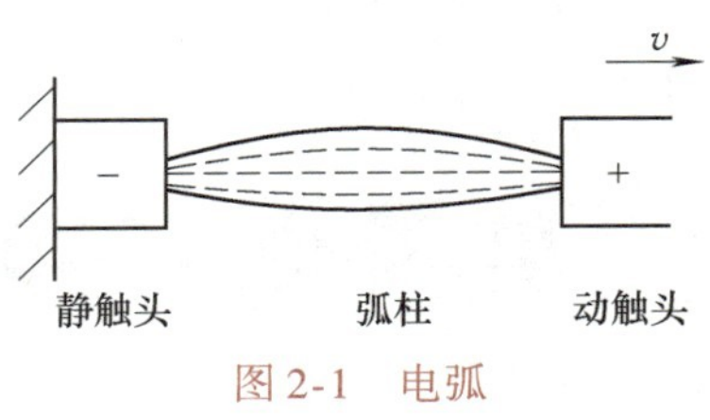

图 2-1　电弧

（二）电弧的产生与熄灭

1. 产生电弧的起因

开关触头刚分离时，电源电压 U 将全部加在动、静触头之间，由于动静触头之间的间隙 s 很小，则会形成很强的电场强度（$E=U/s$），当电场强度超过 3×10^6V/m 时，金属触头阴极表面的自由电子会在电场力的作用下，发射到触头间隙中，这种现象称为强电场发射。另外，在开关分闸时，动静触头之间的接触压力和接触面积减小，接触电阻增大，接触表面发热严重，产生局部高温，阴极金属材料中的电子获得动能而逸出，成为触头间隙中的自由电子，这种现象称为热电子发射。强电场发射和热电子

发射是开关断开时产生电弧的起始原因，而开关关合时产生电弧的原因是强电场发射。

2. 碰撞游离产生电弧

从阴极发射出来的自由电子，在触头间强电场的作用下，向阳极做加速运动，获得动能的自由电子在运动中与介质的中性质点发生碰撞，中性质点中的电子获得能量产生跃迁，跳到能级更高的轨道上，如果获得的能量足够大，自由电子就能脱离原子核的束缚，游离成自由电子和正离子，这种游离过程称为碰撞游离。碰撞游离产生的自由电子与阴极发射出来的电子一起参加新的碰撞游离，游离的结果导致触头间自由电子数量剧增，形成电流，介质被击穿而产生电弧，如图 2-2 所示。

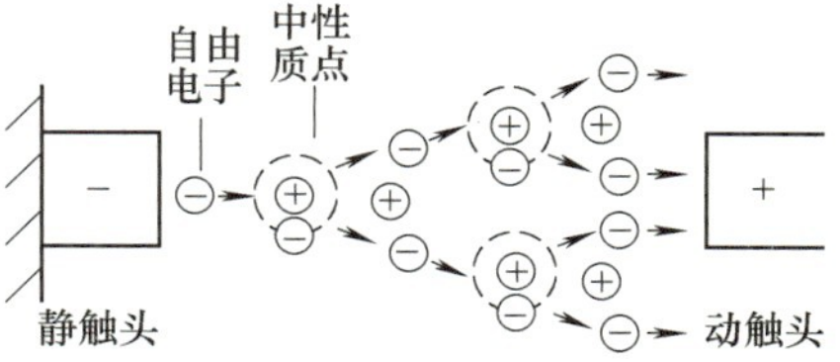

图 2-2　碰撞游离过程示意图

3. 电弧的维持与发展

电弧形成后，由于电弧电导很大，触头间的电压和电场强度很低，强电场发射和碰撞游离停止。但电弧在燃烧过程中不断从电源获得能量，电弧的温度很高，可达到几千甚至上万摄氏度，一方面阴极表面继续进行热电子发射，另一方面介质的分子和原子在高温下将产生强烈的分子热运动，获得动能的中性质点之间不断地发生碰撞，游离成自由电子和正离子，这就是热游离。热游离给弧隙提供了大量的自由电子，电流继续流过，电弧的燃烧得以维持。气体开始发生热游离的温度为 9000～10000℃，由于开关金属触头在高温下熔化，导致在气体中混有金属蒸气，而弧心温度总高于 4000～5000℃，弧表面温度为 3000～4000℃。

4. 电弧的熄灭

电弧的燃烧是由游离过程维持的，但在电弧中同时还进行着使带电质点数量减少的相反过程，即去游离过程，去游离的主要方式是复合与扩散。

（1）复合去游离　复合去游离是指正离子和负离子相互吸引而中和成为中性质点的过程。在电弧中，自由电子的速度远大于正离子，约为正离子的 1000 倍，所以它们直接复合的可能性很小，往往是自由电子先附着在中性质点上，形成负离子，运动速度大大减慢，此时，正离子和负离子更容易复合。

（2）扩散去游离　扩散去游离是指自由电子和正离子逸出电弧而进入周围介质中，被周围介质冷却而复合的过程。由于电弧内外的电荷浓度及温差的不同，自由电子和正离子将向浓度和温度都低的周围介质中扩散，在低温处，电子和离子的速度减慢而复合成为中性质点。

在稳定燃烧的电弧中，新增加的带电质点数量与中和的数量相等，游离作用等于去游离作用。如果游离作用大于去游离作用，电弧燃烧加剧。如果游离作用小于去游离作用，则电弧中的带电质点数量减少，最终导致电弧熄灭。

在断路器中，就是利用这个原理，采取各种措施加强去游离作用来熄灭电弧。

（三）交流电弧的特性

开断交流电路时，电弧电流随时间做周期性变化，每半个周期过零一次，此时电弧因失去能量而自然熄灭。由于热惯性，弧柱温度的变化滞后于快速变化的电流，所以交流电弧的伏安特性是动态的，如图 2-3 所示。在电流增大时，弧隙电导（电阻）

来不及增大（减小）；在电流减小时，弧隙电导（电阻）也来不及减小（增大），故图 2-3a 中正方向电流增大时的曲线在电流减小时的上方。图 2-3b 中的 *A* 点是电弧产生时的电压，称为燃弧电压。*B* 点是电弧熄灭时的电压，称为熄弧电压。

（四）交流电弧熄灭的条件

交流电弧每半周期自然熄灭是熄灭交流电弧的最佳时机，实际上，在电流过零后，弧隙中存在着两个恢复过程。一方面由于去游离作用的加强，弧隙间的介质逐渐恢复其绝缘性能，称为介质强度恢复过程，以耐受的电压 $U_d(t)$ 表示。另一方面，电源电压要重新作用在触头上，弧隙电压将从熄弧电压逐渐恢复到电源电压，称为弧隙电压恢复过程，用 $U_r(t)$ 表示。电弧能否熄灭取决于这两个方面作用的结果。

1. 弧隙介质强度恢复过程

在电流过零后的 0.1 ~ 1μs 的短暂时间内，阴极附近出现 150 ~ 250V 的起始介质强度，称为近阴极效应。这是因为在电流过零的瞬间，弧隙电压的极性发生变化，弧隙中的自由电子立即向新阳极运动，而质量比电子大 1000 倍的正离子基本未动，在新阴极附近就形成了只有正电荷的不导电薄层，阻碍阴极发射电子，呈现出一定的介质强度，如图 2-4 所示。起始介质强度出现后的介质强度的恢复，是一个复杂的过程，它与电弧电流、介质特性、冷却条件和触头分断速度有关。

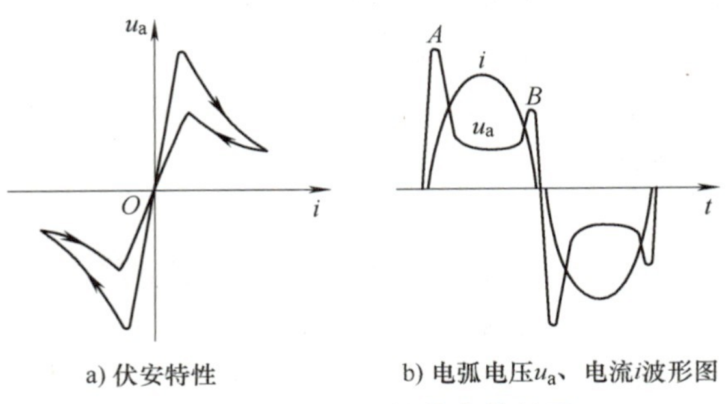

图 2-3 交流电弧的伏安特性及电弧电压、电流波形图

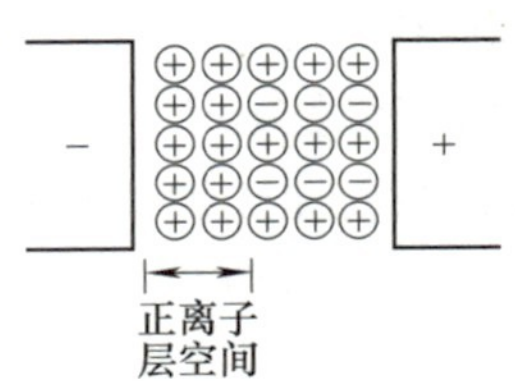

图 2-4 电流过零后弧隙电荷的重新分布

2. 弧隙电压恢复过程

弧隙电压恢复过程与电路参数、负荷性质等有关。在实际电路中，发电机和变压器都是感性元件，输电线路对地有分布电容，故电流与电源电压有不同相位。电弧电流过零时，电弧电压接近零（电弧为纯电阻性质），而电源电压不等于零，由于 *L*、*C* 的存在，弧隙电压 $U_r(t)$ 不可能立刻由熄弧电压上升到电源电压，一般弧隙恢复电压是一个过渡过程。它由电源决定的工频恢复电压和电路参数决定的振荡衰减分量叠加而成，称为瞬态恢复电压，它的存在时间很短，一般只有几十微秒至几毫秒，如果电弧不再重燃，弧隙电压逐渐恢复到电源电压，即由瞬态恢复电压逐渐过渡到工频恢复电压，如图 2-5 所示。在短路情况下，电阻

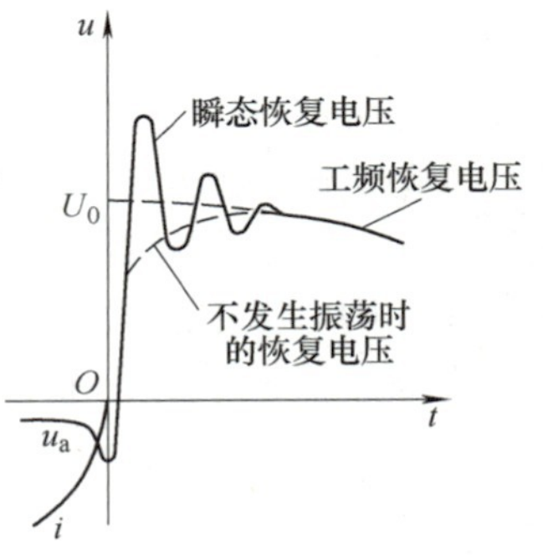

图 2-5 恢复电压的组成

很小，电路呈感性，电压和电流间相位差约为90°，故在 $i=0$ 时，加在弧隙上的电源电压 U_0 约等于电源电压的幅值 U_m。

3. 交流电弧熄灭的条件

从以上分析可以得出，电流过零后，如果弧隙电压恢复过程上升速度较快，幅值较大，弧隙电压恢复过程大于弧隙介质强度恢复过程，介质被击穿，电弧重燃，如图 2-6a 所示。如果弧隙介质强度恢复过程始终大于弧隙电压恢复过程，则电弧熄灭，如图 2-6b、c 所示。故交流电弧熄灭的条件应为 $u_d(t)>u_r(t)$。

如果能够采取措施，防止弧隙电压恢复过程 $u_r(t)$ 振荡，将周期性振荡特性的恢复电压转变为非周期性恢复过程，电弧就更容易熄灭，如图 2-6c 所示。

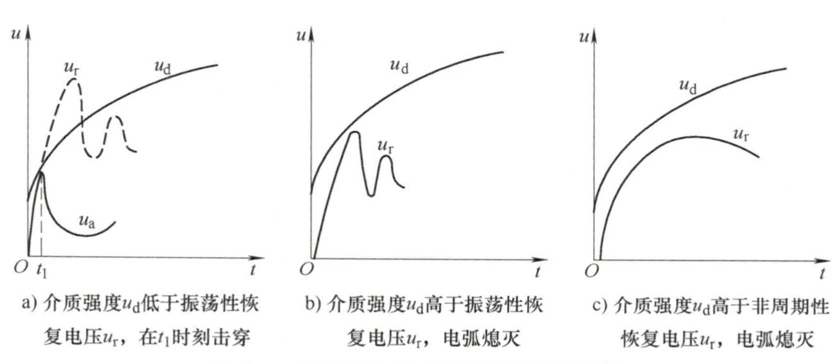

a) 介质强度 u_d 低于振荡性恢复电压 u_r，在 t_1 时刻击穿　b) 介质强度 u_d 高于振荡性恢复电压 u_r，电弧熄灭　c) 介质强度 u_d 高于非周期性恢复电压 u_r，电弧熄灭

图 2-6　弧隙电压和介质强度的恢复过程

（五）断路器开断短路电流时的弧隙电压恢复过程

断路器开断短路电流时的电路如图 2-7a 所示，其等效电路如图 2-7b 所示，R、L 为电源和变压器的电阻和电感，C 可以认为是变压器绕组及连接线对地的分布电容，r 为断路器触头并联电阻（不装并联电阻的断路器 $r=\infty$），电源电压和电流有不同相位，开断瞬间电源电压的瞬时值为 U_0。熄弧后，从瞬态恢复电压过渡到电源电压的时间很短，一般不超过几百微秒，可近似认为 U_0 不变，故电源用直流电源来代替。断路器开断短路电流时的弧隙电压恢复过程相当于二阶电路过渡过程中，电容 C 两端的电压变化过程 u_C，即 $u_C=u_r$。

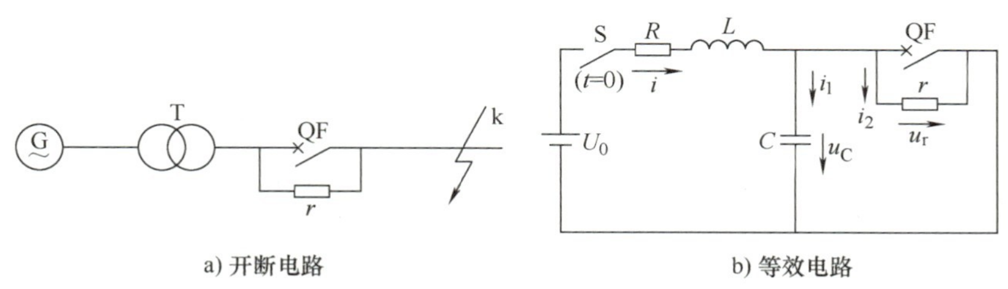

a) 开断电路　b) 等效电路

图 2-7　断路器开断短路电流时的电路

1. 弧隙电压恢复过程分析

如图 2-7b 所示，当 $t=0$，开关 S 闭合时，有

$$Ri + L\frac{\mathrm{d}i}{\mathrm{d}t} + u_C = U_0 \tag{2-1}$$

$$i = i_1 + i_2 = C\frac{\mathrm{d}u_C}{\mathrm{d}t} + \frac{u_C}{r} \tag{2-2}$$

将式(2-2) 代入式(2-1) 得

$$LC\frac{\mathrm{d}^2 u_C}{\mathrm{d}t^2} + \left(RC + \frac{L}{r}\right)\frac{\mathrm{d}u_C}{\mathrm{d}t} + \left(\frac{R}{r} + 1\right)u_C = U_0 \tag{2-3}$$

式(2-3) 为二阶常系数线性微分方程，其特征根为

$$\alpha_{1,2} = -\frac{1}{2}\left(\frac{R}{L} + \frac{1}{rC}\right) \pm \sqrt{\frac{1}{4}\left(\frac{R}{L} - \frac{1}{rC}\right)^2 - \frac{1}{LC}} \tag{2-4}$$

当特征根 α_1 不同于 α_2 时，非齐次通解为

$$u_C = \frac{rU_0}{R + r} + A_1\mathrm{e}^{\alpha_1 t} + A_2\mathrm{e}^{\alpha_2 t} \tag{2-5}$$

式中 A_1、A_2——积分常数，由初始条件和式(2-5) 及其微分表达式决定。

当特征根为重根，即 $\alpha_1 = \alpha_2$ 时，非齐次通解为

$$u_C = \frac{rU_0}{R + r} + (A_1 + A_2)\mathrm{e}^{\alpha_1 t} \tag{2-6}$$

式中 A_1、A_2——积分常数，由初始条件和式(2-6) 及其微分表达式决定。

1) 当 $\frac{1}{4}\left(\frac{R}{L} - \frac{1}{rC}\right)^2 > \frac{1}{LC}$ 时，α_1、α_2 为不等实根，根据初始条件，当 $t = 0$ 时，$u_C = -u_{r0}$，$i_1 = C\frac{\mathrm{d}u_C}{\mathrm{d}t} = 0$，分别代入式(2-5) 和对式(2-5) 微分后的表达式，可解得

$$A_1 = -\frac{\alpha_2}{\alpha_1 - \alpha_2}\left(u_{r0} + \frac{rU_0}{R + r}\right)$$

$$A_2 = \frac{\alpha_1}{\alpha_1 - \alpha_2}\left(u_{r0} + \frac{rU_0}{R + r}\right)$$

将 A_1 和 A_2 代入式(2-5) 得

$$u_C = u_r = \frac{rU_0}{R + r} + \frac{1}{\alpha_1 - \alpha_2}(\alpha_2\mathrm{e}^{\alpha_1 t} - \alpha_1\mathrm{e}^{\alpha_2 t})\left(u_{r0} + \frac{rU_0}{R + r}\right)$$

一般变压器绕组电阻 $R << r$，$u_{r0} << U_0$，R 及 u_{r0} 可略去不计，得

$$u_r = U_0\left[1 + \frac{1}{\alpha_1 - \alpha_2}(\alpha_2\mathrm{e}^{\alpha_1 t} - \alpha_1\mathrm{e}^{\alpha_2 t})\right] \tag{2-7}$$

从式(2-7) 可以看出，当 α_1、α_2 为负实根时，弧隙电压恢复过程为非周期性的，如图 2-8 曲线 3 所示。一般 $|\alpha_1| << |\alpha_2|$，$|\alpha_1\mathrm{e}^{\alpha_2 t}| << |\alpha_2\mathrm{e}^{\alpha_1 t}|$，故式(2-7) 最大值不会超过 U_0，进一步化简得

$$u_r = U_0(1 - \mathrm{e}^{\alpha_1 t}) \tag{2-8}$$

忽略 R 后，由式(2-4) 得

$$\alpha_1 = -\frac{1}{2rC} + \sqrt{\left(\frac{1}{2rC}\right)^2 - \frac{1}{LC}} = -\frac{1}{2rC} + \frac{1}{2rC}\sqrt{1 - \frac{4r^2C}{L}}$$

由于 $1-\frac{4r^2C}{L}>0$，故$\frac{4r^2C}{L}<1$且很小（$\frac{C}{L}$很小）。根据近似计算，当 x 很小时，$\sqrt{1-x}\approx1-\frac{x}{2}$，得

$$\alpha_1\approx-\frac{1}{2rC}+\frac{1}{2rC}\left(1-\frac{4r^2C}{2L}\right)=-\frac{r}{L}$$

将 α_1 代入式(2-8) 得

$$u_r=U_0\left(1-e^{-\frac{r}{L}t}\right) \tag{2-9}$$

对式(2-9) 微分，可得电流过零时的恢复电压上升速度（单位为 V/s）为

$$\left.\frac{du_r}{dt}\right|_{t=0}=\frac{r}{L}U_0 \tag{2-10}$$

由式(2-10) 可知，触头并联电阻 r 可以降低恢复电压的上升速度，r 越小，恢复电压的上升速度越低。

2）当$\frac{1}{4}\left(\frac{R}{L}-\frac{1}{rC}\right)^2<\frac{1}{LC}$时，$\alpha_1$、$\alpha_2$为共轭复根，其表达式为

$$\alpha_{1,2}=-\frac{1}{2}\left(\frac{R}{L}+\frac{1}{rC}\right)\pm\sqrt{\frac{1}{4}\left(\frac{R}{L}-\frac{1}{rC}\right)^2-\frac{1}{LC}}=\beta\pm j\omega_0\text{，其中 }\alpha_1=\beta+j\omega_0,\alpha_2=\beta-j\omega_0$$

$$\beta=-\frac{1}{2}\left(\frac{R}{L}+\frac{1}{rC}\right)$$

$$\omega_0=\sqrt{\frac{1}{LC}-\frac{1}{4}\left(\frac{R}{L}-\frac{1}{rC}\right)^2}$$

式中　β——衰减系数；

ω_0——电路固有振荡频率。

将 α_1、α_2代入式(2-7)，利用欧拉公式化简得

$$u_r=U_0\left[1+\left(\frac{\beta}{\omega_0}\sin\omega_0t-\cos\omega_0t\right)e^{\beta t}\right] \tag{2-11}$$

从式(2-11) 可以看出，当 α_1、α_2为共轭复根时，弧隙电压恢复过程为衰减的周期性振荡过程，如图 2-8 曲线 2 所示，从曲线 2 可以看出，周期性振荡过程的恢复电压上升速度较快，幅值较大，给电弧的熄灭带来困难。

如果断路器触头没有装设并联电阻，即 $r=\infty$ 时，忽略 R，$\beta=0$，$\omega_0=\frac{1}{\sqrt{LC}}$，$f_0=\frac{1}{2\pi\sqrt{LC}}$，则

$$u_r=U_0(1-\cos\omega_0t) \tag{2-12}$$

从式(2-12) 可见，周期性振荡过程中的弧隙恢复电压最大值可达 $2U_0$，如图 2-8 曲线 1 所示，实际上由于 R 及弧隙电阻的存在，弧隙恢复电压最大值为（1.3～1.6）U_0。

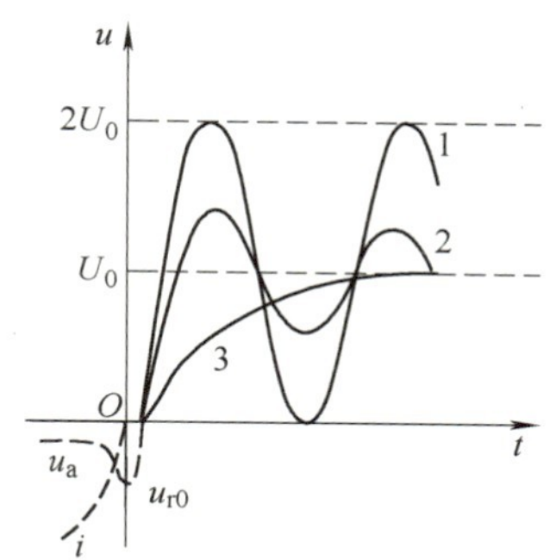

图 2-8　恢复电压变化过程

1—$r=\infty$，周期性过程　2—衰减周期性过程　3—非周期性过程

周期性振荡过程的恢复电压上升速度通常取固有振荡频率的半个周期内的平均速度（单位为 V/s），即

$$\left.\frac{\mathrm{d}u_{\mathrm{r}}}{\mathrm{d}t}\right|_{\mathrm{av}} = \frac{\omega_0}{\pi}\int_0^{\frac{\pi}{\omega_0}}\omega_0 U_0 \sin\omega_0 t\mathrm{d}t = 4f_0 U_0$$

3）当$\frac{1}{4}\left(\frac{R}{L}-\frac{1}{rC}\right)^2=\frac{1}{LC}$时，$\alpha_1$、$\alpha_2$为相等的负实根，据初始条件和式(2-6）及其微分表达式，可求得 $A_1=-U_0$，$A_2=\alpha_1 U_0$，代入式(2-6)，得

$$u_{\mathrm{r}} = U_0[1-(1-\alpha_1 t)\mathrm{e}^{\alpha_1 t}]$$

由罗彼塔法则可知，当 $t\to\infty$ 时，$u_{\mathrm{r}}\to U_0$，在此种情况下，弧隙电压恢复过程仍是非周期性的，但处在临界情况。忽略 R，由临界条件可得临界并联电阻值为

$$r_{\mathrm{cr}} = \frac{1}{2}\sqrt{\frac{L}{C}} \tag{2-13}$$

当 $r\leqslant r_{\mathrm{cr}}$时，弧隙电压恢复过程为非周期性；当 $r>r_{\mathrm{cr}}$时，弧隙电压恢复过程为衰减周期性。由以上分析可知：弧隙电压恢复过程由电路参数决定，在断路器触头间并联低值电阻（几欧至几十欧)，可以改变弧隙电压恢复过程的上升速度和幅值，当 $r\leqslant r_{\mathrm{cr}}$时，可以将弧隙恢复电压由周期性振荡特性恢复电压转变为非周期性恢复电压，大大降低了恢复电压的上升速度和幅值，改善了断路器的灭弧条件。

2. 不同短路类型对断路器开断能力的影响

以上分析是对单相电路而言的，对三相电路来说，设计断路器时必须考虑不同短路形式对开断瞬间工频恢复电压的影响。

（1）开断中性点直接接地系统中的单相短路电路　当电流过零，工频恢复电压瞬时值为 $u_{\mathrm{r}}=U_{\mathrm{m}}\sin\varphi$。通常短路时，功率因数很低，一般有 $\cos\varphi<0.15$，所以 $\sin\varphi\approx1$，此时 $u_{\mathrm{r}}=U_{\mathrm{m}}\sin\varphi\approx U_{\mathrm{m}}$，即工频恢复电压近似等于电源电压最大值（相电压)。

（2）开断中性点不直接接地系统中的三相短路电路　断路器在开断三相电路时，由于各相电流过零时间不同，电弧电流过零便有先后。电流首先过零电弧熄灭的一相称为首先开断相。图 2-9 所示为断路器在开断中性点不直接接地系统中的三相短路 A 相电流首先过零且电弧熄灭后的等效电路及相量图。此时，B、C 相仍由电弧短接，A 相断路器靠近短路侧触头的电位相当于 B、C 两相线电压的中点电位，如图 2-9a 所示。

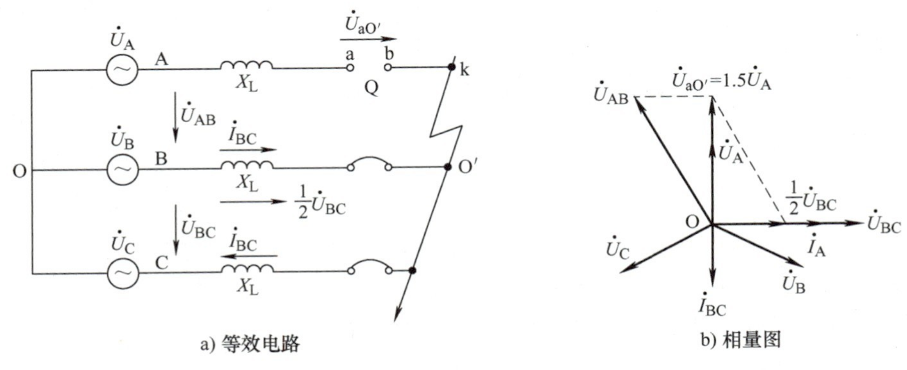

图 2-9　三相短路 A 相电弧首先熄灭后的等效电路及相量图

由图 2-9b 可得

$$\dot{U}_{aO'}=\dot{U}_{AB}+\frac{1}{2}\dot{U}_{BC}=1.5\dot{U}_{A}$$

可见，A 相首先开断后断口上的工频恢复电压为相电压的 1.5 倍。

由图 2-9b 可见，忽略电阻，$\dot{U}_A$ 超前 $\dot{I}_A$ 电角度 90°，$\dot{I}_A$ 超前 $\dot{I}_{BC}$ 电角度 90°，在 A 相熄弧之后，经过 0.005s（1/4 工频周期，电角度 90°）后，B、C 两相的短路电流同时过零，电弧同时熄灭，B、C 两相每个断口将承受线电压的一半，即 0.866 倍相电压。

断路器在开断中性点不直接接地系统中的三相电路时，其恢复电压是首先开断相为最大，为相电压的 1.5 倍（三相短路和三相接地短路都相同）。所以，断口电弧能否熄灭，关键在于首先开断相。但后续断开相，燃弧时间将比首先开断相延长 0.005s，因而触头烧坏，喷油、喷气等现象比首先开断相更为严重。

（3）开断中性点直接接地系统中的三相接地短路电路　当系统零序阻抗与正序阻抗之比不大于 3，该系统发生三相接地短路故障时，其首先开断相的工频恢复电压为相电压的 1.3 倍；第二开断相的工频恢复电压为相电压的 1.25 倍；最后开断相就变为单相接地，为相电压。

由于中性点直接接地系统的电压高，其相间距离大，三相直接短路（不接地）一般不会出现，如果出现，则首先开断相的工频恢复电压为相电压的 1.5 倍（各相工频恢复电压与中性点不直接接地系统中的三相短路分析结果相同）。因实际上多发生三相接地短路，故首先开断相系数取 1.3。

（4）开断两相短路电路　开断中性点直接接地系统中的两相接地短路电路时，工频恢复电压为相电压的 1.3 倍。开断其余情况的两相短路电路时，工频恢复电压为相电压的 0.866 倍。

（5）异地两相接地故障　在中性点不接地系统中的异地两相接地故障，开断相的工频恢复电压最大值为相电压的 1.73 倍。该异地两相接地故障，通常是单相接地故障的继发故障，且接地故障发生在断路器的不同侧的两相处。对于中性点直接接地系统中的异地两相接地故障，开断相的工频恢复电压最大值为相电压的 1.3 倍。

从上面分析可见，断路器开断短路电路时的工频恢复电压与系统中性点接地方式、短路故障类型有关，其中首先开断相的工频恢复电压最高。而断路器首先开断相的工频恢复电压最大值 U_{prm1}（相电压）为

$$U_{prm1}=K_1\frac{\sqrt{2}}{\sqrt{3}}U_{sm}=0.816K_1U_{sm}$$

式中　U_{sm}——电网的最高运行电压（线电压有效值）；

K_1——首先开断相系数，为首先开断相的工频恢复电压与相电压的比值。中性点不直接接地系统三相短路 $K_1=1.5$，中性点直接接地系统三相短路 $K_1=1.3$，中性点直接接地系统两相短路 $K_1=1.3$，中性点不直接接地系统异地两相接地故障 $K_1=1.73$。

（六）熄灭交流电弧的基本方法

加强弧隙的去游离、提高介质强度的恢复速度和降低弧隙电压的上升速度与幅值，是高压断路器中熄灭电弧的基本方法。高压断路器通常利用某几种灭弧方法的组合来

达到迅速灭弧的目的。常用的基本灭弧方法有下列几种。

1. 利用灭弧介质

在高压断路器中，广泛采用去游离作用强的灭弧介质灭弧。用变压器油作为灭弧介质时，在电弧的高温作用下，油分解出70%的氢气和其他气体，氢气的灭弧能力是空气的7.5倍；六氟化硫（SF_6）气体是具有良好负电性的气体，其氟原子具有很强的吸附电子的功能，能迅速捕捉自由电子而形成稳定的负离子，易于复合去游离，其灭弧能力比空气强100倍，具有优良的灭弧性能；用真空（压力低于1.33×10^{-2}Pa）作为灭弧介质时，由于弧隙中气体稀薄、中性质点和自由电子数量很少，产生碰撞的机会大大减少。另外，弧柱与周围真空的带电质点的浓度差和温度差很大，有利于扩散去游离的进行，真空的介质强度比空气强100倍；用压缩空气（压力为2×10^{6}Pa）作为灭弧介质时，由于压缩空气的分子密度大，质点的自由行程小，积累的能量小，不易发生游离，故具有良好的灭弧能力。

2. 吹弧

在高压断路器中，吹弧是指利用各种结构形式的灭弧室，使高温分解的气体或具有很大压力的新鲜且低温的气体在灭弧室中按特定的通路，吹动电弧，加强扩散和复合去游离而使电弧熄灭的方法。吹动方向与弧柱轴线相垂直时，称为横吹，如图2-10a所示。吹动方向与弧柱轴线一致时，称为纵吹，如图2-10b所示。横吹把电弧拉长，表面积增大，冷却加强。纵吹使电弧冷却变细。也有的高压断路器灭弧室采用纵、横混合吹弧的结构，灭弧效果更好。

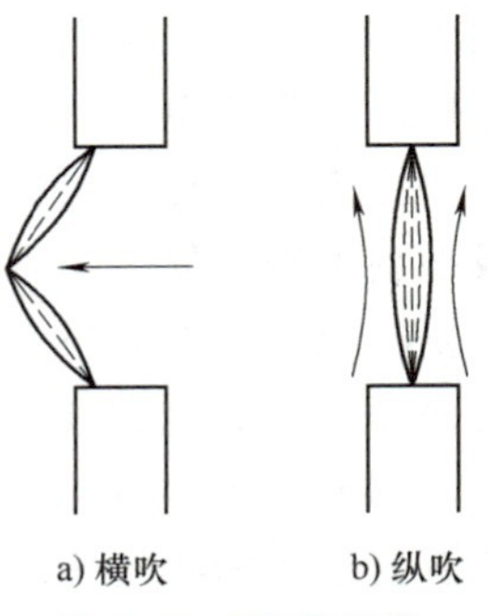

图2-10　吹弧方式

3. 采用特殊金属材料作灭弧触头

采用铜钨合金、银钨合金和铜铬合金等特殊金属材料作灭弧触头。这些材料在高温下不易熔化和蒸发、抗熔焊，可以减少热电子发射和高温分解产生的金属蒸气，削弱了游离作用。

4. 提高断路器触头的分离速度

在断路器中装设强力断路机构，加快其触头的分离速度，可以迅速拉长电弧，使弧隙的电场强度骤降，弧隙电阻和电弧的表面积突然增大，电弧的冷却加快，有利于带电质点的扩散和复合去游离。

开有斜槽的纵磁场触头真空10kV断路器动画

5. 采用多断口灭弧

为了提高断路器的灭弧能力，有些电压等级较高的断路器采用多个灭弧室串联的多断口灭弧方式。多断口将电弧分割成多段，在相同触头行程下，使电弧的总长度加长，去游离作用加强且分离速度加快，弧隙电阻迅速增大，介质强度恢复速度加快。另外，每个断口上的恢复电压减小，降低了恢复电压的上升速度和幅值，提高了灭弧能力。

采用多断口的断路器，由于连接两断口的导电部分对地分布电容的影响，断路器在开断位置时，各断口上的电压分配不均匀，影响断路器的灭弧。图2-11示出了双断口单相断路器在开断接地故障时的电路图。其中U为电源电压；U_1和U_2分别为两个断口的电压；在电弧熄灭后，每个断口可看成一个电容C_Q，通常为几十皮法；连接两断

口的导电部分对大地之间也可以看成是一个电容 C_0；由它们的容抗 $X_Q=1/(\omega C_Q)$ 和 $X_0=1/(\omega C_0)$，可得分配在两断口上的电压为

$$U_1=\frac{X_Q}{X_Q+X_Q//X_0}U=\frac{C_Q+C_0}{2C_Q+C_0}U$$

$$U_2=\frac{X_Q//X_0}{X_Q+X_Q//X_0}U=\frac{C_Q}{2C_Q+C_0}U$$

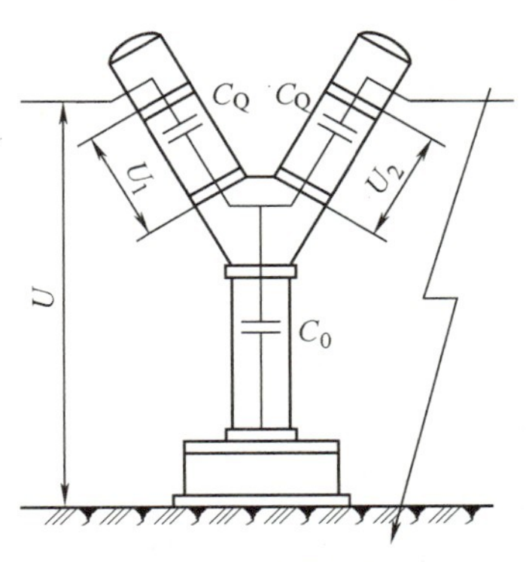

a) 断路器的电容分布

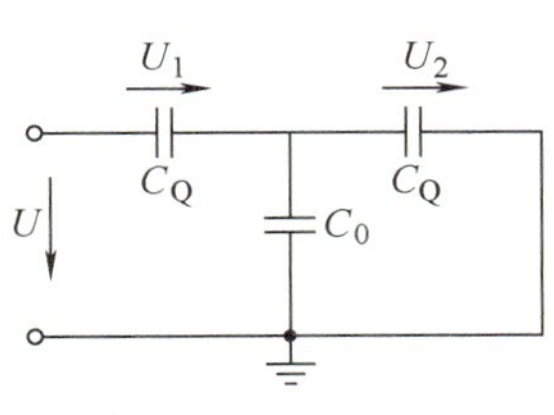

b) 等效电路

图 2-11 双断口单相断路器在开断接地故障时的电路图

可以看出，$U_1>U_2$，第一个断口的工作条件比第二个要恶劣，如其电弧不能熄灭，第一个断口击穿后，电压将全部加在第二个断口上，第二个断口也将被击穿。若 $C_Q=C_0$，则有 $U_1=2U/3$，$U_2=U/3$。

为了使各断口的电压均衡分配，可在每个断口上并联一个比 C_Q 大得多的电容 C（为 1000～2000pF），称为均压电容，如图 2-12 所示。由于 C_0 也很小，可以忽略不计，则并联均压电容后的电压分布为

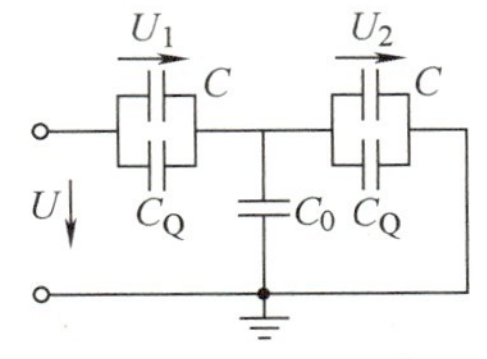

图 2-12 有均压电容的断口电压分布计算

$$U_1=\frac{(C_Q+C)+C_0}{2(C_Q+C)+C_0}U\approx\frac{C_Q+C}{2(C_Q+C)}U=\frac{1}{2}U$$

$$U_2=\frac{C_Q+C}{2(C_Q+C)+C_0}U\approx\frac{C_Q+C}{2(C_Q+C)}U=\frac{1}{2}U$$

可见，当均压电容 $C\gg C_Q$ 时，断口上的电压分布均匀，在 i 过零后，两个断口上的电弧可以同时熄灭。在 330kV 和 500kV SF_6 断路器中使用两断口灭弧技术。

110kV 六氟化硫瓷柱式断路器视频

6. 在断路器主触头两端加装低值并联电阻

如图 2-13 所示，断路器每相设主辅两个触头，Q_1 为主触头，Q_2 为辅助触头，并联电阻 r 先与辅助触头 Q_2 串联后再与主触头 Q_1 并联。断路器开断电路时，先将主触头 Q_1 断开，产生电弧，因有并联电阻 r 的作用，恢复电压由周期性振荡特性转变为非周期性，降低了恢复电压的上升速度

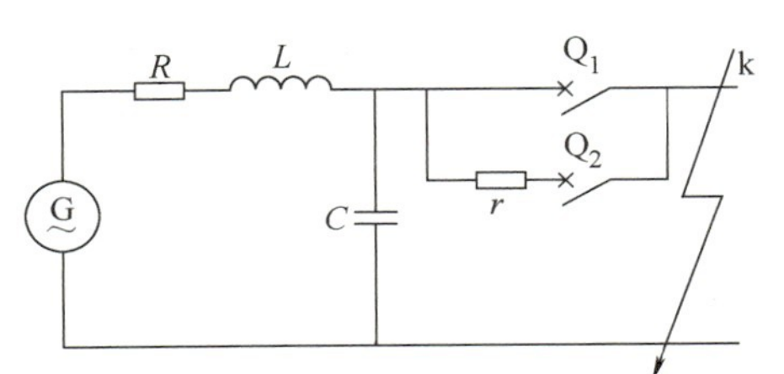

图 2-13 在断路器主触头两端加装低值并联电阻

和幅值，主触头上的电弧很快熄灭。主触头断开后，电阻 r 与电路串联，增加了电路的电阻，起限流和阻尼作用（$r>\omega L$），使接着断开的辅助触头 Q_2 上的电弧也容易熄灭。

二、高压断路器

（一）高压断路器的作用和类型

1. 高压断路器的作用

高压断路器内有灭弧介质和灭弧装置，可以熄灭接通或断开电路时产生的电弧，在发电厂和变电站中，高压断路器是保证安全可靠运行必不可少的开关电器。它的作用是在正常运行时接通或断开有负荷电流的电路；在电气设备出现故障时，能够在继电保护装置的控制下自动切断短路电流，断开故障设备。

2. 高压断路器的分类

根据灭弧介质和灭弧原理的不同，高压断路器可以分为以下几种类型。

（1）油断路器　以具有绝缘能力的矿物油作为灭弧介质的断路器，称为油断路器。断路器中的油除作为灭弧介质外，还作为触头断开后的间隙绝缘介质和带电部分与接地外壳间的绝缘介质，这种断路器称为多油断路器。油只作为灭弧介质和触头断开后的间隙绝缘介质，而带电部分对接地之间采用固体绝缘（例如瓷绝缘）的断路器称为少油断路器。多油断路器具有结构简单、绝缘性能好、断路器内部带有电流互感器、可靠性较高等优点；但体积大、用油量多、发生火灾的可能性大，且检修工作量大。多油断路器已淘汰。少油断路器具有结构简单、用油量很少、体积小、价格低等优点，在我国得到了广泛应用，但近年来，在35kV及以下电压级已被真空断路器取代，在110kV和220kV电压级已被 SF_6 断路器取代。

（2）SF_6 断路器　采用 SF_6 气体作为灭弧介质和触头断开后的间隙绝缘介质的断路器，称为 SF_6 断路器。SF_6 断路器分瓷柱式、落地罐式和全封闭组合电器用断路器三类。110kV及以上电压等级均采用 SF_6 断路器。

SF_6 气体是一种无色、无味、无毒、不燃的惰性气体，具有优良的灭弧性能和绝缘性能，因此，SF_6 断路器具有开断能力强、断口开距小、开断迅速、安全可靠、体积小、寿命长、维护工作量小，以及不检修时间间隔长（本体大修15～20年1次，某型号 SF_6 断路器小修1年1次，中修5年1次）等优点；但结构较复杂，金属消耗量较大，对材料、加工工艺和密封性能要求严格，价格贵。尽管如此，由于其优良的灭弧性能和绝缘性能，瓷柱式 SF_6 断路器和以 SF_6 气体为绝缘介质的全封闭组合电器正在得到广泛的应用。落地罐式 SF_6 断路器（110kV及以上电压等级）除具有一般瓷柱式 SF_6 断路器的优点外，还具耐地震能力强、自带电流互感器、可单相操作，也可三相电气联动操作、结构紧凑、占地面积小、耐重污秽等特点，特别适用于重污秽及多地震区的发电厂、变电站的电力设备及线路的操作与保护。

220kV六氟化硫瓷柱式断路器视频

（3）真空断路器　以真空的高介质强度实现灭弧和绝缘的断路器，称为真空断路器。所谓真空实际上是一种气体状态，凡是绝对压力低于1个标准大气压（atm，1atm=101325Pa）的气体都称为真空状态，绝对压力等于零的气体状态称为绝对真空。真空断路器的真空度为 $10^{-4}\sim10^{-2}$ Pa。它具有开断能力强、灭弧迅速、可连续多次操作、触头不易氧化和烧坏、运行维护简单、灭弧室不需要检修、寿命长、无火灾和爆炸危

险、体积小、重量轻等优点；但对材料、加工工艺和密封性能要求严格。性能优良的真空断路器在35kV及以下电压级的应用日益广泛。

（4）压缩空气断路器　采用压缩空气作为灭弧介质和触头断开后的间隙绝缘介质的断路器，称为压缩空气断路器，有时简称为空气断路器。它具有灭弧能力强、动作快、无火灾危险等优点；但结构复杂、金属消耗量大、噪声较大、维修周期长，需要配备一套压缩空气装置作为气源。空气断路器在对开断电流、开断时间及自动重合闸等要求较高的220kV及以上电压级有部分应用，目前已被SF_6断路器所取代。

（二）高压断路器的技术参数

高压断路器的技术性能常用以下技术参数来表征。

1. 额定电压

额定电压是指高压断路器长期正常工作的线电压有效值，用U_N表示，该参数表征了断路器长期正常工作的绝缘能力。考虑到电网运行电压的波动，还规定了高压断路器可以长期运行的最高工作电压，220kV及以下断路器的最高工作电压为$1.15U_N$；330kV及以上为$1.1U_N$。高压断路器额定电压的国家标准等级有10kV、20kV、35kV、110kV、220kV、330kV、500kV等。

2. 额定电流

额定电流是指高压断路器在规定条件下，可以长期通过的最大电流，用I_N表示，该参数表征了断路器承受长期工作电流产生的发热量的能力。高压断路器额定电流的国家标准等级有200A、400A、630A、1000A、1250A、1600A、2000A、3000A、4000A、5000A、6300A、8000A、10000A等。

3. 额定开断电流

在额定电压下，高压断路器能可靠开断的最大短路电流有效值，用I_{Nbr}表示，该参数表征了断路器的灭弧能力。$\sqrt{3}U_N I_{Nbr}$称为开断容量，为了可靠地开断短路电流，在低于额定电压下使用时，断路器的额定开断电流不变，则其开断容量相应降低。在校核断路器的开断能力时，常用开断电流代替开断容量。

GW4－110
隔离开关视频

4. 额定关合电流

如果在断路器合闸前，电气设备上已存在短路故障，则在断路器合闸过程中，其触头间介质被击穿，将通过很大的短路电流并产生强烈的电弧和很大的电动力，合闸后，在继电保护控制下，又要自动跳闸切除短路故障，这就要求断路器具有关合短路电流的能力。额定关合电流是指在规定条件下，断路器能关合不致产生触头熔焊及其他妨碍继续正常工作的最大电流峰值，用i_{Ncl}表示。

GW5－110
隔离开关视频

5. 热稳定电流

热稳定电流是指断路器在合闸位置t（单位为s）时间所能承受的最大电流有效值，用I_t表示，该参数表征了断路器耐受短路电流热效应的能力。t称为热稳定时间，4s热稳定电流一般等于断路器的额定开断电流。

6. 动稳定电流

动稳定电流是指断路器在合闸位置所能承受的最大电流峰值，用i_{es}表示，该参数表征了断路器承受短路电流电动力效应的能力。

7. 分闸时间

分闸时间（也称全开断时间）是指断路器从接到分闸命令起到各相触头电弧完全熄灭为止的一段时间，它等于断路器的固有分闸时间与燃弧时间之和。固有分闸时间是指从接到分闸命令起到触头刚刚分离的一段时间。燃弧时间是指从触头分离到各相电弧均熄灭的一段时间。

8. 合闸时间

合闸时间是指断路器从接到合闸命令起到各相触头完全接触为止的一段时间。

三、隔离开关

1. 隔离开关的用途

隔离开关没有专门的灭弧装置，不能用来接通或切断负荷电流和短路电流，否则，将产生强烈的电弧，造成人身伤亡、设备损坏或引起相间短路故障，故一般隔离开关的分、合操作需与断路器配合，只有在电路断开的情况下才能进行。隔离开关有以下几个用途：

（1）隔离电源　在检修电气设备时，为了安全，需要用隔离开关将停电检修的设备与带电运行的设备隔离，形成明显可见的断口。隔离电源是隔离开关的主要用途。

（2）倒闸操作　在双母线接线倒换母线或接通旁路母线时，某些隔离开关可以在“等电位”的情况下进行分、合闸，配合断路器完成改变运行方式的倒闸操作。

（3）分、合小电流电路　可用来分、合电压互感器、避雷器和空载母线；分、合励磁电流小于2A的空载变压器；分、合电容电流不超过5A的空载线路。但会产生不强烈的电弧。

GW16－252单臂垂直伸缩式隔离开关视频

2. 隔离开关的型式

隔离开关的型式较多，按装设地点可分为屋内式(GN型）和屋外式(GW型)；按绝缘支柱的数目可分为单柱式、双柱式和三柱式；按极数，屋内式又可分为单极式和三极式。常用的屋内式隔离开关有GN19型隔离开关（额定电流为400～1250A，相应老产品为GN6和GN8型），为屋内闸刀式三极隔离开关。GN22型隔离开关是一种屋内大电流（额定电流为1600～3150A）闸刀式三极隔离开关。常用的户外式隔离开关有GW4系列隔离开关，为户外双柱水平旋转式隔离开关。GW5系列隔离开关的棒型瓷柱做V形布置，是双柱式隔离开关的改进型，它的重量轻，占用空间位置小。GW4和GW5系列隔离开关多用在35～110kV电压等级配电装置中。用于220kV电压等级的GW7系列隔离开关为户外三柱双断口水平转动式隔离开关。用于管形母线的隔离开关有单柱单臂垂直伸缩式隔离开关GW16系列和双柱水平伸缩式隔离开关GW17系列。

GW17－252单臂水平伸缩式隔离开关视频

第二节　电流互感器

电流互感器（TA）是联系一次设备和二次设备，向二次设备传送一次电路电流信息的高压电器（一次设备)，其作用为：

1）将电气一次电路的大电流变为二次电路标准的小电流（≤5A或≤1A)，供电给测量仪表和保护装置继电器等二次负荷的电流线圈，使测量仪表和继电器标准化、小

型化、结构轻巧、价格便宜和便于屏内安装。

2）使电气二次设备与一次高压部分隔离，并且电流互感器的二次侧一端接地，从而保证二次设备和人身安全。

一、电磁式电流互感器的工作原理

目前，电力系统中广泛使用着电磁式电流互感器，其工作原理与变压器相似。电流互感器具有以下特点：

1）一次绕组串联于被测一次电路中，匝数很少且截面积大，流过一次绕组的电流 $\dot{I}_1$ 是由被测一次电路的负荷电流决定，与二次绕组中的电流 $\dot{I}_2$ 大小无关。

2）二次绕组匝数较多且截面积小，二次负荷的电流线圈相互串联后接于二次绕组的两端。

3）由于二次负荷电流线圈的阻抗都非常小，所以正常情况下，二次侧接近于短路状态运行。

图 2-14 所示为电磁式电流互感器的原理结构与接线图，其工作原理如下：

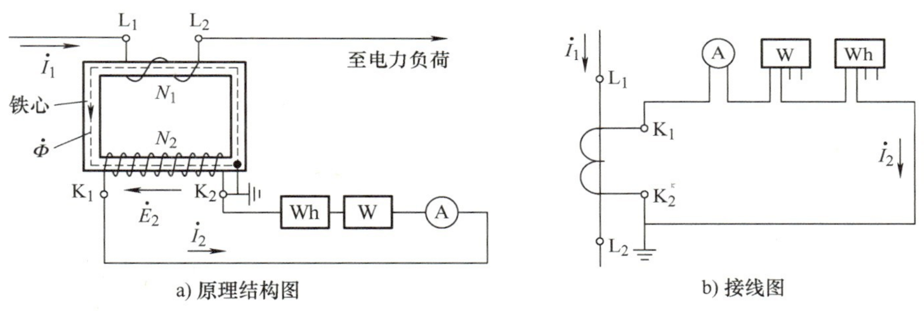

图 2-14　电流互感器原理结构图与接线图

当一次绕组中有电流 $\dot{I}_1$ 通过时，产生磁动势 $\dot{I}_1N_1$。由磁动势 $\dot{I}_1N_1$ 产生的磁通绝大部分通过铁心而闭合，从而在二次绕组中感应出电动势 $\dot{E}_2$。运行时，电流互感器二次绕组 N_2 与二次负荷连成通路，在电动势 $\dot{E}_2$ 的作用下，二次绕组中有电流 $\dot{I}_2$ 流过，二次绕组的磁动势 $\dot{I}_2N_2$ 也在铁心内产生磁通，其绝大部分也通过铁心闭合，但其方向总是与一次绕组磁动势 $\dot{I}_1N_1$ 产生的磁通方向相反。因此铁心中的磁通 $\dot{\Phi}$ 是一个由一次绕组磁动势 $\dot{I}_1N_1$ 与二次绕组磁动势 $\dot{I}_2N_2$ 共同产生的合成磁通，称为主磁通。根据磁动势平衡原理可以得到

110kV 独立式电流互感器视频

$$\dot{I}_1N_1 - \dot{I}_2N_2 = \dot{I}_0N_1 \tag{2-14}$$

式中　$\dot{I}_0N_1$——励磁磁动势。

电流互感器铁心的导磁性能较好，若忽略铁心中的能量损耗，可认为 $\dot{I}_0N_1=0$，则

$$\dot{I}_1N_1 - \dot{I}_2N_2 = 0 \quad 或 \quad \dot{I}_1N_1 = \dot{I}_2N_2 \tag{2-15}$$

式(2-15) 是理想电流互感器的一个重要关系式，即一次绕组安匝数等于二次绕组安匝数，但方向相反。电流互感器额定一次电流 I_{N1} 与额定二次电流 I_{N2} 之比，称为电流互感器的额定电流比，它近似等于二次绕组匝数 N_2 与一次绕组匝数 N_1 的比值，即

$$k_i = I_{N1}/I_{N2} \approx N_2/N_1 \tag{2-16}$$

二、电流互感器的误差

1. 电流互感器的误差分析

由式(2-14) 和式(2-16) 得，$\dot{I}_1 = \dot{I}_0 + k_i\dot{I}_2 = \dot{I}_0 + \dot{I}'_2$，可以看出，仅因为产生主磁通的励磁电流 $\dot{I}_0$ 的存在，就会使得一次电流 $\dot{I}_1$ 与二次电流 $\dot{I}'_2$ 在数值上和相位上都有差异，即测量结果存在误差。励磁电流 $\dot{I}_0$ 不可能没有，也就是不可能没有测量误差，但可以设法使误差尽可能减小。

电流互感器的等效电路及相量图如图 2-15 所示。图中，二次绕组的电阻 r'_2、电抗 x'_2、负荷阻抗 Z'_{2L}、电压 $\dot{U}'_2$、电流 $\dot{I}'_2$ 和二次侧电动势 $\dot{E}'_2$ 的数值均为归算到一次侧的数值。

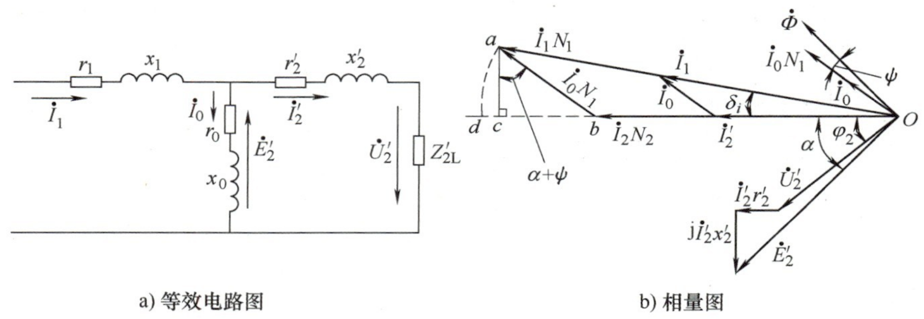

图 2-15 电流互感器的等效电路图与相量图

相量图中以二次电流 $\dot{I}'_2$ 为参考相量，二次电压 $\dot{U}'_2$ 较 $\dot{I}'_2$ 超前 φ_2 角（二次负荷功率因数角）；从等效电路的二次回路可知，$\dot{E}'_2 = \dot{U}'_2 + \dot{I}'_2(r'_2 + \mathrm{j}x'_2)$，$\dot{E}'_2$ 超前 $\dot{U}'_2$，故 $\dot{E}'_2$ 超前 $\dot{I}'_2$ 的角度 α（二次总阻抗角）$>\varphi_2$。铁心中的磁通 $\dot{\Phi}$ 滞后 $\dot{E}'_2$ 90°；励磁电流 $\dot{I}_0$ 较 $\dot{\Phi}$ 超前 ψ 角（铁心损耗角）；二次电流 $\dot{I}'_2$ 与励磁电流 $\dot{I}_0$ 相加得一次电流 $\dot{I}_1$；二次磁动势 $\dot{I}_2N_2$ 与励磁磁动势 $\dot{I}_0N_1$ 之和为一次磁动势 $\dot{I}_1N_1$。

220kV 独立式电流互感器视频

由相量图也可以看出，电流 $\dot{I}_1$ 与 $\dot{I}'_2$ 在数值上和相位上都不相同，这种误差通常用电流误差 f_i 和相位差 δ_i 表示，它们的定义如下：

（1）电流误差 f_i　电流误差 f_i 为二次电流的测量值 I_2 乘以额定电流比得到的一次电流近似值 k_iI_2 与一次电流实际值 I_1 的差值，相对于 I_1 的比值的百分数，即

$$f_i = \frac{k_iI_2 - I_1}{I_1} \times 100\% = \frac{I_2N_2 - I_1N_1}{I_1N_1} \times 100\% \tag{2-17}$$

从相量图上可见，相位差δ_i很小，相量$\dot{I}_1N_1$旋转得到的d点与投影得到的c点接近，所以$I_2N_2-I_1N_1=-\overline{bd}\approx-\overline{bc}=-I_0N_1\sin(\alpha+\psi)$。于是得到

$$f_i=\frac{I_2N_2-I_1N_1}{I_1N_1}\times100\%\approx-\frac{I_0N_1}{I_1N_1}\sin(\alpha+\psi)\times100\% \tag{2-18}$$

（2）相位差δ_i　相位差δ_i为二次电流$\dot{I}'_2$与一次电流$\dot{I}_1$之间的夹角，并规定$\dot{I}'_2$超前于$\dot{I}_1$时，相位差δ_i为正值，反之为负值。由相量图中各相量关系可求得

$$\delta_i\approx\sin\delta_i=\frac{\overline{ac}}{\overline{Oa}}=\frac{I_0N_1}{I_1N_1}\cos(\alpha+\psi)\times3440' \tag{2-19}$$

式(2-18)和式(2-19)中，I_0N_1称为电流互感器的绝对误差，$I_0N_1/(I_1N_1)$称为电流互感器的相对误差。

2. 电流互感器的结构与运行参数对误差的影响

根据电磁感应定律有$E_2=4.44BSfN_2$和等效电路中二次回路电压方程$E_2=I_2(Z_2+Z_{2L})\approx\frac{I_1}{k_i}(Z_2+Z_{2L})$，可得出铁心的磁感应强度$B\approx\frac{I_1N_1(Z_2+Z_{2L})}{222N_2^2S}$，计及$I_0N=HL_{av}$和$B=\mu H$，于是电流互感器的相对误差为

$$\frac{I_0N_1}{I_1N_1}=\frac{HL_{av}}{I_1N_1}=\frac{BL_{av}}{\mu I_1N_1}\approx\frac{(Z_2+Z_{2L})L_{av}}{222N_2^2S\mu} \tag{2-20}$$

式中　H、B和μ——铁心的磁场强度（A/m）、磁感应强度（T）和磁导率（H/m）；

S和L_{av}——铁心截面积（m^2）和铁心平均长度（m）；

Z_2和Z_{2L}——互感器二次线圈的内阻抗（Ω）和负荷阻抗（Ω）。

将式(2-20)代入式(2-18)和式(2-19)，得到

$$f_i\approx-\frac{(Z_2+Z_{2L})L_{av}}{222N_2^2S\mu}\sin(\alpha+\psi)\times100\% \tag{2-21}$$

$$\delta_i\approx\frac{(Z_2+Z_{2L})L_{av}}{222N_2^2S\mu}\cos(\alpha+\psi)\times3440' \tag{2-22}$$

（1）互感器结构对误差的影响　由式(2-21)和式(2-22)可见，电流互感器结构造成的误差与铁心的材料性能、几何尺寸及内阻有关，采用高性能铁心材料，增大铁心的磁导率μ和截面积S及减小平均长度L_{av}，磁阻$R_m=L/(\mu S)$减小，可减小励磁电流。互感器二次绕组的内阻抗Z_2也影响其误差。这些都需在互感器的设计和制造中综合考虑，使得互感器有合理的结构和较小的误差。

（2）运行参数对误差的影响　在推导式(2-21)和式(2-22)的过程中，电源频率取50Hz，实际上频率的变化会影响误差。铁心磁导率μ、二次负荷阻抗Z_{2L}及二次负荷的功率因数角φ_2为运行参数，它们对误差的影响分别简要分析如下：

1）一次电流I_1的影响　由上述B的表达式可知$B\propto I_1$。$B=f(H)$和$\mu=f(H)$的关系曲线如图2-16所示。因为电流互感器的误差与μ成反比，μ越大，误差越小，所以电流互感器在正常运行时，应有尽可能大的μ值，以减小误差。通常，电流互感器在额定二次负荷下，当一次电流为额定电流时，即工作在图2-16的b点附近（Oa段为

B 的起始段，ab 段为线性区，c 点为饱和点)，此处 μ 值最大，误差最小。当一次电流 I_1 减小时，μ 值减小，电流误差 f_i 和相位差 δ_i 都会增大。在选择电流互感器时，要使一次电流 I_1 接近于其额定一次电流 I_{N1}。

2）二次负荷阻抗 Z_{2L} 及功率因数 $\cos\varphi_2$ 对误差的影响　由图 2-15、式(2-21) 和式(2-22) 可见，若 $\cos\varphi_2$ 不变，Z_{2L} 增大→f_i 和 δ_i 都增大（电流互感器二次侧串联的测量表计越多，Z_{2L} 越大，误差越大)。

当二次负荷的功率因数 $\cos\varphi_2$ 降低→φ_2 增大→α（$\dot{E}_2'$ 与 $\dot{I}_2'$ 之间的夹角，即二次总阻抗角）增大→f_i 增大和 δ_i 减小，反之，f_i 减小和 δ_i 增大。

（3）电流互感器二次绕组开路　当电流互感器二次绕组开路时，$Z_{2L}=\infty$，$I_2=0$，使得 $\dot{I}_0N_1=\dot{I}_1N_1$，铁心严重饱和，磁通 Φ 变为平顶波。二次绕组的感应电动势 e_2 与 $d\phi/dt$ 成正比，因此磁通过零时，在二次绕组感应产生很高的尖顶波电动势 e_2，如图 2-17 所示，其数值可达数千伏，甚至上万伏，危及人身安全和仪表、继电器绝缘；由于磁感应强度剧增，会引起铁心和绕组过热；会在铁心中产生剩磁，使互感器特性变坏。所以，电流互感器在运行中，二次绕组不允许开路。避免电流互感器二次绕组开路的措施：拆除仪表前先将二次绕组短路。

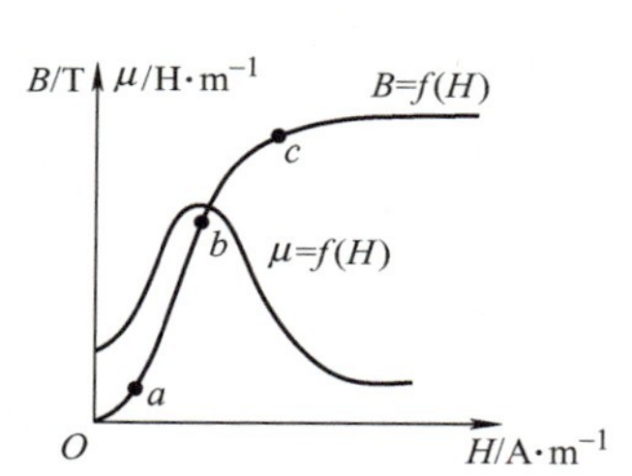

图2-16　铁心的磁化和磁导率曲线

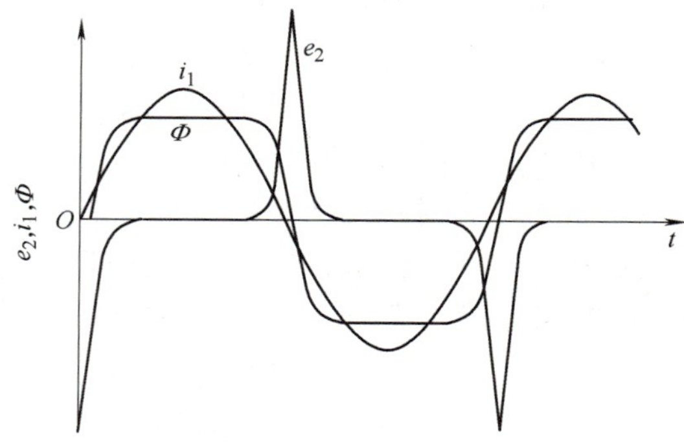

图 2-17　电流互感器二次绕组开路时 i_1、Φ 和 e_2 的变化曲线

（4）电流互感器的误差特性与误差的改善　电流互感器的误差特性曲线如图 2-18 所示，I_1/I_{N1} 越小，电流误差 $|f_i|$ 和相位差 $|\delta_i|$ 越大，当 I_1/I_{N1} 接近于 1 时，误差较小。为了减小误差，运行中电流互感器的 I_1 应接近于 I_{N1}。此外，可采用匝数补偿法，即通过二次绕组减匝的办法，有意提高二次电流，以减小电流互感器的电流误差，图 2-18 中的电流误差曲线由实曲线 1 变为虚曲线 1′，$|f_i|$ 减小了。需要说明，匝数补偿法不能改变相位差 δ_i 的大小。

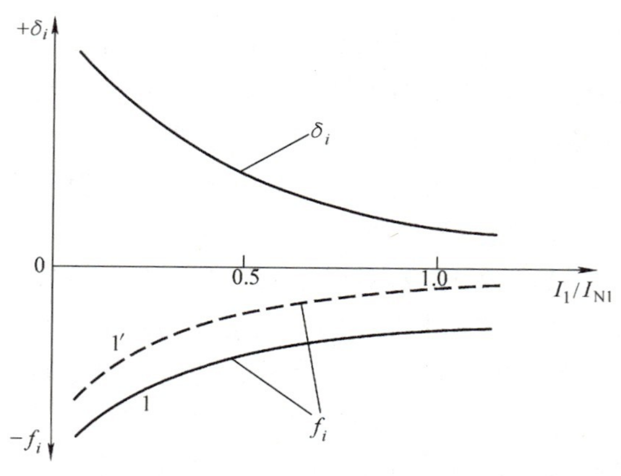

图 2-18　电流互感器的误差特性曲线

1—匝数补偿前特性　1′—匝数补偿后特性

三、电流互感器的准确级和额定容量

1. 电流互感器的准确级

准确级是对电流互感器（或电压互感器）所给定的等级，表示它在规定使用条件下的电流误差（或电压误差）和相位差保持在规定的限值以内。

（1）测量用　测量用电流互感器的准确级是指在规定的二次负荷范围内，以该准确级在额定电流下所规定的最大允许电流误差的百分数来标称。测量用分一般用途和特殊用途（S类），准确级划分为0.1级、0.2级、0.5级、1级、3级和5级等。大容量发电机、变压器、系统干线和500kV及以上电压级采用高精度的0.2级；重要回路测量和需要电能计量的回路不低于0.5级；1级、3级、5级用于精度不高的测量。0.2S和0.5S是指为满足特殊使用要求制造的0.2级和0.5级的互感器，与普通0.2级和0.5级互感器相比，其保证精度的测试范围更宽一些。例如0.2级互感器在20%额定电流时，精度已经下降到0.35%，而0.2S级仍能保证0.2%。对工作电流变化范围大的计费用电能计量仪表应采用S类电流互感器。电流互感器在二次负荷为额定负荷值的25%～100%（50%～100%，对3级和5级）之间的任一值时，其额定频率下的准确级和误差限值见表2-1。

表2-1　测量用电流互感器的准确级和误差限值

准　确　级	一次电流为额定一次电流的百分数（%）	误差限值	
		电流误差（%）	相位差（′）
0.2S	±1 ±5 ±20 ±(100～120)	±0.75 ±0.35 ±0.2 ±0.2	±30 ±15 ±10 ±10
0.5S	±1 ±5 ±20 ±(100～120)	±1.5 ±0.75 ±0.5 ±0.5	±90 ±45 ±30 ±30
0.1	±5 ±20 ±(100～120)	±0.4 ±0.2 ±0.1	±15 ±8 ±5
0.2	±5 ±20 ±(100～120)	±0.75 ±0.35 ±0.2	±30 ±15 ±10
0.5	±5 ±20 ±(100～120)	±1.5 ±0.75 ±0.5	±90 ±45 ±30
1	±5 ±20 ±(100～120)	±3 ±1.5 ±1	±180 ±90 ±60
3和5	±(50～120)	±3和±5	不规定

（2）保护用 保护用电流互感器分为稳态保护用（P）和暂态保护用（TP）两种类型。稳态保护用电流互感器分为P级、PR级和PX级，该类电流互感器的准确特性是由一次电流为稳态对称电流时的复合误差（P级及PR级）或励磁特性拐点（PX级）确定的。其中P级是准确限值规定为稳态对称一次电流下的复合误差的电流互感器，对剩磁无要求；PR级是稳态对称一次电流下剩磁系数小于10%的限制剩磁系数的电流互感器，此类电流互感器的铁心开有小气隙，以确保剩磁系数小于10%，有特殊的要求时还规定了二次时间常数的限值；而PX级是一种低漏磁的电流互感器。100MW以下机组发电机变压器组保护宜采用P级，100～200MW机组发电机变压器组保护宜采用P级或PR级。3～220kV系统保护用电流互感器宜采用P级。如要求消除剩磁对保护的影响时（当一次电流在互感器处于饱和状态时断开剩磁最大，剩磁在正常工况下不易消除，剩磁可能使互感器在短路电流远小于正常饱和值时过早饱和），66～220kV系统保护用电流互感器也可采用PR级。对P级电流互感器准确限值不适应的特殊场合，宜采用PX级电流互感器。

在发生短路故障时，尤其是电流互感器的铁心接近饱和时，电流是非正弦周期性波形，不能用方均根值（有效值）和相量相位来准确表示其误差。为此，稳态保护用电流互感器准确级是以额定准确限值一次电流下的最大复合误差$\varepsilon(\%)$来标称的，即$\varepsilon(\%)=\dfrac{100}{I_1}\sqrt{\dfrac{1}{T}\int_0^T(k_i i_2-i_1)^2\mathrm{d}t}$，它实际上是二次电流瞬时值$k_i i_2$（归算到一次侧）与一次电流瞬时值$i_1$两者之差的方均根值与对应一次电流（短路电流）有效值I_1比值的百分数。复合误差等于准确限值的一次短路电流称为额定准确限值一次电流，而额定准确限值一次电流与额定一次电流的比值，称为额定准确限值系数。稳态保护用电流互感器的准确级常用的有5P，5PR和10P，10PR。例如，5P20表示互感器为5P级，额定准确限值系数为20，只要一次电流不超过$20I_{N1}$，互感器的最大复合误差不会超过5%。稳态保护用电流互感器的准确级和误差限值见表2-2。

表2-2 P级及PR级保护电流互感器误差限值

准确级	在额定一次电流下		在额定准确限值一次电流下复合误差（%）
	电流误差（%）	相位差（′）	
5P，5PR	±1.0	±60	5.0
10P，10PR	±3.0	—	10.0

当继电保护带有时限且时限较长的情况下，短路电流已达稳态，电流互感器只要满足稳态下的误差要求即可，这类继电保护使用稳态保护用的电流互感器。

实际使用中，经常遇到电流互感器可能尚有潜力未得到合理利用的情况，即互感器的准确限值系数K_{alf}不够但二次输出容量有裕度的情况。因此，必要时可进行较精确验算，对于非低漏磁电流互感器（P级及PR级）可按厂家提供的实际准确限值系数与允许二次负荷（电阻Ω或容量VA）的关系曲线验算，以便更合理地选用电流互感器。根据实际的二次负荷电阻R_b（小于额定二次负荷电阻R_{bn}），从曲线上查出电流互感器的准确限值系数K'_{alf}（大于K_{alf}），参见图2-19所示曲线，也就是人们通常所说的10%（5%）误差曲线。

暂态保护用电流互感器的准确级分为TPX、TPY、TPZ等级别。高压和超高压系统短路时的时间常数大，加之快速继电保护的使用，短路切除时，电流还未达到稳定（是非周期性），这就要求电流互感器在暂态过程中应有足够的准确性，电流误差不超过±10%，并能不受短路电流直流分量的影响。该类电流互感器的准确限值是考虑一次电流中同时具有周期分量和非周期分量，并按某种规定的暂态工作循环时的峰值误差来确定的。暂态保护用电流互感器能满足短路电流中具有非周期分量的暂态过程性能要求。

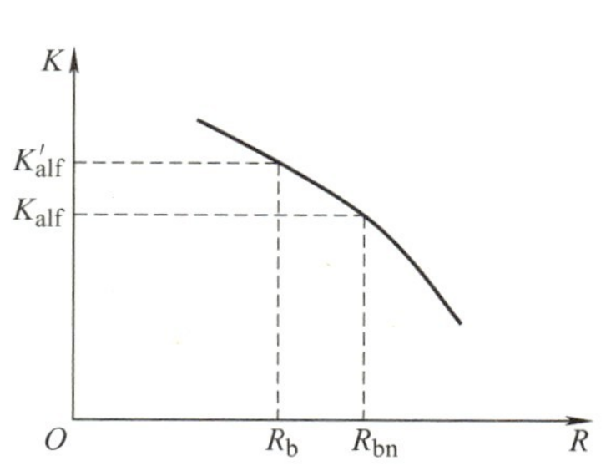

图2-19　实际准确限值系数与允许二次负荷的关系曲线

峰值瞬时（总）误差指在规定的工作循环中的最大瞬时误差电流，表示为额定一次短路电流峰值的百分数

$$\varepsilon = \frac{i_\varepsilon}{\sqrt{2}I_{psc}} \times 100\%$$

式中　i_ε——瞬时误差电流，它是二次电流瞬时值（i_s）与额定电流比（K_n）的乘积和一次电流瞬时值（i_p）的差值，即$i_\varepsilon = K_n i_s - i_p$；

I_{psc}——额定一次短路电流，它是在暂态情况下，电流互感器额定准确度性能所依据的对称一次短路电流分量方均根值。

K_{ssc}为额定对称短路电流倍数，它是在暂态条件下额定一次短路电流（I_{psc}）与额定一次电流（I_{pn}）之比，即$K_{ssc} = I_{psc}/I_{pn}$，额定对称短路电流倍数一般选用10、15、20、25、30、40、50。暂态保护用电流互感器的准确级和误差限值见表2-3。几种暂态保护用电流互感器简介如下：

1）TPX级电流互感器：准确限值规定为在指定的暂态工作循环中的峰值瞬时误差。它的环形闭合铁心中不带气隙，因此不能限制剩磁，剩磁较大。在短路暂态过程中，特别是在重合闸后的重复励磁下，铁心容易饱和，致使二次电流畸变，暂态误差显著增大，故超高压系统主保护一般不采用TPX级，但因价廉，可用于某些后备保护。TPX级不宜用于线路重合闸。

2）TPY级电流互感器：准确限值规定为在指定的暂态工作循环中的峰值瞬时误差。它的铁心带有小气隙，剩磁可限制到适当值以下，剩磁不超过饱和磁通的10%，由于气隙使铁心不易饱和，有利于直流分量的快速衰减，具有较好的暂态特性，因而超、特高压系统保护主要采用TPY级电流互感器，330～1000kV线路保护、高压侧为330～1000kV的主变压器和联络变压器差动保护各侧，以及300MW及以上大容量机组发电机变压器组差动保护宜采用TPY级电流互感器。TPY级不宜用于断路器失灵保护。

3）TPZ级电流互感器：准确限值规定为在指定的二次电路时间常数下，具有最大直流偏移的单次通电时的峰值瞬时交流分量误差（无直流分量误差限值要求）。它的铁心有较大气隙，一般不易饱和，剩磁实际上可以忽略，可显著改善电流互感器的暂态特性，因此特别适合于有快速重合闸（无电流时间间隔不超过0.3s）的线路上使用。TPZ级电流互感器通常适用于仅反应交流分量的保护，由于不保证低频分量误差及励

磁阻抗低，不宜用于主设备保护和断路器失灵保护。

表 2-3 TPX 级、TPY 级和 TPZ 级电流互感器误差限值

准确级	在额定一次电流下		在规定的工作循环条件下的暂态误差（%）
	电流误差（%）	相位差（′）	
TPX	±0.5	±30	10.0
TPY	±1.0	±60	10.0
TPZ	±1.0	180±18	10.0

2. 电流互感器的额定容量

电流互感器的额定容量 S_{N2} 是指在额定二次电流 I_{N2} 和额定二次负荷阻抗 Z_{N2} 下运行时，二次绕组所输出的容量，即

$$S_{N2}=I_{N2}^2 Z_{N2} \tag{2-23}$$

由于电流互感器的额定二次电流为标准值（一般为 5A 或 1A），所以有的厂家提供的是电流互感器的额定二次阻抗值 Z_{N2}。

因电流互感器的误差与二次负荷有关，电流互感器二次绕组所接二次负荷阻抗不同时，误差（测量精度）也不同。为了使用户知道所接二次负荷（阻抗 $>Z_{N2}$）下的误差（准确级），厂家一般给出几个不同准确级（误差）下的额定二次负荷阻抗供用户确定电流互感器的实际准确级。例如，LMZ1-10-3000/5 型电流互感器二次负荷阻抗 $Z_{2L}<Z_{N2}=1.6\Omega(40\text{VA})$ 时，为 0.5 级；$1.6\Omega<Z_{2L}<Z_{N2}=2.4\Omega(60\text{VA})$ 为 1 级。新型号的电流互感器有多个具有不同准确级的二次绕组，以便将计量、测量和保护等功能分开，厂家提供的是电流互感器的额定二次容量 S_{N2}。

四、电流互感器的分类与结构

1. 电流互感器的分类

（1）按安装地点分类　可分为户内式和户外式。

（2）按安装方式分类　可分为独立式和套管式。支持式（安装在平面或支柱上）为独立式；穿墙式（安装在墙壁、楼板或金属结构的孔中）和装入式（套装在变压器或高压断路器出线套管中的引出线上）为套管式。

（3）按结构形式分类　可分为多匝式（又称复匝式）、一次贯穿式（一次绕组为 1 匝，也称单匝式）、母线式、正立式和倒立式。

（4）按绝缘分类　可分为固体式（采用环氧树脂浇注成形，用于 35kV 及以下的户内式）、油浸式（铁心和用油纸绝缘的绕组放于瓷箱内的油中，多用于户外式）和气体式（采用 SF_6 气体绝缘，多用于 110kV 及以上的户外式）。

（5）按用途分类　可分为测量和计量用、继电保护用。

（6）按特性分类　可分为测量用和保护用。测量用：一般用途、特殊用途（S 类）；保护用：P 级、PR 级、PX 级和 TP 级（具有暂态特性型）。

（7）按电流变换原理分类　可分为电磁式和电子式。

2. 电流互感器的结构

电流互感器的型式较多，不论哪种型式，其结构均主要包括一次绕组、二次绕组、

铁心和绝缘等几部分。由于测量用和保护用电流互感器工作范围和性能差别很大，一般不能共用，所以在同一回路中，往往需要使用多只电流互感器。但为了节约材料和降低投资，它们可以组装在一个电流互感器内，由多个没有磁联系的独立铁心和二次绕组与共用的一次绕组构成具有同一电流比、多个二次绕组的电流互感器，分别供给测量、计量与保护使用。图 2-20a 所示为具有 2 个二次绕组的单匝式电流互感器结构。图 2-20b 所示为具有 3 个二次绕组的多匝式电流互感器结构。

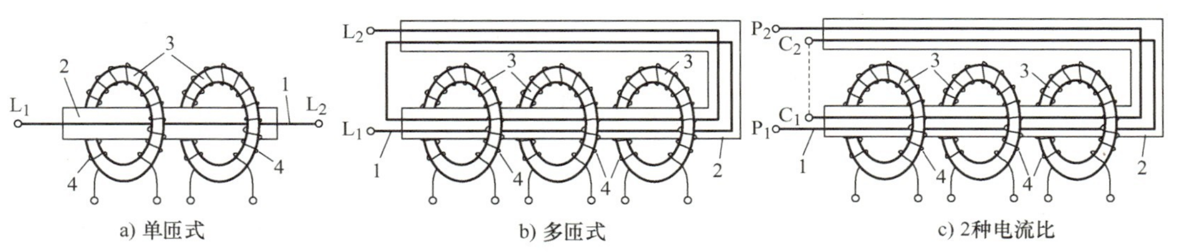

图 2-20　电流互感器结构原理图

1——一次绕组　2—绝缘　3—铁心　4—二次绕组

对于 66kV 及以上的电流互感器，为了适应一次电流的变化和减少产品规格，通常将其一次绕组分成几组（每组都是多匝式），通过切换改变一次绕组的串并联，以获得 2～3 种电流比。这种电流互感器实际上是一种多电流比电流互感器，多电流比电流互感器是指在一台电流互感器上，采用一次绕组的各段串联或并联，或（和）采用二次绕组抽头（仅用于测量用的二次绕组）的方法，获得多种电流比的电流互感器。图 2-20c 中，一次绕组串联时，可将 C_1 和 C_2 连接在一起；一次绕组并联时，可将 P_1 和 C_1、P_2 和 C_2 连接在一起。例如额定电流比为 2×600/5 的电流互感器有两个一次绕组，两个一次绕组串联时额定电流比为 600/5，两个一次绕组并联时额定电流比为 1200/5。

第三节　电压互感器

电压互感器（TV）是联系一次设备和二次设备，向二次设备传送一次电路电压信息的高压电器（一次设备），其作用为：

1）将电气一次电路的高电压变为二次电路标准的低电压（额定值为 100V 或 $100/\sqrt{3}$V），供电给测量仪表和保护装置继电器等二次负荷的电压线圈，使测量仪表和继电器标准化、小型化、结构轻巧、价格便宜和便于屏内安装。

2）使电气二次设备与一次高压部分隔离，并且电压互感器的二次侧一端接地，从而保证二次设备和人身安全。

一、电磁式电压互感器

1. 电磁式电压互感器的工作原理

目前，电力系统中广泛使用着电磁式电压互感器，其工作原理与变压器相同，结构和连接方式相似，其工作原理的分析过程与电磁式电流互感器相似，不再赘述。图 2-21 所示为电磁式电压互感器的原理结构与等效电路图。

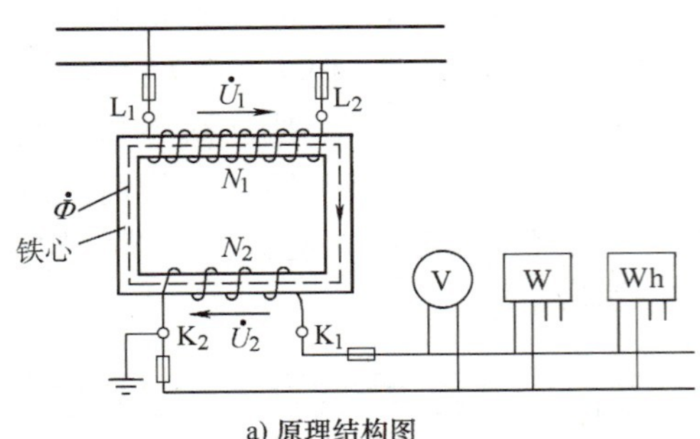

a) 原理结构图

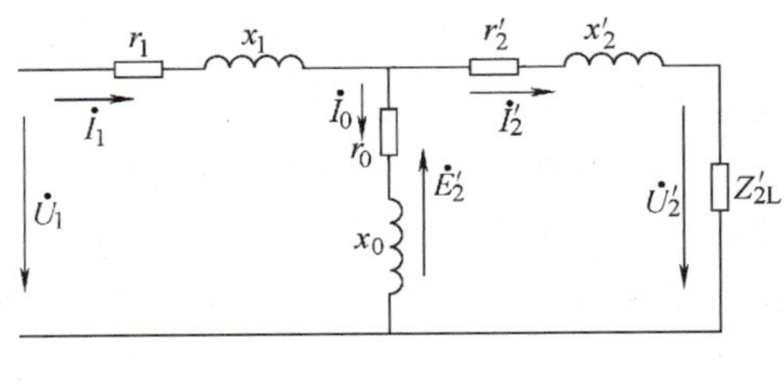

b) 等效电路图

图 2-21　电压互感器原理结构图与等效电路图

（1）电磁式电压互感器的特点

1）一次绕组匝数很多且截面积小，与被测一次电路并联。二次绕组匝数较少且截面积大，二次负荷的电压线圈并联后接于其两端。类似于一台小容量的降压变压器，但结构上有较高的安全系数。

2）二次侧所接二次负荷的电压线圈阻抗很大，正常运行时接近于开路状态。

（2）电压互感器的额定电压比　电压互感器一次绕组额定电压与二次绕组额定电压之比称为额定电压比，即 $k_u = U_{N1}/U_{N2}$，U_{N2}已统一为 100V（或 $100/\sqrt{3}$V）。

2. 电压互感器的误差

根据等效电路图及正方向，把电压互感器内阻抗（一、二次绕组阻抗）的电压降分成空载电压降 $\dot{I}_0(r_1+\mathrm{j}x_1)$和二次负荷电流 $\dot{I}'_2$引起的电压降 $\dot{I}'_2(r_1+r'_2)+\mathrm{j}\dot{I}'_2(x_1+x'_2)$，则一次绕组电压为

$$\dot{U}_1=\dot{U}'_2+\dot{I}_0(r_1+\mathrm{j}x_1)+\dot{I}'_2(r_1+r'_2)+\mathrm{j}\dot{I}'_2(x_1+x'_2)$$

可以看出，电压互感器的励磁电流及二次负荷电流在内阻抗上产生的电压降使得 $|\dot{U}_1| \neq |\dot{U}'_2|$，相位也不相等，造成测量结果在数值上和相位上都有误差，这种误差通常用电压误差f_u和相位差 δ_u表示，它们的定义如下：

（1）电压误差 f_u　电压误差 f_u为二次电压的测量值 U_2与额定电压比 k_u的乘积 k_uU_2，与实际一次电压 U_1之差，对实际一次电压 U_1的比值的百分数（电压均为有效值），即

$$f_u=\frac{k_uU_2-U_1}{U_1}\times 100\%$$

（2）相位差 δ_u　相位差 δ_u为二次电压相量 $\dot{U}'_2$与一次电压相量 $\dot{U}_1$ 之间的夹角，并规定 $\dot{U}'_2$超前于 $\dot{U}_1$ 时相位差为正，反之为负。

由电压互感器等效电路的各量关系可画出电压互感器的相量图，如图 2-22 所示。图 2-21b 中，二次绕组的电阻 r'_2、电抗 x'_2、负荷阻抗 Z'_{2L}、电压 $\dot{U}'_2$、电流 $\dot{I}'_2$和二次侧电动势 $\dot{E}'_2$的数值均为归算到一次侧的数值。

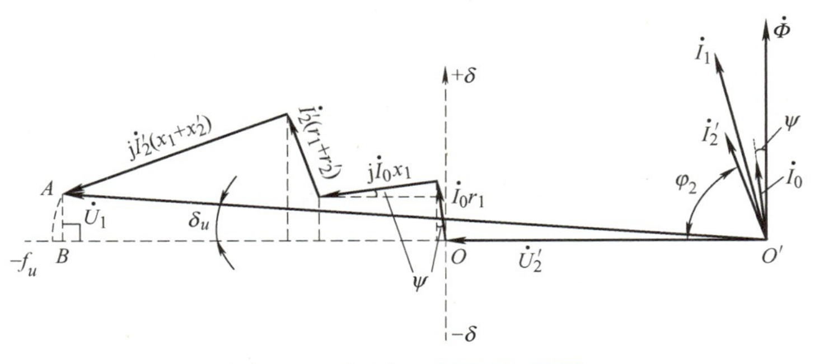

图 2-22　电压互感器的相量图

相量图以二次负荷两端电压 $\dot{U}'_2$ 为参考相量。由于电压互感器内部二次阻抗 Z'_2 很小，其上电压降 $\dot{I}'_2(r'_2+\mathrm{j}x'_2)$ 很小，所以感应电动势 $\dot{E}'_2=\dot{U}'_2+\dot{I}'_2(r'_2+\mathrm{j}x'_2)\approx\dot{U}'_2$，铁心中磁通 $\dot{\Phi}$ 滞后感应电动势 $\dot{E}'_2(\dot{U}'_2)$ 90°。由于铁心有损耗，产生磁通 $\dot{\Phi}$ 的电流 $\dot{I}_0$ 超前于 $\dot{\Phi}$，角度为 ψ。

从图 2-22 可以看出，$k_uU_2-U_1=\overline{O'O}-\overline{O'A}\approx\overline{O'O}-\overline{O'B}=-\overline{OB}$，而线段 $\overline{OB}$ 等于相量 $\dot{I}_0(r_1+\mathrm{j}x_1)+\dot{I}'_2(r_1+r'_2)+\mathrm{j}\dot{I}'_2(x_1+x'_2)$ 在横坐标轴上的投影，也就是相量 $\dot{I}_0r_1$、$\mathrm{j}\dot{I}_0x_1$、$\dot{I}'_2(r_1+r'_2)$、$\mathrm{j}\dot{I}'_2(x_1+x'_2)$ 在横坐标轴上的投影之和，因此得

$$
\begin{aligned}
f_u&=\frac{k_uU_2-U_1}{U_1}\times100\%\\
&\approx-\frac{\overline{OB}}{\overline{O'A}}=-\left[\frac{I_0r_1\sin\psi+I_0x_1\cos\psi}{U_1}+\frac{I'_2(r_1+r'_2)\cos\varphi_2+I'_2(x_1+x'_2)\sin\varphi_2}{U_1}\right]\times100\%\\
&=-\left[\frac{I_0r_1\sin\psi+I_0x_1\cos\psi}{U_1}+\frac{I'_2}{U_1}\sqrt{(r_1+r'_2)^2+(x_1+x'_2)^2}\cos(\varphi_2-\varphi_0)\right]\times100\%=f_{u0}+f_{u\mathrm{L}}
\end{aligned}
\tag{2-24}
$$

式中　φ_0——一、二次绕组阻抗角（感性），$\varphi_0=\arctan[(x_1+x'_2)/(r_1+r'_2)]$；

f_{u0}、$f_{u\mathrm{L}}$——空载电压误差和负荷电压误差。

相位差 $\delta_u\approx\sin\delta_u$，$\sin\delta_u$ 取决于线段 $\overline{AB}$ 的长度，而 $\overline{AB}$ 等于相量 $\dot{I}_0(r_1+\mathrm{j}x_1)+\dot{I}'_2(r_1+r'_2)+\mathrm{j}\dot{I}'_2(x_1+x'_2)$ 在纵坐标轴上的投影，因此得

$$
\begin{aligned}
\delta_u&\approx\sin\delta_u=\frac{\overline{AB}}{\overline{O'A}}=\left[\frac{I_0r_1\cos\psi-I_0x_1\sin\psi}{U_1}+\frac{I'_2(r_1+r'_2)\sin\varphi_2-I'_2(x_1+x'_2)\cos\varphi_2}{U_1}\right]\times3440'\\
&=\left[\frac{I_0r_1\cos\psi-I_0x_1\sin\psi}{U_1}+\frac{I'_2}{U_1}\sqrt{(r_1+r'_2)^2+(x_1+x'_2)^2}\sin(\varphi_2-\varphi_0)\right]\times3440'=\delta_{u0}+\delta_{u\mathrm{L}}
\end{aligned}
\tag{2-25}
$$

式中　δ_{u0}、$\delta_{u\mathrm{L}}$——空载相位差（′）和负荷相位差（′）。

由式(2-24）和式(2-25）可见，电压互感器的电压误差和相位差均与一次和二次

绕组阻抗、励磁电流、二次负荷电流和 $\cos\varphi_2$ 有关。减小一次和二次绕组阻抗、励磁电流及二次负荷电流可以减小误差。改善电压互感器电压特性的方法有以下几种：①增大一次绕组导线截面积，减小一次绕组电阻；②改善一、二次绕组耦合状态，减小一次绕组漏抗；③调整一次绕组电阻和一次绕组漏抗的比值，减小空载相位差；④选用高磁导率的铁心材料，缩短铁心磁路长度，减小励磁电流；⑤采用补偿方法，减小一次绕组电压降等。

3. 电压互感器运行时的误差特性

图 2-23 是电压互感器的误差特性，分别示出了 $\cos\varphi_2=1(\varphi_2=0<\varphi_0)$ 和 $\cos\varphi_2=0.5(\varphi_2>\varphi_0)$ 两种情况下的特性。图 2-23a 为电压误差特性，由式(2-24) 可知，如果二次负荷功率因数角 φ_2 不变，f_u 是 I_2 的线性函数（电压误差特性是直线，斜率由 φ_2 决定）。二次负荷电流 I_2 从零（对应空载电压误差 f_{u0}）变化到额定值，误差总是负值，两种情况 $|f_u|$ 都是随 I_2 增大（即二次负荷阻抗值减小，阻抗角 φ_2 不变）而增大。图 2-23b 为相位差特性，由式(2-25) 可知，如果二次负荷功率因数角 φ_2 不变，δ_u 是 I_2 的线性函数（相位差特性是直线，斜率由 φ_2 决定）。I_2 从零（对应空载相位差 δ_{u0}）变化到额定值，$I_2=0$ 时，$\delta_u=\delta_{u0}$ 为正值，$\cos\varphi_2=1$ 时（即 $\varphi_2<\varphi_0$），随着 I_2 的增大，δ_u 值变小，然后变负且 $|\delta_u|$ 越来越大；$\cos\varphi_2=0.5$ 时（即 $\varphi_2>\varphi_0$），随着 I_2 的增大，δ_u 值始终为正且数值越来越大。

电压互感器的二次负荷电流 I_2 和功率因数 $\cos\varphi_2$ 是运行参数，二次负荷电流 I_2 增大（二次侧并联的测量表计增多，二次负荷阻抗减小，或者说二次负荷容量增加）时，$|f_u|$ 增大，$|\delta_u|$ 一般也相应增大（I_2 较大时，见图 2-23b）。功率因数 $\cos\varphi_2$ 变化时，如果 I_2 不变，由式(2-24) 和式(2-25) 可知负荷电压误差和负荷相位差是二次负荷功率因数角 φ_2 的余弦和正弦函数，误差曲线是正弦曲线。当 $\varphi_2=\varphi_0$ 时，负荷电压误差最大，负荷相位差为零。

为了减小电压互感器的误差，可采用一次绕组减匝的匝数补偿法进行误差补偿，使电压误差减小，如图 2-23a 中虚线所示。但是，匝数补偿法不能改变相位差的大小。

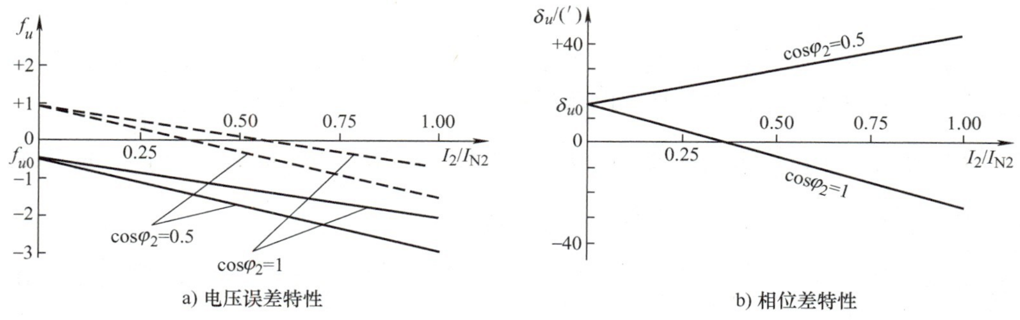

a) 电压误差特性　　b) 相位差特性

图 2-23　电压互感器的误差特性

4. 电压互感器的准确级

测量用电压互感器的准确级是以该准确级规定的一次电压和二次负荷范围内的最大允许电压误差百分数来标称。标准准确级为 0.1、0.2、0.5、1.0、3.0。保护用电压

互感器的准确级是以该准确级在 5% 额定电压到额定电压因数（额定电压因数根据与系统及一次绕组接地条件有关的系统最高运行电压来决定，有 1.2、1.5 或 1.9 三个值）相对应的电压范围内最大允许电压误差的百分数标称。标准准确级为 3P 和 6P。剩余电压绕组（辅助二次绕组）的准确级为 6P。电压互感器的准确级和误差限值见表 2-4。

表 2-4　电压互感器的准确级和误差限值

用途	准确级	误差限值		适用运行条件			
		电压误差（%）	相位差（′）	电压（%）	频率范围（%）	负荷（%）	负荷功率因数
测量用绕组	0.1	±0.1	±5	80～120	99～101	25～100	0.8（滞后）
	0.2	±0.2	±10				
	0.5	±0.5	±20				
	1.0	±1.0	±40				
	3.0	±3.0	未规定				
保护用绕组	3P	±3.0	±120	5～150 或 5～190	96～102		
	6P	±6.0	±240				
其他用途绕组	6P	±6.0	±240				

5. 电压互感器的额定容量

电压互感器的额定容量 S_{N2}，通常是指在规定的最高准确级下所对应的二次容量。由于电压误差 f_u 随二次负荷的增加而增大，所以同一台电压互感器在不同的准确级下具有不同的额定容量，准确级越高，对应的额定二次容量 S_{N2} 越小；反之，S_{N2} 越大。

6. 电压互感器的分类

（1）按安装地点分类　可分为户内式（35kV 及以下）和户外式（多为 35kV 及以上）。

（2）按相数分类　可分为单相式（任何电压级）和三相式（20kV 及以下）。

（3）按绕组数分类　可分为双绕组（35kV 及以下）、三绕组、四绕组（任何电压级）和五绕组。

（4）按绝缘分类　可分为固体绝缘式（如浇注式用于 3～35kV 及以下的户内式）、油浸绝缘式（多用于 35kV 及以上的户外式）和 SF_6 气体绝缘式（多用于 110kV 及以上电压级）。

（5）按电压变换原理分类　可分为电磁式、电容式、电子式。

220kV 电压互感器和避雷器视频

7. 电压互感器的结构

（1）三相式结构　三相式结构的电压互感器仅适用于 20kV 及以下电压等级，有三相三柱式和三相五柱式两种结构，如图 2-24 所示。

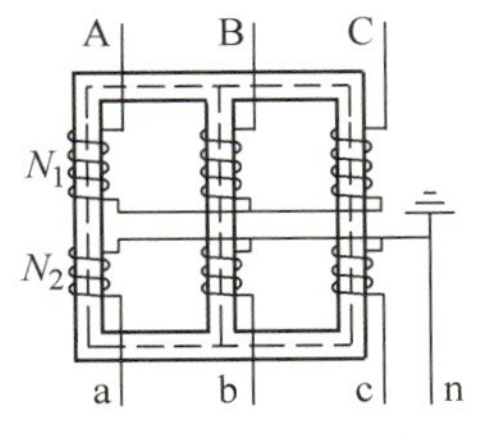

a) 三相三柱式结构

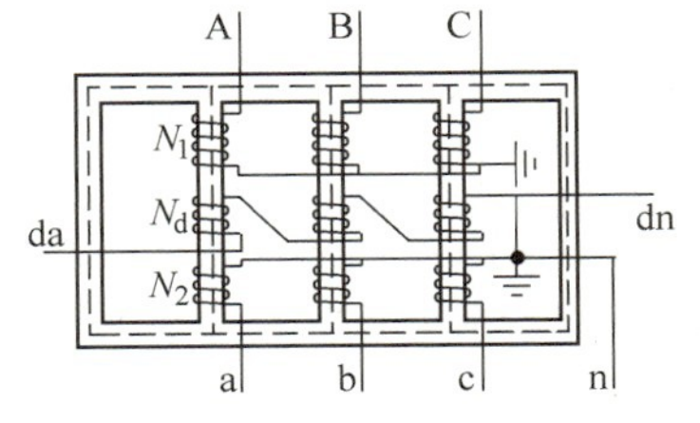

b) 三相五柱式结构

图 2-24　三相式电压互感器结构原理示意图

三相三柱式电压互感器为三相、双绕组、油浸式户内型产

品。图2-24a为一台三相三柱式电压互感器的结构示意图，其一次绕组只能是星形联结，并且中性点不能接地。这是因为若中性点接地，当系统发生接地故障时，三相绕组中的零序电流同时流向中性点，并通过大地构成回路。但是，在同一时刻，三相零序磁通在三柱中方向相同，不能在铁心中构成零序磁通通路，只能通过气隙和铁外壳构成回路，由于磁阻很大，致使零序电流比正常励磁电流大很多倍，造成互感器绕组过热甚至烧毁。

三相三柱式电压互感器一次绕组为星形联结而中性点不接地，当电力系统发生单相接地故障时，加在电压互感器一次绕组上的线电压并未改变，而中性点电位升高，接地相对中性点的电压不变，所以电压互感器每相二次绕组的电压没有变，指示的还是相电压，即反映不出接地故障相，故三相三柱式电压互感器不能用作绝缘监视。

三相五柱式电压互感器为三相、三绕组或四绕组、油浸式户内型产品。图2-24b为一台三相五柱式三绕组电压互感器的结构示意图，由于两个边柱为零序磁通提供了通路，其一次绕组可以为星形联结，并且中性点接地。这种结构与接线的电压互感器可用来向交流系统绝缘监察装置的3只电压表（接于互感器二次侧的相电压上）供电。系统某相接地时，接地相的电压表指示下降，非接地相电压表指示上升（金属性接地时，接地相电压表指示为零，非接地相电压表指示上升为线电压）。辅助二次绕组（也称剩余电压绕组）接成开口三角形，正常运行时，开口三角形两端之间电压为0V；金属性接地时，开口三角形两端之间电压为100V，发出警告信号。

（2）单相式结构　单相式结构的电压互感器适用于任何电压等级，可分为普通式和串级式，其结构原理图如图2-25所示。

35kV及以下电压互感器采用普通式结构，它与普通小容量变压器相似，图2-25a、b所示分别为单相式双绕组和单相式三绕组结构原理示意图。

110kV及以上的电磁式电压互感器普遍制成串级式结构，其特点是：铁心与绕组采用分级绝缘，节省了绝缘材料，减小了重量和体积，降低了成本。图2-25c为220kV串级式三绕组电压互感器的结构原理示意图。

1）串级式结构互感器由两个铁心组成，两个铁心互相绝缘；一次绕组分成匝数相等的4部分，分别绕在两个铁心的上、下铁心柱上，按磁通相加方向顺序串联，接于相与地之间，每个铁心上的两个绕组的中点与铁心相连。每段绕组对铁心的最高电压为$U_{ph}/4$，所以每段绕组对铁心的绝缘只需按$U_{ph}/4$设计，比普通结构的电压互感器减少了3/4的绝缘。由于铁心带电，铁心之间、铁心与地之间都需要一定的绝缘。

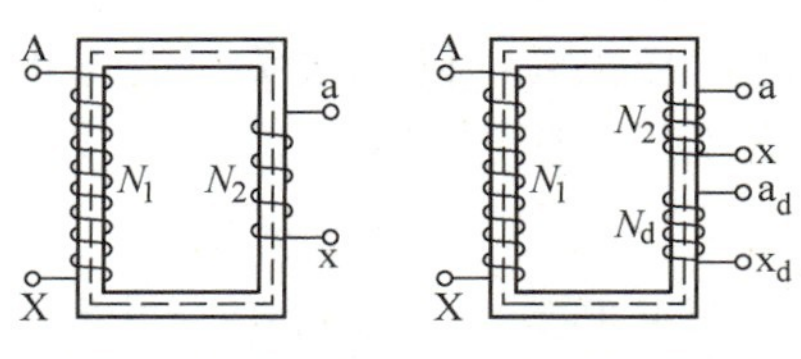

a) 单相式双绕组结构　b) 单相式三绕组结构

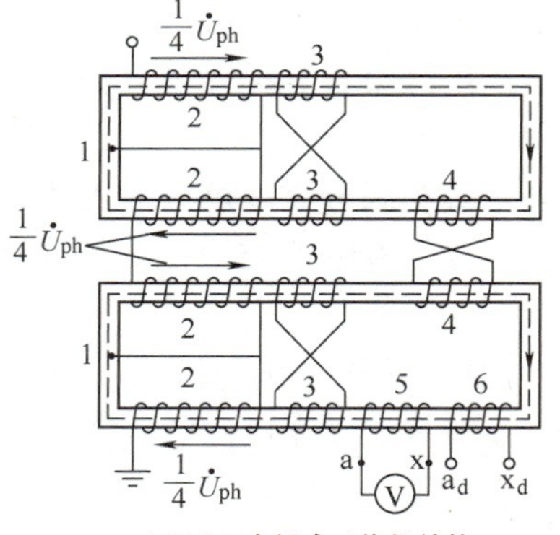

c) 220kV串级式三绕组结构

图2-25　单相式电压互感器结构原理示意图

1—铁心　2—一次绕组　3—平衡绕组　4—连耦绕组　5—二次绕组　6—辅助二次绕组

2）串级式结构的二次绕组绕在末级铁心（下部铁心）的下铁心柱上，当二次绕组开路时，一次绕组电压分布均匀。当二次绕组接通负荷后，流过负荷电流 i_2，二次磁动势 i_2N_2 产生去磁磁通，使末级铁心（下部铁心）内的磁通小于上部铁心内的磁通，于是使各段线圈感抗不等，电压分布不均匀，使电压互感器的准确级下降。为了避免这一现象，在两铁心相邻的铁心柱上，绕有匝数相等、绕向相同、反向对接的连耦绕组。这样，当两个铁心中磁通不相等时，连耦绕组内出现环流，使磁通较大的铁心去磁和磁通较小的铁心助磁，从而达到两个铁心内磁通大致相等，各段绕组电压分布均匀。

3）串级式结构同一铁心的上、下两个铁心柱，由于所处位置不同，其漏磁通路有差异，会使两铁心柱中磁通不等，这两个铁心柱上两段线圈的电压分布不匀。为此，在同一铁心的上、下铁心柱上绕有匝数相等、绕向相同、反向对接的平衡绕组。若两柱中磁通不等，在平衡绕组内产生平衡电流，使磁通大的去磁，磁通小的助磁，从而达到两柱中磁通相等，两段线圈电压分布均匀的目的。

二、电容式电压互感器

随着电力系统电压等级的增高，在超高压、特高压电网中若使用电磁式电压互感器，其体积会很大、非常不经济。因此，产生了电容式电压互感器（capacitive voltage transformer，CVT)，电压等级多在 110kV 及以上。110kV 电网两种互感器都有使用，220kV 电网以前采用电磁式，目前 220kV 及以上电网都采用电容式电压互感器。电容式电压互感器由电容分压器和电磁单元组成。电容分压器由高压电容 C_1 和中压电容 C_2 串联组成。电磁单元由中间变压器、补偿电抗器串联组成。电容式电压互感器还可兼作载波通信系统的耦合电容器。电容分压器分压得到的中间电压（一般为 10～20kV）通过中间变压器降为 $100/\sqrt{3}$V 和 100V（或 100/3V）的电压，为电压测量及继电保护装置提供电压信号。其原理接线图如图 2-26 所示。

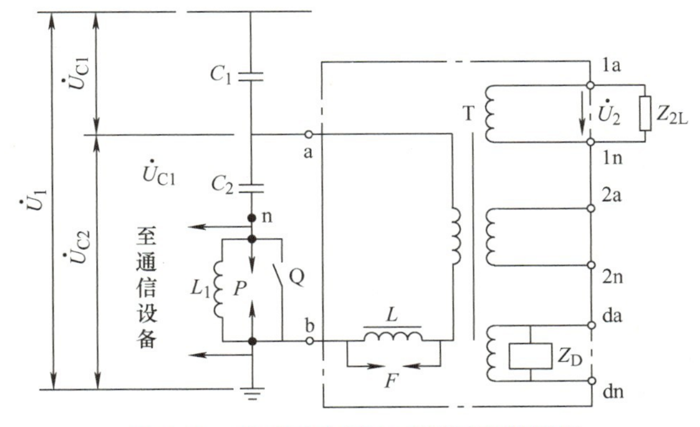

图 2-26　电容式电压互感器原理接线图

（1）工作原理　电容式电压互感器实质上是一个电容分压器，被测电压 U_1 加到高压电容 C_1 和中压电容 C_2 上，根据电容串联分压原理（按电容量反比分压），得

$$U_{C2}=\frac{C_1}{C_1+C_2}U_1=kU_1$$

式中　k——分压比，$k=C_1/(C_1+C_2)$。

U_{C2} 与一次电压 U_1 成正比例变化，故可测量出相对地电压。

（2）电容式电压互感器的误差及其减小误差的措施　当 C_2 两端（即图中 a、b 两点之间，L_1 很小）与负荷接通时，电流流过电容 C_1 和 C_2 的阻抗而产生电压降，引起电

容式电压互感器的电压误差和相位差。

利用等效发电机原理，将电源短接（即图2-26中母线对地连接），自a、b两点可测得内阻抗（C_1与C_2并联）为$Z_i=\frac{1}{j\omega(C_1+C_2)}$。$Z_i$越大，误差也越大。为了减小互感器内阻抗$Z_i$，在b点右侧接入一个补偿电抗$L$，这时，从中间变压器T向电源看，电源内阻抗变为$Z_i=j\omega L+\frac{1}{j\omega(C_1+C_2)}$（$L_1$的阻抗很小，略去不计），当$\omega L=\frac{1}{\omega(C_1+C_2)}$时，$Z_i=0$，即不产生电源内阻抗电压降，输出电压与负荷大小无关。但实际上由于电容器有损耗，电抗器也有电阻，不可能使内阻抗为零，因此还会有误差产生。减小分压器的输出电流，可减小误差，故将负荷经中间变压器T（阻抗变换）与电容分压器相连接。中间变压器的1a、1n和2a、2n为电容式电压互感器的主二次绕组输出端，da、dn为辅助二次绕组（剩余电压绕组）输出端。电容式电压互感器稳态测量误差会受到二次负荷、环境温度、环境电场和系统频率等因素的影响，系统频率应保持在(50±0.5)Hz范围内。另外由于其内部存在电容和电感，时间常数较大，二次输出电压及时跟随一次暂态电压的变化很困难，容易造成暂态测量误差。

（3）防止产生铁磁谐振的措施　铁磁谐振由一次侧或二次侧开关操作激发。由于电容式电压互感器是由电容（C_1、C_2）和电磁单元（中间变压器、补偿电抗器）构成，在一次侧突然合闸或二次侧短路又突然消除时，一次电压变化的暂态过程可能使电磁单元的非线性电抗元件（中间变压器）的铁心饱和，与并联的两部分分压电容发生铁磁谐振，激发产生内部分次（1/3次）谐波铁磁谐振过电压，危及电容式电压互感器本身的安全，影响二次测量、保护的正常工作。为了抑制铁磁谐振过电压的产生，在辅助二次绕组（剩余电压绕组）中并联一个铁磁谐振阻尼器Z_D（由一个电感与一个电容并联后与一个阻尼电阻串联构成），阻尼电阻上流过谐振电流，能在短时内将铁磁谐振能量消除，还可改善电容式电压互感器的暂态响应特性，限制可能出现在一个或多个部件上的过电压。谐振阻尼器有经常接入和谐振时自动接入两种方式。

（4）放电间隙F的作用　当电压互感器二次侧发生短路时，由于回路电阻r和剩余电抗（X_L-X_C）都很小，短路电流可达额定电流的数十倍，此电流将产生很高的过电压，为防止由于二次侧短路造成的电压升高而击穿补偿电抗器线圈，在补偿电抗L两端并联有放电间隙F（氧化锌避雷器或保护球隙），用以限制电抗器的过电压，且具有抑制电容式电压互感器的铁磁谐振（铁磁谐振时击穿，破坏了谐振条件）的功能。

（5）载波附件（用于电力载波通信时选带载波附件的电容式电压互感器）　排流线圈L_1（接在电容分压器低压端子与地之间的一个电感元件，排流线圈的阻抗在工频下很小，但在载波频率下具有高阻抗值）的工频阻抗很小，一般小于10Ω，作用是使电容分压器的工频电容电流（小于0.5A）入地，限制电容分压器低压端电位（约为5V），保证了设备和人员的人身安全。保护间隙P可抑制电容分压器低压端产生的冲击过电压（排流线圈上的过电压）。接地刀开关Q在检修结合滤波器时将电容分压器低压端接地（不带载波附件时，n点直接接地），便于结合滤波器的带电检修。

电磁式电压互感器在110kV及以下电网中得到广泛应用，而电容式电压互感器在超高压、特高压电网中得到广泛应用，这种情况是由它们不同的特点决定的。电磁式

电压互感器与一台小容量的变压器类似，具有设计制造工艺成熟、成本低、准确度高等优点，但随着电压等级的升高，绝缘难度增大，制造难度和成本会迅速增加，很难满足超高压、特高压电网的发展要求。电容式电压互感器的结构创新性在于它由电容分压器与一套类似于电磁式电压互感器的电磁单元组成，因此除了具有电磁式电压互感器的全部功能外，电容分压器的分压作用使得电磁单元只需较低绝缘水平也可对高电压进行转换，明显降低了绝缘成本，具有结构简单、体积小、重量轻、易于维护、电压等级越高经济性越显著的优点，并且其电容分压器可兼作载波通信的耦合电容器，在长距离通信、远方测量、线路高频保护等方面发挥载波作用。随着计算机监控和保护在发电厂和变电站的广泛应用，电容式电压互感器的二次负荷大为减小，输出容量较小已不是问题，准确等级能满足各种需要，这些都为电容式电压互感器的应用提供了广阔的空间。

三、电压互感器的接线方式

电压互感器的接线方式是根据测量和保护的要求所确定的。发电厂和变电站常用的接线方式有以下几种：

（1）一台单相式电压互感器接线方式　图 2-27a 是由一台单相电压互感器接于电网的一相与地之间，用来测量相对地电压，这种接线适用于 110～220kV 中性点直接接地电网中。其额定一次电压 U_{N1} 为所接电网额定电压 U_{NS} 的 $1/\sqrt{3}$，即 $U_{N1}=U_{NS}/\sqrt{3}$，其 $U_{N2}=100V$。

图 2-27b 是由一台单相电压互感器接于电网的两相之间，用来测量相间电压，适用于 3～35kV 中性点不接地电网中。其额定一次电压 U_{N1} 为所接电网的额定电压 U_{NS}，即 $U_{N1}=U_{NS}$，其额定二次电压 $U_{N2}=100V$。

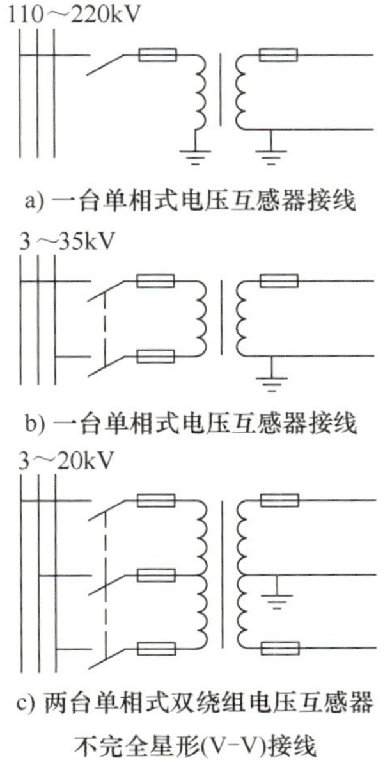

a) 一台单相式电压互感器接线

b) 一台单相式电压互感器接线

c) 两台单相式双绕组电压互感器不完全星形(V-V)接线

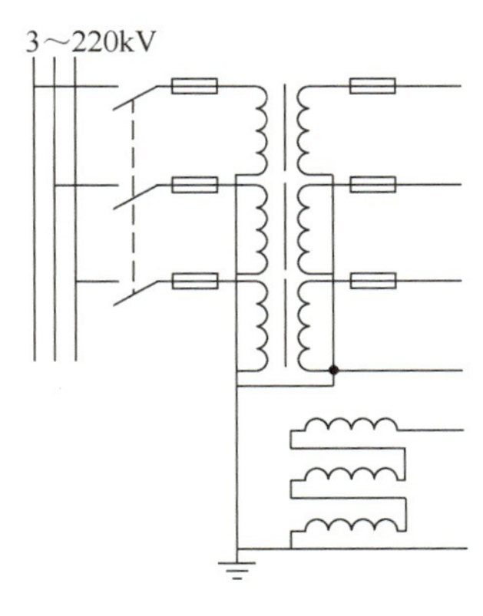

d) 三台单相式三绕组电压互感器(或一台三相五柱式电压互感器)接线

110～1000kV

e) 电容式电压互感器接线

图 2-27　电压互感器的接线方式

（2）两台单相式电压互感器不完全星形（即 V-V）接线方式　如图 2-27c 所示，两台单相电压互感器分别接于电网的 A 相—B 相和 B 相—C 相之间，用来测量相间电压，这种接线常用于 3～20kV 中性点不接地电网中。其额定一次电压 U_{N1} 为所接电网的额定电压 U_{NS}，即 $U_{N1}=U_{NS}$，其额定二次电压 $U_{N2}=100V$。

（3）三台单相式电压互感器“星形-星形-开口三角形”接线方式　如图 2-27d 所示，在 3～220kV 系统中得到广泛应用，可以用来测量相间电压和相对地电压。其额定一次电压 $U_{N1}=U_{NS}/\sqrt{3}$；星形联结二次绕组的额定电压 $U_{N2}=100/\sqrt{3}V$；辅助二次绕组（也称剩余电压绕组，为开口三角形接线，接地故障时产生剩余电压或零序电压）用于中性点不接地电网的绝缘监察装置和中性点直接接地电网的接地保护，其每相额定电压 U_{N3} 在中性点不接地电网时为 100/3V，在中性点直接接地电网时为 100V。

三相五柱式电压互感器的铁心为一整体，其连接方式与图 2-27d 基本相同，它只用于 3～20kV 系统中。这种电压互感器在其内部已完成了绕组的连接，故 $U_{N1}=U_{NS}$，$U_{N2}=100V$（线电压）；每相辅助二次绕组的额定电压 $U_{N3}=100/3V$。

辅助二次绕组用于中性点不接地电网（小电流接地系统），正常运行时，开口三角两端之间电压为

$$\dot{U}_{ad,xd}=\dot{U}_a+\dot{U}_b+\dot{U}_c=0V$$

式中　$\dot{U}_a,\dot{U}_b,\dot{U}_c$——正常运行时辅助二次绕组的每相电压。

当中性点不接地电网发生单相金属性接地时（例如 A 相），由于电网中性点产生偏移，电压互感器（TV）的一次绕组中性点也产生偏移（因 TV 的一次绕组中性点接地），TV 一次绕组 B、C 相电压上升为线电压。辅助二次绕组电压跟随一次绕组电压变化，如图 2-28 所示，开口三角两端之间电压为

$$\dot{U}_{ad,xd}=\dot{U}'_a+\dot{U}'_b+\dot{U}'_c=\dot{U}'_b+\dot{U}'_c=2\dot{U}'_b\cos30°$$
$$=2\sqrt{3}\dot{U}_b\cos30°=3\dot{U}_b=100V$$

式中　$\dot{U}'_a,\dot{U}'_b,\dot{U}'_c$——发生单相金属性接地时辅助二次绕组的每相电压。

即如果每相辅助二次绕组的额定电压设计为 100/3V，则电网发生单相金属性接地时，TV 开口三角两端之间的电压为 100V。

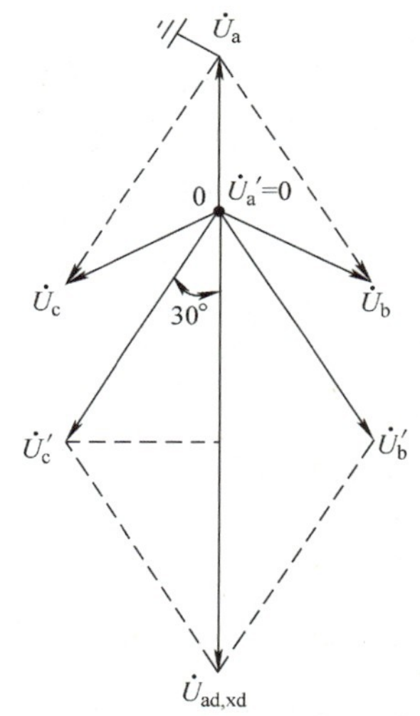

图 2-28　中性点不接地电网发生单相金属性接地时（例如 A 相），TV 辅助二次绕组电压相量图

辅助二次绕组用于中性点直接接地电网（大电流接地系统），正常运行时，开口三角两端之间电压为

$$\dot{U}_{ad,xd}=\dot{U}_a+\dot{U}_b+\dot{U}_c=0V$$

当中性点直接接地电网发生单相金属性接地时（例如 A 相），由于电网中性点不产生偏移，TV 的一次绕组中性点也不产生偏移，TV 一次绕组 B、C 相的相电压没有改变，辅助二次绕组电压跟随一次绕组电压变化，如图 2-29 所示，开口三角两端之间电

压为

$$\dot{U}_{ad,xd}=\dot{U}'_a+\dot{U}'_b+\dot{U}'_c=\dot{U}'_b+\dot{U}'_c=\dot{U}'_b=\dot{U}_b=100\text{V}$$

即如果每相辅助二次绕组的额定电压设计为 100V，则电网发生单相金属性接地时，TV 开口三角两端之间的电压为 100V。

（4）电容式电压互感器接线方式　如图 2-27e 所示，适用于 110kV 及以上系统中，其 $U_{N1}=U_{NS}/\sqrt{3}$，$U_{N2}=100/\sqrt{3}\text{V}$，$U_{N3}=100\text{V}$。

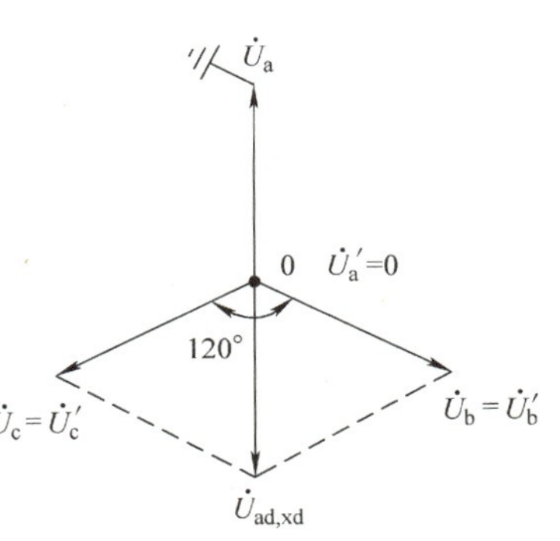

图 2-29　中性点直接接地电网发生单相金属性接地时（例如 A 相），TV 辅助二次绕组电压相量图

电压互感器（TV）与电力系统的连接：500V 以下的低压配电装置中，由于电压低，TV 只需经熔断器接入电网；3～35kV 的 TV 需经隔离开关和熔断器接入高压电网，熔断器保护电网不因一次绕组或引线短路危及一次系统的安全；110kV 及以上的 TV 只经隔离开关接入高压电网，其回路中不使用熔断器，其理由之一是，110kV 及以上配电装置各设备之间距离大，可靠性高，110kV 及以上的 TV 可靠性也高（一次绕组的短路可由继电保护切除）；其二，110kV 及以上的熔断器制造困难，价格昂贵；TV 二次侧不能短路，否则会产生较大的短路电流损坏 TV，所以 TV 二次侧需要安装熔断器作为二次侧短路的保护。

第四节　高压断路器的原理和结构

随着断路器技术的不断发展，技术先进的 SF_6 断路器和真空断路器得到广泛应用，空气断路器被 SF_6 断路器所取代，已经退出了历史舞台。油断路器已经基本被淘汰，仅有很少的应用。本节主要介绍真空断路器和 SF_6 断路器的原理和结构。

一、真空断路器

真空断路器以其卓越的性能和突出的优点获得迅速发展，并在 6～35kV 电压等级中很快成为油断路器的替代产品，成为主导产品。

1. 真空断路器的特点

1）真空断路器灭弧在密闭的真空容器中完成，电弧和炽热的金属蒸气不会向外界喷溅，不会污染周围环境。

2）真空的绝缘强度高，熄弧能力强，所以触头行程很小（10kV 电压等级约 10mm），操动机构的操动功率要求较小。

3）真空断路器灭弧时间短，电弧电压低，电弧能量小和触头磨损少，因而分断次数多，使用寿命长，且适合于频繁操作。

4）真空断路器灭弧介质为真空，与海拔无关，没有火灾和爆炸的危险。

5）真空断路器在真空灭弧室使用期内，灭弧室部分不需维修。

6）真空断路器开断功能齐全。

7）真空断路器开断可靠性高。

2. 真空中的电弧及熄灭

当一对带电的电极（电流达到一定数值）在高真空中分离时和在其他介质中的情况一样，会产生电弧。但真空中的电弧与其他介质中的电弧，表现形式和特性有本质的不同。在高压气体与低压气体电弧中，电极间存在着大量的游离气体。在真空电弧中，气体非常稀薄，残存气体不起作用。由于真空间隙的气体稀薄，分子的自由行程大，发生碰撞的概率小，所以，碰撞游离不是真空间隙击穿的主要因素，触头电极蒸发出来的金属蒸气才是形成真空电弧的原因。真空电弧产生的过程是：在电极刚分离的瞬间，电流将收缩到触头刚分离的某一点或某几点上，表现为电极间电阻的剧烈增大和温度的迅速提高，直至发生电极金属的蒸发，同时形成极高的电场强度，导致强烈的场致发射和间隙的击穿，形成了真空电弧。真空电弧一旦形成后，就会出现电流密度在$10^4A/cm^2$以上的阴极斑点（阴极斑点在真空间隙中呈圆锥状，从阴极开始向阳极张开发光），使阴极表面局部区域的金属不断熔化和蒸发，以维持真空电弧。真空电弧是依靠电极不断地产生金属蒸气来维持的。因此，要熄灭真空电弧的唯一方法只有将电弧电流减小到一定程度，不足以维持电弧的时候才有可能将其熄灭。在电弧熄灭之后，电极之间与电极周围的金属蒸气密度下降至零，仍然恢复高真空状态。

阳极斑点的各种现象和阳极斑点的形成主要是热过程，它与电流密度的大小有密切关系。因此，当电流密度超过一定的数量级后，会使电极上的热量过分地集中，真空电弧的形态由扩散型转化为集聚型，形成阳极斑点。真空电弧中出现阳极斑点对真空灭弧室来说是一个不好的迹象，往往会遭致电极的严重熔化，并产生过量的金属蒸气。当用真空断路器分断工频交流电路时，这些过量的金属蒸气还会在电极间于电流过零后持续一段时间，此时介质恢复的速度降低，还有可能造成真空断路器的分断失败。在阳极斑点出现之前，往往会出现弧柱收缩，这种收缩先出现在阳极附近（弧柱受到自身电流产生的磁场作用会出现收缩现象，因为在阴极表面上有大量的阴极斑点做快速运动，所以在阴极表面不存在收缩，而仅在阳极表面有收缩）。因此，只有抑制收缩型电弧，才能有效防止或减少阳极斑点出现的可能性。对一定的灭弧室结构和开断电流，只有通过触头间隙及外加磁场来控制真空电弧形态，以使灭弧室能提高开断短路电流的能力。

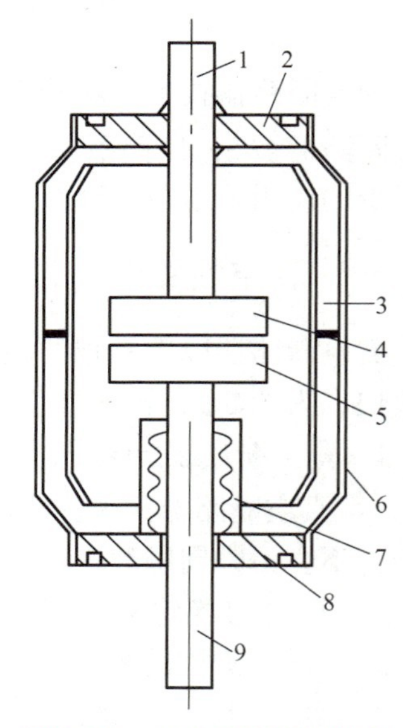

图 2-30 真空灭弧室的结构

1—静导电杆 2—静端盖板 3—屏蔽罩 4—静触头 5—动触头 6—绝缘外壳 7—密封波纹管及屏蔽罩 8—动端盖板 9—动导电杆

某10kV真空断路器的基本结构如图2-30所示。主要由静导电杆、静端盖板、屏蔽罩、静触头、动触头、绝缘外壳、密封波纹管及屏蔽罩、动端盖板和动导电杆组成。

(1) 绝缘外壳 外壳的作用起真空密封和绝缘作用，构成一个真空密封容器，同时容纳和支持真空灭弧室内的各种零件。外壳材料为玻璃、陶瓷和微晶玻璃。

（2）屏蔽罩　屏蔽罩的常用材料是无氧铜，厚度不超过 2mm。屏蔽系统的主要作用是：①防止触头在燃弧过程中产生的金属蒸气和液滴喷溅，污染绝缘外壳的内壁，引起其绝缘强度降低；②改善真空灭弧室内部电场分布的均匀性，降低局部场强，有利于高电压真空灭弧室的小型化；③吸收部分电弧能量，冷凝电弧生成物，有利于触头间的介质强度快速恢复。

（3）波纹管　波纹管是用来密封灭弧室的，波纹管的一端口与动导电杆焊接在一起，另一端口与动端盖板（不锈钢）的中孔焊接在一起。由于波纹管在轴向上可以伸缩，因而这种结构既能实现从灭弧室外操动动触头做分合运动，又能保证灭弧室的密封性。波纹管常用的材料有不锈钢（厚度为 0.1～0.2mm）、磷青铜、铍青铜等，以不锈钢的性能最好。真空断路器触头每分、合一次，波纹管的波状薄壁就会产生一次大的变形，波纹管很容易产生疲劳损坏，因此波纹管疲劳寿命决定了真空灭弧室的寿命，一般机械操动寿命可达 10000 次。由于大气压力的作用，灭弧室在无机械外力作用时，其动、静触头始终保持闭合位置，当外力使动导电杆向外运动时，触头才分离。

（4）触头　触头是产生电弧、熄灭电弧的部位。实际上真空灭弧室开断能力的提高，很大程度上取决于触头的结构和材料，对结构和材料的要求都比较高。对触头材料有以下要求：①高开断能力，要求材料本身的电导率大，热传导系数小，热容量大，热电子发射能力低；②高击穿电压，击穿电压高，介质恢复强度就高，对灭弧有利；③高抗电腐蚀性，即经得起电弧的烧蚀，金属蒸发量少；④高抗熔焊能力；⑤低载流电流值，希望在 2.5A 以下；⑥低含气量，其中低含气量是对所有真空灭弧室内部所使用材料的要求，特别是铜材，必须要求是低含气量的特殊工艺处理的无氧铜。而钎料等则采用白银、铜的合金。

真空断路器的触头材料大都采用铜铬合金（Cu/Cr），铜与铬各占 50%。在动、静触头的对接面上各焊上一块铜铬合金片，一般厚度各为 3mm。其余部分称为触头座，采用无氧铜制造。

触头根据开断时灭弧的基本原理不同，大致可分为非磁场触头和有磁场（横磁场、纵磁场）触头两大类。触头是真空灭弧室内最为重要的元件，触头结构对灭孤室的开断能力有很大影响，采用不同结构触头产生的灭弧效果是不同的。

1）圆柱形平板触头。圆柱端面作为电接触和燃弧的表面，真空电弧在触头间燃烧时不受磁场的作用。圆柱形触头结构虽简单，但开断能力不能满足断路器的要求，仅能开断 10kA 以下电流。

2）横磁场触头。利用电流流过触头时所产生的横向磁场，驱使收缩型电弧不断在触头表面旋转的触头，称为横磁场触头。横磁场触头主要可分为螺旋槽触头和杯状触头两种。横磁场触头一般仅能开断 40kA 以下电流。

螺旋槽触头的工作原理如图 2-31 所示。在触头圆盘的中部有一凸起的圆环，圆盘上开有螺旋槽，用以限定电流的流向。动、静触头的结构基本一样。当触头在闭合位置时，只有圆环部分接触。当触头分离时，最初在圆环上产生电弧电流。电流线在圆环处有拐弯，电流回路呈“[”形，其径向段在弧柱部分产生与弧柱垂直的横向磁场，如图 2-31b 所示，由于电弧电流流过触头的圆环形凸起部位时，电流的路径发生曲折，电流产生的与弧柱垂直的横向磁场使电弧离开接触圆环，把电弧推向开有螺旋槽的触

头表面（跑弧面），触头上的电流就会受到螺旋槽的限制，只能按规定的路径流通，如图2-31a所示。跑弧面上电流径向分量的磁场使电弧朝触头外缘运动，而其切向分量的磁场使电弧在触头上沿切线方向运动，故可使电弧在触头外缘上沿圆周方向旋转，电弧产生的热量均匀分散在触头表面的较大范围内，避免了触头局部过热造成烧损，促使收缩型电弧在过零前提前向扩散型电弧转换，提高了开断能力。以产生横向磁场为主的螺旋槽触头已趋于淘汰，取而代之的是杯状触头和纵磁场触头。

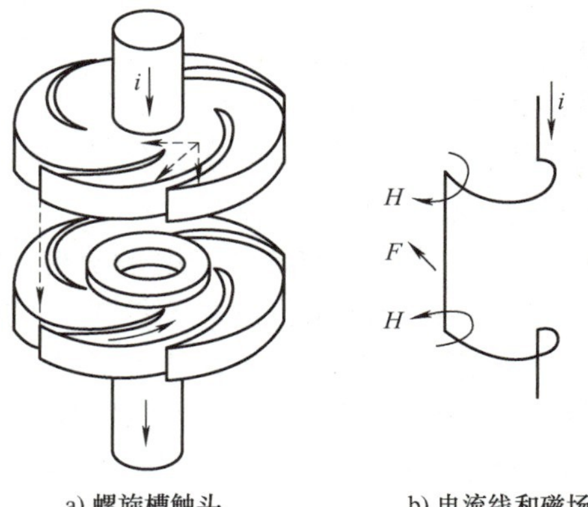

图2-31　螺旋槽触头的工作原理

3）纵磁场触头。纵向磁场的作用是削弱电弧自生磁场所产生的磁收缩力，抑制弧柱的收缩，使真空电弧电流在电极间隙内及触头表面均匀分布为扩散型电弧，阻止阳极斑点的出现。其开断能力及抗电蚀性都强于横磁场触头，开断电流高达200kA。

纵磁场触头的结构主要有两种：一种靠装在触头背部的串联线圈，流过真空断路器的电流通过串联线圈时，将在触头间隙中产生一个相当均匀的且与电弧方向一致的纵磁场，如有1/2匝线圈、1/3匝线圈和1/4匝线圈的纵磁场触头，马蹄铁形的4磁极纵磁场触头等；另一种靠触头本身特殊结构产生纵磁场，如开有斜槽的纵磁场触头。

线圈式纵磁场触头结构如图2-32所示。触头由导电杆、线圈和触头片构成，动、静触头之间部分为电弧区（图中没有表示线圈和触头片之间空白处填充的不锈钢片支撑），如图2-32a所示。电流流入导电杆后经线圈拐臂可分成2路、3路或4路形成环向电流，如图2-33所示，即形成1/2、1/3和1/4匝线圈式纵磁场触头结构。由于流过线圈的电流为负荷电流或很大的短路电流，故线圈截面积很大。线圈拐臂在尾端有凸起，线圈拐臂低凹处和触头片之间填充不锈钢片支撑，触头片上开有与线圈拐臂相同数目的槽，如图2-32b所示。电流按照图2-32b标示方向流动。

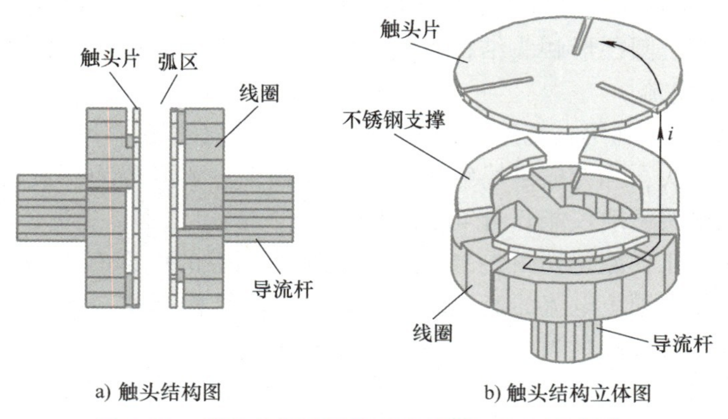

图2-32　线圈式纵磁场触头结构图（1/3匝线圈）

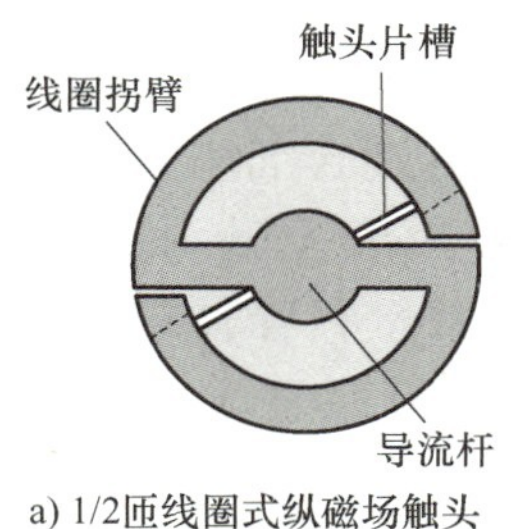

a) 1/2匝线圈式纵磁场触头

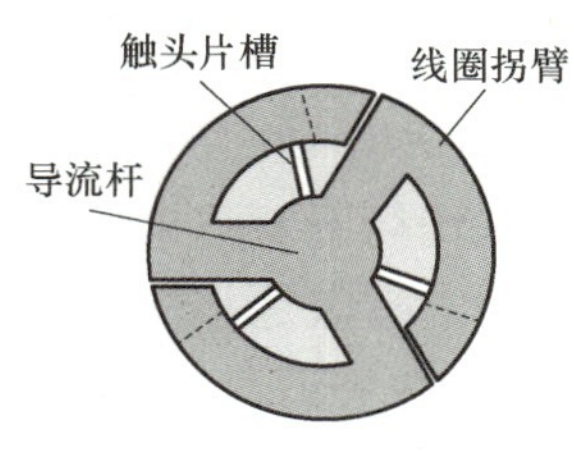

b) 1/3匝线圈式纵磁场触头

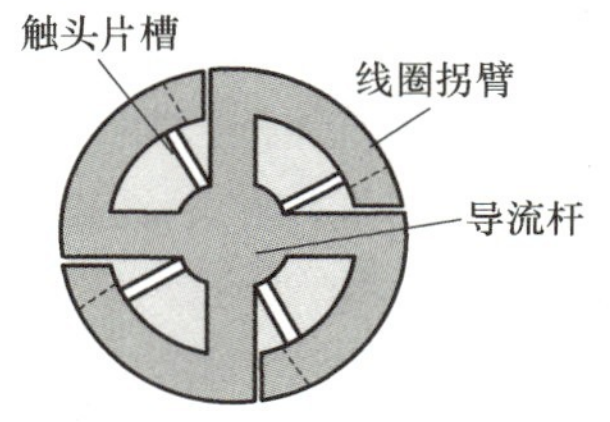

c) 1/4匝线圈式纵磁场触头

图 2-33 线圈式纵磁场触头类型

图 2-34 所示为开有斜槽的纵磁场触头，它形状简单，易于加工，从触头的侧面向中心方向开有很深的、旋转方向一致的槽，电流必须按斜槽决定的旋转方向通过触头，因而产生了方向和触头轴向一致的磁场，在该磁场磁力线的作用下，能有效地使电弧成为扩散型，电流过零前，电弧已分散成非常纤细的放电支路。

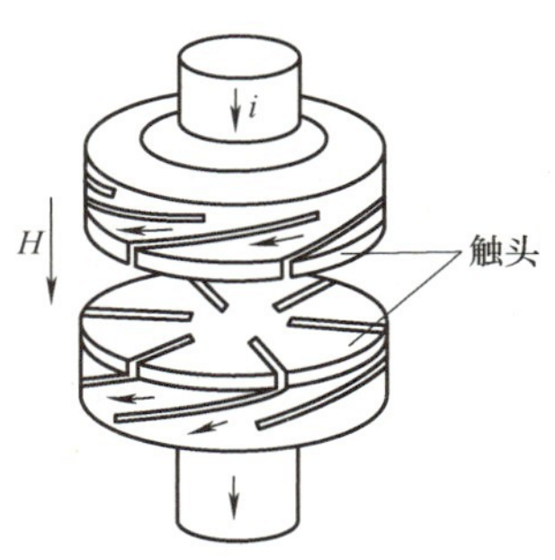

图 2-34 开有斜槽的纵磁场触头

开有斜槽的纵磁场触头真空断路器灭弧原理如下：该断路器以真空作为灭弧和绝缘介质，具有极高的真空度，当动、静触头在操动机构作用下带电分闸时，在触头间将会产生真空电弧，同时，由于触头的间隙中也会产生适当的纵向磁场，促使真空电弧保持为扩散型，并使电弧均匀地分布在触头表面燃烧，维持低的电弧电压，在电流自然过零时，残留的离子、电子和金属蒸气在微秒数量级的时间内就可复合或凝聚在触头表面和屏蔽罩上，灭弧室断口的介质绝缘强度很快被恢复，从而电弧被熄灭，达到分断的目的。由于采用纵向磁场控制真空电弧，所以该真空断路器具有强而稳定的开断电流能力。

二、SF_6断路器

SF_6气体于 1900 年由法国的两位化学家合成。20 世纪 60 年代起，SF_6气体成功用作高压开关的绝缘和灭弧介质。SF_6气体的特性如下：

（1）物理性质 纯净的SF_6气体在常压下是一种无色、无味、无臭、不燃、无腐蚀的惰性气体。分子量为 146.06，气体密度为 6.139g/L（20℃，0.101MPa），熔点为 -50.8℃（凝固的SF_6液化时的温度），升华温度为 -63.8℃，临界温度为45.64℃，临界压力为3.84MPa（临界温度是SF_6气体出现液化的最高温度，临界压力表示在这个温度下出现液化所需的气体压力，SF_6在温度高于45.64℃以上时压力再高也不会液化），临界密度为0.73g/cm^3，临界容积为198mL/mol，介电常数为1.002026（25℃，0.101MPa）。

开有斜槽的纵磁场触头真空 10kV 断路器动画

SF_6高压断路器的气压为 0.6～0.7MPa，而气体绝缘金属封闭开关设备（GIS）中除断路器外，其余部分的充气压力一般为 0.4～0.45MPa（范围由充气时的环境温度决定）。SF_6气体容易液化，液化温度与压力有关，压力升高时液化温度也增高。它在一个标准大气压下（即 0.101MPa），液化温度为 -62℃；在 0.45MPa 压力下，则对应的液化温度为 -40℃；在 0.75MPa 压力下（相当于断路器中常用的工作气压），则对应的

液化温度为 -25℃；在 1.2MPa 压力下，对应的液化温度为 0℃。所以 SF_6 气体不采用过高的压力或过低的使用温度，以使其保持气态。SF_6 断路器中的 SF_6 气体一般不会液化，但在高寒地区需要对断路器采取加热措施，或采用 SF_6-N_2 混合气体来降低液化温度。纯净的 SF_6 气体虽然无毒，但在工作场所要防止 SF_6 气体的浓度上升到缺氧的水平。

（2）化学性质　SF_6 气体本身的化学效应是非常稳定的，并且有着非常高的绝缘强度。在大气压力下、温度在 500℃ 以内时，SF_6 气体具有较高的化学稳定性，在电气设备允许的正常温度范围内，其与电气设备中常用的金属材料是毫无反应的，没有腐蚀作用。SF_6 分解的危险温度是 600℃ 左右，此时 SF_6 分解形成硫的低氟化合物，因此，SF_6 至少在电气设备的 A 级绝缘温度，即 105℃ 以内是相当稳定的。在电弧高温作用下，很少量的 SF_6 会分解为有毒的 SOF_2、SO_2F_2、SF_4 和 SOF_4 等，但在电弧过零值后，很快又再结合成 SF_6。长期密封使用的 SF_6，虽经多次灭弧作用，也不会减少或变质。因此断路器的检修周期长，检修工作量少。电弧分解物的多少与 SF_6 气体中所含水分有关，因此，把水分控制在规定值下是十分重要的。常用活性氧化铝或活性炭、合成沸石等吸附剂，清除 SF_6 气体中的水分和电弧分解产物。

（3）绝缘性能　SF_6 气体的绝缘强度随气体压力的升高而上升，对均匀间隙，当 $p=0.1$MPa 时，SF_6 气体的击穿电场约为 89kV/cm；而空气的击穿电场约为 30kV/cm。所以通常说，SF_6 气体的绝缘强度大约是空气的 3 倍。工作压力为 0.6MPa 时，击穿场强为空气的 10 倍。

（4）灭弧性能　SF_6 气体具有良好的负电性，它的分子能迅速捕捉自由电子而形成负离子。这些负离子的导电作用十分迟缓，正、负离子容易复合成中性质点或原子，从而加速了电弧间隙介质强度的恢复率。SF_6 气体的介质绝缘强度恢复快，它的灭弧能力为空气的 100 倍，弧柱的电导率高，燃弧电压很低，弧柱能量较小，这是一般气体所没有的，因此有很好的灭弧性能。并且 SF_6 气体灭弧后不变质，不排向大气，可在密封系统中循环重复使用。

根据 SF_6 断路器灭弧室结构的变化，SF_6 断路器的类型有以下几种：

（1）双压式 SF_6 断路器　沿用压缩空气断路器的原理，配置压缩机将 SF_6 气体压缩到高压罐（1.2～1.5MPa）内。当触头开断时打开主气阀，高压力的 SF_6 气体通过主气阀，在灭弧室喷口中形成高速气流经过弧隙喷向低压区（0.2～0.3MPa），使电流过零时熄灭。因为灭弧室结构有两种气体压力，所以称它为双压式灭弧室。这种 SF_6 断路器需要压气泵和加压装置，结构复杂，环境适应能力差，已经被淘汰。

（2）单压式 SF_6 断路器　各国对 SF_6 断路器进行不断研制和开发，设计出了单压式（又称压气式）灭弧室，从而制造了单压式 SF_6 断路器。它与双压式 SF_6 断路器相比，具有结构简单、充气压力较低、灭弧性能好、生产成本低的特点。这种 SF_6 断路器只充入较低压力的 SF_6 气体（一般为 0.5～0.7MPa，20℃），分闸时由气缸与活塞之间的相对运动产生压气作用，使气缸内 SF_6 气体的压强升高，气体从喷口排出，产生瞬时压缩气体对电弧产生纵吹使其在电流过零时熄灭。但是，依靠机械运动产生灭弧高气压，所需操动机构操动功率大，机械寿命短，开断小电感电流和小电容电流时易产生截流过电压。一般配用较大输出功率的液压操动机构或压缩空气操动机构，固有分闸时间比较长。

（3）具有"自能"灭弧功能的 SF_6 断路器　具有"自能"灭弧功能的 SF_6 断路器

具有开断能力强、操动机构操动功率小的优点，有利于新型操动机构的小型化，应用前景广阔。这种SF_6断路器在开断短路电流时，依靠短路电流电弧自身的能量加热SF_6气体，产生灭弧所需要的高气压；在开断小电感电流和小电容电流时，电弧自身的能量不足以加热SF_6气体，这时依靠机械辅助压气建立气压。自能式SF_6断路器不易产生截流过电压，所需操动机构操动功率小，可配用弹簧操动机构等，操作可靠，机械寿命长，固有分闸时间短，可以制造成断口少、单断口电压等级很高的SF_6断路器。目前，国内外主要的电力设备生产厂商都已生产这种SF_6断路器，并大量投入运行，大大提高了电力系统的可靠、稳定、经济运行水平。

SF_6断路器灭弧室结构按灭弧介质压气方式的不同，可分为双压式和单压式灭弧室；按吹弧方式不同，可分为双吹式和单吹式、外吹式和内吹式灭弧室；按触头运动方式的不同，可分为变开距和定开距灭弧室。

单压式断路器的灭弧室是根据活塞压气原理工作的，故又称为压气式灭弧室。这种灭弧装置结构简单、动作可靠。单压式灭弧室又分定开距和变开距两种。

1. 定开距灭弧室结构和动作过程

图2-35所示为定开距灭弧室。断路器的触头由两个带喷嘴的空心静触头和动触头组成。断路器的触头处在分闸位置时，弧隙由两个静触头保持固定的开距，故称为定开距灭弧室。

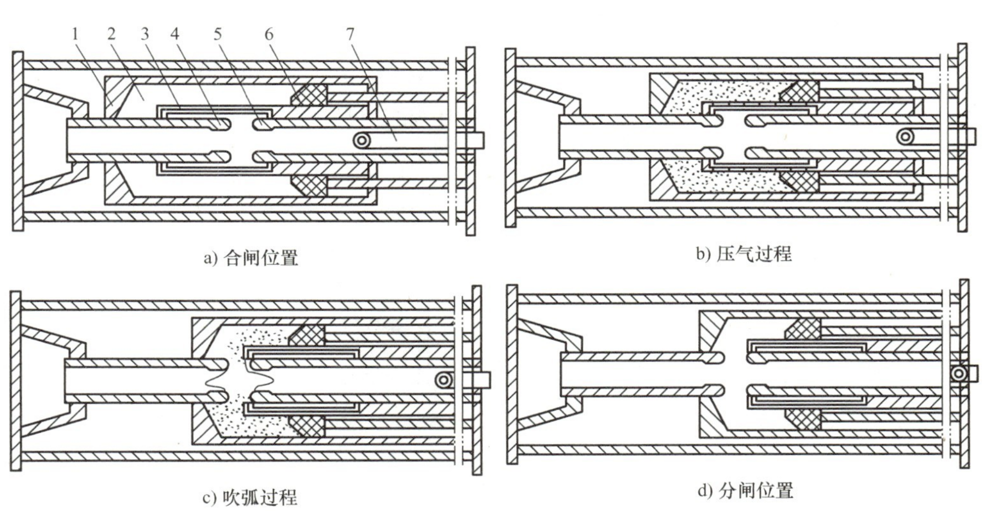

图2-35　定开距灭弧室的动作过程

1—压气缸　2—压气室　3—动触头　4、5—静触头　6—固定活塞　7—拉杆

在合闸位置时，动触头3跨接于两个空心静触头4、5之间，构成电流的通路，如图2-35a所示。由绝缘材料制成的固定活塞6和与动触头连成整体的压气缸1围成压气室2。当进行分闸操作时，操动机构通过绝缘拉杆7带动动触头3和压气缸1向右运动，使压气室内的SF_6气体被压缩，建立高气压，压力约提高1倍，如图2-35b所示。当动触头3离开静触头4时，产生电弧，同时将原来被动触头3所封闭的压气缸1打开，高压气体形成高速气流从喷嘴向两静触头内腔喷射吹向电弧，对电弧进行强烈的双向纵吹，使电弧强烈冷却而熄灭，如图2-35c所示。操动机构通过绝缘拉杆，带动动

触头和压气缸组成的可动部分继续运动到分闸位置，如图 2-35d 所示。

由于利用了 SF_6气体介质绝缘强度高的优点，定开距灭弧室的触头开距设计得比较小，110kV 电压等级的断路器灭弧室静触头开距仅有 30mm，触头从分闸位置到熄弧位置的行程很短，因而电弧的能量很小。所以，定开距灭弧室的灭弧能力强，燃弧时间短，但压气室的体积比较大。我国使用的 220kV、500kV 电压等级的 SF_6断路器，很多均采用这种型式的灭弧室结构。

2. 变开距灭弧室的动作和动作过程

变开距灭弧室内动、静触头间的开距在整个分闸过程中是变化的，即在吹弧过程中，触头开距不断加大，即使电弧已被吹熄，动触头继续运动直至终止位置，故有变开距之称。

变开距灭弧室的结构形式是从少油断路器的设计体系中发展起来的。断路器的触头系统由主触头（主静触头和主动触头）和辅助触头（弧静触头和弧动触头）两部分组成，主触头放在外侧有利于改善散热条件，提高断路器的热稳定性能。灭弧室的可动部分由动触头、喷嘴和压气缸组成。

变开距灭弧室的动作过程如图 2-36 所示。图 2-36a 为合闸位置，在此位置，主触头和辅助触头二者并联，电流基本上经过主触头 1、5 流通。在开断电流时，由操动机构使带有弧动触头 4 和绝缘喷嘴 3 的压气缸 6 运动，使其内部的 SF_6气体受到压缩，建立高气压。流过绝大部分电流的主触头 1、5 先分离，电流转移到铜钨合金做成的辅助弧触头上。随着操动机构的运动，弧动、静触头分离产生电弧，同时高压气体经被打开的喷嘴 3 吹向被拉长的电弧，如图 2-36b 所示，使电弧强烈冷却，在电流过零时电弧就被熄灭。当电弧熄灭之后，弧动触头 4 及运动系统继续运动到分闸位置，如图 2-36c 所示。

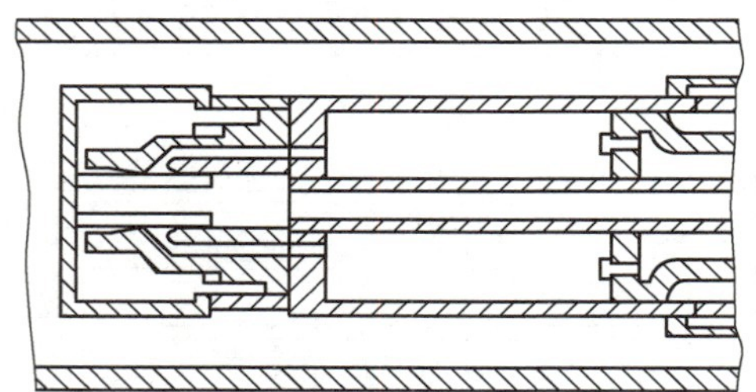

a) 合闸位置

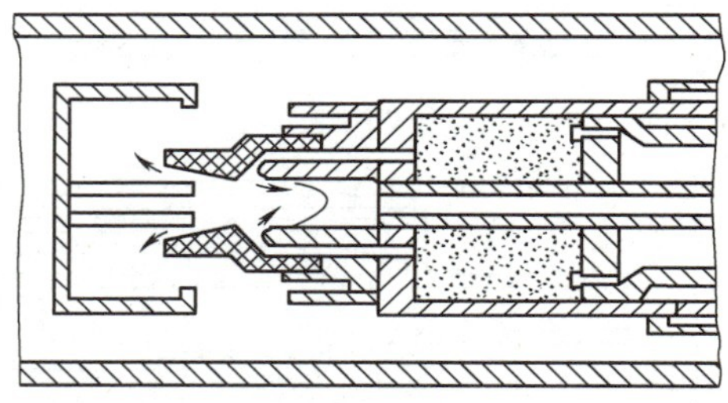

b) 吹弧过程

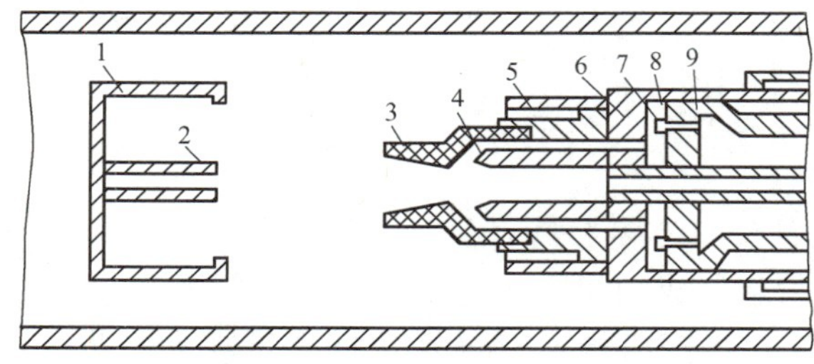

c) 分闸位置

图 2-36　变开距灭弧室动作过程

1—主静触头　2—弧静触头　3—喷嘴　4—弧动触头　5—主动触头
6—压气缸　7—逆止阀　8—压气室　9—固定活塞

为了使分闸过程中压气缸内的高压气体能集中从喷嘴向电弧吹气，而在合闸过程中不致在压气缸内形成真空影响合闸速度，故在固定的压气活塞上设置了逆止阀 7。合闸时，逆止阀打开，使压气室 8 与固定活塞 9 的内腔相通，SF_6气体从逆止阀充入压气室内；分闸时，逆止阀封闭，让 SF_6气体集中向电弧吹气。

变开距灭弧室的触头开距在分闸过程中不断增大，最终的开距比较大，故断口电压可以做得比较高，介质强度恢复速度较快。喷嘴与触头分开，喷嘴的形状不受限制，可以设计得比较合理，有利于改善吹弧的效果，提高开断能力。

3. 变开距灭弧室和定开距灭弧室各自的特点比较

（1）气体利用率　变开距灭弧室的吹气时间比较长，压气缸内的气体利用率比较高。定开距灭弧室的吹气时间比较短，压气缸内的气体利用率比较低。

（2）断口情况　变开距灭弧室断口间的电场强度分布稍不均匀，绝缘喷嘴置于断口之间，经电弧高温多次灼伤之后，可能影响断口的绝缘性能，故断口开距比较大。定开距灭弧室断口间的电场强度分布比较均匀，绝缘性能比较稳定，故断口开距比较小。

（3）开断电流能力　变开距灭弧室的电弧拉得比较长，弧柱电压比较高，电弧能量大，不利于提高开断电流。定开距灭弧室的电弧长度短而固定，弧柱电压比较低，电弧能量小，有利于熄灭电弧，性能稳定。

（4）喷口设计　变开距灭弧室的触头是与喷嘴分开的，有利于喷嘴最佳形状的设计，提高吹气效果。定开距灭弧室的气流经触头、喷嘴内喷，其形状和尺寸均有一定限制，不利于提高吹气效果。

（5）行程与金属短接时间　变开距灭弧室的可动部分行程较小，与金属短接时间较短。定开距灭弧室的可动部分行程较大，与金属短接时间较长。

三、操动机构

操动机构是独立于断路器本体以外的对断路器进行操作的机械操动装置。其主要任务是将其他形式的能量转换成机械能，使断路器准确地进行分、合闸操作。

1. 断路器对操动机构的基本要求

（1）有足够的合闸功率　不仅在正常情况下能可靠关合断路器，而且在关合有短路故障的线路时，操动机构也能克服短路电动力的阻碍使断路器可靠合闸。

（2）有可靠地将断路器保持在合闸位置的机构　合闸命令和合闸力消失能保持在合闸位置，不会由于电动力、机械振动及某些偶然故障（如液压机构突然失压）等原因引起触头分离。

（3）接到分闸命令应能快速可靠地分闸　不仅能根据需要接收自动或遥控指令使断路器快速电动分闸，而且在紧急情况下可在操动机构上进行手动分闸。满足断路器分闸速度特性要求，在分闸时动触头的分闸速度和分闸时间要符合规定值，分闸终了时应满足触头开距要求，并要减小冲击振动等。

（4）防跳跃和自由脱扣　防跳跃是指当断路器关合有预伏短路故障电路时，不论操动机构有无自由脱扣，断路器都应自动分闸，防止出现“跳跃”现象。自由脱扣是指操动机构在合闸过程中接到分闸命令时，机构将不再执行合闸命令而立即分闸。防

跳跃包括电气和机械两种方法，电气方法是设置防跳跃控制电路，机械方法是加装自由脱扣装置。“跳跃”现象是指断路器在关合有预伏短路故障的线路时，继电保护装置会快速动作，指令操动机构立即自动分闸，这时若合闸命令尚未解除，断路器会再次合闸于故障电路，如此反复会造成断路器多次合分短路电流，使触头严重烧损，甚至引起断路器爆炸事故。

（5）复位　分闸后能自动恢复到准备合闸的位置。

（6）闭锁　具有闭锁功能，例如：分、合闸位置闭锁；高、低气压（液压）闭锁；弹簧操动机构中合闸弹簧的位置闭锁。

2. 操动机构的分类

依断路器合闸时所用能量形式的不同，操动机构分为电磁操动机构（CD）、弹簧操动机构（CT）、气动操动机构（CQ）、液压操动机构（CY）、永磁操动机构和电动机操动机构等。

（1）电磁操动机构　电磁操动机构是靠直流螺管电磁铁产生的电磁力进行合闸，以储能弹簧分闸的机构。该类机构结构简单、加工容易，运行经验多，需要大功率的直流电源，耗费材料多，用于110kV及以下的断路器。

（2）弹簧操动机构　弹簧操动机构是以储能弹簧为动力对断路器进行分、合闸操作的机构。该类机构结构简单、制造工艺要求适中、体积小、操作噪声小、对环境无污染、耐气候条件好、免运行维护、可靠性高；输出功较小，合、分闸电流都不大，一般为1.5~2.5A，要求电源的容量也不大；但出力特性和断路器负载特性匹配较差，合理设计非常重要；对反力敏感，冲力大，构件强度要求高。制造大输出功弹簧机构会强化冲击和振动，且成本升高很快。弹簧操动机构用于10~35kV断路器，126~252kV自能式灭弧室高压SF_6断路器。

（3）气动操动机构　气动操动机构是以压缩空气推动活塞进行分、合闸操作的机构，或者仅以压缩空气进行单一的分、合操作，而以储能弹簧进行对应的合、分操作的机构，一般为气动分闸，弹簧合闸。该类机构用压缩空气作为储能和传动介质，介质惯性小；动作快、反应灵敏、输出功大、环温对机械特性的影响较小、结构稍复杂、制造工艺要求适中，表面处理工艺要求高；出力特性和断路器负载特性匹配较好，对反力不敏感；操作噪声大、对气源质量要求非常高。气动操动机构用于126~550kV高压SF_6断路器。

（4）液压操动机构　液压操动机构是以气体或弹簧储能，以高压油推动活塞进行分、合闸操作的机构。此类机构可获得高压力，动作快、反应灵敏、输出功大、免运行维护、操作噪声小、可靠性高；出力特性和断路器负载特性匹配较好，对反力不敏感；环温对机械特性的影响稍大、结构复杂、制造工艺及材料的要求很高。液压操动机构用于126~1100kV高压SF_6断路器。

（5）永磁操动机构　永磁操动机构利用电磁铁操动，永久磁铁锁扣，电容器储能，电子器件控制等用于真空断路器的操动机构。永久磁铁用来产生锁扣力，不需任何机械能就可将真空断路器保持在合、分闸位置上。永磁操动机构是一种崭新的操动机构，还处于发展阶段，未来会有更大的发展空间。目前，其少量用于中小容量的真空断路器，而更多地用于需要频繁操作的重合器和接触器。

（6）电动机操动机构 电动机操动机构是通过一台用电子器件控制的电动机，去直接操动断路器的操作杆。这种新颖的机构利用先进的数字技术，与简单、可靠、成熟的电动机相结合，不仅满足断路器操动机构的所有核心要求，而且在性能和功能方面具有简单可靠（只有一个运动件）、先进的监视平台、可优化的预设定行程曲线等很多优势。

第五节 电子式互感器

电子式互感器是数字发电厂和智能变电站技术的重要特征，是数字发电厂与智能变电站数字化和信息化的关键元件。传统的电磁式电流互感器和电压互感器存在磁饱和、铁磁谐振和暂态特性差等缺点，且随着系统容量的增大和电压等级的提高，电磁式互感器的绝缘结构复杂，体积庞大，有些场合不能适应小型化、轻型化和紧凑化的要求。电子式互感器输出为数字量和小模拟电压，能满足微机数字化测量与保护的要求，不需要采用100V、5A的大功率设计，使得电子式互感器可以采用低功率方案，利用新材料和技术，提高了测量精度和线性度，减小了体积和重量。电子式互感器融入了传感器、计算机、光通信及网络技术，用光纤隔离绝缘代替了复杂的油气绝缘系统，使互感器技术发生了质的变化。新型电子互感器已经在智能变电站中得到较多使用，并不断完善。

电子式互感器分电子式电流互感器（electronic current transformer，ECT）和电子式电压互感器（electronic voltage transformer，EVT）。实用化的电子式电流互感器有基于电学原理的罗戈夫斯基线圈（Rogowski coil，简称罗氏线圈）电子式电流互感器、低功率电流互感器（LPCT）和基于光学原理的光学电流互感器。实用化的电子式电压互感器有基于电学原理的电容分压型、阻容分压型及电阻分压型电压互感器和基于光学原理的光学电压互感器。其中，利用法拉第磁光效应的光学电流互感器和利用泡克尔斯效应的光学电压互感器是无源的，在高压侧传感过程无需辅助电源的支持，由光信号实现一次侧与二次侧之间的连接，轻而易举地实现了高低压之间的绝缘隔离。有源电子式互感器的高压平台传感器部分具有需电源供电的电子电路，在一次高压平台上完成模拟量的数值采样（即远端模块），利用光纤传输将数字信号传送到二次侧的保护、测控和计量系统。电子式互感器按应用场合分为SF_6全封闭组合电器（GIS型）、空气绝缘（AIS型）独立式和直流用电子式互感器等。

一、电子式互感器的一般结构

电子式互感器的一般结构如图2-37所示，它包含了所有可能需要的技术环节，但就某个具体的类型而言，结构会有所不同，有些模块可能没有，对同一个模块的功能定义也会有所差异。在此仅对各模块的作用简述如下。

（1）一次传感器 它是一种电气、电子、光学或其他传感器，用于将一次电流或一次电压转换成另一种便于测量或便于传输的物理量。传感器的输出量可经过一次转换器或二次转换器输出为标准数字量或模拟量。

（2）一次转换器 它是一种将来自一个或多个一次电流或电压传感器的信号转换

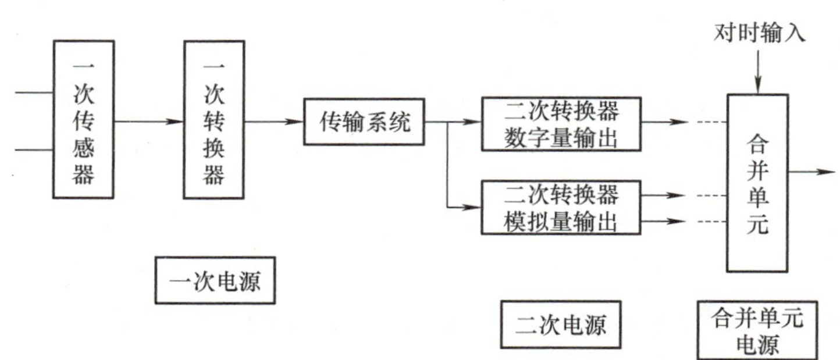

图 2-37 电子式互感器的一般结构示意图

成适合于传输系统的信号（数字信号或模拟信号）的装置，通常也被称作采集器、信号调理器等。如需要将模拟信号在高压侧转换为数字信号（即 A/D 转换），经光纤发送，高压侧就需要设置一次转换器，并且需要在高压侧有电源的支持，习惯上称作“有源式”。使用光学类传感器时不设置一次转换器，直接输出模拟光信号，经传输系统直接传至低压侧，由二次转换器转换输出，高压侧不需要一次电源，故被称为“无源式”。

（3）传输系统 传输系统将一次传感器或者一次转换器的输出信号传至二次转换器，一般采用光纤传输模拟信号或数字信号，并以此实现高低压之间的绝缘隔离，这也是高压传变型电流互感器最为重要的技术特征之一。

（4）二次转换器 二次转换器将传输系统传送的信号转换为供给测量仪器、仪表和继电保护或控制装置的量，该量与一次端子电流或端子间电压成正比。对于模拟量输出型电子式互感器，二次转换器直接供给测量仪器、仪表和继电保护或控制装置。对于数字量输出型电子式互感器，二次转换器通常接至合并单元后再接二次设备。二次转换器可能包括以下 4 种功能：①对来自传输系统的数字输入，完成必要的通信规约转换（如果一次转换器未含此功能）；②对光模拟信号或电模拟信号进行解调和数字化，并进行通信规约转换；③调理并输出标准模拟电压信号（如果系统设计有此要求）；④显示、输出互感器的自诊断和维修请求信息，此信息可在本机（本地）显示，也可输出到合并单元集中显示。

（5）合并单元 合并单元的主要功能是同步采集三相电流和电压输出的数字信息并汇总按照一定的格式输出给二次保护控制设备。它是多台电子式互感器输出数据报文的合并器和以太网协议转换器，可以接入多达 12 台互感器的数字输入。合并单元应具备 3 种功能：①具有接收 GPS 或北斗信号的对时和守时能力，以便使多台互感器能够实现同步采样，并为互感器的测量采样值打上时标和序列；②接收、校验 12 路输入数据并按照固定的帧格式排序；③按照 FT3 或者 IEC 61850-9-1/2 协议以串口报文方式发送数据帧到二次仪表与保护系统，数据单向传输，可以检查通信错误，可告警，但不能纠错。

合并单元与二次设备的接口是串行单向多路点对点连接，它将 7 个（3 个测量，3 个保护，1 个备用）以上的电流互感器和 5 个（3 个测量、保护，1 个母线，1 个备用）

以上的电压互感器合并为一个单元组，如图 2-38 所示，并将输出的瞬时数字信号填入到同一个数据帧中。图中，EVTa 是指电子式电压互感器 a 相；ECTa 是指电子式电流互感器 a 相；SC 是指二次转换器。合并单元以曼彻斯特编码格式将这些信息组帧发送给二次保护、控制设备，报文内主要包括了各路电流、电压量及其有效性标志，此外还添加了一些反映开关状态的二进制输入信息和时间标签信息。

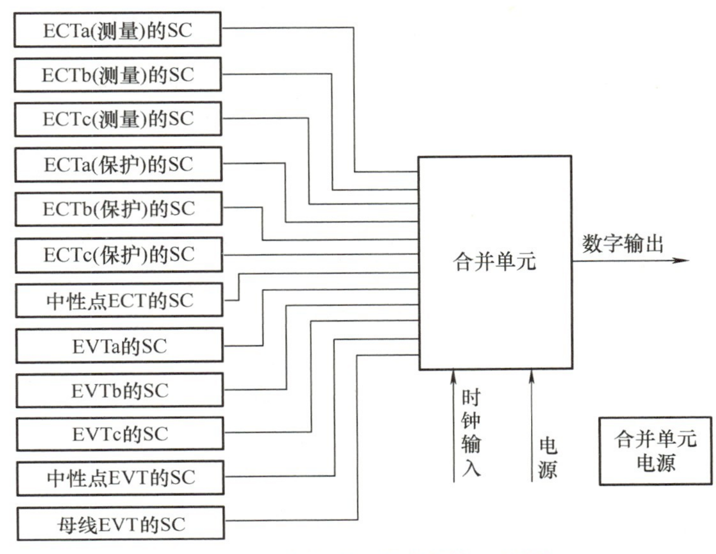

图 2-38　合并单元的数据接口框图

（6）一次电源　一次电源是为一次转换器供电的电源。由于一次转换器装在高压侧，必须设置为一次转换器供电的一次电源。

（7）二次电源　二次电源是为二次转换器供电的电源。由于二次转换器处于地电位，通常直接采用电站上的直流电源供电。

（8）合并单元电源　它是合并单元供电的电源。

（9）电子式互感器的输出信号

1）数字信号输出。电流测量：2D41H；电流保护：01CFH；电压测量与保护：2D41H。

2）模拟信号输出。电流互感器：保护为 22.5mV（LPCT），150mV（罗氏线圈），200mV 或 225mV（LPCT），对应 01CFH；测量为 4V，对应 2D41H。

电压互感器：对单相系统或三相系统线间的单相互感器及三相互感器，下列值考虑为标准值：1.625V，2V，3.25V，4V，6.5V。

用于三相系统线对地的单相互感器，其额定一次电压为某数除以$\sqrt{3}$，下列值考虑为标准值：1.625/$\sqrt{3}$V，2/$\sqrt{3}$V、3.25/$\sqrt{3}$V，4/$\sqrt{3}$V，6.5/$\sqrt{3}$V。

要求联结成开口三角以产生剩余电压的端子，其端子间的额定二次电压如下：

对三相有效接地系统电网：1.625V，2V，3.25V，4V，6.5V。

对三相非有效接地系统电网：1.625/3V，2/3V，3.25/3V，4/3V，6.5/3V。

二、电子式电流互感器

1. 光学电流互感器

光是频率极高的一种电磁波，它的电矢量和磁矢量的方向均垂直于波传播的方向。光的扰动实际上是光波的电场强度与磁场强度的变化。当光与物质相互作用时，理论和实验表明，对光检测器起作用的是电矢量而不是磁矢量，所以只需考虑电场的作用，因此用电矢量来表示光矢量。光波是横波，因此光波具有偏振性。就偏振性而言，光一般可以分为偏振光、自然光和部分偏振光。光矢量的方向和大小呈规则变化的光称为偏振光。线偏振光是指在传播过程中，光矢量的方向不变，其大小、相位变化的光，这时在垂直于传播方向的平面上，光矢量端点的轨迹是一直线。圆偏振光是指在传播过程中，其光矢量的大小不变、方向规则变化，其端点的轨迹是一个圆。椭圆偏振光的光矢量的大小和方向在传播过程中均规则变化，光矢量端点沿椭圆轨迹转动。任一偏振光都可以用两个振动方向互相垂直、相位有关联的线偏振光来表示。

新型的光学电流互感器利用法拉第（Faraday）磁光效应原理制成，主要有磁光玻璃电流互感器和磁光光纤电流互感器两种。所谓磁光效应是指玻璃体内平行于磁场方向传播的线偏振光的偏振面因受到外加磁场作用而产生旋转的现象，如图 2-39 所示。

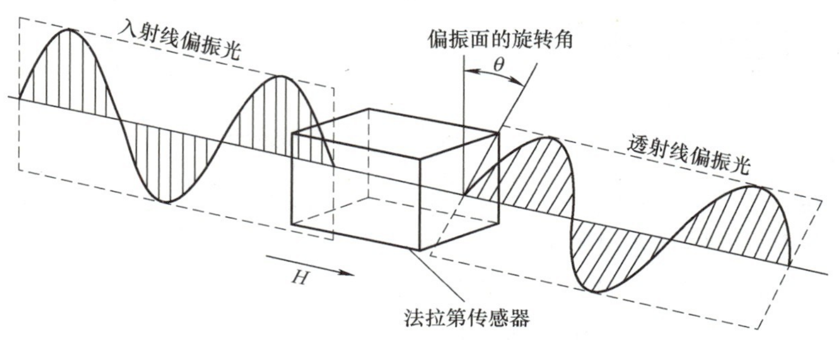

图 2-39　法拉第磁光效应示意图

实验表明，法拉第磁光效应引起的光偏转角 θ 与光在介质中通过的长度 L 及与光的传播方向平行的磁场强度 H 成正比，磁和光之间的作用关系为

$$\theta = VHL$$

式中　V——弗尔德常数，它与介质的物质结构有关，也与环境温度和光波波长等因素有关；

H——磁场强度（A/m）；

L——光在介质中通过的长度（m）。

对确定的介质体来说，L 为定值，因此通过对 θ 的测量就可以测出磁场强度 H，但未直接涉及电流。一般情况下，磁场沿光路的分布是不均匀的，所以法拉第磁光效应更普遍的表达应为以下积分形式：

$$\theta = V\int H\mathrm{d}l$$

如果将光路设计成一个闭合环路，法拉第磁光效应的环路积分形式为

$$\theta = V\oint H\mathrm{d}l \tag{2-26}$$

安培环路定律为

$$I = \oint H\mathrm{d}l \tag{2-27}$$

将式(2-27)代入式(2-26)，并假定光路绕了 N 匝导体，得

$$\theta = NVI \tag{2-28}$$

式(2-28)是建立光学电流互感器的基本关系式。它的意义是：一束线偏振光沿旋光介质构成的环路绕行 N 周后，其 θ 旋转角与环路所包围面积内的电流有固定的对应比例关系。

磁光玻璃电流互感器的基本结构示意图如图 2-40 所示，光源发出的光通过光纤引至起偏器，经起偏器后变为线偏振光，然后在磁光玻璃中绕一周，在电流磁场作用下产生一定的旋转角 θ，检偏器和光电探测器可测出旋转角 θ，并将其转变为电信号输出，如转换成与一次电流成比例的低电压信号。

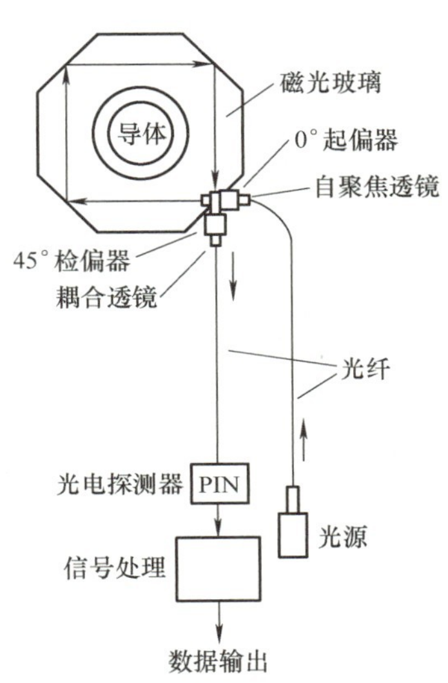

图 2-40 磁光玻璃电流互感器的基本结构示意图

全光纤电流互感器基本结构示意图如图 2-41 所示，工作原理为：由光源发出的光经过一个耦合器后由光纤偏振器起偏，光纤偏振器的尾纤与相位调制器的尾纤以 45°角熔接，这样偏振光就被分成两束正交的线偏振光。这两束正交模式的线偏振光在相位调制器中受到相位调制，然后这两束光经过延时光纤、$\lambda/4$ 波片，分别转变成为左旋和右旋的圆偏振光并进入传感光纤。在传感光纤中，由于导线内电流产生磁场的法拉第磁光效应作用，两束圆偏光的传输速度不同，从而产生法拉第相位差。当两束圆偏光传输到传感光纤末端时，发生镜面反射，两束光在模式互换（左旋变右旋，右旋变左旋）后沿原光路返回，在传感光纤中再次受到磁场的作用，法拉第磁光效应加倍，并且在 $\lambda/4$ 波片处再次转变为两束模式正交的线偏光（模式也互换了）。最终，携带法拉第磁光效应相位信息的两束光在偏振器处发生干涉（物理学中，干涉是两列或两列以上的波在空间中重叠时发生叠加从而形成新的波形的现象），干涉结果由耦合器进入光电探测器。光电探测器接收到的信号，经过光电转换、滤波放大、A/D 转换后进行解调。解调后的信号作为误差控制信号，经过数字控制运算后，产生斜坡信号，通过 D/A 转换及其驱动电路后加到相位调制器，以使相位调制器在光纤环中施加非互易的反馈补偿相移，该反馈相移与外部电流导致的法拉第相移大小相等、方向相反，形成光纤电流互感器闭环系统。信号处理系统通过获取该补偿相移的大小，经过比例因子转换得出光纤电流互感器的电流信息。

磁光法拉第相位差为

$$\varphi_{\mathrm{F}} = 4NVI$$

式中 N——传感光纤匝数；

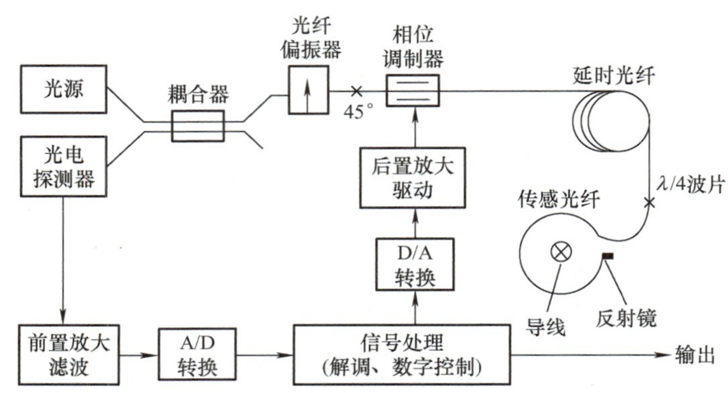

图 2-41　全光纤电流互感器示意图

V——传感光纤费尔德（Verdet）常数；

I——导线中传输电流值。

光学电流互感器的传感部件采用光学器件，因此具有绝缘性能好、动态范围大、测量精度高、频率响应范围宽、抗干扰能力强、不易饱和、不会铁磁谐振、高压侧无电源、体积小，重量轻等优点，被视为具有广泛应用前景的互感器。但光学电子式互感器的传感头部分是较复杂的光学系统，温度变化和振动对传感头可靠性和稳定性的影响较大，光路设计等技术难点影响了其推广应用，目前光学无源互感器传感器成本较高，可靠性待时间验证。

2. 罗氏线圈电子式电流互感器

罗氏线圈电子式电流互感器一次传感部分采用了罗氏线圈的原理，它由罗氏线圈、积分器、A/D 转换等单元组成，将一次侧大电流转换成二次侧的低电压模拟量输出或数字量输出。罗氏线圈是一种空心环形的线圈，可以直接套在被测量的导体上，如图 2-42 所示，导体放置时，其中心必须与空心环形线圈的中心重合，否则将产生误差。罗氏线圈测量电流的理论依据是法拉第电磁感应定律和安培环路定律，当被测电流沿轴线通过罗氏线圈中心时，在环形绕组所包围的体积内产生相应变化的磁场，从而在线圈中感应出一个与一次电流 $i(t)$ 的时间微分成比例的二次电压，将该二次电压进行积分处理，可获得与一次电流成比例的电压信号。

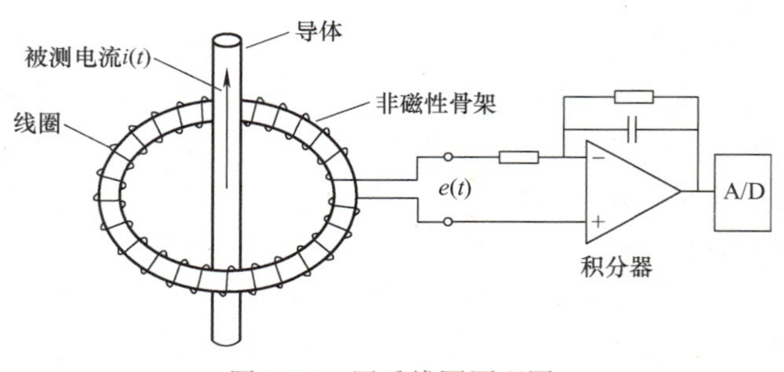

图 2-42　罗氏线圈原理图

圆环横截面为矩形的罗氏线圈，线匝沿圆周均匀对称分布，载流导体外空间的磁感应强度 $B(r)$ 的分布为

$$B(r)=\frac{\mu_0 i(t)}{2\pi r}$$

式中 $i(t)$ ——导体中通过的交流电流；

μ_0——真空磁导率；

r——线圈骨架的任意半径。

每个线匝面积内穿过的磁通量为

$$\phi = h\int_{R_j}^{R_a} B(r)\mathrm{d}r = h\int_{R_j}^{R_a}\frac{\mu_0 i}{2\pi r}\mathrm{d}r = \frac{\mu_0 h}{2\pi}\ln\frac{R_a}{R_j}i(t)$$

线圈总磁通量为

$$\Phi = N\phi = \frac{\mu_0 Nh}{2\pi}\ln\frac{R_a}{R_j}i(t)$$

线圈总的感应电动势为

$$e(t) = -\frac{\mathrm{d}\Phi}{\mathrm{d}t} = -\frac{\mu_0 Nh}{2\pi}\ln\frac{R_a}{R_j}\frac{\mathrm{d}i(t)}{\mathrm{d}t}$$

式中 N——匝数；

h——骨架高度（m）；

R_a——骨架外径（m）；

R_j——骨架内径（m），骨架的宽度为 R_a-R_j。

空心环形线圈的互感为

$$M=\frac{\mu_0 Nh}{2\pi}\ln\frac{R_a}{R_j}$$

稳态正弦电流下的电压为

$$e(t) = -\frac{\mathrm{d}\Phi}{\mathrm{d}t} = -M\frac{\mathrm{d}i(t)}{\mathrm{d}t} \tag{2-29}$$

当一次侧通过有效值为 I_N 的正弦电流时，空心线圈输出的电压有效值为 $E=\omega MI_N$。可见空心线圈的输出电压正比于输入电流。空心线圈输出的是微分信号，需将输出信号还原积分，才能获得与一次电流成正比的信号。当线圈结构一定时，互感 M 为常量。将式(2-29) 两边积分得

$$i(t) = -\frac{1}{M}\int e(t)\mathrm{d}t$$

积分器可根据实际情况采用无源或由运算放大器构成的模拟积分器，也可以使用数字积分器。

罗氏线圈电子式电流互感器由于未使用铁心，具有响应快、无饱和效应、测量精度高、相位偏移小、超大范围的线性量程等优点，在各种电压等级的 GIS 中得到广泛应用。

3. 低功率电子式电流互感器（LPCT）

传统电磁式互感器以其固有的体积大、绝缘结构复杂、精度受负载影响、磁饱和、铁磁谐振、动态范围小和频带窄等缺点，已经难以满足新一代电力系统自动化、数字化等的发展需要。LPCT 作为一种电磁式电流互感器，它是传统电磁式电流互感器的一种发展，由于取消了大功率设计，可以采用性能优良的磁心，所以具有测量精度更高、

线性度好、频带范围宽、体积小、技术成熟、高稳定性、抗干扰能力强、经济性好、易于大批量生产等特点，在 10～110kV，特别是 10～35kV 电压等级宜采用。

LPCT 在结构上是以环形铁心为骨架的两组线圈，一次绕组连接一次线路，通常是单匝结构，二次绕组连接一个采样电阻把二次电流转换成电压。LPCT 的输出由高压侧安装的采集器接收电流传感器检测信号，经过滤波、放大、相位补偿后，接收合并装置发送过来的同步采样命令并进行信号采样、A/D 转换、电光转换处理，由光纤将高电位侧的电流信息以串行光脉冲信号形式发送给低压侧合并装置，可同时提供测量和保护两种信号，LPCT 结构原理图如图 2-43 所示。LPCT 二次电压 U_S 正比于一次电流并同相位，即

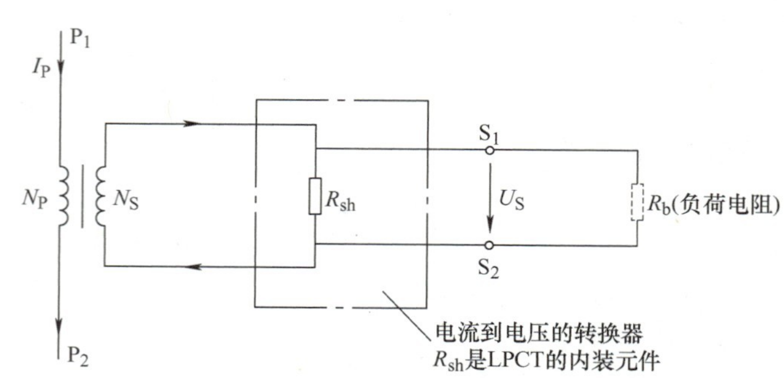

图 2-43　LPCT 结构原理图

$$U_S = R_{sh}\frac{N_P}{N_S}I_P$$

式中　U_S——二次电压；

I_P——一次电流；

N_P——一次绕组匝数；

N_S——二次绕组匝数；

R_{sh}——并联采样电阻。

铁心材料采用高磁导率的纳米晶材料或坡莫合金材料做成，有效改善了测量性能；由于采用光纤作为高低压侧信号连接的通道（光纤具有良好的绝缘性能），所以在很大程度上降低了对电流互感器绝缘结构的要求。LPCT 的突出优点是高精度和高稳定性，而罗氏线圈电子式电流互感器则表现为响应快、超大范围的线性量程，有时采用 LPCT 与罗氏线圈复合型电子式电流互感器，LPCT 用于测量，罗氏线圈电子式电流互感器用于保护。

4. *有源型电子式电流互感器的电源*

对于电子式互感器来说，无论是高压传变型还是低压传变型，其采集器电路必须有电源支持才能工作，这是互感器电子化新附加的一个必要条件，所用电源称为辅助电源。无源型电子互感器光纤内传输的是模拟光信号，信号解调和数据采集均在低压侧完成，电源装在低压侧，高压侧不需要电源，电源易于实现。有源型电子互感器的采集器处于高电位，数据采集在高压侧完成，光纤内传输的是数字信号，但高压侧需要电源支持。无源型和有源型电子式电流互感器的共同点是利用光纤传输实现高压和低压之间的绝缘隔离。

有源型电子式电流互感器的高压侧电源技术解决方案如下：一是在低压侧利用激光器通过光纤向高压侧传送光能，通过光纤入口的会聚透镜投射进入光纤（解决了绝缘问题），光纤末端安装的一种多层光电池将光能转换成电能，向高压侧的采集器电路

供电；二是利用电磁感应原理，直接从母线的电流磁场获取电能的方法，称为“自供电”或“自励源”技术（但母线不带电时需要额外电源才能工作）。激光功率电源具有停电也可以使电流互感器工作的优点，高压传变型宜优先采用，但激光器件长期运行存在老化问题，给设备稳定运行带来不利影响。

三、电子式电压互感器

1. 电容分压式电子电压互感器

电容分压器的结构种类很多，有平板型、分立型和同轴型。实际应用中，采用因瓦合金为电容极板的同轴型电容分压器应用最为广泛。因瓦合金又名铁镍合金，其成分为铁63.8%、镍36%、碳0.2%。采用因瓦合金作为电容分压器的电容极板，能够有效解决温漂带来的容漂问题，从而保证电容器的精度。

基于电容分压器原理的电子式电压互感器主要由电容分压器、采集（A/D转换）器、光纤传输及合并二次转换单元组成，如图2-44所示。电容分压器由高压电容 C_1 和低压电容 C_2 两部分构成，根据电压变换关系可得二次电压 U_2 为

$$U_2 = \frac{C_1}{C_1 + C_2} U_1$$

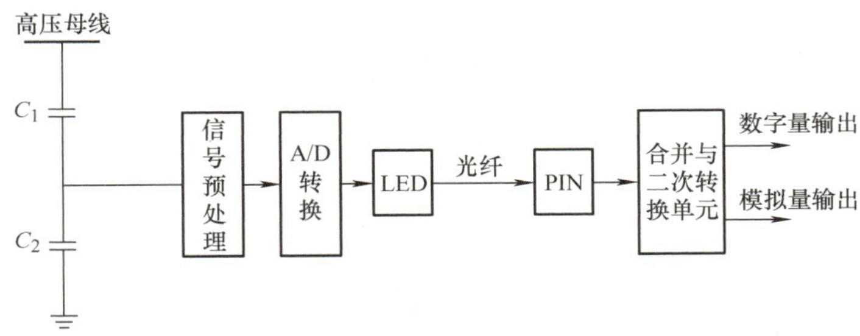

图2-44　电容分压式电子电压互感器

互感器通过电容分压器从一次高压 U_1 上取得小电压信号，进入采集单元进行信号调理、一次转换及电光转换变成光信号，经光纤传送至合并单元，进行二次转换，供给测量保护装置。采集单元一般就地放置，且装在铁磁屏蔽盒内，可以有效消除外界带来的干扰。110kV及以上一般多采用电容或阻容分压器，10～66kV一般多采用电阻分压器。根据使用场合的不同，可以充油、充气或充混合介质。

2. 光学电压互感器

无源型电子式电压互感器采用光学元件作为传感器，利用光纤进行信号传输，又称光学电压互感器。光学电压互感器主要有基于电光泡克尔斯（Pockels）效应、基于电光克尔（Kerr）效应以及基于逆压电效应的互感器。目前应用较多的是基于电光Pockels效应的电子式电压互感器，它分为被测电场方向与通光方向垂直的横向调制和被测电场方向与通光方向相同的纵向调制两种。

某些晶体物质在外加电场（电压）的作用下发生双折射，且双折射两束光波之间的相位差与电场强度（电压）成正比，这一现象被称之为Pockels效应。Pockels效应引起的双折射两束光波之间的相位差（横向调制）为

$$\delta = \frac{2\pi}{\lambda} n_0^3 \gamma_{41} lE = \frac{2\pi}{\lambda} n_0^3 \gamma_{41} \frac{l}{d} U = \frac{\pi}{U_\pi} U$$

式中 U——外加电压；

λ——光的波长；

n_0——BGO 晶体的折射率；

γ_{41}——BGO 晶体的线性电光系数；

E——外加电压产生的电场；

l——晶体的长度；

d——外加电压方向的晶体厚度；

U_π——晶体的半波电压，$U_\pi = \lambda d/(2n_0^3\gamma_{41}l)$。

然而，在实际应用中，要对光的相位变化直接测量以得到精确值是很困难的，通常利用偏光干涉的方法将相位差变化转变为输出发光强度的变化来检测它。基于该方法，典型的光学电压互感器（见图 2-45）的工作原理是：LED 发出的光波（波长约为 820nm）由光纤传入起偏器，将光变成线偏振光，经 $\lambda/4$ 波片后使从晶体射出的两束偏振光之间的相位差增加 90°，当光透过外加电场的晶体物质时，入射光束就会发生双折射（双折射两束光波之间的相位差与被测电压成正比），经检偏器使双折射两束光波产生干涉，检偏器输出光波的发光强度 I 与被测电压之间具有近似的线性关系，从而将相位差的测量转化为发光强度的测量，经电光转化和信号处理之后即可测量出电压。

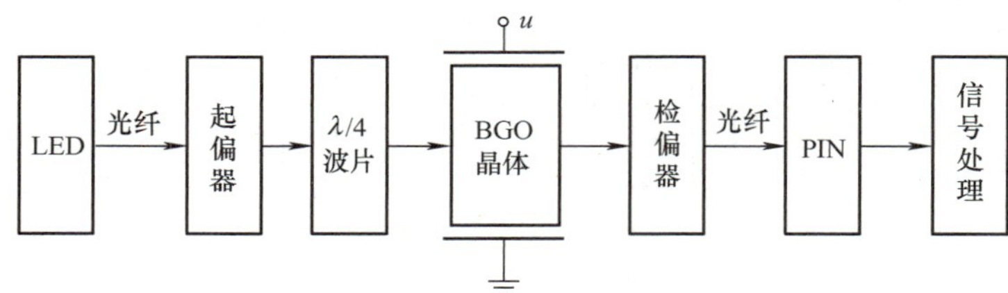

图 2-45 横向调制光学电压互感器原理图

经过多年的研究，光学传感型电压互感器日趋成熟，但由于光学器件易受到温度、振动和应力等因素的影响，性能并不稳定。在大多数电力电压测量中，电容分压和电阻分压均可设计在低压端（地电位），光学电压互感器的应用不像无源电流互感器那样具有吸引力，加之成本高，电力系统电压测量多采用分压式电子电压互感器。

电子式互感器的优点如下：高压侧隔离，绝缘简单，性价比高；不含铁心，消除铁磁谐振和铁心饱和等问题；抗电磁干扰性能好，无二次绕组开路高压危险；测量精度高，动态范围大，频率响应范围宽；没有充油而潜在的易燃、易爆等危险；体积小，重量轻，方便运输和安装；方便实现电压电流组合式互感器（有电容分压式电子电压互感器与罗氏线圈电子式电流互感器组合式互感器）；可实现自身的状态监测，提高了可靠性。电子式互感器的应用可促进保护新原理的研究，适应了电力计量和保护数字化、电器智能化、变电站智能化的发展方向。但由于电子式互感器的可靠性有待提高或验证，与传统互感器相比，在技术经济上的优势并不明显，工程中还没有大量采用。目前电子式互感器仍处于研究、试用阶段。

思考题与习题

1. 电弧产生的原因是什么？维持电弧燃烧的因素是什么？

2. 交流电弧有哪些特点？交流电弧的熄灭条件是什么？

3. 什么是交流电弧的近阴极效应？

4. 断路器弧隙并联低值电阻的作用是什么？

5. 熄灭交流电弧的基本方法有哪些？

6. 高压断路器的作用是什么？按灭弧介质可分为哪几类？

7. 隔离开关的作用是什么？

8. 高压断路器有哪些主要技术参数？

9. 电流互感器与电压互感器的作用各是什么？电磁式电流互感器与电压互感器各有什么特点？

10. 电流互感器和电压互感器工作时为什么会产生误差？有哪几种误差？误差与哪些因素有关？

11. 运行中，电流互感器的二次绕组为什么不允许开路？一旦开路会产生什么后果？

12. 电压互感器的常用接线有哪几种？有的电压互感器有接成开口三角形的辅助二次绕组，其作用是什么？其每相绕组的额定电压设计值是多少？

13. 在小电流接地系统中，电压互感器一次绕组联结成星形，若中性点不接地时，其二次绕组为何不能测量相对地电压？

14. 简述电容式电压互感器的工作原理和特点。

15. 什么是串级式电压互感器？它有什么特点？

16. 三相五柱式电压互感器，其辅助二次绕组额定电压为哪一个数值？(　　)

A. 100V　　B. 100/3V　　C. $100/\sqrt{3}$V　　D. 0V

17. 用于110kV电网的电压互感器，其辅助二次绕组额定电压为哪一个数值？(　　)

A. 100V　　B. 100/3V　　C. $100/\sqrt{3}$V　　D. 0V

18. 表征断路器熄灭电弧能力的技术参数是（　　）。

A. 额定电流　　B. 额定开断电流　　C. 额定电压　　D. 冲击电流

19. 近阴极效应使得触头间产生的介质强度是（　　）。

A. 100～200V　　B. 500～1000V　　C. 150～250V　　D. 0～100V

20. 发生单相接地故障时，三相五柱式电压互感器辅助二次绕组开口端的电压为（　　）。

A. 100V　　B. 100/3V　　C. $100/\sqrt{3}$V　　D. 0V

21. 采用星形联结的电压互感器，其二次绕组额定电压为（　　）。

A. 100V　　B. 100/3V　　C. $100/\sqrt{3}$V　　D. 0V

22. 某测量回路用的电流互感器二次额定电流为5A，其额定容量为30VA，为保证电流互感器的准确级，二次负荷阻抗最大不超过下列哪个数值？(　　)

A. 1Ω　　B. 1.1Ω　　C. 1.2Ω　　D. 1.3Ω

23. 在电压互感器的配置方案中，下列哪种情况高压侧中性点不允许接地？（　　）

A. 三个单相三绕组电压互感器　　B. 一个三相三柱式电压互感器

C. 一个三相五柱式电压互感器　　D. 三个单相四绕组电压互感器

24. 电弧燃烧得以维持的原因是（　　）。

A. 碰撞游离　　B. 热游离　　C. 热电子发射　　D. 强电场发射

25. 开断中性点不直接接地系统中的三相短路电路时，首先开断相的工频恢复电压为相电压的（　　）倍。

A. 1.3　　B. 0.866　　C. 1.25　　D. 1.5

26. SF_6气体的临界温度和临界压力为（　　）。

A. 45.64℃和3.84MPa　　B. 35.64℃和3.84MPa

C. 45.64℃和2.84MPa　　D. 35.64℃和2.84MPa

27. SF_6气体不采用（　　），以使其不产生液化保持气态。

A. 过低的压力　　B. 过高的使用温度

C. 过低的压力或过低的使用温度　　D. 过高的压力或过低的使用温度

28. 电弧弧心的温度最高可达（　　）。

A. 4000℃　　B. 5000℃　　C. 8000℃　　D. 10000℃

29. 电流互感器的二次负荷阻抗增大，其（　　）。

A. 电流误差和相位差都增大　　B. 电流误差和相位差都不变

C. 电流误差和相位差都减小　　D. 电流误差增大、相位差减小

30. 35kV电压互感器的一次侧应装设熔断器，其作用是（　　）。

A. 一次绕组短路保护　　B. 二次绕组短路保护

C. 一次绕组开路保护　　D. 二次绕组开路保护

31. 高压断路器的额定电压是指（　　）。

A. 断路器的正常工作电压　　B. 断路器的允许最高工作电压

C. 断路器的正常工作线电压　　D. 断路器的正常工作相电压

32. 电流互感器的一次绕组结构上的特点是（　　）。

A. 匝数多，截面积大　　B. 匝数多，截面积小

C. 匝数少，截面积大　　D. 匝数少，截面积小

33. 电容式电压互感器中的补偿电抗L的作用是（　　）。

A. 抑制铁磁谐振　　B. 减小互感器的误差

C. 抑制二次侧短路电流引起的过电压　　D. 用于载波通信

34. 电容式电压互感器中发生铁磁谐振的原因是（　　）。

A. 一次侧短路　　B. 二次侧短路

C. 一次侧短路又突然消除　　D. 二次侧短路又突然消除

35. 0.2S和0.2级的电流互感器相比，（　　）。

A. 0.2S级保证精度的测试范围更宽一些　B. 0.2级的测量精度高

C. 0.2S级的测量精度高　　D. 0.2级保证精度的测试范围更宽一些

36. 继电保护采用P级电流互感器适用的电压等级是（　　）。

A. 3～35kV　B. 3～66kV　C. 3～110kV　D. 3～220kV

37. 大容量机组发电机变压器组差动保护和超高压、特高压系统保护采用（　　）电流互感器。

A. P级或PR级　B. TPX级　C. TPY级　D. TPZ级

38. 关于电磁式电压互感器电压误差f_u减小的描述，（　　）是正确的。

A. 串联的测量表计减少，二次负荷阻抗增大，二次负荷容量减小

B. 并联的测量表计减少，二次负荷阻抗增大，二次负荷容量减小

C. 并联的测量表计增多，二次负荷阻抗增大，二次负荷容量减小

D. 并联的测量表计减少，二次负荷阻抗减小，二次负荷容量减小

第三章 电气主接线

电气主接线也称为电气主系统或电气一次接线，它是由电气一次设备按电力生产的顺序和功能要求连接而成的接受和分配电能的电路，是发电厂、变电站电气部分的主体，也是电力系统网络的重要组成部分。电气主接线图，就是用国家规定的电气设备图形与文字符号，详细表示电气主接线组成的电路图。电气主接线图一般用单线图表示（即用单相接线表示三相系统），但对三相接线不完全相同的局部图面（如各相中电流、电压互感器的配置）则应画成三线图。电气主接线反映了发电机、变压器、线路、断路器和隔离开关等有关电气设备的数量、各回路中电气设备的连接关系及发电机、变压器、输电线路、负荷间以怎样的方式连接，直接关系到电力系统运行的可靠性、灵活性和安全性，直接影响发电厂、变电站电气设备的选择，配电装置的选型，保护与控制方式选择和检修的安全与方便性。所以电气主接线是电力设计、运行、检修部门以及有关技术人员必须深入掌握的主要内容。

第一节　对电气主接线的基本要求

对电气主接线的基本要求，概括地说是应满足可靠性、灵活性、经济性三项基本要求。

一、可靠性

电能生产的特点是电能不能大量储存，发电、输电和用电必须在同一瞬间完成，任何一个环节出现故障都会造成供电中断，停电事故不仅给电力部门带来损失，给国民经济各部门带来的损失更严重，造成的人员伤亡、设备损坏、经济损失、城市生活的混乱和政治影响都是难以估量的。保证电力系统的安全可靠运行是电力生产的首要任务，作为其中一个重要环节的电气主接线，首先应满足可靠性的要求。但是可靠性不是绝对的，应全面看待这个问题，同样的主接线对某些发电厂和变电站来说是可靠的，而对另一些重要的发电厂和变电站来说就不能满足可靠性要求。因此，分析主接线的可靠性时，要考虑发电厂与变电站在电力系统中的地位和作用、负荷的性质、设备的可靠性和运行实践等因素。

1. 分析和评估主接线可靠性时应该考虑的几个问题

（1）发电厂与变电站在系统中的地位和作用　对于超过电力系统检修备用容量8%～15%和事故备用容量10%的大、中型发电厂和变电站，其在电力系统中的地位非常重要，它们的发、供电容量大，担负的供电区域广，发生事故的影响面大甚至会造成系统的瓦解，其电气主接线应具有很高的可靠性。对于小型发电厂和变电站就没有必要

过分地追求过高的可靠性而选择复杂的主接线形式。

（2）用户的负荷性质　电力负荷应根据对供电可靠性的要求及中断供电对人身安全、经济损失、用电单位的正常工作所造成的影响程度分为三个等级，并应符合下列规定：

1）Ⅰ类负荷。中断供电将造成人身伤害、将在经济上造成重大损失以及将影响重要用电单位的正常工作的负荷。在Ⅰ类负荷中，当中断供电将造成人员伤亡或重大设备损坏或发生中毒、爆炸和火灾等情况的负荷，以及特别重要场所的不允许中断供电的负荷，应视为Ⅰ类负荷中特别重要的负荷。对Ⅰ类负荷供电的要求是：任何时候都不允许停电。

2）Ⅱ类负荷。中断供电将在经济上造成较大损失（将造成生产设备局部破坏，或造成生产流程紊乱且难以恢复，或出现大量废品和减产）、将影响较重要用电单位的正常工作。对Ⅱ类负荷供电的要求是：必要时仅允许短时间停电。

3）Ⅲ类负荷。不属于Ⅰ类和Ⅱ类负荷者应为Ⅲ类负荷。这类负荷对供电没有特殊的要求，可以较长时间的停电。

由此可见，对于带有Ⅰ、Ⅱ类负荷的发电厂与变电站应该选择可靠性较高的主接线形式。当然也要综合分析，有些企业属于Ⅰ类负荷用户，但它也包含Ⅱ、Ⅲ类负荷；而对属于Ⅲ类负荷的农业用电，在抗旱排涝时期，就必须保证供电。

（3）设备的可靠性　电气主接线是由电气设备组成的，选择可靠性高、性能先进的电气设备是保证主接线可靠性的基础。采用可靠性高的设备，还可以简化接线。另外，主接线的可靠性是包括一次部分和相应的二次部分在运行中可靠性的综合，二次设备的可靠性也影响主接线的可靠性。

（4）运行实践　应重视国内外长期积累的运行实践经验，应优先选用经过长期实践考验的主接线形式。

2. 定性分析和衡量主接线可靠性的评判标准

1）断路器检修时，能否不影响供电。

2）断路器或母线故障以及母线或母线隔离开关检修时，停运回路数的多少和停电时间的长短，能否保证对Ⅰ类负荷和大部分Ⅱ类负荷的供电。

3）发电厂、变电站全部停运的可能性，大机组突然停运时对电力系统稳定性的影响。

4）大机组和超（特）高压的电气主接线能否满足对可靠性的特殊要求。

二、灵活性

（1）调度灵活　能按照调度的要求，方便而灵活地投切机组、变压器和线路，调配电源和负荷，以满足在正常、事故、检修等运行方式下的切换操作要求。

（2）检修安全、方便　可以方便地停运断路器、母线及其二次设备进行检修，而不致影响电网的运行和对其他用户的供电。应尽可能地使操作步骤少，便于运行人员掌握，不易发生误操作。

（3）扩建方便　能根据扩建的要求，方便地从初期接线过渡到远景接线。在不影响连续供电或停电时间最短的情况下，投入新机组、变压器或线路而不互相干扰，对一次设备和二次设备的改造为最少。

三、经济性

主接线应在满足可靠性和灵活性的前提下，做到经济合理。

（1）节约投资　主接线应力求简单清晰，节省断路器、隔离开关等一次电气设备；要使相应的控制、保护不过于复杂，节省二次设备与控制电缆等；能限制短路电流，以便于选择价廉的电气设备和轻型电器等。

（2）占地面积小　主接线的形式影响配电装置的布置和电气总平面的格局，主接线方案应尽量节约配电装置占地和节省构架、导线、绝缘子及安装费用。在运输条件许可的地方，应采用三相变压器而不采用三台单相变压器组。

（3）年运行费用小　年运行费用包括电能损耗费、折旧费、大修和日常小修的维护费等。电能损耗主要由变压器引起，因此要合理选择主变压器（简称主变）的型式、容量和台数，避免两次变压而增加损耗。

第二节　电气主接线的基本接线形式

电气主接线的基本环节是电源（发电机或变压器）和出线，它们之间如何连接是电气主接线的主体。当同一电压等级配电装置中的进出线数目较多时（一般超过4回），需设置母线作为中间环节；当进出线数目少时，不再扩建和发展的电气主接线，不设置母线而采用简化的中间环节。根据是否有母线，主接线形式可以分为有母线和无母线两大类型。母线也称汇流母线，起汇集和分配电能的作用。母线是电气主接线的中心，由于设置了母线，使得电源和引出线之间连接方便，接线清晰，接线形式多，运行灵活，维护方便，便于安装和扩建。但有母线的主接线使用的开关电器多，配电装置占地面积较大，投资较大。无母线的主接线使用的开关电器少，配电装置占地面积较小，投资较小。电气设备（包括变压器、断路器、线路、母线、电压互感器等）通常有运行、冷备用、热备用、检修4种状态。将设备由一种状态转变为另一种状态的过程叫倒闸，通过操作隔离开关、断路器以及挂、拆接地线将电气设备从一种状态转换为另一种状态或使系统改变运行方式，这种操作就叫倒闸操作。断路器的运行状态是指断路器与两侧的隔离开关都在合闸位置。断路器的热备用状态是指断路器在断开位置，两侧的隔离开关在合闸位置。断路器的冷备用状态是指断路器与两侧的隔离开关均在断开位置，但未做安全措施。断路器的检修状态是指断路器与两侧的隔离开关均处于断开位置，并做好安全措施：断路器两侧合上接地开关或挂上接地线。电气设备的运行状态是指设备的隔离开关及断路器都在合闸位置。电气设备的热备用状态是指设备的隔离开关在合闸位置，只断开断路器的电气设备。电气设备的冷备用状态是指设备的断路器、隔离开关均在断开位置，但未做安全措施。电气设备的检修状态是指设备的断路器和隔离开关均处于断开位置，并做好了安全措施，在规定的位置合上接地开关或挂上接地线。倒闸操作过程中，发生电气误操作不仅会造成设备损坏，电网停电事故，甚至会造成人身伤亡事故，危害极大。为防止电气误操作必须建立操作票制度、操作监护制度和操作票管理制度等并严格贯彻执行。

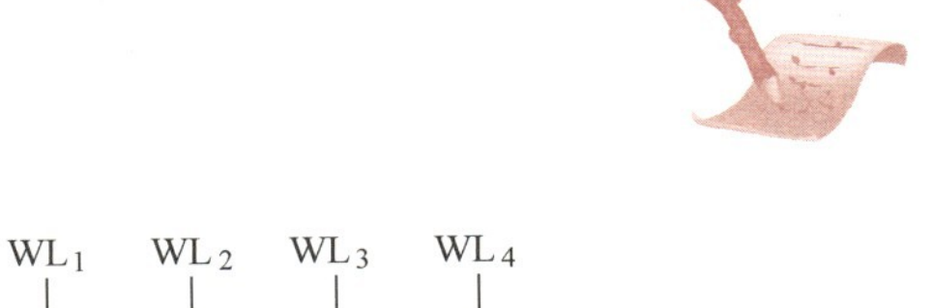

一、有母线的基本接线形式

1. 单母线接线及其母线分段的接线

（1）单母线接线　如图 3-1 所示，这种接线只有一组母线 W，接在母线上的所有电源和出线回路，都经过开关电器连接在该母线上并列运行。其中，各回路中的断路器用以正常工作时投切该回路及故障时切除该回路；隔离开关用以在切断电路时建立明显可见的断开点，将电源与停运设备可靠隔离，以保证检修安全。与母线相连接的隔离开关，称为母线隔离开关，如图 3-1 中的 QS_{11}；与线路相连接的隔离开关，称为线路隔离开关，如图 3-1 中的 QS_{12}。由于隔离开关没有断路器那样的灭弧装置，所以在接通电路时，必须先合断路器两侧的隔离开关，后合断路器；在切除电路时，必须先断开断路器，后拉开两侧的隔离开关，即保证隔离开关“先通后断”（在等电位状态下，隔离开关也可以单独操作），这种断路器与隔离开关间的操作顺序必须严格遵守，绝不能带负荷拉（合）闸刀（即隔离开关），否则将造成误操作，产生电弧而导致严重的后果。除遵守断路器与隔离开关间的操作顺序外，母线隔离开关与线路隔离开关的操作顺序为：母线隔离开关“先通后断”，即接通电路时，先合母线隔离开关，后合线路隔离开关；切断电路时，先断开线路隔离开关，后断开母线隔离开关，以避免万一断路器的开合状态与实际状态不一致时，误操作发生在母线隔离开关上，误操作产生的电弧会引起母线短路，使事故扩大。例如，对 WL_1 送电时，先合上 QS_{11}，再合上 QS_{12}，最后合上 QF_1。对 WL_1 停电时，先断开 QF_1，再依次拉开 QS_{12} 和 QS_{11}。图 3-1 中的接地开关 QS_{13} 只在该出线检修或断路器 QF_1 检修时合上（其他出线回路的接地开关简略未画出），它是保证检修安全的安全措施。当电压等级在 110kV 及以上时，线路隔离开关侧或断路器两侧的隔离开关（布置较高时）都应该配置接地开关，110kV 及以上的母线也应设置接地开关或接地器，以代替人工挂接地线，保证出线、断路器和母线检修时的安全。

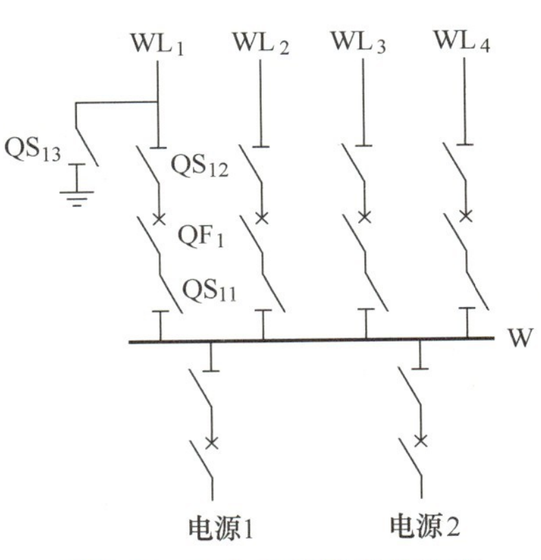

图 3-1　不分段的单母线接线

单母线接线的主要优点是接线简单清晰，设备少，操作方便，造价便宜，只要配电装置留有余地，母线可以向两端延伸，可扩展性好；主要缺点是可靠性和灵活性都较差，它只有一种运行方式，母线和母线隔离开关检修或故障时，全部回路均需停运，任一断路器检修时，其所在回路也将停运。单母线接线只能用于某些出线回数较少，对供电可靠性要求不高的小容量发电厂和变电站中。一般只适用于一台发电机或一台主变压器的三种情况：6～10kV 配电装置的出线回路数不超过 5 回，35～66kV 配电装置的出线回路数不超过 3 回，110～220kV 配电装置的出线回路数不超过 2 回。

（2）单母线分段接线　图 3-2 所示为单母线分段接线，它利用分段断路器 QF_d 将母线分成两段，当可靠性要求不高时，也可利用分段隔离开关 QS_d 进行分段。采用单母线分段接线时，重要用户可从不同母线段上分别引出两回馈线向其供电，保证不中断供

电。单母线分段接线有单母线运行、各段并列运行和各段分列运行等运行方式。任一母线或母线隔离开关检修时，仅停该段，不影响其他段运行，减小了母线检修时的停电范围。任一段母线故障时，继电保护装置可使分段断路器跳闸，保证正常母线段继续运行，减小了母线故障影响范围。在大城市的降压变电站中，由于低压馈线回路多，短路容量大，也可以将母线分成几段（一般是2～3段），正常运行时分段开关断开，即低压母线处于分列运行状态，可以限制短路电流。为防止因某段母线上的电源断开而停电，可在分段断路器上装设备用电源自动投入装置。设计时，应尽量将电源与负荷均衡地分配于各母线段上，以减少各分段间的穿越功率。

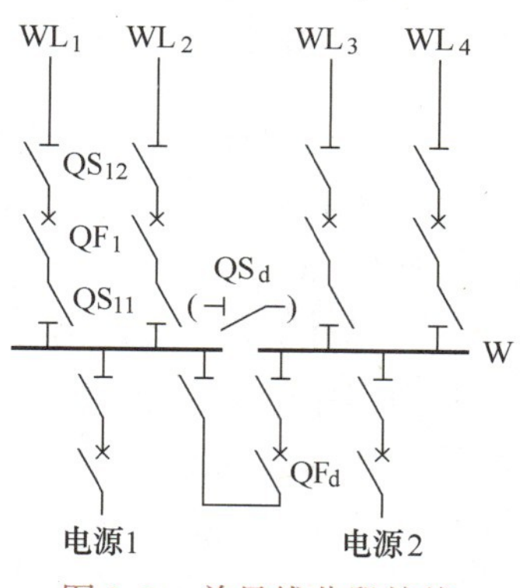

图3-2　单母线分段接线

单母线分段接线的主要缺点是在任一段母线和母线隔离开关故障或检修期间，该段母线上的所有回路均需停电；任一断路器检修时，该断路器所带用户也将停电；分段断路器故障时全停电。这种接线广泛应用于容量为12MW及以下小容量发电厂和具有两台主变的变电站：出线回路数在6回及以上的6～10kV配电装置；出线回路数在4～8回时的35～66kV配电装置；出线回路数在3～4回时的110kV和220kV配电装置。

2. *带旁路母线的单母线分段接线*

（1）带专用旁路断路器的单母线分段带旁路母线接线　为了使单母线分段接线在检修任一出线断路器时不中断对该回路的供电，可增设旁路母线。图3-3所示为带专用旁路断路器的单母线分段带旁路母线接线，它在单母线分段的基础上又增加了旁路母线 W_3、专用旁路断路器 QF_p 及旁路回路隔离开关 QS_1、QS_2，各出线回路除通过断路器与汇流母线连接外，还通过旁路隔离开关与旁路母线相连接。电源回路也可以接入旁路，如图中虚线所示，这种进出线全接入旁路的形式叫全旁路方式。旁路母线的作用是：检修任一进出线断路器时，不中断对该回路的供电。正常运行时，旁路断路器 QF_p、各进出线回路的旁路隔离开关是断开的，旁路断路器两侧的隔离开关 QS_1、QS_2 是合上的，旁路母线 W_3 不带电。

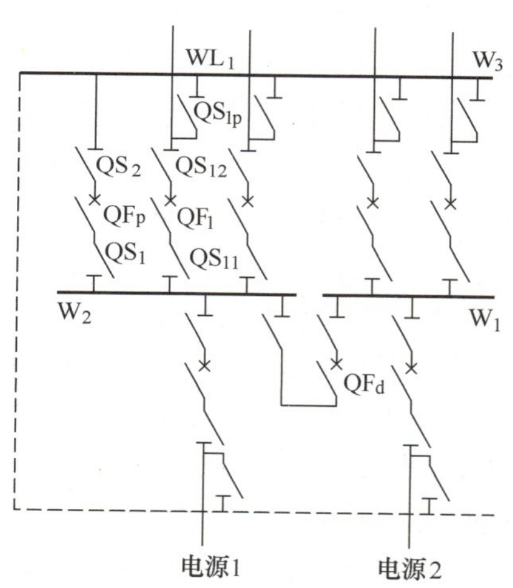

图3-3　带专用旁路断路器的单母线分段带旁路母线接线

若需要检修某个回路的断路器，如出线 WL_1 的断路器 QF_1，使该出线不停电的操作步骤为：合上旁路断路器 QF_p 给旁路母线 W_3 充电，检查旁路母线 W_3 是否完好，如果旁路母线有故障，QF_p 在继电保护控制下自动切断故障，旁路母线不能使用；如果 QF_p 合闸成功，说明旁路母线完好，可以使用，接着合上出线旁路隔离开关 QS_{1p}（合闸前 QS_{1p} 两端等电位。也可以先断开 QF_p，然后合上 QS_{1p}，再合上 QF_p，以避免万一合 QS_{1p} 时，同时发生线路故障，QF_1 事故跳闸，造成 QS_{1p} 合到短路故障上），断开出线

WL_1的断路器 QF_1，最后再依次断开 QS_{12}和 QS_{11}。此时 WL_1已经由旁路断路器 QF_p回路供电，在需要检修的断路器 QF_1两侧布置安全措施后，就可以对其进行检修。一般断路器切断的短路故障次数达到需要检修的次数后（或长期运行后），就需要检修，由于线路故障较多，出线断路器检修比电源进线更频繁，故出线应接入旁路；考虑到变压器是静止元件，故障率低，在变电站一般由多台变压器并列运行，而发电机—变压器回路的断路器可以安排在发电机检修时一起检修，故电源回路接入旁路的情况较少。对于采用手车式成套开关柜的 6～35kV 配电装置，由于断路器可以快速更换，在满足可靠性要求时，也可以不设置旁路母线。

单母线分段接线增设旁路母线后，配电装置占地面积增大，增加了断路器和隔离开关的数量，接线复杂，投资增大。

（2）单母线分段带简易旁路母线接线　图 3-4 所示为分段断路器 QF_d兼作旁路断路器的带简易旁路母线接线。它是在单母线分段接线的基础上，增加了旁路母线 W_3、隔离开关 QS_3和 QS_4、分段隔离开关 QS_d及各出线回路中相应的旁路隔离开关，分段断路器 QF_d兼作旁路断路器。与图 3-3 所示的接线相比，少用一台断路器，节省了投资。平时旁路母线不带电，QS_1、QS_2及 QF_d合闸，QS_3、QS_4及 QS_d断开，按单母线分段方式运行。当需要检修某出线如 WL_1断路器 QF_1时，可通过倒闸操作，由分段断路器代作旁路断路器，旁路母线经 QS_4、QF_d、QS_1接至母线 W_2，或经 QS_3、QF_d、QS_2接至母线 W_1。操作步骤为：合上 QS_d，断开 QF_d，断开 QS_2，合上 QS_4，合上 QF_d，如果合闸成功，说明旁路母线完好，接着合上 QS_{1p}（合闸前 QS_{1p}两端等电位），断开 QF_1和其两侧隔离开关 QS_{12}、QS_{11}，就可以检修断路器 QF_1，而不中断其所在线路的供电。分段隔离开关 QS_d的作用是：在 QF_d作旁路断路器时，可通过分段隔离开关 QS_d保持两段工作母线并列运行，当然此时就成为单母线运行方式。

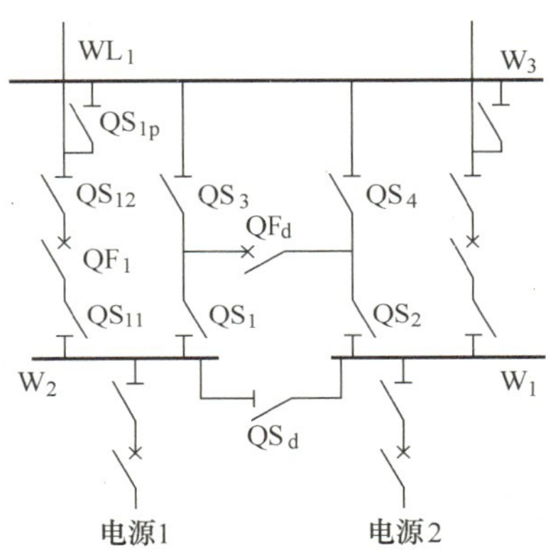

图 3-4　单母线分段带简易旁路母线接线

（3）其他带简易旁路母线接线形式　实际应用中，也可酌情采用图 3-5 所示的一些带简易旁路母线的接线形式。图 3-5a～c 所示接线与图 3-4 相比较，均省去一组隔离开关。图 3-5a 所示接线在正常运行时，旁路母线不带电，但旁路母线只能接至母线 W_2，检修母线 W_1上的断路器时，将造成分段上有较大的功率穿越，而且配电装置布置也稍复杂。图 3-5b 所示接线的配电装置布置方便，断路器作分段断路器用时，旁路母线带电，旁路运行时，旁路母线也只

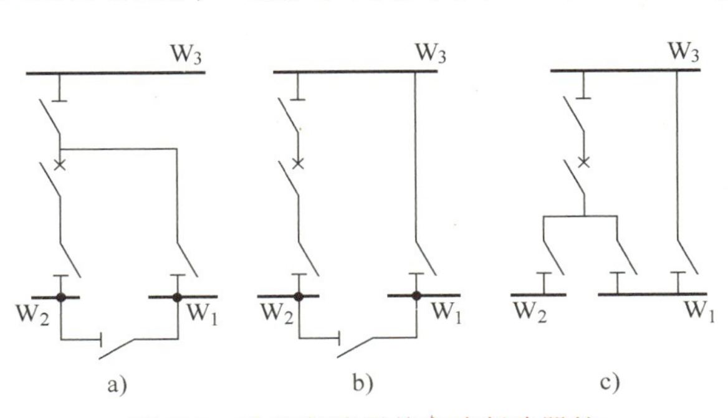

图 3-5　分段断路器兼旁路断路器的其他接线形式

能接至旁路断路器所在的一段母线。图3-5c所示接线的旁路母线平时也带电，旁路运行时，W_1、W_2两段工作母线分列，但旁路母线可接至任一段母线，不破坏原有两段母线上的功率平衡。单母线分段带简易旁路母线接线常用于出线回路不多的35～110kV配电装置中。

3. 双母线接线

在图3-6所示的双母线接线中，设置有两组母线W_1、W_2，两组母线间通过母线联络断路器QF_c相连，每回进出线均经一组断路器和两组母线隔离开关分别接至两组母线，所以每回路均可以换接至两组母线的任一组上运行，使得双母线接线的可靠性和灵活性大大提高。

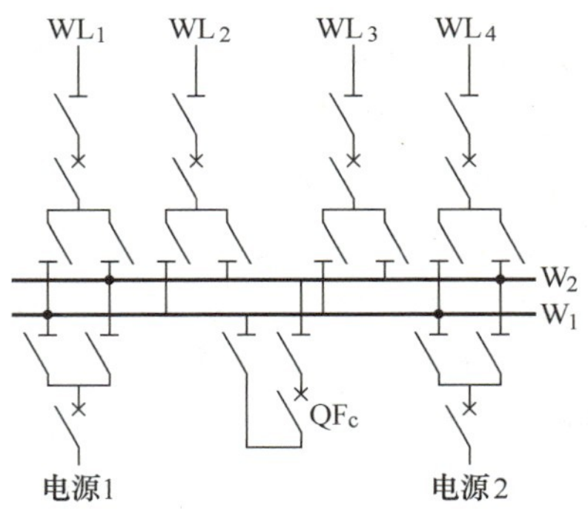

图3-6　双母线接线

双母线接线的主要优点如下：

（1）运行方式灵活　可以采用两组母线同时工作，将母联断路器QF_c合闸，而进出线均衡地分配在两组母线上的运行方式，当一组母线故障时，在继电保护作用下，母联断路器断开，保证没有故障的母线继续运行，这相当于单母线分段的运行方式；还可以采用一组母线工作，另一组母线备用，母联断路器断开的单母线运行方式。根据需要，双母线接线还可以完成一些特殊功能，例如，利用母联断路器进行同期或解列操作；当某个回路需要单独进行试验时，可以将该回路单独接到一组母线上；当线路需要利用短路方式熔冰时，亦可用一组母线作为熔冰母线，不致影响其他回路等。

（2）检修母线时不中断供电　由于每个回路都有两组母线隔离开关，所以只需将欲检修母线上的所有回路通过倒闸操作均换接至另一组母线上，即可不中断供电地进行检修。例如，图3-6所示接线在母线W_1工作、母线W_2备用的运行方式下，欲检修母线W_1时的倒闸操作步骤如下：①检查母线W_2是否完好，合QF_c两侧隔离开关及QF_c，向母线W_2充电，若该母线完好，则QF_c不会因继电保护动作而跳闸，便可继续倒闸操作；②合上所有回路与母线W_2连接的隔离开关，之后再断开所有回路与母线W_1连接的隔离开关，以实现全部回路由母线W_1换接至母线W_2；③断开QF_c及其两侧隔离开关，此时母线W_1不带电，母线W_2变为工作母线。检修任一回路母线隔离开关时，只停该回路，这时，仅需将所要检修隔离开关所在的母线停电，按照上述操作方法将其他回路均换接至另一组母线继续运行，然后停电检修该母线隔离开关。

（3）任一组母线故障时可缩短停电时间　双母线接线与单母线分段相比，母线故障时停电时间短，任一组母线故障时，只需将接于该母线上的所有回路切换至另一组母线，故障母线上的回路经短时停电便可迅速恢复供电。

双母线接线的主要缺点如下：

1）变更运行方式时，都是用各回路母线侧的隔离开关进行倒闸操作，操作步骤较为复杂，容易出现误操作。

2）检修任一回路断路器时，该回路仍需停电或短时停电（装设临时跨条）。

3）任一组母线故障，其供电回路仍需短时停电。

4）母联断路器故障时或一组母线检修，同时任一进、出线断路器故障时，两组母线全部失电，造成严重的或全厂（站）停电事故。

5）由于增加了大量的母线隔离开关和母线长度，双母线的配电装置结构较复杂，占地面积大，投资大。

双母线接线广泛应用于对可靠性和灵活性要求较高、出线回路数较多、母线故障需迅速恢复供电、母线或母线隔离开关检修不允许停电的场合。6～10kV 短路电流较大，出线需带电抗器时，35～66kV 出线为 8 回及以上时，或连接的电源较多、负荷较大时；110～220kV 出线为 5 回及以上（有关规程规定 110kV 出线为 6 回及以上），地位重要的 110～220kV 出线为 4 回及以上时，宜采用双母线接线。

4. 双母线分段接线

不分段的双母线接线在母联断路器故障或一组母线检修，同时任一进、出线断路器故障时，会造成严重的或全厂（站）停电事故，难以满足大型电厂和变电站对可靠性的要求。为了提高大型电厂和变电站主接线可靠性，克服双母线接线存在全停电的缺点，减小母线故障的停电范围，大型发电厂和变电站的主接线可采用双母线分段接线。图 3-7 所示的双母线分段接线中，将一组母线用分段断路器 QF_d 分为两段（W_1 和 W_2），两个分段母线（W_1 和 W_2）与另一组母线（W_3）之间都用母联断路器连接，称为双母线三分段接线（也称单分段）。这种接线方式比双母线接线具有更高的可靠性，运行方式更为灵活。如可以将两个母联断路器断开，分段断路器合上，W_1 和 W_2 作为工作母线，W_3 作为备用母线，全部进出线均分在 W_1 和 W_2 两个分段上运行；也可以将两个母联断路器中的一个和分段断路器合上，而另一个母联断路器断开，进出线合理地分配在三段上运行，此种运行方式可以减小母线故障的停电范围，母线故障时的停电范围只有 1/3。除此之外，双母线三分段接线在一段母线检修或故障时，没有停电的部分还可以按双母线或单母线分段运行，仍具有较高的可靠性。若将两组母线均用分段断路器分为两段，就构成了双母线四分段接线（也称双分段），如图 3-8 所示，该接线可以避免双母线三分段接线在一组母线检修合并母联断路器故障时发生三段母线全部停电事故，母线故障时的停电范围只有 1/4，可靠性进一步提高，是一种发生任何双重故障情况下均不致造成全停电的接线。但双母线分段接线使用的电气设备更多，配电装置也更为复杂。

220kV 双母线（分相中型）出线回路视频

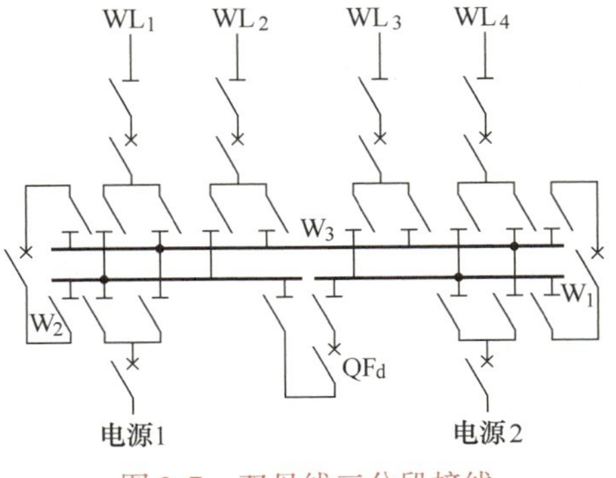

图 3-7　双母线三分段接线

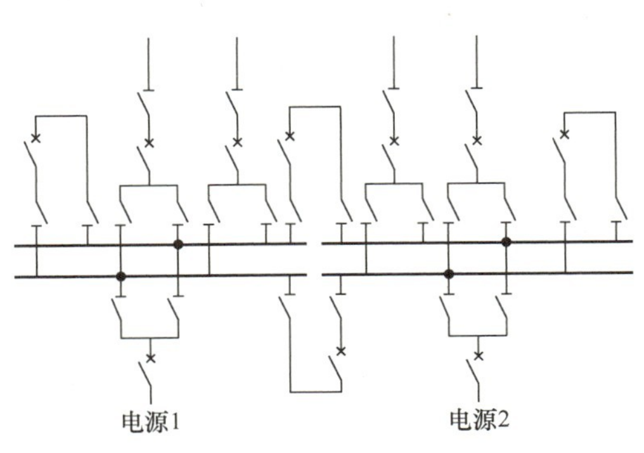

图 3-8　双母线四分段接线

在中、小型发电厂的 6～10kV 配电装置中，为限制 6～10kV 系统的短路电流，常采用图 3-9 所示的用叉接电抗器分段的双母线接线。由图可见，在分段处装设有分段断路器 QF_d、母线分段电抗器 L 及 4 台隔离开关。为了使任一工作母线停运时，电抗器仍能起到限流作用，母线分段电抗器 L 可以经分段断路器及隔离开关交叉接至备用母线 W_3 上。正常运行时，W_1、W_2两段母线经分段断路器、L 及隔离开关并列运行。当任一段母线发生短路故障时，分段电抗器都能起限制短路电流的作用。检修母线 W_1（或 W_2）时，仍可通过倒闸操作使母线 W_2（或 W_1）、W_3两段经过分段断路器 QF_d 及分段电抗器 L 保持并列运行。当一台及以上发电机退出运行，母线系统短路电流减小，不需电抗器限流时，可将分段断路器断开，利用母联断路器使母线 W_1（或 W_2）与备用母线 W_3并列运行，以消除分段电抗器中的功率损耗与电压损耗，使两段母线电压均衡。

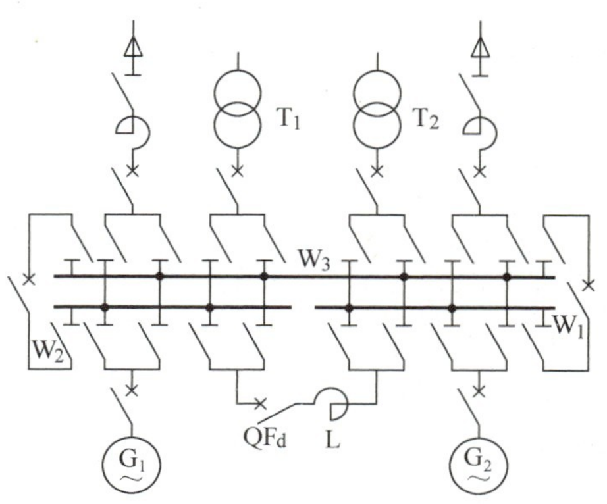

图 3-9　用叉接电抗器分段的双母线接线

220kV 配电装置进出线总数为 10～14 回时，可采用双母线三分段接线；进出线总数为 15 回及以上时，宜采用双母线四分段接线。330～500kV 配电装置，当线路、变压器等连接元件总数为 6 回及以上时，可采用双母线分段接线。

5. *双母线带旁路母线接线*

为了使双母线接线在检修任一回路断路器时不中断该回路的供电，可增设旁路母线。图 3-10 是具有专用旁路断路器的双母线带旁路母线接线，它是在双母线接线的基础上，增设了一组旁路母线 W_3及专用旁路断路器 QF_p 回路，各回路除通过断路器与两组汇流母线连接外，还通过旁路隔离开关与旁路母线相连接。检修线路断路器时的操作与单母线带专用旁路断路器的旁路母线接线类似。应该注意的是，旁路母线只为检修断路器时不中断供电而设，它不能代替汇流母线。

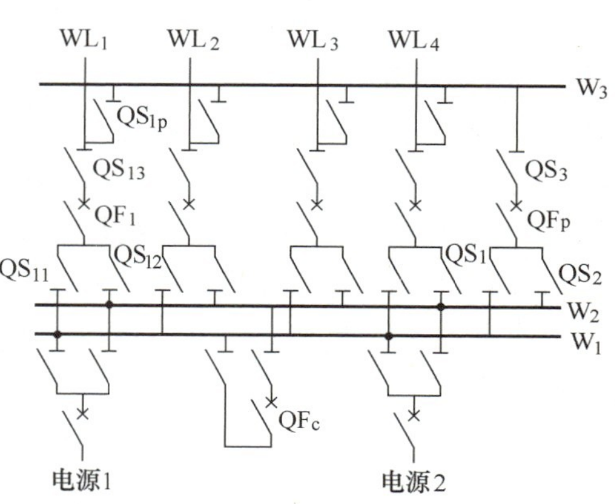

图 3-10　双母线带旁路母线接线

双母线带旁路母线接线进一步提高了双母线接线的可靠性，但是，这种接线所用的电气设备数量较多，配电装置结构较复杂，占地面积较大，经济性较差。根据我国情况，一般规定当220kV 出线在4 回及以上、110kV 出线在6 回及以上时，宜采用有专用旁路断路器的双母线带旁路母线接线。

当出线回数较少时，可采用如图 3-11 所示的以母联断路器兼作旁路断路器的双母线带简易旁路母线接线，以节省断路器和占地，改善其经济性。但其显著缺点是每当检修线路断路器时，都要腾出一组母线为旁路母线供电，此时双母线运行方式将改为

单母线运行方式，使其可靠性降低。图 3-11 的 4 种接线形式的区别是：图 3-11a 正常运行时旁路母线 W_3 不带电，只有 W_1 能带旁路；图 3-11b 的优点是 W_1、W_2 均能带旁路；图 3-11c 在正常运行时旁路母线 W_3 带电，但 W_1、W_2 均能带旁路；图 3-11d 正常运行时旁路母线 W_3 不带电，但只有 W_1 能带旁路。

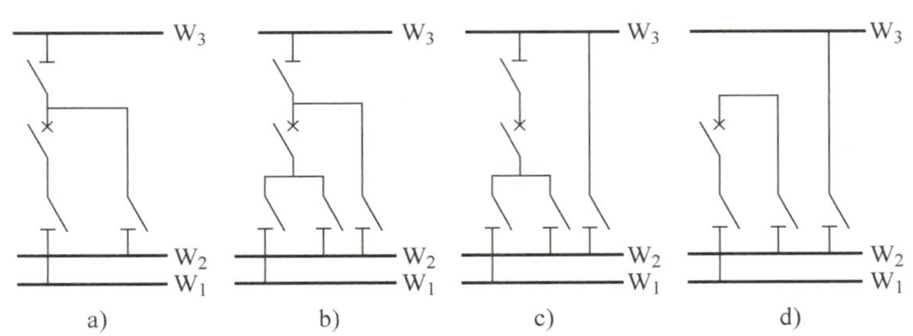

图 3-11 以母联断路器兼作旁路断路器的双母线带简易旁路母线接线

为保证断路器检修时其所在回路不停电，双母线接线的其他形式也可以装设旁路母线。

随着断路器技术及制造水平的提高，特别是 SF_6 断路器在其寿命周期内检修次数减少，加上电网结构的逐步加强，线路断路器检修时可以通过迂回方式供电，多年来旁路母线在新建设的发电厂和变电站中已很少采用。

6. 一台半断路器接线

一台半断路器接线又称为 3/2 断路器接线，如图 3-12 所示，即每 2 个回路用 3 台断路器（称为一串，也是一个完整串）分别接至 2 组母线，处于每串 2 个回路中间的断路器称为联络断路器。由于平均每个回路装设一台半（3/2 台）断路器，故称为一台半断路器接线。在发电厂、变电站建设初期，规模小，为了节省投资，工程初期经常存在“半串”的过渡接线（为扩建发展预留一个回路的位置），即 1 个回路通过 2 台断路器接入 2 组母线，称为不完整串。完整串有变（压器）—线（路）串和线（路）—线（路）串。

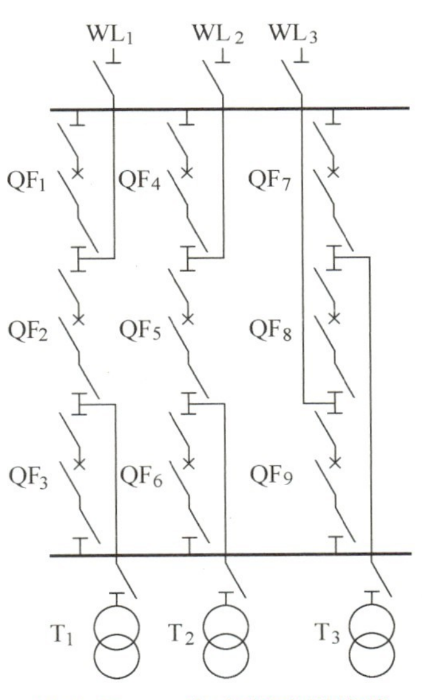

图 3-12 一台半断路器接线

正常运行时，2 组母线和每串上的 3 台断路器都同时工作，形成多环路供电方式，运行调度十分灵活，具有很高的可靠性。由于这种接线中的每个回路都是经过两台断路器供电，任一断路器检修时，所有回路都不会停电。任一组母线故障或检修时，只断开与此母线相连的所有断路器，所有回路仍可通过另一组母线继续运行。即使是在某一串中间的联络断路器故障，致使其两侧断路器跳闸，或者检修与事故相重叠等严苛情况下，停电的回路数也不会超过两回。甚至在一组母线检修、另一组母线故障或两组母线同时故障的极端情况下，也不中断供电，而无全部停电的危险。隔离开关只用作检修时隔离电压，避免了改变运行方式时复杂的倒闸操作。

这种接线的主要缺点是：所用断路器、电流互感器等设备多、投资较高；继电保

护及二次回路的设计、调整、检修等比较复杂。

为了避免两个电源回路或去同一系统的两回线路同时停电，进一步提高可靠性，同名回路（功能相同的回路）的配置原则如下：

1）同名回路应布置在不同串中，以避免联络断路器故障时或一串中任一母线侧断路器检修，同串中另一侧回路故障时，使该串中的两个同名回路同时断开。

2）在只有两串的情况下，对于特别重要的同名回路，应分别接入不同的母线，称为交叉换位（见图3-13b），以避免一串中联络断路器检修（见图3-13a中的QF_2）时，另一串两个回路中的任一个故障（见图3-13a中的WL_2或T_2故障），同时切除两个同名回路，可能造成全厂（站）停电。当接线的串数多于两串时，由于是多环路供电方式，也可以不进行交叉换位。

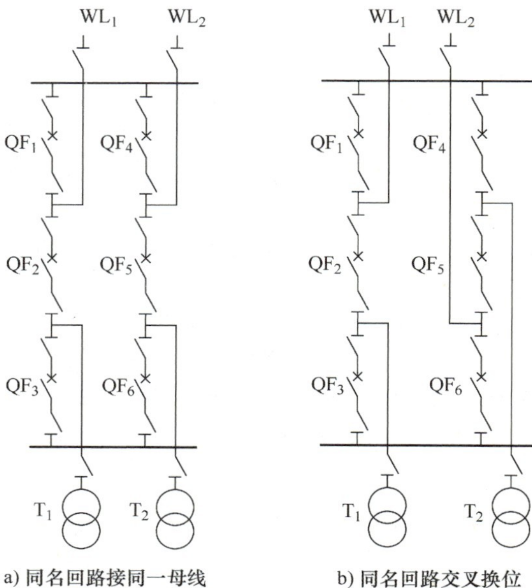

图3-13　同名回路的配置类型

在只有两串的情况下，为避免任一回路检修时断开两台断路器导致环形供电变成开环运行，可靠性降低，各回路应装设隔离开关。多于两串时，由于是多环路供电方式，各回路可以不装设隔离开关。

一台半断路器接线的可靠性明显高于双母线双分段带旁路母线接线，是大机组、超高压和特高压主接线中应用最多的一种接线，对于大型电厂和变电站的500～1000kV配电装置，重要电厂和变电站的330kV配电装置，宜采用一台半断路器接线。因系统潮流控制或因限制短路电流需要分片运行时，可将母线分段。

7. 4/3断路器接线

4/3断路器接线是每3个回路用4台断路器为一串分别接至2组母线，如图3-14a所示。4/3断路器接线具有3/2断路器接线同样的可靠性。与3/2断路器接线相比，4/3断路器接线投资省，但布置复杂，继电保护及二次回路复杂。当一台断路器或一组母线检修，合并串中断路器故障时（4/3断路器接线有2个串中断路器），会造成同一串中3个回路全部停运，故需要避免同名回路布置在同一串中。在330～1000kV配电装置，进线回路数较多，出线回路数较少，基本符合2:1的比例时可采用4/3断路器接线，如大型水电站中。有些电厂的电气主接线根据进、出线的数量，通过技术经济比较，常采用4/3断路器、双断路器或3/2断路器接线构成组合接线。例如，某大型水电站有6台发电机组和4回出线，如图3-14b所示，其500kV主接线采用2串4/3断路器接线（每串接入2台发电机和1回出线）、1串3/2断路器接线（接入1台发电机和1回出线）和1串4/3断路器接线按3/2断路器接线运行（接入1台发电机和1回出线，预留1回出线位置）的组合接线，受地形所限，其500kV配电装置采用GIS设备，其厂用电接线见第四章图4-11。

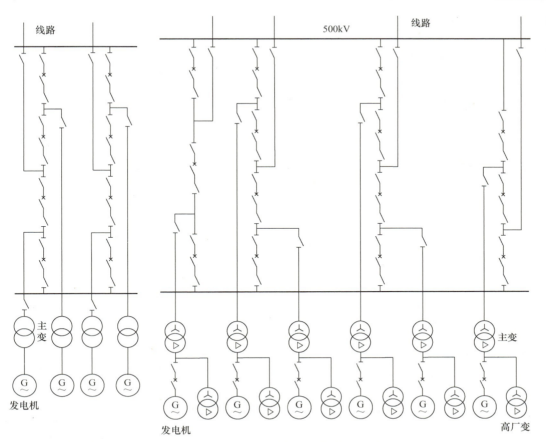

a) 4/3断路器接线　　b) 4/3断路器与3/2断路器接线构成的组合接线

图 3-14　4/3 断路器接线

8. 变压器—母线组接线和双母线双断路器接线

如图 3-15 所示，由于变压器的可靠性高、故障少，变压器—母线组接线的主变压器高压侧不装断路器，主变压器直接经隔离开关接在母线上，双母线间的各回出线可采用双断路器接线，如图 3-15a 所示。当线路较多时，出线回路也可采用一台半断路器接线，如图 3-15b 所示。变压器故障时和它接在同一母线上的断路器都跳闸，但各回路仍能从另外一组母线上获得电源，并不影响除故障变压器以外的其他回路正常工作。用隔离开关将故障变压器从母线上退出后，再投入相应的断路器，该母线即可恢复运

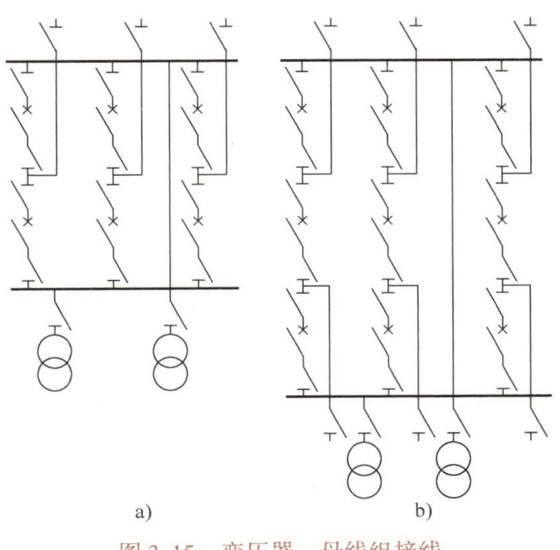

a)　　b)

图 3-15　变压器—母线组接线

行。这种接线所用的断路器台数，比双母线双断路器接线或双母线一台半断路器接线都要少，投资较省。另外，它也是一种多环路供电系统，当变压器质量有保证时，整个接线具有较高的可靠性，运行调度灵活，便于扩建。

双母线双断路器接线每个进、出线回路均设置两台断路器，经两台断路器分别接至两组母线，正常运行时两组母线同时运行，如图 3-15a 所示（主变压器进线回路经两台断路器接在母线上，接在母线上的主变压器去掉）。由于一般两组母线同时发生故障的概率非常低，故双母线双断路器接线是一种可靠性极高的接线，其灵活性也很高，一台半断路器接线就是从这种接线改进而成的。其特点是：任何一组母线检修或同时检修一组母线的所有隔离开关时所有回路都不会停电；任何一组母线发生故障时，所有回路与故障母线相连接的断路器自动断开，都不会停电；任一断路器检修时任何回路都不会停电；任何一个断路器发生故障或拒动时，所在回路停电，不影响其他回路；隔离开关不用于倒闸操作，减少了误操作引起事故的可能性。可根据系统潮流，限制短路电流，限制故障范围的需要，灵活地改变接线。但断路器和隔离开关及电流互感器用量大，设备投资大，经济性较差。双母线双断路器接线用于对可靠性有较高要求的发电厂和变电站，在我国的特高压变电站 1000kV 配电装置有应用。

二、无母线的基本接线形式

1. 桥形接线

当只有两台变压器和两条线路时，可采用桥形接线。通过连接桥回路将两回变压器—线路单元相连，构成桥形接线。连接桥回路中的断路器称为桥断路器。根据桥断路器的位置桥形接线分内桥接线和外桥接线两种，图 3-16a 是内桥接线，图 3-16b 是外桥接线。内桥接线的特点是桥断路器 QF_3 接在靠近变压器侧，其余两台断路器接在线路上，在线路正常投切或故障切除时，不影响其他回路运行。而投切变压器时，则需要操作两台断路器及相应的隔离开关，使相应线路短时停电，例如，在切除变压器 T_1 时，要先断开 QF_1 和 QF_3，才能断开 QS_1 使变压器 T_1 退出运行，然后再合上 QF_3 和 QF_1，恢复线路供电。这种接线适用于变压器不需要经常切换、输电线路较长（故障率高，故障断开机会较多）、电力系统穿越功率较小的场合（穿越功率经过的断路器多，断路器检修时穿越功率会中断）。

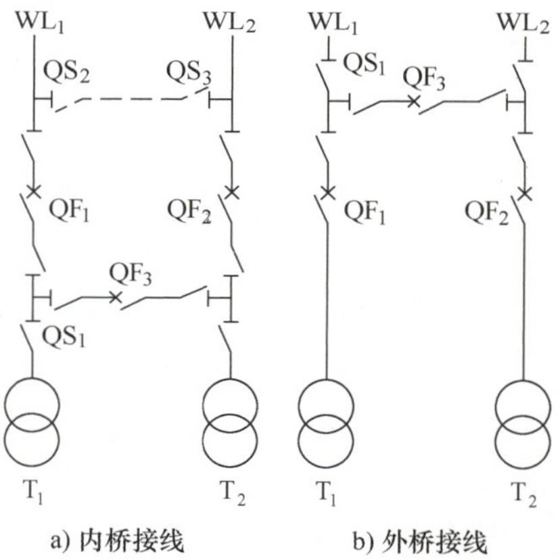

a) 内桥接线　b) 外桥接线

图 3-16　桥形接线

外桥接线的特点是桥断路器 QF_3 靠近线路侧，其余两台断路器接在变压器回路中，与内桥接线相反，它便于变压器的正常投切和故障操作，而线路的正常投切和故障操作都比较复杂，也需要操作两台断路器及相应的隔离开关，相应变压器要短时停电。这种接线适用于线路较短（故障率较低）、主变压器需经常投切（因经济运行的需要），以及电力系统有较大的穿越功率通过桥连回路的场合。

图 3-16a 中的虚线部分为跨条，加跨条可使断路器检修时，穿越功率可从“跨条”

中通过，减少了系统的开环机会，正常运行时跨条断开。跨条回路中装设两台隔离开关的作用是能轮流停电检修任意一台隔离开关。

当有 3 台变压器和 3 条线路时，可采用双桥接线，也称扩大桥形接线。

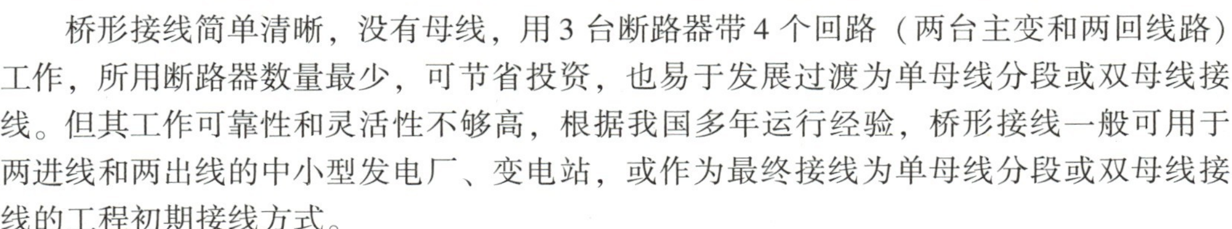

桥形接线简单清晰，没有母线，用 3 台断路器带 4 个回路（两台主变和两回线路）工作，所用断路器数量最少，可节省投资，也易于发展过渡为单母线分段或双母线接线。但其工作可靠性和灵活性不够高，根据我国多年运行经验，桥形接线一般可用于两进线和两出线的中小型发电厂、变电站，或作为最终接线为单母线分段或双母线接线的工程初期接线方式。

2. 多角形接线

多角形接线将断路器接成闭合单环形接线，每个回路都接在两台断路器之间，断路器数与进出线回路数相同，也是“角”数。角的每个边中含有一台断路器和两台隔离开关，各进出线回路中只装设隔离开关，分别接至多角形的各个顶点上。图 3-17a 为三角形接线，图 3-17b 为四角形接线，图 3-17c 为五角形接线。多角形接线的主要优点是：断路器台数等于进出线回路数，平均每回路只需装设一台断路器，除桥形接线外，该接线比其他接线方式使用的断路器少，占地小，投资省，经济性好；可靠性与灵活性较高，易于实现自动远动操作；多角形接线中，没有汇流主母线和相应的母线故障产生的影响，任一个回路故障或停运时，只需断开与其相连接的两台断路器，其他回路照常工作；任一断路器检修时，只需断开其两侧的隔离开关，所有回路仍可继续照常工作；所有的隔离开关仅用于在停运和检修时隔离电压，而不用于倒闸操作，不会发生带负荷拉隔离开关的误操作。

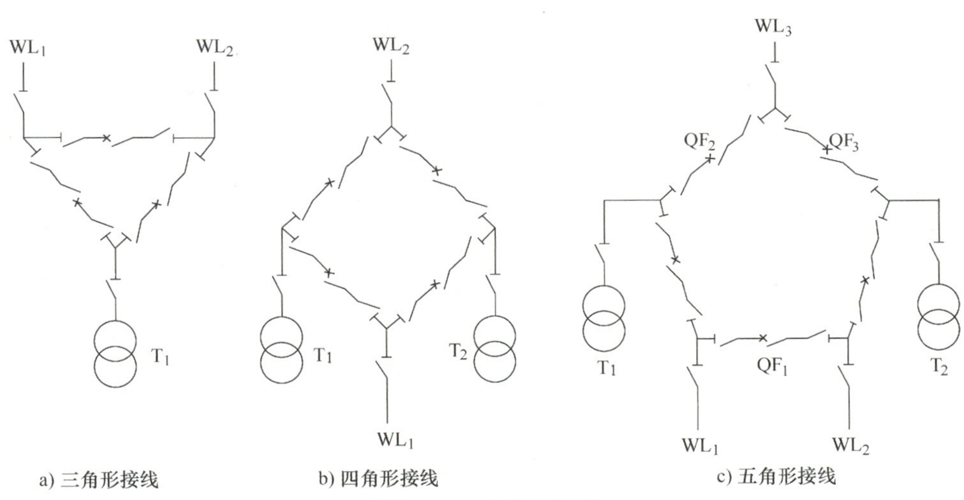

图 3-17　多角形接线

多角形接线的主要缺点是：检修任一断路器时，多角形将变成开环运行，可靠性显著降低，若再发生故障，可能造成两个及以上回路停电，多角形接线将被分割成两个互相独立的部分（在图 3-17c 中，如果 QF_1 检修，此时线路 WL_3 故障，QF_2 和 QF_3 自动断开，T_1 和 WL_1 为一独立部分，T_2 和 WL_2 为一独立部分），功率平衡遭到严重破坏，且多角形接线的角数越多，断路器检修的机会也越多，开环时间越长，此缺点也越突

出；运行方式变化时，各支路的工作电流可能变化较大，使相应的继电保护整定较复杂；多角形接线的配电装置难于扩建发展。

在水力发电厂的110～500kV配电装置中，当出线回数不多，且发展规模比较明确，不考虑扩建时，可以采用多角形接线。一般以采用三角形或四角形为宜，最多不要超过六角形。设计时应将电源回路按对角原则配置（与两串3/2接线应交叉换位类似，两串3/2接线相当于六角形接线），以减少设备（如断路器）故障时或开环运行合并一个回路故障时的影响范围。

3. 单元接线

发电机与变压器直接连接，中间不设母线的接线方式，以单元的形式作为电源接入电气主接线，称为单元接线。单元接线的主要类型如图3-18和图3-19所示。图3-18a为发电机—双绕组变压器单元接线，发电机出口处不设置母线，只接有厂用电分支，输出的电能均经过主变压器升高电压送至电网。由于发电机和变压器不可能单独运行，故发电机出口一般不装断路器（如技术上需要，也可以装设断路器），当发电机、主变压器故障时，通过断开主变压器高压侧断路器和发电机的励磁回路来切除故障电流，但为调试发电机方便，应在发电机出口装一组隔离开关。对于200MW及以上机组，发电机引出线采用分相（离相）封闭母线，可不装隔离开关，但应有可拆的连接片。发电机—双绕组变压器单元接线适用于容量为125MW及以上的大中型机组。图3-18b为发电机—三绕组变压器（或自耦变压器）单元接线，为了在发电机停运时，不影响高、中压侧电网间的功率交换，在发电机出口应装设断路器及隔离开关。为保证在断路器检修时不停电，高中压侧断路器两侧均应装隔离开关。发电机—三绕组变压器单元接线适用于容量为125MW级机组以两种升高电压接入电力系统。由于200MW及以上机组的发电机出口断路器制造困难，价格昂贵，故200MW及以上大容量机组一般都是采用发电机—双绕组变压器单元接线而不采用发电机—三绕组变压器单元接线，当大容量机组发电厂具有两种升高电压时，可在两种升高电压母线间装设联络变压器。图3-18c所示为发电机—变压器—线路单元接线，这种接线最简单，发电机的电能直接由变压器升压后经高压输电线路送入系统，它用于附近有枢纽变电站的大型区域发电厂（线路短），这种发电厂不用建升压变电站，不仅减少了电厂的维护工作量，也节省了投资与占地，但应能从附近引接厂用起动/备用电源。

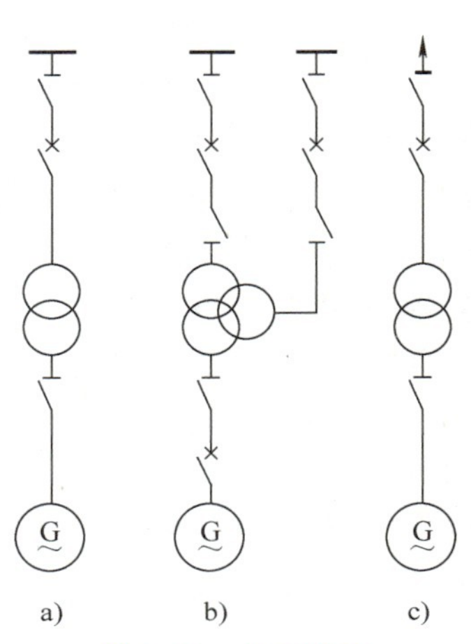

图3-18 单元接线

图3-19a所示的是发电机—变压器扩大单元接线，当发电机容量不大时，可由两台发电机与一台变压器组成扩大单元接线，减少了变压器及其高压侧断路器的台数，相应的高压配电装置间隔也减少，节约投资与占地面积。图3-19b所示为发电机—分裂绕组变压器的扩大单元接线，它的优点是可以限制其低压侧的短路电流。但扩大单元的运行灵活性较差，例如检修变压器时，两台发电机就必须全停。当发电机容量与升高电压等级所能传输的容量相比，发电机容量较小而不匹配（例如125～300MW机组接

至 500kV 系统、600MW 机组接至 750kV 或 1000kV 系统)，且技术经济合理时，可将两台发电机与一台变压器（双绕组变压器或分裂绕组变压器）作为扩大单元连接。扩大单元接线常用在需要减少主变压器及相应的高压配电装置间隔的火电厂和中小容量水电厂。

图 3-19c、d 所示的是联合单元接线。图 3-19c 为在主变压器低压侧回路中装设发电机断路器；图 3-19d 为主变压器高压侧回路中装高压断路器。联合单元接线也可以减少高压断路器（见图 3-19c）和高压配电装置的间隔，与扩大单元接线相比，可以避免制造特大容量主变压器的困难。这两种方式功能一致，采用何种接线需进行技术经济比较。若机组容量很大，超过发电机断路器的极限短路开断容量，或发电机断路器价格比高压断路器高，就应采用图 3-19d 的方式。联合单元与扩大单元接线相比，除投资略高外，其余均占优势，可靠性相对较高，运行灵活性也好。

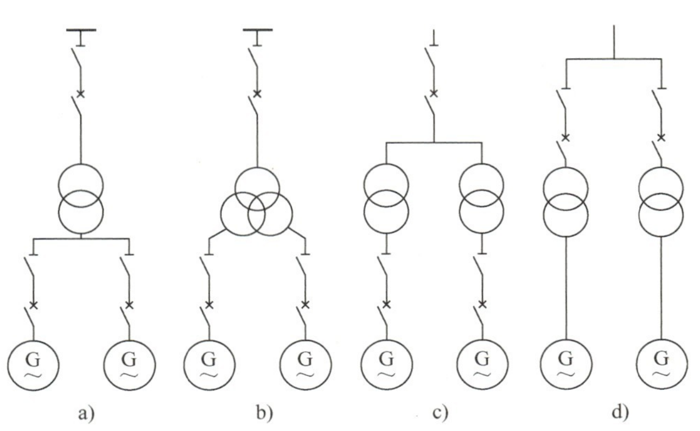

图 3-19　扩大单元接线与联合单元接线

各种单元接线的共同特点是接线简单清晰、设备少、配电装置简单、节省占地、经济性好、操作简便、故障的可能性小、可靠性高。由于不设发电机电压母线，没有多台发电机并列运行，故使发电机电压侧的短路电流减小。

第三节　发电厂和变电站主变压器选择

一、综述

在发电厂和变电站中，用来向电力系统或用户输送电能的变压器称为主变压器，用于两个电压等级之间交换电能的变压器称为联络变压器，用于本厂（站）用电的变压器称为厂（站）用变压器或称自用变压器。合理选择主变压器的型式、台数、容量，是电气主接线设计的重要内容，其选择结果直接影响着主接线的形式和配电装置的结构。选择主变压器时，应根据发电厂、变电站的性质、容量、与电力系统联系情况、电压等级、发电机电压及升高电压负荷状况等基本资料，并结合电力系统 5 ~ 10 年发展规划进行综合分析。本节重点介绍主变压器的选择。

二、主变压器台数的选择

1. 发电厂主变压器台数的选择

1）当有发电机电压直配线时，应设置发电机电压母线。为保证供电可靠性，接在发电机电压母线上的主变压器一般不少于两台。

2）大容量的发电机一般采用单元接线，与变压器连接成一个单元。当发电机容量

不太大时，可由两台发电机与一台变压器组成扩大单元接线。

2. 变电站主变压器台数的选择

变电站中一般装设2～3台主变压器，以免一台主变压器故障或检修时中断供电。对110kV及以下的终端或分支变电站，如果只有一个电源，或变电站的重要负荷能由中、低压侧电网取得备用电源时，也可只装设一台主变压器。对大型超高压枢纽变电站，可根据具体情况装设2～4台主变压器，以便减小单台容量。

三、主变压器容量的选择

1. 发电厂主变压器容量的选择

（1）单元接线的主变压器容量选择　单元接线的主变压器容量按以下两个条件中最大的选择。

1）采用单元接线的主变压器容量应与发电机容量配套，按发电机的额定容量$P_N/\cos\varphi_N$扣除本机组的厂用负荷$K_P P_N/\cos\varphi_N$后，留10%的裕度选择，即

$$S'_N = 1.1P_N(1-K_P)/\cos\varphi_N$$

式中　S'_N——主变压器的计算容量（kVA或MVA）；

P_N——发电机的额定有功功率（kW或MW）；

K_P——厂用电率；

$\cos\varphi_N$——发电机的额定功率因数。

2）主变压器容量按发电机的最大连续容量扣除一台厂用工作变压器的计算负荷选择（发电机的最大连续容量各厂家不相同，为额定容量的108%～110%）。

对扩大单元接线的变压器容量应按单元接线选择原则计算出的两台发电机容量之和选择。

【例3-1】　某新建电厂安装两台额定容量为300MVA的发电机，其额定电压为20kV，额定功率因数为0.85，最大连续输出容量为额定容量的1.08倍，厂用电计算负荷为42MVA，采用发电机—双绕组变压器单元接线，高压电压等级为220kV，请选择主变压器容量。

解：1）按发电机的额定容量$P_N/\cos\varphi_N$扣除本机组的厂用负荷$K_P P_N/\cos\varphi_N$后，留10%的裕度计算

$$S'_N = 1.1P_N(1-K_P)/\cos\varphi_N = 1.1\times\left(\frac{300}{0.85}-42\right)\text{MVA} = 342\text{MVA}$$

2）按发电机的最大连续容量扣除一台厂用工作变压器的计算负荷选择

$$S'_N = \left(1.08\times\frac{300}{0.85}-42\right)\text{MVA} = 339.18\text{MVA}$$

100万kW
机组汽轮机
和发电机视频

主变压器选择360MVA的无载调压三相双绕组变压器2台，主变压器高压侧相当于电源，其额定电压应高于电网额定电压10%（其中5%补偿带负荷后主变压器本身的电压损耗，另外5%用来补偿线路的电压损耗），故额定电压选242(1±2×2.5%)/20kV。

（2）接于发电机电压母线上的主变压器容量选择　接于发电机电压母线上的主变压器容量按下述3条计算，选择其中最大者为主变压器容量。

1）发电机出力最大，而发电机电压母线上的负荷最小时，扣除厂用电负荷后，主变压器能将剩余的功率送入电力系统。当缺乏具体资料时，最小负荷可取为最大负荷的60%～70%，即

$$S'_N = \left[\sum_{i=1}^{m} S_{Ni}(1 - K_P) - S_{min}\right]/n \tag{3-1}$$

式中　S'_N——发电机电压母线上1台主变压器的计算容量（kVA或MVA）；

S_{Ni}——发电机电压母线上第i台发电机的额定视在功率（kVA或MVA）；

K_P——厂用电率；

S_{min}——发电机电压母线上最小负荷的视在功率（kVA或MVA）；

n、m——发电机电压母线上的主变压器台数和发电机台数。

2）发电机电压母线上的最大一台发电机停机或因供热负荷变动而需限制本厂出力时，或因电力系统经济运行要求而需限制本厂出力时，主变压器应能从电力系统倒送功率，满足发电机电压母线上的最大负荷和厂用电的需要，即

$$\begin{aligned} S'_N &= \left\{S_{max} + K_{Pmax}S_{Nmax} - \left[\sum_{i=1}^{m} S_{Ni}(1 - K_P) - S_{Nmax}(1 - K_{Pmax})\right]\right\}/n \\ &= \left[S_{max} - \sum_{i=1}^{m} S_{Ni}(1 - K_P) + S_{Nmax}\right]/n \end{aligned} \tag{3-2}$$

式中　S_{Nmax}——发电机电压母线上最大一台发电机的额定视在功率（kVA或MVA）；

S_{max}——发电机电压母线上最大负荷的视在功率（kVA或MVA）。

3）若发电机电压母线上接有两台或两台以上主变压器，其中一台容量最大的主变压器退出运行时，应该能输送母线最大剩余功率的70%以上，即

$$S'_N = \left[\sum_{i=1}^{m} S_{Ni}(1 - K_P) - S_{min}\right] \times 70\%/(n-1) \tag{3-3}$$

（3）联络变压器的容量选择　当大型电厂具有两种升高电压时，宜采用联络变压器连接两种升高电压母线。联络变压器的容量，应根据两种升高电压网络间的最大交换功率来选择，一般不应小于接在两种电压母线上最大一台发电机的容量，以保证该发电机停运时，通过联络变压器来满足本侧负荷的需要；同时，也可在检修时，通过联络变压器将剩余功率输送给另一系统。联络变压器一般装设一台，最多不超过两台，采用自耦变压器，其第三绕组通常用作厂用高压起动/备用电源。

2. 变电站主变压器容量的选择

1）所选择的n台主变压器的容量和，应该大于或等于变电站的最大综合计算负荷，即

$$nS_N \geqslant S_{max} \tag{3-4}$$

式中　S_N——单台主变压器的额定容量；

S_{max}——最大综合计算负荷。

2）装有两台及以上主变压器的变电站中，当其中一台主变压器停运时，其余主变压器的容量一般应满足60%（220kV及以上电压等级的变电站应满足70%）的全部最大综合计算负荷，以及满足全部一级负荷S_{I}和全部二级负荷S_{II}（在计及过负荷能力

后的允许时间内)，即

$$(n-1)S_N \geqslant (0.6 \sim 0.7)S_{max} \text{和} \quad (n-1)S_N \geqslant \sum S_{Ⅰ} + \sum S_{Ⅱ} \tag{3-5}$$

最大综合计算负荷的计算

$$S_{max} = K_t\left(\sum_{i=1}^{n}\frac{P_{imax}}{\cos\varphi_i}\right)(1+\alpha\%) \tag{3-6}$$

式中　P_{imax}——各出线的远景最大负荷；

$\cos\varphi_i$——各出线的自然功率因数；

K_t——同时系数，其大小由出线回数决定，出线回路数越多其值越小，一般在0.8~0.95之间；

$\alpha\%$——线损率，取5%；

n——出线回路数。

若为三绕组变压器，还应该考虑中、低压侧间的负荷同时系数，中、低压侧的最大综合计算负荷分别按式(3-6)计算，总的最大综合计算负荷为它们之和再乘以中、低压侧间的负荷同时系数。

四、主变压器型式的选择

主变压器型式的选择主要包含有：相数、绕组数、电压组合、容量组合、绕组结构、冷却方式、调压方式、绕组材料、全绝缘还是半绝缘、联结组别、普通变压器、自耦变压器还是低压分裂绕组变压器等，以下分别进行叙述。

1. 相数选择

3台单相变压器组成的500kV三相三绕组变压器视频

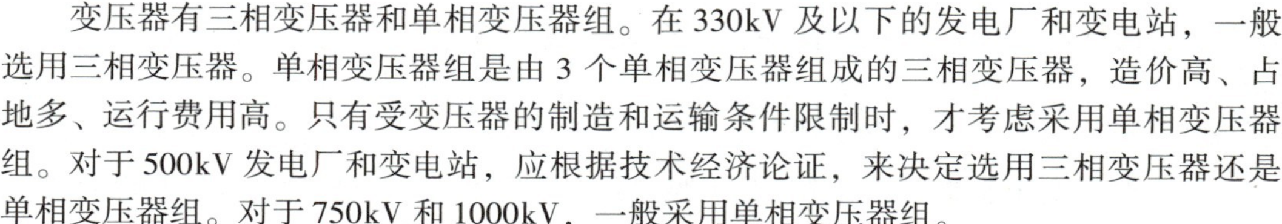

变压器有三相变压器和单相变压器组。在330kV及以下的发电厂和变电站，一般选用三相变压器。单相变压器组是由3个单相变压器组成的三相变压器，造价高、占地多、运行费用高。只有受变压器的制造和运输条件限制时，才考虑采用单相变压器组。对于500kV发电厂和变电站，应根据技术经济论证，来决定选用三相变压器还是单相变压器组。对于750kV和1000kV，一般采用单相变压器组。

2. 绕组数与结构选择

在具有3种电压等级的变电站中，如果通过主变压器各绕组的功率达到该变压器容量的15%以上，或在低压侧虽没有负荷，但是在变电站内需要装设无功补偿设备时，主变压器宜选择三绕组变压器。220kV、330kV变电站也可选自耦变压器。

220kV三相三绕组变压器视频

发电厂的机组容量在125MW及以下时，若以两种升高电压向用户供电或与电力系统连接时，一般采用三绕组变压器，其第三绕组接发电机。但是各绕组通过的功率应达到该变压器容量的15%以上，否则不如采用两台双绕组变压器经济合理。

发电厂的机组容量在200MW及以上时，一般采用发电机—双绕组变压器单元接线形式接入系统，若有两个升高电压，应该在两个电压级之间加装联络变压器，联络变压器宜选择三绕组变压器（或自耦变压器），低压绕组作为厂用高压起动/备用电源。

采用扩大单元接线的变压器，适宜采用低压分裂绕组的变压器，可以大大限制短路电流。

自耦变压器损耗小、造价低，高中压侧都是中性点直接接地系统的主变压器，一

般应优先选择自耦变压器，所以对500kV及以上电压等级的主变压器选择自耦变压器。但是由于其限制短路电流的效果差，保护配置和整定困难，不是由于容量太大而制造困难等原因，一般在220kV变电站选择普通三绕组变压器比较多。

3. 绕组联结方式

变压器绕组的联结方式必须和系统电压相位一致，否则不能并列运行。电力系统中变压器绕组采用的联结方式有星形和三角形两种，星形联结用符号Y表示，如果将中性点引出则用YN表示，对于低压绕组则用y及yn表示；三角形联结用符号D表示，低压绕组用d表示。三角形联结的绕组可以消除三次谐波的影响，而若采用全星形的变压器用于中性点不直接接地系统时，三次谐波没有通路，将引起正弦波电压畸变，使电压波的峰值增大，危害变压器的绝缘，还会对通信设备产生干扰，并对继电保护整定的准确性和灵敏度有影响。我国110kV及以上的电压等级均为大电流接地系统，为取得中性点都需要选择YN的联结方式，对于110kV变压器的35kV侧也采用yn的联结方式，以便接入消弧线圈，而6～10kV侧采用d联结。例如，YNyn0d11联结组别的高中压侧中性点都引出，高中压间为0点接线，高低压间为11点接线。

4. 调压方式的选择

变压器的调压方式分带负荷切换的有载（有励磁）调压方式和不带负荷切换的无载（无励磁）调压方式两种。无载调压变压器的分接头档位较少，电压调整范围一般只有10%（即±2×2.5%）以内，而有载调压变压器的电压调整范围大，能达到电压的30%，但其结构比无载调压变压器复杂，造价高。

在能满足电压正常波动情况下一般采用无载调压方式。发电厂可以通过发电机的励磁调节来调压，其主变压器一般选择无载调压方式。对于接于出力变化大的发电厂的主变压器，特别是潮流方向不固定，且要求变压器的二次电压维持在一定的水平，应该采用有载调压方式。对于大型枢纽变电站，为保证系统的电压质量，一般变压器都选用有载调压方式。在能满足电压正常波动情况下可以采用无载调压方式。但是，近年来随着用户对电压质量要求的提高和有载调压变压器质量的提高，也有不少变电站的变压器选择有载调压方式。

5. 变压器阻抗的选择

变压器各侧阻抗值的选择必须从电力系统稳定、潮流方向、无功分配、继电保护、短路电流、系统内的调压手段和并列运行等方面进行综合考虑，并应以对工程起决定作用的因素来确定。

三绕组变压器各绕组之间的阻抗，由变压器的3个绕组在铁心上的相对位置决定。因此，变压器阻抗的选择实际上也是结构形式的选择。三绕组变压器可以分为升压结构和降压结构两种类型，如图3-20a、b所示。由于绝缘因素，高压绕组总是放在最外侧，升压结构变压器的低压绕组放在中间，而中压绕组放在最里侧；降压结构变压器的中压绕组放在中间，而低压绕组放在最里侧。升压结构变压器高、中压绕组阻抗大而降压结构变压器高、低压绕组阻抗大。

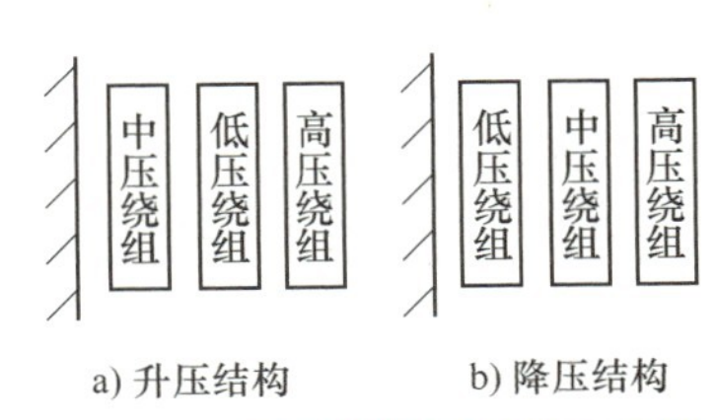

图3-20　变压器绕组结构示意图

从电力系统稳定和供电电压质量及减小传输功率时的损耗考虑，变压器的阻抗越小越好，但阻抗偏小又会使短路电流增大，低压侧电器设备选择遇到困难。因此，接发电机的三绕组变压器，为低压侧向高中压侧输送功率，应选升压结构；变电站的三绕组变压器，如果以高压侧向中压侧输送功率为主，则选用降压结构；如果以高压侧向低压侧输送功率为主，则可选用升压结构，但如果需要限制 6 ~ 10kV 系统的短路电流，可以考虑优先采用降压结构变压器。

6. 容量比

三绕组变压器各绕组容量相对总容量有 100/100/100、100/100/50、100/50/100 等 3 种标准容量比。由于 110kV 变压器总容量不大，其绕组容量对于造价影响不大，但其中、低压侧的传输功率相对总容量都比较大，为调度灵活，一般采用 100/100/100 的容量比。而 220kV 及以上变电站的变压器容量大，其低压绕组主要带无功补偿电容器和站用电，容量小，为降低变压器的造价，一般选择 100/100/50 的容量比。

7. 冷却方式

变压器的冷却方式有自然风冷、强迫风冷、强迫油循环风冷、强迫油循环水冷和强迫导向油循环冷却等，它随变压器的型式和容量不同而异。一般中小容量的变压器选择自然风冷和强迫风冷；大容量的变压器采用强迫油循环风冷；对水源充足的发电厂的主变压器，为节约占地，也可采用强迫油循环水冷。强迫导向油循环冷却一般用在大型变压器中，它是在采用强迫油循环风冷或强迫油循环水冷的变压器中，设置引导油流向的构件，利用油泵加压的条件，使得被冷却的油沿着设置的油道流动，使绕组、铁心都能有效地被冷却。

8. 全绝缘还是半绝缘、绕组材料等问题

全绝缘变压器的绕组首、尾绝缘水平是一样的，都是按照线电压设计的。为减小变压器的造价，变压器还可以采用半绝缘方式，即变压器绕组靠近中性点部分的主绝缘水平比绕组端部的绝缘水平低，不是按照额定线电压设计，而是低一个电压等级（我国 110kV 变压器中性点采用 35kV 级绝缘，220kV 变压器中性点采用 110kV 级绝缘，330kV 变压器中性点采用 154kV 级绝缘）。半绝缘（也称分级绝缘）变压器只允许在中性点直接接地的情况下运行。

变压器绕组材料有铝绕组和铜绕组两种。为减小变压器的体积和降低变压器本身的损耗，应选择铜绕组。一般在特殊情况下变压器也可选用铝绕组，可以减少造价。

9. 变压器各侧电压的选择

变压器的某个电压级若作为电源，为保证向线路末端供电的电压质量，即保证在有 10% 电压损失的情况下，线路末端的电压为额定值，该侧的电压按照 110% 额定电压选择。而如果某个电压级是电网的末端（负荷端），该侧的电压应按照电网额定电压选择。例如，对 110kV 降压变电站的 110kV 侧绕组的额定电压应选择 110kV；而对于中压 35kV 侧绕组的额定电压应选择 38.5kV；作为低压侧的 6 或 10kV 绕组，额定电压一般选用 6.3kV 或 10.5kV。

第四节　限制短路电流的方法

短路是电力系统经常发生的故障，当短路电流流过电气设备时，将引起设备的短

时发热，并产生很大的电动力，它直接影响到电气设备的选择和安全运行。中小容量发电厂6～10kV发电机电压母线并联运行着两台以上的机组，在发电机电压母线上或大容量发电厂发电机回路发生短路时，短路电流的数值可能很大，超过电气设备耐受短路电流效应的裕度，致使电气设备的选择发生困难，或使所选择的设备笨重而昂贵，配电装置结构复杂，经济性很差。随着电力系统容量的加大，尤其是变电站6～10kV侧母线上的短路电流也可能比较大（在计算35kV及以上电压级短路电流时，电压升高为K倍，但是电源至短路点的阻抗增大为K^2倍，故相同的电源容量和电源阻抗时，一般高压侧短路电流比低压侧小），也会使电气设备的选择发生困难，此时必须采取措施来限制短路电流。限制短路电流可使得发电机电压回路和变电站的6～10kV出线回路中能采用适宜的轻型电器及截面积较小的电力电缆，以及简化配电装置、节约投资。

一、采用适合的主接线形式及运行方式

选择计算阻抗比较大的接线形式或运行方式，减少并联支路。例如，适当限制接入发电机电压母线的发电机台数和容量；对大容量的发电机采用没有机压母线的单元接线形式；降压变电站中低压侧分段断路器平时断开运行，即采用变压器在低压侧分列运行的方式；合理地断开环网（在环网中穿越功率最小处开环运行）等。这些措施都可以增大系统阻抗，减小短路电流。

二、装设限流电抗器

电抗器分普通电抗器和分裂电抗器，线路电抗器和母线分段电抗器都属于普通电抗器。

1. 装设母线分段电抗器

如图3-21所示，分段电抗器L_1装设在发电机电压的6～10kV母线分段处，它能限制来自另一母线的发电机所提供的短路电流，对发电厂内部的短路电流限流作用较大，对系统提供的短路电流也能起到一定的限制作用。因为母线分段处的穿越功率最小，所以安装在这里的电抗器正常运行时的电压和功率损耗也比较小。但由于分段电抗器的额定电流较大，在相同额定电抗百分值下的电抗值较线路电抗器小（电抗百分值是以其本身额定电压和额定电流为基准的），而且并不能限制所有发电机提供的短路电流，故其对出线回路的限流作用较小。母线分段电抗器的额定电流，通常是按照事故切除母线上最大一台发电机时可能通过电抗器的电流，即该发电机额定电流的50%～80%来选择的，分段电抗器的额定电抗百分值一般取为8%～12%。

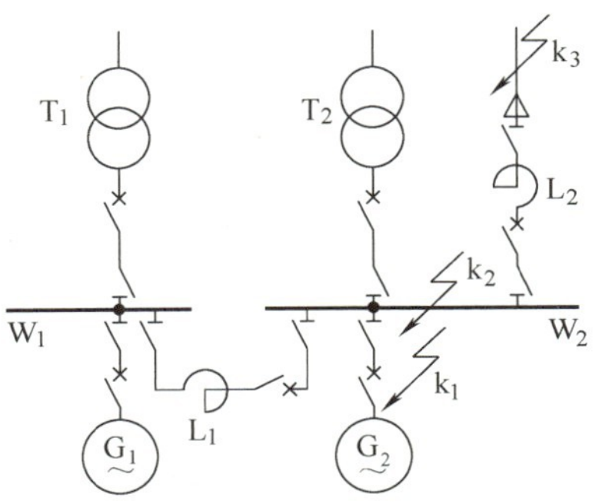

图3-21 普通电抗器的装设地点

2. 装设线路电抗器

线路电抗器安装在6～10kV母线上的每条电缆（因架空线路的电抗大，不需要限流）出线回路（见图3-21的电抗器L_2），它可以显著减小其所在回路中的短路电流，

使出线能选用轻型断路器，还可以减小出线回路电缆的截面积（不致因为满足不了短路时的发热而增大截面积）。由于出线回数一般较多，发生短路故障的概率比较大，装设出线电抗器的另一个目的是出线上发生短路故障时，能维持母线上有较高的剩余电压（一般大于65%），这对其他没有故障的出线，特别是对电动机的自起动非常有利。由于出线电抗器数目较多，致使配电装置结构复杂，投资与运行费用增加，故仅在采用前述其他方法不能把短路电流限制到预期数值时，才装设线路电抗器。线路电抗器的额定电流一般为300～600A，额定电抗百分值常取3%～6%，为保证电压质量，正常运行时其电压损失不得超过5%。

3. 装设分裂电抗器

分裂电抗器的图形符号、一相接线及等效电路如图3-22所示。分裂电抗器是一个中间有抽头的电感线图，中间抽头3将电抗器分成了两个分支1和2（也称为两个臂），它是两臂的公共端。两个分支线圈的缠绕方向与结构参数都相同，其间不仅有互感耦合，而且电气上直接连接。若分裂电抗器的每臂自感为L，两臂间的互感为M，互感系数$f=M/L$，则每臂自感抗$x_L=\omega L$，两臂间的互感抗$x_M=\omega M=\omega fL=fx_L$。互感系数$f$与电抗器的结构有关，一般取$f=0.5$。

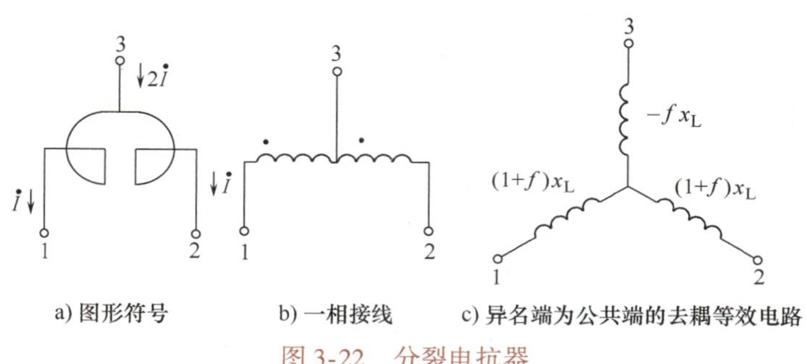

图3-22　分裂电抗器

如果分裂电抗器的工作方式是其公共端3接电源，两个臂1、2接相同的负荷，正常运行时，所接负荷的电流$\dot{I}$相等，因异名端为公共端，两个臂负荷电流$\dot{I}$在两个臂中产生的磁通的方向是相反的，则每臂的电压降为

$$\Delta\dot{U}_{31}=\mathrm{j}\dot{I}x_L-\mathrm{j}\dot{I}x_M=\mathrm{j}\dot{I}(1-f)x_L=\mathrm{j}\dot{I}\frac{x_L}{2}$$

由图3-22c所示等效电路也可得每臂的电压降为

$$\Delta\dot{U}_{31}=\mathrm{j}\dot{I}(1+f)x_L-\mathrm{j}2\dot{I}fx_L=\mathrm{j}\dot{I}(1-f)x_L=\mathrm{j}\dot{I}\frac{x_L}{2}$$

由此可见，正常运行时，由于互感的作用，每臂的电抗值只有其自感电抗的一半。

当1端发生短路时，若忽略臂2上的负荷电流（远小于臂1短路电流），此时臂1上的电压降为$\Delta\dot{U}_{31}=\mathrm{j}\dot{I}x_L$。

由于1端发生短路时互感作用很小，每臂的等效电抗为每臂的自感电抗x_L，大于正常运行时的电抗。需要指出的是分裂电抗器的短路等效电抗与每臂自感电抗间的关系，取决于其运行中的接线方式及短路点的位置。与普通电抗器相比，分裂电抗器的

主要优点是正常工作时的电压损失较小，而短路时的限流作用较强。主要缺点是一臂负荷变动过大时，另一臂将产生较大的电压波动；一臂短路、另一臂接有负荷时，由于互感电动势的作用，将在另一臂产生感应过电压。

三、采用低压分裂绕组变压器

低压分裂绕组变压器是一种将低压绕组分裂成为容量相同，额定电压相等或接近的两个绕组的变压器，其电路图形符号及等效电路如图 3-23 所示。图 3-23c 是它们的等效电路图，图 3-23d 是正常运行时的等效电路图。图 3-23c 中，x_1 为高压绕组电抗，数值很小；$x_{2'}$、$x_{2''}$分别为两个低压分裂绕组的电抗（一般 $x_{2'}=x_{2''}$），它们的数值相等而且比较大，使得低压分裂绕组之间具有较大的阻抗。低压分裂绕组变压器正常的电能传输仅在高、低压绕组之间进行，它常用于发电机—变压器扩大单元接线（见图 3-23a），或作为大容量发电机组的高压厂用工作变压器（简称高厂变，见图 3-23b）。

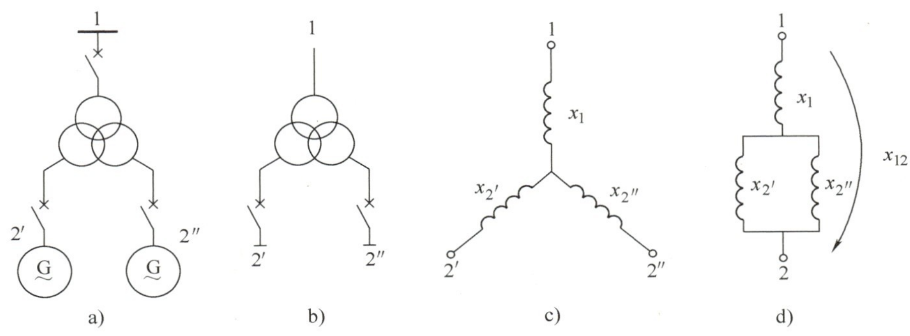

图 3-23　低压分裂绕组变压器

低压分裂绕组变压器正常工作时，低压分裂绕组的两个分支并联成一个总的低压绕组与高压绕组串联运行，称为穿越运行，此时高低压之间的电抗称为穿越电抗 x_{12}。高压绕阻与低压绕组之间总的等效电抗由图 3-23d 可见，若忽略高压侧比较小的电抗 x_1，则

$$x_{12}=x_1+\frac{x_{2'}}{2}\approx\frac{x_{2'}}{2}$$

当低压分裂绕组的一个分支对高压绕组运行时，称为半穿越运行，此时高低压之间的电抗称为半穿越电抗 $x_{12'}$。高压侧有电源、低压侧一端短路时，如 2′点短路时的短路电抗就等于半穿越电抗，其值为

$$x_{12'}=x_1+x_{2'}\approx x_{2'}=2x_{12}$$

即高压侧有电源、低压侧一端短路时的短路电抗约为正常工作时的 2 倍，来自高压侧的短路电流受到 $2x_{12}$限制。

当低压分裂绕组一个分支对另一个分支运行时，称为分裂运行，此时低压分裂绕组之间的电抗称为分裂电抗 $x_{2'2''}$。高压侧开路、低压侧两端有电源、一端短路时，两个低压分裂绕组之间的短路电抗就等于分裂电抗，其值为

$$x_{2'2''}=x_{2'}+x_{2''}=2x_{2'}\approx 4x_{12}$$

即高压侧开路，低压侧两端有电源，任一端短路时的短路电抗约为正常工作时的 4 倍，来自另一端的短路电流受到 $4x_{12}$ 限制。若高压侧不开路，低压分裂绕组任一侧发电机出口短路，这时来自另一侧发电机的短路电流遇到的电抗仍为 $4x_{12}$，来自高压侧的短路电流所遇到的电抗仍为 $2x_{12}$。这些电抗都比正常时大很多，能起到限流作用。

低压分裂绕组变压器的运行特性有如下优点：

1）用作发电机—变压器扩大单元接线时，当一个发电机出口短路时，可减小高压侧供给的短路电流和另一发电机供给的短路电流。

2）用作高压厂用工作变压器时，当低压分裂绕组的一个支路短路时，由电网供给的短路电流受到半穿越电抗的限制，同时低压分裂绕组另一支路电动机供给短路点的反馈电流，受到分裂电抗的限制，也减少很多。

3）低压分裂绕组之间电压影响小，当高压厂用工作变压器低压分裂绕组一个支路发生故障时，另一未短路支路仍能维持较高的电压水平，有利于电动机的起动和可靠运行。另外，当低压分裂绕组一个支路的电动机自起动时，另一个支路的电压几乎不受影响，提高了该支路母线上所供电负荷的可靠性。

低压分裂绕组变压器用作高压厂用工作变压器时一般用在容量为 200MW 及以上的发电机组。

低压分裂绕组变压器参数计算如下：

分裂电抗与穿越电抗之比称为分裂系数（它是低压分裂绕组变压器的基本参数之一），即

$$K_f = \frac{x_{2'} + x_{2''}}{x_1 + x_{2'}/2} = \frac{2x_{2'}}{x_{12}}$$

根据穿越电抗和分裂系数可以得到

$$x_1 = x_{12}\left(1 - \frac{1}{4}K_f\right)$$

$$x_{2'} = x_{2''} = K_f x_{12}/2$$

由半穿越电抗 $x_{12'} = x_1 + x_{2'}$，得穿越电抗为

$$x_{12} = x_{12'}/\left(1 + \frac{1}{4}K_f\right)$$

分裂系数等于 0 时，$x_{2'} = x_{2''} = 0$；分裂系数等于 4 时，$x_1 = 0$，$x_{2'}$和 $x_{2''}$较大，限流作用好，一般分裂系数为 3.5 左右。已知容量为 50/31.5-31.5MVA 的低压分裂绕组变压器，半穿越电抗为 23%（以高压绕组容量为基准），分裂系数为 3.5。基准容量取 1000MVA 时，其参数计算如下：

穿越电抗为

$$x_{12} = 0.23/\left(1 + \frac{3.5}{4}\right) = 12.3\%$$

高压绕组电抗标幺值为

$$x_{*1} = 0.123 \times \left(1 - \frac{3.5}{4}\right) \times \frac{1000}{50} = 0.3075$$

低压分裂绕组电抗标幺值为

$$x_{*2'}=3.5\times\frac{0.123}{2}\times\frac{1000}{50}=4.305$$

半穿越电抗标幺值为

$$x_{*12'}=0.23\times\frac{1000}{50}=4.6$$

四、变电站短路电流的限制

为了使变电站6～10kV侧短路电流不超过轻型断路器的额定开断电流，并且使选用的6～10kV电缆截面积不因热稳定不能满足而增大（电缆耐受短时发热的能力较差），以及限制超高压和高压电网的短路电流，在变电站可以采用以下限制短路电流的措施：

1. 变压器低压侧分列运行

由于母线分段电抗器的限流作用小，在变电站采用经济简便的两台变压器低压侧分列运行的限制短路电流的方法，将并联改为辐射式，6～10kV侧发生短路时短路电流只通过一台变压器，其值较两台变压器并联运行时大为减小。

2. 在变压器低压回路装设电抗器或分裂电抗器

当变压器容量较大，低压侧分列运行还不能满足要求时，可以在变压器低压回路装设电抗器或分裂电抗器，例如220kV变电站如果采用敞开式设备，常采用在变压器低压回路装设电抗器的方法限制6～10kV侧短路电流。

3. 采用高阻抗变压器

高阻抗变压器可以有效限制流出它的短路电流，故可以有效限制6～10kV侧短路电流。

另外220kV电网可以采取运行层面的网架结构调整，母线分列运行以限制220kV电网的短路电流。随着直接接入500kV的发电厂增多和特高压的接入（特高压主变阻抗较小），500kV母线短路电流可能严重超标，使500kV三相短路电流超过断路器的额定开断电流，这种情况需要采取限流措施。减小500kV短路电流可采用优化电源接入、改变500kV电网结构、电网分区运行、采用串联电抗器、发电厂采用高阻抗变压器等措施。500kV自耦变压器中性点经小电抗接地可以同时限制500kV和220kV电网的单相接地短路电流。

第五节　发电厂和变电站的典型电气主接线

1. 1000MW发电机组电气主接线

图3-24为某火电厂1000MW发电机组电气主接线简图。1000MW发电机组采用发电机—双绕组变压器单元接线，其电气主接线的特点为：

1）1000MW发电机组采用发电机—双绕组变压器单元接线形式接入一台半断路器接线的500kV超高压配电装置。

2）主变压器采用3台单相双绕组变压器。

3）在主变压器低压侧引接一台高压厂用工作变压器供电给本机组的厂用电负荷。

4）发电机与主变压器之间的连接导线及高压厂用工作变压器之间的连接导线均采

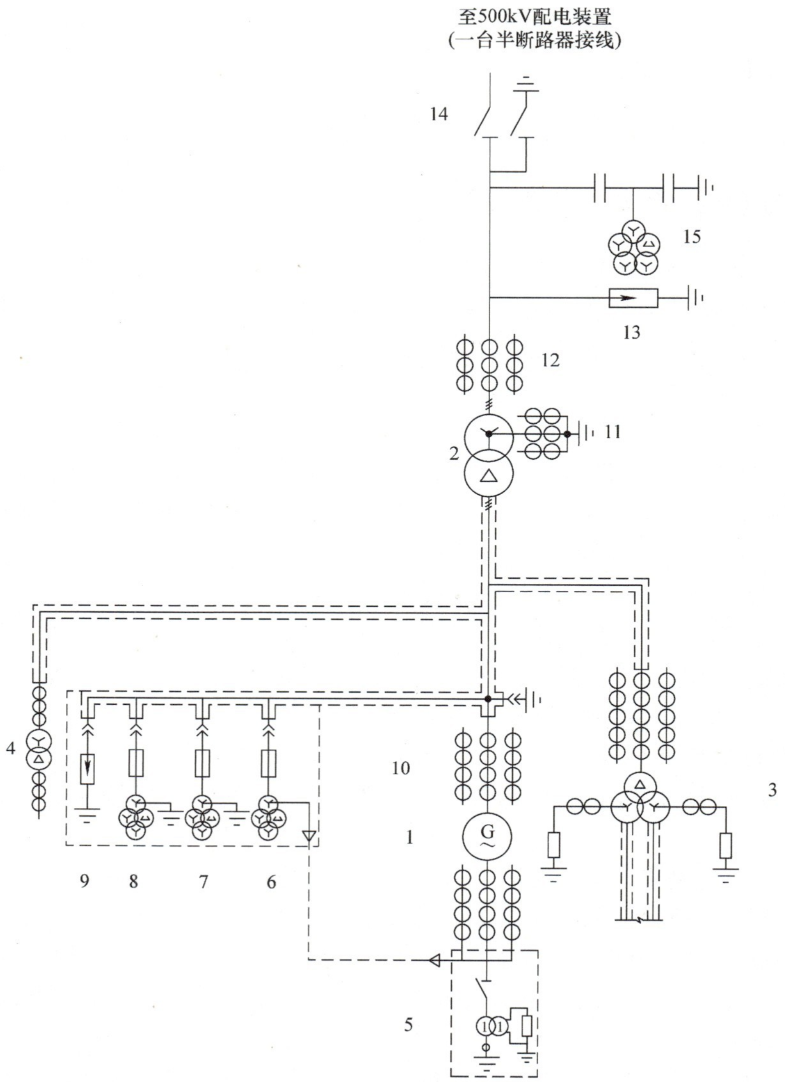

图 3-24　1000MW 发电机组电气主接线

1—发电机　2—主变压器　3—高压厂用工作变压器　4—励磁变压器　5—中性点单相接地变压器
6～8、15—电压互感器　9、13—避雷器　10—电流互感器
11—中性点电流互感器　12—主变压器高压套管电流互感器　14—隔离开关

用全连分（离）相封闭母线。主回路封闭母线导体为 ϕ950mm×17mm 的圆管形铝导体，封闭母线屏蔽外壳为 ϕ1580mm×10mm 的铝管，相间距离为 2000mm。

5）发电机中性点经隔离开关接有单相接地变压器，其二次侧接小电阻就能实现发电机中性点经高阻抗接地。

1000MW 发电机组电气主接线中的主要电气设备与运行方式：

1）发电机：型号为 QFSN-1000-2，发电机额定功率为 1008MW，额定电压为 27kV，额定功率因数为 0.9，额定电流为 23950A。

2）主变压器：型号为 DFP10-390000/500，共 3 台，无载调压单相双绕组变压器，额定容量为 3×390MVA＝1170MVA，额定电压为 $550/\sqrt{3}(1\pm2\times2.5\%)/27$kV，高压侧额定电压高于电网额定电压 10%，三相联结组标号为 YNd11（需在外部进行连接）。

3）高压厂用工作变压器：为 SFF10-CY-78000/27 型无载调压低压分裂绕组变压器，容量为 78/45-45MVA，额定电压为 27（1±2×2.5%）/10.5-10.5kV，10kV 侧额定电压高于电网额定电压 5%，10kV 中性点接地电阻为 60Ω。高压厂用起动/备用变压器（简称高备变，图中未画出）：SFFZ-CY-78000/500 型有载调压低压分裂绕组变压器，容量为 78/45-45MVA，额定电压为 525（1±8×1.25%）/10.5-10.5kV，由于主变压器带负荷运行后其高压侧实际电压只高于电网额定电压 5% 左右，所以连接在同一母线的高压厂用起动/备用变压器高压侧额定电压应高于电网额定电压 5%，10kV 中性点接地电阻为 60Ω。

4）发电机中性点单相接地变压器：额定容量为 75kVA，额定电压为 27/0.6kV，配 1.4Ω 电阻和 GN-35/400 型隔离开关。

5）电压互感器：型号为 JDZ8-35（共 3 台）。

6）电流互感器：发电机回路电流互感器为套管 TA，额定电流为 30000/5A。

7）励磁变压器：额定容量为 3×3700kVA，额定电压为 27/1.2kV。

8）发电机中性点与电压互感器 6 的一次绕组中性点通过高压电缆相连接，不允许直接接地，为发电机纵向零序电压定子绕组匝间短路保护提供零序电压。

9）发电机中性点采用高阻抗接地方式：发电机中性点有不接地、经消弧线圈接地或高电阻接地 3 种接地方式。发电机定子绕组发生单相接地故障时，接地点流过的电流是发电机本身和引出线回路所连接元件（如主母线、主变低压绕组和厂用电分支）的对地电容电流。当超过允许数值（2～4A）时，将烧伤定子铁心，损坏定子绕组绝缘，引起匝间或相间短路。为保护发电机免遭损坏，需要在发电机中性点采取经消弧线圈接地（无直配线的发电机采用欠补偿方式）或高电阻接地的措施。125MW 及以下机组发电机内部发生单相接地故障时，单相接地故障电流小于允许数值（1～2A），不要求瞬时切机，中性点采用不接地方式。125MW 及以下机组发电机内部发生单相接地故障的故障电流大于允许数值或 200MW 及以上大机组要求能带单相接地故障运行时，中性点采用经消弧线圈接地方式（可以有效减小单相接地故障电流）。200MW 及以上大机组发电机单相接地电容电流大于允许数值（不会太大）时，其中性点也常采用高电阻（数千欧）接地方式。这种接地方式可以限制单相接地故障时健全相的过电压倍数不超过额定相电压的 2.6 倍；便于发电机定子接地保护采用跳闸方式切除单相接地故障。高阻抗接地方式常采用二次侧接电阻的配电变压器接地方式，为了减小电阻值，电阻接在接入中性点的单相配电变压器（设电压比为 n_{φ}，中性点接地电阻一次值增加为 n_{φ}^2 倍）或单相电压互感器（200MW 机组）的二次侧，无需设置大电阻器就可达到预期的目的。

经单相配电变压器接地时电阻和容量的选择如下：

电阻的额定电压应不小于变压器二次电压，一般选用 110V 或 220V。

一次电阻值：
$$R_{N1}=n_{\varphi}^2R_{N2}=\frac{U_N\times10^3}{1.1\times\sqrt{3}I_C}$$

二次电阻值：
$$R_{N2}=\frac{U_N\times10^3}{1.1\times\sqrt{3}I_C n_\varphi^2}$$
$$n_\varphi=\frac{U_N\times10^3}{\sqrt{3}U_{N2}}$$

式中　n_φ——降压变压器的电压比；

U_N、U_{N2}——单相配电变压器的一次电压（kV）和二次电压（V）；

R_{N2}——间接接入的二次电阻值（Ω）；

I_C——发电机系统单相接地电容电流（A）。

配电变压器容量（单位为kVA）：$S_N=\dfrac{U_N}{\sqrt{3}Kn_\varphi}I_2$

式中　U_N——接地变压器一次电压（kV）；

I_2——二次电流（A）；

K——变压器的过负荷系数（由变压器制造厂提供）。

例如某660MW汽轮发电机组，额定电压为20kV，发电机系统单相接地电容电流为6A，单相接地变压器二次电压为220V，电压比为 $n_\varphi=\dfrac{U_N\times10^3}{\sqrt{3}U_{N2}}=\dfrac{20000}{\sqrt{3}\times220}=52.49$，电阻值为

$$R_{N2}=\frac{U_N\times10^3}{1.1\times\sqrt{3}I_C n_\varphi^2}=\frac{20000}{1.1\times\sqrt{3}\times6\times52.49^2}\Omega=0.635\Omega$$

当电阻值取0.55Ω时，单相接地变压器（过负荷系数取1.1）容量为

$$S_N=\frac{U_N}{\sqrt{3}Kn_\varphi}I_2=\frac{20}{\sqrt{3}\times1.1\times52.49}\times\frac{220}{0.55}\text{kVA}=80\text{kVA}$$

2. 大型区域发电厂的电气主接线

大型区域发电厂一般是指单机容量为200MW及以上的大型机组、总装机容量为1000MW及以上的发电厂，其中包括大容量凝汽式电厂、大容量水电厂和核电厂等。大型区域性火电厂建设在煤炭资源丰富的地方，一般距负荷中心较远，担负着系统的基本负荷，在系统中地位重要。由于电厂附近没有负荷，所以不设置发电机电压母线，发电机与变压器间采用简单可靠的单元接线直接接入220～500kV配电装置，通过高压或超高压远距离输电线路将电能送入电力系统。发电机组采用机—炉—电单元集中控制，运行调度方便，自动化程度高。

图3-25为某大型区域火电厂电气主接线简图，该厂有4台300MW和2台600MW大型凝汽式汽轮发电机组，均采用发电机—双绕组变压器单元接线形式，其中2台300MW机组单元接入带专用旁路断路器的220kV双母线带旁路母线接线的屋外高压配电装置，另2台300MW和2台600MW机组单元接入一台半断路器接线的500kV屋外超高压配电装置，500kV超高压配电装置共有4个完整串和1个不完整串。500kV与220kV配电装置之间，经一台自耦联络变压器联络，联络变压器的第三绕组上接有G_3和G_4的厂用高压起动/备用变压器。每台发电机的出口（主变低压侧）接有厂用高压工作变压器，220kV母线接有2台厂用高压起动/备用变压器，分别为G_1和G_2及G_5和

G_6的厂用高压起动/备用变压器。在联系省际电网的500kV超高压远距离输电线路上装设有并联电抗器，以吸收线路的充电功率。因大容量机组的出口电流大，相应的断路器制造困难、价格昂贵，并考虑到我国目前200MW以上大型火电机组均为承担基荷、起停操作不频繁，所以不装设发电机出口断路器。但为了防止发电机引出线回路中发生短路故障，对发电机造成危害，发电机出口引出线采用分（离）相封闭母线。有些机组台数、容量与本例相近的新建大型区域火电厂采用图3-25所示接线，不同的是220kV采用双母线接线。也有些火电厂220kV和550kV配电装置是独立的，不设置联络变压器。

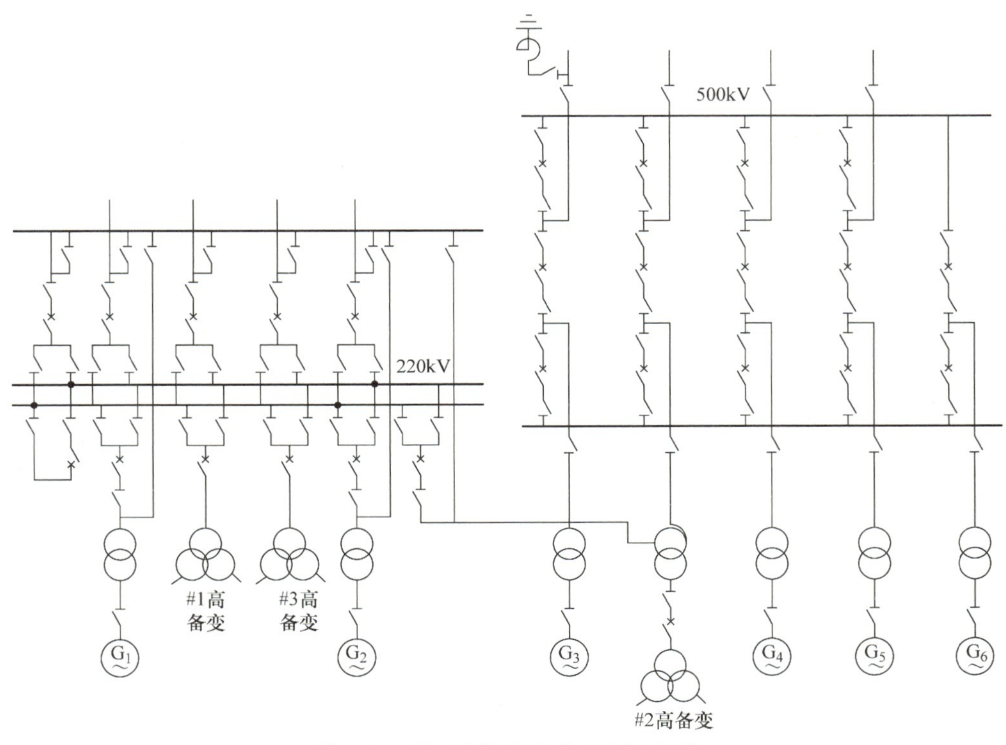

图3-25　某大型区域火电厂的主接线

图3-26为某2×1000MW的大型火电厂电气主接线简图，该厂有2台1000MW大型凝汽式汽轮发电机组，均采用发电机—双绕组变压器单元接线形式，以一级升高电压接入一台半断路器接线的500kV超高压配电装置，为进一步提高可靠性，同名回路交叉换位分别接入不同的母线。为了防止发电机引出线路中发生短路故障，对发电机造成危害，发电机引出线采用分相封闭母线。根据1000MW的大型火电厂厂用电接线形式的发展趋势，该厂每台发电机的高压厂用工作变压器采用一台，从主变压器低压侧引接，容量为78/45-45MVA，额定电压为27/10.5-10.5kV。两台机组设置一台厂用高压起动/备用变压器，经技术经济比较，高压起动/备用变压器没有以不完全串接入500kV母线而是从500kV母线经断路器直接引接，可靠性能满足要求。

图3-27为某大（巨）型水电厂右岸电厂电气主接线图，该厂有12台容量为700MW的发电机，发电机和变压器采用发电机—双绕组变压器单元接线，变压器高压

侧设电压为500kV的断路器。因发电机台数多、容量大，采用两个单元接线组成联合单元接线接入500kV分段一台半断路器接线，减少了接线的串数。每个分段均由3个联合单元进线和3回出线组成3个完整串；另有一个不完整串，串上接有一回出线，为发展一回出线留有位置。由于该水电厂单机容量较大，如采用扩大单元接线，发电机电压侧的短路电流将大为增加，对发电机回路断路器短路开断能力的要求将更高。联合单元接线与扩大单元接线比较，可靠性高，停运两台机的频次较低，运行灵活性也好，但投资大。该水电厂的500kV超高压远距离输电线路上装设有并联电抗器，以吸收线路的充电功率。近些年来，发电机出口断路器（generator circuit breaker，GCB）发展十分迅速（SF_6 GCB最大额定电流为28kA，开断电流为210kA，电压已可达到30kV），国内核电站、水电站以及新建设的火力发电厂大容量发电机组装设出口断路器的也越来越多，采用GCB的电厂（站）设备运行质量稳定。该大型水电厂有4台机组在发电机出口处装设了出口断路器，优点是：机组停运时可以从主变压器倒送厂用电，提高了厂用电的可靠性（该水电厂还有另外3种独立厂用电源）；可减少开机、停机时高压侧断路器的操作次数。水电厂要求以下回路在发电机出口必须装设断路器：扩大单元回路，联合单元回路（当技术经济上比在主变压器高压侧装设断路器的方案更合理时），三绕组变压器或自耦变压器回路和抽水蓄能电厂采用发电机电压侧同期与换相或接有起动变压器的回路。

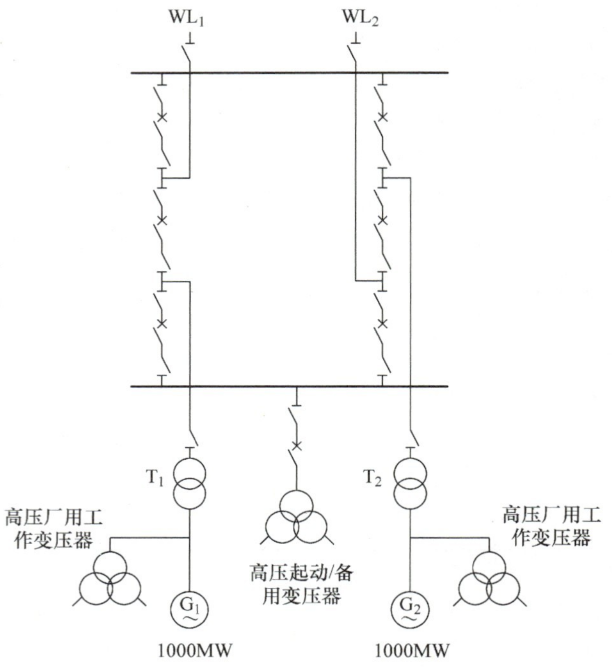

图3-26　某2×1000MW大型火电厂的电气主接线

水电厂通常建设在水力资源丰富的江河湖泊处，建设规模比较明确，厂址较为狭窄，一般远离负荷中心，没有发电机电压负荷。为充分利用水能，在丰水季节水电厂承担系统的基本负荷，在枯水季节则承担事故备用、调峰、调相、调频等任务，所以电厂负荷曲线变动较大，机组起停频繁。由图3-27可见，大型水电厂的电气主接线具有区域性火电厂的某些特点，但根据水电厂的特点，为减少占地面积、减少土石方的开挖和回填量，也尽量采用简单清晰、运行操作灵活、调度方便、可靠性较高的接线方式，并力求减少电气设备数量，简化配电装置布置。双母线接线、多角形接线、扩大单元接线、4/3接线、一台半断路器接线、单元接线和联合单元接线及发电机出口装断路器的单元接线，在各种类型的水电厂中都有应用。中小水电厂也采用桥形接线、单母线分段接线等接线。

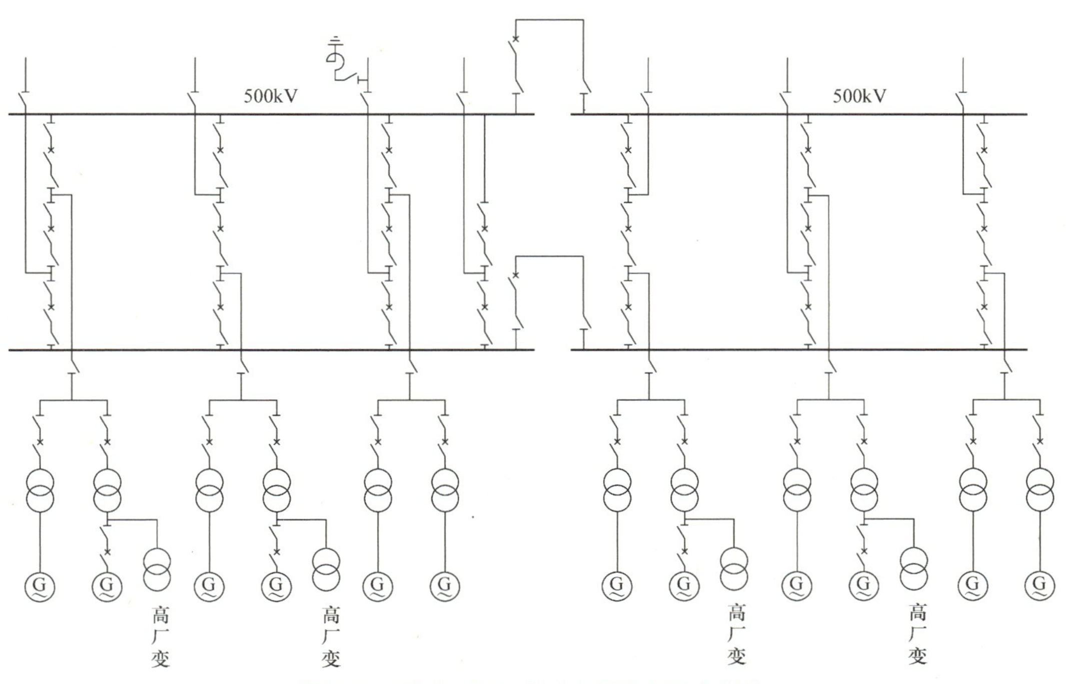

图 3-27　某大（巨）型水电厂的电气主接线

3. 中小型地区性电厂的电气主接线

中小型地区性电厂建设在工业企业或城市附近，它靠近负荷中心，通常还兼供部分热能，所以它需要设置发电机电压母线，使部分电能通过 6～10kV 的发电机电压配电装置向附近用户供电，并以 1～2 种升高电压将剩余电能送往电力系统。图 3-28 为某中型热电厂的主接线，它有 4 台发电机，两台 100MW 机组与双绕组变压器组成单元接线，将电能送入 110kV 电网，两台 25MW 机组直接接入 10kV 发电机电压母线，机压母线采用叉接电抗器分段的双母线分段接线形式，以 10kV 电缆馈线向附近用户供电。由于短路容量比较大，为保证出线能选择轻型断路器，在 10kV 馈线上装设了出线电抗器。由于 110kV 出线回数较多，所以采用带专用旁路断路器的双母线带旁路母线接线形式。由于有机压母线，使得主接线比较复杂，其 10kV 系统采用屋内配电装置，而 110kV 则采用屋外配电装置。

4. 变电站的电气主接线

变电站电气主接线的设计也应该按照其在系统中的地位、作用、负荷性质、电压等级、出线回路数等特点，选择合理的主接线形式。

枢纽变电站的电压等级高，变压器容量大，线路回数多，通常汇集着多个大电源和大功率联络线，联系着几部分高压电网，在电力系统中居于重要的枢纽地位。枢纽变电站的主变压器为 2～4 台，电压等级不宜多于 3 级，最好不要出现两个中压等级，以免接线过分复杂。图 3-29 所示是一个大型枢纽变电站，为方便 500kV 及 220kV 侧的功率交换，安装两台大容量自耦主变压器。220kV 侧有多回向大型工业企业及城市负荷供电的出线，对供电可靠性要求高，采用双母线四分段接线形式（也称双分段）。由于采用了 SF_6 断路器，且与电网联系紧密，故不设置旁路母线。500kV 配电装置采用一

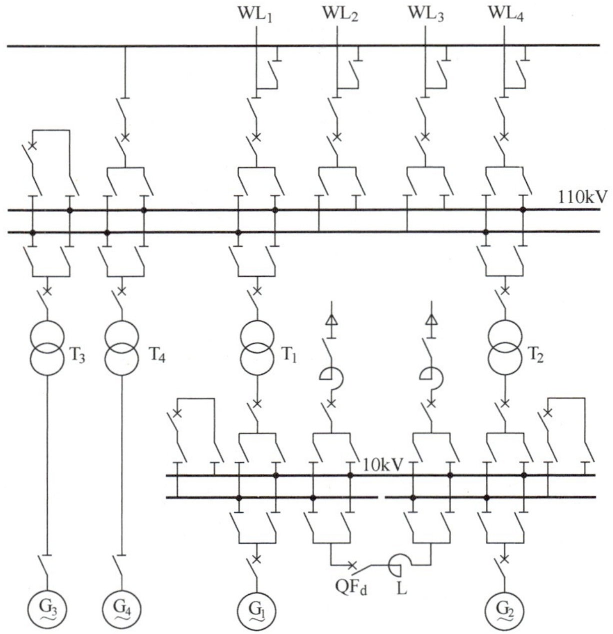

图 3-28　某中型热电厂的主接线

台半断路器接线形式，主变压器采用交叉换位布置方式，主变压器的第三绕组上引接无功补偿设备以及站用变压器。500kV 变电站主变压器举例：额定容量为 1200MVA，选用 3 台无载调压、自然油循环风冷单相三绕组自耦变压器，型号为 ODFS－400000/500，额定容量为 400/400/120MVA，额定电压为 $(525/\sqrt{3})/[230/\sqrt{3}(1\pm2\times2.5\%)]/66$kV，三相联结组标号为 YNa0d11（需在外部进行连接）。

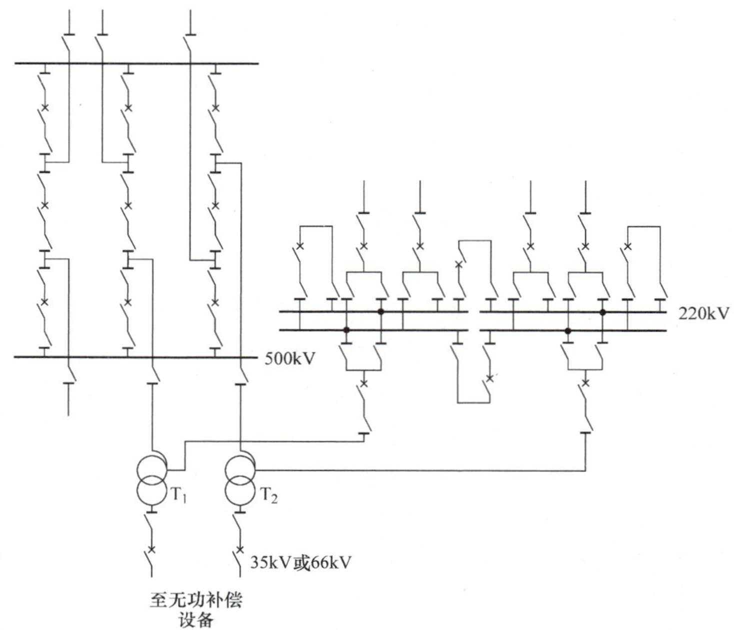

图 3-29　典型枢纽变电站的主接线

除此之外，还有地区变电站和终端（或分支）变电站。地区变电站一般是向一个地区供电，通常是一个地区或城市的主要变电站，一次电压等级一般为110～220kV。220kV大容量地区变电站的电气主接线一般较复杂，根据出线回路数的多少和对可靠性的要求，其220kV和110kV侧可以采用双母线（220kV也可采用双母线分段接线），常在主变压器低压侧装普通电抗器来限制10kV系统的短路电流；110kV地区变电站的电气主接线，出线回路数一般较少，110kV可以采用单母线分段接线；35kV可以采用双母线或单母线分段接线（屋内采用手车式开关柜）；6～10kV可以采用单母线分段接线（屋内采用手车式开关柜），通常不需采用限流措施，当短路电流比较大时，可采用变压器低压侧分列运行并与备用电源自动投入装置相配合的方式，限制短路电流至允许范围，以便选择轻型电器，接线较为简单。全屋内的220kV和110kV变电站可采用SF_6全封闭组合电器。

终端（或分支）变电站的站址接近负荷点，或为大型企业的变电站，它的电压等级一般为110kV/10kV或110kV/6kV，由1～2回110kV线路向其供电，接线较简单。其高压可以采用单母线分段或桥形接线形式，低压采用单母线分段或手车式单母线分段的接线方式。

第六节　电气主接线设计

发电厂、变电站电气主接线的设计，是在电力系统整体规划设计的基础上进行的。设计部门在设计前，会得到上级主管部门根据电力系统规划下达的设计任务书，这是设计的依据。必须认真研究任务书，从电力系统运行与发展的总体要求出发，综合考虑发电厂、变电站在系统中所处的地位、作用、性质、规模、负荷、厂（站）址等因素，根据建设规模、电压等级、线路回数、负荷要求、设备特点等条件来合理确定电气主接线方案，使之能满足工作可靠、运行灵活、操作方便、节约资金和便于发展过渡等要求。

电气主接线设计的主要内容有：

（1）电力系统分析

1）分析电力系统现有主要电源、装机容量、负荷水平，电网结构、存在的问题，逐年电力电量平衡状况。

2）分析所设计的发电厂、变电站的类型、性质、规模，在电力系统中所处的位置及所担负的任务等，从而明确其对电气主接线可靠性、灵活性、经济性的具体要求，这是影响主接线设计的首要因素。

3）了解分期建设计划、系统逐年电力电量平衡以及系统装机容量、备用容量、最大单机容量等状况。对于发电厂，应明确初期装机容量与台数，最终规划容量及分期投运的机组台数、容量、时间等，一个发电厂内的单机容量以不超过两种为宜，同容量机组应尽量选用同一型号，最大单机容量一般不超过系统总容量的8%～10%。对于变电站，应根据电力系统5～10年发展规划及本所负荷资料，确定主变压器台数、容量及分期装设计划。

4）研究发电厂、变电站与电力系统连接的方式，可能采用的电压等级以及各电压级近期与远景出线回数等。为了避免发电厂、变电站的设备与接线过繁，总的电

压等级不宜多于三级。一般情况下，设置升高电压 1～2 级，发电机电压一级，不宜出现两个中压或两个低压电压等级。当发电厂、变电站接入系统环网中时，应了解环网中的潮流变化、调压要求、稳定措施等。对系统主干线路、系统联络线，必须保证供电可靠性，检修其线路断路器时不应停电。对同名双回线路，应分别接在两段母线上。

(2) 负荷分析　负荷是影响电气主接线设计的又一重要因素。应分析由本厂（站）供电的主要负荷生产特点，电力、电量需要，功率因数和保安负荷要求，各电压级负荷水平（最大值、最小值）及逐年增长情况等。电力负荷按其重要性可分为三级。在设计主接线时，对于一级负荷必须要由两个独立的电源供电，并且当任何一个电源失去后，能保证对全部一类负荷不间断供电；对于二级负荷，一般要由两个独立电源供电，并且当任何一个电源失去后，能保证对大部分二级负荷的供电；对于三级负荷，一般只需一个电源供电。

(3) 主变压器的选择　包括主变压器台数、型式、容量及主要技术参数的选择。

(4) 主接线方案的设计　包括初期与远景工程的主变压器配置、发电机、变压器与各级电压配电装置之间的连接方式、各级电压配电装置的接线形式、发展过渡方案，以及厂（站）用电接线设计等。一般拟出 2～3 个较好的主接线方案，进行技术经济综合比较，确定最终主接线方案。

(5) 中性点接地方式的确定　包括各级电压的中性点接地方案、6～35kV 系统单相接地电容电流的计算、中性点设备的选择等。

(6) 无功补偿　确定为了平衡无功功率而需要在发电厂、变电站中装设的无功补偿装置类型（如同步调相机、并联电容器、吸收无功的并联电抗器、静止补偿装置等）、台数和容量。

(7) 厂用电或站用电的选择　确定本发电厂或变电站的厂用电或站用电的电源取得方式、接线形式、厂用电或站用电变压器的容量与台数等。

(8) 其他内容　包括限制短路电流的措施、短路电流计算和主要电气设备的选择等。

一、电气主接线的技术经济比较

在进行电气主接线设计时，一般根据设计任务书的要求，综合分析有关基础资料，拟定出若干技术经济上比较合理的主接线初步方案，然后对各方案进行初步技术经济比较，淘汰不合理的方案，保留 2～3 个技术上能满足要求的较好方案进行详细技术经济比较，最后确定最佳方案。

电气主接线方案的技术比较，主要是对各方案的可靠性、灵活性进行定性的对比分析，兼顾设计、施工、运行、维修等各方面的要求。对大型发电厂和变电站的主接线应进行可靠性定量计算。

对保留的几个技术上相当的较好方案，难于直观判定优劣时，可粗略计算各接线方案的短路电流，初选出主变压器、断路器等主要电气设备，以便计算投资和年运行费，并通过经济比较计算确定最佳方案。经济比较中，一般只比较各个方案的不同部分，因而不必计算出各方案的全部费用。

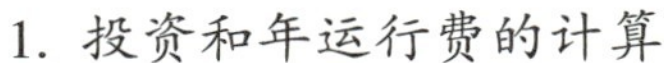

1. 投资和年运行费的计算

（1）综合投资　综合投资 O（单位为万元）一般包括变压器、配电装置等主体设备的综合投资及不可预见的附加费用。变压器的综合投资中，除了其本体价格外，还包括运费、安装费以及架构、基础、电缆、母线、控制设备等附加费用。配电装置的综合投资中，包括配电装置间隔中的设备价格及设备的建筑安装费用等。综合投资 O 可按式(3-7）计算：

$$O = O_0\left(1 + \frac{a}{100}\right) \tag{3-7}$$

式中　O_0——主接线方案中主体设备的投资（万元），包括主变压器、开关设备、母线、配电装置投资及明显的增修桥梁、公路和拆迁等费用；

a——不明显的附加费用比例系数，如设备基础施工、电缆沟道开挖等费用，对 220kV 电压级取为 70，对 110kV 电压取 90。

（2）年运行费　年运行费 U（单位为万元）主要包括变压器一年中电能损耗费、维修费、折旧费等，可按式(3-8）计算：

$$U = \alpha\Delta A + U_1 + U_2 \tag{3-8}$$

式中　ΔA——主变压器的年电能损耗（kW · h）；

α——电能损耗折算系数，即电价［元/(kW · h)］；

U_1——维修费（万元），一般可取为（0.022 ~0.042）O；

U_2——折旧费（万元），一般可取为（0.005 ~0.058）O。

（3）变压器年电能损耗的计算　主变压器的年电能损耗 ΔA，可以根据变压器的型式和年负荷曲线进行计算。

1）并联运行的相同双绕组变压器

$$\Delta A = \sum_{i=1}\left[n(\Delta P_0 + K\Delta Q_0) + \frac{1}{n}(\Delta P_k + K\Delta Q_k)\left(\frac{S_i}{S_N}\right)^2\right]t_i \tag{3-9}$$

式中　n——相同型号变压器的台数；

S_N——每台变压器的额定容量（kVA）；

S_i——t_i时间内 n 台变压器的总负荷（kVA）；

t_i——对应 S_i的运行时间（h）；

ΔP_0、ΔQ_0——每台变压器的空载有功损耗（kW）及空载无功损耗（kvar），其中，$\Delta Q_0 = I_0\% \times \frac{S_N}{100}$，$I_0\%$ 为变压器的空载电流百分值；

ΔP_k、ΔQ_k——每台变压器的短路有功损耗（kW）及短路无功损耗（kvar），其中，$\Delta Q_k = u_k\% \times \frac{S_N}{100}$，$u_k\%$ 为变压器的阻抗电压百分值；

K——单位无功损耗折算为有功损耗的比例系数，或称为无功经济当量，一般对接于发电机电压母线上的变压器取 0.02，对接于系统中其他地点的变压器取 0.1 ~0.15。

2）并联运行的容量比为 100/100/100、100/100/50 或 100/50/100 的相同三绕组变压器及自耦变压器

$$\Delta A = \sum_{i=1}\left[n(\Delta P_0 + K\Delta Q_0) + \frac{1}{2n}(\Delta P_k + K\Delta Q_k)\left(\frac{S_{1.i}^2}{S_N^2} + \frac{S_{2.i}^2}{S_N S_{N2}} + \frac{S_{3.i}^2}{S_N S_{N3}}\right)\right]t_i \tag{3-10}$$

式中 $S_{1.i}$、$S_{2.i}$、$S_{3.i}$——在 t_i 小时内 n 台相同三绕组变压器第一、二、三（高、中、低）绕组侧的总负荷（kVA）；

S_{N2}、S_{N3}——变压器第二、三绕组的额定容量（kVA）。

2. 经济比较

在参加详细比较的几个技术上相当的较好方案中，选取其中投资与年运行费均为最小者作为最佳方案。但若各方案的投资与年运行费互有高低时，则需要进一步进行经济比较。常用的经济比较方法有如下两种。

（1）静态比较法　这种方法认为工程的综合投资与运行费是固定不变的，即不考虑时间因素的影响，常采用抵偿年限法。当参加比较的方案为两个，其中一个方案的投资 O_{I} 较高而年运行费 U_{I} 较低，另一个方案的投资 O_{II} 较低而年运行费 U_{II} 比较高时，可用式(3-11）计算其抵偿年限 T：

$$T = \frac{O_{\mathrm{I}} - O_{\mathrm{II}}}{U_{\mathrm{II}} - U_{\mathrm{I}}} \tag{3-11}$$

然后，再将抵偿年限计算值 T 与按照国家现阶段的技术经济政策确定的标准抵偿年限 T_n(T_n =5～8 年）进行比较。若 $T<T_n$，应选取投资较高的方案；若 $T>T_n$，则应选取投资较低的方案。可以看出，抵偿年限表明了采用第一方案多投资的费用利用节约年运行费来偿还时所需的年数。

（2）动态比较法　这种比较方法是基于货币的经济价值随时间而改变。考虑到工程通过银行投放的资金是分期投放和工程分期投运等时间的原因，不同时间所需要的设备、材料、人工费用都随市场的供求关系而变化，而发电厂的建设周期比较长，因此考虑时间因素的动态比较法更接近实际。电力工业推荐使用最小年费用法进行动态经济比较。

1）资金的分类与换算。资金分为 3 类，资金现在值 P 是指当前或折算到当前的金额，如图 3-30a 所示；资金将来值 F 是指从现在算起到第 n 年末的金额，如图 3-30b 所示；资金等年值 A 是指分年次等额支付的金额，如图 3-30c 所示。将资金现在值换算为等价的将来值（本利和计算）的换算公式为

$$F = P(1 + r_0)^n \tag{3-12}$$

式中 P——资金的现在值；

F——n 年末资金的将来值；

r_0——年利率；

n——换算年数；

$(1 + r_0)^n$——整体本利和系数。

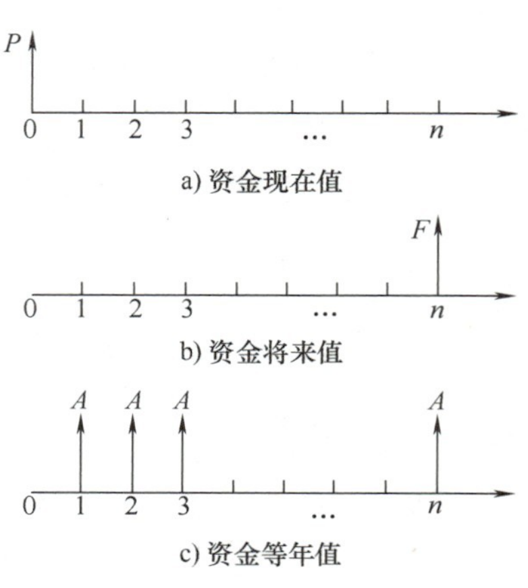

图 3-30　资金分类示意图

资金将来值换算为等价的现在值的换算公式，可以由式(3-12) 得出

$$P=F\frac{1}{(1+r_0)^n} \tag{3-13}$$

式中 $\frac{1}{(1+r_0)^n}$——整付现在值系数，或折现系数。

资金等年值换算为等价的将来值，即等年值本利和计算，根据式(3-12) 得

$$F=A(1+r_0)^{n-1}+A(1+r_0)^{n-2}+\cdots+A \tag{3-14}$$

将式(3-14) 的两边乘以$(1+r_0)$，得

$$F(1+r_0)=A(1+r_0)^n+A(1+r_0)^{n-1}+\cdots+A(1+r_0) \tag{3-15}$$

将式(3-15) 减去式(3-14) 得

$$Fr_0=A(1+r_0)^n-A$$

所以

$$F=A\frac{(1+r_0)^n-1}{r_0} \tag{3-16}$$

式中 $\frac{(1+r_0)^n-1}{r_0}$——等年值本利和系数。

资金将来值换算为等价的等年值，即偿还基金计算。由式(3-16) 可得

$$A=F\frac{r_0}{(1+r_0)^n-1} \tag{3-17}$$

式中 $\frac{r_0}{(1+r_0)^n-1}$——偿还基金系数。

资金等年值换算为等价的现在值，即等年值折现计算。先将等年值 A 换算为将来值 F，再将将来值换算为现在值 P，计算公式为

$$P=F\frac{1}{(1+r_0)^n}=A\frac{(1+r_0)^n-1}{r_0(1+r_0)^n} \tag{3-18}$$

式中 $\frac{(1+r_0)^n-1}{r_0(1+r_0)^n}$——等年值折现系数。

资金现在值换算为等价的等年值，即投资回收计算。由式(3-18) 可以得到

$$A=P\frac{r_0(1+r_0)^n}{(1+r_0)^n-1} \tag{3-19}$$

式中 $\frac{r_0(1+r_0)^n}{(1+r_0)^n-1}$——投资回收系数。

2）最小年费用法。将施工期每年的投资折算到第 m 年（施工完成年）的总投资为

$$O=\sum_{t=1}^{m}O_t(1+r_0)^{m-t} \tag{3-20}$$

式中 t——从工程开工这一年起的年份（即开始投资的年份），$t=1, 2, \cdots, m$；

m——施工年数；

r_0——年利率，也称为投资回收率，电力工业取 0.1；

O_t——第 t 年的投资。

部分投运年份的运行费 U_t（现在值）折算到施工完成的第 m 年（将来值）的总费用为

$$U' = \sum_{t=t'}^{m} U_t (1 + r_0)^{m-t} \tag{3-21}$$

工程完工后各年份的运行费 U_t（将来值）折算到施工完成的第 m 年（现在值）的总费用为

$$U'' = \sum_{t=m+1}^{m+n} \frac{U_t}{(1 + r_0)^{t-m}} \tag{3-22}$$

将折算到第 m 年的总运行费用 $U' + U''$ 折算为第 $m+1$ 到 $m+n$ 年期间的等年值为

$$U = \frac{r_0(1 + r_0)^n}{(1 + r_0)^n - 1}\left[\sum_{t=t'}^{m} U_t (1 + r_0)^{m-t} + \sum_{t=m+1}^{m+n} \frac{U_t}{(1 + r_0)^{t-m}}\right] \tag{3-23}$$

以上三式中 t'——工程部分投产的起始年份；

U_t——第 t 年所需的年运行费；

n——工程的经济使用年限，对于水电厂为 50 年；火电厂为 25 年；核电厂为 25 年；输变电站为 20～25 年。

将折算到第 m 年的总投资折算为 $m+1$ 到 $m+n$ 期间的等年值，它与总运行费用的等年值之和即为年费用 AC，即

$$AC = O\left[\frac{r_0(1+r_0)^n}{(1+r_0)^n - 1}\right] + U \tag{3-24}$$

最小年费用法各参量关系如图 3-31 所示。当多个方案参与比较时，AC 最小的方案为经济上的最佳方案。

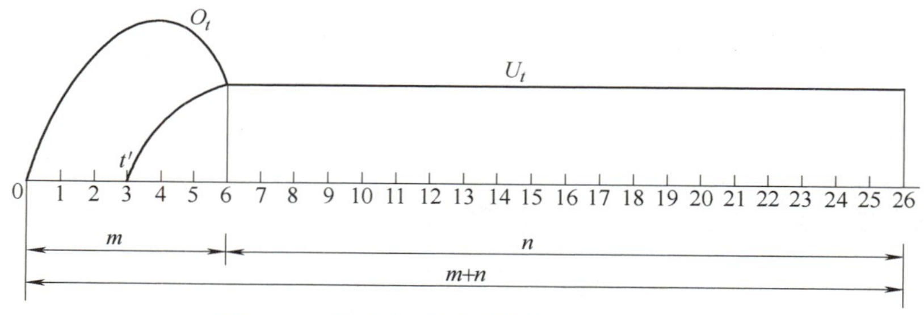

图 3-31 最小年费用法各参量关系示意图

二、无功补偿

无功补偿关系到电力系统的电压质量、安全及经济运行，无功补偿可以减少无功功率的传输，提高电压质量和减小电能损耗。为此，现代电力系统中，对无功电源与无功负荷采取在各级电压电网中逐级补偿、就地平衡的原则。在进行主接线设计时，应确定为了平衡无功功率而需要在发电厂、变电站中装设的无功补偿装置类型、台数和容量。

1. 并联电容器补偿设计

变电站无功补偿的类型有调相机（接入 500kV 电网的调相机单机容量已达

300Mvar）、并联电容器、并联电抗器（吸收无功功率）、静止补偿装置等，在220kV及以下电压级变电站常用并联电容器补偿。电力系统要求终端用户必须采取就地无功补偿措施，使用户10kV母线处的功率因数达到要求值，它们一般在用户的10kV母线上、配电变压器低压侧或主要负荷的旁边安装并联电容器。用户无功补偿并联电容器容量选择，需要根据用户自身负荷的功率因数计算。

变电站并联电容器的总容量应根据电力系统无功规划设计、调相调压计算及技术经济比较确定。对35～220kV变电站中的电容器总容量，按无功功率就地平衡的原则，可按主变压器容量的10%～30%考虑，分在6～10kV各段母线上安装，缺乏无功功率负荷资料时按15%左右配置。对330kV及以上电压等级变电站的电容器总容量可按照主变压器容量的10%～20%选择。

无功补偿的高压并联电容器装置主要分为分散式（构架式）高压并联电容器装置和密集型（集合式）高压并联电容器装置两种。组合构架式装置既可用于户内也可用于户外，设计时根据用户及场地需要，补偿装置可做成双排并列，单排的单层、双层或三层结构，其具有容量调节灵活、安装维护方便等特点。密集型高压并联电容器装置一般情况下用于户外，其运行不受环境和场地影响。密集型电容器具有全密封、免维护的优点。

并联电容器的接线方式有三角形（一般用于较小容量的电容器组和低压系统）和星形接线两种方式，星形接线的电容器额定电压应该为所接母线电压的相电压，而三角形接线的电容器额定电压应该为所接母线电压的线电压。由于三角形接线的高压并联电容器组爆炸事故较多，故高压并联电容器广泛采用星形接线。在星形接线方式中，分单星形接线和双星形接线，这两种接线方式在实际运行中，都有比较成熟的经验。

对于星形接线的并联电容器组来说，限制合闸涌流和抑制谐波的串联电抗器，无论接在电容器组的电源侧还是中性点侧，均可以起相同的作用。如果串联电抗器接在电源侧，当电容器组的母线侧短路时，串联电抗器必须承受系统短路电流，因此需要选择动、热稳定性较高的电抗器。如果串联电抗器接在中性点侧，可以不受系统短路电流的作用，从而降低了对串联电抗器动、热稳定性的要求，价格也相应低一些。

单星形接线布置比双星形接线简单、布置清晰，安装工程量比双星形接线稍小。串联电抗器接在中性点侧只需要一台，而双星形接线需要两台。

电容器组在低电压等级时往往只有一个电容器串联段。当电容器组用于35kV及以上电压等级时，由于电容器组总容量大，而每个串联段的电容器并联总容量受到限制，往往需要两个及以上电容器串联段。对于有熔丝电容器组（包括外接熔丝电容器组和内熔丝电容器组），先并后串接线可以帮助熔丝动作，当一台电容器出现击穿故障，来自系统和健全电容器提供的故障电流大，外熔丝能迅速熔断把故障电容器切除，电容器组可以继续运行。先并后串接线受最大并联台数的限制，因为并联台数较多，故障段健全电容器对故障电容器的放电电流较大，当超过故障电容器可承受的能量时，会发生爆炸等严重事故。因此，单星形接线需根据单台电容器的耐爆能力确定最大允许并联台数。为了使熔丝动作更有效、可靠，电容器单元的额定电压有向较低值选取的

趋势，从而使电容器组的串联数增多、并联数减少。

高压并联电容器装置由隔离开关（接地开关）、放电线圈、氧化锌避雷器、串联电抗器、高压并联电容器等组成，如图3-32所示。各元件的作用如下：

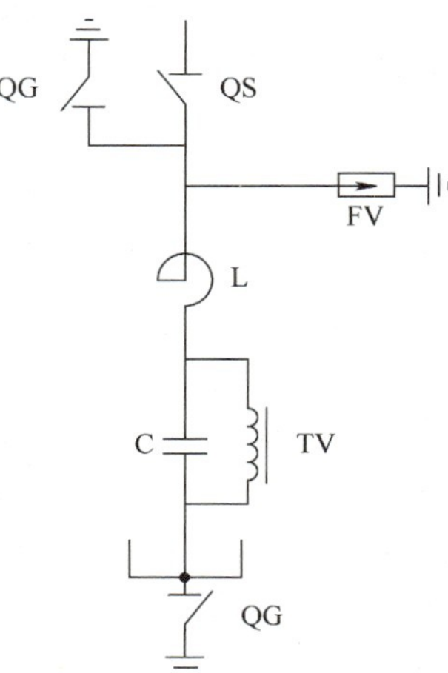

图3-32　单星形并联电容器接线示意图

QS—隔离开关　QG—接地开关
L—串联电抗器　C—电容器
TV—放电线圈　FV—避雷器

放电线圈：使电容器组从电力系统中切除后的剩余电荷迅速泄放。放电线圈与高压并联电容器组并联，使电容器组脱开电源后在5s时间内将电容器组上的剩余电压自额定电压的峰值降至50V以下。带有二次绕组的放电线圈可用作开口三角零序电压保护和电压差动保护。安装放电线圈是变电站内并联电容器的必要技术安全措施，可以有效地防止电容器组再次合闸时，由于电容器仍带有电荷而产生危及设备安全的合闸过电压和过电流，并确保检修人员的安全。

氧化锌避雷器：限制电容器装置的操作过电压。

串联电抗器：限制并联电容器投入瞬间的合闸涌流和抑制谐波。

接地开关：放电线圈往往不能将电容器上的残留电荷泄放殆尽，中性点也积有电荷，为保证检修人员的安全，检修前需要利用接地开关在电源侧和中性点进行短路接地放电，并利用接地开关作检修接地。

对并联电容器装置的主要技术要求如下：

1）并联电容器组应采用星形接线。在中性点非直接接地的电网中，星形接线电容器组的中性点不应接地。对于66kV及以下电力系统，电容器组的中性点不接地，其绝缘等级与电力系统的绝缘等级相同；110kV电容器组的中性点应直接有效接地。

2）并联电容器组的每相或每个桥臂，由多台电容器串并联组合连接时，宜采用先并联后串联的连接方式。

3）每个串联段的电容器并联总容量不应超过3900kvar。例如如果单台电容器容量为500kvar，每相每个串联段最大并联台数应为7台（3900/500 = 7.8），最大容量为3500kvar。

4）组成并联电容器装置的电容器，可选用单台电容器、集合式电容器和自愈式电容器。单组容量较大时，宜选用单台容量为500kvar及以上的电容器。

5）单台电容器额定容量选择，应根据电容器组容量和每相电容器的串联段数和并联台数确定，并宜在电容器产品额定容量系列的优先值中选取。

6）串联电抗器选型时，选用干式电抗器或油浸式电抗器，应根据工程条件经技术经济比较确定。安装在屋内的串联电抗器，宜采用设备外漏磁场较弱的干式铁心电抗器或类似产品。串联电抗器的额定电流应等于所连接的并联电容器组的额定电流，其允许过电流不应小于并联电容器组的最大过电流值。

7）串联电抗器电抗率选择，应根据电网条件与电容器参数经相关计算分析确定，电抗率取值范围应符合下列规定：

① 仅用于限制涌流时，电抗率宜取0.1%～1.0%。

② 用于抑制谐波时，电抗率应根据并联电容器装置接入电网处的背景谐波含量的测量值选择。当谐波为5次及以上时，电抗率宜取4.5%～5.0%；当谐波为3次及以上时，电抗率宜取12%～13%，亦可采用4.5%～5.0%与12%两种电抗率混装方式。

8）用于并联电容器装置操作过电压保护的避雷器，应采用无间隙金属氧化物避雷器。

9）放电线圈的额定放电容量不超过所并接的电容器组的额定容量时，应能使电容器组脱开电源后在5s内将电容器组上的剩余电压自额定电压的峰值降至50V以下。

10）放电线圈带有二次绕组时，其额定输出、准确级，应满足保护和测量的要求。

11）电容器额定电压选择，应符合下列要求：

① 宜按电容器接入电网处的运行电压进行计算。

并联电容器装置接入电网引起的母线电压升高可按下式计算：

$$\Delta U_s = U_{so}\frac{Q}{S_d}$$

式中　ΔU_s——母线电压升高值（kV）；

U_{so}——并联电容器装置投入前的母线电压（kV）；

Q——母线上所有运行的电容器容量（Mvar）；

S_d——母线短路容量（MVA）。

② 电容器应能承受1.1倍长期工频过电压。

③ 应计入串联电抗器引起的电容器运行电压升高。接入串联电抗器后，电容器运行电压应按下式计算：

$$U_C = \frac{U_s}{\sqrt{3}S}\frac{1}{1-K}$$

式中　U_C——电容器的运行电压（kV）；

U_s——并联电容器装置的母线运行电压（可取1.05倍的电网额定电压）（kV）；

S——电容器组每相的串联段数；

K——电抗率（串联电抗器的感抗与并联电容器组的容抗之比，$K = (U_n/I_n)/(U_{Cn}^2/S_{Cn})$，$U_n$为电抗器的额定端电压，$I_n$为电抗器的额定电流，$U_{Cn}$为电容器组的额定相电压，$S_{Cn}$为与单相电抗器串联的电容器组的额定容量。

电容器的额定电压应从标准系列中选取靠近电容器运行电压计算值的额定电压。电容器运行电压高于电容器额定电压1.1倍时，会造成电容器内部介质局部放电，并可能发展成绝缘击穿。电容器运行电压低于电容器额定电压时，输出容量小于额定容量，电压安全裕度过大时，会造成过大的容量亏损。

例如，某500kV变电站的35kV并联电容器组串联了电抗率为12%的电抗器，电容器组每组串联段数为2，电容器的运行电压为$U_C = \frac{U_s}{\sqrt{3}S}\frac{1}{1-K} = \frac{1.05\times 35}{\sqrt{3}\times 2\times(1-0.12)}\text{kV} =$

12.055kV，电容器额定电压应选12kV。如果35kV并联电容器组串联了电抗率为5%的电抗器，电容器额定电压应选11kV。电容器组每组串联段数为4，串电抗率为12%的电抗器时，电容器额定电压应选6kV。

当串联电抗器电抗率取4.5%~5.0%时，6kV和10kV并联电容器额定电压一般选$6.6/\sqrt{3}$kV和$11/\sqrt{3}$kV，当串联电抗器电抗率取12%~13%时，6kV和10kV并联电容器额定电压一般选$7.2/\sqrt{3}$kV和$12/\sqrt{3}$kV。

12）当分组电容器按各种容量组合运行时，应避开谐振容量，不得发生谐波的严重放大和谐振，电容器支路的接入所引起的各侧母线的任何一次谐波量均不应超过现行国家标准《电能质量—公用电网谐波》（GB/T 14549—1993）的有关规定。

发生谐振的电容器容量，可按下式计算：

$$Q_{Cx}=S_d\left(\frac{1}{n^2}-K\right)$$

式中 Q_{Cx}——发生n次谐波谐振的电容器容量（Mvar）；

S_d——并联电容器装置安装处的母线短路容量（MV·A）；

n——谐波次数，即谐波频率与电网基波频率之比；

K——电抗率。

高压并联电容器装置的保护配置：

1）内熔丝保护和外熔断器保护，有的电容器内部装有内熔丝，电容器内部击穿，其内部的熔丝熔断，以隔离故障元件，其他完好的电容器仍可继续正常运行。单台电容器内部击穿的电流不大，并不能使内部的熔丝熔断，只有每个串联段内并联的电容器足够多，向故障电容器放电才能使内部的熔丝熔断。外熔断器保护采用保护电容器专用的喷逐式熔断器，主要适用于电力系统中作高压并联电容器的单台过电流保护用，即用来切断故障电容器，以保证无故障电容器的正常运行。当电容器内部元件发生击穿短路故障时，与其串联的熔断器能可靠、迅速地断开故障电容器，从而避免发生电容器外壳爆裂事故，确保高压并联电容器装置及其相连电网的安全。它不仅在较小的容性故障电流时能可靠动作，在较大的感性故障电流时也能及时开断。

2）应设有过电流保护，其动作整定值可靠系数在1.5~2.5之间。

3）应设有速断保护。

4）应设有过电压保护，其动作电压整定值应按（1.1~1.15）U_n整定，整定结果应不超过$1.2U_C$。

5）应设有失电压保护，其动作电压值按（40%~60%）U_n整定（或按该系统统一整定值处理），失电压保护不应设置自动重合闸装置。

6）电容器组可选择中性点不平衡电流保护、开口三角零序电压保护、电压差动保护及桥式不平衡电流保护中的任一种或几种保护方式作为主保护（不平衡保护）。双星形接线和容量较大的电容器组推荐采用中性点不平衡电流保护。单星形接线和容量较小的电容器组推荐采用开口三角零序电压保护。多串联段的星形接线电容器组推荐采用电压差动保护（一般35kV电容器装置采用）。对于66kV以上的高压并联电容器装置，推荐采用单相桥形接线，不平衡电流保护。

2. 并联电抗器补偿设计

特高压和超高压输电线路一般距离较长，可达数百甚至上千公里。由于线路采用分裂导线（500kV 为 4 分裂导线，750kV 为 6 分裂导线，1000kV 为 8 分裂导线），线路的相间和对地电容均很大，在线路带电的状态下，线路相间和对地电容中产生相当数量的容性无功功率（即充电功率），且与线路的长度成正比，其数值可达几百兆乏，大容量容性功率通过系统感性元件（发电机、变压器、输电线路）时，末端电压将要升高（例如 500kV 输电线路电压可能达到 550kV 以上），超过了设备的允许最高工作电压，即所谓“容升”现象。在输电线路空载或轻载时，这种现象尤其严重。因此，需要采用并联电抗器来补偿特高压和超高压输电线路的充电功率。并联电抗器在电网中的作用如下：

1）削弱空载或轻载时长线路的电容效应所引起的工频电压升高。

2）平衡特高压和超高压线路的充电功率，使轻载时线路中的无功功率尽可能就地平衡，防止无功功率不合理流动，减轻线路上的功率损失。

3）限制潜供电流，加速潜供电弧的熄灭，提高线路自动重合闸的成功率。

4）避免发电机带空载长线路出现自励磁过电压。

5）降低操作过电压。

所谓潜供电流，是指当发生单相瞬时接地故障时，在故障相两侧断开后，故障点处弧光中所存在的残余电流。产生潜供电流的原因：故障相虽已被切断电源，但由于非故障相仍带电运行，非故障相与断开的故障相之间存在静电（通过相间电容）和电磁（通过相间互感）的联系。通过相间分布电容的影响，两相对故障点进行电容性供电；由于相间互感的影响，故障相上将被感应出一个电动势，在此电动势的作用下通过故障点及相对地分布电容将形成一个环流，通常把上述两部分电流的总和称之为潜供电流。潜供电流的存在，使得系统发生单相瞬时接地短路处的潜供电弧不可能很快熄灭，将会影响单相自动重合闸的成功率。为了减小潜供电流，采用在高压并联电抗器的中性点经小电抗（约 1000Ω，需根据输电线路参数来确定）接地的方法来补偿输电线路分布电容引起的容性潜供电流并限制恢复电压，加快潜供电弧的熄灭。

对变电站来说，330kV 及以上电压等级输电线路的充电功率按就地补偿的原则采用高、低压并联电抗器予以补偿。如果只在线路侧装高压并联电抗器，线路的充电功率基本上被高压并联电抗器消耗，负荷功率较大时，会造成线路过补偿，导致容性功率缺乏，电网电压降低，电压质量将不能保证。如果只在主变压器低压侧装低压并联电抗器补偿线路的充电功率，将过多占用主变压器容量，影响主变压器传输功率，增加主变压器损耗。负荷功率较大时，高压并联电抗器运行，因缺乏无功功率，低压并联电抗器退出运行同时低压电容器投运。负荷功率较小时，高、低压并联电抗器同时运行吸收线路的充电功率。如果 500kV 线路距离不长，线路充电功率不大，靠低压并联电抗器就可以吸收（由于负荷较小不影响主变压器传输功率）时，500kV 变电站高压侧可以不装设高压并联电抗器，仅在低压侧装设低压并联电抗器。高压并联电抗器的电压等级有 1000kV、750kV、500kV、330kV，低压并联电抗器的电压等级有 110kV、66kV、35kV。

变电站低压并联电抗器的主要作用是平衡特高压、超高压线路的充电功率。

按就地平衡原则，变电站装设的并联电抗器最大补偿容量一般为其所接线路充电功率的1/2，低压并联电抗器安装容量一般在变压器容量的30%以下。具体高压并联电抗器补偿度（补偿度=高压并联电抗器的容量/线路的充电功率）是多少，没有明确规定。通常是采用高压并联电抗器补偿度为40%～80%，剩余的20%～60%的充电功率采用变电站内低压电抗器来平衡。高压并联电抗器回路一般不装设断路器，只需经一台隔离开关连接于线路侧。低压并联电抗器宜采用单母线接线。例如，某500kV输电线路采用4×LGJ400导线，4回线路总长度为303km，其中一回线路上装有120Mvar高压并联电抗器，线路充电功率按1.18Mvar/km计算，需要安装的低压并联电抗器容量为（303×1.18/2－120）Mvar=59Mvar，高压侧补偿度为67%。

三、变电站站用变压器的选择

发电厂和变电站的自用电称为厂用电、站用电。发电厂的厂用电的负荷大且重要，将在后续章节讨论，本部分仅讨论变电站的站用电问题。

1. 站用变压器的台数与接线

枢纽变电站、总容量为60000kVA及以上的变电站、装有水冷却或强迫油循环冷却的主变压器以及装有同步调相机的变电站，应装设两台站用变压器，每台容量都应能带变电站的全部负荷，电源从低压侧的两段电压母线上分别引接。

采用整流操作电源或无人值班的变电站，应装设两台站用变压器，并应分别接在不同电压等级的电源或独立电源上。

如能够从变电站外引入可靠的380V备用电源，上述变电站可只设一台站用变压器。

2. 站用变压器的容量

站用变压器的容量应按照第四章介绍的方法计算。根据计算，一般220kV变电站的站用变压器容量为500kVA左右，而110kV变电站的站用变压器容量为50～100kVA。

四、主变压器的中性点接地方式与设备选择

电力系统三相交流发电机、变压器接成星形绕组的公共点，称为电力系统的中性点。电力系统的中性点接地方式有中性点直接接地方式（或称为大电流接地系统）、中性点不接地方式（或称为小电流接地系统）、经消弧线圈以及高阻接地方式。根据我国电力系统的实际情况，110kV及以上电力系统为降低过电压、绝缘水平及造价而采用中性点直接接地方式。66kV及以下电力系统中性点不接地时的相对地电压需要按线电压设计，虽增加了绝缘费用（与110kV以上电压等级相比增加得不多），但为了提高供电连续性而采用中性点不接地方式（或称为小电流接地系统）或经消弧线圈以及高阻接地方式。所以，变压器不同电压级绕组的中性点接地方式由相应的电力系统中性点接地方式决定。

1. 110kV及以上电压级的中性点接地方式与设备选择

（1）中性点接地方式　110kV及以上电压系统为大电流接地系统，所以主变压器110kV及以上电压级中性点接地方式，均应该选择中性点直接接地方式。

（2）主变压器的110kV和220kV电压级中性点设备　图3-33以一个110kV变压器为例，示出了大电流接地系统变压器中性点的主要设备。由图3-33可见，它们主要有中性点接地开关、中性点零序电流互感器、间隙、间隙零序电流互感器避雷器等。分级绝缘（半绝缘）变压器中性点设备的电压等级比变压器额定电压低，应该与中性点的电压等级匹配，例如110kV侧中性点处的中性点隔离开关，选60kV电压级，型号可选GW13-72.5kV/630A；220kV侧中性点处的中性点隔离开关可选GW13-126kV/630A。

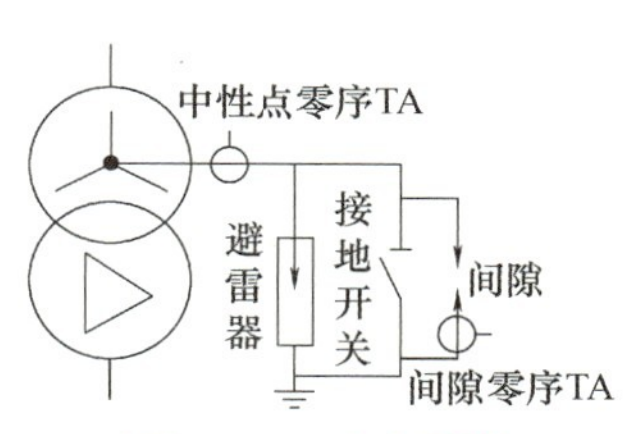

图3-33　主变压器中性点设备示意图

为满足继电保护的要求，电网的零序阻抗应保持为一定值。为使一台变压器因故退出运行时，电网的零序阻抗不改变，对于有多台并列运行变压器的情况，通常有一台变压器的中性点不接地，这就是说，大电流接地系统的变压器中性点接地开关，有可能在合闸状态，也有可能在分闸状态。为满足中性点不同运行状态时，中性点继电保护的要求，可以配置两套保护。当中性点接地开关在合闸状态时，由靠近变压器中性点的零序电流互感器组成零序电流保护；当中性点接地开关在分闸状态时，由间隙与间隙下方的零序电流互感器组成间隙保护。这时，由于中性点接地开关在分闸状态，系统发生单相接地故障时，变压器中性点的电位将升高，当电位升高超过整定值，间隙被击穿，间隙回路的零序电流互感器有零序电流流过，间隙保护动作，使局部不接地系统全部停电，防止异常的过电压造成系统运行设备的损坏和事故的扩大。

（3）分级绝缘变压器中性点的过电压保护　分级绝缘变压器中性点的过电压保护通常采用阀型避雷器（或氧化锌避雷器）加并联水平棒间隙的保护方式。

中性点直接接地系统中，变压器中性点为分级绝缘且装有隔离开关时，部分变压器中性点有可能不直接接地，中性点接地开关在分闸状态。对于中性点不接地的分级绝缘变压器，当雷电波从线路侵入变电站到达变压器中性点，会产生较高的雷电过电压，中性点应装设避雷器，以防止雷电侵入波对变压器中性点绝缘的危害。

中性点不直接接地的变压器，在发生因继电保护等原因造成中性点不接地的孤立系统且带单相接地故障运行时或断路器非同期操作、线路非全相断线，特别是伴随产生变压器励磁电感与线路对地电容谐振时，会产生较高的工频过电压，对分级绝缘变压器中性点构成威胁，甚至使变压器中性点绝缘损坏。如果采用普通阀型避雷器，则没有足够的通过能力来限制这种过电压而导致发生爆炸。因此变压器中性点应加装对地的间隙（采用氧化锌避雷器时，由于间隙保护的需要，仍需要加装间隙），在发生工频过电压时保护变压器中性点绝缘和普通阀型避雷器。间隙距离的选择应保证只在内过电压下动作，而在雷电过电压下不动作。110kV电压级中性点用金属氧化锌避雷器时型号可选Y1.5W-72/186。220kV电压级中性点用金属氧化锌避雷器时型号可选Y1.5W-146/320。

220kV变压器的220kV和110kV中性点接地设备视频

500kV变压器中性点接地方式有两种：一种是不经接地隔离开关直接接地（死接地），另一种是经小电抗接地（小电抗并联有接地隔离开关和避雷器）。经小电抗

接地能降低中性点过电压，有效限制单相接地短路电流，避免单相接地短路电流大于三相短路电流而给设备选择带来困难。500kV 自耦变压器中性点经小电抗接地可同时限制 500kV 和 220kV 系统的单相接地短路电流。一般电抗选 5～15Ω，大于 15Ω 时限制单相接地短路电流的效果不明显，具体电抗值可根据短路电流计算结果确定。

2. 66kV 及以下电压级的中性点接地方式与设备选择

在我国，66kV、35kV 和 6～10kV 系统均为小电流接地系统，它们的中性点应选用中性点不接地、经消弧线圈接地或高电阻接地的方式（或经低电阻接地）。在中性点不接地系统中，当发生单相接地故障时，不能构成短路回路，故短路电流不大，但故障点与导线对地分布电容形成回路，故障点有不太大的容性电流通过，有可能使故障点的电弧不能自行熄灭并引起弧光接地过电压，甚至发展成相间短路故障，使事故扩大。在变压器的中性点装设消弧线圈，使消弧线圈产生的感性电流与接地容性电流相抵消，减小了接地故障点的电流，提高了供电可靠性。中性点经消弧线圈接地时，有完全补偿、过补偿与欠补偿之分，为防止部分线路停运且合并运行线路出现单相接地故障时，欠补偿方式可能出现电弧谐振，装在电网的变压器中性点的消弧线圈，以及具有直配线的发电机中性点的消弧线圈应采用过补偿方式。对于采用单元连接的发电机中性点的消弧线圈，为了限制电容耦合传递过电压以及频率变动等对发电机中性点位移电压的影响，宜采用欠补偿方式。

对 35～66kV 系统接地电容电流大于 10A，6～10kV 系统若接地电容电流大于 30A 时，应选择经消弧线圈接地的接地方式。具体电容电流计算公式如下：

架空线路

$$I_C=(2.7\sim3.3)U_NL\times10^{-3}$$

式中　L——线路的长度（km）；

I_C——架空线路的电容电流（A）；

2.7、3.3——系数，前者适用于无架空地线的线路，后者适用于有架空地线的线路（有些 35kV 架空线路全长无架空地线，仅在靠近变电站的 1～2km 有架空地线，称为进线保护段）；

U_N——架空线路的额定线电压（kV）。

电缆线路

$$I_C=0.1U_NL$$

式中　L——线路的长度（km）；

I_C——电缆线路的电容电流（A）；

U_N——电缆线路的额定线电压（kV）。

由于变电站本身母线对地也有分布电容电流，所以在上述计算的基础上还应该增加一个百分数。6kV 系统增加 18%，10kV 系统增加 16%，35kV 系统增加 13%，66kV 系统增加 12%。

若经过上述计算的接地电容电流大于允许值，则应该考虑加装消弧线圈，消弧线圈容量选择公式为

$$Q=KI_C\frac{U_N}{\sqrt{3}}$$

式中　Q——补偿容量（kV·A）；

K——系数，过补偿时取 1.35；

U_N——额定线电压（kV）；

I_C——系统总的电容电流（A）。

根据计算容量，在产品手册中选用合适的消弧线圈。

【例 3-2】 某 110/10kV 变电站 10kV 供电线路中，无架空地线的架空线路长 22km，电缆线路总长度为 32km，如 10kV 需要经消弧线圈接地，请计算经接地变压器接地的消弧线圈的容量。

解： 无架空地线的输电线路电容电流为

$$I_C = (2.7 \sim 3.3)U_N L \times 10^{-3} = (2.7 \times 10 \times 22/1000)\text{A} = 0.594\text{A}$$

电缆线路电容电流为 $I_C = 0.1U_N L = 0.1 \times 10 \times 32\text{A} = 32\text{A}$

考虑母线增加 16% 的电容电流后，总电容电流为

$$I_C = 1.16 \times (32 + 0.594)\text{A} = 1.16 \times 32.594\text{A} = 37.81\text{A} > 30\text{A}$$

因此需要在中性点上加装消弧线圈，采用过补偿方式，消弧线圈的计算容量为

$$Q = KI_C \frac{U_N}{\sqrt{3}} = (1.35 \times 37.81 \times 10/\sqrt{3})\text{kV} \cdot \text{A} = 294.71\text{kV} \cdot \text{A}$$

中性点经消弧线圈接地的电网，在正常情况下，长时间中性点位移电压不应超过额定相电压的 15%，脱谐度一般不大于 10%（绝对值），消弧线圈分接头宜选用 5 个。

中性点经消弧线圈接地的发电机，在正常情况下，长时间中性点位移电压不应超过额定相电压的 10%，考虑到限制传递过电压等因素，脱谐度不宜超过 ±30%，消弧线圈的分接头应满足脱谐度的要求。

脱谐度 $\nu = (I_C - I_L)/I_C$，其中，I_L 为消弧线圈的电感电流。脱谐度 ν 的绝对值越大，回路的工作状态距离谐振点或偏离谐振状态越远；反之，若 ν 的绝对值越小，回路的工作状态距离谐振点或趋向谐振状态越近；脱谐度为零时，回路恰好工作在谐振点。同时 ν 值为正时，残流呈容性；ν 值为负时，残流呈感性；ν 值为零时，残流呈纯阻性。中性点位移电压可按下式计算：

$$U_0 = \frac{U_{bd}}{\sqrt{d^2 + \nu^2}}$$

式中 U_0——中性点位移电压（kV）；

U_{bd}——消弧线圈投入前电网或发电机回路中性点不对称电压，可取 0.8% 相电压；

d——阻尼率，一般对 66 ~ 110kV 架空线路取 3%，35kV 及以下架空线路取 5%，电缆线路取 2% ~ 4%。

例如，某 110/10kV 变电站 10kV 系统的电容电流为 35A，阻尼率为 3%，计算满足中性点位移电压和脱谐度要求的消弧线圈电感电流的范围。

变电站中消弧线圈的脱谐度校验由 $|\nu| = |(I_C - I_L)/I_C| \leqslant 10\%$，得 $-0.1 \leqslant (I_C - I_L)/I_C \leqslant 0.1$。由于变电站采用过补偿，取 $-0.1 \leqslant (I_C - I_L)/I_C$，得 $I_L \leqslant 1.1I_C = 1.1 \times 35\text{A} = 38.5\text{A}$。变电站中消弧线圈的中性点位移电压校验按下式解出脱谐度 ν：

$$\frac{0.8\%U_N/\sqrt{3}}{\sqrt{d^2+\nu^2}}\leqslant 15\%\frac{U_N}{\sqrt{3}}，即\frac{0.8\%}{\sqrt{d^2+\nu^2}}\leqslant 15\%，代入阻尼率得\frac{0.8\%}{\sqrt{0.03^2+\nu^2}}\leqslant 15\%$$

可解得 $\nu\leqslant -0.0439$ 和 $\nu\geqslant 0.0439$，过补偿时，取 $\nu\leqslant -0.0439$，由 $\nu=(I_C-I_L)/I_C$ 和 $I_C=35\text{A}$，可解出 $I_L\geqslant 36.54\text{A}$，即 $36.54\text{A}\leqslant I_L\leqslant 38.5\text{A}$。

加装消弧线圈时，还需要考虑它的引接方式。对 35～66kV 系统，因为变压器一般为星形接线，有中性点，所以消弧线圈就直接接到主变压器 35～66kV 侧的中性点上，且两台主变压器共用一个消弧线圈。而 6～10kV 系统需要加装消弧线圈时，由于主变压器的 6～10kV 侧一般是三角形接线，没有中性点，故对 6～10kV 侧需要加装专用接地变压器，因接地变压器高压绕组为星形接线，可以利用接地变压器 6～10kV 侧的中性点接入消弧线圈。一般应该在 6～10kV 的每一段母线上安装型号一样、相同容量的接地变压器。接地变压器一般只有一次绕组，采用 Z 形接法。当接地变压器需要兼作站用变压器使用时，应选带有二次绕组的接地变压器，其一次绕组仍是 Z 形接法，二次绕组为 yn 接法，为站用低压系统供电。经消弧线圈接地时，接地变压器容量应为消弧线圈容量的 1.1 倍。如果接地变压器兼作站用变压器，则接地变压器一次绕组的容量等于消弧线圈的容量与站用变压器容量之和，注意并不是简单的相加，消弧线圈容量要按无功计算，它与站用电的无功功率相加的二次方再与站用电的有功功率的二次方相加，开二次方得到总容量（站用负荷功率因数取 0.8），二次绕组的容量等于站用变压器的容量。选用接地变压器后就不用再选择站用变压器。接地变压器的接线如图 3-34 所示。

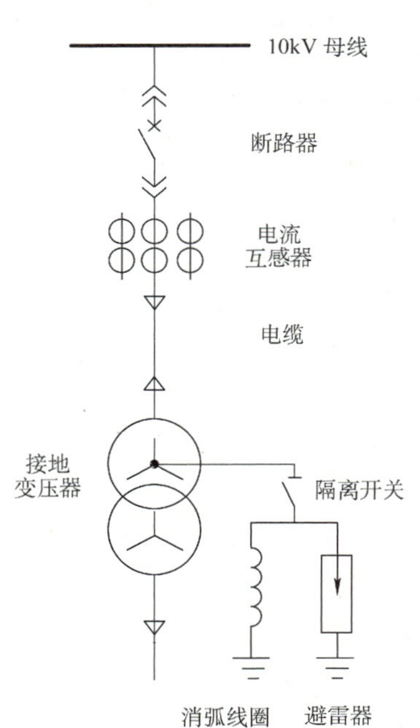

图 3-34　接地变压器的接线示意图

五、电气主接线中的设备配置

1. 隔离开关的配置

1）中小型发电机出口一般应装设隔离开关，容量为 200MW 及以上大机组一般采用发电机—双绕组变压器单元连接，其出口不装设隔离开关，但应有可拆连接点。

2）接在母线上的避雷器和电压互感器宜合用一组隔离开关。

3）一台半断路器接线中，只有两串时，进出线应装设隔离开关，以便在进出线检修时，保证闭环运行。

4）多角形接线中的进出线应装设隔离开关，以便在进出线检修时，保证闭环运行。

5）桥形接线中的跨条宜用两组隔离开关串联，以便于进行不停电的轮流检修任意一台隔离开关。

6）断路器的两侧一般均应装设隔离开关，以便在断路器检修时隔离电源。

7）中性点直接接地的普通型变压器均应能通过隔离开关接地；自耦变压器的中性点则不必装设隔离开关。

2. 接地开关或接地器的配置

1）为保证电器和母线的检修安全，35kV 及以上每段母线根据长度宜装设 1 ~ 2 组接地开关，两组接地开关间的距离应尽量保持适中。母线的接地开关宜装设在母线电压互感器的隔离开关上和母联隔离开关上。必要时可设置独立式母线接地器。

2）66kV 及以上配电装置的断路器两侧隔离开关和线路隔离开关的线路侧宜配置接地开关。双母线接线两组母线隔离开关的断路器侧可共用一组接地开关。

3）旁路母线一般装设一组接地开关，设在旁路回路隔离开关的旁路母线侧。

4）66kV 及以上主变压器进线隔离开关的主变压器侧宜装设一组接地开关。

3. 电压互感器的配置

1）6 ~ 220kV 电压等级的每组主母线的三相上应装设电压互感器。旁路母线上是否需要装设电压互感器，应视各回出线外侧装设电压互感器的情况和需要确定。

2）当需要监视和检测线路侧有无电压时（进行同步和设置重合闸），出线侧的一相上应装设电压互感器。

3）发电机出口一般装设两组电压互感器，供测量、保护和自动电压调整装置需要。当发电机配有双套自动电压调整装置，且采用零序电压式匝间保护时，可再增设一组电压互感器。

4）采用一台半断路器接线的 500kV 或 330kV 电压等级应在每回出线的三相上装设电压互感器；在主变压器进线和每组母线上，应根据继电保护装置，自动装置和测量仪表的要求，在一相或三相上装设电压互感器。线路与母线的电压互感器二次回路间不切换。

4. 电流互感器的配置

1）凡装有断路器的回路均应装设电流互感器，其数量应满足测量仪表、保护和自动装置要求。

2）在未设断路器的下列地点也应装设电流互感器：发电机和变压器的中性点、发电机和变压器的出口、桥形接线的跨条上等。

3）对中性点直接接地系统一般按三相配置。对中性点非直接接地系统依具体要求按两相或三相配置。

4）一台半断路器接线中，线路—线路串可装设 4 组电流互感器，在能满足保护和测量要求的条件下也可装设 3 组电流互感器。当变压器的套管式电流互感器可以利用时，线路—变压器串可装设 3 组电流互感器。

5. 避雷器的配置

1）配电装置的每组母线上，应装设避雷器，但进出线都装设避雷器时除外。电气主系统对雷电侵入波的防护，第一道防线是进线段保护，第二道防线是母线上装设的避雷器。发电厂和变电站应采取措施防止或减少近区雷击闪络（雷电侵入波电流幅值大，电压陡度上升，会使避雷器的负担太重，甚至造成其损坏）。未沿全线架设避雷线的 35 ~ 110kV 架空送电线路，应在变电站 1 ~ 2km 的进线段架设避雷线。在进线段以外落雷时，由于进线段导线本身的波阻抗的作用，使流经避雷器的电流受到限制，同时

由于在进线段内的导线上冲击电晕的影响而衰减变形，将使侵入波的电压陡度和幅值下降。

2）旁路母线上是否需要装设避雷器，应视在旁路母线投入运行时，避雷器到被保护设备的电气距离是否满足要求而定。

3）330kV及以上变压器和并联电抗器处必须装设避雷器，并应尽可能靠近设备本体。

4）220kV及以下变压器到避雷器的电气距离超过允许值时，应在变压器附近增设一组避雷器。当避雷器离开变压器有一段距离时，在雷电波的作用下，由于避雷器至变压器的连线间的波过程，作用在变压器上的电压就会超过避雷器的残压，连线越长，则超过残压也越高，也就是避雷器有一定的保护距离。被保护的设备如果处在这个距离之外，就得不到有效保护。

5）三绕组变压器低压侧的一相上宜装设一台避雷器。三绕组变压器在运行时，有可能高、中压绕组处于工作状态，而低压绕组开路。这时由高压或中压侧来的雷电侵入波在开路的低压绕组产生静电感应过电压，从而能将低压绕组对地绝缘击穿。由于静电感应过电压是使低压绕组三相电位同时抬高，所以，为了限制这种过电压，要在三绕组变压器低压侧的一相上装设一台避雷器。由于三绕组变压器中压绕组的绝缘水平比低压绕组高，一般可以不加装该避雷器。双绕组变压器的高压侧和低压侧的断路器都是闭合的，两侧都有避雷器保护，任一侧来波感应到另一侧的电压都不会造成损坏，因此低压侧的任何一相上都不装设避雷器。

6）自耦变压器必须在其两个自耦合的绕组出线上装设避雷器，并应接在变压器与断路器之间。

7）下列情况的变压器中性点应装设避雷器：

① 中性点直接接地系统中，变压器中性点为分级绝缘且装有隔离开关时。

② 中性点直接接地系统中，变压器中性点为全绝缘，但变电站为单进线且为单台变压器运行时。

③ 中性点不接地和经消弧线圈接地系统中，多雷区的单进线变压器中性点上。

8）单元连接的发电机出线宜装一组避雷器。

9）在不接地的直配线发电机中性点上应装设一台避雷器。

10）连接在变压器低压侧的调相机出线处宜装设一组避雷器。

11）发电厂变电站35kV及以上电缆进线段，在电缆与架空线的连接处应装设避雷器。

12）110～220kV线路侧一般不装设避雷器，330～500kV的线路侧如操作过电压超过操作波保护水平，应设置避雷器。当不超过时，是否需装设避雷器，应根据出线侧的设备、本地区雷电活动情况并通过模拟试验或计算确定。

13）SF_6全封闭电器的架空线路侧必须装设避雷器。从图3-35可以看到110kV变电站避雷器的配置情况。

6. 阻波器和耦合电容器的配置

阻波器和耦合电容器应根据系统通信对载波电话的规划要求配置。设计中需要与系统通信专业密切配合。

六、变电站电气主接线设计举例

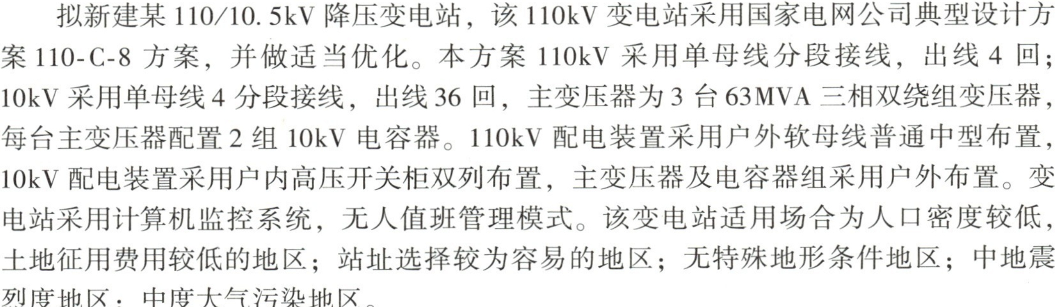

拟新建某110/10.5kV降压变电站，该110kV变电站采用国家电网公司典型设计方案110-C-8方案，并做适当优化。本方案110kV采用单母线分段接线，出线4回；10kV采用单母线4分段接线，出线36回，主变压器为3台63MVA三相双绕组变压器，每台主变压器配置2组10kV电容器。110kV配电装置采用户外软母线普通中型布置，10kV配电装置采用户内高压开关柜双列布置，主变压器及电容器组采用户外布置。变电站采用计算机监控系统，无人值班管理模式。该变电站适用场合为人口密度较低，土地征用费用较低的地区；站址选择较为容易的地区；无特殊地形条件地区；中地震烈度地区；中度大气污染地区。

变压器型号为SZ11-63000/110，三相风冷，调压方式为有载调压，额定电压为110(1±8×1.25%)/10.5kV。电力部门的变电站的负荷一般不太具体，变压器容量是按照5~10年电网发展规划确定的，根据电网5~10年的负荷预测结果，逐年进行电力（功率）平衡，使电网总的实际容载比（电网某一电压等级变压器总容量与总最大负荷之比）不低于电网技术规范中规定的数值（110kV及以上电压级的容载比为1.6~1.9）。实际容载比小于规定的容载比时，就需要增加电网的变压器容量，新建变电站（尽量建在负荷中心）或扩建变电站（建设工程第二期），使实际容载比达到规定的容载比。因此，一般新建变电站的变压器是分两期建设，第一期建设一台变压器，随着负荷的增长，几年后第二期再建设一台变压器。电气主接线也是从工程初期的简易形式过渡到最终设计形式，例如最终设计为单母线分段，第一期可能先建设一段，按单母线运行。由于电网和负荷发展的不确定性，各电压级一般都留有备用出线间隔，以适应电网发展的需要。

根据《35kV~110kV变电站设计规范》（GB 50059—2011）中关于电气主接线设计的规定，35~110kV线路为两回及以下时，宜采用桥形、线路变压器组或线路分支接线。超过两回时，宜采用扩大桥形、单母线或分段单母线的接线。35~66kV线路为8回及以上时，亦可采用双母线接线。110kV线路为6回及以上时，宜采用双母线接线。当变电站装有两台及以上主变压器时，6~10kV侧宜采用分段单母线。本站110kV出线数为4回，使用SF_6断路器，不设置旁路母线，故110kV采用分段单母线接线。10kV采用单母线4分段接线，10kV配电装置选用手车式开关柜，采用手车式开关柜可以大大缩短检修断路器的停电时间，当检修任一台断路器时，可在断电后将其拉出，推入备用手车断路器后，立即恢复供电。其电气主接线如图3-35所示。

无功补偿按在每台主变压器低压侧设置3600kvar+4800kvar两组并联电容器考虑，本设计无功补偿容量为3×3600kvar+3×4800kvar=25200kvar，在主变压器容量的10%~30%（约为13.4/%）范围内，符合规范要求。6组大小搭配分别安装在10kV各母线段上。并联电容器采用构架式结构屋外放置，接线选单星形接线。3600kvar组每相1200kvar，选6台200kvar单相电容器并联。4800kvar组每相1600kvar，选8台200kvar单相电容器并联。

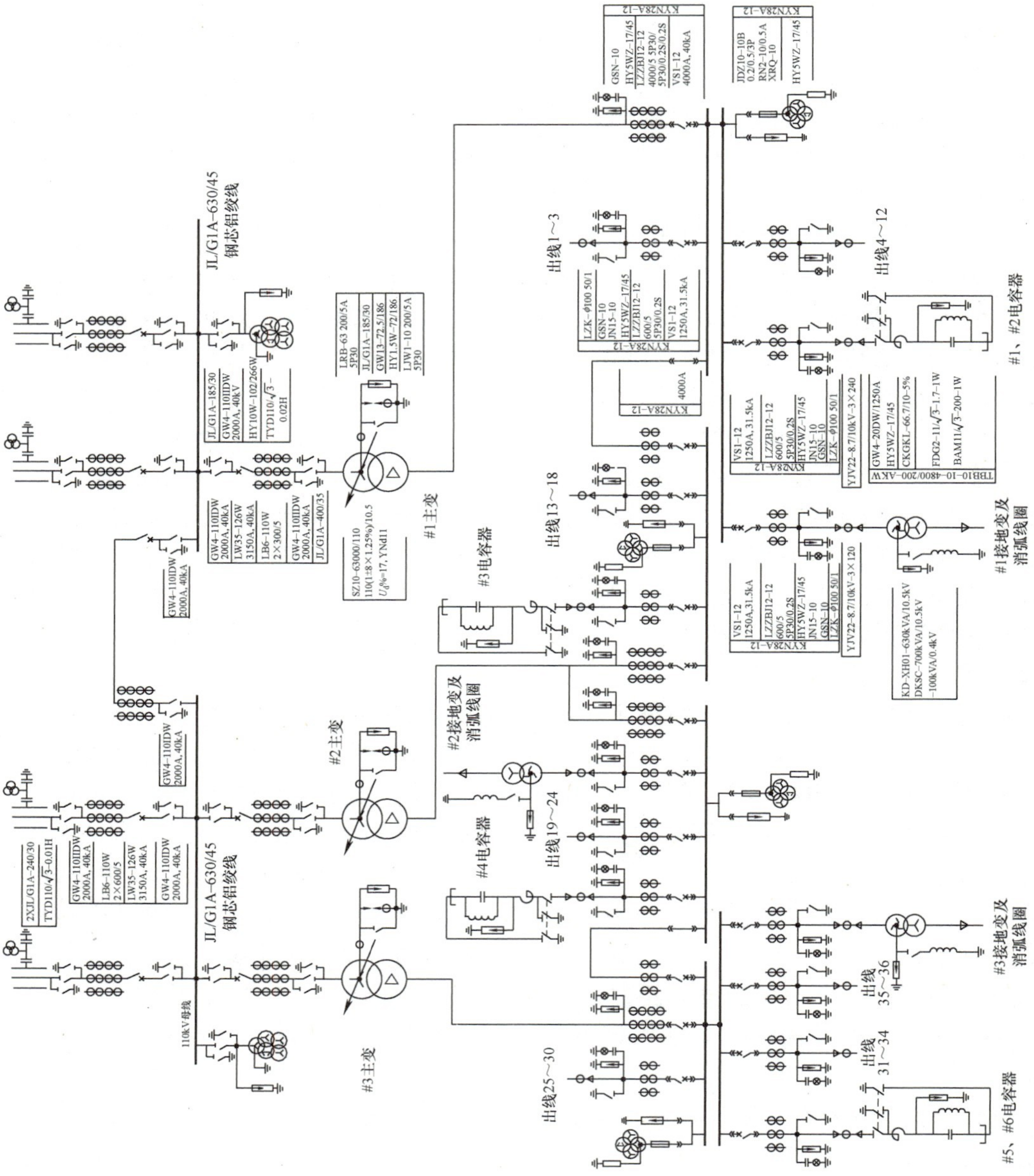

图3-35 110kV降压变电站电气主接线图举例

站用电装设3台接地变压器，站用电容量为100kVA，消弧线圈容量根据实际情况选择，接地变压器分别接在对应10kV母线上。

10kV为小电流接地系统，线路上两相装电流互感器就可以满足保护和测量要求，但三相都装电流互感器也无妨（特别是架空线路需要获得零序电流实现小电流接地选线功能时需要三相都装电流互感器）。10kV电流互感器有3个二次绕组，5P20级继电保护用，0.2S级计量用，0.5级测量用。电缆出线时另装零序电流互感器实现小电流接地选线功能。

电气主接线图不要求按比例绘制，图幅根据复杂程度可选择A3、A2、A1。电气主接线图必须按最终接线绘制，一般用实线绘制第一期接线，用虚线绘制第二期接线。在电气主接线图上应对第一期部分标注设备型号和主要参数。

七、发电厂电气主接线设计举例

某大型电厂位于某城市郊区，向城市和近郊工业、居民生活供热供电。近期第一期工程建设2×330MW热电机组，远景规划第二期工程建设2×600MW热电机组，2×600MW机组所发功率主要送往电力系统。与电力系统的连接情况是220kV架空输电线路4回，500kV架空输电线路3回。

（1）发电机电压级主接线　2台330MW和2台600MW机组，均采用发电机—双绕组变压器单元接线形式。

（2）220kV电压级主接线　35~220kV配电装置的接线方式应按发电厂在电力系统中的地位、负荷的重要性、出线回路数、设备特点、配电装置型式以及发电厂的单机和规划容量等条件确定。当配电装置在电力系统中居重要地位、负荷大、潮流变化大且出线回路数较多时，宜采用双母线或双母线分段的接线，当断路器为SF_6型时，不宜设旁路设施。本厂2台330MW机组和4回架空输电线路均接入220kV主接线，220kV主接线可采用双母线接线或双母线带旁路母线接线。220kV断路器采用SF_6断路器，可以长时间不检修，考虑到目前电力系统装机容量非常富裕，电网联系紧密，万一检修主变压器高压侧断路器停一台发电机时，仍可以满足本市工业和农业用电，因此220kV主接线采用双母线接线。2台330MW机组的厂用高压工作变压器从各自主变的低压侧引接，2台机组共用1台高压厂用起动/备用变压器，从220kV双母线接线引接。

（3）500kV电压级主接线　330~500kV配电装置的接线必须满足系统稳定性和可靠性的要求，同时也应考虑运行的灵活性和建设的经济性。当进出线回路数为6回及以上，配电装置在系统中具有重要地位时，宜采用一台半断路器接线；进出线回路数少于6回，如能满足系统稳定性和可靠性的要求时，也可采用双母线接线。本厂2台600MW机组和3回架空输电线路接入500kV主接线，考虑到2台600MW机组的容量较大，主要向系统输送功率，对可靠性要求高，所以500kV主接线采用一台半断路器接线，500kV超高压配电装置设3个完整串。容量为200MW及以上的机组不宜采用三绕组变压器，如高压和中压间需要联系时，可在发电厂设置联络变压器或经变电站进行联络。本厂500kV与220kV配电装置之间，设置一台自耦联络变压器联络，联络变压器的第三绕组上接有2台600MW机组的厂用高压起动/备用变压器。在距离较长的

500kV输电线路上应装设并联高压电抗器，以吸收输电线路的充电功率。全厂的电气主接线图可参考图3-25接线，不同的是220kV采用双母线接线。该厂也可以选不设置联络变压器的方案，220kV和500kV配电装置是独立的，2台600MW机组设1台厂用高压起动/备用变压器，直接从500kV一台半断路器接线引接。当500kV只有2回架空输电线路，且接受电能的变电站距离电厂较近时，2台600MW机组可以采用发电机—双绕组变压器—线路组接线，不设联络变压器，这时2台600MW机组所设置的1台厂用高压起动/备用变压器从220kV双母线接线引接。

第七节　特高压直流输电换流站的电气主接线

一、换流站电气设备

换流站按功能分区可分为阀厅与控制楼区、换流变压器区、直流场区、交流场区。阀厅与控制楼采用整体建筑结构。阀厅里的设备主要有换流阀、相关开关设备和过电压保护设备。控制楼内布置有控制保护设备和通信设备等。换流变压器区布置有换流变压器及其消防装置。直流场区的设备有平波电抗器、直流滤波器、直流避雷器和直流开关设备。交流场区的设备主要有交流开关设备、交流滤波器、交流避雷器及无功补偿装置等。下面将直流输电换流站的主要电气设备及其功能做一个简要的叙述。

（1）换流器　换流站中用以实现交、直流电能相互转换的设备，也称换流阀组。通常由换流阀连接成一定的回路进行换流。换流器采用一个或者多个三相桥式换流电路（也称为6脉动换流器或6脉动换流阀组）串联或并联构成。两个相差30°的6脉动换流器串联可构成一个12脉动换流器，或称12脉动换流阀组。改变换流阀的触发相位，换流器既可运行于整流状态，也可运行于逆变状态，其中将交流电变换成直流电的称为整流器，将直流电变换成交流电的称为逆变器。整流器与逆变器设备基本相同，统称为换流器。

直流输电系统中为实现换流所用的三相桥式换流器中作为基本单元设备的桥臂，称为换流阀，又称单阀。现代直流输电采用的半导体换流阀是半导体电力电子元件（晶闸管）串（并）联组成的桥臂主电路及其合装在同一个箱体中的相应辅助部分的总称。

哈密南—郑州±800kV特高压直流输电工程所用单个晶闸管的额定电压可达8.5kV，额定电流可达5000A，为满足耐压要求，常用多个晶闸管串联组成换流阀。

（2）换流变压器　用于电压的变换和功率的传送，向换流器供给交流功率，或从换流器接受交流功率。换流变压器的阀侧绕组一个为星形接线，而另一个为三角形接线，从而使构成12脉动换流器的两个串联6脉动换流器的换相电压相位相差30°，它们直流电压中的$6(2k+1)$次谐波因彼此的相位相反而抵消，改善了直流电压的谐波性能。

（3）直流转换断路器　直流转换断路器是特高压直流输电工程换流站的重要设备之一，其主要作用是改变直流系统的运行方式（实现双极运行方式、单极大地返回运行方式、单极金属回线运行方式等多种运行方式之间的转换）与接地系统的转换或清

除直流侧出现的故障。换流站直流转换断路器主要包括中性母线断路器（neutral bus switch，NBS）、中性母线临时接地断路器（neutral bus grounding switch，NBGS）、金属回线转换断路器（metallic return transfer breaker，MRTB）、大地回线转换断路器（ground return transfer switch，GRTS）。MRTB 是当需要从大地回线方式转为金属回线方式时，用来断开大地回线中直流电流的断路器，在 MRTB 的两侧配有检修隔离开关，同时在 MRTB 的两侧隔离开关外侧回路上并联有两侧带接地开关的隔离开关；GRTS 是当需要从金属回线方式转为大地回线方式时用来断开金属回线中直流电流的断路器，并且在 GRTS 的中性母线侧设置有带接地开关的检修隔离开关。NBS 用来将换流器与中性母线断开或连接，这种断路器应满足开断在换流站极内和直流输电线上所发生的任何故障的直流电流。NBS 的作用有两个：一是快速地隔离已闭锁（关断换流阀）将退出的极和正常运行的极；二是在双极运行期间，切除其中一个极在两个极中性线连接点前的接地故障（切除前，需闭锁故障极），以减少在一个极范围内故障而引起双极停运的概率。NBGS 是当接地极线路断开，失去站外接地极时，用来自动将换流器中性点经中性母线转接到换流站接地网，以保证系统能继续双极运行。NBGS 在中性母线侧配有带接地开关的检修隔离开关。受端换流站（逆变侧）可不设 MRTB 和 GRTS，但相应位置需设隔离开关。

（4）旁路断路器和旁路开关回路　±800kV 换流站的每极采用两个 12 脉动换流器串联的方式，旁路断路器的作用是将与其并接的一个 12 脉动换流器退出和投入时确保另一个 12 脉动换流器的运行不受影响（以实现一极完整、另一极 1/2 不平衡运行）。通常由 1 台旁路断路器及其两侧的检修用隔离开关和与旁路断路器并联的 1 台旁路隔离开关组成。

（5）直流滤波器　一个脉动数为 P 的换流器，在它的直流侧将主要产生 $n=KP$ 次的谐波，而在它的交流侧将产生 $n=KP\pm1$ 次的谐波，K 是任意正整数。这些谐波称为换流器的特征谐波，除此以外的所有其他各次谐波称为非特征谐波。如果谐波过大，将会造成：使换流器的控制不稳定；发电机和电容器过热；对通信系统产生干扰；有时会引起电网中发生局部的谐振过电压。对于直流架空线路，为减少直流侧谐波，均装设与平波电抗器相配合的直流滤波器，且为无源滤波器。一般每极 2 组直流滤波器，均为双调谐，可同时滤除两个特征谐波，对于脉动数 P 为 12，一组调谐于 12/24 次，另一组调谐于 12/36 次，用于吸收高次谐波电流。直流滤波器并接在直流极线与中性母线之间。

（6）直流平波电抗器　通常为空心干式电抗器，其作用是：抑制直流电流纹波分量，保证最小直流运行工况下电流不间断；与直流滤波器相匹配，滤除部分谐波；限制直流系统故障或受扰动时直流电流上升的速率和幅值；在逆变器发生某些故障时避免引起继发的换相失败；减小因交流系统电压下降引起逆变器换相失败的概率；当直流线路落雷时，雷电波受平波电抗器和直流滤波器联合阻隔、衰减。±800kV 换流站设置极线和中性母线平波电抗器。

（7）交流滤波器　换流器会产生谐波电流通过换流变压器注入交流系统致使电压畸变，交流滤波器可以吸收高次谐波电流，还可为换流站提供一部分工频的无功功率。滤波器常分为若干组，各组分别谐振于不同的特征谐波频率。

（8）无功补偿设备　换流站的换流装置在运行中需要消耗无功功率，整流站宜充分利用交流系统提供无功的能力，不足部分应在站内安装无功补偿设备。逆变站的无功功率宜就地平衡，逆变站的无功补偿设备还应供一部分受端负荷所需的无功功率。当采用并联电容器作为无功补偿设备时，应与交流滤波器统一设计。无功补偿设备宜分成若干个小组，且分组中应至少有一小组是备用。

（9）直流输电线路　可以是架空线路，也可以是电缆线路。除了导体数和间距的要求有差异外，直流线路与交流线路十分相似。

（10）接地极及其线路　接地极起钳制换流器中性点电位的作用，单极大地回线或不对称方式运行时还为直流电流提供通路。接地极距离换流站要有一定距离，一般在10~50km之间，采用双回架空线路引入站内。如果接地极距离换流站过近，则换流站内的接地网将通过较多的接地电流，会腐蚀换流站接地网，影响电网设备的安全运行。接地极地址应有土壤电阻率低的大地散流区（接地电阻很小，一般在0.1Ω左右）；应远离城市和人口稠密区；应远离其他交流变电站；应使接地极线路远离通信线路。

二、换流站电气主接线

换流站电气主接线包括换流器接线、交/直流开关场接线、交流滤波器及无功补偿设备接线以及站用电接线。

1. 换流器接线

换流器接线主要有3种：每极一个12脉动换流器（±500kV换流站采用）、每极两个12脉动换流器串联和每极两个12脉动换流器并联。目前由于换流变压器的容量及运输限制，特高压换流站每极采用两个12脉动换流器串联接线，可以减小换流变压器的容量和体积尺寸，提高电压，减小电流，且桥臂之间的绝缘要求较低，换流器的控制比较简单。另外单只高压大电流晶闸管工作电流已达6250A以上，没有必要采用投资大、接线复杂的两个12脉动换流器并联接线。根据特高压直流输电工程的技术条件和目前的制造水平，我国±800kV特高压直流输电换流站采用双极每极两个12脉动换流器串联的接线方式，如图3-36所示，每极额定电压选择400kV+400kV的方案（还有500kV+300kV和600kV+200kV的方案），即每个12脉动换流器额定电压为400kV。每个12脉动换流器单元由两个6脉动换流器单元串联构成，采用了2×3台单相双绕组换流变压器，两极共用了4×2×3=24台单相双绕组换流变压器。由于±800kV特高压直流输电工程换流器接线采用每极两个12脉动换流器串联结构，使主回路有更多的运行方式，提高了主回路的可靠性和可用率。为使主回路能在更多的运行方式下运行，±800kV特高压直流换流站每个12脉动换流器单元应设置旁路断路器和旁路隔离开关，任意一个12脉动换流器单元的切除、检修和再投入运行，不会影响健全12脉动换流器的功率输送。

2. 直流开关场接线

±800kV特高压直流换流站直流开关场接线应按极组成，极与极之间应相对独立。接线中应包括平波电抗器、直流滤波器、中性母线和直流极线等。直流开关场接线应满足双极、单极大地返回、单极金属回线等基本运行方式；当换流站内任一极、任一

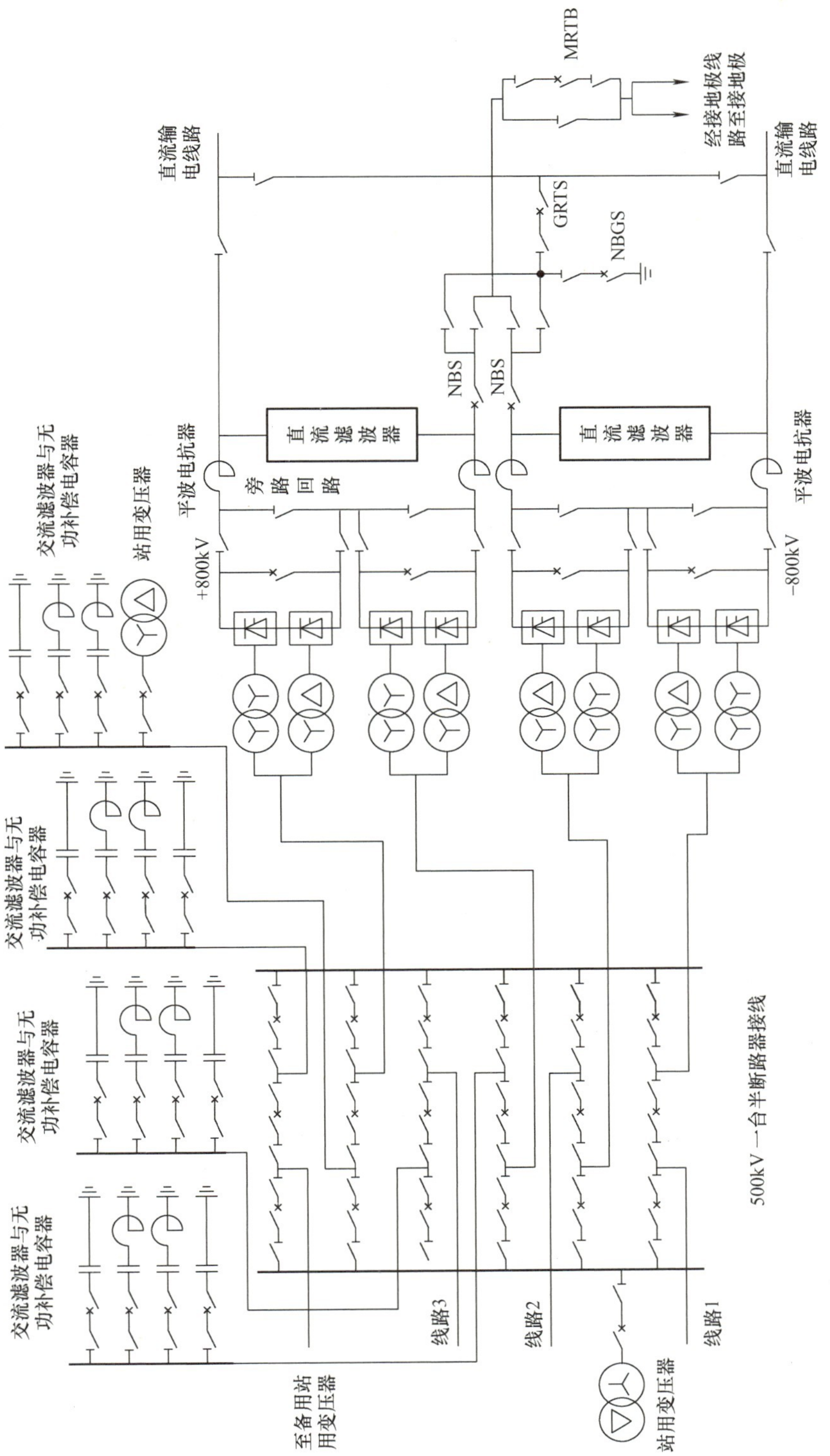

图3-36 某±800kV直流输电换流站电气主接线图

换流器单元检修时或直流线路任一极检修时应能对其进行隔离和接地；当双极中的任一极运行时，大地返回方式与金属回线方式之间的转换不应中断直流功率输送，且不宜降低直流输送功率；故障极或换流器单元的切除和检修不应影响健全极或换流器单元的功率输送。图3-36所示为某±800kV双极直流换流站电气主接线，其平波电抗器采用干式，将每极平波电抗器分成2组，分别串联在极母线和中性母线上，每组分别采用3台电感值为50mH的干式平波电抗器，全站共12台，并备用1台。直流开关场中的直流断路器和隔离开关是±800kV双极直流换流站实现双极运行方式、单极大地返回运行方式、单极金属回线运行方式等多种运行方式之间的转换与接地系统的转换或清除直流侧出现的故障的重要设备。直流输电通过1回±800kV双极直流输电线路与对端换流站连接。

3. 交流开关场接线和交流滤波器及无功补偿设备接线

图3-36所示的某±800kV双极直流换流站电气主接线中交流侧主接线采用可靠性很高的一台半断路器接线，通过3回500kV交流输电线路与电力系统连接。每个12脉动换流器经换流变压器接入一台半断路器接线的一个进线间隔，为了提高可靠性、降低穿越功率，4个12脉动换流器经换流变压器分别接入一台半断路器接线的4个串。交流滤波器一般按大组接线方式接入换流器单元所连接的交流母线，每个大组由2~3个分组滤波器（各组分别谐振于不同的特征谐波频率，配置的交流滤波器型式有BP11/BP13、HP24/36、HP3交流滤波器等）和1~2组无功补偿设备组成，每一大组接入一台半断路器接线的一个间隔。由于特高压系统的容量特别大，需要采用4个大组的结构，4个大组分别接入一台半断路器接线的4个串。

4. 站用电接线

该换流站的交流站用电系统采用3回独立电源供电，3路站用电源中两回电源为工作电源，一回电源为备用电源，即两运一备的运行方式。该站站用电源满足按3回相对独立电源设置，且至少有一回应从站内交流系统引接的要求。

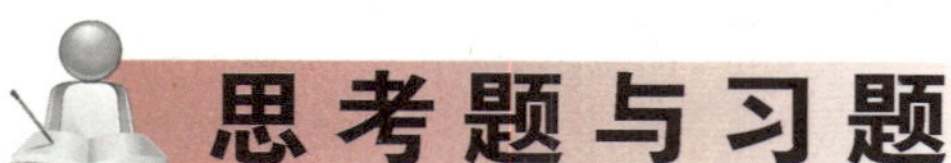

思考题与习题

1. 什么是电气主接线？对主接线有哪些基本要求？

2. 试定性对比分析单母线分段带旁路母线接线和双母线接线的可靠性。

3. 有人说单母线分段带旁路母线接线的优点是“一段工作母线检修时，可以用旁路母线来代替”，你认为正确吗？为什么？

4. 桥形接线的基本特点是什么？试小结内桥、外桥接线的适用场合。

5. 一台半断路器接线的主要优缺点是什么？为什么同名回路应布置在不同的串中？为什么将重要的同名回路在不同串中交叉换位可以进一步提高供电可靠性？

6. 如果图3-10中旁路断路器和旁路回路的隔离开关都是断开状态，线路WL_1运行在母线W_1上，试写出检修QF_1时的不停电倒闸操作过程。

7. 有两个限流电抗器，额定电压都是10kV，其中一个的额定电流为200A，电抗百分数为3%，另一个的额定电流为400A，电抗百分数为4%，哪个限流作用效果好？

8. 在电气主接线中，为什么要限制短路电流？常用的限制短路电流措施有哪些？

9. 某电气主接线设计中，有两个技术性能相当的初步方案，其中方案 1 的综合投资为 900 万元，年电能损耗为 5×10^6kWh，折旧费及检修维护费合计为 30 万元；方案 2 的综合投资为 800 万元，年电能损耗为 7×10^6kWh，折旧费及检修维护费合计为 20 万元。设平均电价为 0.20 元（kWh），标准抵偿年限为 5 年，试用抵偿年限法选出最佳方案。

10. 某企业的自备热电厂有 3 台机组，其中 100MW（$\cos\varphi=0.85$，$U_N=10.5$kV）机组为发电机—变压器单元接线直接接入 110kV 母线，另外两台 25MW（$\cos\varphi=0.8$）机组经 6kV 机压母线和机压母线上的变压器接入 110kV 母线。机压母线上接入的 16 回电缆线路是本企业的重要负荷，其最大综合负荷为 35MW，最小为 23MW，$\cos\varphi=0.8$，厂用电率为 10%；110kV 母线上有 4 回出线，其中两回为本厂与系统的联络线，两回接附近两个终端变电站。请设计该厂的电气主接线，并选择主变压器。

11. 某 110kV 变电站，其 35kV 侧出线为架空线（无架空地线），7 回线路总长是 120km；其 10kV 侧出线为电缆，16 根电缆的总长度是 25km，请计算 35kV 和 10kV 系统的对地电容电流 I_C，并决定两个系统是否应该设置消弧线圈，若需要，请选择消弧线圈的型号。

12. 某变电站安装两台容量为 31.5MVA，电压等级为 110/10kV 的双绕组主变压器，请选择该变电站 10kV 母线上应该装设的无功补偿电容器的台数与接线方式。注：按主变压器容量的 15% 左右选择，接线采用单星形，大小搭配分两组分别安装在 10kV 两段母线上。

13. 某一般性质的 220kV 变电站，电压等级为 220/110/10kV，两台相同的主变压器容量为 240/240/120MVA，220kV 架空线路 2 回，110kV 架空线路路 8 回，10kV 电缆出线 12 回，每回电缆平均长度为 6km，母线设两段，每段接 6 回电缆出线，电容电流为 2A/km，220kV 侧穿越功率为 200MVA，请回答下列问题。

（1）该变电站采用下列哪组主接线方式是经济合理、运行可靠的？（　　）

A. 220kV 内桥，110kV 双母线，10kV 单母线分段

B. 220kV 单母线分段，110kV 双母线，10kV 单母线分段

C. 220kV 外桥，110kV 单母线分段，10kV 单母线分段

D. 220kV 双母线，110kV 双母线，10kV 单母线分段

（2）该变电站每台主变压器配置一台过补偿 10kV 消弧线圈，其计算容量应为下列哪个数值？（　　）

A. 1122kVA　　B. 280kVA　　C. 561kVA　　D. 416kVA

14. 110kV 变电站有两台 110/35/10kV、容量为 31.5MVA 的主变压器，110kV 架空线路 2 回，35kV 架空线路 5 回，10kV 电缆出线 10 回，请回答下列问题。

（1）如果主变压器需要经常切换，110kV 线路较短，有 20MVA 的穿越功率，该变电站采用下列哪组主接线方式是经济合理的？（　　）为什么？

A. 110kV 内桥，35kV 单母线分段，10kV 单母线分段

B. 110kV 外桥，35kV 单母线分段，10kV 单母线分段

C. 110kV 单母线分段，35kV 双母线，10kV 单母线分段

D. 110kV 双母线，35kV 单母线分段，10kV 单母线分段

（2）如果110kV采用桥形接线，有20MVA的穿越功率，桥回路持续工作电流为下列哪个数值？（　　）

A. 165.3A　　B. 330.6A　　C. 270.3A　　D. 435.6A

15. 某110/35/10kV变电站用两台主变压器向35kV和10kV供电负荷情况为：一级负荷17000kVA，二级负荷13000kVA，三级负荷19000kVA。请在下列容量中，选择合理的主变压器容量。（　　）

A. 2×40000kVA　　B. 2×20000kVA　　C. 2×25000kVA　　D. 2×31500kVA

16. 任一母线短路时，不停电的接线有（　　）。

A. 一台半断路器接线　　B. 单母线分段

C. 单母线分段带旁路母线　　D. 双母线

17. 在母线联络断路器故障不会造成严重停电事故的接线是（　　）。

A. 单母线分段　　B. 双母线带旁路母线

C. 双母线分段接线　　D. 双母线

18. 单母线分段带旁母接线与双母线接线相比较，其优点是（　　）。

A. 便于分段检修母线　　B. 出线断路器检修时可不停电

C. 可减小母线故障的影响范围　　D. 对重要用户可以从不同分段上引接

19. 内桥接线适合于（　　）的情况。

A. 线路较短，变压器不经常切换时，穿越功率较大

B. 线路较长，变压器不经常切换时，穿越功率较小

C. 线路较长，变压器经常切换时，穿越功率较小

D. 线路较短，变压器经常切换时，穿越功率较大

20. 下列接线中，使用断路器最少的接线是（　　）。

A. 桥形　　B. 四角形　　C. 单母线分段　　D. 双母线

21. 某热电厂一台200MW的发电机，功率因数为0.85，接成发电机—双绕组变压器单元接线时，变压器容量应选（　　）。

A. 260000kVA　　B. 240MVA　　C. 360MVA　　D. 180MVA

22. 某500kV变电站，安装两台容量为750MVA，电压等级为500/220/35kV的主变压器，请回答：

（1）35kV补偿并联电容器容量不宜选择（　　）。

A. 150Mvar　　B. 300Mvar　　C. 400Mvar　　D. 600Mvar

（2）共装有三相电压为35kV，容量为60000kvar电容器组4组，双星形连接，每相先并后串，由两个串联段组成，每段10个单台电容器，则单台电容器的容量为（　　）。

A. 334kvar　　B. 300kvar　　C. 500kvar　　D. 200kvar

（3）35kV补偿并联电容器需要限制3次谐波，并联电容器的串联电抗器的电抗率应选（　　）。

A. 1%　　B. 4%　　C. 12%　　D. 20%

23. 某新建设火电厂4台300MW机组经主变压器接入330kV电网，主接线远期为4进4出，采用一台半断路器组成4个完整串，本工程初期建2台机组和2回线路组成2串。

（1）对隔离开关的配置下列哪个正确？（　　）原因是什么？

A. 进出线必须配置隔离开关

B. 进出线都不必配置隔离开关

C. 出线不必配置隔离开关，进线必须配置隔离开关

D. 初期建的 2 回进出线必须配置隔离开关，以后扩建的 2 回进出线可以不设隔离开关

（2）该接线下列哪种配置是错误的？（　　）

A. 主变压器与负荷回路应配成串

B. 同名回路配置在不同串中

C. 以后扩建的 2 回进出线的同名回路必须接入不同母线

D. 初期建的 2 回进出线的同名回路必须接入不同母线

24. 某变电站，有一组双星形连接的 35kV 电容器组，每相先并后串，由两个串联段组成，每段 5 个 500kVA 电容器并联，则电容器组的总容量为（　　）。

A. 7500kvar　　B. 10000kvar　　C. 15000kvar　　D. 30000kvar

25. 一台半断路器接线的各回路必须装设隔离开关的串数是（　　）。

A. 2　　B. 3　　C. 4　　D. 大于或等于 2

26. 一台半断路器接线一串中联络断路器内部故障会同时断开的回路数是（　　）。

A. 1　　B. 2　　C. 3　　D. 4

27. 一台半断路器接线在只有两串的情况下，交叉换位是指（　　）。

A. 同名回路在同一串分别接入不同的母线

B. 同名回路在不同串分别接入不同的母线

C. 同名回路在不同串分别接入同一母线

D. 以上 3 种都不对

28. 一组母线检修，同时发生一组母线故障也不会造成全部停电事故的接线是（　　）。

A. 单母线分段　　B. 双母线带旁路母线

C. 双母线分段接线　　D. 双母线

29. 两组母线同时故障的极端情况下，所有回路均不会中断供电的接线是（　　）。

A. 一台半断路器接线　　B. 双母线带旁路母线

C. 双母线分段接线　　D. 双母线

30. 一组母线检修时部分回路需要中断供电的接线是（　　）。

A. 一台半断路器接线　　B. 单母线分段

C. 4/3 接线　　D. 双母线

31. 一组母线故障时需要短时中断供电的接线是（　　）

A. 一台半断路器接线　　B. 单母线分段

C. 4/3 接线　　D. 双母线

32. 不属于一台半断路器接线特点的是（　　）。

A. 联络断路器故障停两个回路　　B. 联络断路器故障停两组母线

C. 一组母线故障不中断供电　　D. 两组母线故障时也不会中断供电

33. 下列接线中可靠性优于其他 3 种接线的是（　　）。

A. 双母线三分段接线　　B. 一台半断路器接线
C. 双母线四分段接线　　D. 双母线接线

34. 双母线接线设置旁路母线和专用旁路断路器，可以使得检修（　　）时不停电。

A. 主母线　　B. 旁路断路器
C. 线路断路器　　D. 母联断路器

35. 某发电机电压等级为10kV的发电厂，其升高的电网电压等级为110kV，应选择的双绕组升压变压器额定电压比为（　　）。

A. 110/10.5　　B. 110/38.5/10.5
C. 121/38.5/10.5　　D. 121/10.5

36. 某110kV降压变电站，中低压侧电网分别为35kV和10kV，应选择的三绕组变压器额定电压比为（　　）。

A. 110/10.5　　B. 110/38.5/10.5　　C. 121/38.5/10.5　　D. 121/10.5

37. 分裂电抗器正常运行时每臂的等效电抗值小是由于（　　）。

A. 每臂的自感抗小　　B. 两个臂的负荷不对称
C. 互感的作用　　D. 每臂的自感抗大

38. 我国±800kV特高压直流换流站每极额定电压选择（　　）。

A. 400kV+400kV的方案　　B. 500kV+300kV的方案
C. 600kV+200kV的方案　　D. 700kV+100kV的方案

39. 我国±800kV特高压直流换流站每极采用（　　）个12脉动换流器单元串联的接线方式。

A. 4　　B. 1　　C. 3　　D. 2

40. 特高压换流站中，下列哪种设备不在直流场区内？（　　）

A. 平波电抗器　　B. 直流避雷器　　C. 直流滤波器　　D. 换流阀

41. ±800kV向家坝—上海特高压直流输送功率是（　　）MW。

A. 5000　　B. 5500　　C. 6400　　D. 7200

42. ±800kV锦屏—苏南特高压直流输电距离首次突破（　　）km。

A. 1373　　B. 2000　　C. 2192　　D. 1907

43. 我国也是世界上第一条±1100kV准东—皖南特高压直流输电线路输电距离突破（　　）km。

A. 2000　　B. 3000　　C. 4000　　D. 5000

44. 我国也是世界上第一条±1100kV准东—皖南特高压直流输电线路输送功率是（　　）万kW。

A. 800　　B. 1300　　C. 640　　D. 1200

45. 任何一个断路器故障仅造成一个回路停电的接线是（　　）。

A. 双母线三分段接线　　B. 一台半断路器接线
C. 双母线四分段接线　　D. 双母线双断路器接线

第四章
厂用电

第一节　概　　述

本章以讲述火力发电厂厂用电为主，着重讨论厂用电及厂用电率、厂用负荷及其分类、厂用电源及厂用电接线的基本形式、厂用变压器的选择计算方法、厂用电动机的选择和自起动校验。

一、厂用电及厂用电率

发电厂是生产二次能源——电能的工厂。现代发电厂的生产过程具有高度的机械化和自动化程度。发电厂在生产电能的过程中，需要许多由电动机拖动的机械为发电厂的主要设备（锅炉、汽轮机或水轮机、发电机等）和辅助设备服务。这些电动机以及全厂的运行操作、修配、试验、照明等用电设备便构成厂用负荷。厂用负荷的用电称为厂用电。厂用变压器（或电抗器）及其以下所有的厂用负荷供电网络，统称为厂用电系统。

发电厂在生产电能的过程中，一方面向电力系统输送电能，一方面发电厂本身也在消耗电能。厂用电一般是由发电机本身供给，且为重要负荷。厂用电耗电量与同一时期内全厂总发电量的百分数，称为厂用电率。厂用电率的计算公式为

$$K_P = \frac{A_P}{A} \times 100\% \tag{4-1}$$

式中　A_P——厂用电耗电量（kWh）；

A——同一时期内全厂总发电量（kWh）。

厂用电率的高低与发电厂的类型、机械化和自动化程度、燃料种类以及蒸汽参数等因素有关。一般凝汽式火电厂的厂用电率为5%～8%，热电厂的厂用电率为8%～10%，水电厂的厂用电率为0.3%～2%。厂用电率是发电厂的主要运行经济指标之一，降低厂用电率对提高发电厂的经济效益有重要意义，这不仅降低了发电成本，同时也相应地增大了对电力系统的供电能力。

二、厂用负荷分类

1. 按重要性分类

总体来说，厂用负荷是重要负荷，但其中各类负荷的重要程度不同。根据厂用负荷在发电厂运行中所起的作用及其供电中断对人身、设备和生产所造成的影响程度，可分为0类负荷和非0类负荷。停电将直接影响人身或重大设备安全的

厂用电负荷，称为0类负荷，除此之外的为非0类负荷。非0类负荷可将其分为下列3类：

（1）Ⅰ类厂用负荷　凡是属于短时（手动切换恢复供电所需的时间）停电可能影响发电厂的主要设备正常使用寿命、主机停运和大量影响电厂出力的厂用负荷，都属于Ⅰ类厂用负荷，如火电厂的给水泵、凝结水泵、循环水泵、送风机、引风机、给粉机等以及水电厂的调速器、压油泵和润滑油泵等。对接有Ⅰ类负荷的厂用电母线，应由两个独立电源供电，当一个电源断电后，另一个电源应立即自动投入，即两个电源之间自动切换。

（2）Ⅱ类厂用负荷　允许短时停电（几分钟），但较长时间停电有可能影响设备正常使用寿命或影响机组正常运行的厂用负荷，属于Ⅱ类厂用负荷，如火电厂的工业水泵、疏水泵、灰浆泵、输煤设备和化学水处理设备等，以及水电厂中的大部分电动机。对接有Ⅱ类负荷的厂用电母线，也应由两个独立电源供电，两个电源之间采用手动切换。

（3）Ⅲ类厂用负荷　允许较长时间（几小时甚至更长时间）停电，不会直接影响电厂生产，仅造成生产上不方便的厂用负荷，属于Ⅲ类厂用负荷，如检修车间、实验室和油处理室等用电负荷。对接有Ⅲ类负荷的厂用电母线，一般由一个电源供电，但对于大型发电厂，也常采用两路电源供电。

0类负荷的分类为：

（1）交流不停电负荷（0Ⅰ类负荷）　在机组起动、运行以及正常和事故停机过程中，甚至在停机后的一段时间内，需要由交流不间断电源连续供电并具有恒频恒压特性的负荷，称为交流不停电负荷，如实时控制计算机、热工仪表与保护、自动控制和调节装置等用电负荷。交流不间断电源一般采用逆变装置。

（2）直流保安负荷（0Ⅱ类负荷）　在发生全厂停电或在单元机组失去厂用电时，为了保证机炉的安全停运，过后能很快地重新起动，或者为了防止危及人身安全等原因，应在停电时继续由直流电源供电的负荷，如发电机的润滑油泵、氢密封油泵，汽轮机和给水泵的润滑油泵等。其电源为蓄电池组。

（3）交流保安负荷（0Ⅲ类负荷）　在发生全厂停电或在单元机组失去厂用电时，为了保证机炉的安全停运，过后能很快地重新起动，或者为了防止危及人身安全等原因，应在停电时继续由交流保安电源供电的负荷，如大型机组的盘车电动机、交流润滑油泵、消防水泵等。这些负荷平时由交流厂用电源供电，事故后，交流保安电源自动投入。交流保安电源一般采用柴油发电机组或可靠的外部独立电源。但如果外部独立电源所在电网与发电厂同时出现故障，将失去交流保安电源，后果严重，所以300MW及以上机组基本都采用专用柴油发电机组这种保安电源形式，其最大优点就是它不受外界电网干扰，独立性强，不管何种原因引起的停机事故，它都能起到保证机组安全停机的作用。与外接电源建造一条线路相比，可靠性高，投资亦比较省，它的主要缺点就是平时维护工作量较大。

2. 按运行方式分类

运行方式是指用电设备使用机会的多少和每次使用时间的长短。

（1）按使用机会分类

1）“经常”使用的用电设备（负荷）：即电厂在生产过程中，除了本身检修和事

故停运外，每天都投入使用的用电设备（负荷）。

2）“不经常”使用的用电设备：只在机组检修、事故、机组起停期间内使用，或两次使用间隔时间很长的用电设备。

（2）按每次使用时间的长短分类

1）“连续”运行：即每次使用时，连续带负荷运转2h以上者。

2）“短时”运行：即每次使用时，带负荷运转时间在10～120min的用电设备。

3）“断续”运行：即每次使用时，从带负荷运行到空载或停止，反复周期性地运行，其每一个周期时间不超过10min的用电设备。

三、对厂用电接线的基本要求

对厂用电接线的基本要求是运行安全、可靠，保证连续供电，运行、检修、操作和发展要方便灵活，技术先进、设备新颖、经济合理。

具体来说，厂用电接线应满足下列要求：

1）各机组的厂用电系统应是独立的，减少单元之间的联系，以提高运行的安全可靠性。厂用电接线在任何运行方式下，一台机组故障停运或其辅机的电气故障不应影响另一台机组的正常运行，并能在短时间内恢复本机组的运行。为此，应使厂用电源具有对应供电性（本机、炉的厂用电负荷由本机供电），这样，当机组故障停运或厂用电系统发生故障时，只影响一台发电机组的运行。

2）应尽量减小厂用电系统故障的影响范围，在厂用电接线中不应存在可能导致发电厂切断多于一个单元机组的故障点，更不应存在导致全厂停电的可能性。

3）全厂公用负荷（这些负荷不是以机组为单元，而是为全厂服务的，如除灰、输煤和化学水处理设备及修配厂等）应分散接入不同机组的厂用母线或公用负荷母线。

4）为保证厂用电的可靠、不间断供电，厂用负荷除正常工作时有独立的工作电源外，还应保证事故情况下有独立的备用电源，并可以自动切换。

5）设置足够容量的交流事故保安电源，当全厂停电时，可以快速起动和自动投入向保安负荷供电。另外，还要有符合电能质量指标的交流不停电电源，以保证不允许间断供电的计算机和热工控制负荷的用电。

6）厂用电接线应简单清晰、投资少、运行费用低。

第二节 厂用电源及厂用电接线的基本形式

一、厂用电的电压等级

厂用电的电压等级是根据发电机的电压和容量，考虑厂用电动机的容量、价格和厂用电供电网络的可靠性、经济性等因素，经过技术经济综合比较后确定。

1. 厂用电动机电压与容量的关系

我国生产的电动机电压与容量的关系见表4-1。

表 4-1　电动机电压与容量的关系

电动机电压/V	220	380	3000	6000	10000
生产容量范围/kW	<140	<300	>75	>200	>200

容量为 300kW 及以下的低压电动机，绝缘等级低、磁路较短、尺寸较小、运行损耗小、价格便宜。但较大容量电动机做成低压电动机时工作电流太大，也不经济。而高压电动机的制造容量大、绝缘等级高、磁路较长、尺寸较大、价格高、运行损耗较大、效率较低。当电动机的容量大于低压电动机容量的制造上限（300kW）时，只能选高压电动机。当电动机的容量小于高压电动机容量的制造下限（75kW 或 200kW）时，只能选低压电动机。由于发电厂的电动机种类较多，只用一种电压等级的电动机不能满足要求。

2. 结合厂用电供电网络综合考虑

电压等级较高时可以降低厂用供电网络的损耗、选择截面积较小的电缆和导线，减少了有色金属的消耗（投资）。大容量机组，厂用负荷大，适宜选较高的电压等级，例如某 600MW 机组火电厂综合考虑电动机的容量和价格、高低压厂用网络的投资和损耗等技术经济因素，高压厂用电电压采用 6kV，200kW 及以上的电动机全选 6kV，200kW 以下电动机选 380V。

3. 厂用电电压等级的确定

厂用电系统的标称电压，原来俗称的额定电压（与电器设备的额定电压相同）有 380/220V、3kV、6kV 和 10kV，厂用电系统的运行电压有 400/230V、3.15kV、6.3kV 和 10.5kV，厂用电系统的最高电压有 3.6kV、7.2kV 和 12kV。火力发电厂采用 3kV、6kV 和 10kV 作为高压厂用电压；采用 380/220V 作为低压厂用电压。火力发电厂和变电站的厂（站）用电供电电压等级一般情况如下：

（1）火力发电厂　低压厂用电压采用 380/220V 电压级。高压厂用电压为：①发电机组容量在 50～60MW 级的机组，发电机电压为 10.5kV 时，可采用 3kV 或 10kV；发电机电压为 6.3kV 时，可采用 6kV（经电抗器引接）；②发电机组容量在 125～300MW 时，宜采用 6kV；③发电机组容量在 600MW 及以上时，可根据工程具体情况采用 6kV 一级，或 10kV 一级，或 6kV 和 10kV 两级电压，或 3kV 和 10kV 两级电压。

（2）小容量发电厂和变电站　单机容量在 12MW 及以下的小容量发电厂和变电站，一般厂用电动机容量都不大，只采用 380/220V 一级厂用电压即可。

二、厂用电源及其引接方式

厂用电源的设置与发电厂的类型、机组的大小等因素有关。所有发电厂都设有工作电源和备用电源。对单机容量在 200MW 及以上的大型发电厂还应设置起动/备用电源和事故保安电源。厂用电源必须供电安全、可靠，满足厂用电系统各种运行状态的需要。

1. 厂用工作电源及其引接方式

发电厂（或变电站）的工作电源是保证发电厂（或变电站）正常运行最基本的电源。为保持各单元机组厂用电的独立性，减少单元机组厂用电之间的联系，厂用工作

电源的引接应满足对应供电性，即发电机供给各自的炉、机用电负荷和主变压器的厂用负荷。

(1) 高压厂用工作电源的引接　高压厂用工作电源从发电机电压回路引接，引接方式与发电厂的电气主接线形式有密切关系。

1) 当有发电机电压母线时，高压厂用工作电源一般经变压器（或电抗器）由该机组所连接的母线段上引接，供接于该段母线机组的厂用负荷，如图 4-1a 所示。

2) 当发电机与主变压器为单元接线或扩大单元接线时，则高压厂用工作电源经变压器从该单元主变压器的低压侧引接，供该机组的厂用负荷，如图 4-1b 所示。

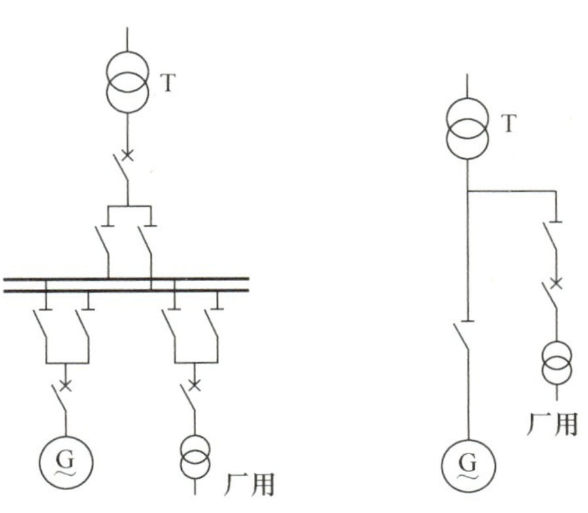

图 4-1　厂用工作电源的引接方式

各台高压厂用工作变压器的容量应满足相对应机组的炉、机、电和主变压器的厂用负荷的要求。

厂用分支上一般应装设高压断路器。该断路器应按发电机机端短路进行校验，其开断电流往往比发电机出口处断路器的开断电流还要大，对大容量机组可能选不到合适的断路器。对于容量为 125MW 及以下的机组，厂用分支上一般按额定电流装设高压断路器，仅用以进行正常操作，当断路器后发生短路时，应立即停机；对于容量为 200MW 及以上的机组，厂用分支都采用分相封闭母线，故障率很小，可不装设断路器和隔离开关，但应有可拆连接点，以供检修和调试用，这时，在厂用变压器低压侧必须装设断路器。

(2) 低压厂用工作电源的引接　低压厂用工作电源一般经变压器由对应的高压厂用母线段上引接。若高压厂用电设有 3kV（或 6kV）和 10kV 两个电压等级，一般由 10kV 高压厂用母线上引接。对于不设高压厂用母线段的发电厂，低压厂用工作电源可从发电机电压母线上或发电机出口引接。

2. 备用或起动/备用电源及其引接方式

(1) 备用电源　厂用备用电源的作用是：当厂用工作电源故障或检修退出运行时代替工作电源的工作。应保证厂用备用电源的独立性，与厂用工作电源不能从同一电源引接，并有足够的供电容量，引接点电源数量应有两个以上，在全厂停电的情况下仍能从系统取得厂用电源。

(2) 起动电源　起动电源一般是指电厂机组首次起动或工作电源完全消失的情况下，为保证机组快速起动，向必要的辅助设备供电的电源。在正常运行情况下，这些辅助设备由工作电源供电，只有当工作电源消失后才自动切换到起动电源供电，因此，起动电源实质上在兼作事故备用电源，称作起动/备用电源，不过它对供电的可靠性要求更高。对于 200MW 及以上的大型机组的厂用备用电源必须具有起动电源的功能。

(3) 高压厂用备用或起动/备用电源的引接方式

1) 当有发电机电压母线时，可由该母线引接一个备用电源（不与接有厂用工作电源的母线同段）。

2) 当无发电机电压母线时，由高压母线中电源可靠的最低一级电压母线或由联络变压器的第三（低压）绕组引接。

3) 当技术经济合理时，可由外部电网引接专用线路供电。

4) 全厂有两个及以上高压厂用备用或起动/备用电源时，应引自两个相对独立的电源。

(4) 备用电源的备用方式　备用电源的备用方式分为暗备用方式和明备用方式两种。

1) 暗备用方式是指不另设专门的备用变压器，工作变压器之间互为备用。这种备用方式，厂用变压器台数少，但是需要将每台工作变压器的容量加大，正常运行时均在轻载状态下运行。中小型水电厂和变电站的厂（站）用电负荷较小，通常采用暗备用方式。300MW 及以上大型机组的低压厂用变压器大部分采用暗备用方式（一般不自动切换）。

2) 明备用方式是指设有专门的备用变压器，正常运行时，它不承担任何负荷或仅承担电厂的公用负荷，当某个厂用工作电源故障退出后，备用电源自动投入，恢复对该厂用母线段的供电。这种备用方式，厂用变压器台数多，但不需要加大每台工作变压器的容量。大型发电厂尤其是大中型火电厂每台机组的厂用负荷很大，高压厂用工作变压器的容量也很大，通常采用明备用方式。单机容量为 200MW 及以下的火电厂低压厂用变压器一般采用明备用方式。单机容量为 300MW 及以上的火电厂低压厂用变压器多采用暗备用方式。

高压厂用备用变压器的设置原则：单机容量为 100MW 以下机组 5 台及以下设 1 台，6 台及以上设 2 台；单元制的单机容量为 100～125MW 机组 4 台及以下设 1 台，5 台及以上设 2 台；单机容量为 200～300MW 机组每 2 台机组设 1 台高压起动/备用变压器；单机容量为 600～1000MW 机组每 2 台机组设 1 台或 2 台高压起动/备用变压器。

当低压厂用备用电源采用明（专用）备用变压器时的设置原则：单机容量为 125MW 及以下机组 7 台及以下设 1 台，8 台及以上设 2 台；单机容量为 200MW 机组每 2 台机组设 1 台；单机容量为 300MW 及以上机组每 1 台机组设 1 台。

当低压厂用变压器成对设置时，互为备用的负荷应分别由 2 台变压器供电，2 台变压器之间不应装设自动投入装置，为避免备用电源投入到故障点造成故障扩大，备用电源应手动投入。

3. 交流保安电源和交流不停电电源

(1) 交流保安电源　容量为 200MW 及以上的机组，应设置交流保安电源，以保证事故状态下安全停机，事故消除后又能及时恢复机组运行。交流保安电源宜采用快速起动的柴油发电机组，200MW 机组 2 台设置 1 台，300MW 及以上机组每台设置 1 台。交流保安电源的电压和中性点接地方式应与低压厂用电系统一致。

(2) 交流不停电电源（交流不间断供电电源）　由于快速柴油发电机组的起动和交流电源故障切换需要时间，这种短时的供电中断对于某些 0I 类负荷（如实时控制用的电子计算机等）也是不允许的，当机组采用计算机监控时，应按机组设置交流不停

电电源，交流不停电电源宜采用静态逆变装置。此时可由蓄电池经静态逆变装置或逆变机组将直流变为交流，向不允许中断供电的交流负荷供电。由于目前生产的蓄电池组最大容量有限，所以需要柴油发电机组或外接电源配合工作。单机容量为 300 ~ 600MW 级机组，每台机组宜配置 1 台双变换在线式交流不停电电源装置（UPS）；单机容量为 1000MW 级机组，每台机组宜配置 2 台双变换在线式交流不停电电源装置（UPS）。

交流保安电源采用单母线接线，按机组设 1 段或 2 段，供电给本机组的交流保安负荷。交流不停电电源一般按机组设 1 段，供电给本机组的交流不停电负荷。图 4-2 为某电厂 300MW 发电机组的交流保安电源和交流不停电电源接线示意图。交流保安电源采用 380/220V 电压，每台发电机组设置 1 台柴油发电机组作为交流保安电源，交流保安母线设置 2 段，保安ⅠA 段和保安ⅠB 段，采用单母线接线。

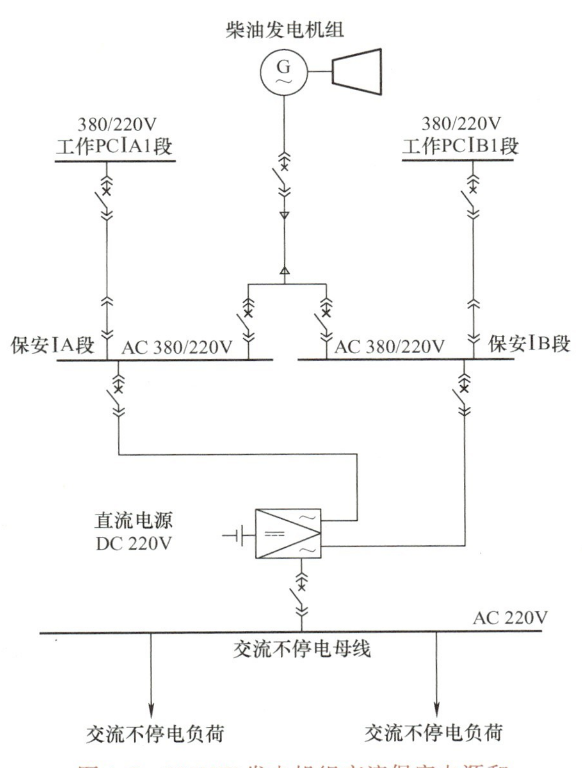

图 4-2　300MW 发电机组交流保安电源和交流不停电

正常运行时，交流保安母线由工作（汽机 PC）PCⅠA1 和工作（汽机 PC）PCⅠB1 供电。事故时，柴油发电机组自动投入，一般在 10 ~ 15s 内可向断电的交流保安母线供电。

机组的 UPS 有 3 路电源进线：一路交流主电源、一路交流旁路电源和一路直流电源。图 4-2 中的交流不停电电源装置（UPS）的交流主电源（三相交流 380V）由交流保安电源ⅠA 段供电，交流旁路电源由交流保安电源ⅠB 段供电，直流电源由蓄电池（直流 220V）供电。UPS 的工作原理（见图 4-3）是：正常工作状态下，UPS 由交流主电源供电，交流主电源经隔离变压器后滤波整流成为直流，直流再经逆变器转换为电压和频率相对稳定的高品质单相交流电，经输出隔离变压器及静态开关向负荷供电。当交流主电源失电（保安段失电）或整流器故障时，由直流电源（直流电源来自机组直流充电器及蓄电池，事故状态下的供电时间取决于蓄电池容量）向逆变器供电，逆变成交流，此时工作在直流运行方式。若逆变器故障或过载，一般会在 5ms 以内由静态开关快速自动切换至旁路电源（正常工作状态下静态开关与逆变器接通，静态开关的故障检测及切换时间会在 1/4 周波以内完成），此时工作在自动旁路运行方式（旁路电源是作为逆变器故障时的备用）。当 UPS 主机（如逆变器或静态开关）需要维护检修时，则通过手动旁路开关切换至旁路供电，将 UPS 主机功率元件整体退出运行。

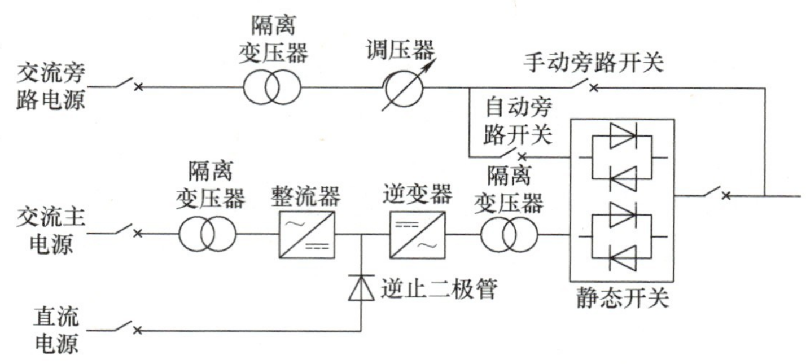

图 4-3　交流不停电电源原理图

三、厂用电接线的基本形式

火力发电厂高、低压厂用电接线通常都采用单母线接线形式。为保证各机组厂用电系统是独立的，厂用电接线也应满足对应供电性，厂用母线只接本机组的厂用负荷，这可以使厂用母线故障的影响范围局限于一台机组，并多采用成套配电装置用以接受和分配电能。厂用配电装置一般宜布置在汽机房内。

1. 高压厂用电接线

（1）高压厂用母线　火电厂的高压厂用母线一般都采用“按炉分段”的接线原则，即将高压厂用母线按锅炉台数分成若干独立段。这是因为火电厂锅炉的耗电量很大，占厂用电量的60%以上，为了保证厂用电系统的供电可靠性与经济性，“按炉分段”能使检修、故障影响范围局限在一机一炉，不干扰正常运行的完好机炉。由于大容量发电机的火电厂都是按一机一炉配置，按炉分段的概念逐渐淡薄，所以按炉分段也是按机分段。高压厂用母线应采用单母线接线，锅炉容量为400t/h（100MW 机组）以下时，每台锅炉可由一段母线供电；单机容量为125～300MW 机组，每台机组的高压厂用母线应为相互独立的两段（重要辅机为双套），并将双套辅机的电动机分接在两段母线上；单机容量为600MW 级的机组，每台机组的高压厂用母线应不少于两段，并将双套辅机的电动机分接在两段母线上；单机容量为1000MW 级及以上的机组，每台机组的每一级高压厂用母线不应少于两段，并将双套辅机的电动机分接在两段母线上。

（2）高压厂用公用母线　对于200MW 及以上的大型机组，如厂用公用负荷较多，容量也较大，当采用集中供电方式合理时，可设置公用母线段，高压厂用工作母线检修时，不影响公用负荷。厂用公用母线一般分两段，以便将互为备用的负荷接于不同公用段，并由两台机组的高压厂用母线供电，或由单独的高压厂用变压器供电。当公用负荷离厂房较近时，可将公用段设在厂房内，当公用负荷离厂房较远时，可将公用段设在公用负荷较集中的地方，以减少电缆的长度及供电网络产生的电容电流。

2. 低压厂用电接线

（1）低压厂用母线　单机容量为50～60MW 机组（锅炉容量为220～260t/h 级），且在母线上接有机炉的Ⅰ类厂用负荷时，宜按炉或机对应分段，且低压厂用电母线的段数与高压厂用电母线一致；单机容量为125～200MW 机组（锅炉容量为420～670t/h 级）时，每台机组（锅炉）可由两段母线供电，并将双套辅机的电动机分接于两段母

线上，两段母线可由一台变压器供电；单机容量为300MW机组（锅炉容量为1000t/h级）及以上时，每台机组应按需设置成对的母线，并将双套辅机的电动机分接于成对的母线上，每段母线宜由一台变压器供电；当成对设置母线使变压器容量及低压电器设备选择有困难时，可以增加母线的段数，或采用明备用方式。200MW及以上机组每个单元机组设一台照明变压器，当设有检修变压器时，可从检修变压器取得备用电源，也可采用两台机组互为备用的方式。

（2）低压厂用电的接线方式　为优化低压厂用电系统接线，容量较大的低压电动机采用动力中心供电方式，即每台电动机由一条馈电线路直接接在低压厂用动力中心母线段（或中央盘）上。容量较小的低压电动机采用电动机控制中心供电方式，即若干台电动机只在动力中心占用一回馈线，待送到电动机控制中心或车间盘（车间就地配电屏）以后，再分别引至各电动机。低压厂用电的接线方式有以下两种：

1）动力中心–电动机控制中心接线方式。300MW及以上机组低压厂用电接线采用动力中心–电动机控制中心接线方式，简称PC-MCC（power center-motor control center）接线。PC-MCC接线可采用明（专用）备用PC和MCC的供电方式，也可采用暗（互为）备用PC和MCC的供电方式。暗备用PC-MCC接线是由两台互为备用的低压厂用变压器供电，接线形式为单母线分段接线，有汽机PC-MCC接线、锅炉PC-MCC接线等。其他低压厂用变压器也基本按成对配置、互为备用的原则设置（少数大容量低压厂用变压器PC-MCC接线采用明备用，例如电除尘PC-MCC接线两台工作变压器设1台专用备用变压器）。动力中心–电动机控制中心接线方式如图4-4a所示，PC-MCC接线两段母线分别接入两台互为备用的低压厂用变压器，为单母线分段接线。正常运行时分段断路器断开，两个分段由各自的低压厂用变压器供电，当其中一台变压器停运时，分段断路器闭合，由另一台变压器承担全部PC的负荷。MCC应布置在负荷较集中的地方，由PC经一条馈电线路向MCC供电。MCC母线分为两个半段，互为备用的负荷分别接在不同半段上，但两个半段不设置分段断路器。大型机组的MCC两个半段的电源可来自不同的两段PC母线，也可以自同一个PC母线两个不同的分段上引接。对于没有备用的单台Ⅰ类、Ⅱ类电动机，设置一个由两个电源供电的MCC段，两个电源互为备用，将没有备用电动机的Ⅰ类、Ⅱ类电动机接在其上（Ⅰ类自动切换，Ⅱ类也可手动切换），如图4-4a中的M_3段。75kW及以上的电动机及大容量的其他负荷和MCC直接接在PC母线上，75kW以下的若干台电动机和小容量的其他负荷接在MCC母线上，如图4-4a中的M_1和M_2段。

2）中央盘–车间盘接线方式。中央盘–车间盘接线是一种较老的接线方式，一般200MW及以下机组低压厂用电接线采用中央盘–车间盘接线方式。中央盘–车间盘接线与动力中心–电动机控制中心接线类似都是采用两级供电，但采用明备用的供电方式，低压工作变压器只设一台，另从公用的低压备用变压器获得备用电源，低压备用变压器同时还作为其他数段低压厂用段（中央盘）的备用。在中央盘–车间盘接线中，正常运行时由低压工作变压器供电，备用电源只有在工作变压器停运时才投入运行。中央盘低压母线为单母线接线并用隔离开关分为两个半段，低压工作变压器自一个半段引入，备用电源接在另一半段（见图4-6）。改进的接线（用于300MW大容量机组）将中央盘低压母线的两个半段彻底分开，没有分段隔离开关，低压工作变压器经两台断路器分别接于两个半段上，备用电源也是经两台断路器分别接于两个半段上（见

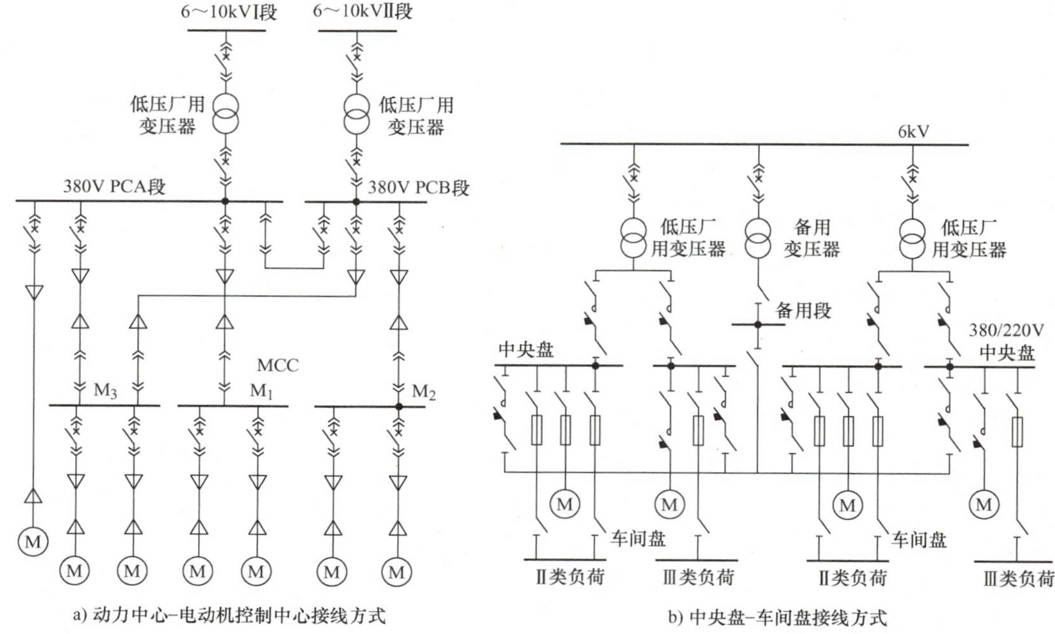

图 4-4　低压厂用电的接线方式

图 4-4b)。车间盘与中央盘不在同一处，就地布置在负荷较多的地方，供电给附近的负荷。车间盘仍然是单母线接线但不分段，其电源经一条馈电线路自中央盘上引接。当车间盘上接有Ⅱ类负荷时，采用双电源进线，但双电源应从同一中央盘引接，以免发生不同电源并联运行。基于车间盘供电的可靠性相对较低，所以将Ⅰ类负荷和 40kW 以上的Ⅱ、Ⅲ类负荷都接于中央盘，只有 40kW 及以下的负荷，才接于车间盘。在这种低压厂用电系统中采用的设备开断能力要求较低，断路器用量较少而熔断器和隔离开关用量较多，一旦低压工作变压器低压侧断路器故障时，不能迅速恢复供电。

四、厂用电系统中性点接地方式

高压厂用电系统中性点接地方式有中性点不接地、中性点经高电阻接地、中性点经消弧线圈接地和中性点经低电阻接地等方式。高压厂用电系统中性点接地方式的选择，与接地电容电流的大小有关：当高压厂用电系统的接地电容电流在 7A 及以下时，其中性点宜采用高电阻接地方式，也可采用不接地方式；当接地电容电流为 7A 以上，10A 及以下时，其中性点可采用不接地方式，也可采用经低电阻接地方式；当接地电容电流为 10A 以上时，其中性点宜采用经低电阻接地方式。各种中性点接地方式的特点和适用范围叙述如下：

（1）中性点不接地方式　当中压配电网或高压厂用电系统发生单相接地故障时，三相线电压基本平衡，流过短路点的电流为电容性电流。当单相接地电容电流小于 10A 时，允许继续运行 2h，为处理故障争取了时间；当单相接地电容电流大于 10A 时，接地处的电弧不能自动熄灭，将产生较高的间歇弧光接地过电压，一般最大可达额定相电压的 3.5 倍，虽然绝缘能承受这种过电压，但因持续时间很长，过电压遍及全网，对电网弱

绝缘威胁很大；当接地故障电容电流较大时，因电弧的延伸可能波及到结构紧凑的户内开关柜的邻相，从而造成相间短路跳闸；易出现电磁型电压互感器饱和导致的谐振以及电压互感器熔丝熔断等。这种中性点不接地方式广泛应用于接地电容电流小于10A的中压配电网和单机容量在200MW及以下的火力发电厂的高压厂用电系统中。

（2）中性点经高电阻接地方式　中性点经过高电阻（数百至数千欧）接地，可使故障点电流为阻容性，大大降低故障相恢复电压上升速度，降低故障点电流过零熄弧后的重燃率（重燃后也容易熄灭），使间歇弧光接地过电压倍数限制在相电压的2.6倍以内，避免故障扩大。但如果按流过电阻的有功电流等于单相接地电容电流选择电阻时，由于电阻电流和电容电流相位差为90°，合成后的单相接地电流将增大1.414倍。采用二次侧接电阻的单相配电变压器接地方式，只需设置较小电阻器就可达到预期的目的（电阻和单相配电变压器的选择见第三章）。当发生单相接地故障时，短路点流过固定的电阻性电流，有利于馈线的零序保护动作。中性点经高电阻接地方式适用于接地电容电流小于10A（接地电容电流不大）的高压厂用电系统和200MW及以上大机组发电机中性点，且为了降低间歇弧光接地过电压水平和发生单相接地故障时立即切除故障的情况。高压厂用电系统的中性点经过高电阻接地，以经过单相配电变压器接地为好（参见第三章）。当中性点采用高电阻接地方式时，高电阻选择计算如下：

额定电压：
$$U_R = 1.05 \times \frac{U_N}{\sqrt{3}}$$

电阻值：
$$R = \frac{U_N}{\sqrt{3} I_R} \times 10^3 = \frac{U_N}{K I_C \sqrt{3}} \times 10^3$$

上两式中　R——中性点接地电阻值（Ω）；
U_N——系统额定线电压（kV）；
U_R——电阻额定电压（kV）；
I_R——电阻电流（A）；
I_C——系统单相对地短路时电容电流（A）；
K——单相对地短路时电阻电流与电容电流的比值，一般取1.1。

（3）中性点经消弧线圈接地方式　在这种接地方式下，可以有效减小单相接地故障时的接地故障电流。中压配电网或厂用电系统发生单相接地故障时，消弧线圈在中性点的位移电压作用下产生一个与接地电容电流方向相反的感性电流流过接地点，补偿电容电流，将接地点的电流限制到10A以下，接地电弧能自动熄弧，从而减小了接地处的电弧及其造成故障扩大的危害，达到继续供电的目的。中性点经消弧线圈接地方式适用于3～66kV的中压配电网、有电缆直配线的小容量发电机和大机组高压厂用电系统（用得较少）接地电容电流大于10A的情况。但中性点经消弧线圈接地方式不能补偿接地电流中的谐波分量和有功分量，并受消弧线圈容量的限制。

（4）中性点经低电阻（低电阻小于10Ω，中电阻10～100Ω）接地方式　在中性点与大地之间接入一低电阻，发生单相接地故障时，可以有效降低过电压。由于接在中性点的低电阻限制了中性点电压的升高，所以在发生接地故障时，非故障相的过电压幅值比其他中性点接地方式低。中性点经低电阻接地方式有以下优点：单相接地时，可以抑制单相接地故障时健全相的间歇弧光接地过电压倍数不超过额定相电压的2.6倍；健全相电压升高持续时间短对设备绝缘等级要求较低，一次设备的耐压水平可按

相电压来选择；单相接地时，由于人为增大了单相接地电流，零序过电流保护能容易地切除接地线路。缺点是较大的接地电流可能产生较高的接触电压和跨步电压，对设备和人身造成威胁，并对周围通信线路造成干扰。在中性点经低电阻接地方式下，单相接地故障时保护动作于跳闸，增加了跳闸次数和停电时间，降低了供电可靠性和连续性，但大型机组发电厂重要厂用负荷为双套，停一回路不影响发电机的出力。中性点经低电阻接地方式主要适用于电容电流值大于规定值时，消弧线圈不能满足灭弧要求的中压（10kV 和 20kV）配电网。由于低电阻接地方式的接地故障电流达 400～1000A 甚至更大，为了克服低电阻接地的弊端（烧毁同一电缆沟或电缆隧道的其他相邻电缆，电阻的造价太高，引起的地电位升高达数千伏，大大超过了安全允许值）而保留其优点，可以采用安全性更高的中电阻接地方式，实际上单相接地故障时保护动作于跳闸并不需要那么大的接地电流。现在大机组高压厂用电系统大部分采用中性点经低电阻接地的方式，电阻的取值一般在 40～100Ω（在高压厂用电系统仍称为低电阻接地）之间，电阻性电流在 100～40A 之间。如果限制中性点电阻性电流为 100A 左右，大机组高压厂用电系统电压采用 6kV 时，其中性点的接地电阻取值约为 40Ω。大机组高压厂用电系统电压采用 10kV 时，其中性点的接地电阻取值约为 60Ω。

当中性点采用低电阻接地方式时，接地电阻选择计算举例如下：

某 1000MW 机组火电厂的高压厂用电电压为 $U_N = 10.5\text{kV}$，10kV 中性点经电阻接地，若单相接地电流选定为 $I_d = 100\text{A}$，此电阻 R_N 值为

$$R_N = \frac{U_N}{\sqrt{3} I_d} = \frac{10.5}{\sqrt{3} \times 100} \times 10^3 \Omega \approx 60\Omega$$

低压厂用电系统中性点采用中性点直接接地方式或经高电阻接地方式。中性点经高电阻接地方式的优点是发生单相接地故障时，接地相对地电压为零，其他相对地电压上升至线电压，各相间电压不变，可以避免开关立即跳闸和电动机停运，也防止了由于熔断器一相熔断所造成的电动机两相运转，提高了运行可靠性。但是全厂低压厂用电系统采用中性点不接地方式极不方便，所有采用 220V 的设备和分散的附属建筑照明需另设单独的 380/220V 中性点接地的隔离变压器。中性点直接接地方式的特点是发生单相接地故障时，中性点不发生位移，防止了其他相对地电压上升至线电压，过电压不会超过 250V，保护装置立即动作于跳闸；低压厂用网络比较简单，动力和照明、检修回路可以共用，但会降低可靠性；大容量电动机起动会影响照明。

第三节　发电厂和变电站的厂（站）用电典型接线分析

目前，在我国电力系统中运行的电厂主要是火力发电厂、水力发电厂和核电厂。核电厂均为大型机组发电厂；火力发电厂和水力发电厂有大型机组发电厂和中、小型机组发电厂之分。由于发电厂（和变电站）类型和容量的不同，其厂（站）用电接线的差异也很大。下面对各类发电厂和变电站的厂（站）用电典型接线进行分析。

一、火力发电厂的厂用电接线

1. 小容量火电厂的厂用电接线

图 4-5 所示为小容量火电厂的厂用电接线一例。该发电厂装设有二机二炉。发电机

电压为 6.3kV，发电机电压母线采用分段单母线接线，通过主变压器与 110kV 系统相联系。因该厂机组容量不大，大功率的厂用电动机数量很少，所以不设高压厂用母线，少量的大功率厂用电动机直接接在发电机电压母线上，由发电机电压母线供电。小功率的厂用电动机及照明负荷，由 380/220V 低压厂用母线供电。380/220V 低压厂用母线按锅炉台数分为两段，每段低压厂用母线由一台厂用工作变压器供电，引接自对应机组的发电机电压母线上。该电厂厂用电系统的备用电源采用明备用方式，备用变压器接在与电力系统有联系的发电机电压主母线段上。

2. 中型热电厂的厂用电接线

图 4-6 所示为某中型热电厂的厂用电接线简图。该电厂装设有二机三炉（母管制供汽）。发电机电压为 10.5kV，发电机电压母线采用双母线分段接线，通过两台主变压器与 110kV 电力系统相联系。

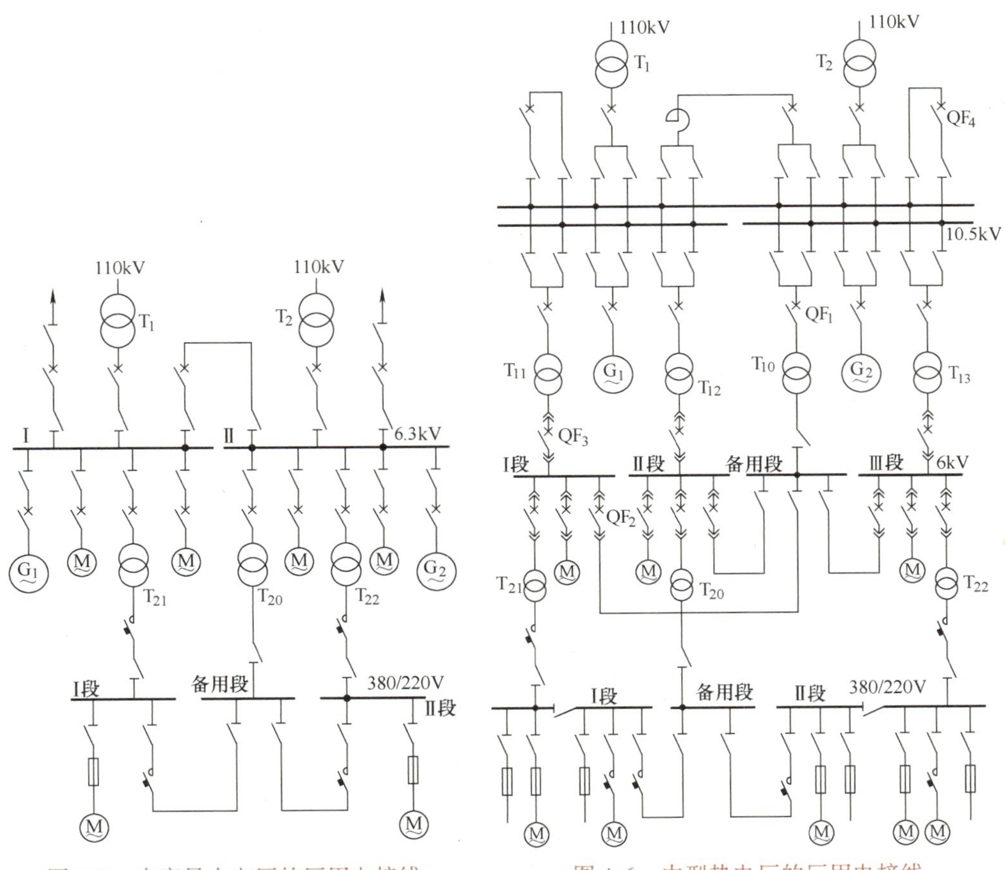

图 4-5　小容量火电厂的厂用电接线　　　图 4-6　中型热电厂的厂用电接线

（1）高压厂用电部分　厂用高压采用 6kV，按锅炉台数设置 3 段高压厂用母线，通过高压厂用工作变压器 T_{11}、T_{12} 和 T_{13} 分别接于主母线的两个分段上。高压备用电源采用明备用方式，备用变压器 T_{10} 也接在发电机电压母线上。正常运行时，备用变压器 T_{10} 的高压侧断路器 QF_1，以及由高压厂用备用段至各高压厂用工作母线段的备用分支断路器都是断开的。当某一高压厂用工作变压器回路发生故障时，由高压厂用备用变压器 T_{10} 自动

投入代替高压厂用工作变压器工作。为了在电厂主母线故障时，仍有可靠的备用电源，运行中可将高压厂用备用变压器 T_{10} 和主变压器 T_2 都接到备用母线上，母联断路器 QF_4 闭合，使备用母线和工作母线并联运行，这样可使高压厂用备用变压器与系统联系更加紧密。为使母线故障的影响范围局限于一台机组，发电机 G_1 的负荷接高压厂用工作母线Ⅰ段，G_2 的负荷接高压厂用工作母线Ⅲ段，第3台锅炉的负荷接高压厂用工作母线Ⅱ段。

（2）低压厂用电部分　厂用低压电压为380/220V，采用中央盘-车间盘接线方式。由于机组容量不大，负荷较小，低压厂用母线只设两段（每段又使用隔离开关分为两个半段），分别由接于高压厂用母线Ⅰ段和Ⅲ段上的低压厂用工作变压器 T_{21} 和 T_{22} 供电。低压厂用备用电源采用明备用方式，由接于高压厂用母线Ⅱ段上的低压厂用备用变压器 T_{20} 供电。

（3）厂用电动机的供电方式　对5.5kW及以上的Ⅰ类厂用负荷的电动机，以及40kW以上的Ⅱ类和Ⅲ类厂用负荷重要机械的电动机，采用中央盘供电方式；其他电动机则采用车间盘供电方式。

3. 大型火电厂的厂用电接线

（1）单机容量为200～300MW大型火电厂高压厂用电系统的接线方案

1）200～300MW汽轮发电机组的高压厂用电系统常用的两种接线方案。

① 方案Ⅰ。不设高压公用负荷母线段，如图4-7a所示。将全厂公用负荷（如输煤、除灰、化水等）分别接在各机组A、B段厂用母线上。此方案的优点是高压厂用公用负荷分接于不同机组的高压厂用母线段上，供电可靠性高，投资省，其不足是由于高压厂用公用负荷分接于不同机组的高压厂用母线段上，机组的高压厂用工作母线检修时，将影响公用负荷。此外，由于公用负荷分接于两台机组的厂用工作母线上，一期工程机组 G_1 运行发电时，机组 G_2 的高压厂用配电装置也需处于能运行状态。

② 方案Ⅱ。设置高压公用负荷母线段，如图4-7b所示。其特点是将全厂公用负荷分别接在公用厂用母线段Ⅰ、Ⅱ上，公用负荷集中，无过渡问题，各单元机组独立性强，便于各机组厂用母线的检修，有利于公用负荷的集中管理。但是，当公用负荷失去一个电源时（例如起动/备用变压器），两段公用段负荷全部与另一电源（厂用工作变压器）工作负荷叠加，可能引起过负荷，设计中应注意负荷的合理分配，起动/备用变压器与厂用工作变压器的容量选择时应考虑公用负荷的影响，会使容量选得都比较大，配电装置也增多，投资较大。高压公用负荷母线段也可只设置输煤段，采用如图4-8所示的设置方式。

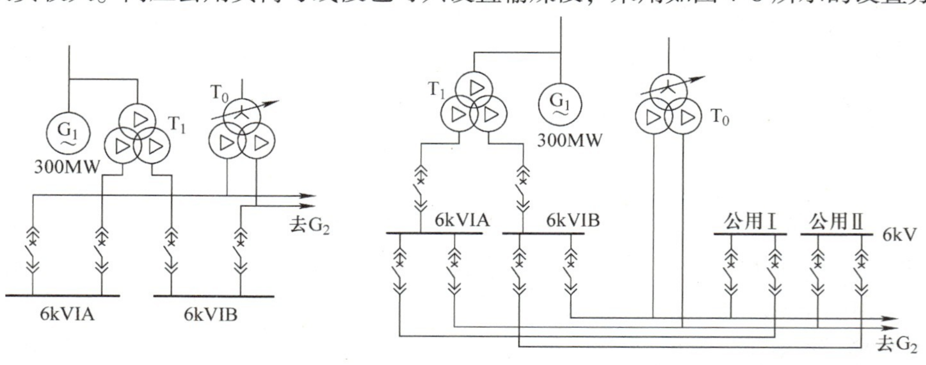

图4-7　300MW机组大型火电厂高压厂用电系统接线方案

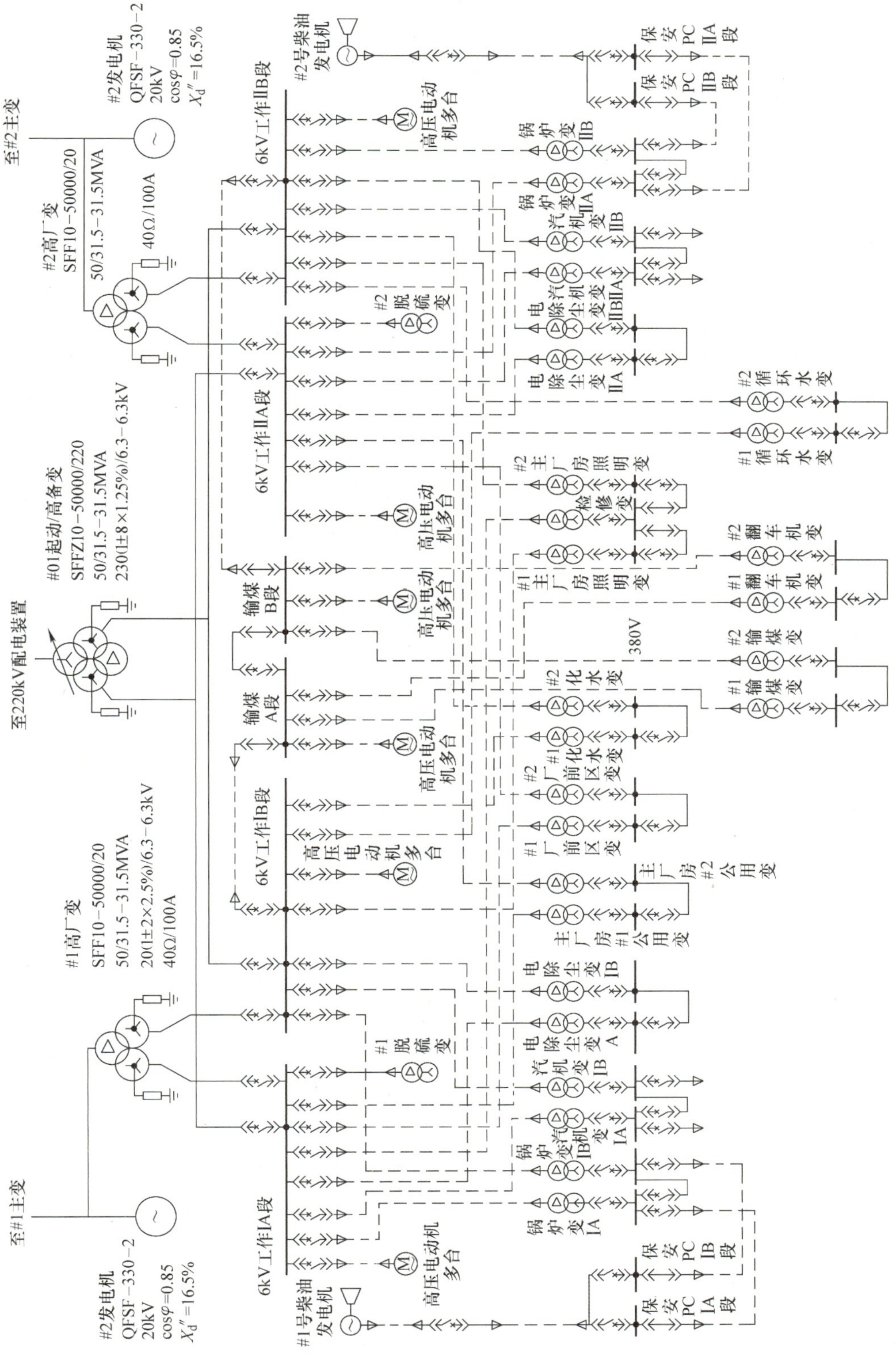

图4-8　某2×330MW机组热电厂厂用电系统接线图

可见，两种方案都有优缺点，需根据工程具体情况，经技术经济比较后选定。

2）300MW 汽轮发电机组厂用电系统接线。图 4-8 所示为某 2×330MW 机组热电厂厂用电系统接线。该电厂两台发电机均采用发电机—双绕组变压器单元接线，厂用电从主变压器低压侧引接，高压厂用工作变压器采用无载调压的低压分裂绕组变压器。从与系统有联系的本厂 220kV 母线上引接一台有载调压的低压分裂绕组变压器，作为电厂的起动/备用高压厂用变压器。该厂高压（6kV）厂用电系统中性点（厂用高压工作变压器和起动/备用变压器低压侧）接地方式采用经中电阻（40Ω）接地方式。

① 高压厂用电部分。厂用高压采用 6kV，每台机组设置 A、B 两段高压厂用母线，分别由各自的高压厂用工作变压器供电，每个分裂绕组带一段，该厂另设置有 6kV 输煤 A、B 段。两台机组的 6kV 输煤段采用单母线分段接线，除从高压工作母线 ⅠB、ⅡB 段引接电源外，还可以互为备用。起动/备用变压器的两个低压分裂绕组分别接至各段高压厂用工作母线，当某台高压厂用工作变压器故障退出运行时，起动/备用变压器代替其工作。

当起动/备用变压器正常退出运行时，为避免厂用电停电，其操作上应先合上相应的工作变压器分支断路器，然后断开起动/备用变压器，即起动/备用变压器与高压厂用工作变压器有短时的低压侧并联运行，所以，两者的联结组别应满足低压侧并联（闭合环网）运行要求。

② 低压厂用电部分。厂用低压系统电压采用 380/220V，采用 PC-MCC 接线方式。每台机组汽机和锅炉的动力中心（PC）由两台互为备用（暗备用）的低压厂用变压器供电，采用单母线分段接线，一台变压器故障，分段断路器手动投入，由另一台变压器带全部负荷。低压厂用母线段分为锅炉 PC 段、汽机 PC 段、输煤 PC 段、化水 PC 段、主厂房公用 PC 段、厂前区段、电除尘 PC 段、照明与检修段等。为了减少二氧化硫的排放量，各机组设置脱硫装置，由各机组的脱硫变供电。

③ 交流保安母线段。每台机组共设两段 380/220V 保安 ⅠA 段（ⅡA 段）和 380/220V 保安 ⅠB 段（ⅡB 段），正常运行时，分别由两台机组的低压锅炉段供电。厂用系统故障时，由各自机组的自动快速起动柴油发电机组供电。

（2）单机容量为 600MW 及以上的特大型机组火电厂的高压厂用电系统　对 600MW 机组规定其厂用电压可根据具体情况采用 6kV 一级或 10kV、3kV 两级。目前已运行的 1000MW 等级的机组中，高压厂用电电压有采用 10kV 一级电压的，如山东邹县发电厂；有采用 10kV-6kV 两级电压的，如江苏泰州发电厂；有采用 10kV-3kV 两级电压的，如上海外高桥电厂；也有采用 6kV 一级电压和 2 台高压工作变压器的，如玉环电厂。

由于单机容量为 600MW 及以上的特大型机组火电厂厂用负荷较大，已运行的火电厂厂用电系统，每台机组多采用 2 台高压工作变压器和 1～2 个供电电压等级，相应起动/备用变压器也是 2 台，对限制厂用电系统短路电流，改善电动机各种起动方式下的电压条件比较有利。但是由于两台高压工作变压器需设置 3～4 段母线，这就使得机组高压厂用电母线增多，厂用电系统接线复杂，设备型号增多，从而造成主厂房、高压厂用配电装置设备布置困难和投资费用增加，备品备件增多，检修、维护成本增高，运行、维护、检修及管理的工作量增加，不利于安全运行。随着新技术不断成功应用

于发电厂，使厂用电系统负荷的组成结构发生了变化，600～1000MW机组的技术发展和设计的优化及运行经验不断积累，特别是采用汽动给水泵时，大幅度减小了厂用电负荷，为600～1000MW机组采用一台高压厂用工作变压器及一台高压厂用起动/备用变压器提供了条件。

图4-9为采用电动给水泵的1000MW机组大型火电厂厂用电系统接线图，电压为6kV一级，高压工作变压器为2台。图4-10为某2×1000MW机组大型火电厂厂用电系统接线图，单元接线的发电机容量为1000MW，高压厂用工作变压器为无励磁调压方式的低压分裂绕组变压器，容量为78/45-45MVA，厂用高压工作电源从主变压器低压侧引接。两台机组设置10kV高压工作母线ⅠA、ⅠB、ⅡA、ⅡB段，另设置有10kV输煤A、B段。两台机组的10kV输煤段采用单母线分段接线，除从高压工作母线ⅠA、ⅡA段引接电源外，还可以互为备用。两台机组设一台容量为78/45-45MVA高压起动/备用变压器，由500kV母线引接，采用有载调压方式，其低压10kV侧通过共箱母线与#1、#2机组的10kV工作ⅠA、ⅠB、ⅡA、ⅡB段连接。

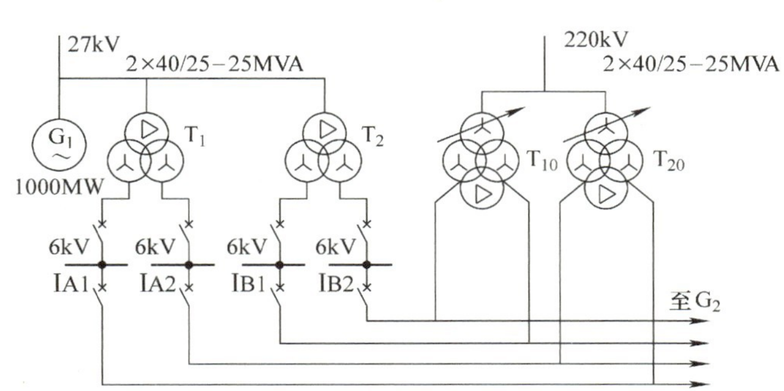

图4-9 采用一个电压等级和两台高压厂用工作变压器的1000MW机组高压厂用电接线图

该厂低压厂用接线电压采用380/220V，接线采用PC-MCC方式。每台机组各设有1个锅炉动力中心（PC）和1个汽机动力中心，每个汽机和锅炉的动力中心由两台互为备用（暗备用）的低压厂用变压器供电，采用单母线分段接线。低压厂用母线段除了锅炉PC段、汽机PC段外，还有化水PC段、主厂房公用PC段、厂前区段、除灰PC段、照明与检修段、输煤PC段、电除尘PC段等。输煤PC段、化水PC段、低压公用PC段（所带负荷为全厂性负荷），它们各自设有两个母线段。化水PC段、低压公用PC段每个母线段由一台低压厂用变压器供电，互为备用（暗备用）。照明与检修段配对也为单母线分段接线，互为备用。电除尘变压器和输煤变压器都是两台设一台备用变压器，采用明备用方式。为了减少二氧化硫的排放量，各机组设置脱硫装置，由各机组的脱硫变压器供电。

该厂每台机组设4段交流保安母线和1台柴油发电机组，故障时由自动快速起动的柴油发电机组供电，正常运行时，分别由两台机组的低压锅炉、汽机段供电。

由于每台机组只采用1台高压厂用工作变压器供电，电压等级只有10kV一级，有利于简化厂用电接线及布置，能满足限制厂用电系统短路电流的要求和电动机各种起动方式下电压水平的要求，检修维护管理方便、成本低，运行可靠性高。600MW机组厂用电系统也有采用此种接线方式的，不同的是厂用电高压电压等级采用6kV。该厂高压（10kV）厂用电系统中性点（高压厂用工作变压器和起动/备压器低压侧）接地方式采用经中电阻（60Ω）接地方式。

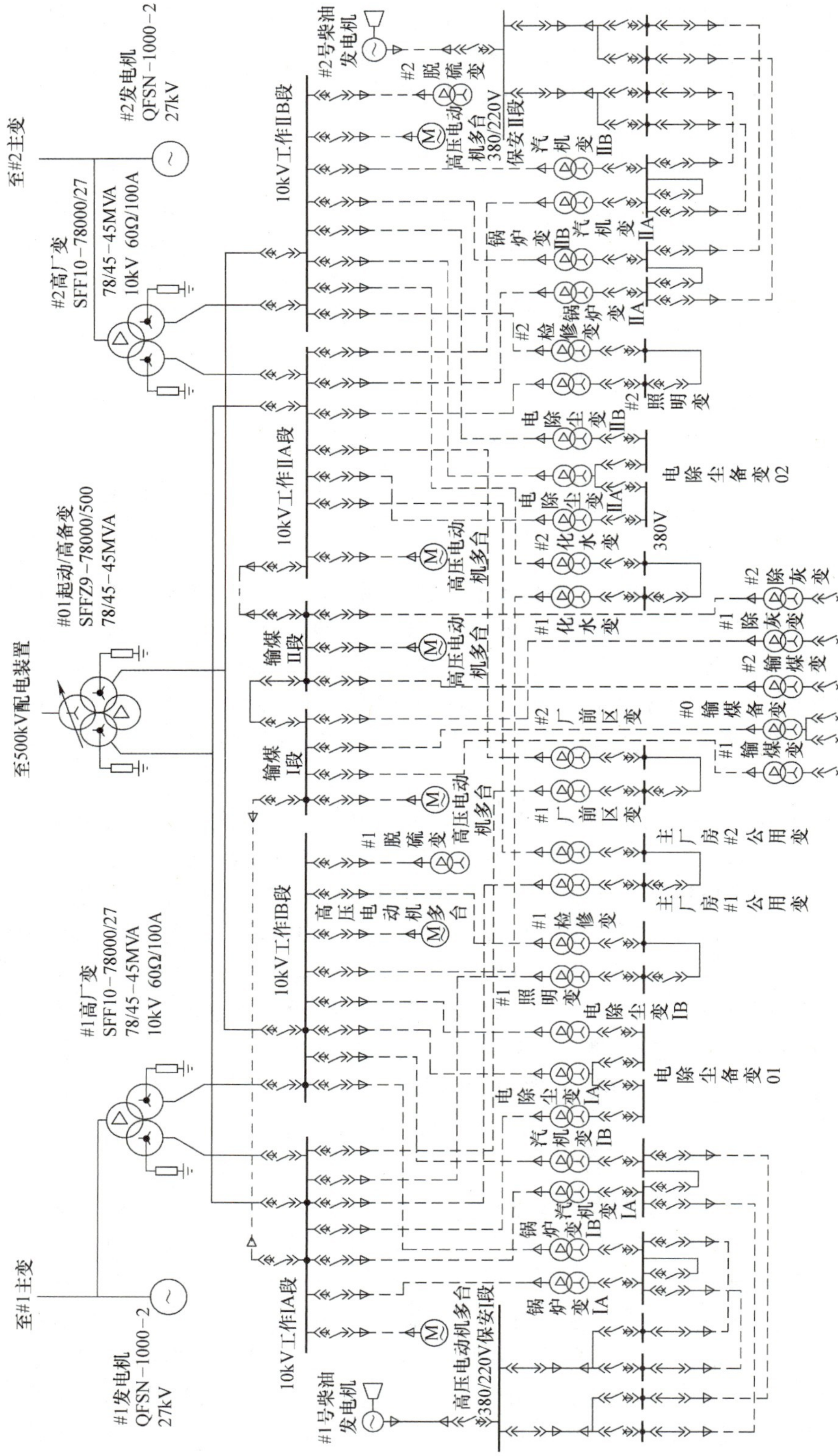

图4-10　某2×1000MW机组大型火电厂厂用电系统接线图

二、水力发电厂的厂用电接线

1. 水电厂电压等级

由于水轮发电机组辅助设备使用的电动机容量不大，中型水电厂（单机容量25～250MW）通常只设380/220V一个低压厂用电压等级，用三相四线制系统同时供给动力和照明用电。大型水力发电厂（单机容量250MW以上），在厂房有大容量的高压电动机，如大容量排水泵等，需要设高压厂用电6kV或10kV，采用高、低两级电压供电。高压厂用电压等级选择10kV还是6kV，需根据发电机电压、厂用电动机的电压、地区电源电压或施工用电电压及负荷（包括坝区负荷）分布情况等综合比较确定。由于坝区有大容量的卷扬式启闭机，大型水力发电厂大坝还有船闸或升船机等，大、中型水力发电厂坝区都需要采用高压6kV或10kV供电，另设高压坝区负荷母线。

2. 水电厂厂用电电源及其引接方式

对水电厂所连接厂用电源的要求是电源相对独立，一个电源故障，另一个电源应能自动或远方切换投入。大型水电厂对可靠性要求非常高，全部机组运行时不应少于3个厂用电电源；部分机组运行时至少应有2个厂用电电源；全厂停机时也应有2个厂用电电源，但允许其中一个处于备用状态。中型水电厂全部机组运行时不应少于2个厂用电电源；部分机组运行时也应有2个厂用电电源，但允许其中一个处于备用状态；全厂停机时允许仅1个厂用电电源供电。厂用电工作电源的引接方式有：

1）单元接线装机台数为2～4台时，至少从2台主变压器低压侧引接厂用电工作电源，当装机台数为5台及以上时，至少从3台主变压器低压侧引接厂用电工作电源。

2）扩大单元接线宜从每个扩大单元发电机电压母线引接一厂用电工作电源。当扩大单元组数量为2～3组时，至少从2组扩大单元引接，当扩大单元组数量为4组及以上时，至少从3组扩大单元引接。

3）联合单元接线宜从每个联合单元中任一台变压器低压侧引接一厂用电工作电源。当联合单元组数量为2～3组时，至少从2组联合单元引接，当联合单元组数量为4组及以上时，至少从3组联合单元引接。

4）当发电机电压回路装有发电机断路器时，厂用电工作电源应在发电机断路器与主变压器低压侧之间引接。

5）经技术经济比较确有需要时，可选择设置专用水轮发电机组供电的方案。

除了工作电源间互为备用和系统倒送电外，大、中型水电厂还应设置厂用电备用电源，厂用电备用电源的引接方式有：

1）由联络变压器的第三（低压）绕组引接。

2）从与电力系统连接的地方电网或保留的施工变电站引接。

3）从邻近的水电厂引接。

4）从本厂的高压母线引接。

5）柴油发电机组。

带峰荷或经常全厂停机的水电厂应有可靠的外来电源。上述条文中，除了本厂机组以外的电源，均可作为外来电源，外来电源包括发电机出口装断路器时由单元接线的主变压器倒送的厂用电。大型水电厂可设柴油发电机组作为应急电源。厂用电电源

变压器应考虑一定的备用容量，为重要厂用负荷提供备用电源。

3. 水电厂厂用电接线的基本形式

大型水电厂厂用电系统对可靠性要求高，厂用电接线复杂，由于机组容量和数量不同、保留的施工电源情况不同、厂房布置和地形情况不同，因此不同大型水电厂的厂用电系统各有自己的特点。大型水电厂一般设多个独立电源，由于厂房内和坝顶都有大容量的高压电动机，厂用电电压一般有厂用低压 380/220V 和厂用高压 6kV 或 10kV 两个电压等级，设高压和低压厂用母线。对于中小型水电厂的厂用电系统，一般只有 380/220V 一级厂用电压。中小型水电厂厂用电接线设计时需结合水电厂的具体情况，通常厂用电接线采用单母线分段接线形式，厂用电母线一般分 2 ~ 3 段，由 2 ~ 3 台低压厂用变压器以暗备用方式向厂用母线供电。3 台厂变供电时，其中有 1 台变压器宜接外部电源，采用这种供电方式可在一定程度上提高供电可靠性。

（1）高压厂用电母线　大型水电厂高压厂用电母线一般采用单母线分段（每段母线由一个或一个以上电源供电）或分段环形接线，以提高可靠性和灵活性，分段数应根据电源情况确定。

（2）低压厂用电母线　大型水电厂的机组自用电（与机组运行直接有关的厂用电负荷用电）变压器宜接至高压厂用电母线上，低压厂用电母线一般采用单母线分段接线，两段母线互为备用。单机自用电（每一台机组的自用电）的自用电母线每机一段，相邻机组的单机自用电变压器互为备用。这种接线方式运行灵活，不受运行方式的制约。机组台数在 5 台及以下时，全厂机组自用电可以采用集中供电方式，但这种接线方式互为备用的自用电变压器容量较大，配电电缆长，经济性较差。

（3）厂用公用母线与照明用电　厂用电采用两级电压的大型水电厂，宜将机组自用电、公用电、照明和检修系统等分别用不同的变压器供电，以提高厂用电可靠性，机组自用电还可以从公用厂用电变压器取得备用电源。中型水电厂自用电与全厂公用电宜采用混合供电方式，可以简化接线，节省电缆。

图 4-11 为某采用单机自用电供电的大型水电厂厂用电系统接线示例。该水电厂有 6 台容量为 550MW 的大型发电机组，均采用发电机出口处装设断路器和隔离开关的发电机—双绕组变压器单元接线接至 500kV 配电装置，该厂承担基荷，也承担调峰任务。发电机主引出线及厂用分支线均采用运行可靠的封闭母线，因此在 18kV 高压厂用工作变压器高压侧不装设断路器。厂用电采用高、低压两个电压等级供电（6kV 和 380V），高压厂用母线和低压厂用母线均按机组分段，低压厂用母线从机组对应的高压厂用母线上经低压厂用工作变压器引接。该大型水电厂共有 8 个厂用电源：2 个从保留的施工变电站（地区电网）经高压厂用工作变压器 T_{11} 和 T_{12} 取得；另外 6 个从单元接线的主变压器低压侧经 18kV 高压厂用变压器 T_{21} ~ T_{26} 引接，发电机停电时，仍可由系统通过主变压器倒送功率向厂用电系统供电。全厂停机时仍有 2 个可靠的外部电源供电。

1）高压厂用电系统。厂内 6kV 高压厂用电母线按机组台数分为 6 段，即 Ⅰ 段 ~ Ⅵ 段，分别接在 6 台发电机—变压器单元接线的主变压器低压侧，6 段母线互相连接，通过分段断路器实现备用。从施工变电站引接的 2 个备用电源分别接在 Ⅰ 段和 Ⅵ 段，这 6 段母线每段上均有 3 个电源供电。为了供给坝区闸门及水利枢纽的防洪、灌溉取水等大功率设施用电，坝区设有两段 6kV 高压母线段，即 Ⅶ 段和 Ⅷ 段，分别由 6kV 的 Ⅱ 段

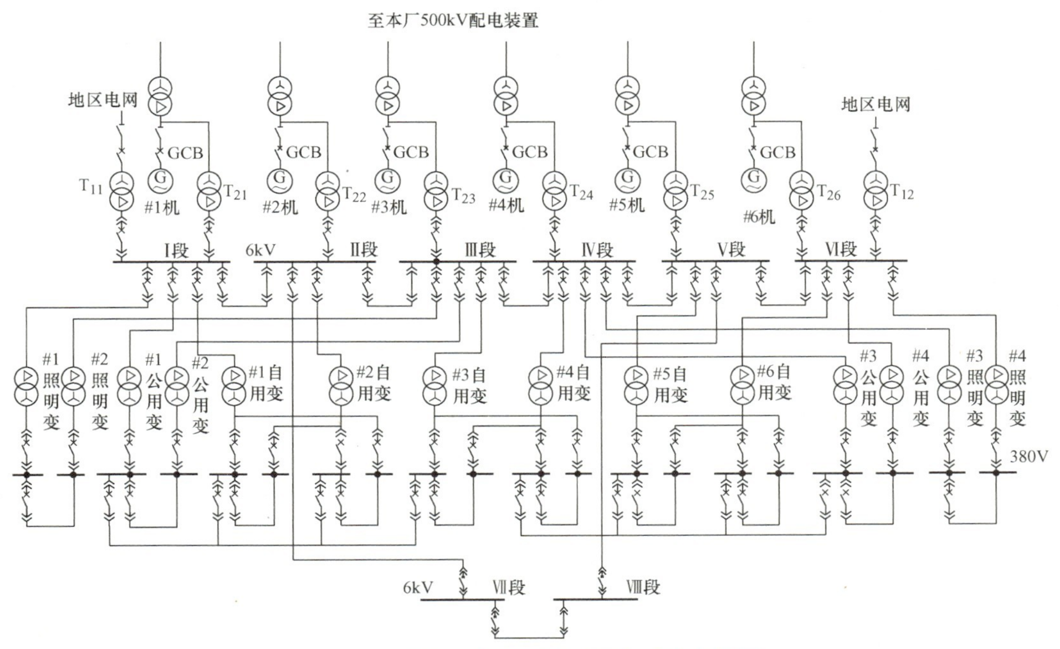

图 4-11　某大型水电厂的厂用电系统接线图

和 6kV 的Ⅴ段供电，这两段 6kV 高压母线段为单母线分段接线，互为备用，任一电源停电，即便是全厂停电，坝区负荷仍能得到可靠电源。

2）厂用公用负荷母线段。厂用公用母线段电压为 380/220V，全厂共设 4 台公用变压器和 4 段公用母线，分别向全厂的低压公用负荷供电。公用负荷母线段采用单母线分段接线，两段母线互为备用。该厂另设有 4 台照明变压器和 4 段照明负荷母线，也采用单母线分段接线，两段母线互为备用。

3）低压厂用电系统。厂用低压采用 380/220V 电压等级，全厂单机自用电母线按机组每台机分 2 段，采用单母线分段接线，经单机自用电变压器从对应高压厂用母线引接。每台单机自用电变压器容量按同时带两台机组自用电负荷的原则选择，以实现相邻机组单机自用电变压器互为备用。同时还从#1 公用变厂用公用母线引接一回 380V 电源，接至#1～#3 机单机自用电 380V 母线，作为#1～#3 机单机自用电的第二备用电源。从#3 公用变公用母线引接一回 380V 电源，接至#4～#6 机单机自用电 380V 母线，作为#4～#6 机单机自用电的第二备用电源。该厂低压厂用电系统采用机组厂用电负荷与厂用公用负荷分开的供电方式。

三、变电站的站用电接线

变电站的主要站用电负荷有变压器的冷却装置（包括风扇等）、蓄电池的充电设备、油处理设备、检修器械、通风、照明、采暖、空调、供水系统、消防等。变电站的站用电负荷一般都比较小，因此，变电站的站用电压只需 380/220V 一级，采用动力和照明混合供电方式。

在有两台及以上主变压器的 35～110kV 变电站中，宜装设两台容量相同互为备用

的站用变压器，两台站用变压器可分别接自主变压器最低电压级的不同段母线。每台变压器容量按全站计算负荷选择。如能从变电站外引入一个可靠的低压备用站用电源时，亦可装设一台站用变压器。当35kV变电站只有一回电源进线及一台主变压器时，可在电源进线断路器之前装设一台站用变压器。

220kV变电站宜从主变压器低压侧分别引接两台容量相同、互为备用、分列运行的站用变压器。每台变压器容量按全站计算负荷选择。只有一台主变压器时，其中一台站用变压器宜从站外电源引接。

330～500kV变电站的主变压器为两台（组）及以上时，由主变压器低压侧引接的站用工作变压器台数不宜少于两台，并应装设一台从站外可靠电源引接的专用备用变压器（保留施工电源）。每台工作变压器的容量宜至少考虑两台（组）主变压器的冷却用电负荷。专用备用变压器的容量应与最大的工作变压器容量相同。初期只有一台（组）主变压器时，除由站内引接一台工作变压器外，应再设置一台由站外可靠电源引接的站用备用变压器，并按全站计算负荷选择。站用电母线采用按工作变压器划分的单母线。相邻两段工作母线间可配置分段或联络断路器，但宜同时供电分列运行，工作变压器分列运行，可限制故障范围，提高供电可靠性，也利于限制低压侧的短路电流以选择轻型电器。两段工作母线间不宜装设自动投入装置（也可以装）。当任一台工作变压器退出时，专用备用变压器应能自动切换至失电的工作母线段继续供电。

图4-12为某500kV变电站站用电系统接线，大型变电站对站用电系统的供电可靠性要求高，站用电源设3个，2个工作电源（暗备用），1个备用电源（明备用）。其中工作电源变压器T_1、T_2分别接两台主变压器低压侧的35kV母线，备用电源变压器T_0（其容量与工作电源变压器的容量相同），由站外35kV系统引接。站用电交流系统共分两个系统，一个是380/220V中央配电系统（Ⅰ、Ⅱ段工作母线），该系统专供中央照明、断路器电源、隔离开关电源、电焊及主变压器冷却通风用电；另一个是主控楼380/220V配电系统，从中央配电室Ⅰ、Ⅱ段工作母线引接，专供主控楼二次设备电源及附属建筑用电。中央配电系统的380/220V站用电系统采用单母线分段接线，主控楼的380/220V配电系统也采用单母线分段接线。T_1、T_2工作电源变压器分别接Ⅰ、Ⅱ段工作母线，备用电源变压器T_0接在备用段。正常运行时，两台工作电源变压器分列运行，分段断路器正常断开，当一台工作电源变压器故障时，自动投入备用电源变压器T_0。备用段与Ⅰ、Ⅱ段工作母线通过开关联络，作

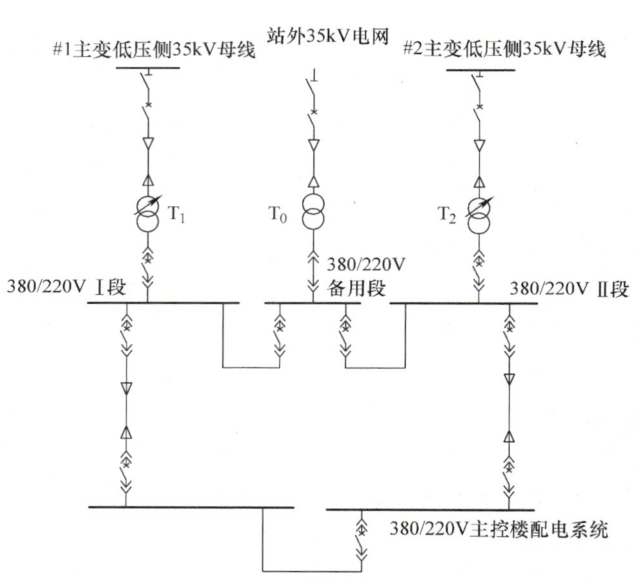

图4-12　500kV变电站站用电系统接线

为低压站用工作电源变压器的明备用，并设置备用电源自动投入装置，当一台工作电源变压器故障或检修时，备用电源变压器自动投入或工作电源变压器互为备用。由于35kV 母线的电容器和电抗器分组投切会引起母线电压的较大波动，为使站用电不受电压波动的影响，T_1、T_2工作电源变压器采用带负荷调压变压器。

第四节　厂（站）用变压器的选择

一、火电厂厂用变压器的选择

厂用变压器分为高压厂用变压器和低压厂用变压器，在此，我们仅讨论高压厂用工作变压器和起动/备用变压器的选择。其选择内容包括变压器的台数、型式、额定电压、额定容量和短路阻抗。厂用电设备是由厂用变压器供电的厂用电母线段引接，为了正确、合理地选择厂用变压器的容量，首先应该清楚厂用主要用电设备的数量、容量及其运行方式，并予以分类和统计，对每段厂用母线上的负荷进行统计和计算，最后才能确定厂用变压器的容量。

1. 火电厂的主要厂用电负荷

火电厂的厂用电负荷包括全厂炉、机、电、燃运等用电设备，面大量广，且随各电厂机组类型、容量、燃料种类、供水条件等因素影响而有较大的差异。例如，高温高压电厂的给水泵容量比同容量的中温中压机组电厂的要大；大容量机组的辅助设备比中小型机组的要多且功率大；闭式循环冷却方式比开式循环冷却方式的耗电量要大；各种燃料的发热量不同，运行时需要的风量不同，风机容量也不同，同时除灰设备也有差异等。一般火电厂主要厂用负荷及其类别见表 4-2。

表 4-2　火电厂主要厂用负荷及其类别

分类	名　称	负荷类别	运行方式
锅炉负荷	引风机	Ⅰ	经常、连续
	送风机	Ⅰ	
	排粉机	Ⅰ或Ⅱ①	
	磨煤机	Ⅰ或Ⅱ②	
	给煤机	Ⅰ或Ⅱ②	
	给粉机	Ⅰ	
	一次风机	Ⅰ	
	炉水循环泵	Ⅰ	
汽轮机负荷	射水泵	Ⅰ	经常、连续
	凝结水泵	Ⅰ	
	循环水泵	Ⅰ	
	给水泵	Ⅰ	
	备用给水泵	Ⅰ	不经常、连续
	工业水泵	Ⅱ	经常、连续

分类	名　称	负荷类别	运行方式
电气及公用负荷	充电机	Ⅱ	不经常、连续
	硅整流装置	Ⅰ	经常、连续
	变压器冷却装置	Ⅰ或Ⅱ③	
	通信电源	Ⅰ	
	机炉自控电源	Ⅰ	
	空压机	Ⅱ	经常、短时
事故保安负荷	盘车电动机	保安	不经常、连续
	顶轴油泵	保安	
	交流润滑油泵	保安	经常、连续
	浮充电装置	保安	
	热工自动装置电源	保安	
	实时控制计算机	保安	
	事故照明	保安	

（续）

分类	名　称	负荷类别	运行方式
输煤负荷	输煤带	Ⅱ	经常、连续
	碎煤机	Ⅱ	
	运煤机	Ⅱ	
	抓煤机	Ⅱ	经常、断续
出灰负荷	冲灰水泵	Ⅰ	经常、连续
	灰浆泵	Ⅱ	
	碎渣机	Ⅱ	
	电气除尘器	Ⅱ	
	除尘水泵	Ⅱ	
厂外水工负荷	中央循环水泵	Ⅰ	经常、连续
	消防水泵	Ⅰ	不经常、短时

分类	名　称	负荷类别	运行方式
厂外水工负荷	生活水泵	Ⅱ（Ⅲ）④	经常、短时
	冷却塔通风机	Ⅱ	经常、连续
化学水处理负荷	清水泵	Ⅰ（Ⅱ）⑤	经常、连续
	中间水泵	Ⅰ（Ⅱ）⑤	
	除盐水泵	Ⅰ（Ⅱ）⑤	
	自用水泵	Ⅱ	经常、短时
辅助车间负荷	油处理设备	Ⅲ	经常、连续
	中央修配间	Ⅲ	不经常、短时
	电气实验室	Ⅲ	
	起重机械	Ⅲ	不经常、断续

① 用于送粉时为Ⅰ类；
② 无煤粉仓时为Ⅰ类；
③ 变压器强油水冷时为Ⅰ类；
④ 与工业水泵合用时为Ⅱ类；
⑤ 热电厂和300MW及以上机组时为Ⅰ类。

2. 厂用负荷计算

（1）需要系数法和二项式法　用电设备组的实际负荷并不等于其额定容量之和，用电设备组的实际负荷与其额定容量之和的比值称为需要系数。根据用电设备组的额定容量和需要系数计算实际负荷容量的方法称为需要系数法。用电设备组的需要系数一般可由下式确定：

$$K=\frac{K_m K_L}{\eta_s \eta}$$

影响需要系数的因素有：用电设备的设备容量是指输出容量，它与输入容量之间有一个平均效率 η；用电设备不一定满负荷运行，因此引入负荷系数 K_L；用电设备组的所有设备不可能同时运行，故引入一个同时系数 K_m（设备组在最大负荷时投入运行的设备额定容量总和与全部设备总额定容量之比）；用电设备组运行时，在线路上会产生损耗，这个损耗也由电网供给，用网络供电效率 η_s 表示。有关部门已测量统计出各行各业用电设备组的需要系数，根据需要系数和不同用电设备组的额定容量 P_Σ 可以计算出计算负荷 $P=KP_\Sigma$。需要系数法适用于用电设备台数较多，各台设备容量差别不大的用电设备组的负荷计算。需要系数法是一种应用广泛的确定供电负荷的方法，火电厂照明等负荷的计算采用该方法。

二项式法的特点是既考虑了用电设备的平均负荷，又考虑了几台最大用电设备引起的附加负荷，其计算的结果比按需要系数法计算的结果大得多，适用于用电设备台数不多，容量差别较大的用电设备组的负荷计算。$P=bP_\Sigma+cP_{\Sigma n}$，$P_\Sigma$ 为用电设备组总额定容量，$P_{\Sigma n}$ 为 n 台最大用电设备的总额定容量，b 和 c 为二项式系数，可查有关

二项式系数表得到。火电厂煤场等负荷采用二项式法计算。

（2）换算系数法　火电厂的厂用电动机等大多数负荷采用“换算系数法”计算，电动机负荷的换算系数按式(4-2）计算（也可取表4-3所列的数值）：

$$K=\frac{K_m K_L}{\eta\cos\varphi} \tag{4-2}$$

式中　K_m——同时系数；

K_L——负荷率；

η——电动机的效率；

$\cos\varphi$——电动机的功率因数。

表4-3　换算系数

机组容量/MW	≤125	≥200
给水泵电动机	1.0	1.0
循环水泵电动机	0.8	1.0
凝结水泵电动机	0.8	1.0
其他高压电动机	0.8	0.85
其他低压电动机	0.8	0.7
静态负荷	加热器取1.0，电子设备取0.9	

根据换算系数K和电动机的计算功率P（kW）便可将有功功率换算为视在功率，求得厂用计算负荷S（kVA），即

$$S=\sum(KP) \tag{4-3}$$

电动机的计算功率P应根据负荷的运行方式及特点确定：

1）对经常、连续运行和不经常、连续运行的用电设备，当电动机的额定功率为P_N时，则电动机的计算功率为

$$P=P_N \tag{4-4}$$

2）对经常短时运行和经常断续运行的电动机（额定功率为P_N），其计算功率为

$$P=0.5P_N \tag{4-5}$$

3）对不经常、短时及不经常、断续运行的电动机可不计入厂用变压器容量，即

$$P=0 \tag{4-6}$$

此类负荷若经电抗器供电时，因电抗器一般为空气自然冷却，过载能力很小，应计入。

4）对中央修配厂的计算功率，通常按式(4-7）计算：

$$P=0.14P_{\Sigma}+0.4P_{\Sigma 5} \tag{4-7}$$

式中　P_{Σ}——全部电动机额定功率总和（kW）；

$P_{\Sigma 5}$——其中最大5台电动机额定功率之和（kW）。

5）在煤场机械负荷中，应对中、小型机械和大型机械分别计算：

中、小型机械　$$P=0.35P_{\Sigma}+0.6P_{\Sigma 3} \tag{4-8}$$

卸煤翻车机系统　$$P=0.22P_{\Sigma}+0.5P_{\Sigma 5} \tag{4-9}$$

斗轮机系统　$$P=0.13P_{\Sigma}+0.3P_{\Sigma 5} \tag{4-10}$$

式中 $P_{\Sigma 3}$、$P_{\Sigma 5}$——其中最大3台和最大5台电动机额定功率之和（kW）。

6）电气除尘器的计算负荷

$$S = KP_{1\Sigma} + P_{2\Sigma} \tag{4-11}$$

式中 K——晶闸管整流设备换算系数，取0.45～0.75；

$P_{1\Sigma}$——晶闸管高压整流设备额定容量之和（kW）；

$P_{2\Sigma}$——电加热设备额定容量之和（kW）。

7）照明系统的计算负荷等于照明负荷安装容量 P_i（kW）与需要系数 K_d（一般取0.8～1.0）的乘积，即

$$P = K_d P_i \tag{4-12}$$

（3）轴功率法　厂用电负荷可使用轴功率法进行计算，其计算公式为

$$S = K_m \sum \frac{P_{max}}{\eta \cos\varphi} + \sum S_L \tag{4-13}$$

式中 K_m——同时率，新建电厂取0.9，扩建电厂取0.95；

P_{max}——最大运行轴功率（kW）；

η——对应于轴功率的电动机的效率；

$\cos\varphi$——对应于轴功率的电动机功率因数；

$\sum S_L$——厂用低压计算负荷之和（kVA）。

厂用电动机负荷计算大多数情况下使用换算系数法，若有必要时可以使用轴功率法进行校验。

3. 厂用变压器的选择

（1）厂用变压器的选择原则

1）厂用变压器的型式应满足厂用电系统供电及设备选择的要求。大型机组厂用母线为2段时，宜采用低压分裂绕组变压器，2个低压分裂绕组分别向2段厂用母线段供电；厂用母线为3段时，可采用1台低压分裂绕组变压器和1台双绕组变压器；厂用母线为4段时，可采用2台50%容量的低压分裂绕组变压器。

2）高压厂用工作变压器一次侧额定电压应与发电机电压一致。高压厂用备用变压器一次侧额定电压一般应比高压网络额定电压高5%。低压厂用变压器一次侧额定电压一般也应比厂用网络额定电压高5%。高、低压厂用变压器二次侧额定电压应比厂用网络额定电压高5%，即按通常认为的厂用母线运行电压应高出标称电压（原来俗称的额定电压）5%，以便在短距离用电设备允许的电压变化范围下，尽量弥补长距离供电线路上的电压降。当未装设发电机断路器时，为提高单元机组的运行可靠性，高压厂用工作变压器不应采用有载调压变压器。高压起动/备用变压器阻抗电压在10.5%以上时，或引接点电压波动超过95%～105%时，宜采用有载调压变压器；当通过各级厂用母线电压计算及校验可以满足电压偏移要求时，也可采用无载调压方式。绕组联结组别选择应使工作变压器与备用变压器同一电压级输出电压的相位一致。

3）变压器的容量必须满足厂用机械从电源获得足够的功率。因此，对高压厂用工作变压器的容量应按高压厂用电计算负荷的110%与低压厂用电计算负荷之和进行选择；明备用的低压厂用工作变压器的容量应留有10%左右的裕度，暗备用的低压厂用工作变压器的容量可不再设置裕度。

(2) 厂用工作变压器容量选择

1) 高压厂用工作变压器容量选择。

① 当厂用变压器为双绕组变压器时，其容量按式(4-14) 计算：

$$S_T \geqslant 1.1S_H + S_L \tag{4-14}$$

式中 S_H——厂用电高压计算负荷之和 (kVA)；

S_L——厂用电低压计算负荷之和 (kVA)。

② 当厂用变压器为低压分裂绕组变压器时，其各绕组容量应满足

高压绕组 $$S_{1N} \geqslant \sum S_C - S_r \tag{4-15}$$

低压绕组 $$S_{2N} \geqslant S_C \tag{4-16}$$

式中 S_C、S_r——厂用变压器分裂绕组计算负荷和分裂绕组两分支重复计算负荷 (kVA)；

S_{1N}、S_{2N}——厂用变压器高压绕组和低压分裂绕组的额定容量 (kVA)。

2) 低压厂用工作变压器容量选择。我国变压器的设计环境最高温度是40℃，当环境最高温度超过此温度时，变压器的使用寿命可能下降，南方高温地区应考虑环境温度的影响，选择厂用低压工作变压器的容量时应考虑一定的温度系数（小于1）以增大变压器的容量（降低负荷引起的温升），可按式(4-17) 计算：

$$S \geqslant S_L / K_\theta \tag{4-17}$$

式中 S_L——相应低压厂用工作变压器计算负荷 (kVA)，暗备用为两台负荷之和；

K_θ——变压器温度修正系数。对安装于屋外或由屋外进风小间内的变压器，温度系数大于1，一般取 $K_\theta = 1$，但宜将小间进出风温差控制在10℃以内；对由主厂房进风小间内的变压器，当温度变化较大时，随地区而异，应适当考虑温度的修正。

(3) 厂用备用变压器容量选择 高压厂用备用变压器或起动/备用变压器的容量应与最大一台高压厂用工作变压器的容量相同；低压厂用备用变压器的容量应与最大一台低压厂用工作变压器的容量相同。

4. 厂用变压器容量选择实例

某电厂2×330MW热电机组，每台机组设高压厂用母线两段，1号机为ⅠA和ⅠB段，2号机为ⅡA和ⅡB段，另设输煤段两段，分别与ⅠB段和ⅡB段相连接。输煤段采用单母线分段接线，当失去一个电源时，可由另一电源（厂用工作变压器）带全部两段的负荷。6kV各母线段厂用负荷计算（低厂变容量已选好）及高压厂用变压器容量的选择，见表4-4。

表4-4 某热电厂6kV厂用负荷分配及高压厂用工作变压器容量选择

（单位：kW）

序号	设备名称	额定容量	1号高压厂用变压器					2号高压厂用变压器				
			6kV ⅠA段		6kV ⅠB段		重复容量	6kV ⅡA段		6kV ⅡB段		重复容量
			台数	容量	台数	容量		台数	容量	台数	容量	
1	电动给水泵	3600	1	3600				1	3600			

（续）

序号	设备名称	额定容量	1号高压厂用变压器					2号高压厂用变压器				
			6kV ⅠA段		6kV ⅠB段		重复容量	6kV ⅡA段		6kV ⅡB段		重复容量
			台数	容量	台数	容量		台数	容量	台数	容量	
2	凝结水泵	1000	1	1000	1	1000	1000	1	1000	1	1000	1000
3	循环水泵	1800	1	1800	1	1800		1	1800	1	1800	
4	热网循环水泵	1600	1	1600	1	1600		1	1600	1	1600	
小计	ΣP_1（1～4）			8000		4400	1000		8000		4400	1000
5	炉水循环水泵	200	2	400	1	200		2	400	1	200	
6	引风机	1800	1	1800	1	1800		1	1800	1	1800	
7	送风机	900	1	900	1	900		1	900	1	900	
8	一次风机	1250	1	1250	1	1250		1	1250	1	1250	
9	磨煤机	1400	1	1400	2	2800		1	1400	2	2800	
10	除灰空压机	220	1	220	2	440	220	1	220	1	220	
11	增压风机	3300			1	3300				1	3300	
12	氧化风机	400	2	800	1	400	400	2	800	1	400	400
13	湿式球磨机	560			1	560				1	560	
14	吸收塔循环泵A	630	1	630				1	630			
15	吸收塔循环泵B	710	1	710				1	710			
16	吸收塔循环泵C	800			1	800				1	800	
17	吸收塔循环泵D	800			1	800				1	800	
18	#3带式输送机	355	1	355	1	355						
小计	ΣP_2（5～18）			8465		13605	620		8110		13030	400
	S_g/kVA（$S_g=\Sigma P_1+0.85\Sigma P_2$）			15195		15964	1527		14894		15476	1340
19	汽机变压器/kVA	1250	1	1250	1	1250	1250	1	1250	1	1250	1250
20	锅炉变压器/kVA	1250	1	1250	1	1250	1250	1	1250	1	1250	1250
21	电除尘变压器/kVA	2000	1	2000	1	2000	2000	1	2000	1	2000	2000
22	主厂房公用变压器/kVA	2000	1	2000				1	2000			
23	循环水变压器/kVA	1600			1	1600				1	1600	
24	化水变压器/kVA	2000			1	2000				1	2000	

（续）

序号	设备名称	额定容量	1号高压厂用变压器					2号高压厂用变压器				
			6kV ⅠA段		6kV ⅠB段		重复容量	6kV ⅡA段		6kV ⅡB段		重复容量
			台数	容量	台数	容量		台数	容量	台数	容量	
25	厂前区变压器/kVA	800	1	800				1	800			
26	脱硫变压器/kVA	2500	1	2500				1	2500			
27	照明变压器/kVA	400			1	400				1	400	
28	检修变压器/kVA	500	1	500								
小计	ΣP_3（19～28）/kVA			10300		8500	4500		9800		8500	4500
	S_d/kVA（$S_d=0.85\Sigma P_3$）			8755		7225	3825		8330		7225	3825
29	输煤段负荷S_e/kVA	3596			1	3596				1	3596	
小计	分裂绕组负荷 $S_c=S_g+S_d+S_e$（kVA）			23950		26785	5352		23224		26297	5165
	高压绕组负荷/kVA		23950+26785−5352=45383					23224+26297−5165=44356				
	选择低压分裂绕组变压器		50/31.5−31.5MVA					50/31.5−31.5MVA				
30	环锤式碎煤机	355	1	355	1	355						
31	#1带式输送机	315	1	315	1	315						
32	#2带式输送机	220	1	220	1	220						
33	斗轮堆取料机	400	1	200								
小计	ΣP_4（30～33）			1090		890						
34	输煤变	1000	1	1000	1	1000	1000					
35	翻车机变	1250	1	1250	1	1250	1250					
小计	ΣP_5（34～35）			2250		2250	2250					
	S_c/kVA［$S_c=0.85(\Sigma P_4+\Sigma P_5)$］			2839		2669	1912					
	输煤段总负荷S_e/kVA		2839+2669−1912=3596									

计入高压厂用变压器容量的6kV汽机负荷有：

给水泵：给水泵的任务是把除氧器储水箱内具有一定温度、除过氧的给水，提高压力后经过高压加热器输送给锅炉，以满足锅炉用水的需要。给水泵的拖动方式分电

动机与汽轮机两种拖动方式。电动给水泵是电力带动的，它是容量最大的厂用电负荷，例如300MW供热机组采用的电动给水泵电动机容量为5800kW，占其厂用电负荷的20%左右。为降低厂用电负荷，大容量发电机组可采用汽轮机驱动的汽动给水泵。一种配置方法是：一台100%容量主汽动给水泵，另配一台小容量备用电动给水泵，主汽动给水泵故障时靠电动给水泵维持低负荷运行。从表4-4中可以看出，由于采用了汽动给水泵，该厂的电动给水泵容量较小。

凝结水泵：用来将凝汽器热井中的凝结水升压，经低压加热器加热后送到除氧器中，在除氧器中重新进行除氧、加热。

循环水泵：循环水泵的作用是向汽轮机凝汽器供给冷却水，用以冷凝汽轮机的排汽。

热网循环水泵：向采暖用户输送循环热水的水泵。

计入高压厂用变压器容量的6kV锅炉负荷有：

炉水循环泵：在锅炉起动和停炉期间，增加炉水循环流量，保证水冷壁的工质流量不低于最低安全流量，从而保证水冷壁的安全。

引风机：作用是排出炉膛内产生的烟气，并使炉膛内维持一定的负压，克服尾部烟道内的压力损失（包括除尘器），也叫吸风机。

送风机：向炉膛内提供燃料燃烧所需的二次风。

一次风机：提供干燥煤粉，将煤粉送入炉膛的一次风，并供给燃料燃烧初期所需的空气。

磨煤机：将原煤磨制成煤粉的一种粉碎机械，是锅炉煤粉制备系统中的主要设备。

除灰空压机：火力发电厂的除灰空压机是干式正压气力除灰系统供气专用设备，空压机产生高压气体，以一定的速度将干灰通过管道输送至灰库，料气分离后，气体经过袋式除尘器后排入大气。

控制燃煤电厂的SO_2排放，对于改善大气环境质量有着十分重要的意义。燃煤电厂脱硫工艺多为烟气脱硫（flue gas desulfurization，FGD），是目前燃煤电厂控制SO_2气体排放最有效和应用最广的技术。燃煤电厂湿法脱硫工艺主要采用技术最成熟的石灰石/石灰—石膏（石灰石与SO_2反应生成石膏浆，脱水后得到副产品石膏）法，主要是以碱性溶液为脱硫剂吸收烟气中的SO_2。对高硫煤，脱硫率在90%以上；对低硫煤，脱硫率在95%以上。石灰石/石灰—石膏湿法脱硫在300MW及以上机组得到广泛应用。燃煤电厂脱硫设备是重要的厂用电负荷，计入高压厂用变压器容量的6kV脱硫负荷有：

吸收塔循环泵（又名浆液循环泵）：主要的功能是使吸收塔内的浆液（石灰石粉加水制成浆液作为吸收剂）循环流动，浆液通过浆液循环泵打至吸收塔顶部各喷淋层，在喷嘴的作用下将浆液雾化，与烟气充分接触吸收烟气中的二氧化硫（SO_2）和三氧化硫（SO_3）实现脱硫，并起到一定的烟气降温作用，提高脱硫效率。

增压风机（又称脱硫风机）：用于克服FGD装置的烟气阻力，将原烟气引入脱硫系统，并稳定锅炉引风机出口压力的主要设备。

氧化风机：作用是向吸收塔浆液池中的浆液提供充足的氧化空气使脱硫工艺中产

生的亚硫酸钙在浆液池中被强制氧化成石膏（硫酸钙）。

湿式球磨机：主要作用是为脱硫系统磨制足够数量合格的石灰石浆液。

计入高压厂用变压器容量的6kV输煤负荷有：

环锤式碎煤机：用于发电厂破碎大块煤，石灰石等中等硬度脆性物料。

斗轮堆取料机：斗轮堆取料机是现代化工业大宗散状物料连续装卸的高效设备，在燃煤电厂用于储煤场的堆取作业。

带式输送机：主要用于煤炭输送，从储煤场向锅炉原煤仓输煤。

翻车机变压器：给翻车机供电，翻车机是一种用来翻卸铁路敞车散料的大型机械设备，可将有轨车辆翻转或倾斜使之卸料，在燃煤电厂用来翻卸运煤的有轨车辆。

电除尘变压器：给电除尘器供电。在旋风除尘器、水膜除尘器、布袋除尘器和电除尘器等除尘器中，电除尘器是一种较理想的除尘设备，除尘效率可达99%以上，可以大幅度降低排入大气层中的烟尘量，是改善环境污染、提高空气质量的重要环保设备，也是火力发电厂必备的配套设备。它的工作原理是烟气通过电除尘器主体结构前的烟道时，利用高压电场使烟气发生电离，烟尘带正电荷，然后烟气进入设置多层阴极板的电除尘器通道，由于带正电荷烟尘与阴极电板的相互吸附作用，使烟气中的颗粒烟尘吸附在阴极上，定时打击阴极板，使具有一定厚度的烟尘在自重和振动的双重作用下跌落在电除尘器结构下方的灰斗中，从而达到清除烟气中的烟尘的目的。燃煤电厂烟气超低排放技术已经比较成熟，目标为：烟尘5mg/m^3、氮氧化物50mg/m^3、$SO_2$35mg/m^3，除尘效率可达99.9%以上，采用的技术主要有SCR（selective catalytic reduction，即选择性催化还原技术）脱硝+低温电除尘+石灰石—石膏湿法脱硫+湿式电除尘。电袋复合除尘器是在一个箱体内将电除尘器和袋除尘器结合在一起的新一代高效除尘设备，它结合了电除尘和袋除尘的优点，先由电场捕集烟气中大部分粉尘，再由布袋收集剩余细微粉尘，比单一使用电除尘器省电，是实现超低排放的另一技术路线。

给水泵、凝结水泵、循环水泵电动机换算系数K取1，其他高压电动机换算系数K取0.85，低厂变所带负荷换算系数K也取0.85。根据计算结果，高压厂用工作变压器选2台无载调压低压分裂绕组变压器，额定电压20(1±2×2.5%)/6.3-6.3kV，额定容量50/31.5-31.5MVA。高压厂用起动/备用变压器容量与高压厂用工作变压器容量相同，选1台有载调压低压分裂绕组变压器，额定电压为230(1±8×1.25%)/6.3-6.3kV，额定容量为50/31.5-31.5MVA。

二、变电站站用变压器的选择

1. 变电站的主要站用电负荷

一般变电站的站用负荷与火力发电厂相比，种类少，容量也小，所以，一般只有站用低压380/220V一级电压。表4-5列出了220～500kV变电站的主要站用电负荷及其负荷特性。

表 4-5 220～500kV 变电站主要站用负荷及其负荷特性

名 称	类 别	运行方式	名 称	类 别	运行方式
充电装置	Ⅱ	不经常、连续	远动装置	Ⅰ	经常、连续
浮充电装置	Ⅱ	经常、连续	微机监控系统		
变压器强油冷却装置	Ⅰ		微机保护、检测装置电源		
变压器有载调压装置	Ⅱ	经常、断续	空压机	Ⅱ	经常、短时
有载调压装置带电滤油装置		经常、连续	深井水泵或给水泵		
断路器、隔离开关操作电源		经常、断续	生活水泵		
断路器等端子箱加热	Ⅱ	经常、连续	雨水泵	Ⅱ	不经常、短时
通风机	Ⅲ		消防水泵、变压器水喷雾装置	Ⅰ	
事故通风机	Ⅱ	不经常、连续	配电装置检修电源	Ⅲ	
空调机、电热锅炉	Ⅲ	经常、连续	电气检修间		
载波、微波电源	Ⅰ		所区生活用电		经常、短时

2. 站用变压器负荷计算

1）负荷计算原则：①经常、连续运行，不经常、连续运行以及经常短时运行的设备应予以计算；②不经常、短时及不经常、断续运行的设备可不予计算。

2）负荷计算方法。一般按换算系数法计算，站用变压器容量 S_T（kVA）的计算公式为

$$S_T = K_L P_1 + P_2 + P_3 \tag{4-18}$$

式中 K_L——站用动力负荷换算系数，一般取 0.85；

P_1——动力负荷之和（kW）；

P_2——电热负荷之和（kW）；

P_3——照明负荷之和（kW）。

3. 站用变压器容量选择实例

某 220kV 变电站规模为：总共装设 3 台 180MVA 主变压器，额定电压为 220/121/10.5kV；220kV 规划出线 6 回；110kV 规划出线 10 回；全站无 10kV 出线，仅接有站用变压器及无功补偿电容器。10kV 无功补偿装置按每台主变压器配 4×8000kvar 电容器组考虑，共有 12×8000kvar 电容器组。站用电负荷计算见表 4-6。

表 4-6 某 220kV 变电站的站用变压器负荷计算及容量选择

序 号	名 称	额定容量/kW	连接台数	运行台数	运行功率/kW
1	220kV 配电装置	15×2	2	1	15
2	110kV 配电装置	15×2	2	1	15
3	主变压器端子箱	10×3	3	3	30
4	直流充电装置	30×4	4	2	60
5	交流不停电电源	7×2	2	2	14

（续）

序　号	名　　称	额定容量/kW	连接台数	运行台数	运行功率/kW
6	试验电源屏	20×2	2	1	20
7	10kV 开关柜电源	5×3	2	2	10
8	保护屏顶小母线	6	1	1	6
9	逆变电源	7×2	2	1	7
10	深井泵	22	1	1	22
11	雨水泵	37×2	2	2	74
12	屋顶风机	12			12
13	轴流风机	3			3
小计 P_1					288
14	空调器	40			30
15	电热水器	3×2			6
小计 P_2					36
16	全站照明	30			20
小计 P_3					20
共计：$0.85P_1+P_2+P_3=300.8$kVA，故选容量为 315kVA 的站用变压器 2 台					

站用变压器选用无载调压变压器 2 台，型号为 SC10-315/10，额定电压为 10/0.4kV。站用电接线设 380/220V 单母线接线 2 段，每段的低压进线柜中装设 1 套 ATS（automatic transfer switch，自动转换两路电源之一给负荷使用的设备），分别与 2 台站用变压器连接，互为备用，任何一台站用变压器均可承担全站负荷，一旦本段站用变压器失电，即将本段负荷切换到另一台站用变压器下。正常情况下 2 台站用变压器分列运行。

第五节　厂用电动机的选择和自起动校验

一、厂用设备的机械特性和电力拖动方程

1. 厂用设备的机械特性

发电厂中厂用机械设备的负载转矩特性可归纳为两种类型，如图 4-13 所示。

（1）恒转矩负载特性　即该设备的负载转矩（阻转矩）M_{*m}（* 代表标幺值）与转速 n_* 无关，$M_{*m}=f(n_*)$ 特性为一水平直线，如图 4-13 中直线 1 所示。火电厂中属于这类机械的有碎煤机、磨煤机、绞车、起重机等。

（2）非线性负载转矩特性　该类设备的负载转矩与转速的二次方或高次方成比例，如图 4-13 中曲线 2 所示。非线性负载转矩特性可用式(4-19) 表示：

$$M_{*m}=M_{*m0}+(1-M_{*m0})n_*^a \tag{4-19}$$

式中　M_{*m0}——与转速无关的机械摩擦起始负载转矩标幺值，一般取 0.15；

a——指数，与机械设备型式有关；

M_{*m}——以机械设备在额定转速的负载转矩为基准值的标幺值；

n_*——转速的标幺值。

1）风机、油泵以及工作时没有静压力的离心式水泵等，其负载转矩与转速的二次方成比例，即转矩特性为 $M_{*m}=0.15+0.85n_*^2$。

2）工作时有静压力的离心式水泵等机械设备，例如，给锅炉送水的给水泵工作时，要克服锅炉的蒸汽压力和管道中水的重量所引起的静压力以及水在管中流动的阻力，其负载转矩与转速的高次方成比例。

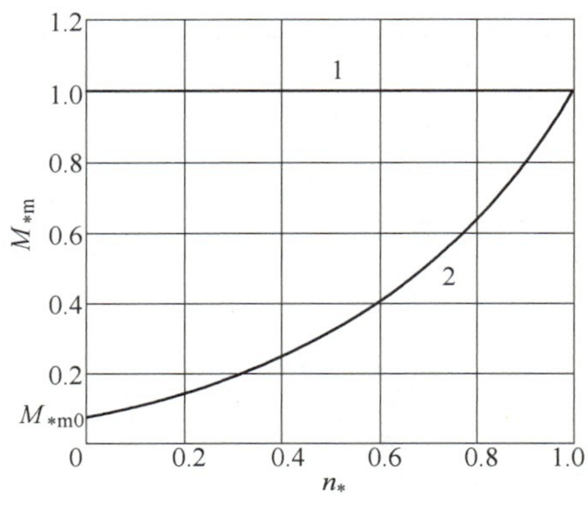

图 4-13　厂用机械负载转矩特性

（3）电力拖动方程　由电动机和厂用机械设备组成的电力拖动系统是一个机械旋转运动系统。在电力拖动计算中，机组的转动惯量 J（$\text{kg}\cdot\text{m}^2$）常采用飞轮力矩 GD^2（$\text{N}\cdot\text{m}^2$，可由产品目录中查得）来表示，即

$$J=\frac{1}{4g}GD^2 \tag{4-20}$$

式中　g——重力加速度，$g=9.81\text{m/s}^2$。

电动机的机械角速度 Ω(rad/s) 与其转速 n(r/min) 的关系是 $\Omega=2\pi n/60$。电动机产生的电磁转矩 M_e(N·m) 克服机械负载阻转矩 M_m(N·m) 后的剩余转矩，便会使机械传动系统产生加速运动，其旋转运动方程为

$$M_e-M_m=J\frac{d\Omega}{dt}=\frac{GD^2}{375}\frac{dn}{dt} \tag{4-21}$$

由式(4-21) 可分析出电动机的工作状态：

1）当 $M_e=M_m$ 时，$dn/dt=0$，则 $n=0$ 或 $n=$常数，拖动系统处于静止或稳定运行状态。

2）当 $M_e>M_m$ 时，$dn/dt>0$，拖动系统处于加速状态。

3）当 $M_e<M_m$ 时，$dn/dt<0$，拖动系统处于减速状态。

二、厂用电动机的类型及其特点

发电厂厂用电系统中使用的电动机有异步电动机、同步电动机和直流电动机 3 类。其中使用最多的是异步电动机，特别是笼型异步电动机。各种电动机的特点和使用范围如下：

1. 异步电动机

异步电动机的机械特性是指电动机的电磁转矩 M_e 与转速 n 之间的关系，即 $M_{*e}=f(n_*)$，如图 4-14 所示。在图中，同时绘出了电动机的特性曲线 $M_{*e}=f(n_*)$ 与被拖动机械设备的负载转矩特性曲线 $M_{*m}=f(n_*)$。可见，异步电动机能够顺利起动的条件是：①电动机的起动转矩 M_{*e0} 必须大于被拖动机械在 $n_*=0$ 时的起始负荷阻转矩 M_{*m0}；②在起动过程中的任一转速下都应有 $M_{*e}>M_{*m}$，使剩余转矩为正。直到当电动机的 $M_{*e}=f(n_*)$ 与被拖动机械的 $M_{*m}=f(n_*)$ 相等，即在两曲线的交点（稳定工作点）上，如图 4-14 中的 1 点或 2 点处，拖动系统才能稳定运行。

异步电动机的起动，一般采用直接起动方式。该起动方式起动转矩大，起动电流也大，会引起厂用系统电压下降和电动机本身发热，所以，对起动困难的厂用机械设备的电动机需进行起动校验。

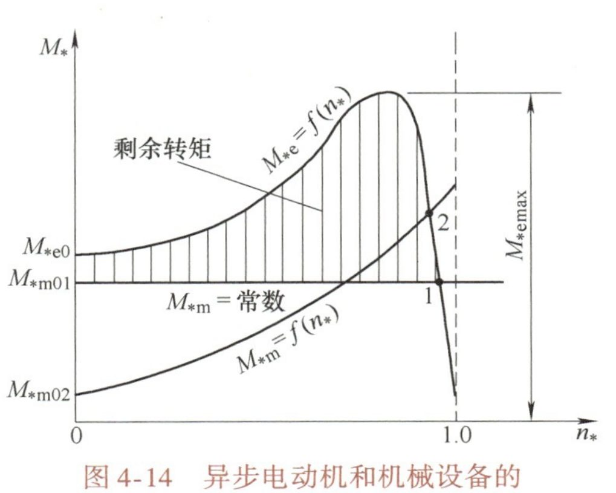

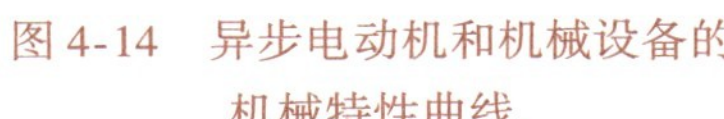
图 4-14 异步电动机和机械设备的机械特性曲线

笼型异步电动机分为单笼式、深槽式和双笼式。后两种具有起动转矩大、起动电流小等较好的起动性能。

绕线转子异步电动机可采用在转子电路内引入感应电动势实现串级调速，也可采用在转子电路串接调节电阻，借调节电阻在一定范围内调整转速、起动转矩和起动电流。

异步电动机的优点是结构简单、运行可靠、操作维护方便、过载能力强，且价格便宜；其缺点是起动电流大、自身调速困难。

2. 同步电动机

同步电动机有一套励磁系统，可以工作在“超前”或“滞后”的不同工作状态，调整厂用电系统的功率因数。同步电动机的转矩与电压成正比（异步电动机的转矩与电压的二次方成正比），对电压波动不太敏感，运行稳定性好。但是，同步电动机的结构复杂、价格较高，且起动、控制较麻烦。所以，在厂用电系统中，只在大功率低转速的机械设备上有时采用。

3. 直流电动机

直流电动机的特点是：借助调节磁场电流，可在大范围内均匀而平滑的调速；起动转矩大；不依赖厂用交流电源；但其结构复杂、成本高、维护量大和工作可靠性较差。所以，直流电动机用于拖动对调速性能和起动性能要求较高的厂用机械。

三、厂用电动机选择

厂用电动机主要根据功率大小、起动转矩要求和调速要求进行合理选择。

（1）型式选择　厂用电动机一般采用高效、节能的交流电动机；厂用交流电动机应采用笼型，起动力矩要求大的设备应采用深槽式或双笼式。对于重载起动的Ⅰ类电动机，应与工艺专业协调电动机容量与轴功率之间的配合裕度，或采用特殊高起动转矩的电动机，以满足自起动的要求；对于反复、重载起动或需要在小范围内调速的机械，如吊车、抓斗机等可选用绕线转子式异步电动机；对于当厂用交流电源消失后仍要求工作的设备采用直流电动机。对 200MW 及以上机组的大容量辅机，为了提高运行的经济性，可以采用双速电动机或其他调速措施。

厂用电动机的外壳防护型式应与周围环境条件相适应：多灰尘、潮湿和水土飞溅的场所应使用封闭式，外壳防护等级应达到 IP54 级，其他一般场所不低于 IP23 级。有爆炸性气体的场所要使用防爆式。

（2）转速、容量和电压选择　电动机的转速应满足被拖动机械设备的要求；电动

机的额定容量 P_N 必须满足在额定电压和额定转速下满载工作的机械设备的轴功率 P_s，并留有适当的储备，即

$$P_N > P_s \tag{4-22}$$

电动机电压根据容量选择。当高压厂用电压为3kV一级时，100kW以上的电动机采用3kV，100kW以下的电动机采用380V，100kW左右的电动机可根据工程具体情况确定。当高压厂用电压为6kV一级时，200kW以上的电动机采用6kV，200kW以下的电动机采用380V，200kW左右的电动机可根据工程具体情况确定。当高压厂用电压为10kV一级时，250kW以上的电动机采用10kV，200kW以下的电动机采用380V，200～250kW的电动机可根据工程具体情况确定。当高压厂用电压为10kV及6kV二级时，4000kW以上的电动机采用10kV，200～4000kW的电动机采用6kV，200kW以下的电动机采用380V，200kW及4000kW左右的电动机可根据工程具体情况确定。当高压厂用电压为10kV及3kV二级时，1800kW以上的电动机采用10kV，200～1800kW的电动机采用3kV，200kW以下的电动机采用380V，200kW及1800kW左右的电动机可根据工程具体情况确定。容量处于各级电压分界点的电动机在满足母线短路电流最小化和起动电压水平时，宜采用较低一级电压。

四、电动机的自起动校验

1. 电动机的自起动及其分类和要求

（1）电动机的自起动　厂用电系统中运行的电动机，当电源突然消失或厂用电压降低时，电动机转速下降（称为惰行），甚至停转，若电动机不与电源断开，在很短时间（一般为1s左右）内，厂用电压又恢复或备用电源自动投入，电动机从惰行又自动起动过渡到稳定运转状态，这一过程称为电动机的自起动。重要厂用机械的电动机参加自起动，保证了不因厂用母线的暂时失电压而使发电机组被迫停机，减少了停电造成的经济损失，对电力系统的可靠、安全和稳定运行有重要意义。

（2）自起动的种类　从电源角度看自起动可分为3类：①失电压自起动，即运行中突然出现事故低电压，当故障消除、电压恢复时形成的自起动；②空载自起动，即备用电源处于空载状态时，自动投入到失去工作电源的工作母线段时所形成的自起动；③带负荷自起动，即备用电源已带一部分负荷，又投入到失去工作电源的工作母线段时所形成的自起动。

厂用工作电源一般仅考虑失电压自起动，而起动/备用电源需考虑失电压、空载及带负荷三种自起动。

（3）电动机自起动时厂用母线电压最低限值　异步电动机的转矩 M_{*e} 与其端电压的二次方 U_*^2 成正比。通常电动机在额定电压（$U_{*N}=1$）下运行时，其最大转矩 M_{*emax} 约为额定转矩 M_{*eN} 的2倍（$M_{*eN}=1$），如图4-15所示。随着电压下降，电动机转矩急剧下降。当 U_* 下降至0.7时，其最大转矩 M'_{*emax} 相应变为 $(0.7)^2\times2<1$，若电动机所拖动的机械为额定负载转矩，即 $M_{*m}=1$，则此时剩余转矩已变为负值，电动机受到制动而减速，最终导致停转。若电压 U_* 下降到某一数值时，恰好使电动机此时的最大转矩 M'_{*emax} 等于额定负载转矩（$M_{*m}=1$），则此电压称为临界电压 U_{*cr}，即最大转矩为 $U_{*cr}^2 M_{*emax}=1$，于是

$$U_{*cr}=1/\sqrt{M_{*emax}} \qquad (4\text{-}23)$$

异步电动机的 M_{*emax} 与电动机的型式和种类有关，为 1.8 ~ 2.4，所以临界电压 U_{*cr} 为 0.645 ~ 0.745，即电压下降到额定值的 64.5% ~ 74.5% 时，电动机就开始惰行。

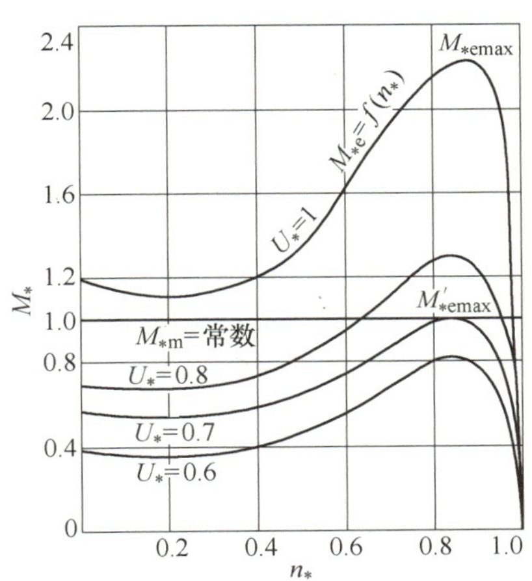

图 4-15 异步电动机转矩与电压、转速的关系

为使厂用电系统能稳定运行，规定电动机正常起动时，厂用母线电压的最低允许值为额定电压的 80%；电动机端电压最低值为额定电压的 70%。电动机自起动时，由于惯性，当电压降低时，电磁转矩立即下降，而转速在短时间内几乎无大变化，电压恢复时还具有较高的转速，因此比较容易起动，故电动机自起动时，规定的厂用母线电压的最低值比正常起动时稍低一些，具体数值见表 4-7。

表 4-7 电动机自起动时要求的厂用母线电压最低值

名 称	类 型	自起动电压为额定电压的百分数（%）
厂用高压母线	高温高压机组	65 ~ 70①
	中压机组	60 ~ 65①
厂用低压母线	由低压母线单独供电时	60
	由低压母线与高压母线串接供电时	55

① 失电压或空载自起动时取上限值，带负荷自起动时取下限值。

2. 电动机的自起动校验

电动机自起动时，若参加自起动的电动机数量过多、总容量较大，则起动电流过大，厂用变压器内阻抗上将分得较高的电压，会使厂用母线及厂用电网络电压下降，甚至引起电动机过热，将危及电动机的安全以及厂用电网络的稳定运行，因此必须进行电动机自起动校验。若自起动校验不合格时，应采取相应的措施。电动机自起动校验可采用电压校验或容量校验。电动机的自起动校验采用标幺值计算简单，结果即为电压百分数。

（1）电动机自起动的厂用母线电压校验 电压校验分为两种情况：一是单个厂用母线的成组电动机自起动时厂用母线电压校验；二是高、低压厂用母线串接时，高、低压电动机同时自起动时厂用母线电压校验。

1）单个厂用母线的成组电动机自起动时厂用母线电压校验。厂用母线电压校验计算中以厂用变压器的额定容量为基准容量，电压基准值取电网（用电设备）额定电压 0.38kV、3kV、6kV 或 10kV。图 4-16 所示为一组电动机在厂用母线上进行自起动的电路及其等效电路，U_{*0} 为厂用变压器电源侧电压标幺值；U_{*1} 为厂用母线电压标幺值；x_{*t} 为厂用变压器电抗标幺值；x_{*0} 和 x_{*m} 分别为自起动时已有负荷电抗标幺值和电动机起动瞬间电抗标幺值；I_{*t}、I_{*0}、I_{*1} 分别为厂用变压器中的、已有负荷的、电动机自起动的电流标幺值；S_0 为厂用母线已有负荷容量；S_1 为自起动电动机的起动容量。

其中，$I_{*0}=\dfrac{U_{*1}}{x_{*0}}=\dfrac{U_{*1}}{x'_{*0}\dfrac{S_t}{S_0}}=\dfrac{1}{x'_{*0}}\dfrac{U_{*1}S_0}{S_t}=K_0U_{*1}\dfrac{S_0}{S_t}$；$I_{*1}=\dfrac{U_{*1}}{x_{*m}}=\dfrac{U_{*1}}{x'_{*m}\dfrac{S_t}{S_{m\Sigma}}}=K_{av}U_{*1}\dfrac{S_{m\Sigma}}{S_t}$

式中　x'_{*0}——以 S_0 为基准容量的已有负荷电抗标幺值；

x_{*0}——以 S_t 为基准容量的已有负荷电抗（有名值为 x_0）标幺值，$x_{*0}=x_0\dfrac{S_t}{U_1^2}\dfrac{S_0}{S_0}=x'_{*0}\dfrac{S_t}{S_0}$；

K_0——已有负荷的起动电流倍数，$K_0=1/x'_{*0}$，已有负荷已起动，故 $K_0=1$；

x'_{*m}——以电动机的额定总容量 $S_{m\Sigma}$ 为基准容量的自起动瞬间电抗标幺值；

x_{*m}——以 S_t 为基准容量的全部电动机的自起动瞬间电抗标幺值，$x_{*m}=\dfrac{1}{K_{av}}\dfrac{S_t}{S_{m\Sigma}}$；

K_{av}——平均起动电流倍数，起动瞬间的电抗为 $x'_{*m}=1/K_{av}$。对于成组电动机，备用电源自动切换总时间小于 0.8s 为快速切换，此时 K_{av} 取 2.5，总切换时间大于 0.8s 为慢速切换，则 K_{av} 取 5。

从图 4-16b 所示等效电路可得

$$U_{*0}-U_{*1}=I_{*t}x_{*t}=(I_{*0}+I_{*1})x_{*t}=\left(K_0U_{*1}\frac{S_0}{S_t}+K_{av}U_{*1}\frac{S_{m\Sigma}}{S_t}\right)x_{*t}$$

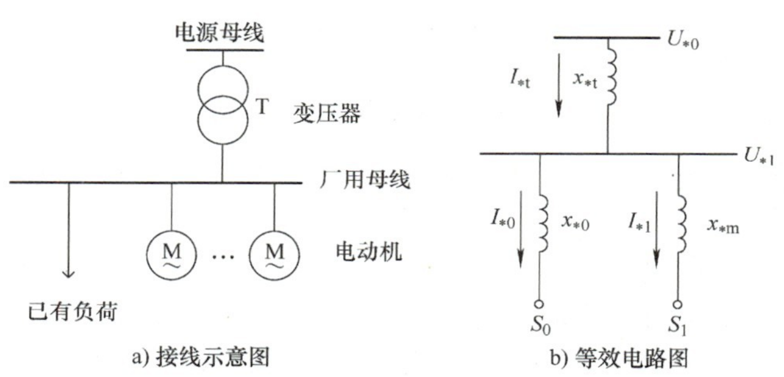

图 4-16　厂用电动机自起动电路及其等效电路

整理可得自起动开始瞬间，厂用母线电压为

$$U_{*1}=\frac{U_{*0}}{1+\left(S_{*0}+\dfrac{K_{av}P_{m\Sigma}}{S_t\eta\cos\varphi}\right)x_{*t}}=\frac{U_{*0}}{1+(S_{*0}+S_{*1})x_{*t}} \tag{4-24}$$

式中　S_{*1}——电动机自起动瞬间容量 S_1 标幺值，$S_{*1}=\dfrac{K_{av}P_{m\Sigma}}{S_t\eta\cos\varphi}$；

$P_{m\Sigma}$——参加自起动电动机的额定总功率（kW），$S_{m\Sigma}=\dfrac{P_{m\Sigma}}{\eta\cos\varphi}$(kVA)；

$\eta\cos\varphi$——电动机的效率与功率因数的乘积，一般取 0.8；

S_t——变压器额定容量（kVA），也是计算所选取的基准容量，S_t 取厂用变压器的低压绕组额定容量。若高压厂用变压器为分裂绕组变压器，式(4-24)中则以分裂绕组额定容量 S_{2N} 代替 S_t；

S_{*0}——原已有的负荷容量标幺值，$S_{*0}+S_{*1}$ 称为合成负荷，失电压或空载自起动时 S_{*0} 取 0 值；

U_{*0}——电源母线电压标幺值，电抗器供电时取1，无载调压变压器供电时取1.05，有载调压变压器供电时取1.1；

x_{*t}——变压器电抗标幺值，以变压器额定容量 S_t 为基准容量，以电网（用电设备）额定电压为基准电压时，普通变压器电抗标幺值 $x_{*t}=1.1\times\dfrac{U_k\%}{100}$，若高压厂用变压器为分裂绕组变压器，$x_{*t}=1.1\times\dfrac{U_k\%}{100}\dfrac{S_{2N}}{S_{1N}}$，$S_{1N}$是分裂绕组变压器高压绕组额定容量。

x_{*t}中的系数1.1是标幺值转换中出现的1.05^2，近似等于1.1，由于电源变压器二次额定电压与用电设备（如电动机）额定电压的差异，一般其比值约为1.05，例如变压器二次额定电压为6.3kV，标幺值计算的基准电压采用用电设备的额定电压6kV，电压比值6.3/6 = 1.05，变压器电抗在选定基准值下的标幺值 $x_{*t}=\dfrac{U_k\%}{100}\times\dfrac{6.3^2}{S_t}\times\dfrac{S_t}{6^2}=1.05^2\times\dfrac{U_k\%}{100}=1.1\times\dfrac{U_k\%}{100}$。

由式(4-24)计算出厂用母线的电压（标幺值）不应低于自起动要求的厂用母线最低电压值，方能保证电动机顺利起动。用于电动机正常起动时的电压校验时，用最大容量电动机 P_N代替 $P_{m\Sigma}$，K_1（正常起动的电动机起动电流倍数）代替 K_{av}。当电动机的功率（kW）为电源容量（kVA）的20%以上时，应验算正常起动时的电压水平，但对2000kW及以下的6kV/10kV电动机可不必校验。电动机正常起动时的电压校验条件是：最大容量电动机正常起动时，厂用母线的电压不应低于额定电压的80%，容易起动的电动机端电压不应低于额定电压的70%。

2）高、低压厂用母线串接成组电动机自起动时厂用母线电压校验。图4-17所示为高、低压厂用母线串接时，高、低压电动机同时自起动的等效电路。此种情况下，应对高压厂用母线电压 U_{*1}和低压厂用母线电压 U_{*2}分别进行校验。假设高压厂用母线原已带有负荷 S_0，自起动（带负荷自起动）过程中 S_0继续运行。S_1、S_2为高、低压自起动电动机的起动容量。

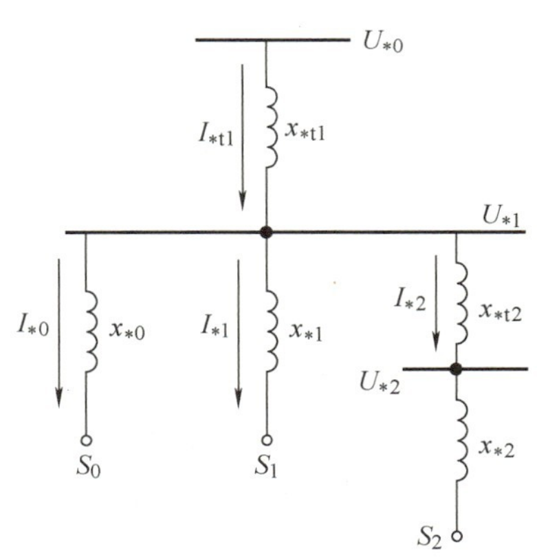

图4-17 厂用高、低压电动机同时自起动等效电路

① 高压厂用母线电压 U_{*1}校验。在图4-17中，U_{*0}为高压厂用变压器电源侧电压的标幺值；x_{*t1}为高压厂用变压器电抗标幺值；x_{*t2}为低压厂用变压器电抗标幺值；x_{*1}、x_{*2}分别为自起动时高、低压电动机起动瞬间电抗标幺值；I_{*t1}为自起动时流过高压厂用变压器的电流标幺值；I_{*0}、I_{*1}、I_{*2}分别为原有负荷电流标幺值及高、低压电动机自起动电流的标幺值。U_{*1}校验计算中以高压厂用变压器的额定容量为基准容量，电压基准值取电网额定电压3kV、6kV或10kV。

电动机自起动时，各量之间有如下关系：

$$U_{*0}-U_{*1}=I_{*t1}x_{*t1}=(I_{*0}+I_{*1}+I_{*2})x_{*t1} \tag{4-25}$$

式中 $I_{*0}=K_0U_{*1}\dfrac{S_0}{S_{t1}}$；$I_{*1}=K_1U_{*1}\dfrac{S_{1m\Sigma}}{S_{t1}}$；$I_{*2}=K_2U_{*2}\dfrac{S_{2m\Sigma}}{S_{t1}}$；

K_0、K_1、K_2——已有的负荷起动电流倍数、参加自起动的高、低压电动机自起动电流平均倍数；

S_0、$S_{1m\Sigma}$、$S_{2m\Sigma}$——已有的负荷容量、参加自起动的高、低压电动机的额定总容量。

I_{*2}所占比例一般较小，可以略去，且负荷已起动时 $K_0=1$，将 I_{*0}、I_{*1}代入式(4-25)并整理，得高压厂用母线电压为

$$U_{*1}=\frac{U_{*0}}{1+\left(S_{*0}+\frac{K_1P_{1m\Sigma}}{S_{t1}\eta\cos\varphi}\right)x_{*t1}}=\frac{U_{*0}}{1+x_{*t1}S_{*H}} \tag{4-26}$$

式中 S_{*H}——高压厂用母线的合成负荷标幺值，$S_{*H}=S_{*0}+\frac{K_1P_{1m\Sigma}}{S_{t1}\eta\cos\varphi}=S_{*0}+S_{*1}$，$S_{*1}$为电动机起动容量 S_1 的标幺值，失电压或空载自起动时 S_{*0}取 0 值；

$P_{1m\Sigma}$——参加自起动的高压电动机的额定总功率（kW）；

S_{t1}——高压厂用变压器额定容量（kVA），也是计算所选取的基准容量，S_{t1} 取高压厂用变压器的低压绕组额定容量。若高压厂用变压器为分裂绕组变压器，式(4-26) 中则以分裂绕组额定容量 S_{2N}代替 S_{t1}；

x_{*t1}——高压厂用变压器电抗标幺值，以 S_{t1} 为基准容量，以电网额定电压为基准电压，普通变压器 $x_{*t1}=1.1\times\frac{U_k\%}{100}$，若高压厂用变压器为分裂绕组变压器，$x_{*t1}=1.1\times\frac{U_k\%}{100}\frac{S_{2N}}{S_{1N}}$，$S_{1N}$是分裂绕组变压器高压绕组额定容量。

② 低压厂用母线电压 U_{*2}校验。U_{*2}校验计算中以低压厂用变压器额定容量 S_{t2}（kVA）为基准容量，以低压电网额定电压 380V 为基准电压。由图 4-17 可见，U_{*1}、U_{*2}、I_{*2}与 x_{*t2}之间的关系为

$$U_{*1}-U_{*2}=I_{*2}x_{*t2} \tag{4-27}$$

将 $I_{*2}=K_2U_{*2}\frac{S_{2m\Sigma}}{S_{t2}}$代入式(4-27) 并整理，得

$$U_{*2}=\frac{U_{*1}}{1+\frac{K_2P_{2m\Sigma}}{S_{t2}\eta\cos\varphi}x_{*t2}}=\frac{U_{*1}}{1+x_{*t2}S_{*L}} \tag{4-28}$$

式中 S_{*L}——低压厂用母线的合成负荷标幺值，$S_{*L}=\frac{K_2P_{2m\Sigma}}{S_{t2}\eta\cos\varphi}=S_{*2}$，$S_{*2}$为电动机起动容量 S_2 的标幺值；

$P_{2m\Sigma}$——参加自起动的低压电动机的额定总功率（kW）；

S_{t2}——低压厂用变压器额定容量（kVA）；

x_{*t2}——低压厂用变压器电抗标幺值，$x_{*t2}=1.1\times\frac{U_k\%}{100}$。

使用式(4-28) 计算低压厂用母线电压 U_{*2}时，式中 U_{*1}是式(4-26) 的计算结果（U_{*1}等于折算到380V 电压级的标幺值，例如高压厂用电网络电压为 6kV，低压厂用变压器电压为 6.3/0.4kV，$U_{*1}\times6\times\frac{0.4}{6.3}/0.38=U_{*1}$）。当同一高压厂用母线上接有多台低压厂用变压器时，一般只计算其中负荷最大的一台。

（2）电动机自起动允许容量校验　电动机自起动的电压校验和容量校验其实是一回事，电压校验是把电动机容量 $S_{*m\Sigma}$ 当作已知值，求厂用母线电压 U_{*1}；而容量校验是把厂用母线电压 U_{*1} 当作已知值，求允许自起动电动机容量 $P_{m\Sigma}$。由式(4-24) 可求得允许自起动电动机容量（S_{*0}取0值）为

$$S_{*m\Sigma}=\frac{U_{*0}-U_{*1}}{U_{*1}x_{*t}}\quad 或者\quad P_{m\Sigma}=\frac{(U_{*0}-U_{*1})\eta\cos\varphi}{U_{*1}x_{*t}K_{av}}S_t \tag{4-29}$$

由式(4-29) 可见，厂用变压器的电源电压 U_{*0}越高，厂用变压器容量 S_t越大和短路阻抗 x_{*t}越小，厂用电动机效率 η 和功率因数 $\cos\varphi$ 越高、自起动电流倍数 K_{av}越小，自起动要求的厂用母线电压 U_{*1}越低时，允许自起动电动机容量 $P_{m\Sigma}$越大；反之，允许自起动电动机容量 $P_{m\Sigma}$越小。为保证重要厂用机械的电动机顺利自起动，通常可采用以下措施：

1）限制参加自起动电动机的数量。对不重要设备的电动机加装低电压保护装置，延时 0.5s 断开，不参加自起动。

2）阻转矩为定值的重要设备的电动机不参加自起动。因为该类电动机只能在接近额定电压下起动，所以也采用低电压保护，当厂用母线电压低于临界值时，把它从厂用母线上断开，厂用母线电压恢复后再自动投入。这样，可以保证未断开的重要设备电动机的顺利起动。

3）对重要的机械设备，选用具有高起动转矩和允许过载倍数较大的电动机。

4）在不得已的情况下，另行选用较大容量的厂用变压器，或在限制短路电流允许的情况下，适当减小厂用变压器的阻抗值。

【例 4-1】　某 2×300MW 火电厂的高压厂用起动/备用变压器为有载调压低压分裂绕组变压器，型号为 SFFZ-40000/220，额定容量为 40000/25000-25000kVA，额定电压为 230/6.3-6.3kV，半穿越电抗为 19%，低压厂用变压器型号为 SCB10-1000/6，额定容量为 1000kVA，额定电压为 6.3/0.4kV（低厂变距离高压厂用母线近，电缆损失电压小，故一次侧额定电压选 6.3kV），联结组别为 Dyn11，阻抗电压为 6%。高压厂用母线已带负荷 5200kW，自起动电动机总功率为 12360kW，低压母线上接有参加自起动的电动机总容量为 500kW。高、低压电动机的效率均为 0.95，功率因数均为 0.8，电动机起动电流倍数均为 5。请问能否实现自起动？

解：（1）高压厂用母线电压 U_{*1}的校验。高压厂用母线的合成负荷标幺值为

$$S_{*H}=S_{*0}+\frac{K_1P_{1m\Sigma}}{S_{t1}\eta\cos\varphi}=\frac{5200}{25000}+\frac{5\times12360}{25000\times0.95\times0.8}=3.46$$

高压变压器电抗标幺值为

$$x_{*t}=1.1\times\frac{U_k\%}{100}\frac{S_{2N}}{S_{1N}}=1.1\times\frac{19\times25000}{100\times40000}=0.13$$

高压厂用母线电压标幺值为

$$U_{*1}=\frac{U_{*0}}{1+x_{*t1}S_{*H}}=\frac{1.1}{1+0.13\times3.46}=\frac{1.1}{1.4498}=0.7587>0.65$$

（2）低压厂用母线电压 U_{*2}的校验。低压厂用母线的合成负荷标幺值为

$$S_{*L}=\frac{K_2P_{2m\Sigma}}{S_{t2}\eta\cos\varphi}=\frac{5\times500}{1000\times0.95\times0.8}=3.29$$

低压变压器电抗标幺值为

$$x_{*t2}=1.1\times\frac{U_k\%}{100}=1.1\times\frac{6}{100}=0.066$$

低压厂用母线电压标幺值为

$$U_{*2}=\frac{U_{*1}}{1+x_{*t2}S_{*L}}=\frac{0.7587}{1+0.066\times3.29}=\frac{0.7587}{1.21714}=0.6233>0.55$$

高低压母线电压都满足要求，能实现自起动。

【例4-2】 某高温高压火电厂，高压厂用工作变压器的容量为10000kVA，$U_k\%=8$；参加自起动电动机的平均起动电流倍数为4.5，$\cos\varphi=0.8$，效率$\eta=0.92$。试计算允许自起动的电动机总容量。

解：由表4-7可见，高温高压火电厂由高压厂用工作变压器使厂用电动机自起动时要求的厂用母线电压最低值为0.65；高压厂用工作变压器一般为无载调压变压器，电源母线电压标幺值U_{*0}取1.05；高压厂用工作变压器电抗标幺值取额定值的1.1倍。于是

$$x_{*t}=1.1U_k\%/100=1.1\times8/100=0.088$$

$$\begin{aligned}P_{m\Sigma}&=\frac{(U_{*0}-U_{*1})\eta\cos\varphi}{U_{*1}x_{*t}K_{av}}S_t\\&=\frac{(1.05-0.65)\times0.92\times0.8}{0.65\times0.088\times4.5}\times10000\text{kW}\\&=11437\text{kW}\end{aligned}$$

即，允许自起动的电动机总容量为11437kW。

思考题与习题

1. 什么是发电厂的厂用电？什么是发电厂的厂用电率？

2. 根据重要性分类，厂用负荷可分为哪几类？它们对供电电源各有什么要求？

3. 对厂用电接线的基本要求是什么？

4. 厂用工作电源与备用电源之间的备用方式有哪几种？

5. 电厂的厂用高压和厂用低压的电压等级如何确定？

6. 什么是发电厂的厂用工作电源？厂用工作电源的引接方式有哪几种？

7. 什么是发电厂的厂用备用电源？厂用备用电源的引接方式有哪几种？

8. 发电厂厂用高压母线的分段原则是什么？为什么？

9. 厂用低压电源从哪里引接？厂用低压母线如何根据电厂的类型进行分段？

10. 按使用机会和每次使用时间的长短分类，厂用负荷可分为哪几类？为什么要如此分类？

11. 对厂用电动机供电的供电方式有哪几种？什么是PC-MCC供电方式？

12. 选择厂用变压器的容量时，哪些负荷应该计入，哪些负荷不应该计入？

13. 为了保证厂用异步电动机的顺利起动，对异步电动机和机械设备的机械特性曲线有何要求？

14. 什么是厂用电动机的自起动？为什么要进行厂用电动机的自起动校验？

15. 试校验某高温高压火电厂6kV高压备用厂用变压器的容量，能否满足厂用电动机自起动要求。已知高压备用厂用变压器的容量为12.5MVA，$U_k\%=8$；要求同时自起动电动机容量为11000kW，电动机的平均起动电流倍数为5，$\cos\varphi=0.8$，$\eta=0.9$。

16. 某2×300MW火电厂的高压厂用起动/备用变压器为有载调压分裂绕组变压器，型号为SFFZ-43000/220，额定容量为43000/27000-27000kVA，额定电压为230/6.3-6.3kV，半

穿越电抗为19%，低压厂用变压器型号为SCB10-1000/10，容量为1000kVA，额定电压为6.3/0.4kV，变压器阻抗电压为6%，高压厂用母线已带负荷5500kW，自起动电动机总功率为13600kW，低压母线上接有参加自起动的电动机总容量为550kW。高、低压电动机的效率均为0.95，功率因数均为0.8，电动机起动电流倍数均为5.5。请问能否实现自起动?

17. 采用单元接线时，高压厂用工作电源的引接方式是（　　）。

A. 发电机出口　　B. 主变压器低压侧

C. 发电机电压母线　　D. 与电力联系的最低一级电压的升高电压母线

18. 采用单元接线时，高压厂用备用电源的引接方式是（　　）。

A. 发电机出口　　B. 主变压器低压侧

C. 发电机电压母线　　D. 与电力联系紧密的最低一级电压的升高电压母线

19. 热电厂的厂用电率一般为（　　）。

A. 5%～8%　　B. 8%～10%　　C. 0.3%～2%　　D. 2%

20. 300MW机组的厂用电电压等级为（　　）。

A. 380/220V　　B. 3kV和380/220V

C. 6kV和380/220V　　D. 3kV、10kV和380/220V

21. 变电站站用电的电压等级一般是（　　）。

A. 10kV　　B. 6kV　　C. 3kV　　D. 380/220V

22. 我国目前生产的电动机额定功率与额定电压关系较大。当额定电压为6kV时，电动机的最小额定功率为（　　）。

A. 300kW　　B. 75kW　　C. 200kW　　D. 1000kW

23. 由于发电厂各机组的厂用电系统应是独立的，因而其高、低压母线应采用（　　）。

A. 双母线接线　　B. 桥形接线

C. 双母线带旁路母线接线　　D. 单母线或单母线分段接线

24. 某300MW机组火电厂的高压厂用变压器联结组别为Dyn11yn11，容量为40/25-25MVA，厂用电电压为6.3kV，6kV中性点经电阻接地，若单相接地电流选定为100A，此电阻值为（　　）。

A. 4.64Ω　　B. 29.7Ω　　C. 36.38Ω　　D. 63Ω

25. 某发电厂有一台1250kVA的无载调压低压厂用变压器，电压为10/0.4kV，变压器电抗为10%，接有一台200kW的0.38kV电动机。电动机起动前母线已带负荷0.65（标幺值）。请计算电动机正常起动时母线电压标幺值应为（　　）。（电动机的效率$\eta=0.95$，功率因数$\cos\varphi=0.8$，电动机起动电流倍数$K_1=6$）

A. 0.82　　B. 0.87　　C. 0.86　　D. 0.89

26. 为保证火电厂厂用电系统的可靠性，不正确的选项是（　　）。

A. 使高压工作电源具有对应供电性　　B. 保证高压备用电源是独立的

C. 使高压备用电源具有对应供电性　　D. 高压厂用母线采用按炉分段

27. 220kV的高压厂用起动/备用变压器低压侧为6kV，采用低压分裂绕组变压器，其额定电压应选（　　）。

A. 220/6-6kV　　B. 220/6.3-6.3kV　　C. 230/6.3-6.3kV　　D. 230/6-6kV

28. 最大容量电动机正常起动时，厂用母线的电压不应低于额定电压的（　　）。

A. 55%　　B. 60%　　C. 70%　　D. 80%

第五章 导体的发热与电动力

导体的发热和电动力理论是电气设备选择计算的基础。本章详细介绍导体发热和散热的计算方法，长期发热和短时发热的特点及导体载流量和短路电流热效应的计算方法；讨论导体短路时所受电动力的计算方法及大电流封闭母线的温升计算；概括介绍大电流导体附近钢构的发热和大电流封闭母线的电动力。

第一节　概　　述

导体和电器在运行中，存在着各种功率损耗：

1）当电流通过导体时，在导体电阻中所产生的电阻损耗。

2）绝缘材料在电压作用下所产生的介质损耗。

3）导体周围的金属构件，特别是铁磁物质，在电磁场作用下，产生的涡流和磁滞损耗。

所有这些功率损耗都将转变成热量，使电气设备及相关部件发热，而电阻损耗是导体和电器发热的主要原因。导体和电器中长期通过正常工作电流所引起的发热，称为长期发热。长期发热的特点是导体和电器产生的热量与散失的热量相等，其温度不再升高，能够达到某一个稳定温度。短路电流通过导体和电器时引起的发热，称为短时发热。由于继电保护在几秒内便将短路故障切除，故短时发热时间很短，但短路时电流比正常工作电流大得多，将产生较多的热量，而且来不及散热，导体和电器的温度迅速升高，其温度可能比长期发热高得多。

发热对导体和电器产生的不良影响有：

1）机械强度下降。高温会使金属材料退火软化，机械强度下降。

2）接触电阻增加。高温将造成导体接触连接处表面氧化，形成高电阻率的氧化层薄膜，使接触电阻增加，温度进一步升高，产生恶性循环，可能导致连接处松动或烧熔。

3）绝缘性能降低。有机绝缘材料（如电缆纸、橡胶等）长期受高温的作用，将逐渐变脆和老化，使用年限缩短，甚至碳化而烧坏。

为了保证导体在长期发热和短时发热作用下能可靠、安全地工作，应限制其发热的最高温度，使之不超过导体的长期发热和短时发热最高允许温度。按照有关规定，导体的长期发热最高允许温度不应超过+70℃，在计及日照影响时，钢芯铝导线及管形导体可按不超过+80℃考虑。当导体接触面处有镀（搪）锡的可靠覆盖层时，可提高到+85℃。导体的短时最高允许温度，对硬铝及铝锰合金可取+200℃，硬铜可取+300℃。影响长期发热最高允许温度的因素主要是保证导体接触部分可靠地工作。影

响短时发热最高允许温度的因素主要是机械强度和带绝缘导体的绝缘耐热度（如电缆），由于机械强度的变化和绝缘的损坏不仅与温度有关，而且还与发热持续时间有关，发热时间越短，引起机械强度下降的温度就越高，故短时发热最高允许温度远高于长期发热最高允许温度。

发生短路故障时，除了引起发热外，还会产生很大的电动力，造成导体变形或损坏。为保证导体不受电动力的破坏，短路电流所产生的电动力不应超过允许值。

第二节　导体发热和散热的计算

一、导体发热的计算

1. 导体电阻损耗产生的热量

单位长度的导体，通过有效值为 I_w（单位为 A）的交流电流时，由电阻损耗产生的热量 Q_R（单位为 W/m）为

$$Q_R = I_w^2 R_{ac}$$

式中　R_{ac}——导体的交流电阻（Ω/m），可按下式计算：

$$R_{ac} = K_s \frac{\rho[1+\alpha_t(\theta_w - 20℃)]}{S} \quad (5\text{-}1)$$

式中　K_s——导体的趋肤系数；

ρ——导体温度为 20℃时的直流电阻率（$\Omega \cdot mm^2/m$）；

α_t——20℃时的电阻温度系数（$℃^{-1}$）；

θ_w——导体温度（℃）；

S——导体的截面积（mm^2）。

常见电工材料的电阻率 ρ 及电阻温度系数 α_t 见表 5-1。

表 5-1　常见电工材料的电阻率 ρ 及电阻温度系数 α_t

材料名称	ρ/ ($\Omega \cdot mm^2 \cdot m^{-1}$)	α_t/$℃^{-1}$	材料名称	ρ/ ($\Omega \cdot mm^2 \cdot m^{-1}$)	α_t/$℃^{-1}$
纯铝	0.027～0.029	0.0041	软棒铜	0.01748	0.00433
铝锰合金	0.0379	0.0042	硬棒铜	0.0179	0.00433
铝镁合金	0.0458	0.0042	钢	0.15	0.00625

导体的趋肤系数与电流的频率、导体的形状和尺寸有关。各种截面形状导体的趋肤系数可以通过查曲线或表格获得，矩形截面导体的趋肤系数曲线示于图 5-1 中。圆管形截面导体的趋肤系数曲线示于图 5-2 中。图中，f 为电源频率，R_{dc} 为 1000m 长导体的直流电阻。

2. 太阳日照（辐射）的热量

太阳照射（辐射）的热量也会造成导体温度升高，所以凡是安装在屋外的导体，一般应考虑日照的影响。圆管形导体吸收的太阳日照热量 Q_s（单位为 W/m）为

$$Q_s = E_s A_s D$$

式中　E_s——太阳辐射功率密度，我国取 $E_s=1000\text{W/m}^2$；

D——导体的直径（m）；

A_s——导体的吸收率，对铝管，取 $A_s=0.6$。

对于屋内导体不计太阳日照热量。

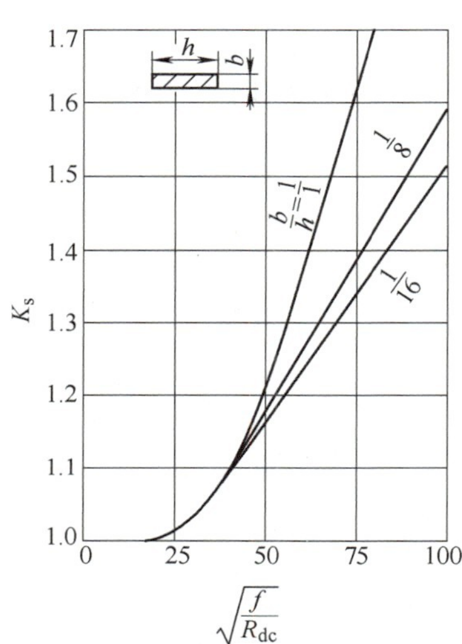

图 5-1　矩形截面导体的趋肤系数曲线

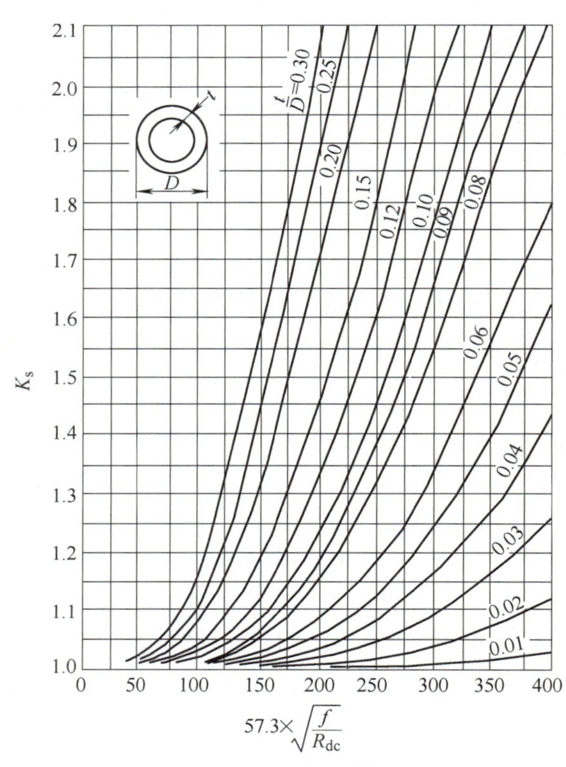

图 5-2　圆管形截面导体的趋肤系数曲线

二、导体散热的计算

导体散热的过程是热量传递的过程，热量传递有 3 种方式：对流、辐射和传导。

1. 对流换热量的计算

由温度不同的各部分流体相对运动将热量带走的现象，称为对流。流动着的流体与其接触的固体壁面之间的热量传递过程，称为对流换热。以对流方式传递的热量 Q_c（单位为 W/m），与导体对周围介质的温升及换热面积成正比，即

$$Q_c = \alpha_c(\theta_w - \theta_0)F_c \tag{5-2}$$

式中　α_c——对流换热系数［W/(m²·℃)］；

θ_w——导体温度（℃）；

θ_0——周围空气温度（℃）；

F_c——单位长度导体的对流换热面积（m²/m）。

根据对流风速的不同，可分为自然对流换热和强迫对流换热两种情况。

（1）自然对流换热量的计算　屋内空气自然流动或屋外风速小于 0.2m/s，属于自

然对流换热。此种情况的对流换热系数取

$$\alpha_c = 1.5(\theta_w - \theta_0)^{0.35}$$

单位长度导体的对流换热面积 F_c 是指有效面积，它与导体形状、尺寸、布置方式和多条导体的间距等因素有关。下面列出了矩形导体和圆管形导体（见图 5-3）的对流换热面积。当矩形导体的高 h 和宽 b 的单位用毫米（mm）时，则 $A_1 = h/1000$ 和 $A_2 = b/1000$ 可以看成是单位长度导体在高度和宽度方向的面积，单位为 m^2/m。

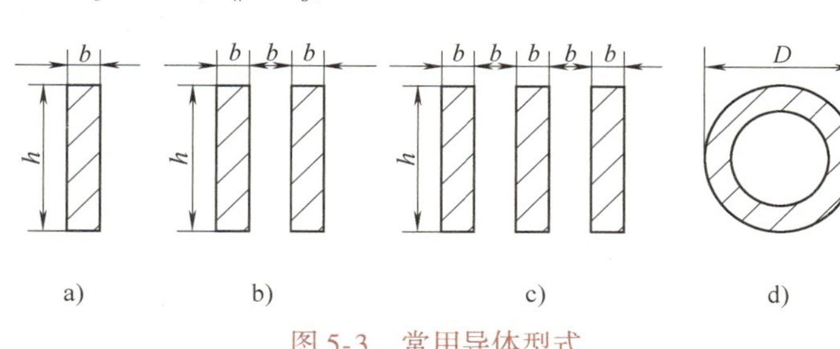

图 5-3 常用导体型式

单条矩形导体竖放时（见图 5-3a）的对流换热面积 F_c（单位为 m^2/m）为

$$F_c = 2(A_1 + A_2)$$

两条矩形导体竖放时（见图 5-3b）的对流换热面积 F_c 为

$$当\ b = \begin{cases} 6\text{mm} \\ 8\text{mm} \\ 10\text{mm} \end{cases} 时，F_c = \begin{cases} 2A_1 \\ 2.5A_1 + 4A_2 \\ 3A_1 + 4A_2 \end{cases}$$

三条矩形导体竖放时（见图 5-3c）的对流换热面积 F_c 为

$$当\ b = \begin{cases} 8\text{mm} \\ 10\text{mm} \end{cases} 时，F_c = \begin{cases} 3A_1 + 4A_2 \\ 4(A_1 + A_2) \end{cases}$$

圆管形导体（直径为 D）（见图 5-3d）的对流换热面积 F_c 为

$$F_c = \pi D$$

（2）强迫对流换热量的计算　屋内人工通风或屋外导体处在风速较大的环境时，可以带走更多的热量，属于强迫对流换热。圆管形导体的对流换热系数为

$$\alpha_c = \frac{N_u \lambda}{D} = 0.13\left(\frac{vD}{\nu}\right)^{0.65}\frac{\lambda}{D} \tag{5-3}$$

式中　v——风速（m/s）；

D——圆管形导体外径（m）；

λ——空气的导热系数，当空气温度为 20℃ 时，$\lambda = 2.52 \times 10^{-2}$ W/(m·℃)；

ν——空气的运动黏度系数，当空气温度为 20℃ 时，$\nu = 15.7 \times 10^{-6} m^2/s$；

$N_u = 0.13\left(\frac{vD}{\nu}\right)^{0.65}$——努塞特数，是传热学中表示对流换热强度的一个数据。

如果风向与导体不垂直，二者之间有一夹角 φ，则应对式(5-3）乘一修正系数 β

$$\beta = A + B(\sin\varphi)^n$$

当 $0° < \varphi \leq 24°$ 时，$A = 0.42$，$B = 0.68$，$n = 1.08$；当 $24° < \varphi \leq 90°$ 时，$A = 0.42$，$B = 0.58$，$n = 0.9$。

将式(5-3) 和 $F_c=\pi D$ 代入式(5-2) 便可得到圆管形导体强迫对流换热量的计算公式。

2. 辐射换热量的计算

热量从高温物体以热射线（发射电磁波）的方式传至低温物体的现象，称为辐射，以辐射方式交换热量的过程称为辐射换热。

根据斯特藩玻耳兹曼定律，导体向周围空气辐射的热量 Q_τ（单位为 W/m）为

$$Q_\tau=5.7\varepsilon\left[\left(\frac{273+\theta_w}{100}\right)^4-\left(\frac{273+\theta_0}{100}\right)^4\right]F_\tau \tag{5-4}$$

式中　θ_w、θ_0——导体温度和周围空气温度（℃）；

ε——导体材料的辐射系数（又称黑度），磨光的表面 ε 小，粗糙或涂漆的表面 ε 大，见表 5-2；

F_τ——单位长度导体的辐射换热面积（m^2/m）。

表 5-2　导体材料的辐射系数 ε

材　料	ε	材　料	ε
表面磨光的铝	0.039 ~ 0.057	白漆	0.80 ~ 0.95
表面不磨光的铝	0.055	各种不同颜色的漆、涂料	0.92 ~ 0.96
精密磨光的电解铜	0.018 ~ 0.023	有光泽的黑色虫漆	0.821
有光泽的黑漆	0.875	无光泽的黑色虫漆	0.91
无光泽的黑漆	0.96 ~ 0.98		

导体的辐射换热面积与导体形状和布置方式有关。单条矩形导体（见图 5-3a）的辐射换热面积 F_τ（单位为 m^2/m）为

$$F_\tau=2(A_1+A_2)$$

多条矩形导体外侧完全向外辐射，由于条间距离很近，其内侧一部分面积只能从缝隙处向外辐射一部分，其余部分辐射到对面导体，故有效换热面积相应减小，计算多条矩形导体的辐射换热面积时，内侧面积应乘以系数（$1-\varphi$），φ 为辐射角系数，$\varphi=\sqrt{1+\left(\frac{A_2}{A_1}\right)^2}-\frac{A_2}{A_1}$，它代表辐射到对面导体的部分，从缝隙处向外辐射出去的为（$1-\varphi$），故

两条矩形导体的辐射换热面积 F_τ 为

$$F_\tau=2A_1+4A_2+2A_1(1-\varphi)$$

三条矩形导体的辐射换热面积 F_τ 为

$$F_\tau=2A_1+6A_2+4A_1(1-\varphi)$$

圆管形导体的辐射换热面积 F_τ 为

$$F_\tau=\pi D$$

3. 传导换热量

当物体内部或相互接触的物体存在温差时，热量从高温处传到低温处的过程，称为传导。空气的热传导能力很差，导体的导热可忽略不计。对流换热实际上是对流和传导综合作用的结果。

第三节　导体的长期发热与载流量

一、长期发热的特点

依据能量守恒定律，导体发热过程中一般的热量平衡关系为

$$Q_R + Q_s = Q_w + Q_c + Q_\tau$$

在导体的发热过程，导体电阻损耗产生的热量 Q_R 和太阳照射传给导体的热量 Q_s，一部分 Q_w 使导体本身温度升高，另一部分以对流换热 Q_c 和辐射换热 Q_τ 的形式散失到周围介质中。长期发热的特点是导体产生的热量与散失的热量相等，其温度不再升高，能够达到某一个稳定温度。对于屋内导体，不计太阳日照热量，导体长期发热过程中的热量平衡关系为

$$Q_R = Q_c + Q_\tau \tag{5-5}$$

为了简化分析，工程上常把辐射换热量近似表示成与对流换热量相同的计算形式，用一个总换热系数 α 来代替两种换热的作用，则式(5-5) 可以表示为

$$I^2R = Q_c + Q_\tau = \alpha(\theta_w - \theta_0)F \tag{5-6}$$

式中　θ_w、θ_0——导体的稳定温度和周围空气温度（℃）；

α——对流和辐射总换热系数 [W/(m^2·℃)]；

F——单位长度导体的换热面积（m^2/m）；

I——导体中通过的电流（A）；

R——单位长度导体的交流电阻（Ω/m）。

由式(5-6) 可以得到所取导体稳定温度和空气温度下的容许电流值（单位为 A），即

$$I = \sqrt{\frac{Q_c + Q_\tau}{R}} = \sqrt{\frac{\alpha F(\theta_w - \theta_0)}{R}} \tag{5-7}$$

二、导体的载流量

在额定环境温度 θ_0 下，使导体的稳定温度正好为长期发热最高允许温度，即使 $\theta_w = \theta_{al}$的电流，称为该 θ_0 下的载流量（或长期允许电流）。由式(5-7) 得导体的载流量 I_{al} 为

$$I_{al} = \sqrt{\frac{Q_c + Q_\tau}{R}} = \sqrt{\frac{\alpha F(\theta_{al} - \theta_0)}{R}} \tag{5-8}$$

计及日照影响时，屋外导体的载流量为

$$I_{al} = \sqrt{\frac{Q_c + Q_\tau - Q_s}{R}}$$

上两式将限制导体长期工作电流的条件从温度 θ_{al}转化为电流 I_{al}。导体的载流量除与 θ_{al}和 θ_0 有关外，还与其材料、截面形状和尺寸及换热系数等因素有关，我国生产的各类导体截面已标准化，有关部门已经计算出其载流量，选用导体时只需查表即可。

当实际环境温度 θ 与额定环境温度 θ_0 不同时，应对导体的载流量进行修正，根据式(5-8)，可得出实际环境温度为 θ 时的载流量为

$$I_{al\theta} = I_{al}\sqrt{\frac{\theta_{al} - \theta}{\theta_{al} - \theta_0}} \tag{5-9}$$

提高导体载流量的措施如下：减小导体电阻，用铜代替铝；增大导体的散热面积，在相同截面积下，矩形、槽形比圆形导体的表面积大；提高放热系数，矩形导体竖放散热效果好，导体表面涂漆可以提高辐射散热量并用以识别相序；提高长期发热最高允许温度，在导体接触面镀（搪）锡等。

【例 5-1】 计算屋内配电装置中 125mm×8mm 矩形导体的载流量，长期发热最高允许温度为 70℃，周围空气温度为 25℃。

解：（1）计算单位长度的交流电阻　查表 5-1 得，铝导体温度为 20℃时的直流电阻率 $\rho = 0.028\Omega \cdot mm^2/m$，电阻温度系数 $\alpha_t = 0.0041℃^{-1}$，1000m 长导体的直流电阻为

$$R_{dc} = 1000 \times \frac{\rho[1+\alpha_t(\theta_w - 20)]}{S} = 1000 \times \frac{0.028 \times [1 + 0.0041 \times (70-20)]}{125 \times 8}\Omega = 0.0337\Omega$$

由 $\sqrt{\dfrac{f}{R_{dc}}} = \sqrt{\dfrac{50}{0.0337}} = 38.52$ 及 $\dfrac{b}{h} = \dfrac{8}{125} = \dfrac{1}{15.625}$，查图 5-1 曲线得 $K_s = 1.08$

$$R_{ac} = K_s R_{dc} = 1.08 \times 0.0337 \times 10^{-3}\Omega/m = 0.0364 \times 10^{-3}\Omega/m$$

（2）对流换热量　对流换热面积

$$F_c = 2 \times (A_1 + A_2) = (2 \times 125/1000 + 2 \times 8/1000)m^2/m = 0.266m^2/m$$

对流换热系数

$$\begin{aligned}\alpha_c &= 1.5 \times (\theta_w - \theta_0)^{0.35} \\ &= 1.5 \times (70-25)^{0.35} W/(m^2 \cdot ℃) = 5.685 W/(m^2 \cdot ℃)\end{aligned}$$

对流换热量

$$Q_c = \alpha_c(\theta_w - \theta_0)F_c = 5.685 \times (70-25) \times 0.266 W/m = 68.05 W/m$$

（3）辐射换热量　辐射换热面积

$$F_\tau = 2(A_1 + A_2) = 0.266m^2/m$$

求辐射换热量。因导体表面涂漆，取 $\varepsilon = 0.95$，根据式(5-4) 得辐射换热量为

$$\begin{aligned}Q_\tau &= 5.7 \times 0.95 \times \left[\left(\frac{273+70}{100}\right)^4 - \left(\frac{273+25}{100}\right)^4\right] \times 0.266 W/m \\ &= 322.47 \times 0.266 W/m = 85.78 W/m\end{aligned}$$

（4）导体的载流量

竖放时为 $I_{al} = \sqrt{\dfrac{Q_c + Q_\tau}{R}} = \sqrt{\dfrac{68.05 + 85.78}{0.0364 \times 10^{-3}}}A = 2056A$

三、大电流导体附近钢铁构件（简称钢构）的发热

由于大电流导体的周围存在着强大的交变电磁场，故在其附近的钢构中，会产生很大的磁滞和涡流损耗，使这些钢构发热。如果钢构形成闭合回路，在其中还会感应产生环流，使发热更严重。当导体电流大于 3000A 时（如大容量发电机和大容量变压器低压侧的引出线导体），其附近的钢构发热便不容忽视，钢构的温度升高超过其最高允许温度时，会使材料产生热应力而引起变形和损坏；混凝土中的钢筋受热膨胀，使

混凝土产生裂缝，对安全造成影响，影响运行的经济性、恶化设备的运行条件和工作人员的工作环境。

钢构的最高允许温度：人可触及的钢构为70℃（避免烫伤）；人不可触及的钢构为100℃（避免引起火灾）；混凝土中的钢筋为80℃。

在大容量发电厂和变电站中，为了减少钢构的损耗和发热，常采用以下措施：

1）加大钢构和大电流导体之间的距离。这样可以使钢构处的磁场强度减弱，因而可降低磁滞和涡流损耗。

2）断开大电流导体附近的钢构回路，并加上绝缘垫，消除感应电动势产生的环流。

3）采用电磁屏蔽。如图5-4所示，在磁场强度最大处的钢构部位套上用铝或铜做成的短路环，利用短路环中感应电流的去磁作用，降低钢构处的磁场。由于短路环的电阻很小，其发热并不显著。另外，在导体和钢构之间安装屏蔽栅，栅中的环流亦可削弱钢构处的磁场。

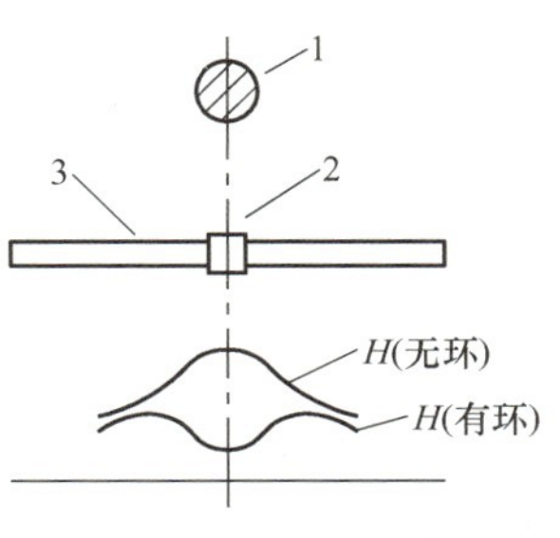

图5-4　短路环屏蔽图
1—导体　2—短路环　3—钢构

4）采用分相封闭母线。如图5-12所示，三相母线分别用铝制外壳包住，由于外壳上的涡流和环流的去磁作用，使壳内和壳外的磁场均大大降低，从而使附近钢构的损耗和发热显著减少。

第四节　导体的短时发热

导体的短时发热时间很短，它等于继电保护动作时间与断路器全开断时间之和，一般为0.15~8s，只要导体的短时发热最高温度不超过最高允许温度，导体就不会因短时发热而损坏，因此，应对短时发热过程进行分析，计算短时发热最高温度。

一、短时发热最高温度的计算

短时发热的特点是发热时间很短，电流比正常工作电流大得多，导体产生的大量热量来不及散失到周围介质中去，全部用来使导体温度升高，散热量可以忽略不计。另外，在短时间内，导体的温度快速升高，其电阻和比热容（温度变化1℃，单位质量物体吸热量的变化量）不再是常数而是温度的函数。

导体短时发热过程中的热量平衡关系是：电阻损耗产生的热量 Q_R 等于导体的吸热量 Q_w，即

$$Q_R = Q_w \tag{5-10}$$

短时发热过程中，导体的电阻 R_θ 和比热容 c_θ 与温度 θ 的函数关系为

$$R_\theta = \rho_0(1+\alpha\theta)\frac{1}{S}$$

$$c_\theta = c_0(1+\beta\theta)$$

式中　R_θ——θ（℃）时单位长度导体的电阻（Ω/m）；

c_θ——θ（℃）时导体的比热容［J/(kg·℃)］；

ρ_0——导体在0℃时的电阻率（Ω·m）；

c_0——导体在0℃时的比热容[J/(kg·℃)];

α、β——ρ_0 和 c_0 的温度系数(℃$^{-1}$);

S——导体的截面积(m^2)。

由式(5-10)得热平衡微分方程为

$$i_{kt}^2 R_\theta \mathrm{d}t = mc_\theta \mathrm{d}\theta \tag{5-11}$$

式中 i_{kt}——t 时刻短路全电流瞬时值(A);

m——单位长度导体的质量(kg/m),$m=\rho_w S$,其中 ρ_w 是导体材料的密度,铝为 $2.7\times10^3\mathrm{kg/m^3}$。

将 R_θ、c_θ 和 m 代入式(5-11)得

$$i_{kt}^2\rho_0(1+\alpha\theta)\frac{1}{S}\mathrm{d}t = \rho_w Sc_0(1+\beta\theta)\mathrm{d}\theta$$

整理得

$$\frac{1}{S^2}i_{kt}^2\mathrm{d}t = \frac{c_0\rho_w}{\rho_0}\left(\frac{1+\beta\theta}{1+\alpha\theta}\right)\mathrm{d}\theta$$

对上式两边积分,当时间从 $0\sim t_k$(短路切除时间)时,导体温度对应从开始温度 θ_i 到最终温度 θ_f,于是得

$$\begin{aligned}\frac{1}{S^2}\int_0^{t_k} i_{kt}^2\mathrm{d}t &= \frac{c_0\rho_w}{\rho_0}\int_{\theta_i}^{\theta_f}\left(\frac{1+\beta\theta}{1+\alpha\theta}\right)\mathrm{d}\theta \\ &= \frac{c_0\rho_w}{\rho_0}\left[\frac{\alpha-\beta}{\alpha^2}\ln(1+\alpha\theta_f)+\frac{\beta}{\alpha}\theta_f\right]- \\ &\quad \frac{c_0\rho_w}{\rho_0}\left[\frac{\alpha-\beta}{\alpha^2}\ln(1+\alpha\theta_i)+\frac{\beta}{\alpha}\theta_i\right]\end{aligned} \tag{5-12}$$

将式(5-12)改写为

$$\frac{1}{S^2}Q_k = A_f - A_i \tag{5-13}$$

其中

$$Q_k = \int_0^{t_k} i_{kt}^2\mathrm{d}t \tag{5-14}$$

Q_k 称为短路电流热效应,它是在 $0\sim t_k$ 时间间隔内,电阻为1Ω的导体中所放出的热量。

$$A_f = \frac{c_0\rho_w}{\rho_0}\left[\frac{\alpha-\beta}{\alpha^2}\ln(1+\alpha\theta_f)+\frac{\beta}{\alpha}\theta_f\right]$$

$$A_i = \frac{c_0\rho_w}{\rho_0}\left[\frac{\alpha-\beta}{\alpha^2}\ln(1+\alpha\theta_i)+\frac{\beta}{\alpha}\theta_i\right]$$

可以看出,A_f 和 A_i 具有相同的函数关系,写成一般形式为

$$A = \frac{c_0\rho_w}{\rho_0}\left[\frac{\alpha-\beta}{\alpha^2}\ln(1+\alpha\theta)+\frac{\beta}{\alpha}\theta\right]$$

为了简化 A 值的计算,有关部门给出了常用材料铝、铜的 $\theta=f(A)$ 曲线,如图5-5所示。

由式(5-13)可以得到短路终了时的 A 值为

$$A_f = A_i + \frac{1}{S^2}Q_k \tag{5-15}$$

根据 $\theta=f(A)$ 曲线计算短时发热最高温度的方法：由短路开始温度 θ_i（短路前导体的工作温度），查出对应的 A_i 值，如已知短路电流热效应 Q_k，可按式(5-15)计算出 A_f，再由 A_f 查出短路终了温度 θ_f，即短时发热最高温度。

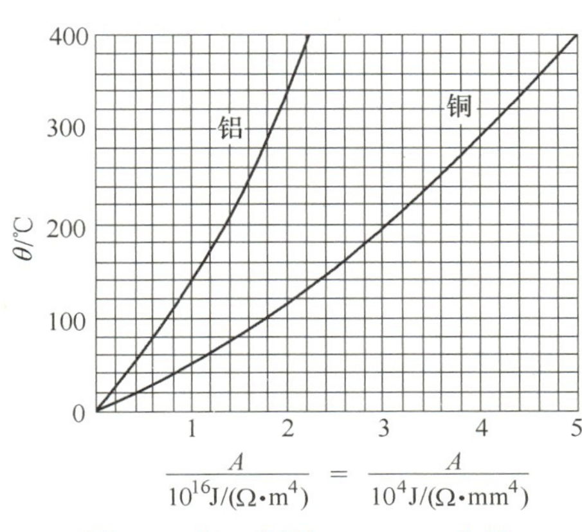

图 5-5　铝、铜的 $\theta=f(A)$ 曲线

二、短路电流热效应的计算

短路全电流瞬时值的表达式为

$$i_{kt}=\sqrt{2}I_{pt}\cos\omega t+i_{np0}e^{-\frac{t}{T_a}}$$

式中　I_{pt}——t 时刻的短路电流周期分量有效值（kA）；

i_{np0}——短路电流非周期分量起始值（kA），$i_{np0}=-\sqrt{2}I''$，其中 I'' 为短路电流周期分量 0s 值；

T_a——非周期分量衰减时间常数（s）。

$$\begin{aligned}Q_k&=\int_0^{t_k}i_{kt}^2\mathrm{d}t=\int_0^{t_k}\left(\sqrt{2}I_{pt}\cos\omega t+i_{np0}e^{-\frac{t}{T_a}}\right)^2\mathrm{d}t\\&=\int_0^{t_k}(\sqrt{2}I_{pt}\cos\omega t)^2\mathrm{d}t+\int_0^{t_k}i_{np0}^2e^{-\frac{2t}{T_a}}\mathrm{d}t+\\&\quad\int_0^{t_k}2(\sqrt{2}I_{pt}\cos\omega t)(i_{np0}e^{-\frac{t}{T_a}})\mathrm{d}t\\&\approx\int_0^{t_k}(\sqrt{2}I_{pt}\cos\omega t)^2\mathrm{d}t+\int_0^{t_k}i_{np0}^2e^{-\frac{2t}{T_a}}\mathrm{d}t\\&=Q_p+Q_{np}\end{aligned}\tag{5-16}$$

式(5-16)中的第一项积分为短路电流周期分量热效应 Q_p，第二项积分为短路电流非周期分量热效应 Q_{np}，第三项积分数值很小，可以略去不计。假定 $I_{pt}=I''e^{-\frac{t}{T}}$，$T$ 为周期分量衰减时间常数，式(5-16)中的第三项积分为

$$\begin{aligned}\int_0^{t_k}2(\sqrt{2}I''e^{-\frac{t}{T}}\cos\omega t)(-\sqrt{2}I''e^{-\frac{t}{T_a}})\mathrm{d}t&=-4I''^2\int_0^{t_k}\cos\omega t e^{-\frac{T_a+T}{T_aT}t}\mathrm{d}t\\&=-4I''^2\left[\frac{e^{-\alpha t_k}}{\omega^2+\alpha^2}(\omega\sin\omega t_k-\alpha\cos\omega t_k)+\frac{\alpha}{\omega^2+\alpha^2}\right]\end{aligned}$$

其中，$\alpha=(T_a+T)/(T_aT)$，当 $T_a=0.1$s、$T=1$s 和 $t_k=1$s 时，$\alpha=11$ 和 $e^{-\alpha t_k}<0.00005$，而 $\frac{\alpha}{\omega^2+\alpha^2}=\frac{11}{314^2+11^2}<0.0005$，故第三项接近零。

1. 周期分量热效应 Q_p 的计算

由电流的有效值概念，可近似得周期分量热效应 Q_p（I_{pt} 不是常数，t_k 也不一定为工频周期的整数倍）为

$$Q_p=\int_0^{t_k}I_{pt}^2\mathrm{d}t\tag{5-17}$$

我国的周期分量热效应 Q_p 的计算采用近似数值积分法，对任意函数 $y=f(x)$ 的定

积分，可采用辛普森法近似计算，即

$$\int_a^b f(x)\mathrm{d}x = \frac{b-a}{3\times 2}(y_0+4y_1+y_2) = \frac{b-a}{6}(y_0+4y_1+y_2)$$

上式中的积分区间被2等分，每个等分为 $(b-a)/2$。如果把整个区间 n（偶数）等分，y_i 为函数值（$i=0, 1, 2, \cdots, n$），对每两个等分用辛普森公式，累加后得到复合辛普森公式为

$$\int_a^b f(x)\mathrm{d}x = \frac{b-a}{3n}[y_0+y_n+2(y_2+y_4+\cdots+y_{n-2})+4(y_1+y_3+\cdots+y_{n-1})]$$

取 $n=4$，并近似认为 $\frac{y_1+y_3}{2}=y_2$，则

$$\int_a^b f(x)\mathrm{d}x = \frac{b-a}{3\times 4}[y_0+y_4+2y_2+4(y_1+y_3)]$$

$$= \frac{b-a}{12}(y_0+10y_2+y_4)$$

计算 Q_p 时，$f(x)=I_{pt}^2$，用 I''^2、$I_{t_k/2}^2$、$I_{t_k}^2$ 分别代替 y_0、y_2、y_4，用 t_k 代替 $b-a$，即得

$$Q_p = \int_0^{t_k} I_{pt}^2 \mathrm{d}t = \frac{t_k}{12}(I''^2+10I_{t_k/2}^2+I_{t_k}^2) \tag{5-18}$$

式中 Q_p——周期分量热效应 $[(\mathrm{kA})^2\cdot\mathrm{s}]$；

t_k——短路切除时间（s）；

I''、$I_{t_k/2}$ 和 I_{t_k}——短路电流周期分量0s值、$t_k/2$ 时刻值和 t_k 时刻值（kA）。

2. 非周期分量热效应 Q_{np} 的计算

由式(5-16)可得

$$Q_{np} = \int_0^{t_k} i_{np0}^2 \mathrm{e}^{-\frac{2t}{T_a}}\mathrm{d}t = \frac{T_a}{2}(1-\mathrm{e}^{-\frac{2t_k}{T_a}})i_{np0}^2 = T_a(1-\mathrm{e}^{-\frac{2t_k}{T_a}})I''^2 = TI''^2 \tag{5-19}$$

式中 Q_{np}——非周期分量热效应$[(\mathrm{kA})^2\cdot\mathrm{s}]$；

T——非周期分量等效时间（s），其值可由表5-3查得。

表5-3 非周期分量等效时间 T

短路点	T/s	
	$t_k \leqslant 0.1$s	$t_k > 0.1$s
发电机出口及母线	0.15	0.2
发电机升高电压母线及出线 发电机电压电抗器后	0.08	0.1
变电站各级电压母线及出线	0.05	

当短路电流切除时间 $t_k>1$s 时，导体的发热主要由周期分量热效应来决定，非周期分量热效应可略去不计。

【例5-2】 某变电站汇流母线，采用矩形铝导体，截面积为63mm×8mm，趋肤系数为 $K_s=1.03$，导体的正常工作温度为 $\theta_i=50$℃，短路切除时间为 $t_k=2.6$s，短路电流

$I''=15.8\mathrm{kA}$，$I_{1.3}=13.9\mathrm{kA}$，$I_{2.6}=12.5\mathrm{kA}$，试计算导体的短路电流热效应和短时发热最高温度。

解：(1) 短路电流热效应

$$Q_p=\int_0^{t_k}I_{pt}^2\mathrm{d}t=\frac{t_k}{12}(I''^2+10I_{t_k/2}^2+I_{t_k}^2)$$

$$=\frac{2.6}{12}\times(15.8^2+10\times13.9^2+12.5^2)\mathrm{kA}^2\cdot\mathrm{s}$$

$$=506.56\mathrm{kA}^2\cdot\mathrm{s}$$

$$Q_{np}=TI''^2=0.05\times15.8^2\mathrm{kA}^2\cdot\mathrm{s}=12.482\mathrm{kA}^2\cdot\mathrm{s}$$

$$Q_k=Q_p+Q_{np}=(506.56+12.482)\mathrm{kA}^2\cdot\mathrm{s}=519.042\mathrm{kA}^2\cdot\mathrm{s}$$

(2) 短时发热最高温度　由短路前导体温度 $\theta_i=50℃$，查图 5-5 曲线可得 $A_i=0.4\times10^{16}\mathrm{J/(\Omega\cdot m^4)}$。

$$A_f=A_i+\frac{1}{S^2}Q_kK_s=\left[0.4\times10^{16}+\frac{519.042\times10^6\times1.03}{(0.063\times0.008)^2}\right]\mathrm{J/(\Omega\cdot m^4)}$$

$$=0.61\times10^{16}\mathrm{J/(\Omega\cdot m^4)}$$

查图 5-5 曲线可得 $\theta_f=80℃<200℃$，导体不会因短时发热而损坏。

第五节　导体短路的电动力

位于磁场中的载流导体所受到的作用力称为电动力。在三相系统中，每一相导体都位于其他两相导体的电流所产生的磁场中，要承受其他两相电流产生的电动力。当发生短路故障时，导体将受到比正常工作时大很多的电动力，可能导致导体发生变形或损坏，因此，必须进行电动力的计算，并使其不超过允许值，保证导体的安全运行。

一、两平行导体间的电动力

如图 5-6 所示，长度为 L（单位为 m）的导体中，流过电流 i（单位为 A），根据毕奥-萨伐尔定律，磁感应强度为 B（单位为 T）处的元线段 $\mathrm{d}L$ 上所受电动力 $\mathrm{d}F$（单位为 N）为

$$\mathrm{d}F=iB\sin\beta\mathrm{d}L \tag{5-20}$$

式中　β——元线段 $\mathrm{d}L$ 与磁感应强度 B 之间的夹角。

电动力 $\mathrm{d}F$ 的方向由左手定则确定。

1. 两平行无限细长导体的电动力

如图 5-7 所示，两平行无限长导体 1 和 2，中心距离为 a，并认为导体中的电流集中在轴线上，导体 2 上元线段 $\mathrm{d}L_2$ 中的电流 i_2 在导体 1 上元线段 $\mathrm{d}L_1$ 处产生的磁感应强度为

$$\mathrm{d}B=\frac{\mu_0}{4\pi}\frac{i_2\mathrm{d}L_2\sin\alpha}{r^2}$$

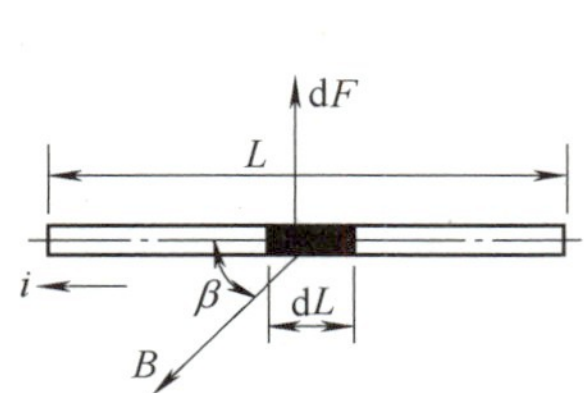

图 5-6　dL 上的电动力

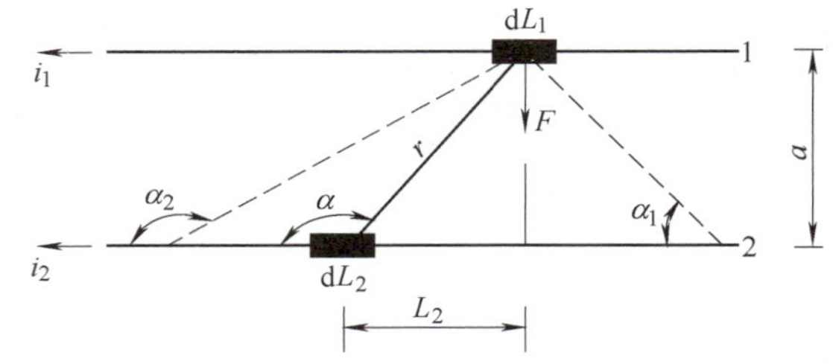

图 5-7　两平行无限细长导体间的电动力

由图 5-7 可以看出，$L_2 = a\cot(\pi - \alpha) = -a\cot\alpha$，$\mathrm{d}L_2 = \dfrac{a\mathrm{d}\alpha}{\sin^2\alpha}$，$a = r\sin(\pi-\alpha) = r\sin\alpha$，$r = \dfrac{a}{\sin\alpha}$，将 r 和 $\mathrm{d}L_2$ 代入上式并对全长积分，得导体 2 全长在 $\mathrm{d}L_1$ 处产生的磁感应强度为

$$B = \frac{\mu_0}{4\pi}\int_{-\infty}^{\infty}\frac{i_2\sin\alpha}{r^2}\mathrm{d}L_2 = \frac{\mu_0}{4\pi}\int_{\alpha_1}^{\alpha_2}\frac{i_2}{a}\sin\alpha\mathrm{d}\alpha$$

对于无限长导体，$\alpha_1 = 0$，$\alpha_2 = \pi$，并考虑到真空磁导率为 $\mu_0 = 4\pi\times10^{-7}\mathrm{H/m}$，得

$$B = \frac{\mu_0}{4\pi}\int_0^{\pi}\frac{i_2}{a}\sin\alpha\mathrm{d}\alpha = -\frac{\mu_0 i_2}{4\pi a}\cos\alpha\Big|_0^{\pi} = \frac{\mu_0 i_2}{2\pi a} = 2\times10^{-7}\frac{i_2}{a}$$

由于导体与 B 的方向垂直，可得长度为 L 的导体 1 上所受电动力为

$$F = \int_0^L \mathrm{d}F = \int_0^L i_1 B\sin\beta\mathrm{d}L_1 = \int_0^L i_1\times2\times10^{-7}\frac{i_2}{a}\mathrm{d}L_1 = 2\times10^{-7}\frac{i_1 i_2}{a}L \quad (5\text{-}21)$$

同理可得，导体 2 所受电动力与导体 1 大小相等，力的方向取决于两导体电流的方向，电流同方向时互相吸引，电流反向时互相排斥。

2. 电流分布对电动力的影响

实际电流在导体截面上的分布并不是集中在轴线上，导体的截面形状和尺寸影响电动力的大小，当导体的边沿距离（净距）小于其截面的周长时，应考虑电流在截面上的分布。实际上，电流分布对电动力的影响可以用一个形状系数 K_f 来修正，修正后的电动力为

$$F = 2\times10^{-7}K_f\frac{i_1 i_2}{a}L \quad (5\text{-}22)$$

对于矩形导体，其形状系数 K_f 是 $\dfrac{a-b}{h+b}$ 和 $\dfrac{b}{h}$ 的函数，工程上已制成曲线，示于图 5-8 中。$\dfrac{a-b}{h+b}$ 是导体净距与导体截面半周长之比，$\dfrac{b}{h}$ 是

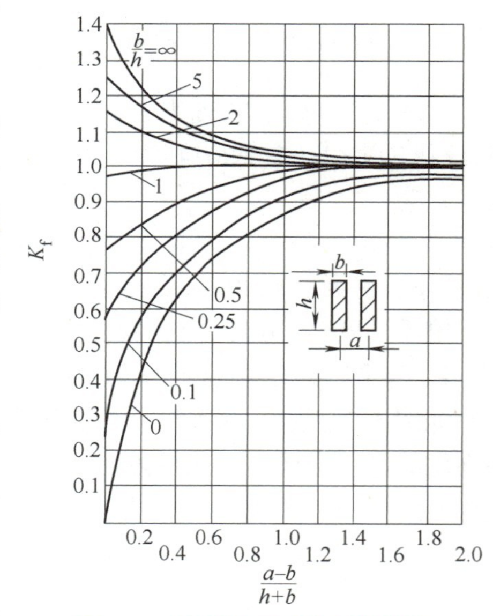

图 5-8　矩形截面形状系数曲线

纵横边长比，可以看出，当$\frac{a-b}{h+b}>2$或$\frac{b}{h}=1$时，$K_f=1$。计算矩形导体相间电动力时，由于$a-b>2(h+b)$，故$K_f=1$，但计算其同相条间电动力时，需计入截面形状的影响。

对于圆管形导体，$K_f=1$；对于双槽形导体，计算相间和条间电动力时，均取$K_f=1$。

二、三相导体短路的电动力

1. 三相短路电动力的计算

配电装置中的导体均为三相，而且大多是布置在同一平面，利用两平行导体的电动力计算公式和力的合成，便可求得三相导体短路的电动力。

为了简化分析，不计短路电流周期分量的衰减，三相短路电流为

$$\left.\begin{aligned} i_A &= I_m[\sin(\omega t+\varphi_A)-e^{-\frac{t}{T_a}}\sin\varphi_A] \\ i_B &= I_m\left[\sin\left(\omega t+\varphi_A-\frac{2}{3}\pi\right)-e^{-\frac{t}{T_a}}\sin\left(\varphi_A-\frac{2}{3}\pi\right)\right] \\ i_C &= I_m\left[\sin\left(\omega t+\varphi_A+\frac{2}{3}\pi\right)-e^{-\frac{t}{T_a}}\sin\left(\varphi_A+\frac{2}{3}\pi\right)\right] \end{aligned}\right\} \tag{5-23}$$

式中 I_m——短路电流周期分量最大值（A），$I_m=\sqrt{2}I''$；

φ_A——A 相短路电流的初相位；

T_a——非周期分量衰减时间常数（s）。

布置在同一平面的导体三相短路时，外边相（A 相或 C 相）受力情况一样，故只需分析中间相（B 相）和外边相（A 相或 C 相）两种情况。

如图 5-9a 所示，在假定电流正方向下，A 相作用在中间相（B 相）的电动力 F_{BA} 与 C 相作用在中间相（B 相）的电动力 F_{BC} 方向相反，由两平行导体间的电动力计算公式可得作用在中间相（B 相）的电动力为

$$F_B=F_{BA}-F_{BC}=2\times10^{-7}\frac{L}{a}(i_Bi_A-i_Bi_C) \tag{5-24}$$

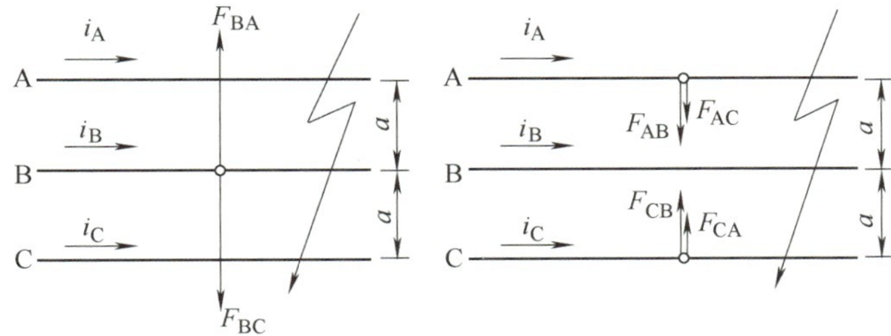

a) 作用在中间相的电动力　　b) 作用在外边相的电动力

图 5-9 三相短路时的电动力

将式(5-23)中的三相短路电流代入式(5-24)，经三角公式进行变换，得

$$F_B=2\times10^{-7}\frac{L}{a}I_m^2\times$$

$$\left[\frac{\sqrt{3}}{2}e^{-\frac{2t}{T_a}}\sin\left(2\varphi_A-\frac{\pi}{3}\right)-\sqrt{3}e^{-\frac{t}{T_a}}\sin\left(\omega t+2\varphi_A-\frac{\pi}{3}\right)+\frac{\sqrt{3}}{2}\sin\left(2\omega t+2\varphi_A-\frac{\pi}{3}\right)\right] \tag{5-25}$$

如图5-9b所示，在假定电流正方向下，B相作用在外边相（A相）的电动力 F_{AB} 与C相作用在外边相（A相）的电动力 F_{AC} 方向相同，由两平行导体间的电动力计算公式可得作用在外边相（A相或C相）的电动力为

$$F_A=F_{AB}+F_{AC}=2\times10^{-7}\frac{L}{a}\left(i_Ai_B+\frac{1}{2}i_Ai_C\right) \tag{5-26}$$

将式(5-23)中的三相短路电流代入式(5-26)，经三角公式进行变换，得

$$F_A=2\times10^{-7}\frac{L}{a}I_m^2\times\left\{\frac{3}{8}+\left[\frac{3}{8}-\frac{\sqrt{3}}{4}\cos\left(2\varphi_A+\frac{\pi}{6}\right)\right]e^{-\frac{2t}{T_a}}-\left[\frac{3}{4}\cos\omega t-\frac{\sqrt{3}}{2}\cos\left(\omega t+2\varphi_A+\frac{\pi}{6}\right)\right]e^{-\frac{t}{T_a}}-\frac{\sqrt{3}}{4}\cos\left(2\omega t+2\varphi_A+\frac{\pi}{6}\right)\right\} \tag{5-27}$$

由式(5-25)可见，三相短路时，F_B 由3个分量组成：按时间常数 $T_a/2$ 衰减的非周期分量（见图5-10a）；按时间常数 T_a 衰减的工频分量（见图5-10b）；不衰减的两倍工频分量（见图5-10c）。由式(5-27)可见，F_A 由4个分量组成，多了一个固定分量。

2. 三相系统电动力的最大值

（1）三相短路的最大电动力　三相短路的电动力能否达到最大值，与短路发生瞬间的短路电流初相位有关，使电动力为最大的短路电流初相位称为临界初相位。

在短路发生瞬间，如果 $\sin\left(2\varphi_A-\frac{\pi}{3}\right)=\pm1$，即 $2\varphi_A-\frac{\pi}{3}=\pm\left(n-\frac{1}{2}\right)\pi$，$n$ 为正整数，临界初相位 φ_A 为75°、165°、255°和345°等时，F_B 中的非周期分量为最大，在此情况下 F_B 才会出现最大值。

在短路发生瞬间，如果 $\cos\left(2\varphi_A+\frac{\pi}{6}\right)=-1$，即 $2\varphi_A+\frac{\pi}{6}=(2n-1)\pi$，$n$ 为正整数，临界初相位 φ_A 为75°和255°等时，F_A 中的固定分量与非周期分量之和为最大，在此情况下 F_A 才会出现最大值。

将临界初相位 $\varphi_A=75°$ 和 $T_a=0.05s$ 代入式(5-25)和式(5-27)得

$$F_B=2\times10^{-7}\frac{L}{a}I_m^2\left(\frac{\sqrt{3}}{2}e^{-\frac{2t}{0.05}}-\sqrt{3}e^{-\frac{t}{0.05}}\cos\omega t+\frac{\sqrt{3}}{2}\cos2\omega t\right) \tag{5-28}$$

$$F_A=2\times10^{-7}\frac{L}{a}I_m^2\left(\frac{3}{8}+\frac{3+2\sqrt{3}}{8}e^{-\frac{2t}{0.05}}-\frac{3+2\sqrt{3}}{4}e^{-\frac{t}{0.05}}\cos\omega t+\frac{\sqrt{3}}{4}\cos2\omega t\right) \tag{5-29}$$

根据式(5-28)绘制的中间相（B相）电动力的各分量及其合力变化曲线如图5-10所示。

满足临界初相位条件的电动力，在 $t=0.01s$ 时刻，衰减的工频分量最大值和两倍工频分量最大值都与非周期分量同方向，F_B 和 F_A 达到最大值。由于短路冲击电流 $i_{sh}=1.82I_m=1.82\sqrt{2}I''$，故 $I_m=i_{sh}/1.82$。将 $t=0.01s$ 和 I_m 代入式(5-28)和式(5-29)可得

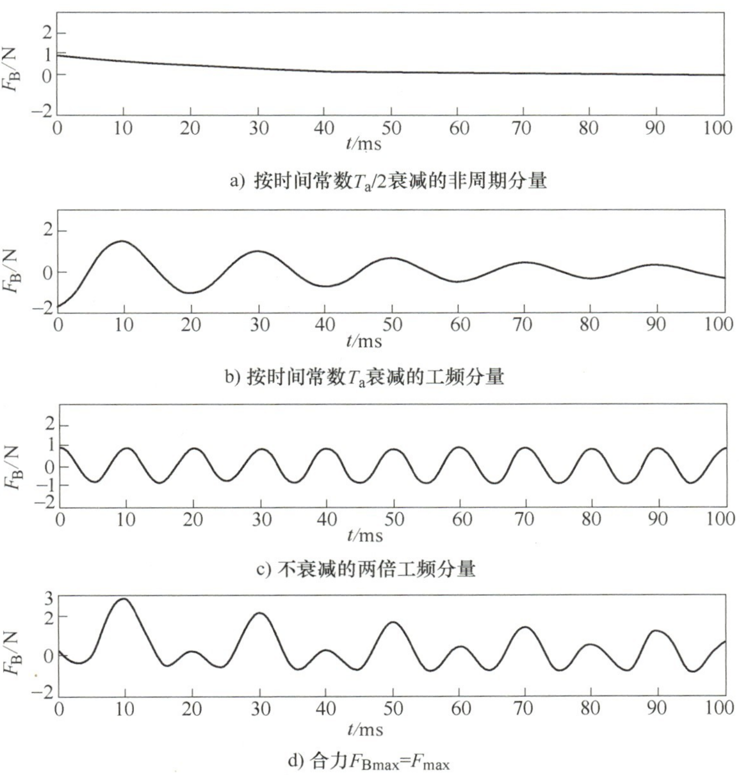

a) 按时间常数$T_a/2$衰减的非周期分量

b) 按时间常数T_a衰减的工频分量

c) 不衰减的两倍工频分量

d) 合力$F_{Bmax}=F_{max}$

图 5-10　三相短路时中间相（B 相）电动力的各分量及其合力变化曲线

B 相最大电动力

$$F_{Bmax}=1.73\times10^{-7}\frac{L}{a}i_{sh}^2$$

A 相最大电动力

$$F_{Amax}=1.616\times10^{-7}\frac{L}{a}i_{sh}^2$$

可见，三相短路时，中间相所受电动力 F_{Bmax}最大。

（2）三相短路最大电动力与两相短路电动力的比较　由于两相短路电流周期分量 0s 值 $I''^{(2)}=\frac{\sqrt{3}}{2}I''$，故两相短路时的冲击电流为 $i_{sh}^{(2)}=\frac{\sqrt{3}}{2}i_{sh}$，由两平行导体电动力计算公式可得两相短路电动力为

$$F_{max}^{(2)}=2\times10^{-7}\frac{L}{a}[i_{sh}^{(2)}]^2=2\times10^{-7}\frac{L}{a}\left(\frac{\sqrt{3}}{2}i_{sh}\right)^2=1.5\times10^{-7}\frac{L}{a}i_{sh}^2$$

可以看出，三相系统短路时，$F_{Bmax}\geqslant F_{Amax}\geqslant F_{max}^{(2)}$，故最大电动力应按三相短路计算，即

$$F_{max}=1.73\times10^{-7}\frac{L}{a}i_{sh}^2 \tag{5-30}$$

3. 导体共振对电动力的影响

硬导体、支持绝缘子及固定绝缘子的支架组成的配电装置，是一个可以振动的弹

性系统。在初始外力扰动消失后，除受阻力外，弯曲的导体系统在自身弹性恢复力的作用下，以一定频率在其平衡位置两侧做往复运动，称为自由振动或固有振动，振动的频率称为自振频率或固有频率。导体在周期性短路电动力的持续作用下而发生的振动称为强迫振动。由于电动力中有工频（50Hz）和两倍工频（100Hz）两个分量，故当导体系统的自振频率接近或等于这两个频率之一时，将发生机械共振，其振幅特别大，导致材料的应力增加，有可能使导体及支持绝缘子损坏，在设计时，应考虑导体共振对电动力的影响。

对于重要回路，如发电机、主变压器回路及配电装置中的汇流母线等，需要考虑共振的影响。

导体和绝缘子均参加的振动称为双频振动系统，当绝缘子的固有频率远大于导体的固有频率时，共振可按只有导体参加振动的单频振动系统计算，导体的一阶固有频率 f_1（单位为 Hz）为

$$f_1 = \frac{N_f}{L^2}\sqrt{\frac{EI}{m}} \tag{5-31}$$

式中　N_f——频率系数，根据跨数及支承方式查表 5-4；

L——绝缘子跨距（m）；

E——材料的弹性模量（Pa），铝的弹性模量为 $E=7\times10^{10}$Pa；

m——单位长度导体质量（kg/m），矩形导体为 $m=bh\rho$，圆管形导体为 $m=\pi(D^2-d^2)\rho/4$，其中，D、d 为外径和内径，铝的密度取 $\rho=2700\text{kg/m}^3$；

I——导体断面二次矩（m^4），矩形导体单条、双条和三条平放二次矩分别为 $I_x=bh^3/12$、$I_x=bh^3/6$ 和 $I_x=bh^3/4$，矩形导体单条、双条和三条竖放二次矩分别为 $I_y=b^3h/12$、$I_y=2.167b^3h$ 和 $I_y=8.25b^3h$，圆管形导体为 $I=\pi(D^4-d^4)/64$。

表 5-4　导体不同固定方式下的频率系数 N_f 值

跨数及支承方式	N_f	跨数及支承方式	N_f
单跨、两端简支	1.57	单跨、两端固定，多等跨简支	3.56
单跨、一端固定、一端简支，两等跨、简支	2.45	单跨、一端固定、一端活动	0.56

为了简化计算，工程上采用动态应力系数（或振动系数）来考虑共振的影响。当导体的自振频率无法避开产生共振的频率范围时，最大电动力 F_{max} 必须乘以一个动态应力系数 β，以求得共振时的最大电动力，即

$$F_{max} = 1.73\times10^{-7}\frac{L}{a}i_{sh}^2\beta$$

动态应力系数 β 为动态应力与静态应力之比值，它与固有频率的关系如图 5-11 所示。当固有频率在 30～160Hz 以外时，有 $\beta\approx1$ 或 $\beta<1$，在此种情况下，可不考虑共振的影响，取 $\beta=1$。

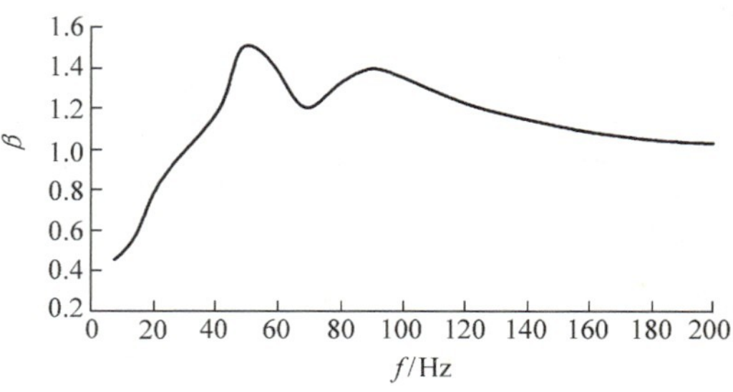

图 5-11　动态应力系数与固有频率的关系

对于多等跨简支导体，也常用导体的惯性半径 r_i 计算固有频率。由惯性半径 r_i 与导体的截面积 S 及导体断面二次矩 I 的关系 $r_i = \sqrt{I/S}$ 和式(5-31) 可得

$$f_1 = 112\frac{r_i}{L^2}\varepsilon$$

式中　ε——材料系数，铝为 155，铜为 114；

L——绝缘子跨距（m）；

r_i——导体的惯性半径（m），可以通过计算或查有关资料得到。

【例 5-3】 某变电站变压器 10kV 引出线，每相单条铝导体尺寸为 100mm×10mm，三相水平布置平放，支柱绝缘子距离为 $L=1.2$m，相间距离 $a=0.7$m，三相短路冲击电流 $i_{sh}=39$kA，试求导体的固有频率及动态应力系数 β 和最大电动力。

解： 导体断面二次矩

$$I_x = \frac{bh^3}{12} = \frac{0.01\times0.1^3}{12}\text{m}^4 = 8.33\times10^{-7}\text{m}^4$$

对于多等跨简支，由表 5-4 查得 $N_f=3.56$，导体的固有频率为

$$f_1 = \frac{N_f}{L^2}\sqrt{\frac{EI}{m}} = \frac{3.56}{1.2^2}\times\sqrt{\frac{7\times10^{10}\times8.33\times10^{-7}}{0.1\times0.01\times2700}}\text{Hz} = 363\text{Hz}$$

固有频率在 30～160Hz 以外，故 $\beta=1$。

最大电动力为

$$F_{max} = 1.73\times10^{-7}\frac{L}{a}i_{sh}^2\beta = 1.73\times10^{-7}\times\frac{1.2}{0.7}\times39000^2\times1\text{N} = 451.1\text{N}$$

第六节　大电流封闭母线的发热和电动力

随着现代电力系统的发展，发电机的单机容量不断增大，由于发电机的电压提高不多，其额定电流随容量的增大也越来越大。目前，我国 200～1000MW 机组的引出线母线，广泛采用全连式分（离）相封闭母线。母线由铝管导体制成，每相母线被封装在单独的铝或铝合金圆筒形密封外壳内，由支持绝缘子固定在壳内的中心位置，三相母线的外壳两端用短路板连接并接地，如图 5-12 所示。

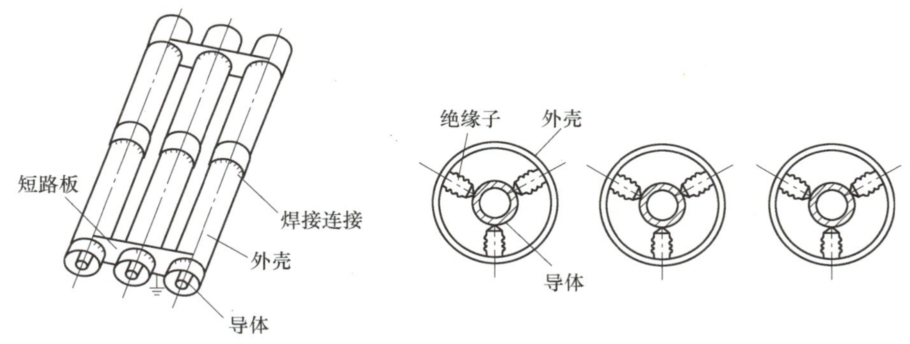

图 5-12　全连式分（离）相封闭母线结构示意图

在200MW及以上发电机引出线回路中采用分（离）相封闭母线的优点是：由于母线封闭在外壳内，不受环境和污秽影响，防止相间短路和消除外界潮气、灰尘引起的接地故障，同时由于外壳多点接地，保证人触及时的安全；由于外壳涡流和环流的屏蔽作用，使壳内的磁场大为减弱，外部短路时，母线间的电动力大大降低；当电流通过母线时，外壳感应出来的环流也屏蔽了壳外磁场，解决了附近钢构的发热问题；外壳可作为强制冷却的通道，提高了母线的载流量；安装维护工作量小。其缺点主要是：由于环流和涡流的存在，外壳将产生损耗；有色金属消耗量大；母线散热条件差。

功率为200～1000MW发电机的封闭母线，宜采用制造部门的定型产品，常用封闭母线尺寸见表5-5。当选用的封闭母线为非定型产品时，应进行导体和外壳发热、应力以及绝缘子抗弯的计算，并校验固有振动频率。

表5-5　常用封闭母线尺寸

发电机	容量/MW	200	300	330	600	1008
	额定电压/kV	15.75	20	20	20	27
	额定电流/A	8625	10190	11207	19245	23950
	功率因数	0.85	0.85	0.85	0.9	0.9
封闭母线	额定电流/A	10000	12500	12500	23000	28000
	导体直径/mm×壁厚/mm	$\phi400\times10$	$\phi500\times12$	$\phi500\times12$	$\phi900\times16$	$\phi950\times17$
	外壳直径/mm×壁厚/mm	$\phi900\times7$	$\phi1050\times8$	$\phi1050\times8$	$\phi1400\times8$	$\phi1580\times10$
	相间距离/mm	1200	1400	1400	1800	2000

一、大电流封闭母线的发热

大电流封闭母线长期发热的热量平衡关系较敞露母线复杂，可分为母线导体的热量平衡关系和外壳的热量平衡关系。封闭母线导体的热量平衡关系为母线导体电流产生的热量 Q_{wR} 等于对流换热 Q_{wc} 和辐射换热 $Q_{w\tau}$，即

$$Q_{wR}=Q_{wc}+Q_{w\tau}$$

外壳总的发热量为外壳环流产生的热量 Q_{sR} 与以对流换热和辐射换热方式传递给外壳的母线导体电流产生的热量 Q_{wR} 之和，如果它们等于外壳总的散热量，即对流换热 Q_{sc} 与辐射换热 $Q_{s\tau}$ 之和，则外壳的温度不再升高，能够达到某一个稳定温度。由此可得外壳长期发热的热量平衡关系为

$$Q_{wR}+Q_{sR}=Q_{sc}+Q_{s\tau}$$

在进行封闭母线的热量平衡计算时，导体的最高允许温度不应大于+90℃，外壳最高允许温度不应大于+70℃。直接计算导体和外壳的温度较复杂，可以利用散热曲线计算导体和外壳的温度；也可以利用热量平衡关系来确定导体和外壳的温度是否超过最高允许温度，即用最高允许温度计算发热量和散热量，如果发热量不超过散热量，导体和外壳的温度就不会超过最高允许温度。以下介绍利用热量平衡关系计算大电流封闭母线（自冷式）发热的方法。

1. 大电流封闭母线的发热

（1）封闭母线导体的发热　200～1000MW发电机的封闭母线，一般都采用圆管铝

导体，由式(5-1) 可得其单位长度电阻 R_w（单位为 Ω/m）为

$$R_w = \frac{K_{wf}\rho}{S} = K_{wf}\frac{0.0295 \times [1 + 0.004(\theta_w - 20)]}{\pi(D_w - \delta_w)\delta_w}$$

截面积为

$$S = \frac{\pi}{4}(D_w^2 - d_w^2) = \pi\left(D_w - \frac{D_w - d_w}{2}\right)\frac{D_w - d_w}{2} = \pi(D_w - \delta_w)\delta_w$$

式中　θ_w——导体运行温度（℃），计算时取 90℃；

D_w——圆管导体外径（mm）；

d_w——圆管导体内径（mm）；

δ_w——圆管导体壁厚（mm）；

K_{wf}——趋肤系数，由于 δ_w/D_w 较小，计算时可近似取 $K_{wf} = 1$。

导体的趋肤系数 K_{wf}的计算

$$K_{wf} = 1 + 0.03\left\{\frac{[1 - 0.0016(\theta_w - 75)]\delta_w}{10}\right\}^{3.75}\left\{1 - \frac{[1 - 0.0016(\theta_w - 75)]\delta_w}{D_w}\right\}^{1.5}$$

当母线导体通过电流 I_w 时，产生的热量 Q_{wR}（单位为 W/m）为

$$Q_{wR} = I_w^2 R_w \tag{5-32}$$

对 600MW 发电机，$D_w = 900\text{mm}$，$\delta_w = 16\text{mm}$，可以计算出 $K_{wf} = 1.16$，$R_w = 9.86 \times 10^{-7}\Omega/\text{m}$。当母线导体通过电流 $I_w \geqslant K_1K_2I_N = 1.05 \times 1.05 \times 19245\text{A} = 21218\text{A}$（$K_1$ 为发电机电压波动修正系数，K_2 为裕度），取 22000A 时，产生的热量 $Q_{wR} = 477\ \text{W/m}$。

（2）封闭母线外壳的发热　封闭母线外壳为铝材料制成的圆筒形，其电阻 R_s（单位为 Ω/m）为

$$R_s = \frac{K_{sf}\rho}{S} = K_{sf}\frac{0.0295 \times [1 + 0.004(\theta_s - 20)]}{\pi(D_s - \delta_s)\delta_s}$$

式中　θ_s——外壳运行温度（℃），计算时取 70℃；

D_s——外壳外径（mm）；

δ_s——外壳壁厚（mm）。

外壳的趋肤系数 K_{sf}的计算

$$K_{sf} = 1 + 0.03\left\{\frac{[1 - 0.0016(\theta_s - 75)]\delta_s}{10}\right\}^{3.75}\left\{1 - \frac{[1 - 0.0016(\theta_s - 75)]\delta_s}{D_s}\right\}^{1.5}$$

由于外壳两端用短路板连成闭合回路，当母线导体通过电流 I_w 时，在外壳中感应出的环流 I_s 近似等于母线电流 I_w，外壳环流产生的热量 Q_{sR}（单位为 W/m）为

$$Q_{sR} = I_s^2 R_s \tag{5-33}$$

对 600MW 发电机，$D_s = 1400\text{mm}$，$\delta_s = 8\text{mm}$，可以计算出 $K_{sf} = 1.0135$，$R_s = 1.024 \times 10^{-6}$。当母线导体通过电流 $I_w \geqslant K_1K_2I_N = 1.05 \times 1.05 \times 19245\text{A} = 21218\text{A}$，取 22000A 时，产生的热量 $Q_{sR} = 495.4\text{W/m}$。

2. 大电流封闭母线的散热

（1）封闭母线导体的散热

1）母线导体向外壳辐射的热量。系统黑度为

$$\varepsilon_n = \frac{1}{\frac{1}{\varepsilon_w} + \frac{D_w}{d_s}\left(\frac{1}{\varepsilon_{s1}} - 1\right)}$$

式中 D_w——圆管导体外径（mm）；

d_s——外壳内径（mm）；

ε_w——导体外表面的黑度，取0.85；

ε_{s1}——外壳内表面的黑度，取0.85。

对600MW发电机，$D_w=900\text{mm}$，$d_s=1384\text{mm}$，可以计算出$\varepsilon_n=0.774$。

单位长度母线导体向外壳辐射的热量$Q_{w\tau}$（单位为W/m）为

$$Q_{w\tau} = 5.7\varepsilon_n \pi D_w\left[\left(\frac{273+\theta_w}{100}\right)^4 - \left(\frac{273+\theta_s}{100}\right)^4\right] \tag{5-34}$$

式中 θ_w——导体温度（℃），取90℃；

θ_s——外壳温度（℃），取70℃；

D_w——圆管导体外径（m）。

对600MW发电机，$D_w=900\text{mm}$，$\varepsilon_n=0.774$，可以计算出母线导体向外壳辐射的热量$Q_{w\tau}=439\text{W/m}$。

2）母线导体对外壳的对流散热量。格拉斯霍夫数为

$$G_r = \frac{9.81\beta(\theta_w - \theta_s)H^3}{\nu^2}$$

式中 β——空气容积膨胀系数（K^{-1}），$\beta=\frac{1}{273+\theta}$，$\theta=\frac{1}{2}(\theta_w+\theta_s)=80℃$，故$\beta=2.833\times10^{-3}$；

ν——空气运动黏度（m^2/s），$\theta=\frac{1}{2}(\theta_w+\theta_s)=80℃$时，$\nu=21.09\times10^{-6}\ m^2/s$；

H——夹层厚度（m），$H=\frac{1}{2}[(D_s-2\delta_s)-D_w]$。

对600MW发电机，$H=0.242\text{m}$。可以计算出格拉斯霍夫数$G_T=1.77\times10^7$。

努塞特数为

$$N_u = 0.4\,(G_r P_r)^{0.2}$$

式中 P_r——普朗特数，$\theta=\frac{1}{2}(\theta_w+\theta_s)=80℃$时，$P_r=0.692$。

对600MW发电机，可以计算出努塞特数$N_u=10.46$。

当量导热系数为

$$\lambda_N = N_u\lambda$$

式中 λ——空气导热系数[W/(m·℃)]，$\theta=\frac{1}{2}(\theta_w+\theta_s)=80℃$时，$\lambda=3.05\times10^{-2}\text{W/(m·℃)}$。

对600MW发电机，可以计算出当量导热系数$\lambda_N=31.9\times10^{-2}\text{W/(m·℃)}$。

母线导体对外壳的对流散热是在有限空间内进行的，由单层圆筒壁的散热计算公式可得单位长度母线导体对外壳的对流散热量Q_{wc}（单位为W/m）为

$$Q_{wc}=\frac{2\pi\lambda_N(\theta_w-\theta_s)}{\ln\frac{d_s}{D_w}} \tag{5-35}$$

式中 D_w——圆管导体外径（mm）；

d_s——外壳内径（mm）。

对600MW发电机，可以计算出单位长度母线导体对外壳的对流散热量 Q_{wc} = 93.2W/m。

（2）封闭母线外壳的散热

1）外壳向周围空气辐射的热量。辐射时的邻近物体遮挡系数为

$$\varphi_{BA}=\frac{\arcsin\frac{D_s}{2a}}{\pi}$$

式中 D_s——外壳外径（mm）；

a——相间距离（mm）。

对600MW发电机，a = 1800mm，可以计算出辐射时的邻近物体遮挡系数为 φ_{BA} = 0.127。

三相水平排列，中间相（B相）向外散热受到A、C相的遮挡，故遮挡系数为

$$\varphi=2\varphi_{BA}$$

单位长度外壳辐射的热量 $Q_{s\tau}$（单位为W/m）为

$$Q_{s\tau}=5.7\varepsilon_n\pi D_s\left[\left(\frac{273+\theta_s}{100}\right)^4-\left(\frac{273+\theta_0}{100}\right)^4\right](1-\varphi) \tag{5-36}$$

式中 θ_s——外壳温度（℃），取70℃；

θ_0——空气温度（℃），取40℃；

D_s——外壳外径（m）；

ε_n——系统黑度，取0.85。

对600MW发电机，可以计算出单位长度外壳辐射的热量 $Q_{s\tau}$ = 674.5W/m。

2）外壳对周围空气的对流散热量。格拉斯霍夫数为

$$G_r=\frac{9.81\beta(\theta_s-\theta_0)D_s^3}{\nu^2}$$

式中 β——空气容积膨胀系数（$℃^{-1}$），$\beta=\frac{1}{273+\theta}$，$\theta=\frac{1}{2}(\theta_s+\theta_0)=55℃$时，$\beta=3.048\times10^{-3}$；

ν——空气运动黏度（m^2/s），$\theta=\frac{1}{2}(\theta_s+\theta_0)=55℃$时，$\nu=18.46\times10^{-6}\ m^2/s$；

D_s——外壳外径（m）。

对600MW发电机，可以计算出格拉斯霍夫数 $G_T=7.22\times10^9$。

努塞特数为

$$N_u=0.36+0.384(G_rP_r)^{\frac{1}{6}}+0.102(G_rP_r)^{\frac{1}{3}}$$

式中　P_r——普朗特数，$\theta=\frac{1}{2}(\theta_s+\theta_0)=55℃$时，$P_r=0.697$。

对600MW发电机，可以计算出努塞特数$N_u=190.66$。

对流散热系数为

$$\alpha=\frac{N_u\lambda}{D_s}$$

式中　λ——空气导热系数[W/(m·℃)]，$\theta=\frac{1}{2}(\theta_s+\theta_0)=55℃$时，$\lambda=2.865\times10^{-2}$W/(m·℃)；

D_s——外壳外径（m）。

对600MW发电机，可以计算出对流散热系数$\alpha=3.9$。

单位长度外壳对周围空气的对流散热量Q_{sc}（单位为W/m）为

$$Q_{sc}=\alpha\pi D_s(\theta_s-\theta_0) \tag{5-37}$$

式中　D_s——外壳外径（m）。

对600MW发电机，可以计算出单位长度外壳对周围空气的对流散热量$Q_{sc}=514.82$W/m。

(3) 封闭母线导体的热平衡　如果封闭母线导体的发热量小于封闭母线导体的散热量，符合要求。

对600MW发电机，导体的发热量$Q_{wR}=477$W/m，小于导体的散热量$Q_{w\tau}+Q_{wc}=439$W/m$+93.2$W/m$=532.2$W/m，符合要求。

(4) 封闭母线外壳的热平衡　如果外壳的发热量小于外壳的散热量（不考虑导体的发热量），符合要求。

对600MW发电机，外壳的发热量$Q_{sR}=495.4$W/m，小于外壳的散热量$Q_{s\tau}+Q_{sc}=674.5$W/m$+514.82$W/m$=1189.32$W/m，符合要求。

3. 大电流封闭母线的发热、散热校验

封闭母线导体和外壳的总发热量为$Q_{wz}=Q_{wR}+Q_{sR}$，封闭母线总散热量为$Q_{sz}=Q_{s\tau}+Q_{sc}$，如果$Q_{wz}<Q_{sz}$，则封闭母线的发热、散热符合要求。

对600MW发电机，总发热量$Q_{wz}=972.4$W/m小于总散热量$Q_{sz}=1189.32$W/m，符合要求。

二、分（离）相封闭母线的电动力

由于分（离）相封闭母线外壳的屏蔽作用，使得分（离）相封闭母线的电动力计算较敞露母线复杂得多，三相短路时，分（离）相封闭母线单位长度的电动力f_w（单位为N/m）为

$$f_w=\frac{\sqrt{3}\times10^{-7}}{a}I_m^2K_a\left(1+\frac{\sqrt{3}}{2}e^{-\frac{t_m}{T_a}}\right) \tag{5-38}$$

式中　I_m——三相短路电流零秒时的幅值（A）；

K_a——直流屏蔽系数；

a——相间距离（m）；

T_a——三相短路电流直流分量衰减时间常数（s）；

t_m——三相短路时，直流磁场峰值出现时间（s）。

简化计算时，分（离）相封闭母线单位长度的电动力可近似按敞露母线电动力的1/3值来计算。

最大计算应力 σ_{max}（单位为Pa）为

$$\sigma_{max} = \alpha f_w L^2 / W \tag{5-39}$$

式中 α——系数，单跨和两跨取1/8，三跨取1/10；

L——绝缘子跨距（m），除满足应力要求外，绝缘子跨距的选取还应考虑共振的影响，一般对于200MW、300MW和600MW发电机的绝缘子跨距取3.5m便可避开共振的影响；

W——圆管形母线截面系数（m^3），$W = 0.098\dfrac{D_w^4 - d_w^4}{D_w}$，其中，$D_m$ 和 d_m 分别为圆管形母线的外径和内径（m）。

铝圆管形母线的计算应力 σ_{max} 应小于其允许应力 $\sigma_{al} = 70 \times 10^6$ Pa。

思考题与习题

1. 什么是电气设备的长期发热和短时发热？

2. 发热对导体和电气设备有何不良影响？

3. 提高导体长期允许电流的主要方法有哪些？

4. 布置在同一平面的三相导体中，短路时的最大电动力出现在哪种短路类型、哪一相导体、短路后的哪一时刻？其计算公式如何？

5. 大电流母线为什么常采用分相封闭母线？其外壳有何作用？

6. 减少钢构发热的措施有哪些？

7. 根据附录有关参考资料，查出以下导体的长期允许电流并回答问题（设环境温度 $\theta_0 = 25℃$）。

（1）80mm×10mm单条矩形铝导体，平放及竖放时的长期允许电流各是多少？二者为何不同？

（2）2×(100mm×8mm)双条矩形铝导体，平放时的长期允许电流是多少？它为何小于同样条件下两根单条矩形铝导体的长期允许电流之和？

8. 若已知63mm×10mm铝导体回路中之短路电流 $I'' = 28.3$kA，$I_1 = 23.8$kA，$I_2 = 19$kA，短路切除时间为 $t_k = 2.0$s，导体的正常工作温度为 $\theta_i = 50℃$，趋肤系数为 $K_s = 1.04$，试计算导体的短路电流热效应和短时发热最高温度。

9. 某变电站10kV汇流母线在同一平面内竖放，铝导体尺寸为125mm×10mm，支柱绝缘子距离为1m，试求导体的固有频率及动态应力系数 β。

10. 根据表5-5数据，对300MW发电机进行封闭母线（自冷式）和外壳的发热计算。

11. 短路电动力最大值出现在短路发生后的（　　）。

A. 0.1s　B. 0.01s　C. 0.05s　D. 0.5s

12. 布置在同一平面的三相导体，最大电动力出现在（　　）。

A. 三相短路，边相导体上　B. 二相短路，边相导体上

C. 三相短路，中间相导体上　D. 二相短路，中间相导体上

13. 硬铜导体的短时发热最高允许温度是（　　）。

A. 70℃　B. 200℃　C. 300℃　D. 25℃

14. 短路切除时间等于继电保护动作时间加上（　　）。

A. 燃弧时间　B. 断路器固有分闸时间

C. 断路器全开断时间　D. 0s

15. 计算矩形导体载流量的基准环境温度为（　　）。

A. 10℃　B. 25℃　C. 20℃　D. 70℃

16. 短时发热过程中的热量平衡关系是导体电阻损耗产生的热量等于（　　）。

A. 导体温度升高所需的热量

B. 导体的辐射换热量

C. 导体的对流换热量

D. 导体的辐射换热量 + 导体的对流换热量

17. 某发电厂220kV输电线路的SF_6断路器的热稳定电流为40kA，3s。线路的短路起始电流周期分量有效值为30kA，线路的短路持续时间为2s，非周期分量等值时间为0.1s，如果不考虑短路电流的衰减，该断路器承受的最大短路电流热效应的数值是（　　）。

A. $1780kA^2 \cdot s$　B. $1872kA^2 \cdot s$　C. $1890kA^2 \cdot s$　D. $1980kA^2 \cdot s$

18. 某变电站10kV母线的最大三相短路起始电流周期分量有效值为20kA，母线为铝导体，尺寸为80mm×10mm，支柱绝缘子距离为1.2m，相间距离为0.3m，每一跨母线的最大短路相间电动力数值最接近（　　）。

A. 104.08N　B. 1794N　C. 1554.5N　D. 1209.6N

19. 母线系统的固有振动频率接近（　　）左右时，产生的共振较大。

A. 100Hz或150Hz　B. 50Hz或100Hz　C. 50Hz或150Hz　D. 100Hz或200Hz

第六章 电气设备选择

电气设备选择是电力工程设计中的重要内容。本章概括介绍了电气设备选择的一般条件，详细介绍了各种常用电气设备的主要选择项目和选择计算方法。

第一节　电气设备选择的一般条件

各种电气设备的功能不同、工作条件也各异，因而它们的选择校验项目和方法也不尽相同。但是，除了某些特殊的选择校验项目外，大多数电气设备具有必须满足的共同选择校验项目，也就是按正常工作条件选择额定电压和额定电流，按短路条件校验热稳定和动稳定。

一、按正常工作条件选择额定电压和额定电流

1. 额定电压选择

使电气设备可靠工作的正常电压要求是：电气设备所在回路的最高运行电压不得高于电气设备的允许最高工作电压。由于电气设备的允许最高工作电压为其额定电压 U_N 的 1.1 ~ 1.15 倍，而因电力系统负荷变化和调压等引起的电网最高运行电压不超过电网额定电压 U_{Ns} 的 1.1 倍，所以按电气设备的额定电压 U_N 不得低于其所在电网的额定电压 U_{Ns} 的条件来选择电气设备就可以满足正常电压要求，即由 $(1.1 \sim 1.15)U_N \geqslant 1.1U_{Ns}$ 可得

$$U_N \geqslant U_{Ns} \tag{6-1}$$

电气设备装设地点的环境条件和海拔影响其绝缘性能，随装设地点海拔的增加，空气密度和湿度相应减小，使得电气设备外部空气间隙和固体绝缘外表面的放电特性降低，电气设备允许的最高工作电压减小。当海拔在 1000 ~ 4000m 时，海拔每增高 100m，最高工作电压应下降 1%。对海拔超过 1000m 的地区，一般应选用高原型产品或外绝缘提高一级的产品。对于现有 110kV 及以下大多数电器的外绝缘有一定裕度，可在海拔 2000m 以下地区使用。在空气污秽或有冰雪的地区，某些电气设备应选用绝缘加强型或高一级电压的产品。

2. 额定电流选择

电气设备的额定电流 I_N（或载流量 I_{al}）是指其在额定环境温度 θ_0 下的长期允许电流。为了满足长期发热条件，应按额定电流 I_N（或载流量 I_{al}）不得小于所在回路最大持续工作电流 I_{max} 的条件进行选择，即

$$I_N(\text{或 } I_{al}) \geqslant I_{max} \tag{6-2}$$

回路最大持续工作电流 I_{max} 根据发电机、调相机、变压器容量和负荷等按表6-1的原则确定。

表6-1　各回路最大持续工作电流

回路名称	最大持续工作电流	说明
发电机、调相机回路	1.05倍发电机、调相机额定电流	发电机、调相机和变压器在电压降低到0.95额定电压运行时，出力可以保持不变，故电流可以增大5%
变压器回路	1.05倍变压器额定电流	
	1.3~2.0倍变压器额定电流	若要求承担另一台变压器事故或检修时转移的负荷
出线回路	1.05倍线路最大负荷电流	考虑5%的线损，还应考虑事故时转移过来的负荷
母联回路	母线上最大一台发电机或变压器的 I_{max}	
分段回路	母线上最大一台发电机额定电流的50%~80%	
	变电站应满足用户的一级负荷和大部分二级负荷	
汇流母线	按实际潮流分布确定	
电容器回路	1.35倍电容器组额定电流	考虑过电压和谐波的共同作用

当实际环境温度 θ 不同于导体的额定环境温度 θ_0 时，其长期允许电流应该用式(6-3)进行修正：

$$I_{al\theta}=KI_{al} \tag{6-3}$$

式中　K——综合修正系数。

不计日照时，裸导体和电缆的综合修正系数为

$$K=\sqrt{\frac{\theta_{al}-\theta}{\theta_{al}-\theta_0}} \tag{6-4}$$

式中　θ_{al}——导体的长期发热允许最高温度，裸导体一般为70℃；

θ_0——导体的额定环境温度，裸导体一般为25℃。

我国生产的电气设备额定环境温度 $\theta_0=40℃$，在40~60℃范围内，当实际环境温度高于+40℃时，环境温度每增高1℃，建议按减少额定电流1.8%进行修正；当实际环境温度低于+40℃时，环境温度每降低1℃，建议按增加额定电流0.5%进行修正，但其最大过负荷不得超过额定电流的20%。选择导体和电器的实际环境温度与其类别及安装场所有关，屋外裸导体和屋外电缆沟中的电缆用最热月平均最高温度；屋外电器采用年最高温度；屋内裸导体、屋内电缆沟中的电缆和屋内电器采用屋内通风设计温度，当无资料时，可取最热月平均最高温度加5℃；电缆隧道中的电缆采用该处通风设计温度，当无资料时，可取最热月平均最高温度加5℃；土中直埋电缆采用最热月的平均地温。最热月平均最高温度为最热月每日最高温度的月平均

值，取多年平均值。

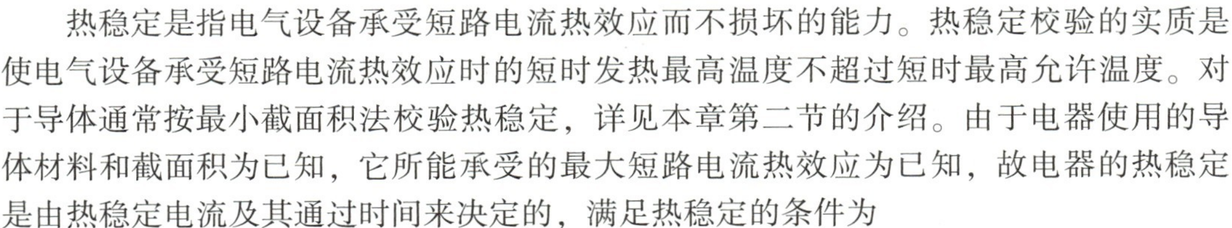

二、按短路条件校验热稳定和动稳定

1. 短路热稳定校验

热稳定是指电气设备承受短路电流热效应而不损坏的能力。热稳定校验的实质是使电气设备承受短路电流热效应时的短时发热最高温度不超过短时最高允许温度。对于导体通常按最小截面积法校验热稳定，详见本章第二节的介绍。由于电器使用的导体材料和截面积为已知，它所能承受的最大短路电流热效应为已知，故电器的热稳定是由热稳定电流及其通过时间来决定的，满足热稳定的条件为

$$I_t^2 t \geqslant Q_k \tag{6-5}$$

式中　Q_k——短路电流通过电器时产生的短路电流热效应；

I_t——制造厂家给出的所选用电器 t（单位为 s）内允许通过的热稳定电流。

2. 短路动稳定校验

动稳定是指电气设备承受短路电流产生的电动力效应而不损坏的能力。部分电气设备动稳定按应力和电动力校验，详见本章介绍。电器满足动稳定的条件为

$$i_{es} \geqslant i_{sh} \text{或} I_{es} \geqslant I_{sh} \tag{6-6}$$

式中　i_{sh}、I_{sh}——通过电器的短路冲击电流的幅值和有效值，$i_{sh}=\sqrt{2}K_{sh}I''$，其中，I''为 0s 短路电流周期分量有效值；K_{sh}为冲击系数，发电机机端取 1.9，发电厂高压母线及发电机电压电抗器后取 1.85，远离发电机时取 1.8；

i_{es}、I_{es}——制造厂家给出的电器允许通过的动稳定电流幅值和有效值，制造厂家用此电流表示电器的动稳定特性（由于电器的结构，使用的导体材料和截面积为已知，它所能承受的最大电动力为已知，因此将最大电动力转化为动稳定电流校验动稳定更方便），在此电流作用下电器能继续正常工作而不发生机械损坏。

3. 短路计算时间

计算短路电流热效应时所用的短路切除时间 t_k 等于继电保护动作时间 t_{pr} 与相应断路器的全开断时间 t_{ab} 之和，即

$$t_k = t_{pr} + t_{ab} \tag{6-7}$$

断路器的全开断时间 t_{ab} 等于断路器的固有分闸时间 t_{in} 与燃弧时间 t_a 之和，即

$$t_{ab} = t_{in} + t_a \tag{6-8}$$

验算裸导体的短路热稳定时，t_{pr} 宜采用主保护动作时间，如主保护有死区时，则采用能对该死区起保护作用的后备保护动作时间；验算电器的短路热稳定时，t_{pr} 宜采用后备保护动作时间。少油断路器的燃弧时间 t_a 为 0.04～0.06s，SF_6 断路器的燃弧时间 t_a 为 0.02～0.04s。

4. 短路电流计算条件

（1）短路计算容量和接线　验算电气设备的热稳定和动稳定以及电器开断电流所用的短路电流，应按本工程的设计规划容量计算，并考虑电力系统的远景发展规划（一般为本期工程建成后 5～10 年）。接线应是可能发生最大短路电流的正常接线方式。

（2）短路种类　电气设备的热稳定和动稳定以及电器的开断电流，一般按三相短路验算。若发电机出口的两相短路，或中性点直接接地系统、自耦变压器等回路中的单相、两相接地短路较三相短路严重时，则应按严重情况验算。

（3）短路计算点　在正常接线方式时，通过电气设备的短路电流为最大的短路点，称为短路计算点。

1）对两侧均有电源的电气设备，应比较电气设备前、后短路时的短路电流，选通过电气设备短路电流较大的地点作为短路计算点。例如，校验图6-1中的发电机出口断路器 QF_1 时，应比较 k_1 和 k_2 短路时流过 QF_1 的电流，选较大的点作为短路计算点。

2）短路计算点选在并联支路时，应断开一条支路。因为断开一条支路时的短路电流（局部的并联变串联，电流减小不了一半）大于并联短路时流过任一支路的短路电流（两支路阻抗相等时，为总电流的一半）。例如，校验图6-1中分段回路的断路器 QF_5 时或校验主变压器低压侧断路器 QF_2 时，应选 k_2 和 k_3 点为短路计算点，并断开变压器 T_2。

3）在同一电压等级中，汇流母线短路时，短路电流最大。校验汇流母线、厂用电分支电器（无电源支路）和母联回路的电器时，短路计算点应选在母线上。例如，校验图6-1中10kV母线时，选 k_2 点。

4）带限流电抗器的出线回路，由于干式电抗器工作可靠，出线回路中各个电器的连接线很短，事故概率很低，故校验回路中各电气设备时的短路计算点一般选在电抗器后。例如，校验图6-1中出线回路的断路器 QF_3 时，短路计算点选在出线电抗器后（电流流出电抗器的位置）的 k_5 点。

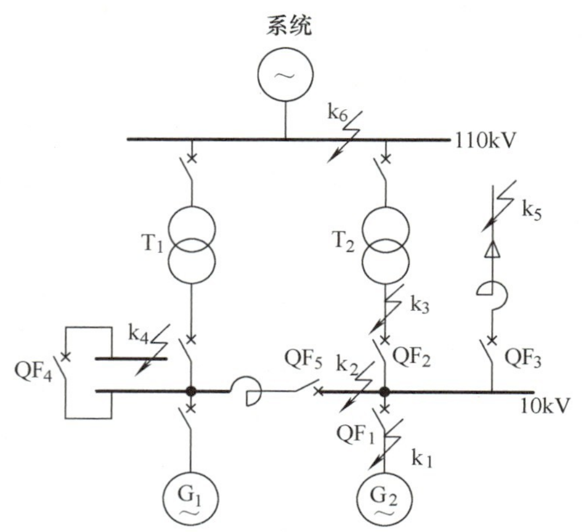

图6-1　短路计算点选择示意图

5）110kV及以上电压等级，因其电气设备的裕度较大，短路计算点可以只选一个，选在母线上。例如，校验图6-1中110kV的电气设备时，短路计算点可选在110kV母线上，即 k_6 点。

（4）短路电流的实用计算方法　在进行电气设备的热稳定验算时，需要用短路后不同时刻的短路电流，即计及暂态过程，通常采用短路电流实用计算方法，即运算曲线法。

1）三相短路电流的实用计算方法。手工计算时，可利用网络等效变换，将网络化简为以短路点为中心的辐射形网络，此时各电源与短路点之间的电抗就是转移电抗。将各电源的转移电抗，归算到各电源容量下得计算电抗，然后用运算曲线计算 t 时刻的三相短路电流。转移电抗的计算机计算，可以利用网络节点阻抗矩阵。如果系统中第 m 台等效发电机其内电抗为 x_m，机端节点编号为 i，X_{ff}和 X_{if}分别是短路点 f 的自阻抗和 i 点到短路点 f 的互阻抗（略去电阻），令系统处于无源状态，仅短路点 f 有电流源 $\dot{I}_f$ 注入时，由自阻抗的定义得短路点 f 的电压为

$$\dot{U}_f = X_{ff}\dot{I}_f$$

由互阻抗的定义可得节点 i 的电压为

$$\dot{U}_i = X_{if}\dot{I}_f$$

设电源 m 到短路点 f 的转移电抗为 x_{mf}，根据转移电抗的定义可知以下两个电流相等：

$$\frac{\dot{U}_i}{x_m} = \frac{\dot{U}_f}{x_{mf}}$$

从而有

$$\frac{X_{if}\dot{I}_f}{x_m} = \frac{X_{ff}\dot{I}_f}{x_{mf}}$$

于是可得三相短路时，电源 m 对短路点 f 的转移电抗为

$$x_{mf} = \frac{X_{ff}}{X_{if}}x_m \tag{6-9}$$

电源 m 对短路点 f 的计算电抗为

$$X_{c.mf} = x_{mf}\frac{S_{Nm}}{S_d} \tag{6-10}$$

式中　S_{Nm}——第 m 台等效发电机的额定容量；

S_d——短路计算的基准容量。

2）不对称短路时短路电流的实用计算方法。在不对称短路的实用计算中，正序等效定则不仅适用于计算起始次暂态电流和稳态电流，而且也适用于计算短路暂态过程中任一时刻的周期电流值。因此，运算曲线也可以用来确定不对称短路过程中任意时刻的正序电流 I_1。在发生各种不对称短路时，故障点的正序电流相当于短路点 f 经一个附加电抗 $X_\Delta^{(n)}$ 后发生三相短路时的短路电流。计算不对称短路时任意时刻短路电流的方法是：在正序网络中的短路点 f 处接入一个附加电抗 $X_\Delta^{(n)}$，引出新节点 k（假想节点），计算各电源对 k 点的转移电抗，然后用运算曲线计算 k 点三相短路时任意时刻的电流，即不对称短路时的正序电流 I_1。利用 $I_f^{(n)} = m^{(n)}I_1^{(n)}$（$m^{(n)}$ 是比例系数，单相接地短路 $m^{(1)} = 3$，两相接地短路 $m^{(1.1)} = \sqrt{3}\sqrt{1 - X_{2\Sigma}X_{0\Sigma}/(X_{2\Sigma} + X_{0\Sigma})^2}$，两相短路 $m^{(2)} = \sqrt{3}$）即可计算出不对称短路时的故障相短路电流。

略去电阻，用纯电抗表示各元件，作出各序等效网络，计算出各序网络中短路点的输入电抗 $X_{1\Sigma} = X_{ff}$（正序电抗）、$X_{2\Sigma}$（负序电抗）和 $X_{0\Sigma}$（零序电抗），根据短路的不同类型组成附加电抗 $X_\Delta^{(n)}$，单相接地短路：$X_\Delta^{(1)} = X_{2\Sigma} + X_{0\Sigma}$，两相短路：$X_\Delta^{(2)} = X_{2\Sigma}$，两相接地短路：$X_\Delta^{(1.1)} = \frac{X_{2\Sigma}X_{0\Sigma}}{X_{2\Sigma} + X_{0\Sigma}}$。仅节点 k 有电流源 $\dot{I}_f$ 注入时，节点 k 的电压为

$$\dot{U}_k = \dot{U}_f + \dot{I}_f X_\Delta^{(n)} = (X_{1\Sigma} + X_\Delta^{(n)})\dot{I}_f$$

由此得

$$X_{kk} = X_{1\Sigma} + X_\Delta^{(n)}$$

另一方面，从网络原有部分看，从节点 k 和节点 f 注入电流源 $\dot{I}_f$，节点 i 的电压都一样，即

$$\dot{U}_i = X_{if}\dot{I}_f = X_{ik}\dot{I}_f$$

所以得

$$X_{ik} = X_{if}$$

由式(6-9）和式(6-10）可以得到不对称短路时，电源 m 对短路点 f 的正序计算电抗为

$$X_{\mathrm{c.}\,mf}^{(n)} = \frac{X_{kk}}{X_{ik}}x_m\frac{S_{\mathrm{N}m}}{S_{\mathrm{d}}} = \frac{X_{1\Sigma} + X_{\Delta}^{(n)}}{X_{if}}x_m\frac{S_{\mathrm{N}m}}{S_{\mathrm{d}}}$$

$$= \left(1 + \frac{X_{\Delta}^{(n)}}{X_{1\Sigma}}\right)x_{mf}\frac{S_{\mathrm{N}m}}{S_{\mathrm{d}}} \qquad (6\text{-}11)$$

式中 x_{mf}——电源 m 对短路点 f 的三相短路时的转移电抗。

第二节 导体与电缆的选择

一、导体的选择

（一）导体材料、类型与布置方式选择

1. 导体的材料

导体材料主要采用铝和铜。铜的电阻率低，机械强度高，耐腐蚀性比铝强，但储量少，价格高。铝的电阻率比铜高，机械强度低，耐腐蚀性比铜差，但储量高，价格低。一般优先采用铝导体，在工作电流大、地方狭窄的场所和对铝有严重腐蚀的地方可采用铜导体。

2. 导体的选型

常用硬导体的截面形状有矩形、槽形和管形。导体截面形状影响导体的散热、趋肤效应系数和机械强度，矩形导体广泛用于35kV及以下，工作电流不超过4000A的屋内配电装置中，例如，主母线、连接导体和变压器及小容量发电机的引出线母线。当单条导体的载流量不能满足要求时，每相可采用2～4条并列使用。槽形导体适用于35kV及以下，工作电流为4000～8000A的配电装置中，例如，100MW发电机的引出线母线。管形导体适用于8000A以上的大电流母线，例如，容量为200MW及以上的发电机引出线。对110kV及以上屋内外配电装置，采用硬母线时，应选用管形导体（防止电晕）。

常用的软导线有钢芯铝绞线、组合导线、空心导线、扩径导线和分裂导线。钢芯铝绞线适用于35kV及以上的屋外软母线；组合导线用于中小容量发电机和变压器的引出线；空心导线、扩径导线和分裂导线直径大，可以减小线路电抗、减小电晕损耗和对通信的干扰，用于特、超高压母线和输电线路。220kV输电线路采用两分裂导线，500kV输电线路采用四分裂导线，750kV和1000kV输电线路分别采用六和八分裂导线。

3. 导体的布置方式

导体的布置方式常采用三相水平布置和三相垂直布置，对于矩形导体，其散热和机械强度还与布置方式有关。图6-2a、b为矩形导体三相水平布置，图6-2a中导体竖放，散热条件好，载流量大，但机械强度较差；图6-2b中导体平放，机械强度较高，但散热条件较差；图6-2c为矩形导体三相垂直布置，它综合了图6-2a、b的优点。

（二）导体截面积的选择

1. 按导体的长期发热允许电流选择

汇流母线及长度在 20m 以下的导体等，一般应按长期发热允许电流选择其截面积，即

$$I_{max} \leqslant KI_{al} \tag{6-12}$$

式中　I_{max}——导体的最大持续工作电流；

I_{al}——对应于所选导体的长期发热允许最高温度 θ_{al} 和额定环境温度 θ_0 的长期允许电流；

K——实际环境温度为 θ 时的综合修正系数，不计日照等影响时，按式(6-4) 计算。

a) 水平布置，导体竖放　b) 水平布置，导体平放　c) 垂直布置，导体竖放

图 6-2　矩形导体的布置方式

2. 按经济电流密度选择

按经济电流密度选择导体截面积可以使年计算费用（折算到每年的投资与年运行费之和）最小。除汇流母线、厂用电动机的电缆等外，较长导体（长度在 20m 以上的导体）的截面积宜按经济电流密度选择，如发电机和变压器引出线，其截面积一般按经济电流密度选择。经济截面积用式(6-13) 计算：

$$S = \frac{I_{max}}{J} \tag{6-13}$$

式中　I_{max}——正常运行方式下导体的最大持续工作电流，计算时不考虑过负荷和事故时转移过来的负荷；

J——经济电流密度，常用导体的 J 值，可根据年最大负荷利用小时数 T_{max} 由图 6-3查得，$T_{max} = \frac{\int_0^{8760} P\mathrm{d}t}{P_{max}}$，其中 P_{max} 和 P 为年最大负荷和年持续负荷。

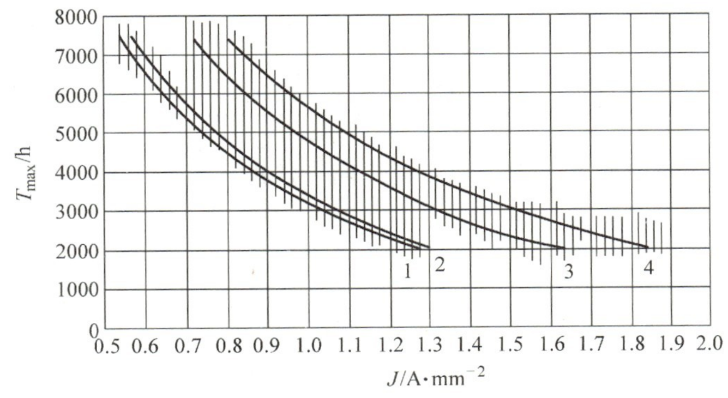

图 6-3　经济电流密度

1—变电站站用、工矿和电缆线路的铝纸绝缘铅包、铝包、塑料护套及各种铠装电缆
2—铝矩形、槽形及组合导线　3—火电厂厂用的铝纸绝缘铅包、铝包、塑料护套及各种铠装电缆　4—35～220kV 线路的 LGJ、LGJQ 型钢芯铝绞线

按经济电流密度选择的导体截面积应尽量接近式(6-13)计算的经济截面积，当无合适规格导体时，导体面积可按经济电流密度计算截面积的相邻下一档选取。按经济电流密度选择的导体截面积还需要按式(6-12)进行长期发热条件校验，此时计算 I_{max} 需考虑过负荷和事故时转移过来的负荷。由于汇流母线各段的工作电流大小不相同，且差别较大，故汇流母线不按经济电流密度选择截面积。

（三）电晕电压校验

导体的电晕放电会产生电能损耗、噪声、无线电干扰和金属腐蚀等不良影响。110kV及以上电压等级的电气设备及金具在1.1倍最高相电压下，晴天夜晚不应出现可见电晕。要求110kV及以上电压等级裸导体的电晕临界电压 U_{cr} 应大于其最高工作电压 U_{max}，即

$$U_{cr} > U_{max}$$

在海拔不超过1000m的地区，当110kV采用了不小于LGJ－70型，220kV采用了不小于LGJ－300型钢芯铝绞线或110kV采用了外径不小于 ϕ20型，220kV采用了外径不小于 ϕ30型的管形导体时，可不进行电晕电压校验。

（四）热稳定校验

对于特定网络和短路切除时间，短路电流热效应 Q_k（单位为 $A^2 \cdot s$）保持不变，利用式(5-13)，取短时最高允许温度 θ_{al} 计算短路终了时的 A 值得 A_h，取短路前导体的工作温度 θ_w 计算短路开始时的 A 值得 A_w，热稳定系数 $C=\sqrt{A_h-A_w}$ 达到上限值，若计及趋肤效应系数 K_s 影响，可得到满足热稳定的导体最小截面积为

$$S_{min}=\frac{1}{\sqrt{A_h-A_w}}\sqrt{Q_k K_s}=\frac{1}{C}\sqrt{Q_k K_s} \tag{6-14}$$

显然，当所选导体截面积 $S \geqslant S_{min}$ 时，由于短路电流热效应 Q_k 保持不变，根据式(5-15)可知，短路终了时的 A_f 减小，$A_f < A_h$，故导体短路时的温升不会超过短时最高允许温度。热稳定系数 C 值（单位为 $\sqrt{J/(\Omega \cdot mm^4)}=\sqrt{W \cdot s/(\Omega \cdot mm^4)}=\sqrt{A^2 \cdot \Omega \cdot s/(\Omega \cdot mm^4)}=A \cdot s^{\frac{1}{2}}/mm^2$）可以根据短路前导体的工作温度由表6-2查出。

表6-2 不同工作温度下裸导体的 C 值 （单位：$A \cdot s^{1/2} \cdot mm^{-2}$）

工作温度/℃	40	45	50	55	60	65	70	75	80	85	90
硬铝及铝锰合金	99	97	95	93	91	89	87	85	83	81	79
硬铜	186	183	181	179	176	174	171	169	166	164	161

根据式(5-7)和式(5-8)可以得到短路前导体的工作温度为

$$\theta_w=\theta+(\theta_{al}-\theta)\frac{I_{max}^2}{I_{al\theta}^2} \tag{6-15}$$

式中 θ、$I_{al\theta}$——实际环境温度和对应于实际环境温度 θ 的允许电流。

校验钢芯铝绞线的热稳定时，应考虑钢心附加发热的影响，即

$$S_{min}=\frac{1}{0.87C}\sqrt{Q_k}$$

（五）硬导体的动稳定校验

固定在支柱绝缘子上的硬导体，在短路电流产生的电动力作用下会发生弯曲，承受

很大的应力，可能使导体变形或折断。为了保证硬导体的动稳定，必须进行应力计算与校验。硬导体的动稳定校验条件为最大计算应力 σ_{max} 不大于导体的最大允许应力 σ_{al}，即

$$\sigma_{max} \leqslant \sigma_{al} \tag{6-16}$$

硬导体的最大允许应力：硬铝为 70×10^6Pa，硬铜为 140×10^6Pa，$1\text{Pa}=1\text{N/m}^2$。

由于相间距离较大，无论什么形状的导体和组合，计算单位长度导体所受相间电动力 f_{ph}（单位为 N/m）时，可不考虑形状的影响，均按式(6-17)计算：

$$f_{ph}=1.73\times10^{-7}\frac{1}{a}i_{sh}^2\beta \tag{6-17}$$

式中　i_{sh}——三相短路冲击电流（A）；

a——相间距离（m）；

β——动态应力系数。

1. 每相为单条矩形导体母线的应力计算与校验

矩形导体构成的母线系统可以视为均匀荷载作用的多跨连续梁，单条导体所受到的最大弯矩 M 为

$$M=\frac{f_{ph}L^2}{10}$$

式中　M——最大弯矩（N·m）；

L——支柱绝缘子跨距（m）。

导体最大相间计算应力 σ_{ph}（单位为 Pa）为

$$\sigma_{ph}=\frac{M}{W}=\frac{f_{ph}L^2}{10W} \tag{6-18}$$

式中　W——导体的截面系数（m^3），即导体对垂直于电动力作用方向轴的抗弯矩，W 越大，承载能力越强。W 的大小与导体尺寸和布置方式有关，见表6-3。

表 6-3　矩形导体的截面系数

布置方式	说　明	截面系数
	单条平放	$W=\frac{bh^2}{6}$
	单条竖放	$W=\frac{b^2h}{6}$
	双条平放	$W=\frac{bh^2}{3}$
	双条竖放	$W=1.44b^2h$
	三条平放	$W=\frac{bh^2}{2}$
	三条竖放	$W=3.3b^2h$

按图6-2b、c布置时，用单条平放的截面系数，按图6-2a布置时，用单条竖放的截面系数。

满足动稳定的条件为

$$\sigma_{max}=\sigma_{ph}\leqslant\sigma_{al} \tag{6-19}$$

不满足动稳定要求时，可以适当减小支柱绝缘子跨距 L，重新计算应力 σ_{ph}。为了避免重复计算，常用绝缘子间最大允许跨距 L_{max}（单位为 m）校验动稳定。令式(6-18)中的 $\sigma_{max}=\sigma_{ph}=\sigma_{al}$，得

$$L_{max}=\sqrt{\frac{10\sigma_{al}W}{f_{ph}}} \tag{6-20}$$

只要支柱绝缘子跨距

$L \leq L_{max}$，即可满足动稳定要求。为了避免导体因自重而过分弯曲，所选支柱绝缘子跨距 L 不得超过 1.5～2m。

2. 每相为多条矩形导体母线的应力计算与校验

多条矩形导体构成的母线系统中，每相由多条相同截面尺寸的矩形导体并列组成。导体除受相间电动力的作用外，还受到同相中条与条之间的电动力作用，短路时的最大计算应力 σ_{max} 由相间计算应力 σ_{ph} 和同相条间计算应力 σ_b 之和组成，满足动稳定的条件为

$$\sigma_{max} = \sigma_{ph} + \sigma_b \leq \sigma_{al} \tag{6-21}$$

多条矩形导体的相间计算应力 σ_{ph} 与每相单条矩形导体时的相同，按式(6-18) 计算，但截面系数为多条矩形导体的截面系数，根据每相导体的条数和布置方式选用表 6-3 中公式计算。

由于条间距离很小，相邻导体条间距离一般为矩形导体短边 b 的 2 倍，故条间计算应力 σ_b 比相间应力大得多，为了减小条间计算应力，一般在同相导体的条间每隔 30～50cm 装设一金属衬垫，如图 6-4 所示。每个绝缘子跨距 L 中所安装的衬垫个数不宜过多，以免影响导体散热，衬垫跨距 L_b 可通过动稳定校验条件来确定。

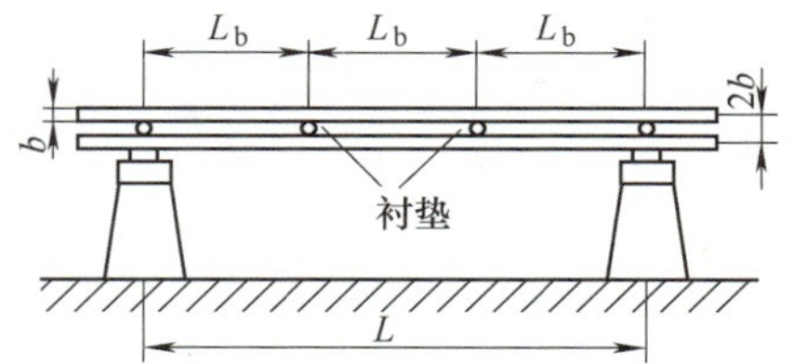

图 6-4　双条平放矩形导体侧视图

每相多条矩形导体中，电流的方向相同，边条受的电动力最大。根据两平行导体电动力计算公式，并考虑导体形状对电动力的影响，每相为两条且各通过 50% 的电流时，单位长度条间最大电动力 f_b（单位为 N/m）为

$$f_b = 2K_{12}(0.5i_{sh})^2 \frac{1}{2b} \times 10^{-7} = 2.5K_{12}i_{sh}^2 \frac{1}{b} \times 10^{-8} \tag{6-22}$$

每相为 3 条时，可以认为中间条通过 20% 电流，两边条各通过 40% 电流，则单位长度条间最大电动力 f_b（单位为 N/m）为

$$\begin{aligned} f_b &= 2K_{12}(0.4i_{sh})(0.2i_{sh})\frac{1}{2b} \times 10^{-7} + 2K_{13}(0.4i_{sh})^2 \frac{1}{4b} \times 10^{-7} \\ &= 8(K_{12} + K_{13})i_{sh}^2 \frac{1}{b} \times 10^{-9} \end{aligned} \tag{6-23}$$

上两式中　K_{12}、K_{13}——第 1、2 条导体和第 1、3 条导体间的形状系数。

边条导体所受的最大弯矩 M_b（单位为 N·m）为

$$M_b = \frac{f_b L_b^2}{12}$$

根据表 6-3 中的图可以看出，不论导体是平放还是竖放，每相多条导体所受条间电动力的方向与每相单条竖放时所受相间电动力方向相同，故边条导体的截面系数为 $W = b^2h/6$，因而条间计算应力 σ_b（单位为 Pa）为

$$\sigma_b = \frac{M_b}{W} = \frac{f_b L_b^2}{12W} = \frac{f_b L_b^2}{2b^2 h} \tag{6-24}$$

按 $\sigma_{max} = \sigma_{ph} + \sigma_b \leq \sigma_{al}$ 校验动稳定，如果不满足动稳定要求时，可以适当减小衬

垫跨距 L_b，重新计算应力 σ_b。为了避免重复计算，常用最大允许衬垫跨距 L_{bmax} 校验动稳定。令 $\sigma_{max}=\sigma_{ph}+\sigma_b$ 中 $\sigma_{max}=\sigma_{al}$，得条间允许应力 $\sigma_{bal}=\sigma_{al}-\sigma_{ph}$，代入式(6-24)得最大允许衬垫跨距 L_{bmax}（单位为 m）为

$$L_{bmax}=\sqrt{\frac{12\sigma_{bal}W}{f_b}}=b\sqrt{\frac{2h\sigma_{bal}}{f_b}} \tag{6-25}$$

为防止因 L_b 太大，同相各条导体在条间电动力作用下弯曲接触，还应计算衬垫临界跨距 L_{cr}（单位为 m），即

$$L_{cr}=\lambda b\sqrt[4]{h/f_b} \tag{6-26}$$

式中　λ——系数，铝导体双条为 1003，三条为 1197。

只要所选衬垫跨距 $L_b=\frac{L}{n+1}\leqslant\min(L_{bmax},L_{cr})$，就能满足动稳定又避免同相各条导体在条间电动力作用下弯曲接触，其中 n 即为满足动稳定的衬垫个数。矩形导体的动稳定校验总结见表 6-4。

表 6-4　矩形导体的动稳定校验总结

类型	布置方式	截面系数	单位长度相间电动力	相间应力
单条	平放	$W=\frac{bh^2}{6}$	$f_{ph}=1.73\times10^{-7}\times\frac{1}{a}i_{sh}^2\beta$	$\sigma_{ph}=\frac{f_{ph}L^2}{10W}$
	竖放	$W=\frac{b^2h}{6}$		
双条	平放	$W=\frac{bh^2}{3}$		
	竖放	$W=1.44b^2h$		
三条	平放	$W=\frac{bh^2}{2}$		
	竖放	$W=3.3b^2h$		

类型	单位长度条间电动力	条间应力	检验条件
单条	—	—	$\sigma_{max}=\sigma_{ph}\leqslant\sigma_{al}$ 或 $L\leqslant L_{max}=\sqrt{\frac{10\sigma_{al}W}{f_{ph}}}$
双条	$f_b=2.5K_{12}\times i_{sh}^2\frac{1}{b}\times10^{-8}$	$\sigma_b=\frac{f_bL_b^2}{2b^2h}$	$\sigma_{max}=\sigma_{ph}+\sigma_b\leqslant\sigma_{al}$ 或 $L_b=\frac{L}{n+1}\leqslant L_{bmax}=b\sqrt{\frac{2h\sigma_{bal}}{f_b}}$ $L_b\leqslant L_{cr}=\lambda b\sqrt[4]{h/f_b}$
三条	$f_b=8(K_{12}+K_{13})\times i_{sh}^2\frac{1}{b}\times10^{-9}$		

注：长度单位为 m，电流单位为 A。n 为满足动稳定的衬垫个数。

3. 双槽形导体母线的应力计算与校验

双槽形导体的动稳定校验方法与多条矩形导体相似，相间应力的计算与矩形导体相同，但其截面系数不同于矩形导体，当按图 6-5a 布置时，导体对 $X-X$ 轴弯曲，

$W=2W_X$；当按图 6-5b 布置时，导体对 $Y-Y$ 轴弯曲，$W=2W_Y$（W_X、W_Y分别为单槽导体对 X 和 Y 轴的截面系数）；当用焊片将两条槽形导体焊成整体时，导体对 Y_0-Y_0 轴弯曲，$W=W_{Y0}$。W_X、W_Y 和 W_{Y0}均可以由槽形导体计算数据表查得。计算双槽形导体条间应力时，可认为各通过 50% 电流。如果条间距离为槽形导体的高 h，则形状系数 $K_{12}\approx1$，单位长度条间电动力 f_b（单位为 N/m）为

$$f_b=2\times(0.5i_{sh})^2\frac{1}{h}\times10^{-7}=0.5\frac{i_{sh}^2}{h}\times10^{-7}$$

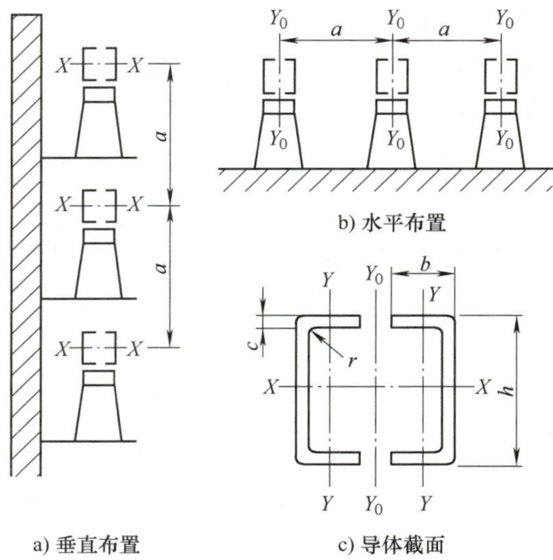

图 6-5 双槽形导体的布置方式

双槽形导体条间应力 σ_b（单位为 Pa）为

$$\sigma_b=\frac{M_b}{W_Y}=\frac{f_bL_b^2}{12W_Y}$$

式中 L_b——衬垫跨距，当衬垫由焊片代替，将两条槽形导体焊成整体时，L_b用 L_b-L_{b0}代替，其中 L_{b0}为焊片的长度；

W_Y——截面系数，在条间电动力作用下，双 W_Y槽形导体中各条对 $Y-Y$ 轴弯曲。

【例 6-1】 某降压变电站，两台 31500kVA 自然油循环冷却主变压器并列运行，电压为 110/10.5kV。已知：年最大负荷利用小时为 4100h，环境温度为 32℃，主保护动作时间为 0.1s，后备保护动作时间为 2.5s，断路器全开断时间为 0.1s，变压器低压侧引出线导体三相水平布置，导体平放，相间距离 $a=0.7$m，支持绝缘子跨距 $L=1.2$m，10kV 母线（为单母线分段接线）短路时的短路电流 $I''=17.8$kA，$I_{0.1}=16.9$kA，$I_{0.2}=15.9$kA。10kV 母线三相水平布置，导体平放，相间距离 $a=0.25$m，支持绝缘子跨距 $L=1.0$m。试选择变压器低压侧引出线导体和 10kV 母线。

解：1. 变压器低压侧引出线导体应按经济电流密度选择导体截面积，选择校验如下：

（1）按经济电流密度选择导体截面积 不考虑主变压器过负荷时，变压器低压侧引出线导体中通过的最大持续工作电流为

$$I_{max}=\frac{1.05S_N}{\sqrt{3}U_N}=\frac{1.05\times31500}{\sqrt{3}\times10.5}\text{A}=1818.65\text{A}$$

采用矩形铝导体，根据最大负荷利用小时 4100h，由图 6-3 可以查得 $J=0.9$，经济截面积为

$$S=\frac{I_{max}}{J}=\frac{1818.65}{0.9}\text{mm}^2=2020.7\text{mm}^2$$

查矩形铝导体长期允许载流量表（见表 A-5），每相选用两条 100mm × 10mm 矩形

铝导体（LMY－2（100×10）），平放时允许电流 $I_{al}=2613\text{A}$，趋肤系数 $K_s=1.42$。环境温度为32℃时的允许电流为

$$I_{al\theta}=KI_{al}=I_{al}\sqrt{\frac{70-32}{70-25}}=0.92\times2613\text{A}=2403.96\text{A}>1818.65\text{A}$$

满足长期发热条件要求。

（2）热稳定校验

$$Q_p=\frac{0.2}{12}\times(17.8^2+10\times16.9^2+15.9^2)\text{kA}^2\cdot\text{s}=57.096\text{kA}^2\cdot\text{s}$$

$$Q_{np}=TI''^2=0.05\times17.8^2\text{kA}^2\cdot\text{s}=15.842\text{kA}^2\cdot\text{s}$$

短路电流热效应　$Q_k=Q_p+Q_{np}=(57.096+15.842)\text{kA}^2\cdot\text{s}=72.938\text{kA}^2\cdot\text{s}$

短路前导体的工作温度为

$$\theta_w=\theta+(\theta_{al}-\theta)\frac{I_{max}^2}{I_{al\theta}^2}=\left[32+(70-32)\times\frac{1818.65^2}{2403.96^2}\right]℃=53.75℃$$

查表6-2，用插值法得

$$C=C_2+\frac{\theta_2-\theta_w}{\theta_2-\theta_1}(C_1-C_2)=\left[93+\frac{55-53.75}{55-50}(95-93)\right]\text{A}\cdot\text{s}^{1/2}\cdot\text{mm}^{-2}=93.5\text{A}\cdot\text{s}^{1/2}\cdot\text{mm}^{-2}$$

$$S_{min}=\frac{1}{C}\sqrt{Q_kK_s}=\frac{1}{93.5}\times\sqrt{72.938\times1.42\times10^6}\text{mm}^2=108.85\text{mm}^2$$

所选截面积 $S=2000\text{mm}^2>S_{min}=108.85\text{mm}^2$，能满足热稳定要求。

（3）共振校验

$$m=hb\rho_w=2\times0.1\times0.01\times2700\text{kg/m}=5.4\text{kg/m}$$

$$I=bh^3/6=(0.01\times0.1^3/6)\text{m}^4=1.667\times10^{-6}\text{m}^4$$

$$f_1=\frac{N_f}{L^2}\sqrt{\frac{EI}{m}}=\frac{3.56}{1.2^2}\times\sqrt{\frac{7\times10^{10}\times1.667\times10^{-6}}{5.4}}\text{Hz}=363.4\text{Hz}>160\text{Hz}$$

取 $\beta=1$，即不考虑共振影响。

（4）动稳定校验

$$i_{sh}=2.55\times17.8\text{kA}=45.39\text{kA}$$

相间电动力　$f_{ph}=1.73\times10^{-7}\frac{1}{a}i_{sh}^2=1.73\times10^{-7}\times\frac{1}{0.7}\times45390^2\text{N/m}=509.1766\text{N/m}$

$$W=bh^2/3=(0.01\times0.1^2/3)\text{m}^3=33.3\times10^{-6}\text{m}^3$$

相间应力　$\sigma_{ph}=\frac{f_{ph}L^2}{10W}=\frac{509.1766\times1.2^2}{10\times33.3\times10^{-6}}\text{Pa}=2.202\times10^6\text{Pa}$

根据 $\frac{b}{h}=0.1$，$\frac{a-b}{h+b}=\frac{20-10}{100+10}=0.091$ 可以查得形状系数 $K_{12}\approx0.43$。

条间电动力

$$f_b=2.5K_{12}i_{sh}^2\frac{1}{b}\times10^{-8}=2.5\times0.43\times45390^2\times\frac{1}{0.01}\times10^{-8}\text{N/m}=2214.77\text{N/m}$$

最大允许衬垫跨距 $L_{b\,max}=b\sqrt{\frac{2h\sigma_{bal}}{f_b}}=0.01\times\sqrt{\frac{2\times0.1\times(70-2.202)\times10^6}{2214.77}}\text{m}=0.78\text{m}$

$$L_{cr}=\lambda b\sqrt[4]{h/f_b}=1003\times0.01\times\sqrt[4]{0.1/2214.77}\text{m}=0.82\text{m}$$

一般每隔 30～50cm 装设一金属衬垫，因此每跨选取 2 个衬垫时，$L_b=\dfrac{L}{n+1}=\dfrac{1.2}{2+1}\text{m}=0.4<L_{bmax}<L_{cr}$，可以满足动稳定要求。

2. 10kV 母线应按长期发热允许电流选择导体截面积，选择校验如下：

（1）按长期发热允许电流选择导体截面积　本例 10kV 母线中通过的最大持续工作电流可以取变压器低压侧引出线导体中通过的最大持续工作电流，不考虑主变压器过负荷时，为 1818.65A。10kV 母线采用矩形铝导体，查矩形铝导体长期允许载流量表，每相选用单条 125mm × 10mm 矩形铝导体（LMY－125 × 10），平放时允许电流 I_{al} = 2063A，趋肤系数 $K_s=1.12$。环境温度为 32℃时的允许电流为

$$I_{al\theta}=KI_{al}=I_{al}\sqrt{\frac{70-32}{70-25}}=0.92\times2063\text{A}=1897.96\text{A}>1818.65\text{A}$$

满足长期发热条件要求。

（2）热稳定校验　短路电流热效应

$$Q_k=Q_p+Q_{np}=(57.096+15.842)\text{kA}^2\cdot\text{s}=72.938\ \text{kA}^2\cdot\text{s}$$

短路前导体的工作温度为

$$\theta_w=\theta+(\theta_{al}-\theta)\frac{I_{max}^2}{I_{al\theta}^2}=\left[32+(70-32)\times\frac{1818.65^2}{1897.96^2}\right]℃=66.89℃$$

查表 6-2，用插值法得

$$C=C_2+\frac{\theta_2-\theta_w}{\theta_2-\theta_1}(C_1-C_2)=\left[87+\frac{70-66.89}{70-65}(89-87)\right]\text{A}\cdot\text{s}^{1/2}\cdot\text{mm}^{-2}=88.24\text{A}\cdot\text{s}^{1/2}\cdot\text{mm}^{-2}$$

$$S_{min}=\frac{1}{C}\sqrt{Q_kK_s}=\frac{1}{88.24}\times\sqrt{72.938\times1.12\times10^6}\text{mm}^2=102.43\text{mm}^2$$

所选截面积 $S=1250\text{mm}^2>S_{min}=102.43\text{mm}^2$，能满足热稳定要求。

（3）共振校验

$$m=hb\rho_w=0.125\times0.01\times2700\text{kg/m}=3.375\text{kg/m}$$

$$I=bh^3/12=(0.01\times0.125^3/12)\text{m}^4=1.6276\times10^{-6}\text{m}^4$$

$$f_1=\frac{N_f}{L^2}\sqrt{\frac{EI}{m}}=\frac{3.56}{1.0^2}\times\sqrt{\frac{7\times10^{10}\times1.6276\times10^{-6}}{3.375}}\text{Hz}=654\text{Hz}>160\text{Hz}$$

取 $\beta=1$，即不考虑共振影响。

（4）动稳定校验

$$i_{sh}=2.55\times17.8\text{kA}=45.39\text{kA}$$

相间电动力　$f_{ph}=1.73\times10^{-7}\dfrac{1}{a}i_{sh}^2=1.73\times10^{-7}\times\dfrac{1}{0.25}\times45390^2\text{N/m}=1425.69\text{N/m}$

$$W=bh^2/6=(0.01\times0.125^2/6)\text{m}^3=26\times10^{-6}\text{m}^3$$

相间应力　$\sigma_{ph}=\dfrac{f_{ph}L^2}{10W}=\dfrac{1425.69\times1.0^2}{10\times26\times10^{-6}}\text{Pa}=5.483\times10^6\text{Pa}<70\times10^6\text{Pa}$

或用绝缘子间最大允许跨距校验动稳定

$$L=1\text{m}<L_{max}=\sqrt{\frac{10\sigma_{al}W}{f_{ph}}}=\sqrt{\frac{10\times70\times10^6\times26\times10^{-6}}{1425.69}}\text{m}=3.5729\text{m}$$

满足动稳定要求。

二、电力电缆的选择

1. 电缆型号的选择

电力电缆的基本结构由导电线芯、绝缘层和保护层3部分组成。电力电缆的线芯材料有铜芯和铝芯两种，常用的线芯数目有单芯、双芯、三芯、四芯、五芯等，其中，单芯充油电缆用于110kV电压级及以上变电站GIS电缆出线端至站外高压架空线路的连接导线和大型水电厂连接主变高压侧至高压220kV、超高压500kV配电装置等；双芯电缆用于单相系统；三芯电缆用于35kV及以下三相系统的电缆线路；四芯、五芯电缆用于380/220V三相四线系统或有一线芯用于安全接地。线芯绝缘主要有油浸纸绝缘、塑料绝缘和橡皮（胶）绝缘3类。塑料电缆的保护层由聚乙烯做成。油浸纸绝缘电力电缆保护层由内保护层和外保护层构成，内保护层目的是防潮和防漏油，有金属铝包和铅包两种；外保护层防机械损伤和防腐蚀，有钢带铠装（抗压）、钢丝铠装（抗拉）等种类，铠装层外还有防腐蚀外被层。选择电缆时，应根据其用途、敷设方式和场所、工作条件及负荷大小，选择线芯材料、线芯数目、线芯绝缘材料和保护层等，进而确定电缆的型号。

2. 额定电压选择

按电缆的额定电压 U_N 不得低于其所在电网额定电压 U_{Ns} 的条件来选择。

3. 截面积选择

电力电缆的截面积选择方法和适用范围与导体截面的选择基本相同，按导体的长期发热允许电流选择电缆的截面时，按式(6-12）选择，只是综合修正系数 K 的计算除环境温度外还与电缆的敷设方式有关。相同截面积铜芯电缆载流量约为铝芯电缆的1.31倍。

在空气中敷设时 $K=K_tK_1$

在空气中穿管敷设时 $K=K_tK_2$

土壤中直埋或穿管直埋时 $K=K_tK_3K_4$

以上三式中 K_t——温度修正系数，按式(6-4）计算；

K_1——电缆在空气中多根并列敷设时的修正系数；

K_2——空气中穿管敷设时的修正系数，当电压在10kV及以下时，截面积 $S\leqslant 95\text{mm}^2$ 时，$K_2=1$，当截面积 $S=120\sim185\text{mm}^2$ 时，$K_2=0.85$；

K_3——直埋因土壤热阻不同的修正系数；

K_4——土壤中多根并列敷设的修正系数。

按经济电流密度选择电缆截面积时，按式(6-13）计算电缆截面积，且还应满足长期发热要求。

为了便于敷设，一般尽量选用线芯截面积不大于 185mm^2 的电缆。

4. 热稳定校验

电缆的热稳定校验仍采用最小截面积法，即所选截面积 S(单位为 mm^2）应满足

$$S\geqslant S_{\min}=\frac{1}{C}\sqrt{Q_k} \tag{6-27}$$

式中 Q_k——短路电流热效应（$A^2 \cdot s$）。

热稳定系数 C 用式(6-28）计算：

$$C = \frac{1}{\eta}\sqrt{\frac{4.2Q}{K_s\rho_{20}\alpha}\ln\frac{1+\alpha(\theta_h-20)}{1+\alpha(\theta_w-20)}} \times 10^{-2} \tag{6-28}$$

式中 η——计及电缆芯线充填物热容量随温度变化以及绝缘散热影响的校正系数，对于3～6kV厂用回路，取0.93；对于10kV及以上回路，取1.0；

Q——电缆芯单位体积的热容量[$J/(cm^3 \cdot ℃)$]，铝芯取0.59，铜芯取0.81；

α——电缆芯在20℃时的电阻温度系数（℃），铝芯取0.00403/℃，铜芯取0.00393/℃；

K_s——电缆芯在20℃时的趋肤效应系数，$S<150mm^2$的三芯电缆$K_s=1$，$S=150$～$240mm^2$的三芯电缆$K_s=1.01$～1.035；

ρ_{20}——电缆芯在20℃时的电阻率（$\times 10^{-6}\Omega \cdot cm^2/cm$），铝芯取3.1，铜芯取1.84；

θ_h——短路时电缆的最高允许温度（℃）；

θ_w——短路前电缆的工作温度（℃）。

5. 允许电压降校验

对供电距离较远的电缆线路应校验其电压损失，三相电缆线路允许电压降校验条件为

$$\Delta U\% = \frac{\sqrt{3}}{U_N}I_{max}L(r\cos\varphi + x\sin\varphi) \times 100\% \leqslant 5\% \tag{6-29}$$

式中 U_N——线路额定电压（线电压）（V）；

$\cos\varphi$——功率因数；

L——电缆线路长度（km）；

r、x——单位长度电缆的电阻（Ω/km）和电抗（Ω/km）。

由于电缆截面可能不是圆形，周围不是空气，还有内外保护层（金属），因此使电缆的阻抗很难用解析法计算，由制造厂家事先测得。一般电缆线路的电阻略大于相同截面的架空线路。另外，电缆三相导体间的距离很近，其电抗很小，6～10kV三芯电缆约为0.08Ω/km，35kV三芯电缆约为0.12Ω/km。

【例6-2】 某变电站10kV电压母线用双回电缆线路向一重要用户供电，用户最大负荷5400kW，功率因数$\cos\varphi=0.9$，年最大负荷利用小时数为5200h，当一回电缆线路故障时，要求另一回仍能供给80%的最大负荷。线路直埋地下，长度为1200m，电缆净距为$200mm^2$，土壤温度10℃，热阻系数80℃·cm/W，短路电流$I''=8.7kA$，$I_1=7.2kA$，$I_2=6.6kA$，短路切除时间为2s，试选择该电缆。

解：正常情况下每回路的最大持续工作电流为

$$I_{max} = \frac{1.05 \times 5400}{2\sqrt{3} \times 10 \times 0.9}A = 181.87A$$

根据年最大负荷利用小时数查图6-3曲线1，得$J=0.72A/mm^2$。

$$S = \frac{I_{max}}{J} = \frac{181.87}{0.72}mm^2 = 252.6mm^2$$

直埋敷设一般选用钢带铠装电缆，每回路选用两根三芯油浸纸绝缘铝心铝包铠装防腐电缆，每根截面积 $S=120\text{mm}^2$，热阻系数 80℃ · cm/W 时的允许载流量为 $I_{al}=215\text{A}$，最高允许温度为 60℃，额定环境温度为 25℃。

长期发热按一回电缆线路故障时转移过来的负荷校验，即

$$I'_{max}=\frac{1.05\times5400}{\sqrt{3}\times10\times0.9}\times0.8\text{A}=291\text{A}$$

$$I_{al10℃}=K_tK_3K_4I_{al}=1.2\times1\times0.92\times215\times2\text{A}=475\text{A}$$

$I'_{max}\leqslant I_{al10℃}$，满足长期发热要求。

短路热效应

$$Q_k\approx Q_p=\frac{t_k}{12}(I''^2+10I^2_{t_k/2}+I^2_{t_k})=\frac{2}{12}\times(8.7^2+10\times7.2^2+6.6^2)\text{kA}^2\cdot\text{s}=106.3\text{kA}^2\cdot\text{s}$$

短路前电缆的工作温度

$$\theta_w=\theta+(\theta_{al}-\theta)\frac{I^2_{max}}{I^2_{al\theta}}=\left[10+(60-10)\times\frac{291^2}{475^2}\right]℃=28.77℃$$

热稳定系数 C 为

$$\begin{aligned}C&=\frac{1}{\eta}\sqrt{\frac{4.2Q}{K_s\rho_{20}\alpha}\ln\frac{1+\alpha(\theta_h-20)}{1+\alpha(\theta_w-20)}}\\&=\sqrt{\frac{4.2\times0.59}{3.1\times10^{-6}\times0.00403}\ln\frac{1+0.00403(200-20)}{1+0.00403(28.77-20)}}\times10^{-2}\text{A}\cdot\text{s}^{1/2}\cdot\text{mm}^{-2}\\&=100.65\text{A}\cdot\text{s}^{1/2}\cdot\text{mm}^{-2}\end{aligned}$$

$$S_{min}=\frac{1}{C}\sqrt{Q_k}=\frac{\sqrt{106.3\times10^6}}{100.65}\text{mm}^2=102.4\text{mm}^2<2\times120\text{mm}^2$$

满足热稳定要求。

电压损失校验

$$\begin{aligned}\Delta U\%&=\frac{\sqrt{3}}{U_N}I_{max}L(r\cos\varphi+x\sin\varphi)\times100\%\\&=\frac{\sqrt{3}}{10000}\times\frac{291}{2}\times1.2\times\left(\frac{0.0315\times1000}{120}\times0.9+0.08\times0.436\right)\times100\%\\&=0.82\%<5\%\end{aligned}$$

根据以上计算可以看出，所选电缆满足要求。

第三节　支柱绝缘子与穿墙套管的选择

支柱绝缘子与穿墙套管用作裸导体的对地绝缘和支撑固定。

一、支柱绝缘子的选择

支柱绝缘子只承受导体的电压、电动力和正常机械荷载，不载流，没有发热问题。

1. 种类和型式选择

屋内型支柱绝缘子主要由瓷件及用水泥胶合剂胶装于瓷件两端的铁底座和铁帽组

成，铁底座和铁帽胶装在瓷件外表面的称为外胶装（Z型），胶装入瓷件孔内的称为内胶装（ZN型）。外胶装机械强度高，内胶装电气性能好，但不能承受扭矩，对机械强度要求较高时，应采用外胶装或联合胶装绝缘子（ZL型，铁底座外胶装，铁帽内胶装）。

屋外型支柱绝缘子采用棒式绝缘子，支柱绝缘子需要倒挂时，采用悬挂式支柱绝缘子。

2. 额定电压选择

按支柱绝缘子的额定电压 U_N 不得低于其所在电网额定电压 U_{Ns} 的条件来选择。

发电厂与变电站的3～20kV屋外支柱绝缘子，当有冰雪时，宜采用高一级电压的产品。对3～6kV可采用提高两级电压的产品。

3. 动稳定校验

当三相导体水平布置时，如图6-6所示，支柱绝缘子所受电动力应为两侧相邻跨导体受力总和的一半，作用在导体截面水平中心线与绝缘子轴线交点上的电动力 F_{max}（单位为N）为

$$F_{max}=\frac{F_1+F_2}{2}=1.73\frac{L_1+L_2}{2a}i_{sh}^2\times10^{-7} \tag{6-30}$$

式中　L_1、L_2——与绝缘子相邻的跨距（m）。

由于制造厂家给出的是绝缘子顶部的抗弯破坏负荷 F_{de}，因此必须将 F_{max} 换算为绝缘子顶部所受的电动力 F_c（单位为N）（见图6-7），根据力矩平衡关系得

$$F_c=F_{max}\frac{H_1}{H} \tag{6-31}$$

式中　H——绝缘子高度（mm）；

H_1——绝缘子底部到导体水平中心线的高度（mm），$H_1=H+b+\frac{h}{2}$，h 为导体放置高度；b 为导体支持器下片厚度，一般竖放矩形导体为18mm，平放矩形导体及槽形导体为12mm。

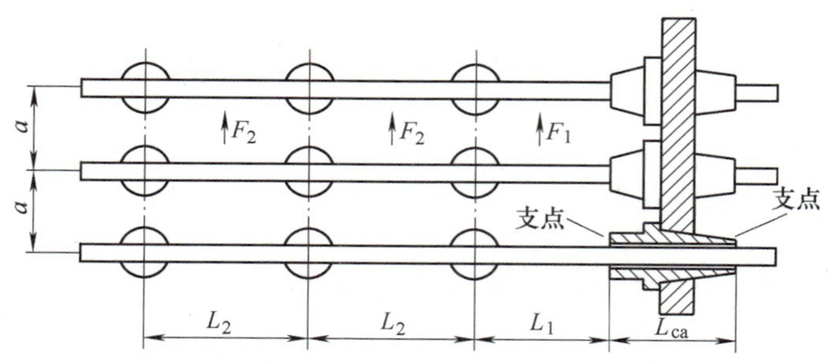

图6-6　支柱绝缘子和穿墙套管所受电动力示意图（俯视）

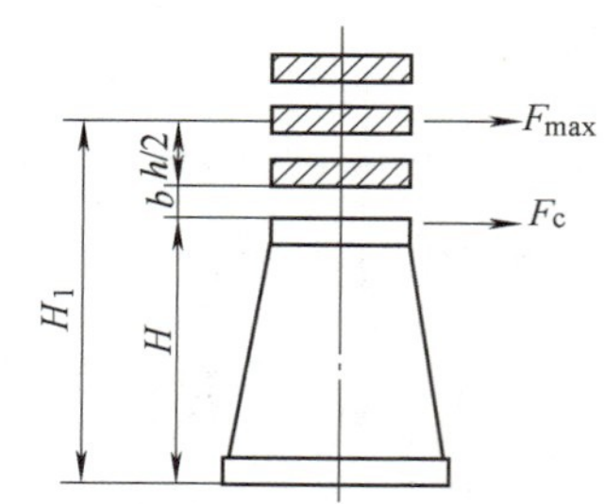

图6-7　F_{max} 与 F_c 换算示意图

动稳定校验条件为

$$F_c\leqslant0.6F_{de} \tag{6-32}$$

式中　F_{de}——抗弯破坏负荷（N）；

0.6——安全系数。

二、穿墙套管的选择

1. 种类和型式选择

根据装设地点可选屋内型和屋外型，根据用途可选择带导体的穿墙套管和不带导体的母线型穿墙套管。屋内配电装置一般选用铝导体穿墙套管。

2. 额定电压选择

按穿墙套管的额定电压 U_N 不得低于其所在电网额定电压 U_{Ns} 的条件来选择。发电厂与变电站的 3～20kV 屋外穿墙套管，当有冰雪时，宜采用高一级电压的产品。对 3～6kV 可采用提高两级电压的产品。

3. 额定电流选择

带导体的穿墙套管，其额定电流 I_N 不得小于所在回路最大持续工作电流 I_{max}。母线型穿墙套管本身不带导体，没有额定电流选择问题，但应校核窗口允许穿过的母线尺寸。

4. 热稳定校验

满足热稳定的条件为

$$Q_k \leqslant I_t^2 t \tag{6-33}$$

式中 Q_k——短路电流热效应［$kA^2 \cdot s$］；

I_t——制造厂家给出的时间 t（单位为 s）内允许通过的热稳定电流（kA）。

母线型穿墙套管不需进行热稳定校验。

5. 动稳定校验

当三相导体水平布置时，穿墙套管端部所受电动力 F_{max}（单位为 N）为

$$F_{max} = \frac{F_1 + F_2}{2} = 1.73\frac{L_1 + L_2}{2a}i_{sh}^2 \times 10^{-7} \tag{6-34}$$

式中 L_1——套管端部至最近一个支柱绝缘子间的距离（m），如图 6-6 所示；

L_2——套管本身长度 L_{ca}（m）。

动稳定校验条件为

$$F_{max} \leqslant 0.6F_{de} \tag{6-35}$$

【例 6-3】 选择例 6-1 中变压器低压侧引出线中的支柱绝缘子和穿墙套管。已知 $I_{1.3} = 15.1\text{kA}$，$I_{2.6} = 13.9\text{kA}$。

解：（1）支柱绝缘子的选择 根据装设地点及工作电压，位于屋内部分选择 ZB－10Y 型屋内支柱绝缘子，其高度 $H = 215\text{mm}$，抗弯破坏负荷 $F_{de} = 7350\text{N}$。

$$F_{max} = 1.73 \times 10^{-7}\frac{L_1 + L_2}{2a}i_{sh}^2 = 1.73 \times 10^{-7} \times \frac{1.2}{0.7} \times (45390)^2\text{N} = 611.01\text{N}$$

$$H_1 = H + b + \frac{h}{2} = \left(215 + 12 + \frac{30}{2}\right)\text{mm} = 242\text{mm}$$

$$F_c = F_{max}\frac{H_1}{H} = 611.01 \times \frac{242}{215}\text{N} = 687.74\text{N} < 0.6F_{de} = 0.6 \times 7350\text{N} = 4410\text{N}$$

可以满足动稳定要求。屋外部分选高一级电压的 ZS－20/8 型支柱绝缘子。

(2) 穿墙套管的选择　根据装设地点、工作电压及最大长期工作电流，选择CWLC2－10/2000型屋外铝导体穿墙套管，其 $U_N=10kV$，$I_N=2000A$，$F_{de}=12250N$，套管长度 $L_{ca}=0.435m$，5s热稳定电流为40kA。校验电器热稳定时的短路切除时间应采用后备保护动作时间，短路电流热效应为

$$Q_k\approx Q_p=\frac{2.6}{12}\times(17.8^2+10\times15.1^2+13.9^2)kA^2\cdot s$$
$$=604.53kA^2\cdot s<I_t^2t=40^2\times5kA^2\cdot s$$

满足热稳定要求。

$$F_{max}=1.73\times10^{-7}\frac{L_1+L_2}{2a}i_{sh}^2=1.73\times10^{-7}\times\frac{1.2+0.435}{2\times0.7}\times45390^2N=416.25N$$
$$F_{max}<0.6F_{de}=0.6\times12250N=7350N$$

满足动稳定要求。

第四节　高压断路器和隔离开关的选择

一、高压断路器的选择

1. 种类和型式的选择

高压断路器应根据其安装地点、环境条件和使用技术条件等进行选择，还应考虑便于施工和运行维护，并进行必要的技术经济比较。35kV及以下电压等级的断路器，宜选用真空断路器或 SF_6 断路器；66kV及以上电压等级的断路器宜选用 SF_6 断路器（瓷柱式断路器）。高寒地区可选 SF_6 罐式断路器。110kV及以上配电装置还可以选择GIS或HGIS开关（组合）电器。由于油断路器的开断性能比真空和 SF_6 断路器差，维护量大，油断路器已很少选用。

2. 额定电压选择

按断路器的额定电压 U_N 不得低于其所在电网额定电压 U_{Ns} 的条件来选择，即

$$U_N\geqslant U_{Ns}$$

3. 额定电流选择

按断路器的额定电流 I_N 不得小于所在回路最大持续工作电流 I_{max} 的条件来选择，即

$$I_N\geqslant I_{max}$$

4. 额定开断电流校验

断路器的额定开断电流 I_{Nbr} 应不小于其触头刚刚分开时的短路电流有效值 I_k，即

$$I_{Nbr}\geqslant I_k \tag{6-36}$$

从发生短路到断路器的触头刚刚分开所经历的时间称为开断计算时间 t_{br}，为保证断路器能开断最严重情况下的短路电流，开断计算时间等于主保护动作时间 t_{pr1} 与断路器固有分闸时间 t_{in} 之和，即

$$t_{br}=t_{pr1}+t_{in} \tag{6-37}$$

对于非快速动作断路器（其 $t_{br}\geqslant0.1s$），计算开断短路电流时可略去短路电流非周

期分量的影响，简化用短路电流周期分量0s有效值I''校验断路器的开断能力，即

$$I_{Nbr} \geqslant I'' \tag{6-38}$$

对于快速动作断路器（其$t_{br}<0.1s$），当在发电机附近短路时，开断短路电流中非周期分量可能超过周期分量的20%，需要用t_{br}时刻的短路全电流有效值校验断路器的开断能力，即

$$I_k = \sqrt{I_{pt}^2 + \left(\sqrt{2} I'' e^{-t_{br}/T_a}\right)^2}$$

式中　I_{pt}——触头刚刚分开时的短路电流周期分量有效值，在此可取$I_{pt}=I''$；

T_a——短路电流非周期分量衰减时间常数，$T_a=\dfrac{X_\Sigma}{\omega R_\Sigma}$，其中，$X_\Sigma$、$R_\Sigma$分别为电源至短路点的等效电抗和等效电阻。

5. 额定关合电流校验

如果在断路器关合前已存在短路故障，则断路器合闸时也会产生电弧，为了保证断路器关合时不发生触头熔焊及合闸后能在继电保护控制下自动分闸切除故障，断路器额定关合电流i_{Ncl}不应小于短路电流最大冲击值，即

$$i_{Ncl} \geqslant i_{sh} \tag{6-39}$$

6. 热稳定校验

热稳定应满足式(6-5)，即

$$I_t^2 t \geqslant Q_k$$

7. 动稳定校验

动稳定应满足式(6-6)，即

$$i_{es} \geqslant i_{sh} \text{或} I_{es} \geqslant I_{sh}$$

二、隔离开关的选择

隔离开关的型号选择应根据其安装地点，配电装置的布置特点和使用要求等条件，进行综合技术经济比较后确定。由于隔离开关没有灭弧装置，不能用来开断和接通负荷电流及短路电流，故没有开断电流和关合电流的校验，隔离开关的额定电压、额定电流选择和热稳定、动稳定校验项目与断路器相同。

【例6-4】　例6-1中，10kV各出线负荷功率最大的为6000kW，功率因数$\cos\varphi=0.8$，选择例6-1中变压器低压侧进线断路器、10kV母线分段断路器和10kV出线断路器。

解：变压器低压侧进线回路和10kV母线分段回路（一台主变压器停运时，另一台运行的主变压器通过分段回路向停运主变压器所接母线的负荷供电）的最大持续工作电流较大，取变压器的最大持续工作电流1818.65A（计算见例6-1），10kV出线的最大负荷电流为

$$I_{max} = \frac{1.05\times6000}{\sqrt{3}\times10\times0.8}\text{A} = 454.68\text{A}$$

根据安装地点屋内、电网额定电压和最大持续工作电流，变压器低压侧进线断路器和10kV母线分段断路器选VS1－10/2000型真空断路器。所有10kV出线断路器选

VS1－10/630型真空断路器。高压断路器的型号和参数及与计算数据（见例6-1和例6-3）的比较见表6-5（括号中为10kV出线的计算数据和VS1－10/630型真空断路器的参数）。

表6-5 断路器选择比较结果

选校项目	计算数据		VS1－10/2000型（VS1－10/630）	
额定电压/kV	U_{Ns}	10（10）	U_N	10（10）
额定电流/A	I_{max}	1818.65（454.68）	I_N	2000（630）
额定开断电流/kA	I''	17.8（17.8）	I_{Nbr}	40（20）
额定关合电流/kA	i_{sh}	45.39（45.39）	i_{Ncl}	100（50）
热稳定校验/$kA^2 \cdot s$	Q_k	604.53（604.53）	$I_t^2 t$	$40^2 \times 4$（$20^2 \times 4$）
动稳定校验/kA	i_{sh}	45.39（45.39）	i_{es}	100（50）

由选择比较结果可知，变压器低压侧进线断路器和10kV母线分段断路器选VS1－10/2000型真空断路器，10kV出线断路器选VS1－10/630型真空断路器，满足要求。

第五节 高压熔断器的选择

熔断器是最简单也是最早使用的保护电器，当电路过负荷或发生短路时，电流增大，经一定时间，熔体温度超过熔点而熔断，切断电路。高压熔断器主要用于发电厂和变电站中保护厂（站）用变压器、电力变压器、电力电容器和电压互感器等。

1. 型式选择

高压熔断器按安装地点分屋内式和屋外式，屋外式按其结构又分为跌落式和支柱式。根据有无限流作用又可分为限流和不限流两大类。熔断器熔体熔化后会产生电弧，如果熔断器在短路电流达到最大值之前，电弧即被熄灭，电流迅速减小到零，这种熔断器限制了短路电流的发展，称为有限流作用的熔断器。没有限流作用的熔断器在熔体熔化后，电弧可能要延续几个周期才能熄灭，电流仍能达到最大值。保护电压互感器的高压熔断器应选专用系列。

2. 额定电压选择

对于不限流式高压熔断器，其额定电压应大于或等于所在电网的额定电压。

对于限流式高压熔断器，其额定电压应等于所在电网的额定电压。限流式高压熔断器不宜使用在工作电压低于其额定电压的电网中，这是由于限流式高压熔断器（如填充石英砂冷却电弧的熔断器）灭弧能力强，电流突然减小到零，其所在电路因具有电感而产生过电压。过电压倍数与电路参数和熔体长度有关，额定电压越高，熔体越长，在熔化过程中，弧道电阻的变化越大，限流作用也越大，电流关断也越快，产生的过电压也越高。若将其用在低于其额定电压的电网中，因熔体较长，过电压高达3.5～4倍相电压，可能使其他电器设备因过电压而损坏；若将其用在等于其额定电压的电网中，过电压一般为2～2.5倍相电压，此过电压没有超过电网中电器的绝缘水平，不会损坏电网中的电器设备。

3. 额定电流选择

高压熔断器的额定电流选择包括熔管额定电流和熔体额定电流的选择。

（1）熔管额定电流的选择　为了保证熔断器壳不因发热而损坏，熔管额定电流 I_{Nt} 应大于或等于熔体额定电流 I_{Ns}。

（2）熔体额定电流的选择　保护 35kV 及以下电力变压器的熔体额定电流，应按通过变压器回路最大工作电流、变压器的励磁涌流和保护范围以外的短路电流及电动机自起动等引起的冲击电流时，其熔体不应误熔断来选择，即

$$I_{Ns} \geqslant KI_{max}$$

式中　K——系数，当不考虑电动机自起动时，可取 1.1～1.3；当考虑电动机自起动时，可取 1.5～2.0。

例如，选择容量为 315kVA，电压为 10kV 的变压器的高压熔断器，熔体额定电流应满足

$$I_{Ns} \geqslant KI_{max} = \frac{1.3 \times 1.05 \times 315}{\sqrt{3} \times 10}\text{A} = 24.825\text{A}$$

选 RN1 型熔断器，熔体额定电流为 30A，熔管额定电流为 50A，熔管额定电流应大于熔体额定电流，满足要求。

保护电力电容器的熔体额定电流，应按电网电压升高、波形畸变引起电容器回路电流增大或运行中出现涌流时，其熔体不应误熔断来选择，即

$$I_{Ns} = KI_{Nc}$$

式中　K——系数，对于跌落式高压熔断器，可取 1.2～1.3；对于限流式高压熔断器，当为一台电容器时，可取 1.5～2.0，当为一组电容器时，可取 1.3～1.8；

I_{Nc}——电容器的额定电流。

4. 额定开断电流校验

对于没有限流作用的熔断器，用冲击电流的有效值 I_{sh} 进行校验，校验条件为

$$I_{Nbr} \geqslant I_{sh}$$

对于有限流作用的熔断器，在电流达到最大值之前，已将其切断，故可不计非周期分量的影响，校验条件为

$$I_{Nbr} \geqslant I''$$

式中　I_{Nbr}——熔断器的额定开断电流，它与断流容量的关系为 $S_{Nbr} = \sqrt{3}U_N I_{Nbr}$。

5. 选择性校验

选择熔体时，应保证前后两级熔断器之间，熔断器与电源侧或负荷侧继电保护之间的动作选择性，使它们的动作时间互相配合（例如，靠近故障元件的熔断器先熔断），熔断器的熔断时间可根据其安秒特性曲线和短路电流来确定。

站用变压器过载及短路保护用 RN1 型熔断器，额定电流为 2～200A。保护电压互感器的熔断器选专用的，只需按额定电压和断流容量来选择。因电压互感器的正常工作电流很小，近于空载运行，保护电压互感器的熔断器额定电流很小，通常为 0.5～2A。例如，用于保护电压互感器的屋内 RN2 型熔断器，其额定电流为 0.5A。为使熔断器的弧隙电压恢复过程为非周期性的，可在熔断器触头两端并联电阻。

第六节　限流电抗器的选择

限流电抗器分为普通电抗器和分裂电抗器，限流电抗器现有干式空心限流电抗器

（XKK）和水泥柱式限流电抗器（NKL）两种。

一、普通电抗器的选择

1. 额定电压的选择

按电抗器的额定电压 U_N 不得低于其所在电网的额定电压 U_{Ns} 的条件来选择，即

$$U_N \geqslant U_{Ns}$$

2. 额定电流的选择

电抗器安装回路的最大持续工作电流应不大于电抗器的额定电流，对主变压器或出线回路，为回路最大工作电流；对发电厂的母线分段回路，为母线上最大一台发电机额定电流的50%～80%；对变电站的母线分段回路，应满足用户的一级负荷和大部分二级负荷。

3. 电抗百分值的选择

电抗器的百分值是以其本身额定电压 U_N 和额定电流 I_N 为基准的，即

$$x_L\% = \frac{\sqrt{3}I_N x_L}{U_N} \times 100\% \tag{6-40}$$

式中　x_L——电抗器电抗的有名值（Ω）。

在计算短路电流时，一般所选基准电压 U_d 和基准电流 I_d 不等于电抗器的额定电压和额定电流，在所选基准电压和基准电流下的电抗器电抗标幺值为

$$x_{*L} = x_L\% \frac{I_d U_N}{I_N U_d}$$

此时电抗器的百分值为

$$x_L\% = x_{*L}\frac{I_N U_d}{I_d U_N} \times 100\% \tag{6-41}$$

选择出线电抗器电抗百分值的条件是：经过电抗器限流后的次暂态短路电流 I'' 不大于轻型断路器的额定开断电流 I_{Nbr}。如图6-8所示，如果系统至电抗器前的等效电抗为 $x_{*\Sigma}$，线路电抗器的选择条件为

$$I'' = \frac{I_d}{x_{*\Sigma} + x_{*L}} \leqslant I_{Nbr}$$

电抗器电抗标幺值应满足

$$x_{*L} \geqslant \frac{I_d}{I_{Nbr}} - x_{*\Sigma} \tag{6-42}$$

将式(6-42) 代入式(6-41)，得

$$x_L\% \geqslant \left(\frac{I_d}{I_{Nbr}} - x_{*\Sigma}\right)\frac{I_N U_d}{I_d U_N} \times 100\% \tag{6-43}$$

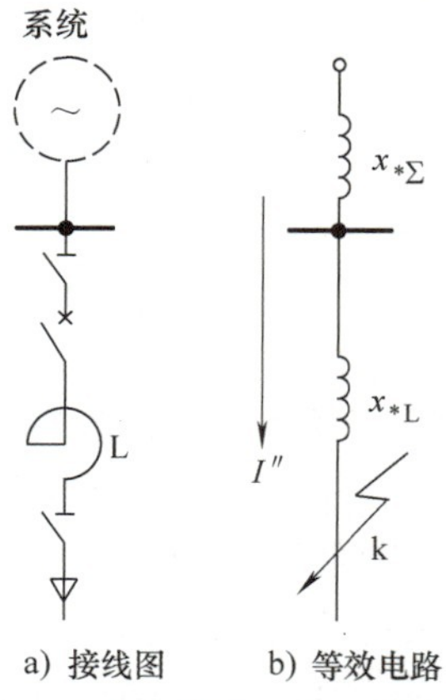

a) 接线图　　b) 等效电路

图6-8　出线电抗器选择计算示意图

出线电抗器电抗百分值一般选3%～6%，母线电抗器电抗百分值一般选8%～12%。

4. 电压损失校验

由于电抗器电阻很小，电抗器的电压损失主要是由回路电流的无功分量在电抗上产生的，故电压损失校验条件为

$$\Delta U\% = \frac{\Delta U}{U_N}\times 100\% = \frac{\sqrt{3}x_L I_{max}\sin\varphi}{U_N}\times 100\% = x_L\%\frac{I_{max}}{I_N}\sin\varphi \leqslant 5\% \tag{6-44}$$

式中　φ——负荷功率因数角，一般取 $\sin\varphi = 0.6$。

5. 母线残压校验

出线电抗器后短路时，为使该母线所供其他回路的电动机不致惰行，母线残压（剩余电压）应不低于额定值的60% ~70%，即

$$\Delta U_{re}\% = x_L\%\frac{I''}{I_N} \geqslant 60\% \sim 70\% \tag{6-45}$$

6. 热稳定和动稳定校验

热稳定应满足式(6-5)，即

$$I_t^2 t \geqslant Q_k$$

动稳定应满足式(6-6)，即

$$i_{es} \geqslant i_{sh}$$

二、分裂电抗器的选择

以下仅介绍分裂电抗器与普通电抗器不同的选择项目。

1. 每臂额定电流的选择

当电抗器用于发电厂的发电机或主变压器回路时，按发电机或主变压器额定电流的70%选择；当用于变电站主变压器回路时，应按负荷电流大的一臂选择；当无负荷资料时，可按主变压器额定电流的70%选择。

2. 每臂电抗百分值的选择

按将短路电流限制到要求值，用式(6-43) 计算 $x_L\%$，再根据分裂电抗器的每臂电抗百分值 $x_{L1}\%$ 与 $x_L\%$ 的关系计算 $x_{L1}\%$。$x_{L1}\%$ 与 $x_L\%$ 的关系与电源连接方式和短路点的位置有关，当公共端接电源，非公共端短路时，$x_{L1}\%$ 与 $x_L\%$ 的关系为

$$x_{L1}\% = x_L\%$$

3. 电压波动校验

正常运行情况下，当分裂电抗器两臂负荷平衡时，分裂电抗器电压损失较小；当分裂电抗器两臂负荷相差较大时，由于互感作用，可引起较大的电压波动，故要求正常工作时电压波动应不大于母线额定电压的5%。电压波动包括自感抗 x_{L1} 压降和互感抗 f_0x_{L1} 压降。因此，母线Ⅰ的电压为

$$U_1 \approx U - (\sqrt{3}x_{L1}I_1\sin\varphi_1 - \sqrt{3}f_0x_{L1}I_2\sin\varphi_2) \tag{6-46}$$

由式(6-40) 可得

$$x_{L1} = x_{L1}\%\frac{U_N}{\sqrt{3}I_N} \tag{6-47}$$

将式(6-47) 代入式(6-46) 并除以 U_N，得母线Ⅰ的电压波动百分值为

$$U_1\% \approx U\% - x_{L1}\%\left(\frac{I_1}{I_N}\sin\varphi_1 - f_0\frac{I_2}{I_N}\sin\varphi_2\right) \tag{6-48}$$

同理可得母线Ⅱ的电压波动百分值为

$$U_2\% \approx U\% - x_{L1}\%\left(\frac{I_2}{I_N}\sin\varphi_2 - f_0\frac{I_1}{I_N}\sin\varphi_1\right) \tag{6-49}$$

式中　$U\%$、f_0——电源电压的百分值和互感系数；

I_1、I_2——分裂电抗器两臂负荷电流，当无实际负荷资料时，则可取 I_1 为分裂电抗器额定电流 I_N 的30%，取 I_2 为分裂电抗器额定电流 I_N 的70%；

φ_1、φ_2——分裂电抗器两臂负荷功率因数角。

4. 动稳定校验

分裂电抗器应分别按单臂流过短路电流和两臂同时流过反向短路电流两种情况进行动稳定校验。

【例6-5】 试选择某发电机10kV机压母线上的出线电抗器，要求装设出线电抗器后可以采用 $SN_{10}-10I$ 型断路器，额定开断电流为 $I_{Nbr}=16kA$。已知线路最大持续工作电流为310A，功率因数为0.8，系统火电厂总容量300MVA，归算到电抗器前（电流流入电抗器的位置）的系统总电抗为0.378，出线继电保护动作时间为2s，断路器全开断时间为0.1s。

解： 基准选取：$S_d=100MVA$，$U_d=10.5kV$，$I_d=5.5kA$。

根据安装地点电网电压和持续工作电流初选NKL－10－400型电抗器。

归算到基准容量下电抗器前的系统总电抗为

$$x_{*\Sigma}=0.378\times\frac{100}{300}=0.126$$

选择电抗百分值

$$x_L\% \geqslant \left(\frac{I_d}{I_{Nbr}}-x_{*\Sigma}\right)\frac{I_N U_d}{I_d U_N}\times100\% = \left(\frac{5.5}{16}-0.126\right)\times\frac{400\times10500}{5500\times10000}\times100\% = 1.663\%$$

曾选用电抗百分值为3%的电抗器，动稳定不能满足要求，改选电抗百分值为4%的电抗器。

重新计算电抗器后短路电流

$$x_{*L}=x_L\%\frac{I_d U_N}{I_N U_d}=0.04\times\frac{5500\times10000}{400\times10500}=0.524$$

求计算电抗

$$x_{*c}=(0.524+0.126)\times\frac{300}{100}=1.95$$

查汽轮发电机运算曲线，求出短路电流为

$$I''=0.526\times\frac{300}{\sqrt{3}\times10.5}kA=8.677kA$$

$$I_{t_k/2}=I_{t_k}=0.535\times\frac{300}{\sqrt{3}\times10.5}kA=8.825kA$$

动稳定校验

$$i_{sh}=2.55\times8.677\text{kA}=22.13\text{kA}<i_{es}=25.5\text{kA}$$

热稳定校验

$$Q_k\approx Q_p=\frac{2.1}{12}\times(8.677^2+10\times8.825^2+8.825^2)\text{kA}^2\cdot\text{s}=163.1\text{kA}^2\cdot\text{s}<22.5^2\text{kA}^2\cdot\text{s}$$

电压损失校验

$$\Delta U\%=x_L\%\frac{I_{max}}{I_N}\sin\varphi=4\%\times\frac{310}{400}\times0.6=1.86\%<5\%$$

残压校验

$$\Delta U_{re}\%=x_L\%\frac{I''}{I_N}=4\%\times\frac{8677}{400}=86.77\%>70\%$$

通过以上计算可以看出，选用 NKL－10－400－4 型电抗器满足要求。

第七节　互感器的选择

一、电流互感器的选择

1. 种类和型式选择

根据安装地点选择屋内或屋外式，根据安装方式选择支持式、装入式(装在变压器套管或多油断路器套管中）和穿墙式(兼作穿墙套管)，根据一次绕组匝数可选择单匝(用于大电流)、多匝（用于小电流）和母线式(用于大电流)。

3～35kV 屋内电流互感器宜采用固体绝缘（树脂浇注绝缘型）结构。35kV 屋外配电装置可采用屋外型固体绝缘或油浸绝缘结构的电流互感器。66kV 及以上系统电流互感器，可采用油浸瓷箱式绝缘结构的独立式电流互感器或 SF_6 气体绝缘式电流互感器。选用母线式电流互感器时，应校核其窗口允许通过的母线尺寸。

2. 额定电压的选择

电流互感器的额定电压 U_N 不得低于其安装回路的电网额定电压 U_{Ns}，即

$$U_N\geqslant U_{Ns}$$

3. 额定电流的选择

电流互感器的一次额定电流 I_{N1} 不应小于所在回路的最大持续工作电流 I_{max}，即

$$I_{N1}\geqslant I_{max}$$

电流互感器的一次额定电流选择还应使得在额定电流比条件下的二次电流满足该回路测量仪表准确性要求。为保证准确级，测量用电流互感器（测量绕组）中通过的 I_{max} 应接近 I_{N1}，一般 I_{N1} 应尽量比正常工作电流 I_{max} 大 1/3，保证正常工作电流指示在测量仪表刻度标尺的 3/4 左右（由 $I_{N1}-I_{max}=I_{max}/3$，可得 $I_{N1}=4I_{max}/3\approx1.33I_{max}$，$I_{max}=3I_{N1}/4$），即留有一定的裕度，能指示过负荷电流值。有关规程规定电流互感器的一次额定电流 I_{N1} 不应小于 1.25 倍一次设备的额定电流或线路最大负荷电流。对于直接起动电动机的测量仪表用的电流互感器不应小于 1.5 倍。

66kV 及以上电压等级的电流互感器，其一次绕组常设计成两个，可以通过串、并联实现不同的额定电流比。

电力变压器中性点电流互感器的一次额定电流，应大于变压器允许的不平衡电流，

一般可按变压器额定电流的30%选择，放电间隙回路的电流互感器，一次额定电流可按100A选择。

电流互感器的二次额定电流 I_{N2}，可根据二次回路的要求选用5A或1A。二次额定容量 S_{N2} 相同时，1A的电流互感器二次额定阻抗 Z_{N2} 比5A的电流互感器大很多，因此，采用较小 S_{N2} 的1A电流互感器就能选择较小截面积、长距离的连接电缆（增大了 Z_{2L}）。需要远距离传送时选用二次额定电流为1A的电流互感器。66～1000kV系统宜选用二次额定电流为1A的电流互感器。

4. 准确级的选择

根据测量时电流互感器误差的大小和用途，发电厂和变电站中测量用电流互感器的准确级分为0.1、0.2、0.5、1、3级和5级，见表2-1。为保证测量仪表的准确度，电流互感器的准确级不得低于所供测量仪表的准确级，直接接于互感器的测量仪表与配套的电流互感器的准确级应符合表6-6的规定。大容量发电机、变压器、系统干线和500kV及以上电压级采用高精度的0.2级；供重要回路测量用的电流互感器，准确级采用0.2～0.5级；供运行监视仪表用的电流互感器，准确级不应低于1级；供粗略测量仪表用的电流互感器，准确级可用3级。用于电能计量的电流互感器准确级不应低于0.5级，宜采用0.2级，一般采用0.2S级及0.5S级；110（66）～1000kV系统计量用电流互感器应采用S类。

稳态保护用的电流互感器选用P级和PR级，暂态保护用的电流互感器选用TP级。

表6-6 仪表与配套的电流互感器准确级

指示仪表		计量仪表		
仪表准确级	电流互感器准确级	仪表准确级		电流互感器准确级
		有功功率表	无功功率表	
0.5	0.5	0.2S	2.0	0.2S或0.2
1.0	0.5	0.5S	2.0	0.2S或0.2
1.5	1.0	1.0	2.0	0.5S
2.5	1.0	2.0	2.0	0.5S

5. 绕组数的选择

一般电流互感器有多个具有不同准确级的二次绕组，电压等级越高，二次绕组的个数越多，选择电流互感器时，需要选择二次绕组的个数及准确级组合，使其满足计量、测量和保护功能的要求。例如220kV线路用电流互感器有6个二次绕组，准确级组合为0.2S/0.5/5P/5P/5P/5P，计量使用0.2S级二次绕组，测量使用0.5级二次绕组，光纤纵差、高频距离、母线保护和母线保护与故障录波分别使用4个5P级二次绕组。

6. 额定容量的选择

电流互感器的额定容量 S_{N2} 是指在额定二次电流 I_{N2} 和额定二次阻抗 Z_{N2} 下运行时，二次绕组输出的容量，即 $S_{N2}=I_{N2}^2Z_{N2}$，制造厂家一般提供电流互感器的 S_{N2}（单位为VA）或 Z_{N2}（单位为Ω）值。

同一台电流互感器，当二次负荷不同时其准确级将改变，除最高准确级的额定容量外，还给出几个较低测量精度准确级的额定容量（或二次额定阻抗）。在选择准确级

后，还应进行二次负荷的校验，如果二次侧实际负荷超过某一准确级的额定容量，则该电流互感器的准确级将降级。

7. 二次负荷的校验

为保证所选电流互感器的准确级，其最大相二次负荷 S_2 应不大于所选准确级相应的额定容量，即

$$S_2 \leqslant S_{N2} \tag{6-50}$$

由 $S_2 = I_{N2}^2 Z_{2L}$ 和 $S_{N2} = I_{N2}^2 Z_{N2}$ 得

$$Z_{2L} \leqslant Z_{N2} \tag{6-51}$$

式中　Z_{2L}——电流互感器最大相二次负荷阻抗（Ω）。

若忽略阻抗中很小的电抗，则二次负荷阻抗为

$$Z_{2L} = r_a + r_{re} + r_L + r_c \tag{6-52}$$

式中　r_a、r_{re}——测量仪表和继电器的电流线圈电阻（Ω）（保护绕组不接仪表 $r_a=0$、测量绕组不接继电器 $r_{re}=0$），可由其线圈消耗的功率求得，电子式仪表和微机保护电流测量回路的功耗，可参考厂家说明书，一般小于 1VA；

r_L——仪表或继电器至电流互感器的连接导线电阻（Ω）；

r_c——接触电阻（Ω），一般取 0.1Ω。

由式(6-50)～式(6-52) 可将二次负荷校验条件转化为求连接导线的最小截面积。连接导线的电阻应满足

$$r_L \leqslant \frac{S_{N2} - I_{N2}^2(r_a + r_{re} + r_c)}{I_{N2}^2}$$

根据电阻的计算公式 $r=\rho L/S$，可得满足准确级要求的连接导线最小截面积 S（单位为 mm^2）为

$$S \geqslant \frac{\rho L_c I_{N2}^2}{S_{N2} - I_{N2}^2(r_a + r_{re} + r_c)} = \frac{\rho L_c}{Z_{N2} - (r_a + r_{re} + r_c)}$$

式中　ρ——连接导线的电阻率（$\Omega \cdot mm^2/m$），铜为 $\rho = 1.75 \times 10^{-2}\Omega \cdot mm^2/m$；

L_c——连接导线的计算长度（m），与仪表和继电器至电流互感器安装地点的实际距离 L 及电流互感器的接线方式有关。

电流互感器的常用接线方式如图 6-9 所示。当电流互感器采用单相接线时，如图 6-9a 所示，往返导线中的电流相等，电流互感器的二次电压为

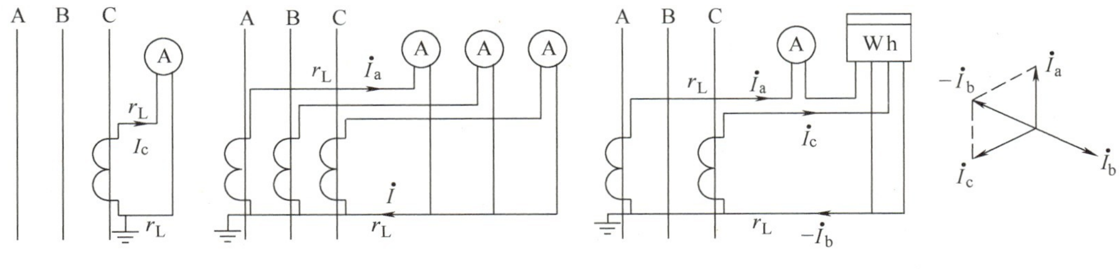

图 6-9　电流互感器的常用接线方式

$$\dot{U}_c=\dot{I}_c(r_L+r_a+r_L)=\dot{I}_c(r_a+2r_L)$$

考虑到 $r_L=\rho L/S$，故可取 $L_c=2L$。

当电流互感器采用星形接线时，如图 6-9b 所示，如果一次侧负荷对称，则中性线（返回导线）电流 $\dot{I}$ 很小，可略去不计，电流互感器的二次电压为

$$\dot{U}_a=\dot{I}_a(r_a+r_L)+\dot{I}r_L\approx\dot{I}_a(r_a+r_L)$$

故可近似取 $L_c=L$。

当电流互感器采用不完全星形接线时，如图 6-9c 所示，中性线（返回导线）电流等于 $\dot{I}_a+\dot{I}_c=-\dot{I}_b$，电流互感器的二次电压为

$$\dot{U}_a=\dot{I}_a(r_a+r_L)-\dot{I}_br_L=\dot{I}_ar_a+(\dot{I}_a-\dot{I}_b)r_L=\dot{I}_a(r_a+\sqrt{3}r_Le^{j30^\circ})$$

如果只计阻抗的模，忽略相位的旋转，二次负载电阻近似为 $r_a+\sqrt{3}r_L$，故近似取 $L_c=\sqrt{3}L$。

为保证连接导线具有一定的机械强度，铜导线截面积不应小于 1.5mm^2，铝导线截面积不应小于 2.5mm^2。

8. 热稳定校验

对带有一次绕组的电流互感器，需要进行热稳定校验，由式(6-5）得校验条件为

$$I_t^2\geqslant Q_k\text{ 或 }(K_tI_{N1})^2\geqslant Q_k$$

式中　I_t——电流互感器 $t=1$s 允许通过的热稳定电流；

K_t——电流互感器的 1s 热稳定倍数，$K_t=I_t/I_{N1}$。

当电流互感器一次绕组可串联、并联切换时，应按其接线状态下的实际额定一次电流和系统短路电流进行热稳定校验。

9. 动稳定校验

对带有一次绕组的电流互感器，当短路电流通过电流互感器时，会在其内部产生电动力。

内部动稳定校验条件为

$$i_{es}\geqslant i_{sh}\text{ 或 }\sqrt{2}I_{N1}K_{es}\geqslant i_{sh}$$

式中　i_{es}、K_{es}——电流互感器的动稳定电流及动稳定电流倍数，$K_{es}=\dfrac{i_{es}}{\sqrt{2}I_{N1}}$。

对电流比可选的电流互感器，应考虑互感器短路电流的变化，短路性能应按一次绕组串联方式确定短路动稳定。

对采用硬导线连接的瓷绝缘电流互感器，由于相间电动力的互相作用，其瓷帽上也将承受电动力的作用。因此，需要进行外部动稳定校验，校验条件为

$$F_{al}\geqslant0.5\times1.73\frac{L}{a}i_{sh}^2\times10^{-7}$$

式中　L——电流互感器瓷帽端部到最近一个支柱绝缘子间的距离（m），对母线型电流互感器为电流互感器瓷帽端部到最近一个支柱绝缘子间的距离与电流互感器两端瓷帽间的距离之和；

a——相间距离（m）；

i_{sh}——短路冲击电流幅值（A）；

F_{al}——电流互感器瓷帽上的允许力（N）。

10. 保护用电流互感器类型选择

1）保护用电流互感器应选择具有适当特征和参数的互感器，同一组差动保护不应同时使用P级和TP级电流互感器。为使差动保护用电流互感器励磁特性匹配，电流互感器应采用相同型号和相同参数。

2）对剩磁有要求时，220kV及以下电流互感器可采用PR级电流互感器。

3）对P级电流互感器准确限值不适应的特殊场合，宜采用PX级电流互感器。

4）TPX级电流互感器不宜用于线路重合闸；TPY级电流互感器不宜用于断路器失灵保护；TPZ级电流互感器不宜用于主设备保护和断路器失灵保护。

5）中、小容量机组发电机变压器组保护和中、高压系统保护采用P级或PR级电流互感器。100～200MW机组发电机变压器组保护宜采用P级或PR级。100MW以下机组发电机变压器组保护宜采用P级。3～35kV系统保护用电流互感器宜采用P级。110（66）～220kV系统保护用电流互感器宜采用P级，也可采用PR级。110（66）～330kV系统保护宜采用P级。断路器失灵保护用电流互感器宜采用P级电流互感器。大容量机组发电机变压器组差动保护和超高压、特高压系统保护宜采用TPY级电流互感器。300～1000MW大容量机组的发电机变压器组差动保护宜采用TPY级电流互感器。330～1000kV线路保护、高压侧为330～1000kV的主变压器和联络变压器差动保护各侧宜采用TPY级电流互感器。500～1000kV系统母线保护宜采用TPY级电流互感器。

【例6-6】（1）选择例6-5中10kV线路上的电流互感器。电流互感器接线和测量仪表配置（10kV线路上只装设电流表和电能表）如图6-10所示，电流互感器至测量仪表的实际距离为$L=25$m。

解：根据电流互感器安装在屋内，电网的额定电压为10kV，回路的最大持续工作电流为310A和供给电能表电流，选用两绕组LZZBJ10－10型屋内浇注绝缘式电流互感器，电流比为400/5，准确级为0.5/5P10级，3s热稳定电流为31.5kA，动稳定电流为80kA，0.5级测量绕组额定二次容量为20VA。

电流互感器的二次负荷统计见表6-7，最大相负荷电阻为$r_a=(1.35/25)\Omega=0.054\Omega$，计入接触电阻后，$r_a+r_c=(0.054+0.1)\Omega=0.154\Omega$。由于连接导线电阻是总二次负荷电阻的一部分，为能满足准确级要求，需要选择连接导线的截面积，使$r_a+r_c+r_L\leq Z_{N2}$。

表6-7　电流互感器二次负荷

（单位：VA）

仪表名称及型号	A相	C相
有功电能表（DS1）	0.5	0.5
无功电能表（DX1）	0.5	0.5
电流表（46L1－A）	0.35	
总计	1.35	1.0

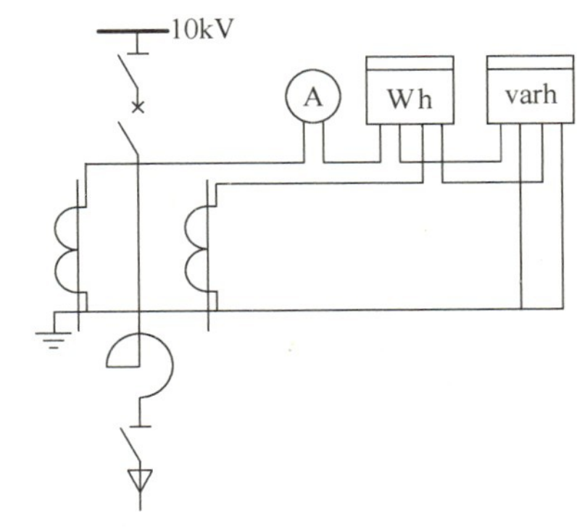

图6-10　例6-6中的电流互感器接线图

对采用不完全星形接线互感器，计算长度 $L_c=\sqrt{3}L$，故满足准确级要求的连接导线最小截面积为

$$S\geqslant\frac{\rho L_c I_{N2}^2}{S_{N2}-I_{N2}^2(r_a+r_{re}+r_c)}=\frac{1.75\times10^{-2}\times\sqrt{3}\times25\times25}{20-(0.054+0.1)\times25}mm^2=1.173mm^2$$

常用的连接导线标准截面积为 $0.75mm^2$、$1mm^2$、$1.5mm^2$、$2.5mm^2$、$4mm^2$、$6mm^2$ 和 $10mm^2$，故选用 $1.5mm^2$ 的铜导线。

热稳定校验为

$$Q_k=163.1kA^2\cdot s<31.5^2\times3kA^2\cdot s=2976.75kA^2\cdot s$$

热稳定满足要求。

由于采用浇注绝缘的电流互感器，只需校验其内部动稳定，即

$$i_{sh}=2.55\times8.677kA=22.13kA<80kA$$

内部动稳定满足要求。通过以上计算可以看出，所选电流互感器满足要求。

（2）选择容量为360MVA、电压为242/20kV 的变压器高压220kV 侧电流互感器的额定电流比。

解：可计算出变压器高压侧最大持续工作电流为 $I_{max}=1.05S_N/(1.732U_N)=[1.05\times360000/(1.732\times242)]A=901.84A$。额定电流为 $I_{N1}=4I_{max}/3=901.84A\times4/3=1202.45A$，故可选额定电流比为 2×600/5 的 LB9－220 型电流互感器，两个一次绕组并联。

二、电压互感器的选择

电压互感器的二次负荷阻抗很大，一次电流很小，不需要选择额定电流。外部电网短路电流不通过电压互感器，不需要进行短路稳定性校验。电压互感器的内部短路故障，则由专用的熔断器或保护（110kV 及以上）来切除。

1. 种类和型式选择

应根据安装地点及使用条件来选择电压互感器的种类和型式。

3～35kV 屋内配电装置，采用固体绝缘结构的电磁式电压互感器，35kV 屋外配电装置可采用屋外型固体绝缘或油浸绝缘结构的电磁式电压互感器。66kV 屋外配电装置采用油浸绝缘结构的电磁式电压互感器。110kV 配电装置可采用电容式或电磁式电压互感器，220kV 及以上配电装置采用电容式电压互感器。

当需要测量零序电压时，6～20kV 可以采用三相五柱式三绕组电压互感器，也可以采用3 台单相式三绕组电压互感器。35kV 及以上电压等级只有单相式电压互感器。

2. 额定电压的选择

电压互感器一次侧的额定电压应满足电网电压要求，二次侧的额定电压按测量表计和保护要求，已标准化为100V。电压互感器一次绕组及二次绕组额定电压的具体数值与电压互感器的相数和接线方式有关。一次绕组接于电网的线电压上时，一次绕组额定电压应等于电网额定电压 U_{Ns}；一次绕组接于电网的相电压上时，一次绕组额定电压应等于 $U_{Ns}/\sqrt{3}$。

1）单相式电压互感器用于测量线电压或用两台接成不完全星形接线时，一次绕组额定电压选电网额定电压 U_{Ns}，二次绕组额定电压选 100V。

2）3 台单相式电压互感器接成星形接线时，一次绕组额定电压选 $U_{Ns}/\sqrt{3}$，二次绕组额定电压选 $100/\sqrt{3}$V，用于中性点直接接地系统，辅助二次绕组额定电压选 100V，用于中性点不接地系统，辅助二次绕组额定电压选 100/3V。

3）三相五柱式和三相三柱式电压互感器三相绕组为一整体，接于电网的线电压上，一次绕组额定电压（线电压）选 U_{Ns}，二次绕组额定电压（线电压）选 100V，辅助二次绕组额定电压选 100/3V。三相三柱式电压互感器无辅助二次绕组。

3. 准确级的选择

根据测量时电压互感器误差的大小和用途，发电厂和变电站中电压互感器的准确级分为 0.1、0.2、0.5、1、3 级及 3P 和 6P 级（保护级），见表 2-4。为保证测量仪表的准确级，电压互感器的准确级不得低于所供测量仪表的准确级。用于电能计量的电压互感器，准确级不应低于 0.5 级，宜采用 0.2 级。供测量用的电压互感器，准确级采用 0.5 级。为了将计量和测量及保护等功能分开，电压互感器有多个具有不同准确级的二次绕组，选择电压互感器时，需要选择二次绕组的个数及准确级组合，电压等级越高，二次绕组的个数越多。例如，110kV 三相电压互感器每相均配置 3 个二次绕组，准确级组合为 0.2/0.5/3P，取每相的 0.2 级二次绕组接成星形接线，用于提供计量电压；取每相的 0.5 级二次绕组接成星形接线，用于提供测量与保护电压；取每相的 3P 级二次绕组接成开口三角接线（辅助二次绕组），用于提供零序保护电压。

4. 二次负荷的校验

为保证所选电压互感器的准确级，其最大相二次负荷 S_2（单位为 VA）应不大于所选准确级相应的一相额定容量 S_{N2}，否则准确级将相应降低，校验条件为

$$S_2 \leqslant S_{N2}$$

进行校验时，根据负荷的接线方式和电压互感器的接线方式，尽量使各相负荷分配均匀（电子式仪表和微机保护电压测量回路的功耗，可参考厂家说明书，一般每相约为 0.5VA），然后计算各相或相间每一仪表线圈消耗的有功功率和无功功率，则各相或相间二次负荷可按下式进行计算：

$$S_2 = \sqrt{(\sum S_0 \cos\varphi)^2 + (\sum S_0 \sin\varphi)^2}$$

式中　S_0、φ——接在同一相或同一相间中的各仪表线圈消耗的视在功率和功率因数角。

若电压互感器与负荷的接线方式不同，用表 6-8 中相应公式计算出电压互感器每相或相间有功功率 P 和无功功率 Q，并与互感器接线方式相同的负荷相加，可得二次负荷为

$$S_2 = \sqrt{(\sum P)^2 + (\sum Q)^2}$$

表 6-8 电压互感器二次绕组有功及无功负荷计算公式

	互感器为星形、负荷为不完全星形接线		互感器为不完全星形、负荷为星形接线
接线	A a S_{ab} b S_{bc} c C B	接线	A a S B S S c b C
A	$P_A=[S_{ab}\cos(\varphi_{ab}-30°)]/\sqrt{3}$ $Q_A=[S_{ab}\sin(\varphi_{ab}-30°)]/\sqrt{3}$	AB	$P_{AB}=\sqrt{3}S\cos(\varphi+30°)$ $Q_{AB}=\sqrt{3}S\sin(\varphi+30°)$
B	$P_B=[S_{ab}\cos(\varphi_{ab}+30°)+S_{bc}\cos(\varphi_{bc}-30°)]/\sqrt{3}$ $Q_B=[S_{ab}\sin(\varphi_{ab}+30°)+S_{bc}\sin(\varphi_{bc}-30°)]/\sqrt{3}$	BC	$P_{BC}=\sqrt{3}S\cos(\varphi-30°)$ $Q_{BC}=\sqrt{3}S\sin(\varphi-30°)$
C	$P_C=[S_{bc}\cos(\varphi_{bc}+30°)]/\sqrt{3}$ $Q_C=[S_{bc}\sin(\varphi_{bc}+30°)]/\sqrt{3}$		

【例 6-7】 选择某变电站屋内 10kV 母线上的电压互感器。母线上接有 5 回出线和 1 台主变压器，共装有有功电能表 6 只，无功电能表 6 只，有功功率表 1 只，无功功率表 1 只，母线电压表 1 只及绝缘监察电压表 3 只。

解： 根据电压互感器安装在屋内，电网的额定电压为 10kV，供给电能表电压及用于绝缘监察，选用 JSJW－10 型三相五柱式电压互感器（也可选用 3 只单相 JDZJ 型浇注绝缘电压互感器），额定电压为 10/0.1kV，辅助二次绕组为 0.1/3kV，准确级为 0.5 级，三相额定容量 $S_{N2}=120VA$。电压互感器与测量仪表的接线方式如图 6-11 所示，与电压互感器接线方式不同（不完全星形部分）的各相间二次负荷分配在表 6-9 中示出。

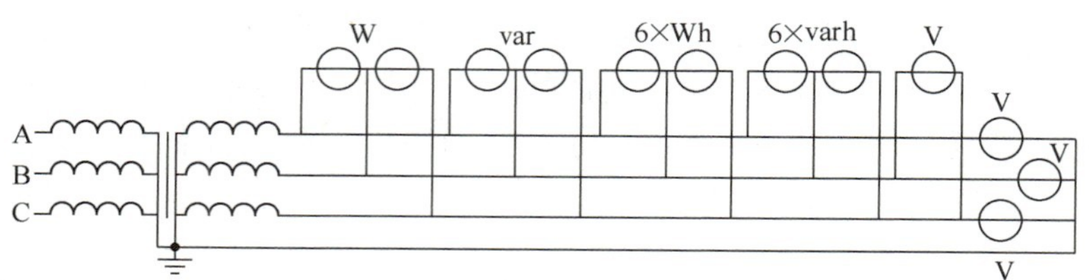

图 6-11 电压互感器与测量仪表的接线图

表 6-9 电压互感器各相间二次负荷分配

仪表名称及型号	仪表电压线圈			仪表数目	AB 相		BC 相	
	线圈消耗功率/VA	$\cos\varphi$	$\sin\varphi$		P_{ab}	Q_{ab}	P_{bc}	Q_{bc}
有功功率表（46D1－W）	0.6	1	0	1	0.6	0	0.6	0
无功功率表（46D1－var）	0.5	1	0	1	0.5	0	0.5	0

（续）

仪表名称及型号	仪表电压线圈			仪表数目	AB 相		BC 相	
	线圈消耗功率/VA	$\cos\varphi$	$\sin\varphi$		P_{ab}	Q_{ab}	P_{bc}	Q_{bc}
有功电能表（DS1）	1.5	0.38	0.925	6	3.42	8.325	3.42	8.325
无功电能表（DX1）	1.5	0.38	0.925	6	3.42	8.325	3.42	8.325
电压表（46L1－V）	0.3	1	0	1			0.3	0
总计					7.94	16.65	8.24	16.65

根据表 6-9 计算不完全星形部分负荷的视在功率和功率因数，即

$$S_{ab}=\sqrt{P_{ab}^2+Q_{ab}^2}=\sqrt{7.94^2+16.65^2}\,\mathrm{VA}=18.4463\,\mathrm{VA}$$

$$\varphi_{ab}=\arccos\frac{P_{ab}}{S_{ab}}=\arccos\frac{7.94}{18.4463}=64.5^\circ$$

$$S_{bc}=\sqrt{P_{bc}^2+Q_{bc}^2}=\sqrt{8.24^2+16.65^2}\,\mathrm{VA}=18.5774\,\mathrm{VA}$$

$$\varphi_{bc}=\arccos\frac{P_{bc}}{S_{bc}}=\arccos\frac{8.24}{18.5774}=63.67^\circ$$

利用表 6-8 中的计算公式，并计及与电压互感器接线方式相同的绝缘监察电压表功率 P'，得 A 相负荷为

$$P_A=[S_{ab}\cos(\varphi_{ab}-30^\circ)]/\sqrt{3}+P'=18.4463\cos(64.5^\circ-30^\circ)\,\mathrm{W}/\sqrt{3}+0.3\,\mathrm{W}=9.0769\,\mathrm{W}$$

$$Q_A=[S_{ab}\sin(\varphi_{ab}-30^\circ)]/\sqrt{3}=18.4463\sin(64.5^\circ-30^\circ)\,\mathrm{var}/\sqrt{3}=6.032\,\mathrm{var}$$

B 相负荷为

$$\begin{aligned}P_B&=[S_{ab}\cos(\varphi_{ab}+30^\circ)+S_{bc}\cos(\varphi_{bc}-30^\circ)]/\sqrt{3}+P'\\&=[18.4463\cos(64.5^\circ+30^\circ)+18.5774\cos(63.67^\circ-30^\circ)]\,\mathrm{W}/\sqrt{3}+0.3\,\mathrm{W}\\&=8.391\,\mathrm{W}\end{aligned}$$

$$\begin{aligned}Q_B&=[S_{ab}\sin(\varphi_{ab}+30^\circ)+S_{bc}\sin(\varphi_{bc}-30^\circ)]/\sqrt{3}\\&=[18.4463\sin(64.5^\circ+30^\circ)+18.5774\sin(63.67^\circ-30^\circ)]\,\mathrm{var}/\sqrt{3}\\&=16.5635\,\mathrm{var}\end{aligned}$$

由于 S_{ab} 与 S_{bc} 接近，φ_{ab} 与 φ_{bc} 接近，可知 B 相负荷最大（Q_B 接近 A 相与 C 相之和），即

$$S_B=\sqrt{P_B^2+Q_B^2}=\sqrt{8.391^2+16.5635^2}\,\mathrm{VA}=18.5677\,\mathrm{VA}<120/3\,\mathrm{VA}$$

故选用 JSJW－10 型电压互感器满足要求。

第八节 SF_6 全封闭式组合电器的选择

一、综述

根据电气主接线的形式，制造厂家常将 SF_6 全封闭式组合电器按间隔做成标准模

块，有双母线、单母线分段、内桥、线路变压器组、一台半断路器接线等，有利于 SF_6 全封闭式组合电器设备的标准化设计，方便用户进行组合选择。

二、型式和环境条件选择

根据装设地点，选型时应明确屋内型、屋外型产品。屋外产品在表面涂装、防雨等方面技术要求与屋内不同，价格有所区别。环境条件包括环境温度、风速、湿度、海拔、地震烈度等。

三、SF_6 全封闭式组合电器结构的选择

110kV SF_6 全封闭组合电器一般为全三相共箱式(包括主母线) 结构，500kV 及以上电压等级的 SF_6 全封闭组合电器通常为全三相分相式结构。220kV 和 330kV SF_6 全封闭组合电器有主母线为三相共箱、其余为三相分相式结构，也有全三相分相式结构。灵活的模块化设计可以满足各种主接线的布置，各功能单元模块化具有运输方便、安装调试周期短等优点。

四、选型注意事项

1）根据电气主接线的形式选双母线、单母线分段、内桥、线路变压器组、一台半断路器接线等电气主接线，设计相应的间隔布置及基础要求。

2）选型时应明确断路器、隔离开关、接地开关、快速接地开关配用机构类型。SF_6 全封闭组合电器的断路器根据额定电压的不同，按要求配用弹簧机构、液压机构、气动机构，其中液压机构和气动机构可以实现三相机械联动。隔离开关、接地开关、快速接地开关配用电动及电动弹簧机构。

五、适用情况

技术经济比较合理时，SF_6 全封闭组合电器宜用于以下情况的 110kV 及以上电网：①深入大城市内的变电站；②布置场所特别狭窄地区；③地下式配电装置；④重污染区；⑤高海拔区；⑥高烈度地震区。

六、主要技术参数及选择校验

主要技术参数包括额定电压、额定电流、额定短路开断电流（有效值）、额定短时耐受电流（有效值）、额定峰值耐受电流（峰值）、额定短路关合电流（峰值）、额定频率、额定雷电冲击耐受电压、额定 1min 工频耐受电压和 SF_6 额定气压等。

额定电压、额定电流（主回路的，指封闭式组合电器中用来传输电能的所有导电部分）、额定短时耐受电流（主回路和接地回路的）和额定峰值耐受电流（主回路和接地回路的）是通用技术条件。额定短路开断电流和额定短路关合电流（也是接地开关的）是断路器的技术条件，校验方法与高压断路器相同。额定短时耐受电流和额定峰值耐受电流是 GIS 中主回路各元件所能耐受的热稳定和动稳定极限值，只需对 GIS 检验一次热稳定和动稳定即可，检验方法与电器设备相同。某些主回路（例如母线、支线）可以采用不同的额定电流值。GIS 各回路中的电流互感器需要根据回路负荷情况

选择额定一次电流和准确级（选择校验方法参看本章第六节）。电压互感器需要选择额定电压比和准确级（选择校验方法参看本章第七节）。

【例 6-8】 某变电站的 110kV 配电装置采用单母线分段接线，主变压器容量为 2×50MVA，电缆出线 2 回，备用 2 回，已知 110kV 母线短路电流 $I''=7.317\text{kA}$，请选择屋内 SF_6 全封闭组合电器。

解：选用额定电压为 126kV 的某型号屋内 SF_6 全封闭组合电器，额定电流 2000A，3s 热稳定电流为 40kA，动稳定电流峰值为 100kA。其中主变压器进线间隔 2 个，110kV 电缆出线间隔 2 个，电压互感器间隔 2 个，分段间隔 1 个，备用间隔 2 个。

$$I_{max}=\frac{1.05S_N}{\sqrt{3}U_N}=\frac{1.05\times50000}{\sqrt{3}\times110}\text{A}=275.56\text{A}<2000\text{A}$$

$$i_{sh}=2.55\times7.317\text{kA}=18.66\text{kA}<100\text{kA}$$

各元件参数为：

断路器：额定电流为 2000A，额定开断电流为 40kA，额定关合电流为 100kA，3s 热稳定电流为 40kA，动稳定电流峰值为 100kA。

隔离开关、接地开关、快速接地开关：额定电流为 2000A，3 秒热稳定电流为 40kA，动稳定电流峰值 100kA。

电流互感器：110kV 线路（考虑 2 台主变压器容量加上穿越功率）及分段（考虑 1 台主变容量加上穿越功率）额定电流为 2×600/5A，110kV 主变压器进线额定电流为 2×300/5A，3s 热稳定电流为 40kA，动稳定电流峰值为 100kA，准确级为 0.2S/0.5/10P20/10P20。

电压互感器：选用电磁式电压互感器，额定电压为 $(110/\sqrt{3})/(0.1/\sqrt{3})/(0.1/\sqrt{3})/0.1\text{kV}$，准确级为 0.2/0.5/3P。

母线：主母线选用共箱，考虑穿越功率及主变压器容量，额定电流选为 2000A。

可以看出，断路器满足额定电流、开断电流、关合电流和动稳定要求，隔离开关等元件也满足额定电流和动稳定要求。由于各元件 3s 热稳定电流裕度很大，热稳定也可以满足要求（校验略）。

思考题与习题

1. 选择电气设备的一般条件是什么？

2. 哪些电气设备可以不校验热稳定？

3. 哪些电气设备可以不校验动稳定？

4. 已知一台额定电压为 10.5kV 的 QF_2-25-2 型汽轮发电机（额定容量为 25MW，额定功率因数为 0.8）的年最大负荷利用小时数为 5500h，试分别用按最大持续工作电流和按经济电流密度两种方法分别初选其引出线的母线截面积，并说明应以哪个作为选择结果（拟采用平放在同一平面内的矩形铝导体，周围环境温度为 30℃）。

5. 根据上题中所选择的矩形铝导体截面积，并已知相间距离 $a=0.7\text{m}$，支持绝缘子跨距 $L=1.2\text{m}$，发电机主保护的动作时间 $t_{pr}=0.1\text{s}$，发电机出口断路器的全分闸时

间 $t_{ab}=0.2$s，发电机引出线中的最严重短路电流 $I''=35$kA，$I_{0.15}=29$kA，$I_{0.3}=27$kA。试校验其短路热稳定与动稳定。

6. 根据有关参考资料，求出按下列条件直埋在土中的铝心油浸纸绝缘电力电缆（三芯）的长期允许载流量：

（1）$U_N=10$kV，$S=120\text{mm}^2$，土壤热阻系数为120℃·cm/W，土壤温度为10℃。

（2）$U_N=10$kV，$S=2$（120）mm^2，土壤热阻系数为80℃·cm/W，土壤温度为10℃，两条电缆并列直埋土中，电缆净距100mm。

7. 某电厂由10kV机压母线用双回电缆线路向一重要用户变电站供电。用户最大负荷为5000kVA，年最大负荷利用小时数为5200h，当一回电缆线路故障时，要求另一回仍能供给80%的最大负荷。线路长度较短，直埋土中，电缆净距为100mm^2，高湿度土壤，土壤温度为10℃，短路电流 $I''=10$kA，$I_1=7.6$kA，$I_2=6.9$kA，短路切除时间为2s，试选择该电缆。

8. 根据第4、5题所给条件及有关计算选择结果，试选择该发电机引出线回路所需用的支持绝缘子和穿墙套管。

9. 选择某电网末端变电站10kV出线中的高压断路器及隔离开关（屋内）。已知：线路最大持续工作电流为480A，所配置的过电流保护动作时间为1.5s，线路首端的短路电流在整个短路过程中保持不变为11.7kA。

10. 某发电厂的电气主接线如图6-12所示，已知主要设备参数为：T_1 和 T_2，$S_N=20$MVA，$u_d\%=10.5$，额定电压为121/10.5kV。G_1 和 G_2，$P_N=25$MVA，$U_N=10.5$kV，$\cos\varphi=0.8$，$x''_d=0.132$。系统容量 $S=500$MVA，系统电抗 $x_{*\Sigma}=0.45$；馈线负荷 $P_{max}=4000$kW，功率因数 $\cos\varphi=0.8$，短路持续时间为2s。现欲在10kV电缆馈线中采用SN10－10I型高压少油断路器，试选择校验线路电抗器 L_1。

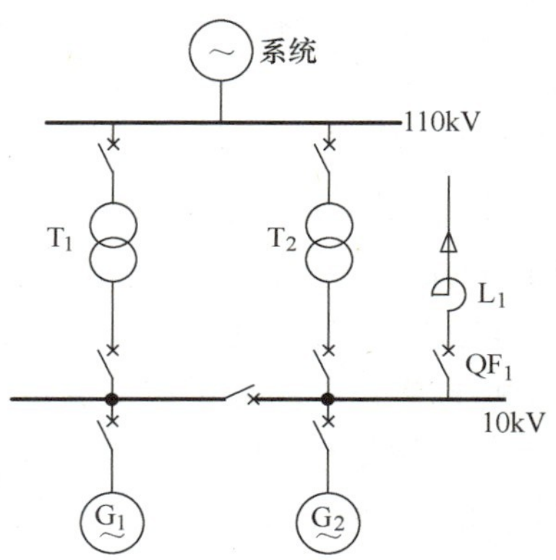

图6-12 习题10的接线图

11. 选择某变电站10kV母线上的电压互感器。该母线上共接有8回馈电线路，每回线路上装有电流表及有功电能表各1只。此外，在母线上还需装设测量线电压的电压表1只及供绝缘监察装置用的电压表3只。

12. 选择某发电厂10kV馈电线路上的电流互感器。已知：线路最大工作电流为290A，断路器的全分闸时间为0.2s，装有时限为1.5s的过电流保护，线路中的短路电流数值为：$I''=16.5$kA，$I_{0.85}=11$kA，$I_{1.7}=9.4$kA。由互感器装设地点到测量仪表的距离为30m，互感器到最近绝缘子的距离 $L=1.2$m，相间距离 $a=0.4$m。互感器和仪表的接线如图6-10所示。

13. 某回路的主保护动作时间为0.1s，后备保护动作时间为2s，断路器全开断时间为0.1s。（1）校验电器热稳定的短路持续时间采用（ ）；（2）校验导体热稳定的短路持续时间采用（ ）。

A. 2.2s　　B. 0.2s　　C. 2s　　D. 2.1s

14. 工作电流在4000A以下的屋内母线一般采用（　　）。

A. 矩形导体　　B. 圆形导体　　C. 圆管形导体　　D. 槽形导体

15. 下列电器中，不需要进行热稳定校验的是（　　）。

A. 高压断路器　　B. 电流互感器　　C. 隔离开关　　D. 电压互感器

16. 测量用电流互感器的额定一次电流一般选 I_{N1} 应尽量接近（　　）。

A. $I_{max}/3$　　B. $2I_{max}/3$　　C. $4I_{max}/3$　　D. $3I_{max}/4$

17. 高压断路器的特殊选择项目是（　　）。

A. 额定电压　　B. 额定电流　　C. 额定开断电流　　D. 动稳定

18. 下列电器中，不需要进行额定电流选择的是（　　）。

A. 穿墙套管　　B. 电流互感器　　C. 隔离开关　　D. 支柱绝缘子

19. 双条矩形导体水平布置平放的截面系数采用（　　）。

A. $W=bh^2/3$　　B. $W=bh^2/6$　　C. $W=b^2h/6$　　D. $W=1.44b^2h$

20. 某300MW发电机—双绕组变压器单元接线的220kV主变压器容量为340MVA，主变压器220kV侧架空导线采用两分裂钢芯铝导线，按经济电流密度选择应为下列哪种规格的导线（经济电流密度为0.72）？（　　）。

A. $2\times400mm^2$　　B. $2\times500mm^2$　　C. $2\times630mm^2$　　D. $2\times800mm^2$

21. 某6kV三相电动机容量为1800kW，电缆长50m，短路持续时间为0.25s，最大三相短路电流周期分量有效值为38kA（不考虑周期分量的衰减和非周期分量），电缆芯热稳定系数为150。满足热稳定应选取的电缆截面积为（　　）。

A. $3\times95mm^2$　　B. $3\times120mm^2$　　C. $3\times150mm^2$　　D. $3\times180mm^2$

22. 某变电站容量为25MW，电压为110/10.5kV的变压器低压侧引出线导体经穿墙套管引入屋内，冬季有冰雪天气，请问下列各项哪组数值最合适？（　　）

A. 20kV、额定电流为1600A　　B. 20kV、额定电流为2000A

C. 10kV、额定电流为1600A　　D. 10kV、额定电流为1000A

23. 某10kV出线上装有限流电抗器，电抗百分数为 $x_L\%=3\%$，额定电流为 $I_N=1000A$，当出线末端三相短路周期电流有效值为21kA时，10kV母线的剩余电压为（　　）。

A. 73%　　B. 63%　　C. 82%　　D. 60%

24. 某远离发电厂的变电站某电压级母线三相短路周期电流有效值为25kA，母线上某回路电流互感器的一次额定电流为1200A，请计算电流互感器的动稳定倍数最小应大于（　　）。

A. 38　　B. 53　　C. 21　　D. 15.7

25. 要求（　　）电压等级裸导体的电晕临界电压 U_{cr} 应大于其最高工作电压 U_{max}。

A. 220kV及以上　　B. 110kV　　C. 110kV及以上　　D. 220kV

26. 电压为110kV及以上的电气设备及金具在（　　）倍最高相电压下，晴天夜晚不应出现可见电晕。

A. 1.1　　B. 1.2　　C. 1.3　　D. 1.4

27. 用于电能计量的电流互感器，准确级不应低于（　　）级。

A. 0.2　　B. 0.5　　C. 1　　D. 3

28. 我国目前生产的铝矩形裸导体的额定环境温度 θ_0 规定为（　　）。

A. +40℃　　B. +70℃　　C. +25℃　　D. +85℃

29. 多条矩形导体的短路动稳定校验条件是（　　）。

A. $\sigma_{al} \geqslant \sigma_{ph} + \sigma_b$　　B. $\sigma_{al} \geqslant \sigma_{ph}$

C. $\sigma_{al} \geqslant \sigma_b$　　D. $\sigma_{al} \leqslant \sigma_{ph} + \sigma_b$

30. 线路电抗器的百分电抗值一般选（　　）。

A. (8~12)%　　B. (3~6)%　　C. (1~3)%　　D. (6~8)%

31. 导体在正常运行时，其正常最高允许温度一般为（　　）。

A. +40℃　　B. +85℃　　C. +70℃　　D. +25℃

32. 如果电流互感器到仪表的实际距离是 L，当其采用单相接线时，二次连接导线的计算长度 L_c 为（　　）。

A. L　　B. $2L$　　C. $3L$　　D. $\sqrt{3}L$

33. 电力系统正常运行时，电压互感器辅助二次绕组的开口三角形两端电压为（　　）。

A. 0V　　B. 100V　　C. 100/3V　　D. 220V

34. 电缆的热稳定校验采用（　　）。

A. $S \geqslant S_{min} = \frac{1}{C}\sqrt{Q_k}$　　B. $S \geqslant S_{min} = \frac{1}{C}\sqrt{Q_k K_s}$

C. $(K_t I_{N1})^2 \geqslant Q_k$　　D. $I_t^2 t \geqslant Q_k$

35. （　　）电压等级的断路器，宜选用真空断路器。

A. 10kV 及以下　　B. 35kV 及以下　　C. 110kV 及以下　　D. 35kV

36. 某输电线路采用四分裂导线，其电压等级是（　　）。

A. 110kV　　B. 220kV　　C. 500kV　　D. 750kV

第七章 配电装置

第一节 概　　述

配电装置是发电厂与变电站的重要组成部分，是发电厂与变电站电气主接线的具体实现，电气主接线中的各种电气设备就安装在各个电压等级的配电装置中。配电装置是根据电气主接线的连接方式，由开关设备、保护设备、测量设备、母线以及必要的辅助设备组成，辅助设备包括安装布置电气设备的构架、基础、房屋和通道等。配电装置是具体实现电气主接线功能的重要装置。

一、屋内外配电装置的最小安全净距

因电压等级、安装地点以及布置型式的不同，各种型式配电装置的结构尺寸有很大差异，在设计中需要综合考虑电气设备的外形尺寸、安装布置、运行环境、检修、维护及运输等各种情况下的安全距离。对于敞露在空气中的屋内、外配电装置，在各种间距中，最基本的是带电部分对接地部分之间和不同相带电部分之间的空间最小安全净距（A_1和A_2）。最小安全净距的含义是：在此距离下，无论是处于最高工作电压之下，还是处于内外过电压之下，空气间隙均不致被击穿。这些标准尺寸是在理论分析、试验以及运行实践的总结等基础上加以综合得出的。表 7-1 和表 7-2 是我国设计规程规定的屋内、屋外配电装置最小安全净距，它们的含义可参阅图 7-1 和图 7-2。表 7-1 和表 7-2 中 B、C、D、E 等值均是在 A_1 值基础上再考虑一些其他实际因素得出的。

表 7-1　屋内配电装置的最小安全净距　　（单位：mm）

符号	适用范围	额定电压/kV									
		3	6	10	15	20	35	60	110J	110	220J
A_1	1. 带电部分与接地部分之间 2. 网状和板状遮栏向上延伸线距地 2.3m 处与遮栏上方带电部分之间	75	100	125	150	180	300	550	850	950	1800
A_2	1. 不同相带电部分之间 2. 断路器和隔离开关断口两侧带电部分之间	75	100	125	150	180	300	550	900	1000	2000
B_1	1. 栅状遮栏至带电部分之间 2. 交叉的不同时停电检修的无遮栏带电部分之间	825	850	875	900	930	1050	1300	1600	1700	2550
B_2	网状遮栏至带电部分之间	175	200	225	250	280	400	650	950	1050	1900

（续）

符号	适用范围	额定电压/kV									
		3	6	10	15	20	35	60	110J	110	220J
C	无遮栏裸导体与地（楼）面之间	2375	2400	2425	2450	2480	2600	2850	3150	3250	4100
D	平行的不同时停电检修的无遮栏裸导体之间	1875	1900	1925	1950	1980	2100	2350	2650	2750	3600
E	通向屋外的出线套管至屋外通道的路面	4000	4000	4000	4000	4000	4000	4500	5000	5000	5500

注：1. J是指中性点直接接地系统。

2. 板状遮栏时，B_2值可取A_1 +30mm。

表7-2 屋外配电装置的最小安全净距 （单位：mm）

符号	适用范围	额定电压/kV								
		3～10	15～20	35	60	110J	110	220J	330J	500J
A_1	1. 带电部分与接地部分之间 2. 网状遮栏向上延伸线距地2.5m处与遮栏上方带电部分之间	200	300	400	650	900	1000	1800	2500	3800
A_2	1. 不同相带电部分之间 2. 断路器和隔离开关断口两侧带电部分之间	200	300	400	650	1000	1100	2000	2800	4300
B_1	1. 设备运输时，其外廓与无遮栏带电部分之间 2. 交叉的不同时停电检修的无遮栏带电部分之间 3. 栅状遮栏至绝缘体和带电部分之间 4. 带电作业时，带电部分与接地部分之间	950	1050	1150	1400	1650	1750	2550	3250	4550
B_2	网状遮栏至带电部分之间	300	400	500	750	1000	1100	1900	2600	3900
C	1. 无遮栏裸导体与地面之间 2. 无遮栏裸导体与建筑物、构筑物顶部之间	2700	2800	2900	3100	3400	3500	4300	5000	7500
D	1. 平行的不同时停电检修的无遮栏带电部分之间 2. 带电部分与建筑物、构筑物的边沿之间	2200	2300	2400	2600	2900	300	3800	4500	5800

注：J是指中性点直接接地系统。

1. B_1值

B_1值指带电部分至栅状遮栏的距离和可移动设备在移动中至带电部分的净距，$B_1 = A_1 + 750\text{mm}$，一般人员手臂误入栅栏时手臂的长度不大于750mm，设备运输或移动时的摇摆也不会大于此值，交叉的不同时停电检修的无遮栏带电部分之间，检修人员在导体上下活动范围也为此值。

2. B_2值

B_2值指带电部分对网状遮栏的净距，$B_2 = A_1 + (70 + 30)$mm，一般人员手指误入网状遮栏时，手指的长度不大于70mm，另外考虑了30mm的施工误差。

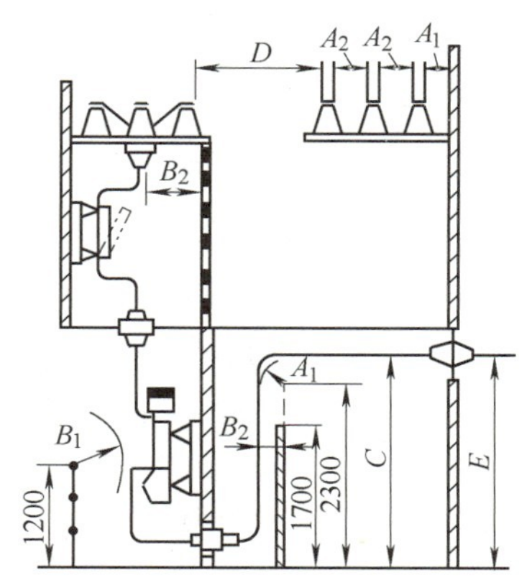

图7-1　屋内配电装置安全净距校验图

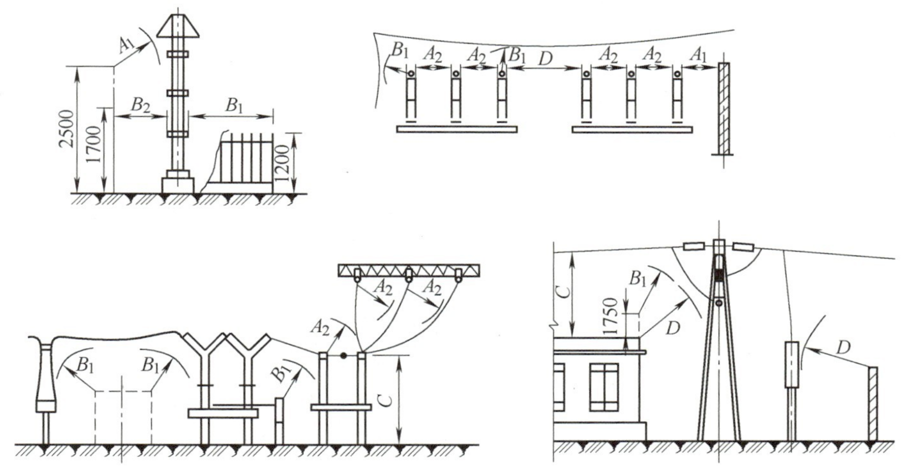

图7-2　屋外配电装置安全净距校验图

3. C值

C值是保证人举手时，手与带电裸导体之间的净距不小于A_1值，$C = A_1 + (2300 + 200)$mm，一般人员举手后的总高度不超过2300mm，另外考虑了屋外配电装置200mm的施工误差。规定遮栏向上延伸线距地2.5m处与遮栏上方带电部分的净距，不应小于A_1值；以及屋外配电装置电气设备外绝缘最低部位距地小于2.5m时，应设固定遮栏和屋内配电装置电气设备外绝缘体最低部位距地小于2300mm时，应装设固定遮栏，都是为了防止人举手时触电。

4. D值

D值是保证检修时，人和裸导体之间净距不小于A_1值，$D = A_1 + (1800 + 200)$mm，一般检修人员和工具的活动范围不超过1800mm，另外考虑200mm的裕度（屋外）。带

电部分至围墙顶部的净距和带电部分至建筑物、构筑物的边沿之间的净距，不应小于 D 值，也是考虑了检修人员的安全。

5. E 值

E 值是指由出线套管中心线至屋外通道路面的净距，考虑人站在载重汽车车厢中举手高度不超过 3500mm，35kV 及以下时 $E=4000$mm，66kV 及以上，$E=A_1+3500$mm，并向上靠为整数。若出线套管直接引线至屋外配电装置时，出线套管中心线至屋外地面的距离可不按 E 值校验，但不应小于 C 值。

配电装置中电气设备的栅状遮栏高度不应小于1200mm，栅状遮栏最低栏杆至地面的净距不应大于200mm。配电装置中电气设备的网状遮栏高度不应小于1700mm，网状遮栏网孔不应大于40mm×40mm。围栏门应装锁。

在工程上，实际采用的安全距离均大于表中所列数值，这是因为在确定这些距离时，还考虑了减少相间短路的可能性；软导线在短路电动力、风摆、温度、覆冰及弧垂摆动下相间与相对地间距离的减小；降低大电流导体周围钢构的发热与电动力；减少电晕损失以及带电检修等因素。

二、配电装置的类型

按配电装置的设备装设地点，可分为屋内配电装置与屋外配电装置两大类。

屋内配电装置的特点是：所有电气设备均放置在屋内，安全净距小，可采用分层布置，占地面积小；外界污秽气体及灰尘对电气设备的影响较小；操作、维护与检修都在室内进行，工作条件较好，不受气候影响；土建工程量大，投资较大。

屋外配电装置的特点是：所有电气设备放置在屋外，土建工程量小，相应的投资较小，建设工期短；扩建方便；相间及设备之间的距离大，便于带电检修作业；受外界环境影响，设备的运行条件及人员进行操作维护的工作条件较差，而且占地面积大。

按照配电装置的安装方法，又可以分为装配式配电装置和成套式配电装置。所谓装配式是指电气设备及其结构物均在现场组装的配电装置。而成套配电装置是在制造厂已将所需电气设备装配成一整体，并成套供应，这种装置运到现场后，连接起来即可投入运行。成套配电装置的工作可靠性高，维护方便；结构紧凑，占地少；建设时间短，便于扩建和搬迁；但耗用钢材较多，造价较高。

配电装置通常由数个不同的间隔组成，所谓间隔是指一个具有特定功能的完整的电气回路，包括断路器、隔离开关、电流互感器、高压熔断器、电压互感器、避雷器等不同数量的电器设备。一般由架构（屋外配电装置）或隔板（或墙体）来分界，使不同电气回路互相隔离，故称为间隔。根据其功能，间隔可分为进线（发电机、变压器引出线回路）间隔、出线（输电线路）间隔、旁路间隔、母联间隔、分段间隔、电压互感器和避雷器（母线设备）间隔等。对成套式配电装置，如果采用的是高压开关柜，则每个开关柜为一个间隔。各间隔依次排列起来即为列，屋外配电装置的布置通常按断路器的列数分为单列布置、双列布置和三列布置。采用高压开关柜的屋内配电装置则按开关柜布置的列数分为单列布置和双列布置。

在发电厂与变电站的设计中，配电装置的选择是根据电气主接线的形式、其在电力系统中的地位、周围环境、气象、交通、地质地形等情况，因地制宜进行综合的技

术经济比较之后得出的。一般 35kV 及以下的配电装置多采用屋内式，其中带有 6～10kV 机压负荷的发电厂的机压配电装置多采用装配式，其他大多采用成套式配电装置。110kV 及以上电压级的配电装置多采用屋外式。对于 110～220kV 电压级，当建于城市中心或严重污秽地区时，经过技术经济比较，也可采用屋内式配电装置。目前，先进的 SF_6 全封闭组合电器也在 110～220kV 屋内配电装置得到比较广泛的应用。

三、对配电装置的基本要求和设计基本步骤

1. 基本要求

1）在配电装置设计中，必须认真贯彻国家的技术经济政策，遵循国家颁发的有关规程、规范及技术规定，做到安全可靠、技术先进、经济合理和维修方便；应采用行之有效的新技术、新设备、新布置和新材料。

2）必须坚持节约用地的原则，应布置紧凑、少占地（尤其是良田）。

各型配电装置占地面积的比较如下：

屋外普通中型：100%；

屋外分相中型：70%～80%；

屋外半高型：50%～60%；

屋外高型：40%～50%；

屋内型：25%～30%；

全封闭组合电器（GIS）：15%～30%；

混合气体绝缘型组合电器（HGIS）：30%～40%。

3）保证运行安全和操作巡视方便。配电装置布置要整齐、清晰，并能保证在运行中满足对人身和设备的安全要求，重视操作巡视的方便条件。如要保证各种电气安全净距，采取防火、防爆和储油排油措施，考虑设备防冻、防阵风、抗震和耐污性能。合理确定电气设备的操作位置，设置操作巡视小道。

4）便于检修和安装，要妥善考虑检修和安装条件。

5）节省材料、降低造价，采取有效措施，减少材料消耗，努力降低造价。

6）考虑扩建要求，根据工程特点、规模和发展规划，远近期结合，以近期为主，适当考虑扩建要求。

2. 设计基本步骤

（1）选择配电装置的型式　根据电压等级、电气设备的型式、出线多少和方式，有无电抗器、地质、地形及环境条件等因素选择配电装置的型式。

（2）拟定配置图　配置图是把发电机回路、变压器回路、引出线回路、母线分段回路、母联回路以及电压互感器回路等，按电气主接线的连接顺序，分别布置在各层的间隔中，并示出走廊、间隔以及用图形符号表示出来母线和电器在各间隔中的位置，但不要求按比例尺寸绘制。配置图是在配电装置的基本型式确定以后，按照电气主接线进行总体布置的结果，为平面图、断面图的设计做必要的准备，它还用来分析配电装置的布置方案和统计主要设备的数量。

（3）设计配电装置的平面图和断面图　平面图是按比例画出房屋、间隔、通道走廊及出口等平面布置情况的图形，平面图上示出的间隔只是为了确定间隔部位和数目，

所以可不必画出所装电器，但应标出各部位的尺寸。根据实际配电装置平面尺寸的大小，平面图的比例可选择 1∶50、1∶100、1∶200、1∶300、1∶500 等，图幅可选择 A3、A2、A1 等。断面图是表明所截取的配电装置间隔断面中，电气设备的相互连接及详细的结构布置尺寸的图形。它们均应按比例画出，并标出必要的尺寸。设计平面图和断面图时的主要依据是最小安全净距，并遵守配电装置设计规程的有关规定，要保证装置可靠运行，操作维护及检修安全、便利。根据实际间隔断面尺寸的大小，断面图的比例可选择 1∶50、1∶100 等，图幅可选择 A3 或 A2 等。平面图和断面图是工程施工、设备安装的重要依据，也是运行及检修中重要的参考资料，必须清晰易读、正确无误、尺寸准确。

对于分期建设的工程，配置图、平面图和断面图中的本期工程用实线绘制，远期工程用虚线绘制。

第二节 成套配电装置

成套配电装置是在制造厂成套制造并供应给用户的配电装置，它按照电气主接线的配置和用户的具体要求，将一个回路的开关电器、测量仪表、保护电器和一些辅助设备等都装配在一个整体柜内，有气体绝缘（gas insulated switchgear，GIS）和空气绝缘（air insulated switchgear，AIS）之分。成套配电装置有低压配电屏、高压开关柜、成套变电站和 SF_6全封闭组合电器（也称 GIS）等类型。35kV 及以下成套配电装置的各种电器带电部分间用空气作为绝缘，称为高压开关柜（1000V 以下的称之为低压开关柜或配电屏）；110kV 及以上成套配电装置用 SF_6 气体作绝缘和灭弧介质，并将整套电器密封在一起，称之为 SF_6 全封闭组合电器（可用于屋内外）。高压开关柜和低压配电屏为屋内式，这是因为屋外式需要考虑防水、锈蚀等问题，其结构更加复杂，造价更高。成套配电装置整体性强，制造水平高，可靠性高，现场安装工作量小，故被广泛采用。

一、低压开关柜

目前我国生产的 380V 低压开关柜，按照开关柜的结构形式可分为固定式(GGD 型等）和抽出式(GCK、GCS、MNS 型等)。GCS 型和 MNS（ABB 产品）等新型低压抽出式开关柜，具有分断、接通能力强、动热稳定性好、灵活、组合方便、系列性、实用性强、结构新颖、防护等级高等特点，可以作为低压抽出式开关柜的换代产品，得到了广泛应用。图 7-3 是 GCS 型低压抽出式开关柜示意图。GCS 型低压抽出式开关柜（以下称装置）是一种本着安全、经济、合理、可靠的原则设计的，具有较高技术性能指标，能够适应低压配电发展需要并可与现有引进产品竞争的低压抽出式开关柜。装置各功能室严格分开，其隔室主要分为功能单元室、母线室、电缆室，各单元的功能作用相对独立。装置没有采用将水平主母线置于柜顶的传统设计，使电缆室上下均有出线通道，解决了老产品（GCK 型）无法上出线的问题。

（1）用途　装置作为三相交流频率为 50Hz、额定工作电压为 380V，额定电流为 4000A 及以下的低压成套配电装置，适用于发电厂、变电站、石油化工部门、厂矿企业、高层建筑等低压配电系统的动力、配电和电动机控制中心、电容补偿等的电能分

配与控制用，用在大型发电厂、石化系统等自动化程度高的使用场合时能满足与计算机接口的特殊需要。

（2）产品使用环境

1）周围空气温度不高于40℃，不低于-5℃，24h内平均温度不得高于35℃，超过时，需根据实际情况降容运行。

2）屋内使用，使用地点的海拔不得超过2000m。

3）周围空气相对湿度在最高温度为40℃时不超过50%，在较低温度时允许有较大的相对湿度，如20℃时为90%，但应考虑到由于温度的变化可能会偶然产生凝露的影响。

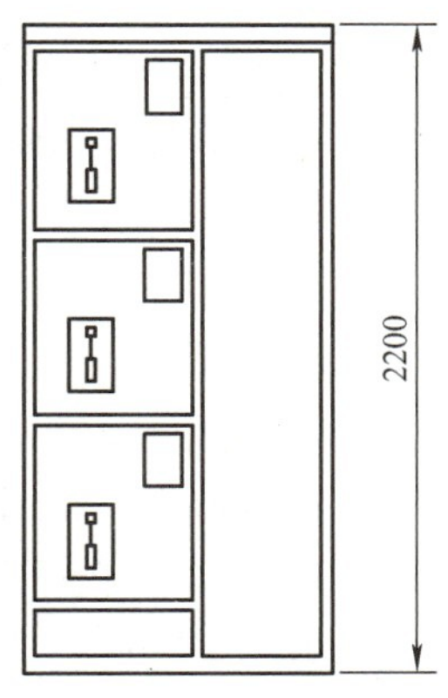

a) PC馈电柜

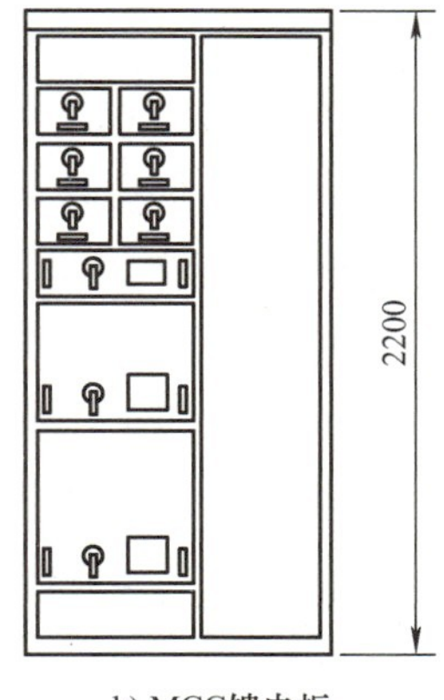

b) MCC馈电柜

图7-3 GCS型低压抽出式开关柜结构示意图
（柜宽1000mm或800mm，柜深1000mm、800mm或600mm）

4）装置安装时与垂直面的倾斜度不超过5%，且整组柜列相对平整。

5）装置应安装在无剧烈振动和冲击，以及不足以使电器元件受到不应有腐蚀的场所。

（3）主要技术参数

1）主电路额定电压：交流380V。

2）辅助电路额定电压：交流220V、380V，直流110V、220V。

3）额定频率：50Hz。

4）额定绝缘电压：660V（1000V）。

5）水平母线额定电流：≤4000A。

6）垂直母线（MCC）额定电流：1000A。

7）母线额定短时耐受电流（1s）：50kA、80kA。

8）母线额定峰值耐受电流：105kA、176kA。

（4）主电路方案 装置主电路方案共32组118个规格，不包括由于辅助电路的控制与保护的变化而派生的方案和规格。主电路方案是征求了广大设计、制造、试验和使用部门的意见而选编的，包括了发电、供用电和其他电力用户的需要，适合额定工作电流最大为4000A，容量2500kVA及以下的配电变压器选用。装置充分考虑了大单机容量发电厂、石化系统等行业自动化电动门（机）群的需要，电源进线柜单柜的回路数为1回（带总负荷，额定电流最大可达到5000A），PC馈线柜单柜的回路数为3回（适用于负荷较大的回路），MCC馈线柜单柜的回路数最多至22回（适用于负荷较小的回路）。此外，为适应供用电提高功率因数的需要而设计了电容器补偿柜，考虑综合投资的需要而设计了电抗器柜。MNS型电源进线（受电柜）单柜的回路数为1回，额定电流最大可达到5000A，PC馈线柜单柜的回路数为2回和3回两种，MCC馈线柜单柜的回路数最多单面36回至双面72回。MNS在小电流方面有优势，而GCS在大电流方面有优势。

（5）辅助电路方案　GCS 共有辅助电路方案 120 个，交流操作部分共有 63 个方案，主要用于厂矿企业及高层建筑的变电站的低压系统。直流操作部分共有 57 个方案，适用于 200MW 及以下和 300MW 及以上容量机组低压厂用系统，工作（备用）电源进线、电源馈线和电动机馈线的一般控制方式。

（6）功能单元

1）一个抽屉为一个独立功能单元。

2）根据回路电流大小不同，MCC 柜抽屉分为 1/2 单元、一单元、二单元、三单元 4 个尺寸系列，回路的额定电流在 400A 及以下。一个单元抽屉的尺寸为 160mm（高）×560mm（宽）×407mm（深）。1/2 单元抽屉的宽为 280mm，二单元、三单元仅以高度做二倍、三倍的变化，其余尺寸均同一单元。图 7-3b 所示的 MCC 柜内配置了 6 个 1/2 单元抽屉，1 个一单元抽屉，1 个二单元抽屉和 1 个三单元抽屉，可以带 9 台电动机或其他负荷。小功率单元安装在上，大功率单元安装在下。

3）功能单元的抽屉可以方便地实现互换。

4）装置的 MCC 柜每个柜内可以配置 11 个一单元的抽屉或 22 个 1/2 单元的抽屉。

5）抽屉进出线根据回路电流大小采用不同片数的同一规范片式接插件，一般一片接插件≤200A。

6）1/2 抽屉与电缆室的转接，采用背板式结构的转接件。单元抽屉与电缆室的转接采用棒式结构的转接件。

7）抽屉面板有合、断、试验、抽出等位置的明显标志，抽屉设有机械联锁装置。

8）馈线柜和电动机控制柜设有专用的电缆隔室，功能单元室与电缆隔室内电缆的连接通过转接件或转接铜排实现，既提高了电缆的使用可靠性，又极大地方便了用户对电缆的安装与维修。电缆隔室有两个宽度尺寸（240mm 和 440mm）可供选用，视电缆数量、截面积和用户对安装维修方便的要求而定。

9）装置的功能单元辅助接点对数：一单元及以上的为 32 对，1/2 单元的为 20 对，能满足自动化用户和与计算机接口的需要。

10）考虑到干式变压器使用的普通性、安全性和油浸变压器的经济性，装置既可以方便地与干式变压器组成一个组列，也可以与油浸变压器低压母线方便连接。

11）以抽屉为主体，同时具有抽出式和固定式，可以混合组合，任意选用。

12）装置按三相五线制和三相四线制设计，设计部门和用户可以方便地选用 PE + N 或 PEN 方式。

13）柜体的防护等级为 IP30、IP40，可以按用户需要选用。

大容量火电厂低压厂用电系统的动力中心母线由电源进线柜（接低压厂用变压器）供电，母线上接若干个 PC 馈线柜，每个 PC 馈线柜可供 3 个回路，用来向大容量电动机和电动机控制中心及其他大容量负荷供电，电动机控制中心采用 MCC 馈线柜，每个柜最多可带 22 个负荷，就近向小容量电动机和其他较小容量负荷供电。

抽出式低压配电屏密封性能好，可靠性高，此外，还具有布置紧凑、容纳回路数多、占地面积小等优点，目前在低压配电装置中得到广泛应用。其缺点是制造工艺较复杂、钢材用量大、价格较高。

二、高压开关柜

目前我国生产 3～10kV 及 35kV 两个系列的高压开关柜，按照开关柜的结构形式它们可分为固定式和手车式。

1. 手车式

图 7-4 所示为 KYN28A－12（GZS1）型系列户内金属铠装抽出（中置）式开关柜，是交流 3.6～12kV、50Hz、单母线及单母线分线系统的成套设备，主要用于发电厂、工矿企业配电、电力系统二次变电站的输配电以及大型高压电动机等，实现控制、保护、监测的作用。本开关柜符合 IEC298、GB/T 3906—2020 等标准要求，具有完善的“五防”闭锁功能。

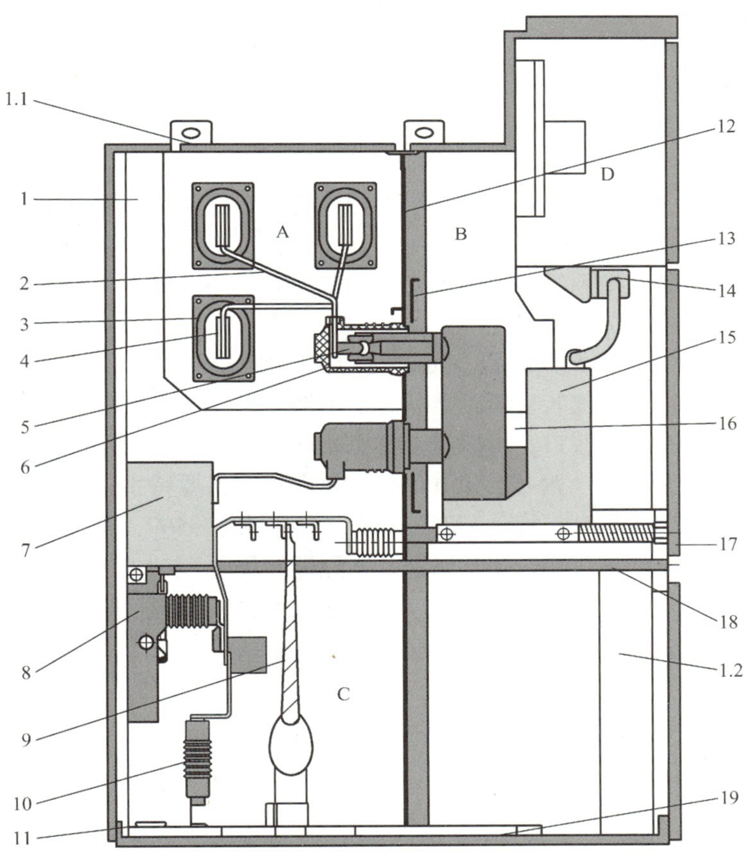

图 7-4　KYN28A－12 型户内金属铠装抽出式开关柜

1.1—泄压装置　1.2—控制小线槽　1—外壳　2—分支小母线　3—母线套管　4—主母线　5—静触头装置　6—静触头盒　7—电流互感器　8—接地开关　9—电缆　10—避雷器　11—接地主母线　12—装卸式隔板　13—隔板（活门）　14—二次插头　15—断路器手车　16—加热装置　17—可抽出式水平隔板　18—接地开关操动机构　19—底板　A—母线室　B—断路器手车室　C—电缆室　D—继电器仪表室

（1）结构特点　开关柜由柜体和中置式可移开部件（即手车）组成，柜体和隔板均采用敷铝锌钢板栓接而成，有很高的机械强度、很强的抗腐蚀和抗氧化作用。

开关柜被隔板分割成4个单独的隔室：母线室、手车室、电缆室和继电器仪表室。

手车可按用途分为断路器手车、电压互感器手车、计量手车、接地手车、隔离手车、避雷器手车。同规格手车可以互换，手车在柜体内有断开位置、试验位置、连接位置，分别有定位装置。手车移开柜体时，用专用车转运。手车采用中置式，体积小、检查维护方便。

在开关柜的母线室、手车室、电缆室上方均设有泄压通道，当断路器、母线或电缆发生内部故障时，伴随电弧的出现，开关柜内部气压升高，由于柜门是密封的，母线室、手车室、电缆室上方的泄压金属板将被自动打开，释放压力和排泄气体，以确保操作人员和开关柜的安全。

柜门、手车、接地开关、二次插头、断路器之间都有联锁装置，完全满足“五防”要求。

为了防止在高湿度或温度变化较大的气候环境中产生凝露带来的危险，在开关柜的手车室和电缆室内分别装有加热板，以防凝露的发生。

（2）主电路和辅助电路　开关柜有78种主电路方案，辅助电路可根据主电路方案和用户要求而定。

断路器配用真空断路器ZN63（VS1）－12，也可以选用进口真空断路器VD4－12、EV12－12、3AH－12等。

开关柜有良好的接地系统，电缆室单独设有$40\times4mm^2$或$40\times5mm^2$接地铜排，确保操作运行人员触及柜体时的安全。

二次线路应用了综合保护装置，可以对线路、变压器过电压、过电流、断相进行保护，同时在二次线路中加装了断路器状态显示器，以便于观察断路器的开断状态。

综合保护装置有通信接口，可以与上位机相连，以便于配电室自动化管理。

（3）开关柜使用条件　海拔：≤1000m（超海拔时，要特别说明）；环境温度：不高于+40℃，不低于－25℃；相对湿度：日平均值不大于95%，月平均值不大于90%；无火灾、爆炸危险、严重污秽、化学腐蚀及剧烈振动场所。

（4）开关柜尺寸　高2300mm，宽800mm（主变压器进线回路、母联回路1000mm），深1500mm（主变压器进线回路1650mm）。

2. 固定式

固定式高压开关柜有GG1A、KGN、XGN等系列。固定式高压开关柜的断路器固定于柜内。这种高压开关柜封闭性能差，体积较大，检修不够方便，但其制造工艺简单，钢材用量少，价格较低，因此，长期以来仍广泛应用于中小型发电厂及其厂用电配电系统、各类变电站的6～10kV配电系统。

三、成套变电站

成套变电站是组合式、箱式和可移动式变电站的统称，又称预装式变电站。箱式变电站是将高压电器设备、变压器、低压电器设备等组合成紧凑型成套配电装置，用于城市城乡建筑、居民生活小区、市政设施、中小型工厂、矿山、油田以及临时施工用电等场所，作用是在配电系统中接受和分配电能。

箱式变电站由高压配电装置、变压器及低压配电装置连接而成，分成3个功能隔

室，即高压室、变压器室和低压室。高压室为一次供电系统，可布置成环网供电、终端供电、双电源供电等多种供电方式，还可装设高压计量元件，满足高压计量的需求，并具有全面防误操作联销功能；变压器室可安装低损耗油浸式变压器或干式变压器；低压室根据用户要求可采用面板或柜装式结构组成用户所需供电方案，有动力配电、照明配电、无功功率补偿，电能计量和电量测量等多种功能，满足用户的不同要求。

图 7-5a、b 是 ZBW 系列成套（箱式）变电站内部布置图。高压室、变压器室和低压室有目字排列和品字排列两种。图 7-5c 是目字排列箱式变电站的主、左视图。

成套（箱式）变电站具有成套性强、结构紧凑、体积小、占地少、造价低、施工周期短、可靠性高、操作维护方便、美观、适用等优点，近年来得到广泛应用。

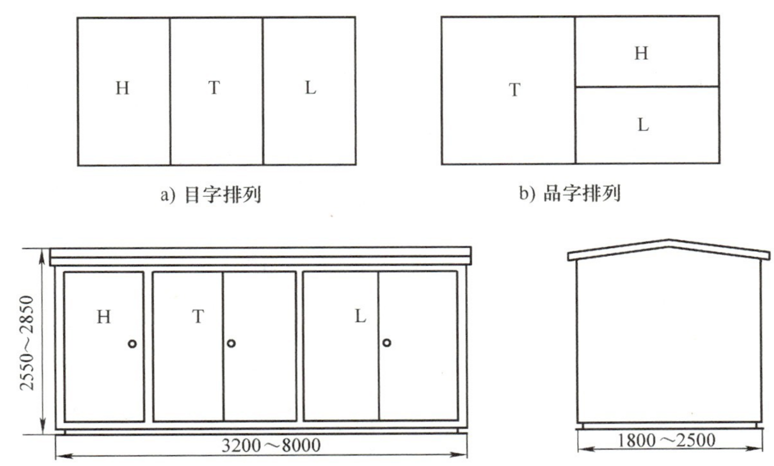

图7-5 ZBW 系列户外箱式变电站平面布置形式示意图和目字排列主、左视图

四、SF_6 全封闭组合电器

组合电器分敞开式、部分 SF_6 气体封闭式和 SF_6 全封闭式 3 种，只有 SF_6全封闭组合电器是成套配电装置。SF_6全封闭组合电器是以 SF_6气体作为绝缘和灭弧介质的新型高压成套配电装置。它将母线、断路器、隔离开关、电流互感器和出线套管等全部电气元件按照电气主接线的连接顺序相互连接组装成为一个整体，并全部封装在接地的金属外壳里，内部充满有一定压力的 SF_6气体。SF_6全封闭组合电器分三相共箱式和分箱（单相）式，110kV SF6 全封闭组合电器一般为全三相共箱式(包括主母线）结构，500kV 及以上电压等级的 SF_6 全封闭组合电器通常为全三相分箱式结构。220kV 和 330kV SF_6全封闭组合电器有主母线为三相共箱、其余为三相分箱式结构，也有全三相分箱式结构。按安装地点分为屋内式和屋外式。图 7-6 所示为 110kV 双母线 SF_6全封闭组合电器电缆出线间隔断面图。图中，10、12 是采用三相共同封闭在一个密闭外壳中的两组母线，为便于支撑和检修，它布置在最下部；2 是高压断路器，单断口灭弧，垂直布置；5、9、11 是高压隔离开关，4、6、8 是接地开关，3、13 是电流互感器，7 是电缆头，按照电路连接的顺序依次配置安装。此外，装置外壳上还安装有检查孔、窥视孔和防爆盘等。

在 SF_6全封闭组合电器中，SF_6气体起着灭弧、绝缘、导热等多种作用，正常工作

时的气体压力为0.6～0.7MPa（断路器气室）和0.4～0.45MPa（其他气室）。GIS有很多气室，气室的划分满足：当间隔元件设备检修时不应影响未检修间隔的运行；断路器应设置单独气室；当间隔数较多时，母线也被分成为若干个气室，便于检修与气体管理；电压互感器、避雷器的气室是独立的，以便于检修时单独处理等要求。

图7-6所示的全封闭组合电器很容易改为主接线为单母线的结构，出线方式也可改为向上经由绝缘套管架空出线的方式，可以满足不同的需要。

SF_6气体具有优良的灭弧和绝缘性能，SF_6全封闭组合电器中的断路器，隔离开关的体积可以做得很小，另外带电部分对地（外壳）、相间绝缘距离都很小，故它的体积整体很小。

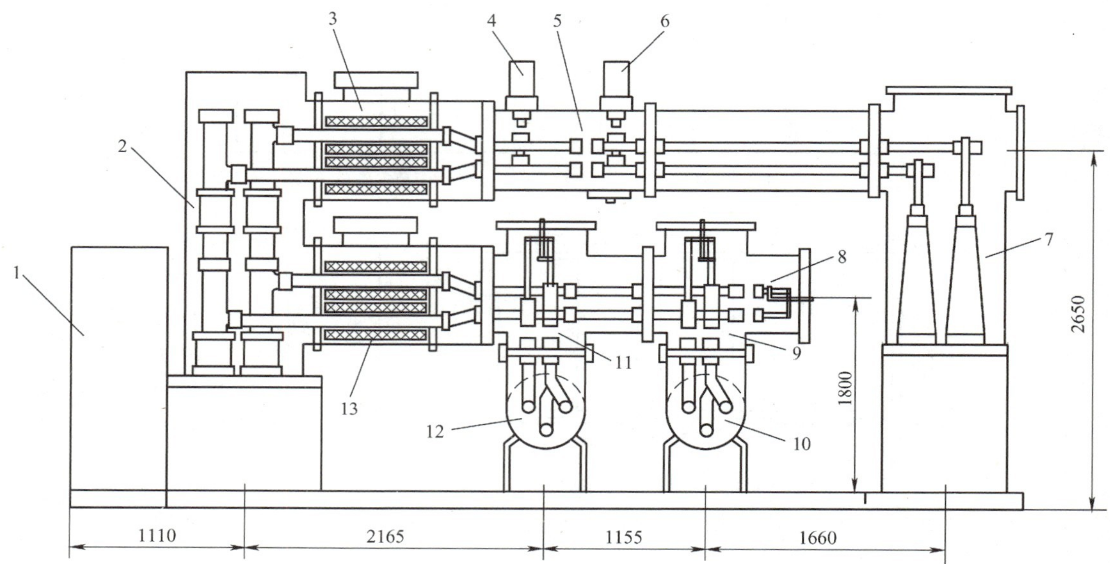

图7-6　110kV双母线SF_6全封闭组合电器电缆出线间隔断面图

1—操作装置　2—高压断路器　3、13—电流互感器　4、6、8—接地开关
5、9、11—高压隔离开关　7—电缆头　10、12—主母线

SF_6全封闭组合电器具有以下优点：

（1）小型化　因采用绝缘性能优良的SF_6气体作为绝缘和灭弧介质，所以能大幅度缩小发电厂或变电站的体积，实现小型化，占地面积小，占有空间也小，具有较好的抗地震性能。

（2）可靠性高　由于带电部分全部（包括隔离开关）密封于惰性SF_6气体中，大大提高了可靠性。

（3）安全性好　带电部分密封于接地的金属壳体内，因而没有触电危险。SF_6气体为不燃烧气体，所以无火灾危险。

（4）杜绝对外部的不利影响　因带电部分用金属壳体封闭，对电磁和静电实现屏蔽，没有静电感应和电晕干扰，运行中噪声小。

（5）安装周期短　由于实现小型化，可在工厂内进行整机装配和试验合格后，以单元或间隔的形式运达现场，因此可缩短现场安装工期，又能提高可靠性。

（6）维护方便，检修周期长　因其结构布局合理，灭弧系统先进，大大提高了产品的使用寿命，因此检修周期长，维修工作量小，而且由于小型化，离地面低，因此日常维护方便。

SF_6全封闭组合电器可用于110～1000kV各电压级配电装置，特别适用于工业稠密区和大城市的中心，地势险峻的山区变电站，洞内或地下式水力发电厂，严重污秽、海边、高海拔地区的发电厂与变电站。

第三节　屋内配电装置

屋内配电装置的结构形式与电气主接线形式、电压等级、电气设备的型式、母线容量、有无出线电抗器、出线回路数及出线方式等因素有关。经过长期地积累设计、运行与检修经验以后，已逐步形成了适用于我国的一系列典型布置形式，也称为典型设计，是设计中可以借鉴的宝贵资料。随着新技术和新设备的不断发展，新型的配电装置也将会不断地出现。

一、屋内配电装置的一般问题

1. 屋内配电装置的类型

屋内配电装置的类型按其布置型式分为单层式、二层式和三层式。单层式屋内配电装置是将所有电气设备都布置在一层房屋内，建筑结构简单、投资低、运行维护与检修工作方便，但占地面积大。多层式屋内配电装置是将各回路电气设备按设备的轻重，自上而下地分别布置在多层楼房内，占地面积小，但建筑结构复杂、投资高、运行维护与检修工作不方便。与三层式相比，二层式占地面积略有增加，但运行维护与检修均较方便，造价也明显下降。

（1）6～10kV屋内配电装置　6～10kV出线无电抗器时采用单层式，且多采用成套式高压开关柜（常用的手车式开关柜有JYN2－10型和KYN28A－12型），如各种类型降压变电站的6～10kV、发电厂的高压厂用电和小型发电厂的电气主系统。图7-7所示为采用KYN28A－12型开关柜的10kV屋内双列配电装置主变进线间隔断面图。6～10kV出线带电抗器时，采用三层式或二层式配电装置（装配式配电装置）。三层式结构是将各回路电气设备按设备的轻重，自上而下地分别布置在三层楼房内，母线和母线隔离开关布置在最高层，断路器布置在第二层，而笨重的电抗器布置在底层。二层式结构是把各回路电气设备按设备的轻重分别布置在二层楼房内，断路器和电抗器布置在底层，母线和母线隔离开关布置在二层。

10kV屋内配电装置视频

（2）35～220kV屋内配电装置　35kV屋内配电装置占地面积小，因此对35kV配电装置选型时，应优先考虑屋内式配电装置。当35kV屋内配电装置采用成套式高压开关柜时采用单层式。常用的开关柜有GBC－35、JYN1－35和KYN80－40.5型，这几种开关柜均为手车式断路器。手车式开关柜比固定式开关柜体积小，占地面积小。采用手车式断路器还有一个明显优点，就是可以大大缩短检修断路器的停电时间，整个35kV配电装置设置一台备用的断路器，当检修任一台断路器时，可在断电后将其拉出，推入备用手车断路器后，立即恢复供电。这实质上起到了设置旁路母线的作用，

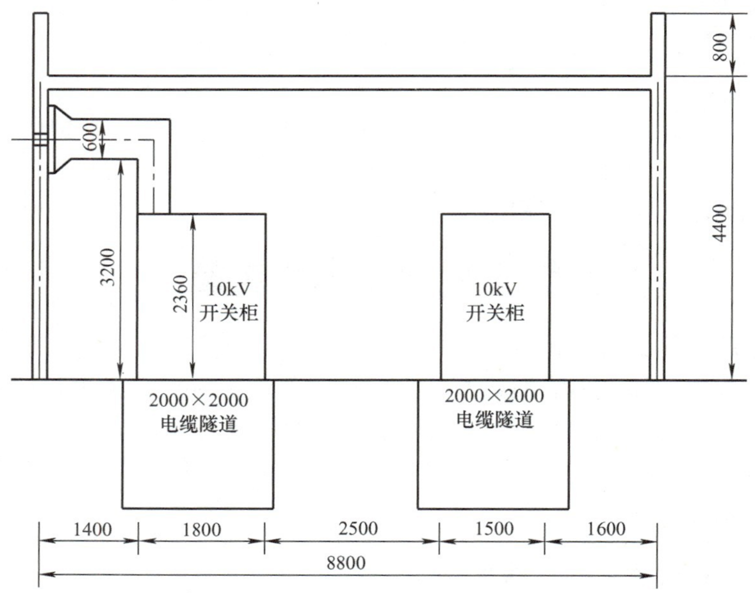

图 7-7　10kV 屋内双列配电装置主变进线间隔断面图

从而提高了供电可靠性。随着我国城市建设的飞速发展，为节省占地面积，城市以及大型企业或污秽地区的 110kV 和 220kV 变电站也常采用屋内配电装置。由于 SF_6 全封闭组合电器可靠性高，占地面积小，新建 110kV 和 220kV 屋内配电装置多采用成套式 SF_6 全封闭组合电器。

35～220kV 屋内配电装置采用装配式时只有单层式和二层式。220kV 以上电压等级的配电装置一般不采用屋内配电装置。

（3）多种电压等级的屋内配电装置　多种电压等级的屋内配电装置一般采用三层式或二层式。为进一步节省占地面积，这种布置方式将各电压等级的配电装置都安排在一栋楼内。对于 110kV、35kV 和 10kV 这 3 个电压等级的电气主接线（一般均采用单母线分段的接线形式），采用三层式配电装置。110kV 布置在两层中，楼房的二层安装装配式的 110kV SF_6 小车式断路器和隔离开关，除了分段间隔和电压互感器间隔采用隔离开关外，其他间隔都采用隔离插头，在检修某个断路器时，同样可以用备用小车代替这个断路器工作，也起到了旁路母线的作用。楼房的三层是 110kV 母线，可采用管形母线或钢芯铝绞线。在楼房的一层安装的是 35kV 和 10kV 配电装置。由于 35kV 和 10kV 采用真空断路器的手车式成套开关柜，所以采用单母线分段接线形式就能满足供电可靠性的要求。

图 7-8 所示为具有 110kV 和 10kV 两个电压等级的二层式屋内配电装置主变进线间隔断面图，110kV 和 10kV 均采用单母线分段接线，110kV 配电装置采用 SF_6 全封闭组合电器，10kV 配电装置采用手车式成套开关柜。为了便于与主变压器连接，110kV 配电装置布置在二层，10kV 配电装置双列布置在一层，主变压器也放在屋内。该配电装置是全屋内配电装置。

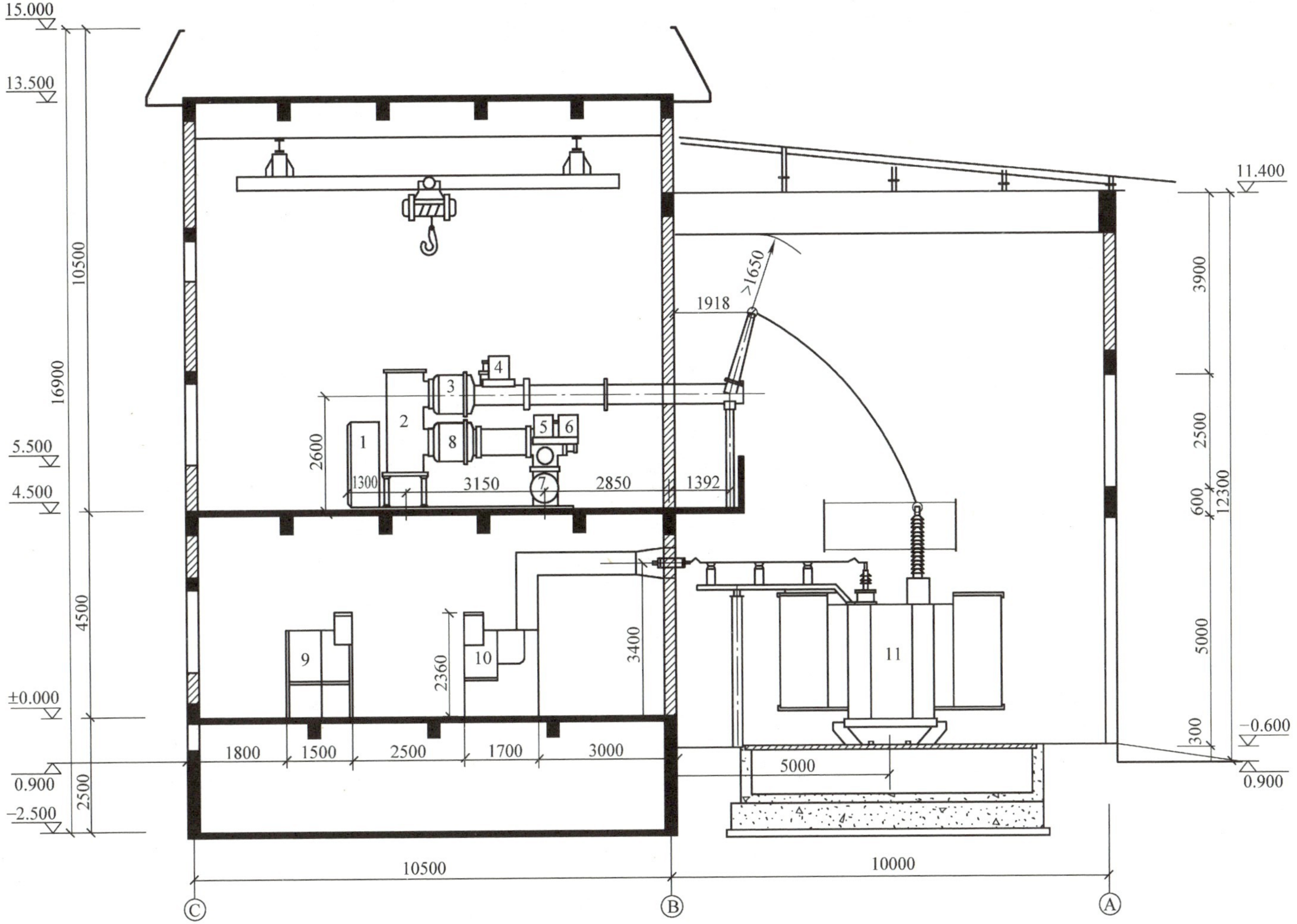

图 7-8　110V和10kV两个电压等级的二层式屋内配电装置主变进线断面图

1—控制柜　2—断路器　3、8—电流互感器　4—快速接地开关　5—隔离开关　6—接地开关　8 8—　7—母线　9、10—开关柜　11—主变压器

图7-9所示为采用GIS的220kV和110kV二层式屋内配电装置主变进线断面图，220kV和110kV均采用双母线接线，110kV GIS布置在一层，220kV GIS布置在二层，主变压器放在屋外。220kV主母线为三相共箱、其余为三相分箱式结构和110kV均采用三相共箱式。

以上两种配电装置由于采用屋内二层布置和SF_6全封闭组合电器，具有技术先进、运行可靠性高、操作维护方便、占地面积小、外界污秽气体及灰尘影响较小等优点，但造价较高。

2. 屋内配电装置的配置图和平面图

配置图是配电装置布置设计的基础图，进行配电装置设计时应首先将进、出线等间隔合理地分配在各段母线上，若有多个电源（发电机、变压器），应将它们分别接在不同的母线段，并尽量安排在相应母线段的中部，负荷、无功补偿电容器均分在各母线上，使工作母线的分段处流过较小的电流，减少母线上的功率穿越；应将去同一负荷或变电站的双回线路安排在不同的母线段上，以提高供电的可靠性；应留有适当的备用间隔，易于扩建。然后按各电气回路的布置顺序绘制出接线图。采用开关柜时（6～35kV屋内配电装置多采用成套式，如发电厂的高压厂用电接线及变电站的6～35kV电气主接线），应根据各电气回路的功能来选择开关柜（可以特殊定做或改功能），在配置接线图中注明开关柜方案编号和配备的电器设备，并示出通道、操作和维护走廊等，为断面图和平面图的设计以及电气设备的校验做必要的准备。以某110/35/10kV变电站10kV配电装置初步设计方案为例，图7-10所示为采用KYN28A－12型开关柜的10kV单母线分段屋内配电装置（单列布置）配置接线图。10kV配电装置选择KYN28A－12开关柜时，出线可选003或005号柜，电容器可选005或006号柜，分段回路选012断路器柜（右联络）和055隔离柜（左联络）或014断路器柜（左联络）和056隔离柜（右联络），电压互感器和避雷器选041或043号柜，站用变压器选077号柜，大容量站用变压器选005号柜，双绕组变压器进线选028号柜等，三绕组变压器10kV进线需要加装隔离柜，以便10kV停电检修时隔离电压。图7-10选022（断路器改为隔离）和014两个柜组成三绕组变压器10kV进线间隔，另一10kV进线间隔选020（断路器改为隔离）和012两个柜组成。

平面图表明了间隔、间隔中的电气设备、架构、建筑物、电缆沟、道路等在平面中的相对位置和尺寸。35kV屋内配电装置一般采用单列布置，10kV屋内配电装置有单列和双列两种布置方式。按开关柜的尺寸（不同方案编号的开关柜尺寸不一定相同），对通道、操作和维护走廊的尺寸要求，对布置方式的要求等，按一定比例绘制平面布置图，并在开关柜上标注方案编号或名称。图7-11绘制的是采用KYN28A－12型开关柜的10kV单母线4分段屋内配电装置（双列布置）平面布置图（进线间隔断面图见7-7，电气总平面布置图见图7-30）。

二、屋内配电装置布置的有关问题和举例

（1）母线及隔离开关　对于装配式配电装置，母线布置在配电装置的最上层，一般采用三相水平布置或垂直布置。对于成套配电装置，采用高压开关柜时，母线三相水平布置在柜的顶部、母线直角三角形布置或母线三相垂直布置在柜后上部。

由于屋内配电装置大多采用硬母线，当温度变化时会产生伸缩，所以在安装时必须

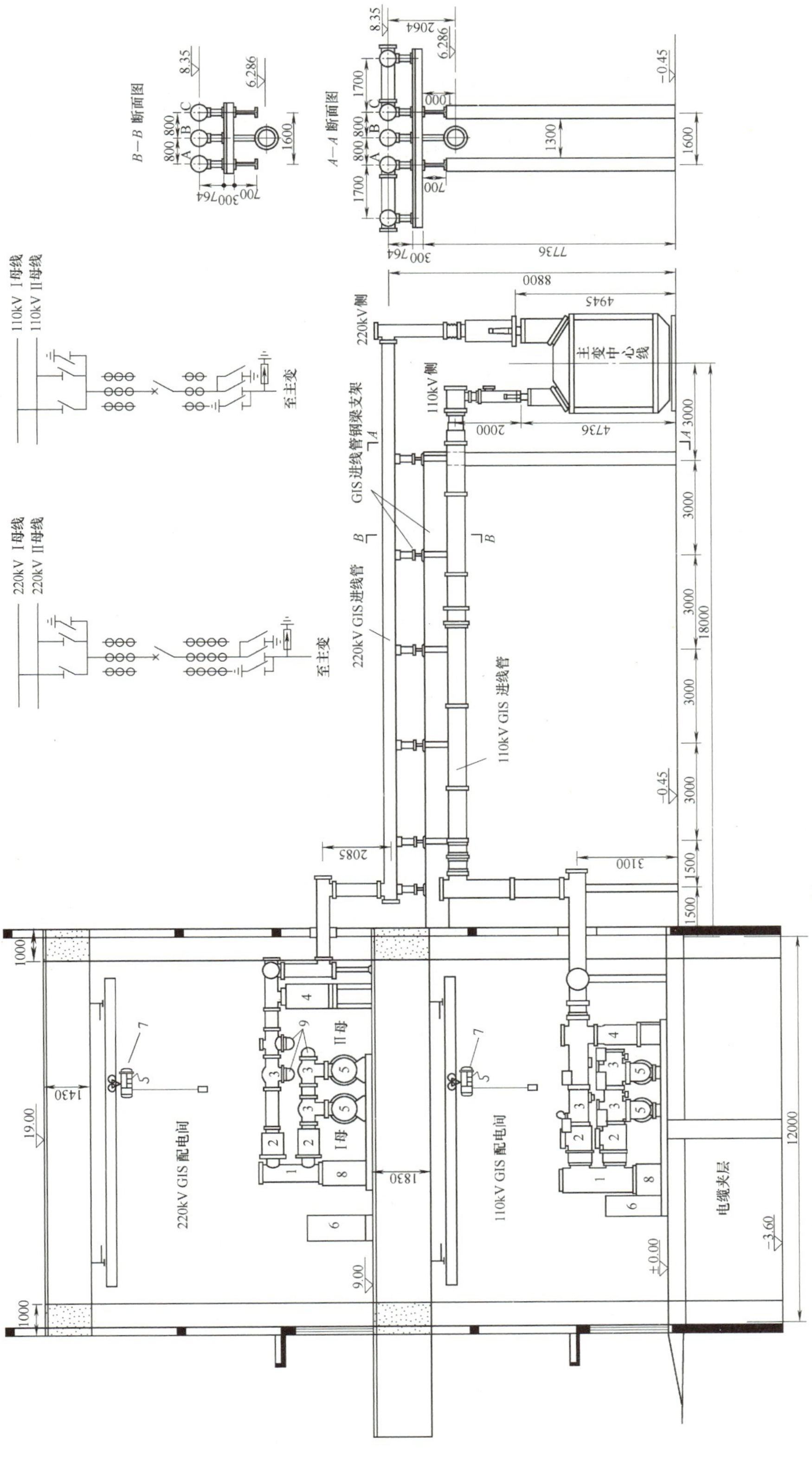

图 7-9 采用GIS的220kV和110kV二层式屋内配电装置主变进线断面图

1—断路器 2—电流互感器 3—隔离开关 4—避雷器 5—母线 6—控制柜
7—行车 8—断路器操作机构 9—接地隔离开关

操作走廊																	
成套小车开关柜：LMY-2(100×10)、隔离插头、真空开关、电流互感器,电压互感器,避雷器、接地开关,带电显示器、电缆																	
开关柜编号	1	2	3	4	5	6	7	8	9	10	11	12	13	14	15	16	17
开关柜型号	KYN28A-12-022(改)	KYN28A-12-014	KYN28A-12-077	KYN28A-12-005	KYN28A-12-005	KYN28A-12-041	KYN28A-12-005	KYN28A-12-005	KYN28A-12-012	KYN28A-12-055	KYN28A-12-005	KYN28A-12-005	KYN28A-12-041	KYN28A-12-005	KYN28A-12-005	KYN28A-12-012	KYN28A-12-020(改)
断路器、熔断器		ZN63A-12 3150A 40kA	RN1-10	ZN63A-12 1250A 31.5kA	ZN63A-12 1250A 31.5kA	RN2-10	ZN63A-12 1250A 31.5kA	ZN63A-12 1250A 31.5kA	ZN63A-12 3150A 40kA		ZN63A-12 1250A 31.5kA	ZN63A-12 1250A 31.5kA	RN2-10	ZN63A-12 1250A 31.5kA	ZN63A-12 1250A 31.5kA	ZN63A-12 3150A 40kA	
电流、电压互感器	LZZBJ9-10 3000/5A 5P20/0.5	LZZBJ9-10 3000/5A 5P20/0.2S		LZZBJ9-10 300/5A 5P20/0.2S/0.5	LZZBJ9-10 200/5A 5P20/0.2S/0.5	JSZF-10 0.2/0.5	LZZBJ9-10 200/5A 5P20/0.2S/0.5	LZZBJ9-10 400/5A 5P20/0.2S/0.5	LZZBJ9-10 3000/5A 5P20/0.5		LZZBJ9-10 200/5A 5P20/0.2S/0.5	LZZBJ9-10 300/5A 5P20/0.2S/0.5	JSZF-10 0.2/0.5	LZZBJ9-10 400/5A 5P20/0.2S/0.5	LZZBJ9-10 400/5A 5P20/0.2S/0.5	LZZBJ9-10 3000/5A 5P20/0.2S	LZZBJ9-10 3000/5A 5P20/0.5
接地开关				JN15-10	JN15-10		JN15-10	JN15-10			JN15-10	JN15-10		JN15-10	JN15-10		
避雷器 站用变			SC-100/10/0.4	HY5WS2-17/50	HY5WS2-17/50	TBP-10	HY5WS2-17/50	HY5WS2-17/50			HY5WS2-17/50	HY5WS2-17/50	TBP-10	HY5WS2-17/50	HY5WS2-17/50		
电缆(用户自备)																	
带电显示器																	
零序电流互感器					LJ-4-φ140		LJ-4-φ140				LJ-4-φ140			LJ-4-φ140	LJ-4-φ140		
安装单位名称								电容器室				电容器室					
维护走廊																	

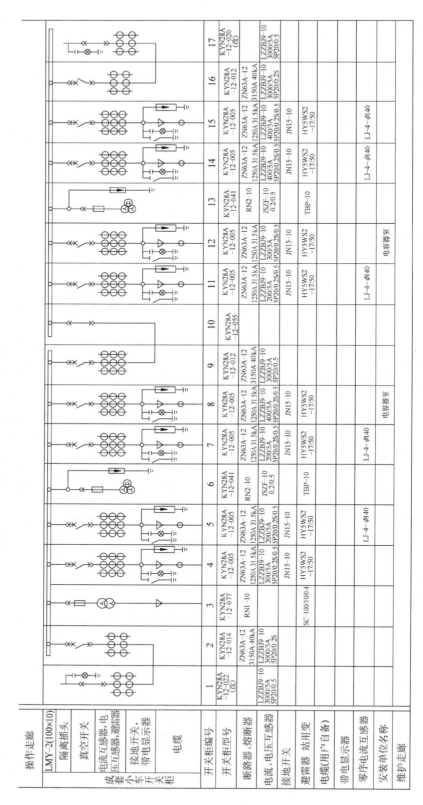

图 7-10 采用KYN28A-12 型开关柜的10kV单母线分段屋内配电装置配置接线图

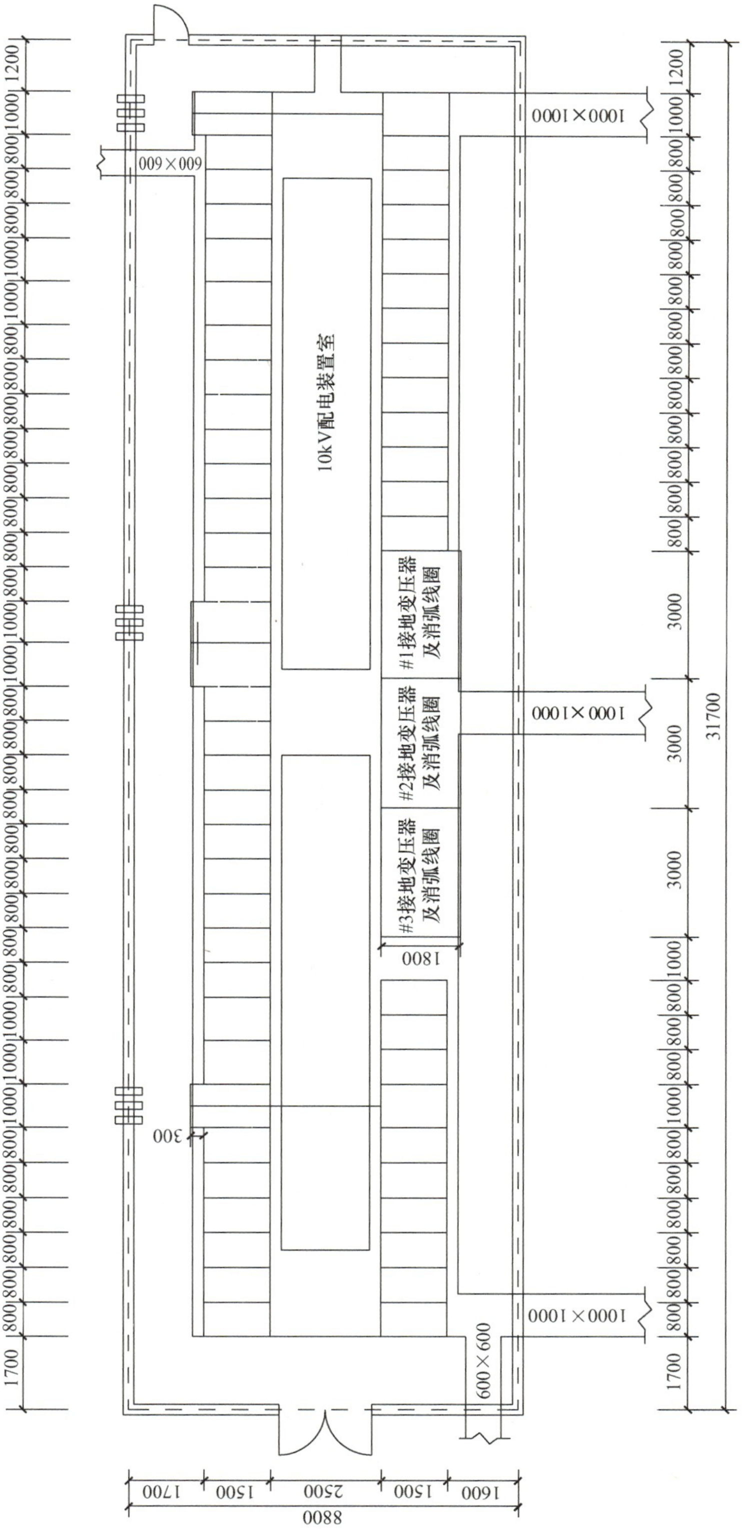

10kV配电装置室

#1接地变压器及消弧线圈

#2接地变压器及消弧线圈

#3接地变压器及消弧线圈

1000×1000

1000×1000

1000×1000

600×600

600×600

300

1800

1700　1500　2500　1500　1600

8800

31700

图7-11　采用KYN28A-12型开关柜的10kV单母线分段屋内配电装置（双列布置）平面布置图

考虑允许母线在支柱绝缘子上的移动，以避免在母线、绝缘子和套管中产生危险的应力。对较长的母线还需要加装母线补偿器，补偿器用铜片或铝片制作（与母线材料相同），补偿器的安装个数与母线的长度有关。比如对铝母线，母线长度为20～30m可以只安装一个补偿器，而母线长度为30～50m就需要安装两个补偿器。

母线隔离开关设在母线的下方，为了防止因带负荷误拉隔离开关引起的飞弧造成母线短路，母线与母线隔离开关之间应设防火隔板，以及将隔离开关布置在间隔小室内。

（2）断路器　对于装配式配电装置，6～10kV油断路器通常设在单独的小室内，当油量较大时，应设在密闭的防爆小室中。由于断路器较重，断路器不布置在顶层。对于110kV配电装置，常采用小车断路器，便于安装和检修。采用高压开关柜时，6～35kV断路器设在高压开关柜中，有固定式和手车式两种。

（3）互感器和避雷器　对于装配式配电装置，电流互感器一般与断路器装在同一小室或间隔内，并尽量采用穿墙式电流互感器兼作穿墙套管。电压互感器与避雷器也共用一个间隔。采用高压开关柜时，电流互感器与断路器装在同一开关柜中，电压互感器与避雷器装在同一开关柜中（6～10kV）或各自单独装在一个开关柜中（35kV）。

（4）电抗器　电抗器按照其容量不同有3种布置方式：三相垂直布置、品字形布置和三相水平布置，如图7-12所示。通常线路电抗器采用三相垂直布置或品字形布置，垂直布置时应将B相放在A、C两相中间，如图7-12a所示；品字形布置时，不能将A、C两相重叠布置，如图7-12b所示。这是因为B相线圈的绕向与A、C两相线圈相反时，可使相邻两相间最大作用力为相互吸引，相间的支持绝缘子受压，而不是受拉，以便利用支柱绝缘子的抗压强度远大于其抗拉强度的特点。由于母线分段电抗器或主变压器低压侧电抗器体积大，三相垂直布置有困难时，可采用图7-12b、c所示的品字形或三相水平布置方式。

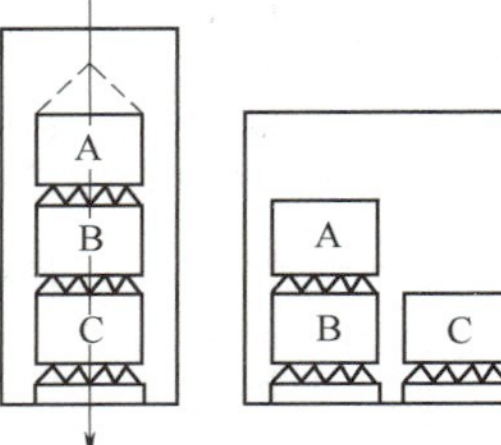

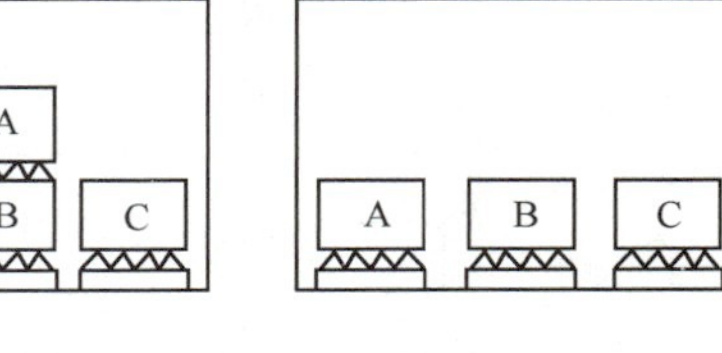

图7-12　电抗器的布置方式

（5）电缆隧道或电缆沟　电缆隧道为封闭狭长的构筑物，高1.8m以上，两侧设有数层支架供敷设电缆使用，人能够在隧道中敷设和检修电缆，但其造价较高，一般大型发电厂采用电缆隧道。电缆沟为有盖板的沟道，沟宽和深一般为1m，敷设和检修电缆时需揭开盖板，沟内易积水。因其结构简单、造价低，常用于中、小型发电厂和变电站。

（6）通道和出口　屋内配电装置室应设置必要的通道以便于断路器和隔离开关的操作（称操作通道）、电气设备的检修维护和搬运（称维护通道）及连接防爆小室（称防爆通道），它们的宽度都应该满足有关规程的要求。为保证工作人员的安全及工作的方便，屋内配电装置室应有一定数目的出口。长度小于7m时，可只设一个出口；长度大于7m时，应设两个出口，并宜布置在两端；长度大于60m时，应该在中部再增加一个出口。屋内配电装置室出口的门应向外开，并应装弹簧锁，严禁用门闩。相邻配电装置室之间有门时，门应能向两个方向开启。

（7）采光和通风　屋内配电装置室可以开窗采光和通风，但必须有防雨、雪、风沙、污秽尘埃和小动物进入的措施，还应该设置足够的事故通风装置。

（8）防火与储油设施　总油量超过 100kg 的屋内油浸电力变压器，应安装在单独的变压器间内，并应设置灭火设施。屋内单台电气设备的油量在 100kg 以上时，应设置储油设施或挡油设施。

为了确保工作人员及设备的安全，根据有关规程规定，屋内配电装置应设置“五防”功能的闭锁装置。“五防”指的是：防止带负荷分、合隔离开关；防止带电挂地线；防止带地线合闸；防止误合、误分断路器及防止误入带电间隔等电气误操作事故。

第四节　屋外配电装置

屋外配电装置的所有电气设备和载流导体都安装在露天的基础、支架和杆塔上。屋外配电装置的结构形式不仅与电气主接线、电压等级和电气设备的类型密切相关，还与发电厂、变电站的类型和地质地形条件等有关。根据绝缘介质不同，屋外配电装置分敞开式空气绝缘（AIS）配电装置和 SF_6 全封闭组合电器（GIS）两类。敞开式空气绝缘的屋外配电装置根据母线和电器设备布置的高度，可分为中型、高型、半高型配电装置，中型配电装置又分为普通中型和分相中型两类。SF_6 全封闭组合电器又分为 GIS 型和 HGIS 型，HGIS 型的母线是敞开式，它的断路器、隔离开关和电流互感器等设备为 GIS 型。

一、中型配电装置

1. 屋外普通中型配电装置

屋外普通中型配电装置的特点是将所有电器设备均安装在同一水平面上，并装在一定高度的基础上，而母线一般采用软导线安装在架构上，稍高于电器设备所在水平面。

中型配电装置因设备安装位置较低，便于施工、安装、检修与维护操作；构架高度低，抗震性能好；布置清晰，不易发生误操作，运行可靠；所用的钢材比较少，造价低。主要缺点是占地面积大。

下面以某 110kV 变电站的 110kV 配电装置的设计方案为例介绍屋外普通中型配电装置（电气主接线见图 3-35，电气总平面布置见图 7-30）。图 7-13 所示为 110kV 单母线分段接线的主变进线-出线间隔断面图。从图中可以看出，所有电器设备如断路器、隔离开关、电流互感器等都布置在同一水平面上，它们的基础高度由带电部分对地面（包括人员的高度）的安全净距决定。母线采用钢芯铝绞线，用悬式绝缘子串将其悬挂于 7m 高的门形架构上。每一进线、出线回路占用一个间隔，间隔宽度为 8m。进线可连接双绕组变压器，也可以连接三绕组变压器，连接双绕组变压器时，主变和主变进线断路器之间一般不装设隔离开关，也有装设隔离开关的例子。从图中还可以看出，断路器为双列布置，这种方式的各回路断路器布置在主母线的两侧，图中出线回路的断路器布置在主母线的右侧，主变压器进线回路的断路器布置在主母线的左侧。当然，也可以将所有回路的断路器均布置在一侧，这种方式称为断路器单列布置，这时需将主变压器引出线用加高的跨线引到母线右侧。双列布置可以减少配电装置的横向尺寸，而单列布置可减少配电装置的纵向尺寸，具体用哪种布置形式，应该由变电站的地形条件决定。图 7-14 所示为 110kV 单母线分段接线的分段间隔断面图。图 7-15 所示为 110kV 单母线分段接线的电压互感器和避雷器间隔断面图。

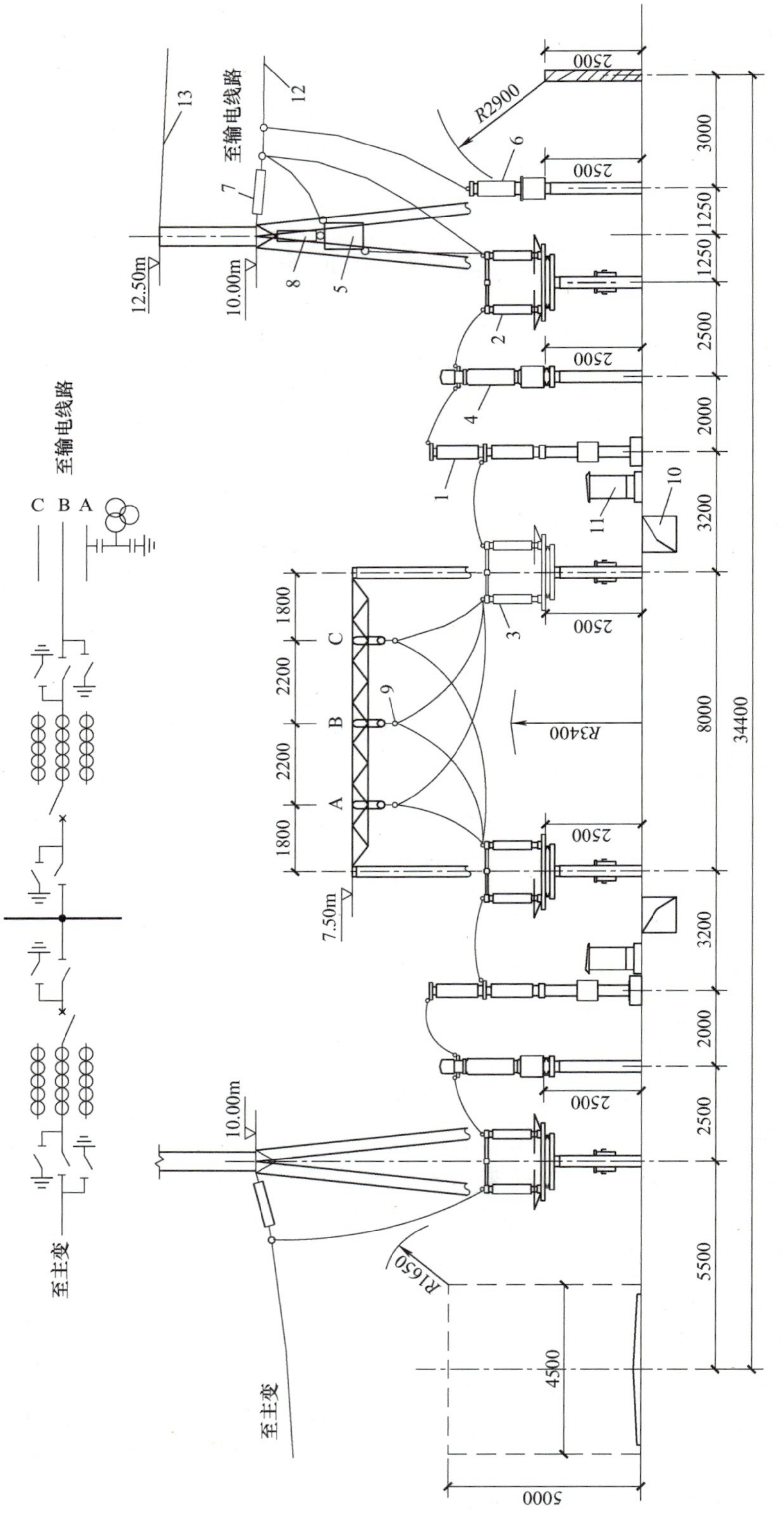

图7-13　110kV屋外普通中型单母线分段接线主变进线－出线间隔断面图

1—断路器　2—带双接地闸刀的隔离开关　3—带单接地闸刀的隔离开关
4—电流互感器　5—阻波器　6—耦合电容器　7、8—绝缘子串　9—母线
10—电缆沟　11—端子箱　12—线路　13—架空地线(避雷线)

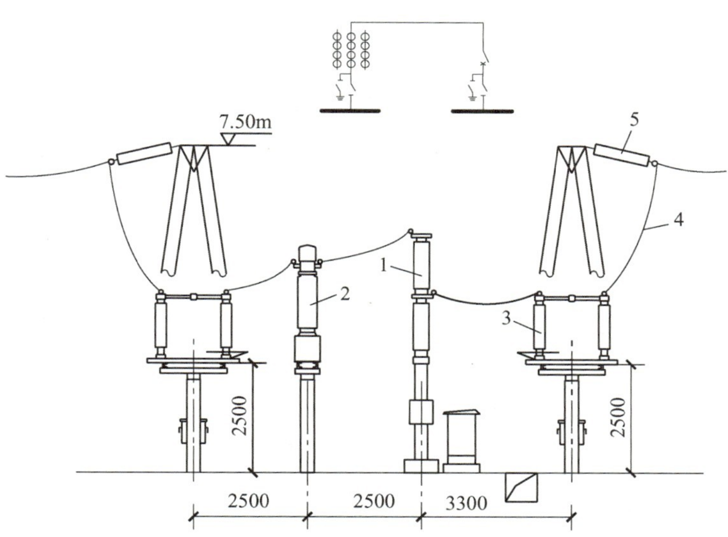

图 7-14　110kV 单母线分段接线的分段间隔断面图

1—断路器　2—电流互感器　3—带单接地闸刀的隔离开关　4—引下线　5—绝缘子串

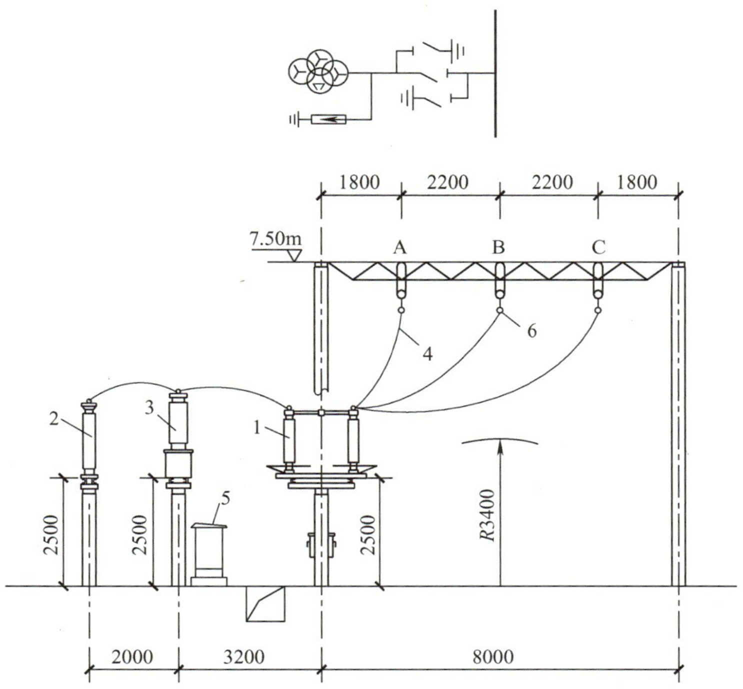

图 7-15　110kV 单母线分段接线的电压互感器和避雷器间隔断面图

1—带双接地闸刀的隔离开关

2—避雷器　3—电压互感器　4—引下线　5—端子箱　6—母线

2. 分相中型配电装置

隔离开关分相布置在母线正下方的中型配电装置，称为分相中型配电装置。按母线的布置方式有支持式和悬吊式(管母和软导体）两种。分相中型配电装置除具有中型配电装置的优点外，接线简单、清晰，由于采用铝合金硬圆管形母线（简称管母)，可以缩小母线相间距离，降低架构高度，采用伸缩式隔离开关可以进一步减小占地面积，较普通中型布置节省占地面积20%～30%。支持式管母的支柱绝缘子防污和抗震性能差（适用于地震烈度7度及以下)。悬吊式管母具有抗震性能好（适用于地震烈度8度及以上，风速大的地区)，对母线挠度的控制没有支柱式管母线要求严格，不存在支柱瓷绝缘子断裂事故，能耐受地基的一般性不均匀沉降等优点，间隔尺寸与支持式管母基本相同。缺点是悬吊式绝缘子串清洗不方便，检修、维护工作量大，造价高等。图7-16所示为220kV双母线分相中型配电装置主变压器进线间隔断面图，母线采用悬吊式管形母线，管母每两跨两端用V形斜吊绝缘子串吊起，悬挂在母线门形架上，两跨中间设一个V形直吊绝缘子串。与支持式管母相同，母线隔离开关采用垂直单臂伸缩式隔离开关（GW16B型)，分相布置在母线正下方。断路器与电流互感器之间采用硬铝镁稀土合金管连接，便于跨越道路，减小弧垂，保证必要的安全距离。图中还画出了2.5m高的围墙、1.7m高的防进入围栏。图7-17所示为220kV双母线分相中型配电装置出线间隔断面图，线路隔离开关采用水平单臂伸缩式隔离开关（GW17B型)。图7-18所示为220kV双母线分相中型配电装置母联间隔断面图。图7-19所示为采用图7-16～图7-18配电装置的某2×330MW火电厂220kV配电装置电气总平面布置方案。由于SF_6断路器可靠性高，连续不检修运行时间长，且与电网联系紧密，新建火电厂和变电站基本上已不再采用带旁路母线的接线。从图7-19可以看出，该220kV配电装置由2个出线间隔（相邻布置是为了使输电线路便于并列架设或采用同塔双回架设)，2个主变压器进线间隔，1个母联间隔和2个电压互感器和避雷器间隔及一个起动/备用变压器间隔组成。为了避免较长的连接软导线的弧垂过大，最小安全净距不能满足要求，变压器进线和出线（输电线路）间隔使用了4个支柱绝缘子，母联间隔使用了5个支柱绝缘子，母线设备间隔使用了1个支柱绝缘子。每组母线的2组母线接地开关布置在母线门型架构和母线的正下方。在图中还画出了二次电缆沟、端子箱、检修箱、环形道路及避雷针等。220kV的继电保护设备就近安装在220kV配电装置区的继电保护室内。图7-20所示为该火电厂220kV电气主接线，采用双母线接线，共接入了两台330MW发电机组。

220kV双母线（分相中型）出线回路视频

中型配电装置是我国有丰富设计和运行经验的配电装置，广泛应用于35～500kV的屋外配电装置中。

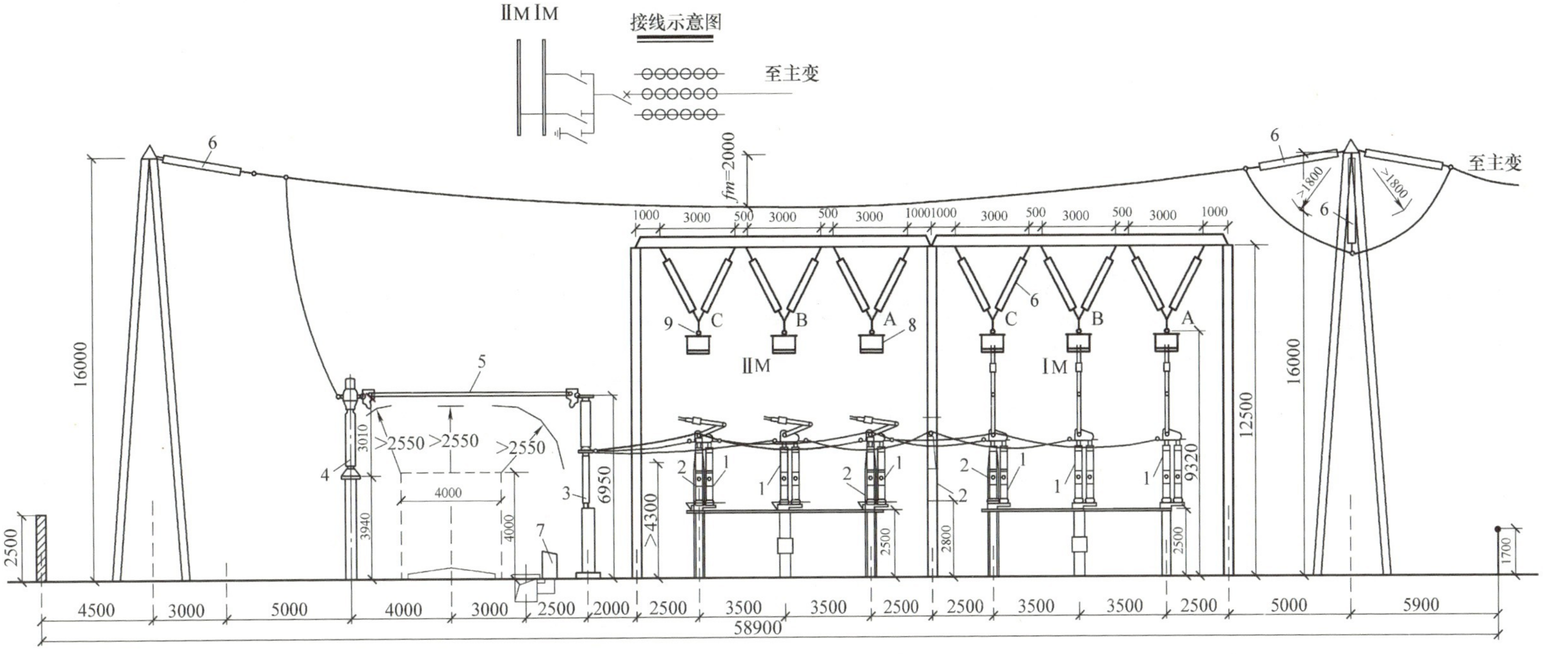

图7-16 220kV双母线分相中型配电装置主变压器进线间隔断面图

1—隔离开关 2—支柱绝缘子 3—断路器 4—电流互感器 5—铝镁合金管母 6—绝缘子串 7—断路器端子箱 8—隔离开关静触头 9—管形母线

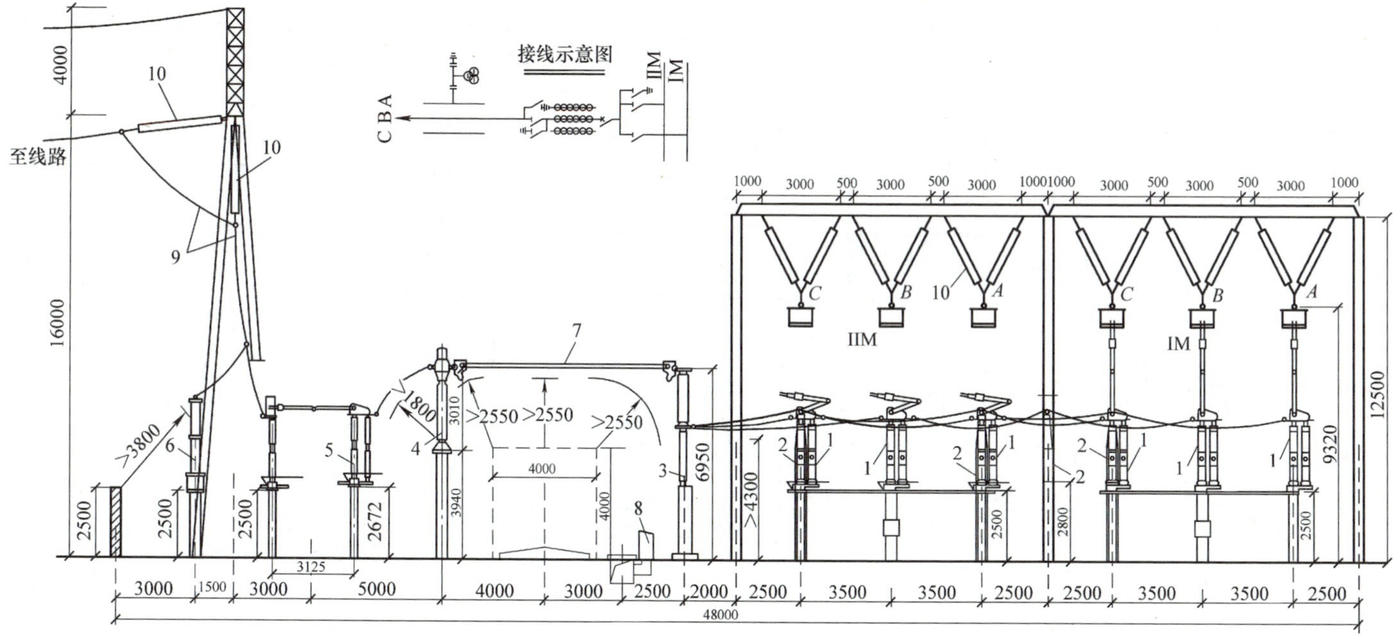

图 7-17 220kV双母线分相中型配电装置出线间隔断面图

1、5—隔离开关 2—支柱绝缘子 3—断路器 4—电流互感器 6—电压互感器
7—铝镁合金管母 8—断路器端子箱 9—两分裂钢芯铝绞线 10—绝缘子串

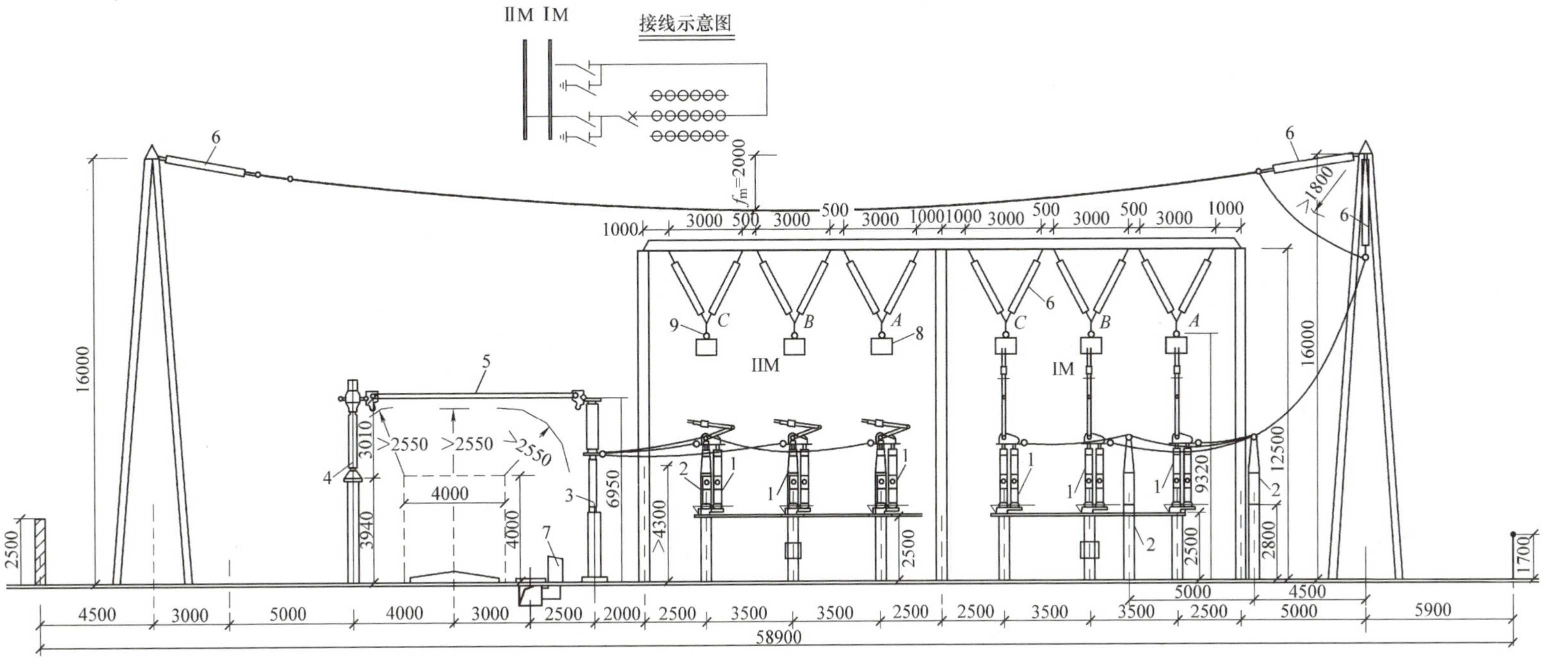

图 7-18　220kV双母线分相中型配电装置母联间隔断面图

1—隔离开关　2—支柱绝缘子　3—断路器　4—电流互感器　5—铝镁合金管母　6—绝缘子串
7—断路器端子箱　8—隔离开关静触头　9—管形母线

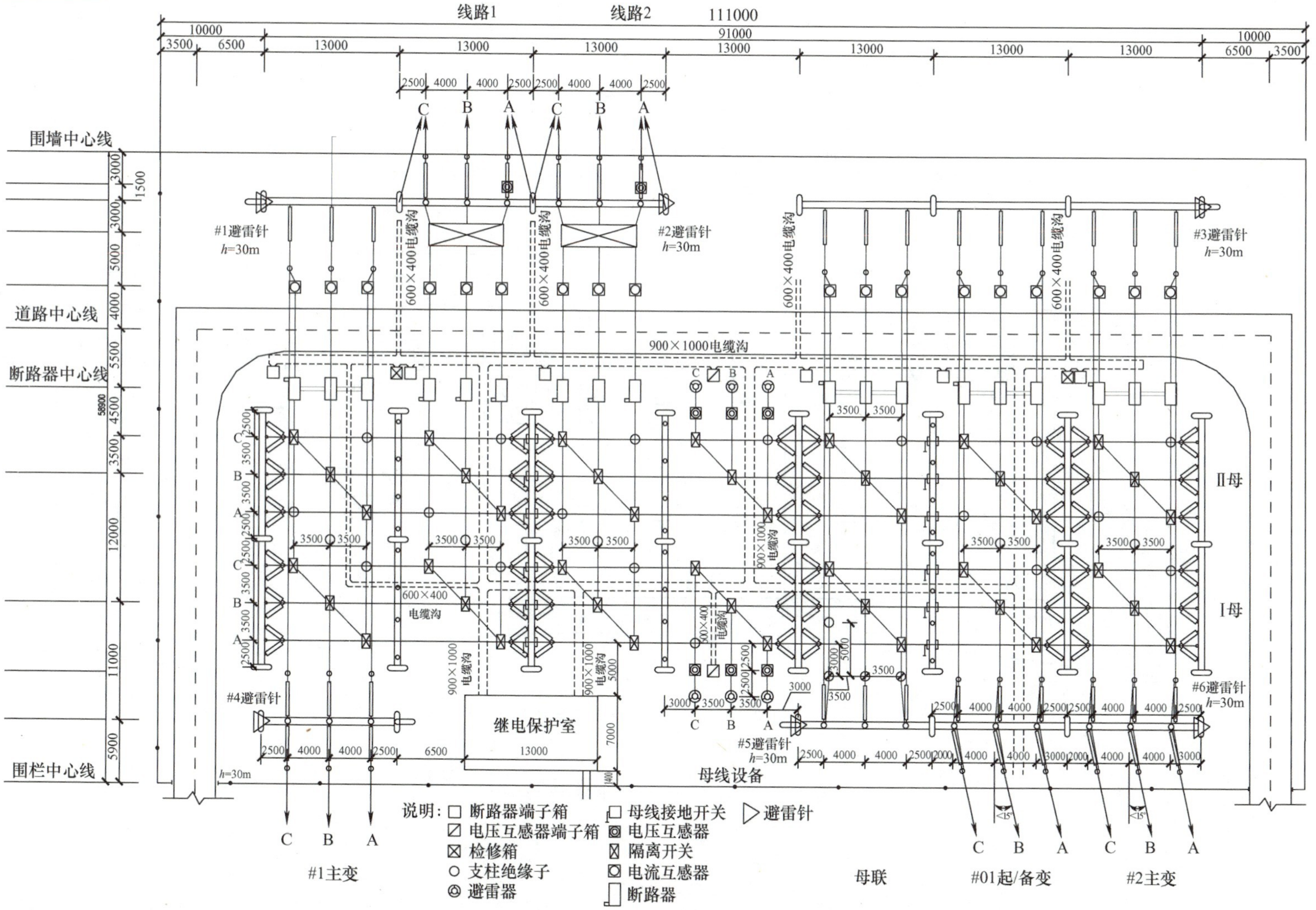

图7-19 某2×330MW火电厂220kV配电装置总平面布置图

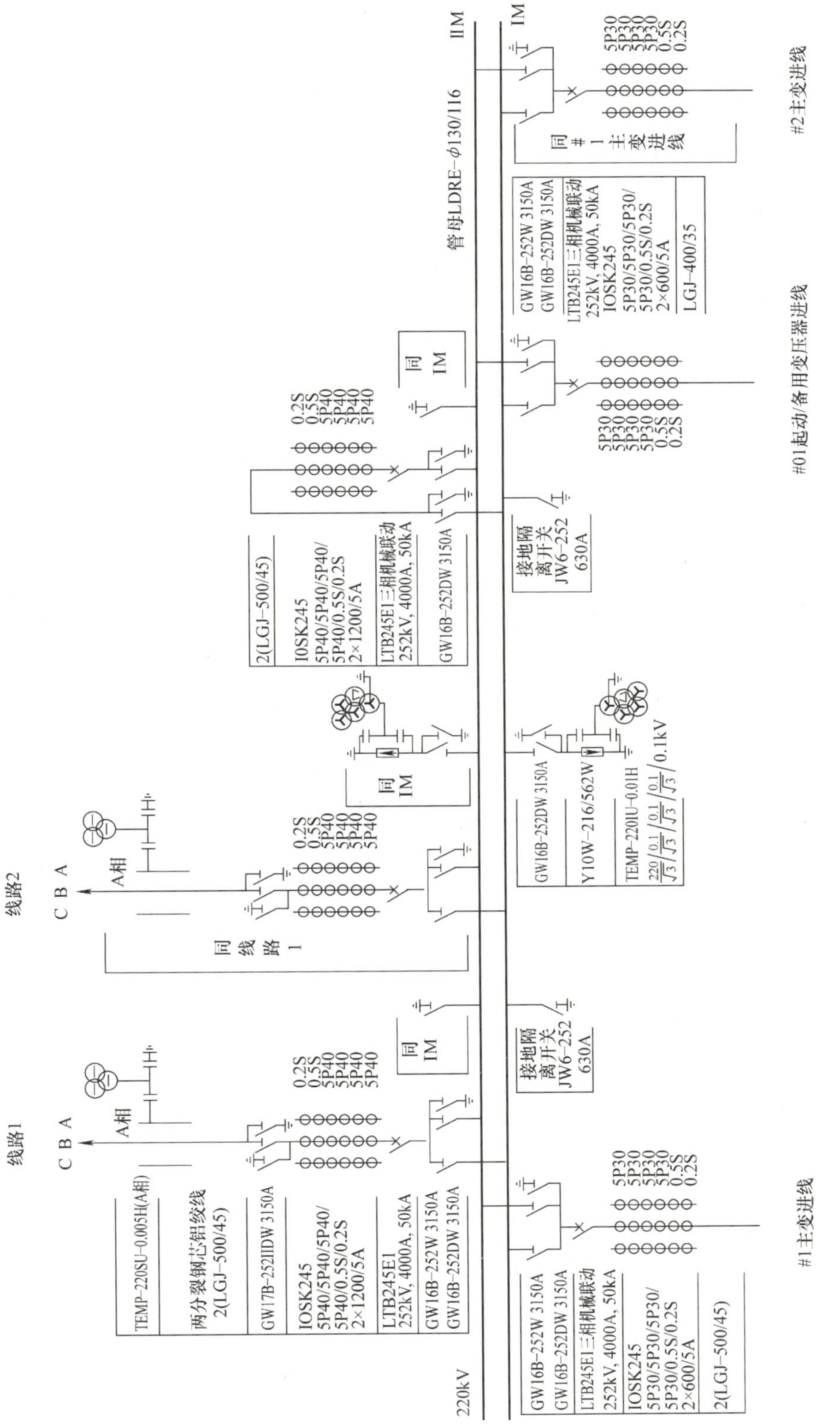

图 7-20　某2×330MW火电厂220kV电气主接线图

二、高型配电装置

屋外高型配电装置的特点是母线及电器设备分别布置在几个不同的高度上，两组母线及母线隔离开关上下重叠布置。与普通中型配电装置相比，可节省占地面积50%~60%。高型配电装置的主要缺点是对上层设备的操作与维修工作条件较差，耗用钢材比普通中型多，抗震性能差。高型配电装置主要用于土地极其匮乏的地区，或场地狭窄或需要大量开挖、回填土石方的地方等。但是，对地震烈度为8度及其以上的地区不宜采用，在330kV及以上电压级中也不宜采用。

图7-21所示为220kV双母线进出线带旁路、纵向三框架结构、断路器双列布置的高型配电装置进出线间隔断面图。它的两组主母线1和2做重叠布置，旁路母线9也布置在高层，旁路隔离开关3和母线隔离开关8在高层的框架上，进出线断路器5和电流互感器6布置在旁路母线9的下面。配电装置的运输道路置于主母线之下，从而使纵向尺寸进一步缩小。这种断路器双列布置的配电装置间隔宽度为15m，每一间隔的两侧可各布置一条回路。在12m高程上设操作通道，以便于上层母线隔离开关和旁路隔离开关的操作与维修。

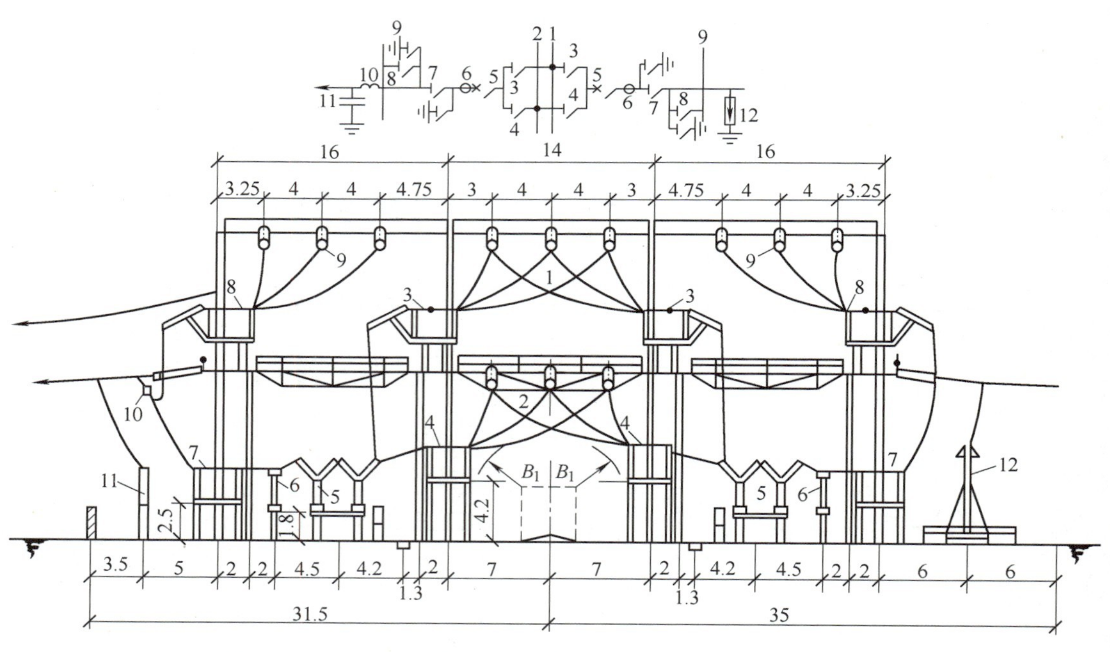

图7-21　220kV双母线进出线带旁路接线、三框架结构、断路器双列布置的高型配电装置进出线间隔断面图

1、2—主母线　3、4、7、8—隔离开关　5—断路器
6—电流互感器　9—旁路母线　10—阻波器　11—耦合电容器　12—避雷器

三、半高型配电装置

半高型配电装置吸收了中、高型配电装置的优点，并克服两者的缺点。它的特点是两组母线的高度不同，将旁路母线或主母线置于高一层的水平面上，并与断路器、电流互感器等设备重叠布置，从而缩小了纵向尺寸。半高型配电装置的优点是：占地面积比普通中型布置减少 40%～50%；除旁路母线（或主母线）和旁路隔离开关（母线隔离开关）布置在上层外，其余部分与中型布置基本相同，运行维护较方便，易被运行人员所接受。这种布置的缺点是检修上层母线和隔离开关不方便。半高型布置适用于 110～220kV 配电装置，且在 110kV 配电装置中的应用比较广泛。

由于电网联系紧密，广泛使用了可靠性高的 SF_6 断路器，变电站已很少用带旁路母线的电气主接线，图 7-22 所示为 110kV 单母线分段半高型配电装置的主变进线间隔断面图，它为单列布置。母线在高层，进线断路器、电流互感器及隔离开关布置于其下。母线设备中的电压互感器布置在主变进线间隔，避雷器布置在出线间隔。

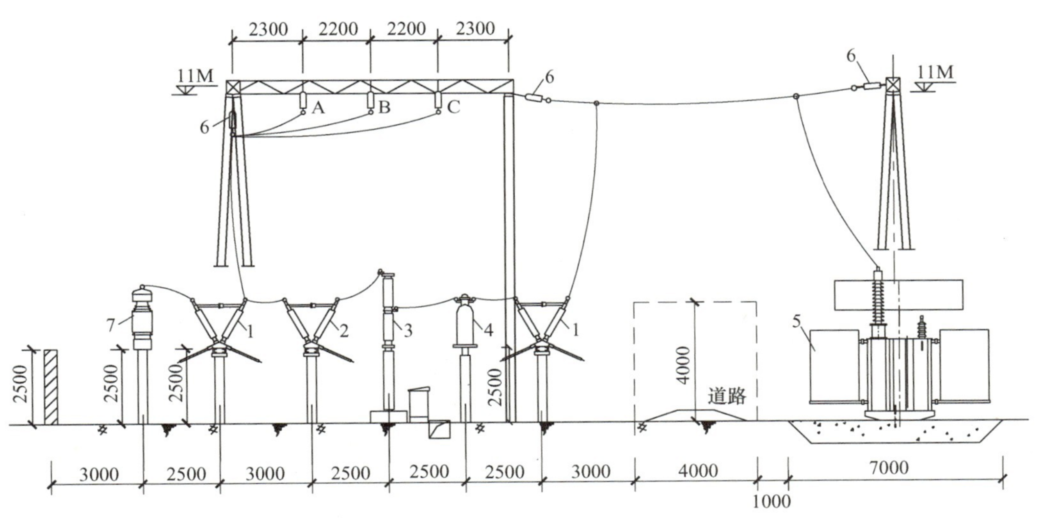

图 7-22　110kV 单母线分段半高型配电装置的进线间隔断面图

1、2—隔离开关　3—断路器　4—电流互感器　5—主变压器　6—绝缘子　7—电压互感器　A、B、C—主母线

220kV 屋外 GIS 双母线出线回路视频

四、屋外 GIS 配电装置

SF_6 全封闭组合电器的所有电器都被密闭在充满 SF_6 气体的金属壳体内，且金属外壳接地，不存在触电的危险，安全性高，受外界环境条件的影响小，运行可靠性高，维护方便，检修周期长，占地面积小。因此，屋外 GIS 配电装置得到了广泛应用。

110kV 电压级 SF_6全封闭组合电器为三相共箱式，500kV 及以上电压级的 SF_6全封闭组合电器通常为全三相分箱式结构。220kV 和 330kV SF_6 全封闭组合电器有主母线为三相共箱、其余元件为三相分箱式结构，也有全三相分箱式结构。图 7-23 所示为采用屋外 GIS 的 220kV 双母线接线主变进线-出线间隔断面图，它的母线是三相共箱式。屋外 GIS 配电装置与中型配电装置相比大量节省了占地面积，另外，屋外 GIS 配电装置占有的空间也小，抗震性能比中型配电装置强。屋外 GIS 配电装置与屋内 GIS 配电装置相比节省了建筑造价，但 GIS 本身造价较高。屋外 GIS 配电装置可用于 110～1000kV 各电压级配电装置。

SF_6封闭组合电器分为全封闭（GIS）和部分封闭（HGIS）两类，HGIS 是一种将断路器、隔离开关、接地开关和电流互感器封闭在充有 SF_6气体的金属壳体内的单相电器设备，与 GIS 不同的是这种封闭式组合电器不包括母线、电压互感器和避雷器。除具有 GIS 固有的一些特点外，HGIS 其自身的一些特点是：

与传统变电站相比，节约了 40%～60% 的土地，而价格只增加了约 50%。而且由于 HGIS 的免维护，使运营成本降低，可靠性得到显著提升。与 GIS 相比，虽然占地面积增大了约一倍，但节省费用约 30%，500kV 及以上可达到 50%，且运行可靠性得到提高，在土地资源不是十分紧张的地区，优势比较明显。

HGIS 将隔离开关、接地开关密封在充有 SF_6气体的金属壳体中，可不受严酷的户外环境影响，传统变电站是空气绝缘开关设备（AIS），高压隔离开关长年累月在户外运行，受风霜雨雪、日晒尘埋，有的还受到盐雾及腐蚀性气体的侵蚀，致使接触表面积灰、积垢、锈蚀、生成化合物薄膜，导致接触表面电阻增大，温升过高，经常出现导电回路过热、操作失灵、瓷绝缘子断裂、锈蚀等故障，大大降低了变电站的运行可靠性。

HGIS 运行可靠性更高，因其母线不封闭，某一个间隔检修不影响其他间隔。GIS 将各间隔主母线封闭在一个或两个 SF_6气室内，如果某一个间隔需要检修，则该段所有间隔都要停电，使故障影响范围和停电损失大大增加。而且，GIS 的气体封闭母线增加了密封面、绝缘件，使得漏气率和绝缘件故障可能增加，维护检修工作量也有所增加。

HGIS 与 GIS 一样，属于免维护设备，每隔六七年进行一些预防性的试验、检查即可，例如经常不操作的开关分合几次、SF_6气体密度继电器的报警、闭锁是否正常等。如果设备某部分故障，制造厂家可以对整个元件进行更换，甚至对整相进行更换，基本达到 20 年免维护。

500kV 屋外 HGIS 一台半断路器接线视频

HGIS 设备具有缩小了占地面积又节省了投资的特点，具有很大的推广价值。HGIS 配电装置一般采用屋外布置，特别是在 500～1000kV 电压级有广泛应用。

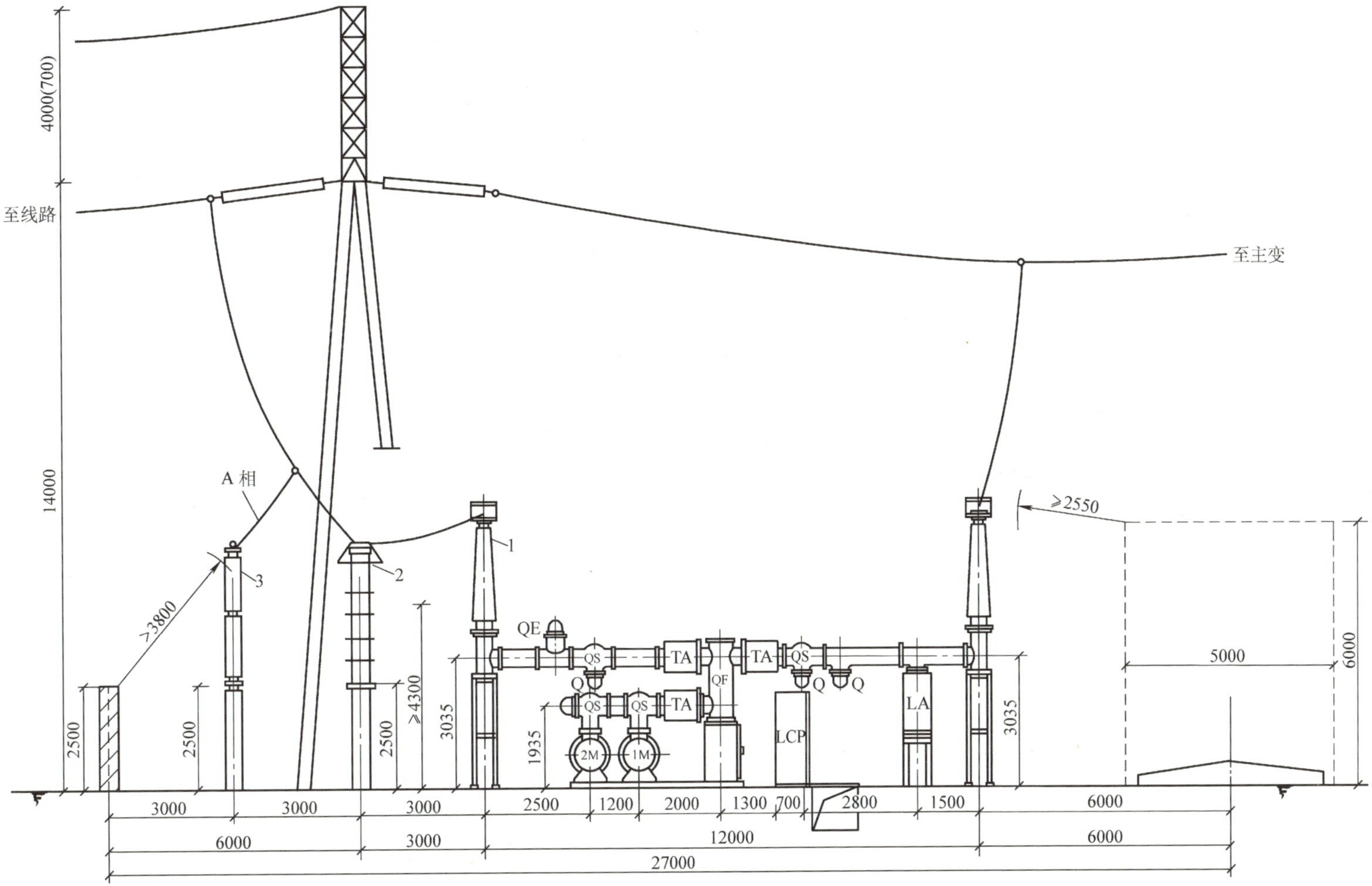

图 7-23 采用屋外GIS的220kV双母线接线主变进出线间隔断面图

QF–SF_6断路器 QS—隔离开关 TA—电流互感器 LA—避雷器 Q—接地开关 QE—快速接地开关 LCP—控制柜 1M、2M—母线 1—绝缘套管 2—避雷器 3—单相电压互感

第五节 发电机、变压器与配电装置的连接

发电机、变压器与配电装置之间的电气连接可以用电缆、母线桥、组合导线及封闭母线等方式。由于电缆价格昂贵，而且电缆头运行可靠性不高，因此这种连接方式只在机组容量不大（一般在25MW以下），且厂房和设备的布置无法采用敞露母线时采用。所以，本节重点讨论其他3种连接方式。

一、母线桥

母线桥的结构形式与相应配电装置中的主母线相似，连接导体固定于支柱绝缘子上，支柱绝缘子安装在钢筋混凝土支柱和型钢构成的支架上，以便使导体跨越通道及其他设备，故称为母线桥。根据载流量的不同，连接导体可以是一条或多条矩形导体，也可以是槽形导体。母线桥有屋内和屋外之分。

屋内母线桥的布置和结构应尽量利用周围的墙、柱、梁、楼板等构筑物，一般选用同电压级的屋内支柱绝缘子。

屋外母线桥主要用于中小容量发电机的引出线或变压器低压侧与配电装置间的连接。图7-24所示的是用于连接发电机与主变压器或连接屋内配电装置与主变压器的屋外单层母线桥。由于环境比屋内恶劣，所以应选择比其工作电压高1～2级的屋外支柱绝缘子。为避免因温度变化等原因引起的附加应力，在桥的两端装有母线补偿器。对重要回路的母线桥，为防止外物落入造成导体短路，在母线桥的上部还可加无孔的盖板。屋外母线桥的导体相间距离一般采用650～1200mm。由于母线桥需要使用的支柱绝缘子较多，导体截面积较大，为减少投资，设计时应尽量缩短母线桥的长度。

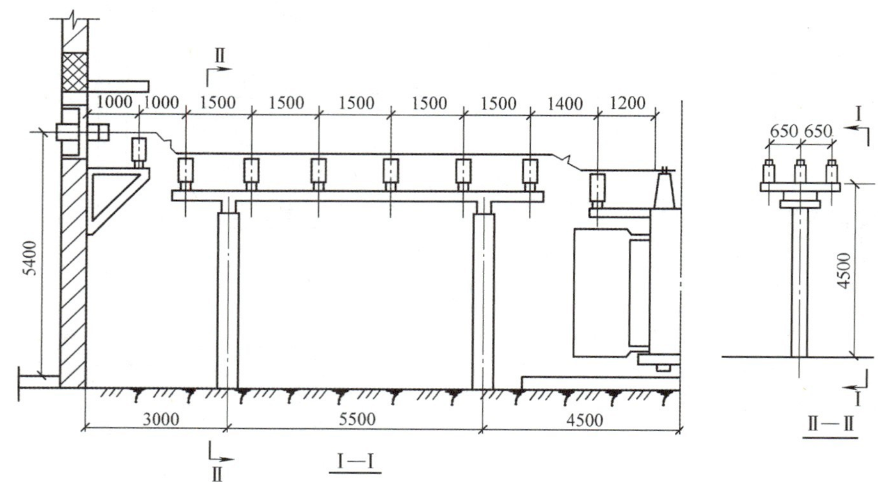

图7-24 屋外单层母线桥

二、组合导线

组合导线是由多根软绞线固定在套环上组合而成，如图7-25所示，套环每隔0.5～

1m 设置一个，套环的作用是使各铝绞线之间保持均匀的距离，有利于散热。套环的左右两侧导线采用钢芯铝绞线作为悬挂线，用以承受组合导线的机械载荷，其余绞线采用铝绞线或铜绞线，用于载流。组合导线用悬式绝缘子悬挂在主厂房、屋内配电装置的墙上或专用的门型架上，其跨距由组合导线的机械载荷决定，通常不大于 40m。

组合导线具有散热好、趋肤效应小，有色金属消耗量小、支柱绝缘子和构架需要量小、投资少、可靠性高、维护工作量小等优点，它适用于跨距较大、载流量也较大的连接，如中小容量发电机（或变压器）引出线跨越厂（站）区道路的情况。

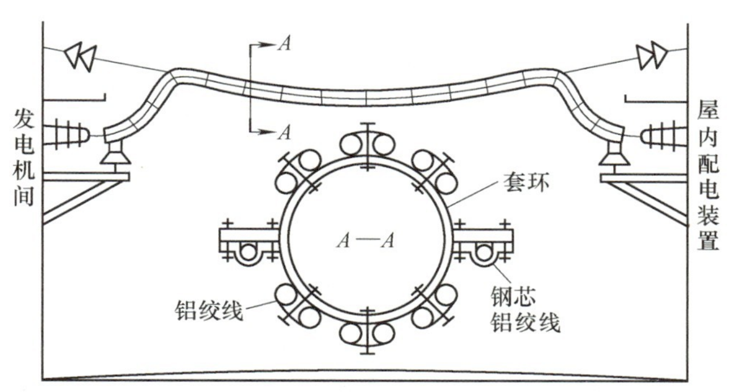

图 7-25 组合导线

三、封闭母线

对于 200MW 及以上的发电机与变压器间的连接母线、厂用分支母线及电压互感器分支母线等，为避免因气候、污秽气体和落下外界物体造成短路故障，要求有更高的运行可靠性，一般采用全连式分相封闭母线。国内 200 ~ 1000MW 机组的封闭母线一般采用自然冷却方式，当封闭母线的额定电流大于 25kA 时，可采用强制通风冷却方式，即用母线及其封闭的外壳作风道，利用安装在封闭母线首端的风机和热交换器进行强制通风（例如由风机和热交换器产生的冷空气经空气导管从 B 相首端进入封闭母线，流到 B 相末端经过联箱进入 A、C 相末端，再从 A、C 相首端经空气导管流出、进入热交换器冷却），将母线及外壳在运行中产生的热量带走。这种冷却方式可以提高载流量 0.5 ~1 倍，母线和外壳的外径大为减小，节约有色金属并便于施工。但是，采用强制风冷方式，会使运行费和维护工作量增加。具体工程中，应该根据母线长度、回路工作电流等条件，进行综合技术经济论证后决定采用哪种冷却方式。主变压器采用三相变压器时封闭母线结构简单，直接相连。主变压器采用 3 台单相双绕组变压器时，封闭母线结构复杂，低压侧需在外部采用封闭母线将 3 台单相双绕组变压器的低压绕组接成三角形接线。图 7-26 所示为 200MW 发电机—变压器组全连式分相封闭母线结构布置图。这种连接方式仍用空气和瓷作绝缘，自然冷却，从发电机出线端到主变压器接线端之间的导体和各分支导体均用封闭母线分相封闭起来。主变压器和厂用变压器（分裂低压绕组变压器）采用前后布置（也可采用并列布置）方式，由于它们之间的距离较近，故在它们之间设置防火墙。为便于分相装设，发电机出口电压互感器回路的电压互感器采用单相式。

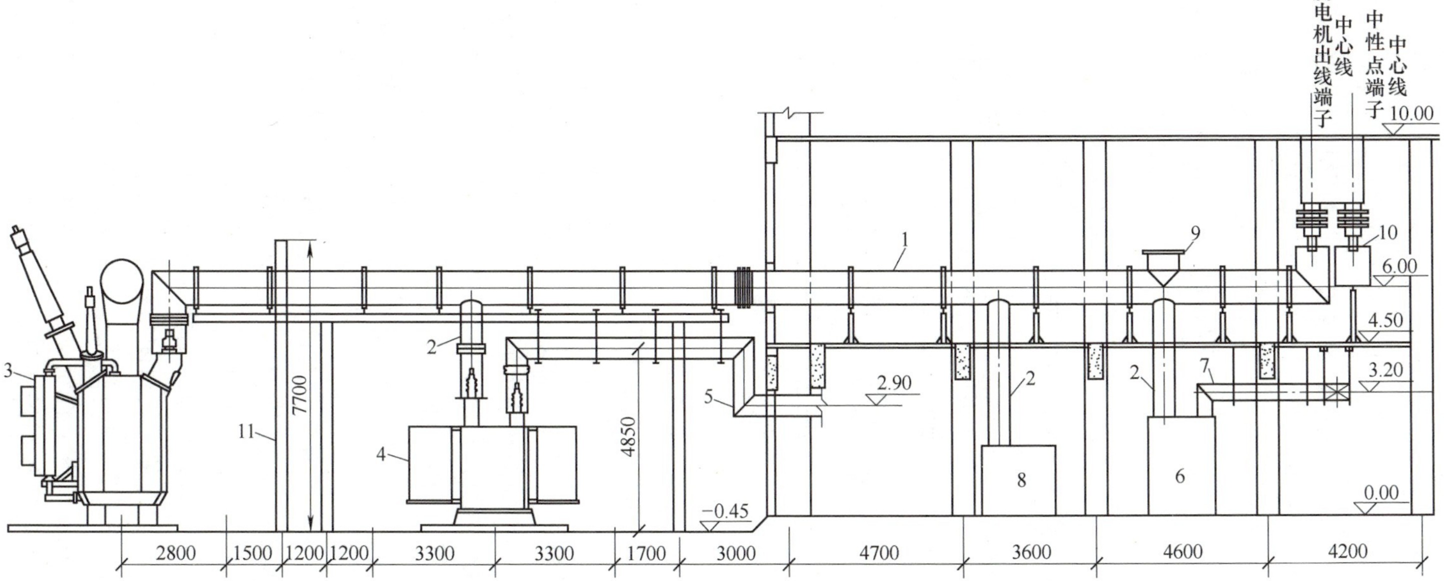

图7-26 200MW发电机—变压器组全连式分相封闭母线

1—主封闭母线 2—分支封闭母线 3—主变压器 4—厂用变压器 5—6kV厂用电共箱母线 6—发电机出口电压互感器柜 7—电压互感器低压引出线 8—避雷器柜 9—检查孔 10—中性点电压互感器柜 11—防火墙

第六节 发电厂和变电站的电气总平面布置

一、发电厂和变电站的电气总平面布置的一般问题

发电厂和变电站的电气总平面布置是全厂（站）总平面布置的重要组成部分。电气主接线反映了电气设备间的电气连接，而电气总平面布置则表示了电气设备的相对位置、连接方法、总体布局和定位，它直接影响了发电厂与变电站的安全、可靠运行。电气总平面布置由电气总平面布置图来表示，它是一张反映发电厂和变电站的电气设施全貌的俯视图，是设计和安装中的重要图样之一。

发电厂和变电站的电气总平面布置图要满足如前所述的配电装置总原则和要求，同时要考虑各电压级配电装置的出线方式、方向以及各个电压级配电装置的型式，而后再确定各电压级之间的相互位置。另外，还要考虑交通运输、防火和环境保护的要求，以及与外部条件的适应。可以说，各电压级的配电装置型式选定后，其各间隔的断面图有典型设计参考，但作为电气总平面布置图对于各发电厂和变电站是不同的，完全取决于设计人员的经验和对政策的理解。设计人员应该结合地形地质，因地制宜布置，力求布置紧凑、节约用地。总之，优秀的设计应该因地制宜，不拘一格。

一般在初步设计阶段电气主接线确定以后，即开始电气总平面布置设计。正确合理的电气总平面布置不仅可以减少投资，加快安装周期，提高经济效益，为发电厂与变电站创造良好的运行条件，还可以取得完美的建筑艺术效果，有益于文明生产。

电气总平面布置是施工设计及其土建设计与施工的重要依据，因此在电气总平面布置图中应该将房屋等建筑物的尺寸、各种设备的定位尺寸、围墙的轮廓尺寸、各间隔的名称等均无遗漏地标出。此外，电气总平面布置图应将断面图中不能表达出来的尺寸，如相间距离、间隔宽度等尺寸标注清楚。

二、发电厂电气总平面布置

发电厂电气总平面布置是全厂总平面布置的重要组成部分，它涉及主厂房、发电机引出线、各电压级配电装置、主变压器及主控制室（或集中控制室、网络控制室）等，还要考虑厂址的气象资料、地形条件以及出线走廊，以及满足安全生产、方便管理、维护检修方便、防火和环境保护的要求。电气总平面布置应与全厂总平面布置统筹考虑，达到整齐美观、布置紧凑、因地制宜、节省用地并有扩建的余地等。

1. 火力发电厂

火力发电厂的电气总平面布置，应着重考虑主厂房、各级电压配电装置及主控制室（或集中控制室、网络控制室）之间的相互配合，图 7-27a、b 是中小型和大型火力发电厂的电气总平面布置示意图。下面对电气设施之间的配合关系加以说明。

(1) 各电压级配电装置　如图 7-27a 所示的中小型发电厂，为减少连接配电装

置与发电机引出线的母线桥或组合导线的长度，发电机电压配电装置5应靠近主厂房，并与主控制室6连在一起，升压变压器应靠近发电机电压配电装置，并能方便地引接到升压变电站的高压配电装置。在大型火电厂中，多为发电机—变压器组单元接线，升压变压器11应尽量靠近汽轮机房3，可以缩短封闭母线的长度，如图7-27b所示。升高电压配电装置可能有两个或两个以上电压级，它们的布置既要注意变压器的引线方便，又要保证高压架空线引出方便。主变压器与屋外配电装置，应设在凉水（冷却）塔、储煤厂和烟囱主导风向的上方，使其受灰尘、有害气体、凉水塔水雾和储煤场灰尘的影响最小。各电压级配电装置都应该有扩建的余地。

（2）主控制室　主控制室的位置应使值班人员有良好的工作环境，便于运行管理，便于监视屋外配电装置，便于值班人员与各电压级配电装置和汽轮机房的联系和尽量缩短控制电缆的长度。在具有发电机电压配电装置的中型火电厂中，主控制室6通常设在发电机电压配电装置的固定端，并用天桥7与汽轮机房3连通。

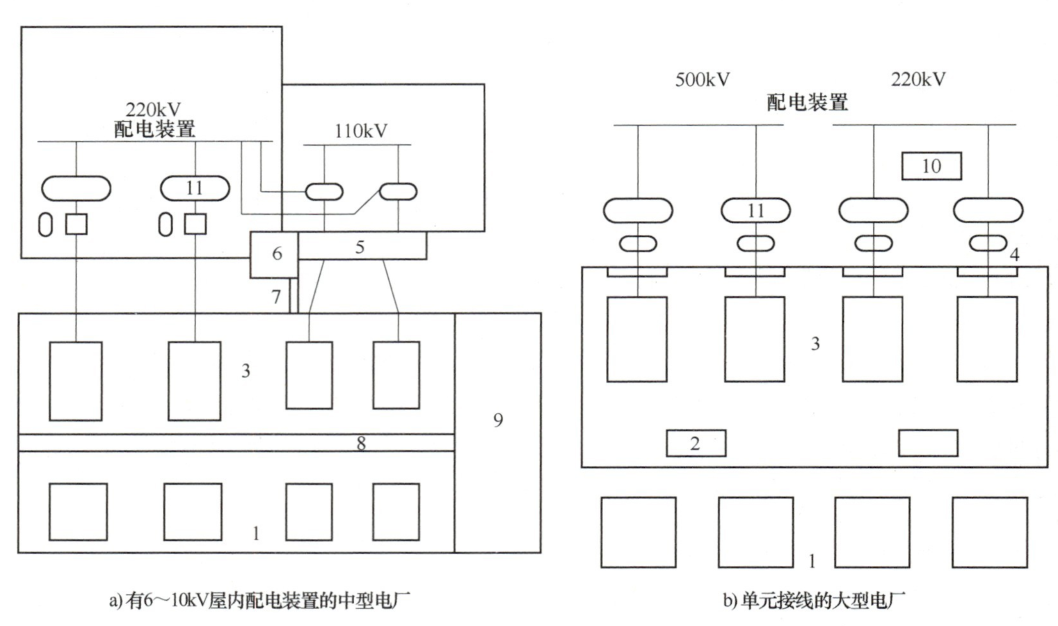

图7-27　火力发电厂电气总平面布置图

1—锅炉　2—炉、机、电集中控制室　3—汽轮机房　4—厂用配电装置　5—6～10kV屋内配电装置　6—主控制室　7—天桥　8—除氧器间　9—生产办公楼　10—网络控制室　11—升压变压器

（3）集中控制室与网络控制室　大型火电厂均为单元控制方式，即设置炉、机、电集中控制室（集控室）2，一般按两机一控制室设计，位于汽轮机与锅炉之间。大型火电厂大多为电力系统的枢纽点，当主接线复杂、出线回路数多时，在升高电压配电装置的近旁设置网络控制室（网控室）10，专门控制高电压配电装置的出线。

图7-28是某2×1000MW火电厂的电气总平面布置图，电气主接线如图3-26所示。随着发电机单机容量的不断增大，新建大容量火电厂升高电压多采用一级，其电气主

接线多采用一台半断路器接线或发电机—变压器—线路单元接线。主接线简单清晰，便于维护，一台半断路器接线可靠性高。该厂发电机电压级主接线均采用发电机—双绕组变压器单元接线形式，发电机引出线采用全连式分相（离相）封闭母线。受变压器的制造和运输条件限制，两台主变压器都采用3单相变压器组。500kV的一台半断路器接线采用屋外配电装置，接有两回输电线路和两台主变压器。每台发电机的主变压器低压侧接有一台高压厂用工作变压器。两台机组设置一台厂用高压起动/备用变压器，高压起动/备用变压器从500kV母线经断路器直接引接。在升高（500kV）电压配电装置中设置继电器室来代替以前的网络控制室，就近实现线路的继电保护等功能。设计冷却塔的布置位置时考虑了年主导风向，冷却塔产生的水雾不会漂落到500kV屋外配电装置。

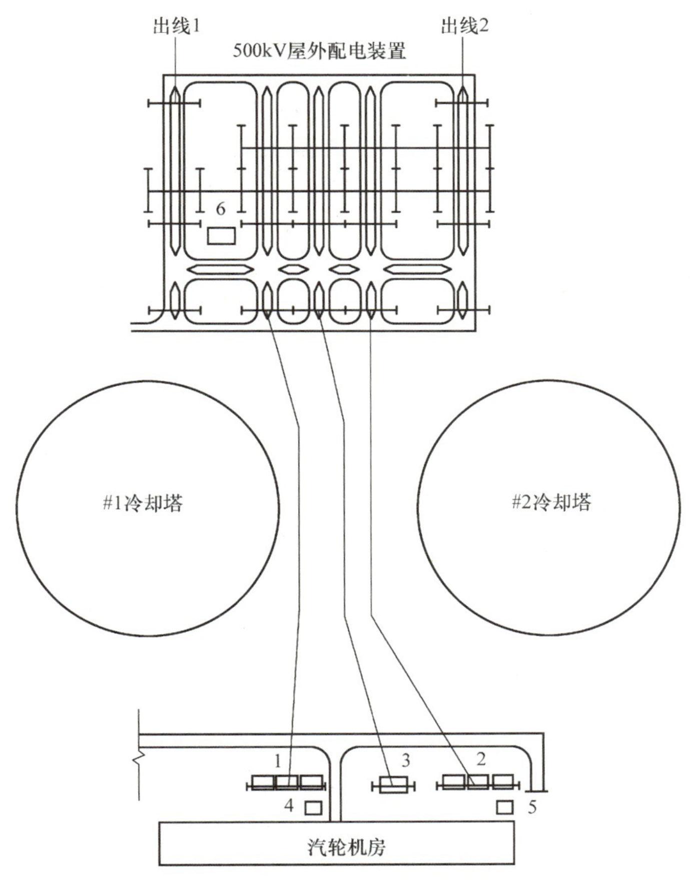

图7-28　某2×1000MW火电厂电气总平面布置图

1—#1主变压器　2—#2主变压器　3—起动/备用变压器　4—#1厂用工作变压器　5—#2厂用工作变压器　6—继电器室

2. 水力发电厂

图7-29是某坝后式水电厂平面布置图。由图可见，其主变压器和高压厂用变压器布置在主厂房的后面（坝后）或尾水侧的墙边，其高程与厂内机组的运行平

台相近，这样可使发电机与主变压器和厂用变压器间的连接导体较短，同时也便于向岸边的高压配电装置出线。其主控制室在主厂房的一端，即靠岸的一端。由于水电厂地形、地质复杂，其高压配电装置的布置是多样的，取决于水电厂总体布置和地形，图 7-29 所示的坝后式大型水电厂的 220kV 高压配电装置设在下游岸边，用架空线与主厂房边的主变压器连接，高压配电装置内还设有网络控制室。为节省占地，不少大型水电厂的 220kV 和 500kV 配电装置，采用 SF_6 全封闭组合电器。

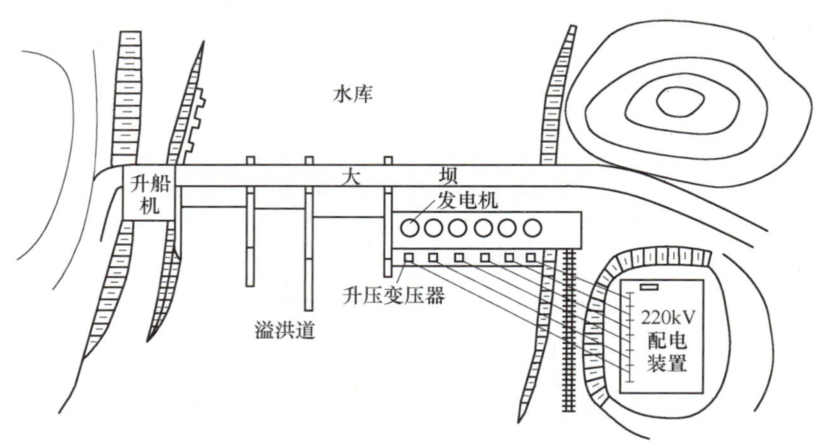

图 7-29 坝后式水电厂平面布置图

三、变电站电气总平面布置

变电站的类型较多，它们的设施不尽相同，因此总平面布置也有差异，但节省变电站的占地面积是共同的要求。降压变电站主要由屋内/屋外配电装置、主变压器、主控制室、直流系统、远动通信设施等组成。220kV 以上的变电站多为电力系统枢纽变电站，大多装设有无功补偿电容器组和并联电抗器；220kV 及以下的变电站通常只装设补偿电容器组。此外，还应考虑变电站生活及消防供水、交通等设施的布置。

在变电站电气总平面布置中，各级电压配电装置、主变压器、主控制室等的布置可参照火力发电厂的相应部分同样考虑。但是，降压变电站的布置方位可以有更多的选择余地，以使其进出线方便、交叉少，主控制室自然采光好，并且与周围环境相协调。还应指出，由于变电站数量很多，故节省占地面积显得特别重要，可以根据电压种类、出线方向和地形选择不同的布置方式。常见的布置方式有：高中压配电装置双列布置，主变压器位于高中压配电装置之间，当高中压配电装置的出线方向相反时采用，常用于 220kV 变电站；L 形布置，当高中压配电装置的出线方向垂直时采用，常用于 110kV 变电站；一列平行布置，常用于两种高压输电线出线方向相同的情况；Π 形布置，当有三种电压架空出线时采用，如 500/220/110kV 或 220/110/35kV 均采用架空出线时，3 个高压配电装置可采用该布置方式。根据设计经验，设计变电站电气总平面布置时应考虑的问题有：

1. 变压器

主变压器（以下简称主变）是变电站内最大、最贵重的设备，它直接与各电压级配电装置相连，因此确定主变压器位置与布置方式对总平面布置有很大影响，应首先安排好与主变有关的布置。

（1）主变的方位　主变方位与其各电压级引出线套管的位置关系密切。只有两个电压级的变电站，通常将主变放在高低压配电装置之间，有3个电压级的变电站必须将主变高压引出线的套管对准其高压配电装置的进线间隔，因为高压架空线的转弯半径大，避免过大的转弯半径增大总占地面积。同时还要兼顾考虑主变其他电压级引出线的位置，尽量直接进入该电压级的配电装置，避免转弯歪斜；应尽量缩短主变低压引出线的距离，因为主变低压侧电压低、电流大，导体截面积大，缩短距离可以减少导体和支柱绝缘子的投资，降低导体的损耗。

（2）主变的间距　屋外油浸变压器（对油量大于2500kg的变压器放置在屋外时，为防止一台事故时危及另一台的安全），油浸电抗器、集合式电容器之间无防火墙时，其防火净距不应小于下列数值：35kV为5m；66kV为6m；110kV为8m；220kV及以上10m，否则需要在它们之间设置防火墙。

（3）主变储油池尺寸　主变实际上是放在储油池的导轨上，当屋外单个油箱的油量在1000kg以上时，应该设置可以容纳100%油量的储油池或挡油设施，储油池中铺厚度不小于250mm的卵石层，卵石的直径为50～80mm（住建部规范为80～100mm）。储油池的尺寸应该是主变外廓尺寸的每边加1m，四周应高出地面100mm。

（4）主变与建筑物的距离　不应小于1.25m，距离主变5m以内的建筑物在主变总高度以下及外廓两侧各3m的范围内不应有门窗和通风孔。

2. 道路

变电站的道路分为主干道（大门至主控通信楼、主变压器的道路，需行驶大型平板车）、检修道路（需行驶汽车的道路）和巡视及人行小道（电缆沟盖板可作为巡视小道）。变电站站内道路宽度按下述原则确定：35～110kV变电站为满足消防要求的主要道路（主干道）宽度应为4.0m，主要设备运输道路的宽度可根据运输要求确定，并应具备回车条件。220kV变电站主干道可加宽至4.5m；330kV及以上的变电站主干道可加宽至5.5m。220kV及以上的变电站站内主要环形道路应满足消防要求，路面宽度一般为4m；屋外配电装置内的检修道路和500kV及以上变电站的相间道路宜为3.0m。站内巡视小道路面宽度宜为0.6～1.0m；接入建筑物的人行道宽度宜为1.5～2.0m。

站内道路的转弯半径不宜小于7.0m。通行汽车、平板车的路段，转弯半径应根据汽车、平板车的技术性能确定；站内道路纵坡不宜大于6%，阶梯布置时不宜大于8%。

3. 各电压级配电装置

各电压级配电装置的布置应由以下几个因素考虑：

（1）方位　应考虑进出线的方向，避免或尽量减少各电压级架空出线的交叉，尽量缩短主变各侧引线的长度并避免交叉，注意平面布置的整体性。

（2）布置　配电装置的布置应该尽量做到整齐、清晰，各间隔之间有明显的界线，对屋外配电装置中同一用途的同类设备应布置在同一条中心线上（如隔离

开关、断路器、电压互感器、电流互感器等），而对屋内配电装置应该布置在同一标高上。

（3）架空线　出线间隔应该根据出线走廊规划的要求排列，尽量避免交叉。单列布置时，尽量不在两个以上相邻间隔同时引出架空线，可以与进线、电压互感器等间隔交叉布置。110kV 及以上电压级架空线的全程均架设避雷线，在平面图上应反映出来。

（4）低压配电装置　变电站的低压配电装置是指 6～20kV 配电装置，它们应选屋内式，其尺寸由详细计算各高压开关柜的尺寸、台数和巡视维护、操作通道而定。

4. 主控制室

主控制室的安排应该考虑美观、位置适中，便于和各电压级的配电装置联系，一般靠近大门，并应该考虑设置维修间、运行人员休息室等。高中压配电装置为双列布置时，控制楼宜布置在两列中间的端部；为 L 形布置时宜布置在缺角处；为一列布置时宜平行布置在中间位置。

5. 补偿电容器室

考虑电容器易爆，不能与主控制室及其配电装置设置在同一室内，但应该尽量与同电压级配电装置靠近，以减少电缆的长度。

6. 端子箱、配电箱与电缆沟

断路器、电压互感器、电流互感器及主变旁边均应有端子箱，其二次电缆下电缆沟入主控制室，所以各个电压级配电装置都应有通往主控制室的电缆沟。配电箱是供检修用的动力电源。端子箱、配电箱与电缆沟在总平布置图上都应考虑。

7. 相位关系

各电压级配电装置的相序排列应该尽量一致，一般原则是：面对出线，自左至右，由远至近，从上到下，按 A、B、C 相顺序排列。

8. 大门与围墙

大门应该考虑靠近公路，尽量避免再从公路到大门专门修路，而且主控制室应靠近大门。站区应设实体围墙，围墙高度为 2.2～2.5m。

图 7-30 所示为某 110kV 降压变电站电气总平面布置设计方案（电气主接线见图 3-35），该变电站具有 110kV 和 10kV 两个电压等级，安装了 3 台 63MVA 的双绕组主变压器。由于采用了可靠性高的 SF_6 断路器并与电网联系紧密，该变电站的 110kV 采用单母线分段接线，不设旁路母线。配电装置选中型，造价低，抗地震性能好，运行维护方便。110kV 间隔断面图如图 7-13～图 7-15 所示。10kV 为单层式双列布置的成套配电装置，采用 KYN28A-12 中置式手车式开关柜，不设旁路母线。110kV 高压配电装置、主变和 10kV 低压配电装置处在一条轴线上，主变高压套管对着 110kV 配电装置，主变低压套管对着 10kV 配电装置（尽量缩短主变低压引出线的长度），10kV 线路为电缆出线。#2 主变和#3 主变之间净距小于 8m，需要设置防火墙。为了节省占地面积，站内道路没有设置环形道，但有一个丁字路口，以方便施工车辆调头。二次电缆沟通向主控制室，但长度应尽量短，二次电缆沟一般兼作为巡视小道。防雷保护采用 2 根 35m 独立避雷针。变电站大门的位置应尽量靠近公路，本变电站的大门开在中间正对主变前的道路。

该变电站布置合理，但占地面积较大。一层的控制室与10kV配电装置室并列布置，有二次控制室、工具室、蓄电池室、卫生间等，面对主变。10kV配电装置室与主控制室之间开门连通，以方便运行人员工作，10kV配电装置室另一端再开一个门，10kV无功补偿电容器放在室外。10kV配电装置主变进线间隔断面图和平面布置图如图7-7和图7-11所示。

图7-31所示为某220kV变电站电气总平面布置，该变电站安装了3台180MVA的三绕组主变压器，由于采用了可靠性高的SF_6断路器，该变电站的220kV和110kV都采用双母线接线，不设旁路母线。220kV和110kV均采用管形母线分相中型配电装置。高中压配电装置采用常用的出线方向相反的双列布置方式，10kV配电装置和无功补偿电容器就近布置在主变旁边。补偿电容器装置采用构架式并联电容器装置，屋外布置，每台主变配4组电容器，其中2组容量为6000kvar，另2组容量为8000kvar。该变电站布置合理，占地面积小，整齐美观。

图7-32和图7-33所示为采用GIS的某110kV全屋内布置变电站的电气总平面布置图和二层电气平面布置图（断面图见图7-8）。该变电站定位为220kV变电站的110kV网络中间联络站，适用于人口密度高、用地紧张、城市环境要求较高的城市地区。主变压器总容量为3×50MVA；110kV出线远期4回，本期2回，采用电缆出线；10kV出线远期36回，本期12回，采用电缆出线。

（1）110kV电气主接线　最终4回电缆出线，3回主变进线，采用单母线分段接线，#1主变、#3主变分别接入Ⅰ段母线和Ⅱ段母线，#2主变既可接入Ⅰ段母线，又可接入Ⅱ段母线，母线之间设分段断路器，装设2组母线设备。

（2）10kV电气主接线　最终36回电缆出线，4回主变进线，采用单母线4分段接线，#1主变、#3主变分别接入Ⅰ段母线和Ⅳ段母线，#2主变既可接入Ⅱ段母线、又可接入Ⅲ段母线，母线之间设分段断路器，装设4组母线设备。

10kV无功补偿装置按每台主变配置2×3000kvar电容器组，电容器组采用单星形接线。

变压器中性点接地方式：110kV侧直接接地或不接地，10kV侧经消弧线圈谐振接地。

由于10kV侧全部采用电缆出线，电网接地电容电流较大，故采用消弧线圈进行补偿。因主变10kV侧没有中性点，采用了接地变压器。

（3）电气布置　主变压器及110kV、10kV配电装置均采用屋内布置，建综合楼一座，地上二层，地下一层为电缆夹层。3台主变布置在综合楼－0.60m层3个互相独立的主变压器室内。110kV配电装置采用屋内GIS设备，布置在综合楼＋4.50m层（二层），110kV线路采用电缆出线，110kV主变进线采用架空进线。10kV配电装置布置在综合楼±0.00m层，10kV开关柜采用双列布置，布置在综合楼一层，主变10kV进线采用架空、10kV出线采用电缆。主控制室、蓄电池室布置在综合楼＋4.50m层，紧邻110kV GIS设备的西侧。10kV电容器组、接地变及消弧线圈布置在10kV高压室，位于主控制室下方。站区呈矩形布置，长63.3m，宽39.5m，围墙内占地面积2500.35m^2。

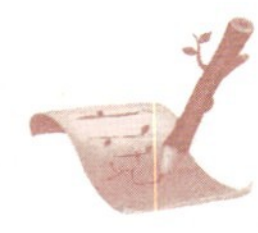

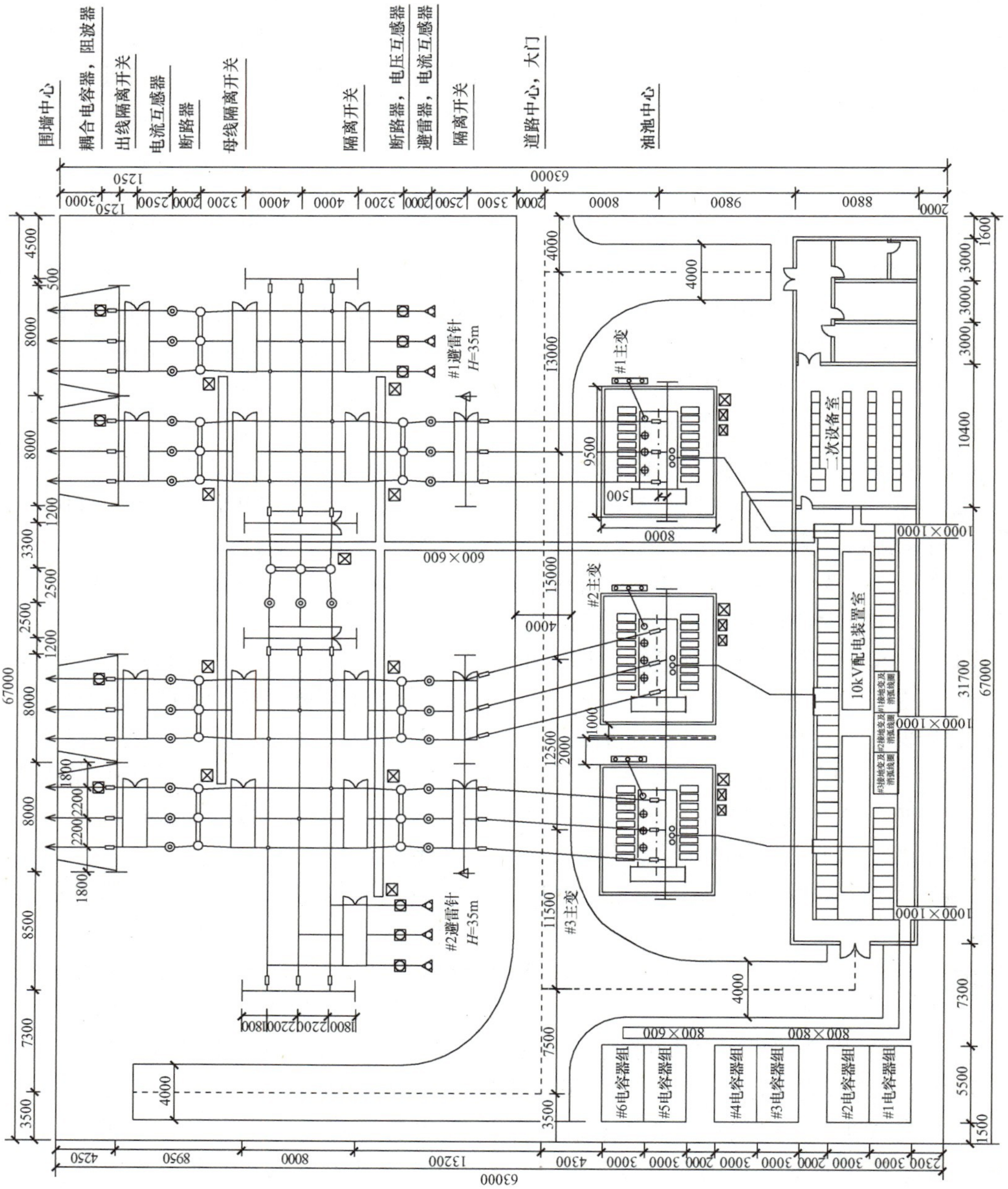

围墙中心
耦合电容器，阻波器
出线隔离开关
电流互感器
断路器
母线隔离开关
隔离开关
断路器，电压互感器
避雷器，电流互感器
隔离开关
道路中心，大门
油池中心

#1避雷针 H=35m
#2避雷针 H=35m
#1主变
#2主变
#3主变
二次设备室
10kV配电装置室
#1电容器组
#2电容器组
#3电容器组
#4电容器组
#5电容器组
#6电容器组

图7-30 某110kV降压变电站电气总平面布置图

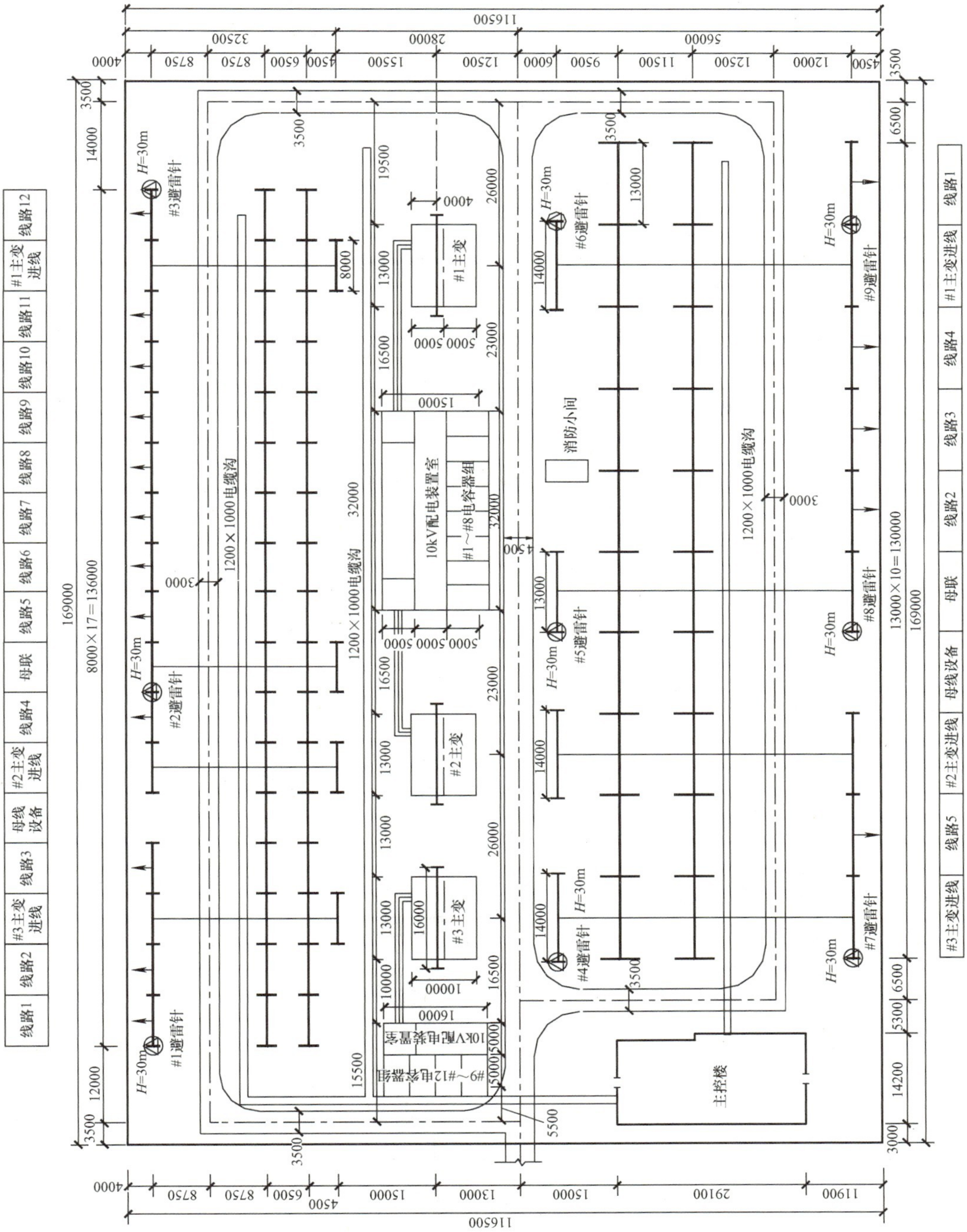

图7-31　某220kV变电站电气总平面布置图

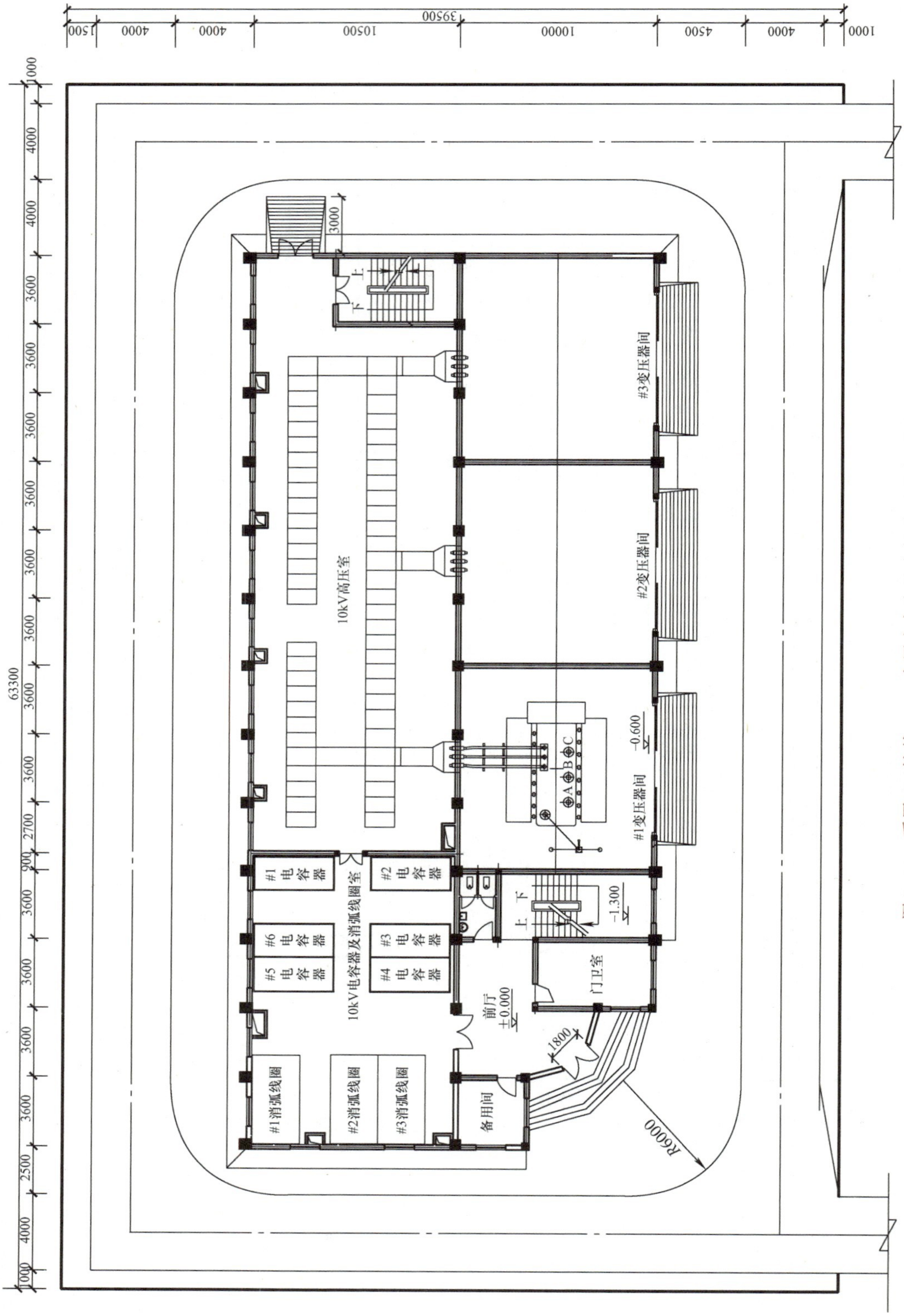

图7-32 采用GIS的某110kV全屋内变电站电气总平面布置图

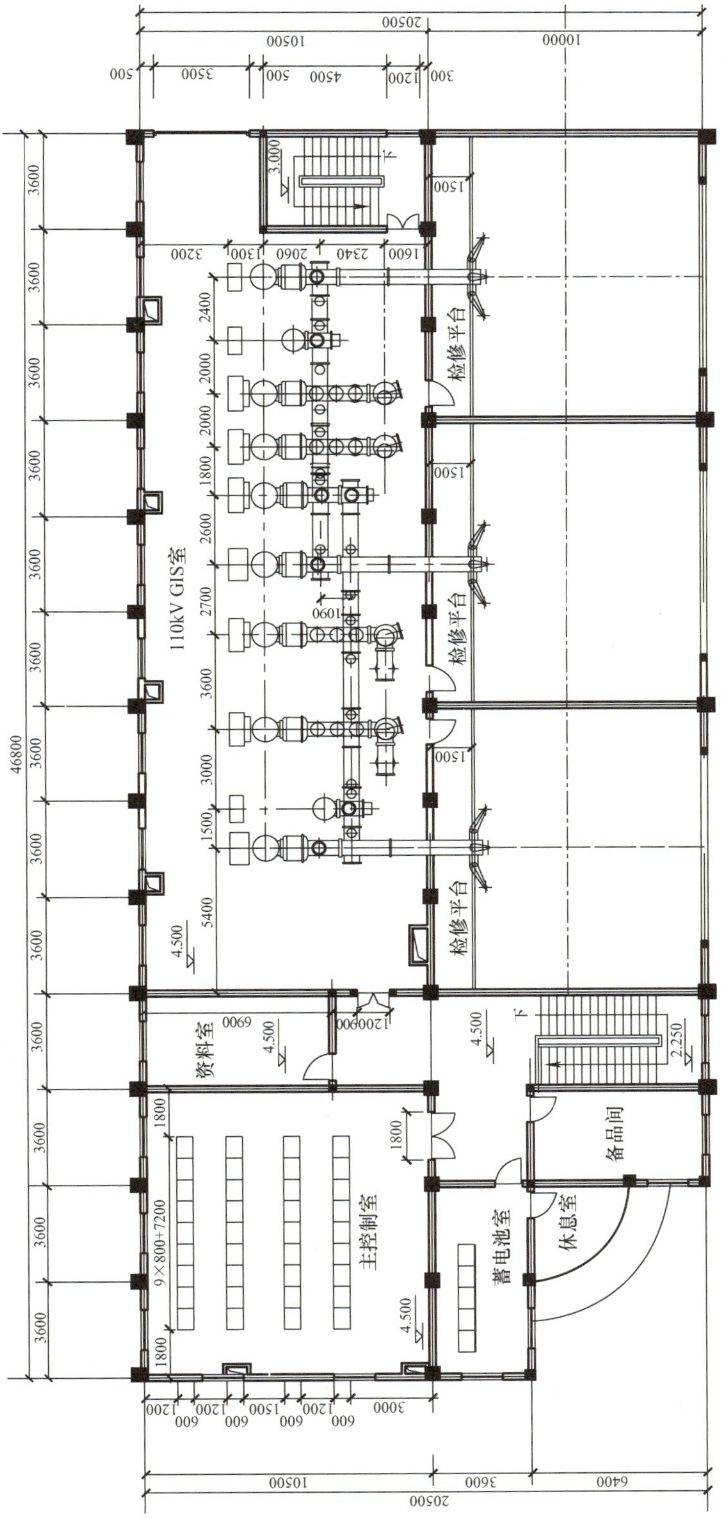

图7-33　采用GIS的某110kV全屋内变电站电气二层平面布置图

思考题与习题

1. 简述配电装置与电气主接线的关系。
2. 最小安全净距的含义是什么？怎样应用？
3. 配电装置有哪些基本类型？
4. 对配电装置的基本要求有哪些？
5. 简述屋内配电装置的类型、特点和适用范围。
6. 屋外配电装置有几种类型？怎么区别它们？它们各有什么优缺点？
7. 成套配电装置有几种类型？
8. 全封闭组合电器有什么特点？
9. 发电厂和变电站的电气设施总平面布置包括哪些内容？如何考虑它们的布置？

10. 最小安全净距 A_1 值是指（　　）的距离。

A. 带电部分与接地部分之间　　B. 无遮栏裸导体与地面之间
C. 不同相带电部分之间　　D. 带电作业时，带电部分与接地部分之间

11. 最小安全净距 A_2 值是指（　　）的距离。

A. 带电部分与接地部分之间　　B. 无遮栏裸导体与地面之间
C. 不同相带电部分之间　　D. 带电作业时，带电部分与接地部分之间

12. 最小安全净距 C 值是指（　　）的距离。

A. 网状遮栏至带电部分之间　　B. 栅状遮栏至绝缘体和带电部分之间
C. 不同相带电部分之间　　D. 无遮栏裸导体与地面之间

13. 对屋外配电装置特点叙述错误的是（　　）。

A. 与屋内配电装置相比，建设周期长
B. 与屋内配电装置相比，扩建比较方便
C. 相邻设备之间距离较大，便于带电作业
D. 与屋内配电装置相比，占地面积大

14. 屋内配电装置安装电抗器，品字形布置时，安装方法是（　　）。

A. 将A相线圈垂直放在C相上方　　B. 将B相线圈垂直放在A相上方
C. 将C相线圈垂直放在A相上方　　D. 将A相线圈垂直放在B相上方

15. 为保证工作人员的安全及工作的方便，屋内配电装置室应有一定数目的出口。长度大于7m且小于60m时，应设（　　）个出口。

A. 2　　B. 1　　C. 3　　D. 4

16. 屋外分相中型配电装置布置在母线正下方的设备是（　　）。

A. 隔离开关　　B. 断路器　　C. 高压熔断器　　D. 电流互感器

17. 110kV主变压器之间防火净距小于（　　）应设置防火墙。

A. 6m　　B. 5m　　C. 8m　　D. 10m

18. 变电站站内道路的转弯半径不能小于（　　）。

A. 6m　　B. 7m　　C. 8m　　D. 9m

19. 变电站屋外配电装置内检修、维护用环形道路的路面宽度一般为（　　）。

A. 2m　　B. 3m　　C. 4m　　D. 5m

20. 主变压器油箱的油量在（　　）kg 以上时，应该设置可以容纳 100% 油量的储油池。

A. 100　　B. 500　　C. 1000　　D. 1500

21. 屋外普通中型配电装置的特点是（　　）。

A. 母线与母线重叠布置

B. 断路器和电流互感器等在母线下方

C. 隔离开关在母线正下方

D. 母线不与电器设备重叠，稍高于电器设备所在水平面

22. 半高型配电装置吸收了中、高型配电装置的优点，并克服两者的缺点。它的特点是（　　）。

A. 隔离开关在母线下方　　B. 断路器和电流互感器等在母线下方

C. 断路器和电流互感器不在母线下方　　D. 母线与母线重叠布置

23. 屋外高型配电装置的特点是（　　）。

A. 隔离开关在母线下方　　B. 断路器和电流互感器等在母线下方

C. 隔离开关和断路器在母线正下方　　D. 母线与母线重叠布置

24. 配电装置中电气设备的栅状遮栏和网状遮栏高度分别不应低于（　　）。

A. 1200mm 和 1900mm　　B. 1500mm 和 1700mm

C. 1200mm 和 1500mm　　D. 1200mm 和 1700mm

25. 屋外配电装置中最小安全净距 A_1 值为 1000mm，则 B_1 值和 C 值为（　　）和（　　）。

A. 1750mm 和 3500mm　　B. 1100mm 和 2500mm

C. 1750mm 和 4000mm　　D. 1100mm 和 4500mm

26. 不是支持式管母分相的中型配电装置的优点是（　　）。

A. 可以缩小母线相间距离　　B. 抗震性能强

C. 检修方便　　D. 避免使用双层架构

27. 变压器储油池内铺设卵石层的厚度不应小于（　　）。

A. 150mm　　B. 200mm　　C. 250mm　　D. 300mm

28. 分相中型配电装置的占地面积比普通中型配电装置节约（　　）。

A. 40%～50%　　B. 50%～60%　　C. 20%～30%　　D. 70%～85%

29. 根据绝缘介质不同，屋外配电装置分（　　）配电装置。

A. 敞开式 AIS 和 GIS　　B. GIS 和 HGIS

C. 中型、高型和半高型　　D. 敞开式 AIS 和 HGIS

30. 500kV 变电站的主变压器采用 3 台单相三绕组自耦变压器时，需在外部将 3 台单相三绕组自耦变压器的低压绕组接成（　　）。

A. 星形接线，中性点不接地　　B. 三角形接线

C. 星形接线，中性点直接接地　　D. 星形接线，中性点经消弧线圈接地

第八章

发电厂与变电站的二次接线

在发电厂和变电站中，电气二次接线非常重要，所涉及的内容也比较多。随着微机保护和计算机监控系统在发电厂和变电站的广泛应用，断路器控制回路和中央信号出现了很大变化，传统的断路器控制回路和中央信号在新建发电厂和变电站中已不使用。断路器控制回路采用小型化继电器，一般做成通用插件，放在微机保护装置中。中央信号由计算机监控系统实现，包括数据采集（开关量硬接线方式采集或通信方式采集）、监控画面显示及声光报警等部分。本章主要讲述发电厂和变电站的二次接线图的绘制与分类、微机保护中的断路器控制回路和断路器机构内的电气控制回路，简单介绍了一种新型的中央信号装置。

第一节　电气二次接线图

凡是用来对电气一次设备进行测量、监视、控制、调节和保护的设备称为电气二次设备。电气二次设备包括测量仪表、控制开关、继电器，以及复杂的继电保护装置、控制调节装置、信号装置等。二次设备通过电压互感器和电流互感器与电气一次设备相互联系。

电气二次回路（也称为二次接线）是由电气二次设备按要求相互连接组成的电路，包括交流电压回路、交流电流回路、断路器控制和信号回路、继电保护回路以及自动装置回路等。

电气二次接线图是用二次设备特定的图形符号和文字符号来表示二次设备相互连接关系的电气接线图。二次接线图的表示法有 3 种：①归总式原理接线图；②展开接线图；③安装接线图。

一、电气二次接线图中使用的图形符号和文字符号

为了能读懂二次接线图，必须了解其各组成元件的图形符号和文字符号。在过去设计二次接线图中使用的图形符号和文字符号是 1964 年推出的标准，即旧的图形和文字符号。目前设计中，推广使用 1990 年以后国家颁发的新的图形和文字符号。由于新的图形和文字符号在推广使用的同时，旧的图形和文字符号还在工程中大量的使用，故将二次接线图中常用的新旧图形符号对照列于表 8-1 中，常用的新旧文字符号对照列于表 8-2 中。

表 8-1　二次接线图中常用的新旧图形符号对照表

序号	名　称	图形符号		序号	名　称	图形符号	
		新	旧			新	旧
1	一般继电器及接触器线圈			20	电位器		
2	过电流继电器	$I>$	$I>$	21	位置指示器		
3	欠电压继电器	$U<$	$U<$	22	动合（常开）触点		
4	气体继电器			23	动断（常闭）触点		
5	电铃			24	延时闭合的动合（常开）触点		
6	蜂鸣器			25	延时闭合的动断（常闭）触点		
7	电喇叭			26	延时断开的动合（常开）触点		
8	熔断器			27	延时断开的动断（常闭）触点		
9	信号灯			28	接触器的动合（常开）主触点		
10	电阻			29	接触器的动断（常闭）主触点		
11	电容			30	非电量继电器的动合（常开）触点		
12	仪表电流线圈			31	非电量继电器的动断（常闭）触点		
13	仪表电压线圈			32	位置开关的动合（常开）触点		
14	电压线圈			33	位置开关的动断（常闭）触点		
15	接通的连接片 断开的连接片			34	机械保持的动合（常开）触点		
16	切换片			35	机械保持的动断（常闭）触点		
17	电流互感器			36	吸合时的过渡动合触点		
18	动合（常开）按钮	E-\		37	过渡动合触点		
19	动断（常闭）按钮	E-		38	蓄电池组		

注：元件不带电（或断路器未合闸）时的状态为“常态”。

表8-2　二次接线图中常用的新旧文字符号对照表

序号	元器件名称	新符号	旧符号	序号	元器件名称	新符号	旧符号
1	自动重合闸装置	APR	ZCH	36	合闸接触器	KM	HC
2	备用电源自动投入装置	AAT	BZT	37	电流表	PA	A
3	自动准同期装置	ASA	ZZQ	38	电压表	PV	V
4	电容器（组）	C	C	39	有功功率表	PPA	P
5	发热器件	E	R	40	无功功率表	PPR	Q
6	熔断器	FU	RD	41	有功电能表	PJ	kWh
7	蓄电池	CB	XDC	42	无功电能表	PRJ	kvarh
8	声响指示器	HA		43	频率表	PF	f
9	警铃	HAB	DL	44	刀开关	QK	DK
10	蜂鸣器、电喇叭	HAU	FM	45	电阻器、变阻器	R	R
11	绿灯	HLG	LD	46	控制开关	SA	KK
12	红灯	HLR	HD	47	转换开关	SM	ZK
13	白灯	HLW	BD	48	按钮	SB	AN、YA、FA
14	光字牌	HP	GP	49	手动准同期开关	SSM	STK
15	继电器	K	J	50	电流互感器	TA	LH
16	电流继电器	KA	LJ	51	电压互感器	TV	YH
17	电压继电器	KV	YJ	52	连接片、切换片	XB	LP、QP
18	时间继电器	KT	SJ	53	合闸线圈	YC	HQ
19	信号继电器	KS	XJ	54	跳闸线圈	YT	TQ
20	中间继电器	KC	ZJ	55	交流系统三相序	U、V、W	A、B、C
21	防跳继电器	KCF	TBJ	56	中性线	N	O
22	保护出口继电器	KCO	BCJ	57	保护线	PE	
23	跳闸位置继电器	KCT	TWJ	58	接地线	E	
24	合闸位置继电器	KCC	HWJ	59	直流控制回路电源小母线	+	+KM
25	事故信号继电器	KCA	SXJ	60		-	-KM
26	预告信号继电器	KCR	YXJ	61	直流信号回路电源小母线	+700	+XM
27	重合闸继电器	KRC	ZCH	62		-700	-XM
28	重合闸后加速继电器	KCP	JSJ	63	直流合闸回路电源小母线	+	+HM
29	闪光继电器	KH	SGJ	64		-	-HM
30	信号脉冲继电器	KP	XMJ	65	预告信号小母线	M709	1YBM
31	电源监视继电器	KVS	JJ	66		M710	2YBM
32	闭锁继电器	KCB	BSJ	67	事故音响信号小母线	M708	SYM
33	气体继电器	KG	WSJ	68	辅助小母线	M703	FM
34	温度继电器	KT	WJ	69	光字牌小母线	M716	PM
35	热继电器	KR	RJ	70	闪光小母线	M100（+）	（+）SM

二、二次接线图

（一）归总式原理接线图

归总式原理接线图（简称原理图）中所有的电气元器件都以整体形式表示，并画出了它们之间的相互连接。二次回路通过交流电压回路和交流电流回路与有关的一次设备或回路相联系，将交流电压回路、交流电流回路及直流回路都画在一起，按实际连接顺序绘出。其优点是能清楚地表明各元器件的型式、数量、相互连接和作用，使看图者对二次回路的构成有一个整体概念，有利于理解其工作原理。图 8-1 所示为某 10kV 线路过电流保护（电磁型）原理接线图。10kV 系统为小接地电流系统，过电流保护采用两相式接线，装设于 A 相和 C 相的电流互感器二次侧。该线路在正常运行时，断路器的辅助触点 QF_1 闭合。当线路发生相间短路时，A 相和 C 相中至少有一相电流互感器二次侧的电流增大，当超过电流继电器 KA_1 或 KA_2 的定值时，KA_1 或 KA_2（或二者同时）动作，其常开触点闭合，使时间继电器 KT 线圈通电。KT 的常开触点经整定的延时后闭合，通过信号继电器 KS 的线圈使断路器的跳闸线圈 YT 通电，从而使 QF 跳闸。同时，信号继电器 KS 的常开触点闭合且保持，给出该保护动作信号，告知运行值班人员。

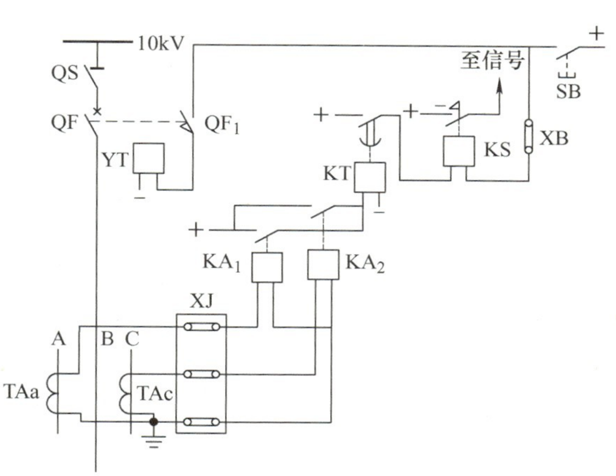

图 8-1　10kV 线路过电流保护原理接线图

KA_1、KA_2—接于 A 相和 C 相的电流继电器

KT—时间继电器　KS—信号继电器

YT—断路器 QF 的跳闸线圈　XJ—测试插孔　XB—连接片

归总式原理接线图的缺点是，当元器件较多、接线较复杂时，形成相互交叉，显得零乱，没有元器件端子和回路编号等。所以，实际工程中一般不使用归总式原理接线图。

（二）展开接线图

展开接线图简称展开图。图 8-1 所示的 10kV 线路过电流保护（电磁型）原理接线图的展开图如图 8-2 所示。图 8-2 所示的展开图的工作原理与图 8-1 所示的原理接线图的工作原理完全相同，只不过画法不同。

在展开图中，各元器件被分解成若干部分，元器件的线圈、触点分散在交流回路和直流回路中。绘图时，将回路中的电源、按钮、线圈、触点等元器件的图形符号依电流流过的方向，由左向右画，根据回路各部分的动作顺序从上到下排列，最后便构成一幅

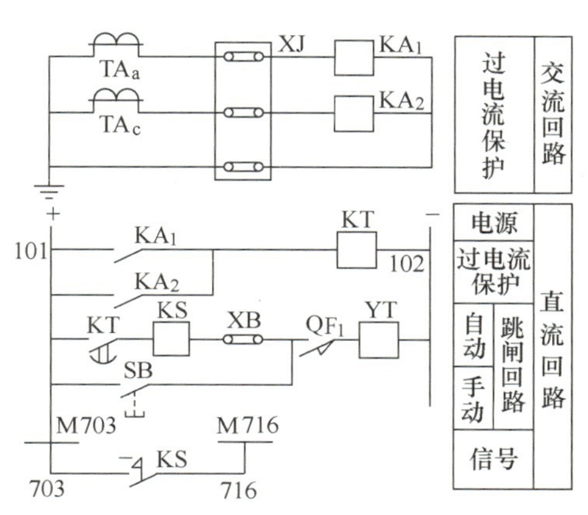

图 8-2　10kV 线路过电流保护展开图

完整的展开图。图中，无论元器件、线圈和触点都应以规定的文字符号加以标注，以便了解其功能。在图的右侧，还有文字用来说明回路的作用。由于展开图条理清晰，能一条一条地检查和分析，便于阅读，容易发现接线中的错误，所以实际工程中用得最多。

（三）安装接线图

表示二次设备在屏上的具体安装位置和二次设备之间相互连接关系的图纸称为安装接线图。安装接线图是施工、调试、运行维护和故障检修不可缺少的图纸。安装接线图分为屏面布置图、屏后接线图、端子排图和电缆联系图。

二次接线设计是以安装单位为单元进行的，将能独立运行的电气一次设备化为一个安装单位，如每条线路、每台主变压器进线等都是一个安装单位。每个安装单位的二次接线图包括原理图、展开图、安装接线图等。一个二次设备安装屏可以布置一个或多个安装单位的二次设备，屏内不同安装单位通常用罗马数字Ⅰ、Ⅱ等来区分。

1. 屏面布置图

屏面布置图是表示屏面尺寸及屏上二次设备的尺寸，二次设备在屏上的安装位置及它们之间的相对距离的图纸。屏面布置图应按合适的比例绘制（一般取1∶10）。

（1）对屏面布置的基本要求

1）凡是需经常监视的仪表和继电器不要布置得太高，以便于运行人员监视。

2）对于检查和试验较多的设备应位于屏的中部，以方便检查和试验。

3）操作元件（如控制开关、按钮、调节手柄等）的高度要适中，并且各元器件相互间要有一定的距离，以方便操作和调节，而不互相影响。

4）同一类设备应布置在一起，力求布置紧凑、整齐和美观。如果一面屏上有两个以上安装单位，屏面布置时要纵向划分，同类安装单位的屏面布置应尽可能一致。

（2）控制屏屏面布置图　图8-3a所示为110kV线路控制屏屏面布置图，该屏控制两条110kV线路，屏面纵向分为左右两半部分，分别布置每回出线的二次设备。

屏面自上而下布置有测量仪表、光字牌、转换开关和同期开关、模拟母线、母线隔离开关位置指示器、断路器的控制开关、线路和旁路隔离开关位置指示器、模拟旁路母线。

（3）继电器屏屏面布置图　图8-3b所示为110kV线路保护的继电器屏屏面布置图，左右两半部分，分别布置每回出线保护的二次设备。

屏面的上部布置检查较少和体积较小的继电器，如电流、电压、中间继电器；中间布置调整、检查较多和体积较大的继电器，如重合闸、功率方向继电器等；下部布置信号继电器、连接片和试验部件等。

2. 屏后接线图

屏后接线图是表示屏内所有二次设备引出端子之间，以及屏内设备与端子排之间相互连接关系的图纸，它是安装人员配线和运行人员查线使用的基本图纸。屏后接线图是根据屏面布置图中设备的实际安装位置绘制，设备外形应尽量与实际情况相符，但可用简化图形，如矩形、圆形等，并不要求按比例绘制，但相对位置应正确。

屏后接线图是背视图，所以其左右方向正好与屏面布置图相反。从屏后向屏体看去，位于屏顶的是各种小母线、熔断器、小刀闸和电阻器等；屏体的两侧是垂直布置的端子排；屏中是众多二次设备的背面及其接线端子。

绘制屏后接线图时，首先将屏内安装的设备图形画好，并在每个设备图形的左上方画一个正中有一水平横线的圆圈，圆圈的上半部标明安装单位编号（通常用罗马数字Ⅰ、Ⅱ等表示）及同一安装单位的设备顺序号（通常用阿拉伯数字1、2等表示），如I_1、I_2、I_3，通常按屏后顺序从左到右、从上到下依次编号；圆圈的下半部标有设备的文字符号及同类设备顺序号，如KS、KT、KA_1、KA_2等。在图中相应的位置绘出端子排及其编号，屏顶的小母线标在端子排上部并标出每根小母线的名称。然后根据二次回路的展开图绘制屏内各设备之间以及屏内设备与端子排之间的连接关系。设备之间的相互连接的表示方法有两种：一种是连续线表示法，即需相互连接的设备端子之间使用线条连接，这种表示法多用于简单接线图中；另一种是相对编号法，例如，甲设备的一个接线柱与乙设备的一个接线柱需相互连接，那么在甲设备的接线柱处标出乙设备的接线柱标号，在乙设备的接线柱处标出甲设备的接线柱标号，即甲编乙的号，乙编甲的号。相对编号法使得图面清晰，也达到了表示相互连接的目的，实际工程中多采用。

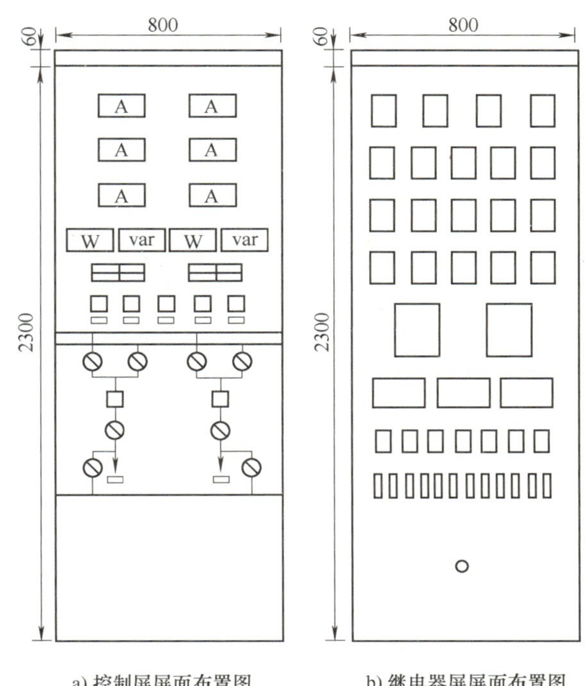

图8-3　110kV线路控制屏和保护屏屏面布置图

图8-4是图8-1所示的10kV线路过电流保护的屏后接线图的对应部分，设备端子之间的相互连接使用的是“相对编号法”。

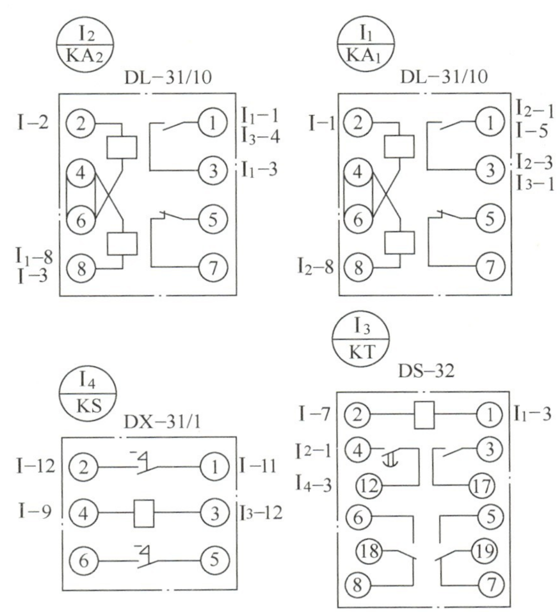

图8-4　10kV线路过电流保护屏后接线图

3. 端子排接线图

端子排是由若干接线端子组合而成的。每个接线端子由绝缘座和导电片组成，导电片的两端各有一个固定导线用的螺钉，可使连接到该接线端子两端的导线接通。接线端子按其用途可分为：①一般端子，用于连接屏内、外导线；②试验端子，专用于电

流互感器二次回路，以便于试验仪表的接入或退出；③连接端子，用于相邻两个端子之间连接构成通路；④终端端子，用于端子排的两端起固定端子排的作用或分隔不同安装单位的端子排。每个安装单位都有自己的端子排。

在下列设备之间连接时需使用端子排：①屏内设备与屏外设备之间的连接；②屏内设备与屏顶设备（如直接接至小母线的附加电阻、熔断器、小刀闸等）之间的连接；③同一屏上各安装单位之间的连接；④经本屏转接的回路等。

端子排中的端子一般自上而下按下列顺序排列：①交流电流回路，按每组电流互感器分组，同一保护方式的电流回路宜排在一起；②交流电压回路，按每组电压互感器分组；③直流信号回路；④直流控制回路；⑤其他回路（自动励磁电流和电压回路）；⑥转换回路，用于过渡连接：先排本安装单位的转接、再排其他安装单位的转接、最后排小母线连接用的转接。

图 8-5 是图 8-1 所示的 10kV 线路过电流保护对应的端子排接线图。端子排图表格的首行标出安装单位的编号和名称。端子排图表格下面各行在图上均画成3格，中间一格注明端子排的顺序号和型号，内侧一格列出屏内设备的编号（或文字符号）及回路编号，外侧一格列出屏外设备的编号（或文字符号）及回路编号。

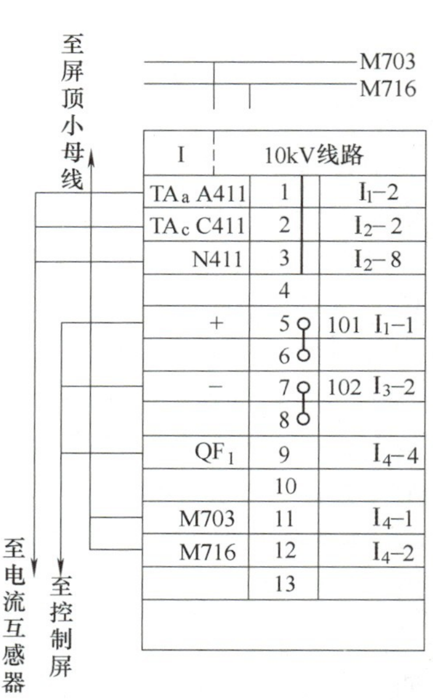

图 8-5 10kV 线路过电流保护端子排接线图

图 8-5 中的第 1、2、3 号端子带有竖线条标志，代表实验端子，其特点是导电片为两段，二者间设一螺杆，螺杆旋紧时，两段导电片接通，反之断开。这样可方便地接入或退出实验设备而不会使电流互感器二次回路开路。第 5、6 和 7、8 号端子带有圆圈标志，代表连接端子，其特点是相邻端子之间可通过小连接片连接起来形成通路。当 5 号和 7 号端子的外侧分别与控制屏的断路器控制电源的正、负极相连时，在本保护屏内便可分别从 5、6 号和 7、8 号端子得到正、负电源。第 9 号端子的外侧与控制屏的断路器辅助触点 QF_1 相连。第 11、12 号端子的外侧分别接屏顶的辅助小母线 M703 和掉牌未复归小母线 M716。

以下结合图 8-2、图 8-4 和图 8-5，介绍图 8-2 中的交流回路的安装接线图识图。图 8-5中的第 1、2、3 号端子的作用是将屏内设备与屏外设备电流互感器之间连接起来，第 1 号端子左侧连接电流互感器 A 相二次绕组；第 2 号端子左侧连接电流互感器 C 相二次绕组；第 3 号端子左侧连接电流互感器另一端。电流继电器的 4 号和 6 号端子是连接在一起的（两个线圈串联）。电流继电器 KA_1 的驱动线圈的 2 号端子旁标有 Ⅰ-1，表示它与端子排 Ⅰ 的 1 号端子连接；KA_1 的驱动线圈的 8 号端子旁标有 I_2-8，表示它与电流继电器 KA_2（安装单位 I_2）的 8 号端子连接；电流继电器 KA_2 的驱动线圈的 2 号端子旁标有 Ⅰ-2，表示它与端子排 Ⅰ 的 2 号端子连接；KA_2 的驱动线圈的 8 号端子旁标有 I_1-8 和 Ⅰ-3，表示它与电流继电器 KA_1（安装单位 I_1）的 8 号端子连接，同时还与端子排 Ⅰ 的 3 号端子连接。表明了电流继电器 KA_1 和 KA_2 的驱动线圈的一端分别

经其 2 号端子连接电流互感器二次绕组的 A 相和 C 相，另一端经 8 号端子连接至 I－3 返回电流互感器。屏后接线图的识图需要结合展开图，这一点很重要。

4. 电缆联系图

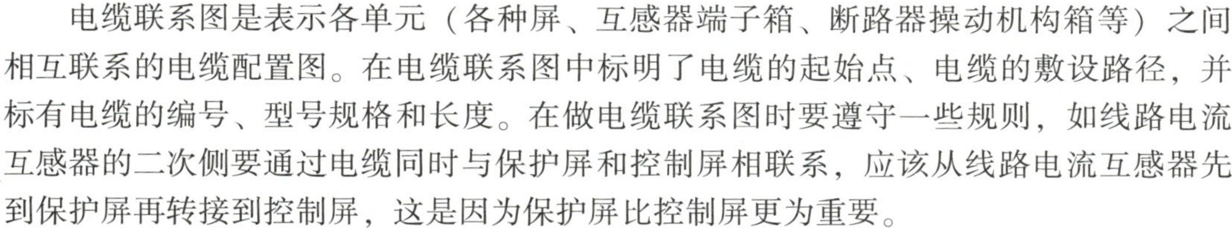

电缆联系图是表示各单元（各种屏、互感器端子箱、断路器操动机构箱等）之间相互联系的电缆配置图。在电缆联系图中标明了电缆的起始点、电缆的敷设路径，并标有电缆的编号、型号规格和长度。在做电缆联系图时要遵守一些规则，如线路电流互感器的二次侧要通过电缆同时与保护屏和控制屏相联系，应该从线路电流互感器先到保护屏再转接到控制屏，这是因为保护屏比控制屏更为重要。

最后，介绍一下二次回路编号。为了了解二次回路各部分的用途以及进行正确的连接，对二次回路的每一段都应加以编号。回路编号由 1～4 个数字组成，对于交流电流电压回路，数字前加有相别文字符号。不同用途的回路规定有不同的编号数字范围，读二次接线图时，由编号数字范围便可知道属于哪类回路。回路编号是根据等电位原则进行，即任何时候电位都相等的那部分电路用同一编号，所以，元器件、线圈、触点等的两侧应该用不同的编号。实际工程图纸中，只对需引至端子排的回路才加以编号，同一安装单位的屏内设备之间的连接一般不加回路编号。二次回路中的小母线也有相应的文字符号和编号。

有些二次回路编号的数字规定很严格，如“03”为合闸回路编号，“33”为跳闸回路编号，“01”为正电源，“02”为负电源。有些二次回路编号只是给出了数字范围，根据工程二次回路的具体情况进行编号。

第二节　微机保护与计算机监控系统中的断路器控制回路

在发电厂和变电站中，对断路器的分、合闸操作控制，不论是在主控制室中集中控制（即所谓的远方控制），还是在配电装置中就地控制，通常都是通过电气二次回路来实现的，这种电气二次回路称为断路器控制回路。断路器的操作方式分三相操作和分相操作两种，三相操作断路器只配一台操动机构，分相操作三相各配一台操动机构。220kV 及以上电压等级断路器，为了实现单相重合闸或综合重合闸，多采用分相操作方式。操动机构是带动断路器传动机构进行合闸和分闸的机构，依断路器合闸时所用能量形式的不同，操动机构分为电磁操动机构（CD）、弹簧操动机构（CT）、气动操动机构（CQ）、液压操动机构（CY）和电机操动机构（CJ）等。微机保护的功能是实现一个设备间隔的保护，也就是最终要实现对断路器的控制，所以必须有断路器的控制和信号回路。各种保护装置的控制回路大同小异。由于继电器已小型化，断路器控制回路一般做成通用插件，放在保护装置中，功能基本上相同，本节介绍了一种 110kV 线路保护的断路器控制回路。

一、对断路器控制回路的基本要求

断路器控制回路随着断路器的型式、操动机构的类型及运行方面的不同要求而有所差异，但基本接线都类似，断路器控制回路必须完整、可靠。根据 DL/T 5136—2012《火力发电厂、变电站二次接线设计技术规定》，断路器控制回路应满足以下要求：

1）应有电源监视。

2）应能监视断路器跳闸、合闸回路的完好性。

3）应能指示断路器的合闸与跳闸的位置信号，故障自动跳闸或自动合闸时，应能发出报警信号。

4）应有防止断路器“跳跃”的电气闭锁装置，宜使用断路器机构内的防跳回路。

5）跳闸、合闸命令应保持足够长的时间，并且当跳闸或合闸完成后，命令脉冲应能自动解除。

6）接线应简单可靠，使用电缆芯数最少。

二、微机保护与计算机监控系统中的跳合闸出口电路和开关量输入电路

微机保护与计算机监控系统中的跳合闸出口电路如图8-6所示。例如，当输电线路发生故障且满足保护动作条件时，微处理器从并行接口8255的PA0和PC0发出相反电平，使构成“与门”的两个光电隔离器的晶体管饱和导通，保护出口继电器KCO带电，其触点闭合，向断路器控制回路发出跳闸命令。该电路的特点是：采用两条I/O线控制构成“与门”的两个光电隔离器，必须满足两个条件才能动作，提高了出口电路的抗干扰能力；采用8255的两个I/O口，即PA口和PC口发出跳合闸命令，必须使用两条指令才能出口，避免了因程序受干扰引起的误跳闸，进一步提高了可靠性；PC0经一反相器，PA0不经反相器，防止了在拉合直流电源时的误动作。PA0和PC0、PA1和PC1、PA2和PC2及PA3和PC3可以构成4路编码输出的开出量，完成远方跳合闸及保护跳闸功能。

微处理器进行断路器控制时，需要断路器和隔离开关的位置信号相配合，并根据断路器的位置信号点亮红灯和绿灯，控制回路断线监视等也由微处理器完成。因此，必须将相应的一次设备的附属设备状态和有关继电器触点状态通过开关量输入电路传送给微处理器。

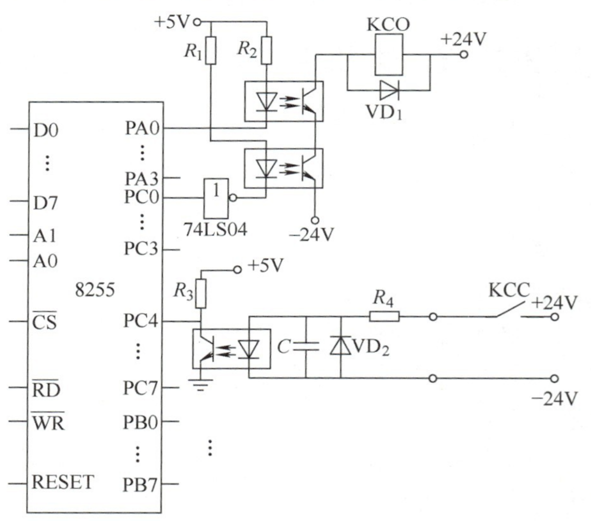

图8-6 微机保护与计算机监控系统的跳合闸出口电路和开关量输入电路图

图8-6所示的开关量输入电路与跳合闸出口电路共用一片并行接口8255，开关量状态经光电隔离器通过8255的PC口高4位PC4～PC7和PB口的PB0～PB7输入，共12路。由于一次设备的附属设备状态和位置信号距装置较远，需经信号继电器转接到24V回路，再引入开关量输入电路，转换为CPU所能接收和处理的5V开关量信号。

三、微机保护中的断路器控制回路的工作原理

微机保护中的断路器控制回路插件（也有做成独立操作箱的）是通用的，按电力工业有关标准规定保护出口必须用有触点继电器执行。RCS941A型110kV线路保护装置中的断路器控制回路（弹簧操动机构）如图8-7所示，在RCS941A的断路器控制回

路中有合闸保持继电器 KLC、跳闸保持继电器 KCF、防跳继电器 KCFV、跳闸位置继电器 KCT、合闸位置继电器 KCC、保护出口继电器触点 KCO、重合闸继电器触点 KRC 及合后位置继电器 KKJ。开关量输入信号有跳闸位置信号继电器 KCT_1、KCT_2 和 KCT_3 的触点 KCT 和 KCT_2，合闸位置信号继电器 KCC_1 和 KCC_2 的触点 KCC 和 KCC_2，合后位置信号继电器 KKJ 的触点 KKJ。合闸保持继电器 KLC 和跳闸保持继电器 KCF 是电流型继电器，其动作电压为 1.5V，并联在其线圈上的两个串联二极管将电压限制到 1.5V，并起分流作用。图 8-7 中的手动操作开关 1SA、“远方/就地” 转换开关 1QK 和绿灯及

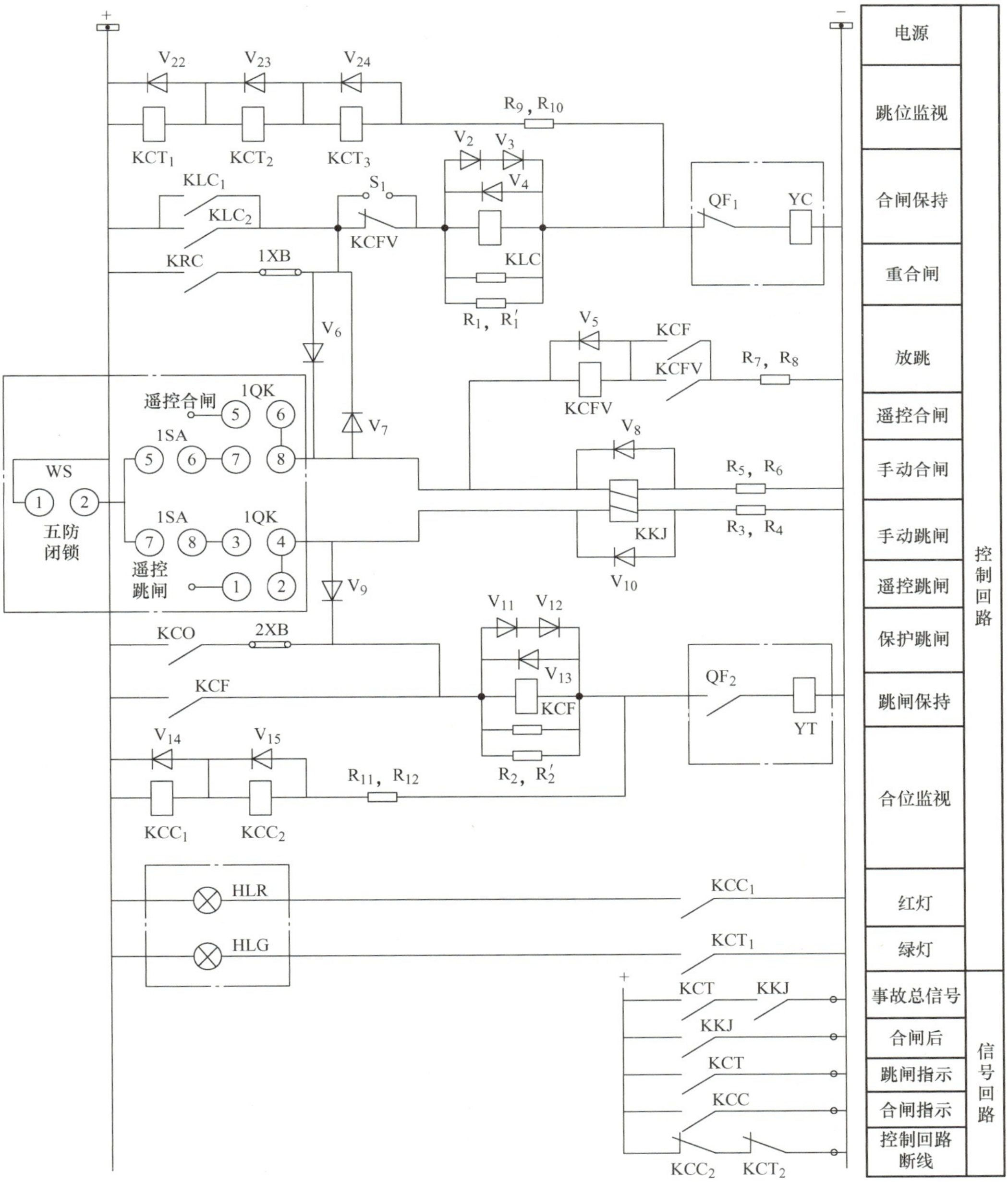

图 8-7 微机保护中的断路器控制回路

红灯安装在微机测控柜上（“就地”是指在微机测控柜上进行的操作）。合闸接触器线圈 YC、跳闸线圈 YT 及断路器辅助触点安装在断路器本体机构箱内。图中的串联电阻都用了两个，便于调整阻值（多数继电器都是电流型，调整阻值保证可靠起动和返回）。实现断路器的跳、合闸，需要 3 部分配合操作：测控柜上安装的手动操作开关 1SA 及“远方/就地”转换开关 1QK（它们的触点图表见图 8-8），保护装置中的断路器控制回路插件和断路器本体机构箱内的电气控制回路。

1QK触点位置表

运行方式	远方	就地
	←	↑
1-2	×	—
3-4	—	×
5-6	×	—
7-8	—	×

1SA触点位置表

运行方式	跳	预跳/跳后	预合/合后	合
	↙	←	↑	↗
1-2	—	—	—	×
3-4	×	—	—	—
5-6	—	—	—	×
7-8	×	—	—	—

图 8-8 “远方/就地”转换开关 1QK、手动操作开关 1SA 触点图

注：“×”表示触点接通，“-”表示触点断开。

1. 合闸后位置继电器 KKJ

合闸后位置继电器 KKJ 实际上是一个双线圈磁保持的双位置继电器。该继电器有一个动作线圈和一个复归线圈，当动作线圈加上一个“触发”动作电压后，触点闭合，直至复归线圈上加上一个动作电压，触点才会断开返回。实际上，KKJ 继电器完全模拟了传统 KK 控制开关手柄位置，使微机保护与监控系统能根据“不对应”发出相应信号，所谓“不对应”是指控制开关 1SA 手柄位置与断路器位置不一致，这样既延续了电力系统的传统习惯，同时也满足了变电站综合自动化技术的需要。

手动合闸时同时启动合闸后位置继电器 KKJ 的动作线圈，KKJ 触点闭合，指示“手合/手跳”控制开关 1SA 处在合闸后位置。手动分闸时同时启动合闸后位置继电器 KKJ 的复归线圈，KKJ 触点断开，指示“手合/手跳”控制开关 1SA 处在跳后位置。

微机继电保护跳闸时则不启动复归线圈，触点 KKJ 还闭合，指示“手合/手跳”控制开关 1SA 处在合闸后位置，而断路器处在跳闸位置（断开状态），二者不对应，微机继电保护装置根据 KKJ 触点闭合和断路器在跳闸位置判定系统发生故障，发出事故信号。

2. 手动合闸

首先将测控柜上的“远方/就地”转换开关 1QK 转换到“就地”位置（其 5-6 和 1-2 触点断开，7-8 和 3-4 触点闭合），再将“手合/手跳”控制开关 1SA 转换到“手合”位置，使其 5-6 触点闭合，通过防跳继电器 KCFV 的动断触点、合闸保持继电器 KLC 的线圈（触点 KLC_1 和 KLC_2 闭合，合闸保持继电器 KLC 自保持，直到合闸操作完成，断路器的辅助触点 QF_1 断开切断合闸回路为止）和断路器的辅助触点 QF_1 将合闸回路接通，合闸接触器线圈 YC 带电，断路器合闸。合闸完成之后，断路器的辅助触点 QF_1 断开，切断合闸回路，跳闸位置继电器线圈 $KCT_{1\sim3}$ 失电，其触点 KCT_1 断开，绿灯熄灭，同时，断路器的辅助触点 QF_2（动合触点）闭合，使合闸位置继电器线圈 $KCC_{1\sim2}$ 带电，其触点

KCC_1 闭合，红灯点亮，指示断路器处于合闸位置状态，并为跳闸操作做好准备。手动合闸的同时启动合闸后位置继电器 KKJ 的动作线圈，其触点 KKJ 闭合，指示“手合/手跳”控制开关 1SA 处在合后位置，为保护跳闸时“不对应”做好准备。

合闸操作完成后，断路器的辅助触点必须可靠断开，否则，可能会出现因合闸保持继电器 KLC 长时间闭合，合闸线圈长时间带电而烧坏的情况。与控制合闸不同点是：手动合闸的操作回路是强电回路，完全不依赖于弱电回路。因而，手动合闸是弱电回路退出运行时的一种备用操作手段。

3. 遥控合闸

测控柜上的“远方/就地”转换开关 1QK 在“远方”位置（其 5－6 和 1－2 触点闭合，7－8 和 3－4 触点断开），断路器控制回路在接收到后台机/远动发来的合闸命令后，通过防跳继电器 KCFV 的动断触点、合闸保持继电器 KLC 的线圈和断路器的辅助触点 QF_1（动断触点）将合闸回路接通，合闸接触器线圈 YC 带电，断路器合闸。远方合闸的同时启动合闸后位置继电器 KKJ 的动作线圈，其触点 KKJ 闭合，指示“手合/手跳”控制开关 1SA 处在合闸后位置，为保护跳闸时“不对应”做好准备。此后运行人员应将控制开关 1SA 操作到合闸后位置。

微处理器插件所发出的合闸命令为一脉冲，为保证可靠合闸，在合闸命令发出到断路器合闸完成这一过程中，合闸保持继电器触点 KLC_1、KLC_2 闭合，合闸保持继电器 KLC 一直处于自保持状态，它将使合闸线圈 YC 一直带电，直到合闸操作完成，断路器的辅助触点 QF_1 断开切断合闸回路为止。

合闸完成之后，断路器的辅助触点 QF_1 切断合闸回路，跳闸位置继电器线圈 $KCT_{1\sim3}$失电，其触点 KCT_1 断开，绿灯熄灭，同时断路器的辅助触点 QF_2（动合触点）闭合，合闸位置继电器线圈 $KCC_{1\sim2}$带电，其触点 KCC_1 闭合，红灯点亮，指示断路器处于合闸位置状态，并为跳闸操作做好准备。

4. 手动跳闸

首先将测控柜上的“远方/就地”转换开关 1QK 转换到“就地”位置，再将“手合/手跳”控制开关 1SA 转换到“手跳”位置，使其 7－8 触点闭合，通过跳闸保持继电器 KCF 的线圈和断路器的辅助触点 QF_2 将控制电压加到跳闸线圈 YT 上，断路器跳闸。跳闸完成后，断路器的辅助触点 QF_2 断开，合闸位置继电器线圈 $KCC_{1\sim2}$失电，其触点 KCC_1 断开，红灯熄灭，同时，断路器的辅助触点 QF_1 闭合，使跳闸位置继电器线圈 $KCT_{1\sim3}$带电，其触点 KCT_1 闭合，绿灯点亮，指示断路器处于跳闸位置状态，并为合闸操作做好准备。手动跳闸的同时启动合闸后位置继电器 KKJ 的复归线圈使 KKJ 复归（控制开关 1SA 处在跳闸后位置），其触点 KKJ 断开，断路器处在跳闸位置（跳闸位置继电器线圈 $KCT_{1\sim3}$带电，其触点 KCT 闭合，指示断路器处在跳闸位置），它们的位置是对应的，装置根据这点判定系统无故障，不发事故总信号。

与手动合闸相同，手动跳闸不依赖于弱电回路，操作回路全部为强电回路。因而，手动跳闸可作为弱电回路退出运行时的一种备用操作手段。

5. 遥控跳闸

测控柜上的“远方/就地”转换开关 1QK 在“远方”位置，断路器控制回路在接收到后台机/远动发来的跳闸命令后，通过跳闸保持继电器 KCF 的线圈和断路器的辅助

触点 QF_2（动合触点）将控制电压加到跳闸线圈 YT 上，断路器跳闸。遥控跳闸的同时启动合闸后位置继电器 KKJ 的复归线圈，触点 KKJ 断开，表示控制开关 1SA 处在跳闸后位置，而断路器处在跳闸位置，因此它们的位置是对应的，装置根据这点判定系统无故障，不发事故总信号。此后运行人员应将控制开关 1SA 操作到跳闸后位置。

断路器控制回路所发出的跳闸命令也是一脉冲，持续时间约为 0.1s，为保证可靠跳闸，在跳闸过程中，跳闸保持继电器 KCF 起动，其触点 KCF 闭合，跳闸保持继电器 KCF 自保持，它将使跳闸线圈 YT 一直带电，直到跳闸操作完成，断路器的辅助触点 QF_2 断开为止。如果出现操作机构卡死或辅助触点不能断开的情况时，跳闸线圈可能因长时间带电而烧坏。

跳闸完成后，断路器的辅助触点 QF_2 断开，合闸位置继电器线圈 $KCC_{1\sim2}$失电，其触点 KCC_1 断开，红灯熄灭，同时，断路器的辅助触点 QF_1 闭合，使跳闸位置继电器线圈 $KCT_{1\sim3}$带电，其触点 KCT_1 闭合，绿灯点亮，指示断路器处于跳闸位置状态，并为合闸操作做好准备。

6. 保护跳闸

微处理器插件根据保护定值整定条件，当满足跳闸条件时，发出跳闸脉冲，保护出口继电器 KCO 动作，其触点 KCO 闭合，通过跳闸保持继电器 KCF 的线圈和断路器的辅助触点 QF_2 将控制电压加到跳闸线圈 YT 上，断路器跳闸。为保证可靠跳闸，在跳闸过程中，跳闸保持继电器 KCF 带电，其触点 KCF 闭合自保持，使跳闸线圈 YT 一直带电，直到跳闸操作完成，断路器的辅助触点 QF_2 断开为止。由于保护跳闸时不启动合闸后位置继电器 KKJ 复归线圈（保护跳闸和手动/遥控跳闸回路之间加有的二极管 V_9 就是为实现此目的），KKJ 触点保持闭合，也就是表示控制开关 1SA 处在合闸后位置，而断路器处在跳闸位置（跳闸位置继电器线圈 $KCT_{1\sim3}$带电，其触点 KCT 闭合，指示断路器处在跳闸位置），它们的位置“不对应”，保护装置根据这点判定系统发生故障，发出事故总信号。跳闸完成后，断路器的辅助触点 QF_2 断开，合闸位置继电器线圈 $KCC_{1\sim2}$失电，其触点 KCC_1 断开，红灯熄灭。同时，断路器的辅助触点 QF_1 闭合，使跳闸位置继电器线圈 $KCT_{1\sim3}$带电，其触点 KCT_1 闭合，绿灯点亮，同时计算机监控系统弹出主接线画面，画面中对应断路器图形元器件发绿色闪光。此后运行人员应将控制开关 1SA 操作到跳闸后位置。保护投退时，操作保护出口压板 2XB。

7. 防跳原理

在遥控合闸或手动合闸过程中，如果合于永久故障上，继电保护控制断路器跳闸，跳闸保持继电器线圈 KCF 带电，触点 KCF 闭合，则防跳继电器线圈 KCFV 带电，其动合触点 KCFV 闭合自保持，其动断触点 KCFV 断开，切断合闸回路。此时，即使遥控合闸命令未撤销或控制开关在“手合”位置未松开，也不会再次合闸。只有在合闸信号撤除后，防跳继电器 KCFV 复位，其动合触点 KCFV 断开解除自保持，其动断触点 KCFV 闭合，接通合闸回路才能进行再次合闸。

如若没有防跳继电器 KCFV，则当合闸开关未能很快松开且故障使继电保持动作于跳闸，又立即合闸，保护又跳闸…出现断路器反复切断电弧跳闸又合闸的“跳跃”现象。

由于断路器机构箱中也配置了防跳回路，如保留断路器机构箱中的防跳回路，可将 S_1 短接。

8. 自动重合闸

自动重合闸一般采用保护起动或控制开关位置与断路器位置不对应的原则来启动的，如线路发生故障，微机保护跳闸后，因合闸后位置继电器 KKJ 触点闭合，而断路器处在跳闸位置，两者不对应，微机保护启动重合闸。微处理器插件发出重合闸脉冲，重合闸继电器 KRC 动作，其触点 KRC 闭合，通过防跳继电器 KCFV 的动断触点及合闸保持继电器 KLC，断路器的辅助触点 QF_1 将合闸回路接通，合闸线圈 YC 带电，断路器合闸。

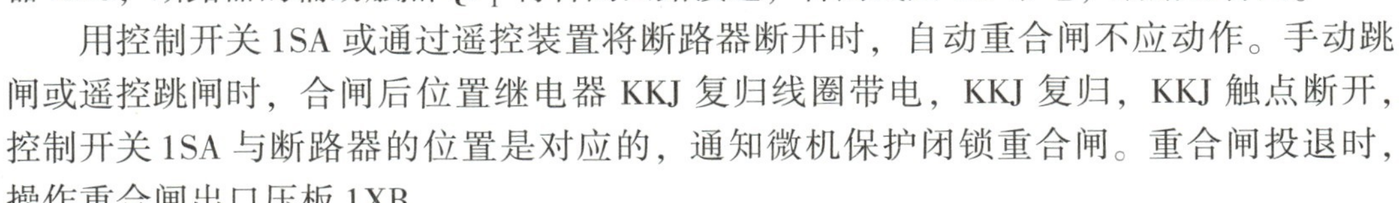

用控制开关 1SA 或通过遥控装置将断路器断开时，自动重合闸不应动作。手动跳闸或遥控跳闸时，合闸后位置继电器 KKJ 复归线圈带电，KKJ 复归，KKJ 触点断开，控制开关 1SA 与断路器的位置是对应的，通知微机保护闭锁重合闸。重合闸投退时，操作重合闸出口压板 1XB。

9. 手动操作锁

为防止误碰控制开关 1SA 发生误跳/误合闸现象，平时，“远方/就地”转换开关 1QK 处于远方控制状态，即手动控制的电源被断开，手动控制开关 1SA 不起作用。

10. 断路器位置与控制回路断线监视

利用合闸位置继电器的触点和跳闸位置继电器的触点进行断路器位置与控制回路断线监视。在正常的情况下，KCC_1 和 KCT_1 中只有一个处于闭合状态，红灯或绿灯被点亮，可用 KCC_1 和 KCT_1 来反映断路器的位置。控制回路断线失电时，合闸位置继电器的动断触点 KCC_2 和跳闸位置继电器的动断触点 KCT_2 均处于闭合状态，“与”门电路接通，则由微处理器判为控制回路断线并报警。

第三节　断路器机构箱中的电气控制回路

断路器生产厂家为断路器配备了基本的操作控制机构，断路器机构内的电气控制回路安装在断路器本体机构箱中，微机保护中的断路器控制回路操作断路器最终是通过断路器本体机构箱中的电气控制回路实现的。以下介绍两种常用的 110kV SF_6 断路器机构箱中配备的电气控制回路。

一、LW35－126 SF_6 断路器机构箱中的电气控制回路

LW35－126 SF_6 断路器目前是 110～220kV 变电站中广泛使用的新一代高压 SF_6 断路器。它是利用已储能的弹簧为动力来实现断路器的跳合闸操作，断路器机构内有两条弹簧，分别是合闸弹簧与跳闸弹簧。合闸弹簧依靠电动机牵引进行储能（压缩），跳闸弹簧依靠合闸弹簧释放（张开）时的势能储能。合闸时，合闸弹簧释放能量，合闸同时给跳闸弹簧储能，在合闸结束的时候，跳闸弹簧已储能结束，如果这次合闸于故障，由于跳闸弹簧已储能，所以断路器能马上跳闸。但跳开之后就不能立即再次合闸了，因为合闸弹簧需要储能，一般合闸弹簧储能时间需要十几秒。LW35－126 SF_6 断路器本体机构箱中配备的电气控制回路和储能电机回路如图 8-9a、b 所示。

（1）合闸控制回路

1）远方合闸：断路器处于跳闸状态，其辅助开关的触点 S 处于接通状态。将“远方/就地”选择开关 STB_1 置于“远方”位置，从端子 17 来的远方合闸操作信号经过“远方/就地”选择开关 STB_1 的“远方”触点、防跳继电器的触点 K_1，SF_6最低功能压

力闭锁继电器的触点 K_3 及储能控制延时继电器的动断触点 K_4 和断路器辅助开关的触点 S 到达合闸线圈 K_{11} 和电磁计数器线圈 PC（通过记录电脉冲信号次数来记录合闸次数），使合闸电磁铁和计数器动作，从而断路器合闸并带动辅助开关转换，辅助开关的触点 S 切断合闸回路同时 S2 触点接通跳闸回路。

2）就地合闸：合闸回路处于准备状态时，将"远方/就地"选择开关 STB_1 置于"就地"位置，按下就地合闸开关 STB_2 经防跳继电器的触点 K_1，SF_6 最低功能压力闭锁继电器的触点 K_3 及储能控制延时继电器的动断触点 K_4，断路器辅助开关的触点 S，到达合闸线圈 K_{11} 和计数器线圈 PC，断路器合闸并带动辅助开关转换，辅助开关的触点 S 切断合闸回路同时 S_2 触点接通跳闸回路。对断路器进行检修时，将"远方/就地"选择开关 STB_1 置于"就地"位置，可在断路器本体机构箱进行跳、合闸试验。

（2）电气防跳控制回路　当断路器完成合闸时，其辅助开关的触点 S_1 接通防跳继电器 K_1，其动断触点 K_1 将合闸回路保持在中断状态，同时其动合触点 K_1 闭合，防跳继电器处于自保持状态，保持防跳回路导通。如果合于永久故障上，继电保护控制断路器跳闸，若此时合闸信号未能撤除（合闸开关 STB_2 未松开或其触点粘连），即使断路器跳闸后辅助开关触点 S 转换成闭合，合闸回路仍不会导通，只有在合闸信号撤除后，防跳继电器复位，合闸回路接通才能进行再次合闸。

断路器控制回路防跳与断路器机构箱内防跳原理上的不同之处在于：断路器控制回路防跳的工作原理是在跳闸回路启动防跳回路，合闸回路自保持；断路器机构箱内防跳的工作原理是防跳回路启动及自保持均设在合闸回路。

（3）跳闸控制回路

1）远方跳闸：断路器处于合闸状态，其辅助开关的触点 S_2 处于接通状态。将"远方/就地"选择开关 STB_1 置于"远方"位置，从端子 26 来的保护跳闸或远方跳闸操作信号经过"远方/就地"选择开天 STB_1 的"远方"触点、SF_6 最低功能压力闭锁继电器的触点 K_3 和断路器辅助开关的触点 S_2 到达跳闸线圈 K_{22}，使跳闸电磁铁动作，从而断路器跳闸并带动辅助开关转换，辅助开关的触点 S_2 切断跳闸回路，辅助开关的触点 S 接通合闸回路。

2）就地跳闸：断路器处于合闸状态，跳闸回路处于准备状态时，将"远方/就地"选择开关 STB_1 置于"就地"位置，按下就地跳闸开关 STB_3，经过 SF_6 最低功能压力闭锁继电器的触点 K_3 和断路器辅助开关触点 S_2 到达跳闸线圈 K_{22}，断路器跳闸并带动其辅助开关转换，辅助开关的触点 S_2 切断跳闸回路，辅助开关的触点 S 接通合闸回路。

（4）电动机储能控制原理　当断路器合闸后，储能位置开关的触点 SP 接通，从而储能控制延时继电器 K_4 动作，其动断触点 K_4 断开合闸回路，其动合触点 K_4 将电动机控制接触器 KM 的线圈接通，触点 KM 闭合，电动机回路接通对合闸弹簧储能。弹簧储能到位时，机构传动轴上的凸轮使储能位置开关 SP 切断储能控制延时继电器 K_4，并接通机构箱中的储能完成信号灯 HL_1，在合闸回路的储能控制延时继电器的动断触点 K_4 闭合，为下次合闸做好准备，其动合触点 K_4 断开使电动机控制接触器 KM 的线圈失电，将储能电动机断开。

当机构储能系统发生故障时，电动机运转时间过长（超过 16s），其储能控制延时继电器 K_4 的延时动断触点 K_4 断开，电动机控制接触器 KM 的线圈失电，将电动机储能控制回路切断以保护电动机并向控制室发出报警信号。

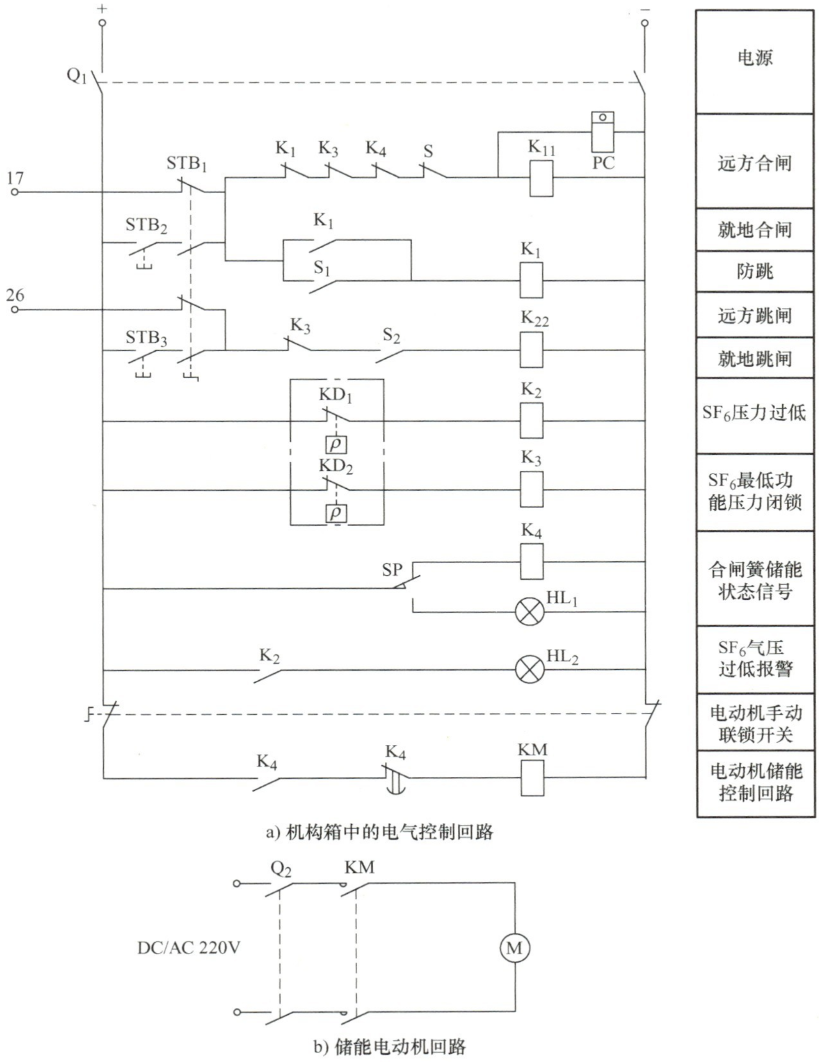

a) 机构箱中的电气控制回路

b) 储能电动机回路

图 8-9　LW35－126 机构箱中的电气控制回路

（5）SF_6 气体压力报警控制回路　当 SF_6 气体发生泄漏，其密度低于报警压力时，密度继电器的触点 KD_1 闭合，使 SF_6 气压过低报警继电器 K_2 动作，其动合触点 K_2 闭合，接通机构箱中低气压报警信号灯 HL_2 并向控制室发出报警信号。

若 SF_6 气体密度低于最低功能压力时，密度继电器的触点 KD_2 闭合，使 SF_6 最低功能压力闭锁继电器 K_3 动作，其动断触点 K_3 切断合闸、跳闸回路，断路器不能进行合闸、跳闸操作。

（6）加热去潮原理　机构箱内装有驱潮器和加热器，在产品运行时，驱潮器始终投入，当环境温度低于 5℃时，温控开关将加热器投入。

二、LW25－126 SF_6 断路器机构箱中的电气控制回路

LW25－126 型是 110kV 电压级广泛使用的一种 SF_6 断路器，利用已储能的弹簧为动

力来实现断路器的跳合闸操作，跳合闸线圈只是提供能量来拔出弹簧的定位卡销，所以跳合闸电流一般都不大，而弹簧的储能则依靠储能电动机。LW25－126 型 SF_6 断路器机构箱中的电气控制回路和储能电动机回路如图 8-10a、b 所示，图中各元器件说明如下：

Q_1 是直流控制电源断路器；SBC 是手动合闸操作按钮；SBT 是手动跳闸操作按钮；1QK 是“远方/就地”切换开关；KCF 是“防跳”继电器；Q_2 是储能电动机电源投入开关；KM 是储能电动机接触器，动作后接通电动机电源；KT 是与 KM 同时起动的电动机超时继电器；KAO 是电动机过电流继电器；KM_3 是辅助继电器（反映电动机过电流、过热故障）；S 是合闸弹簧限位开关；KM_1 是合闸弹簧未储能继电器，反映合闸弹簧储能状态；QF_1、QF_2 是断路器转换开关辅助触点，QF_1 是动合触点、QF_2 是动断触点；KM_2 是 SF_6 低气压闭锁继电器；SB 是复归按钮；KP 是气体继电器辅助触点。

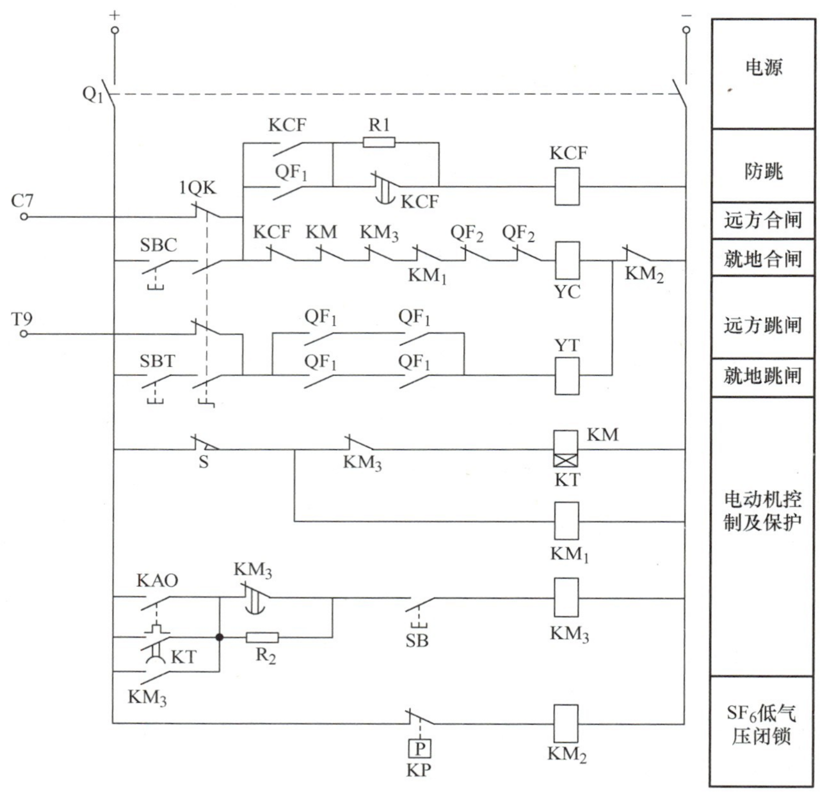

a) 机构箱中的电气控制回路

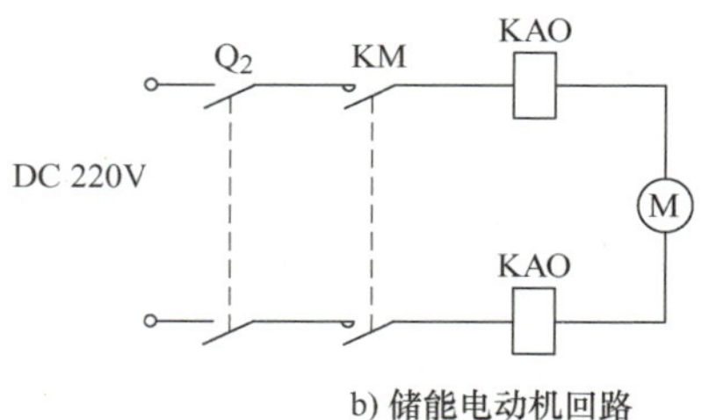

b) 储能电动机回路

图 8-10　LW25－126 型 SF_6 断路器机构箱中的电气控制回路和储能电动机回路

LW25－126 型 SF_6 断路器操作回路中，有一个“远方/就地”切换开关 1QK。“就地”是指使用断路器本体机构箱中的合闸按钮 SBC 或跳闸按钮 SBT 操作，“远方”是指一切通过微机操作箱向断路器发出的跳、合闸指令。正常运行情况下，1QK 处于“远方”状态，由操作人员在控制室对断路器进行操作；对断路器进行检修时，将 1QK 置于“就地”状态，在断路器本体进行跳、合闸试验。

（1）合闸控制回路

1）远方合闸：对断路器而言，远方合闸是指一切通过微机操作箱发来的合闸指令，它包括使用微机操作箱上的操作把手合闸、使用综合自动化系统后台软件合闸、使用远动功能在集控中心合闸等，这些指令都是通过微机操作箱的合闸控制电路传送到断路器的。

断路器处于跳闸状态，断路器转换开关触点 QF_2 接通，从端子 C7 来的远方合闸操作信号，经防跳继电器触点 KCF、储能电动机接触器的动断触点 KM 和辅助继电器 KM_3 的动断触点、合闸弹簧未储能继电器的动断触点 KM_1、断路器转换开关动断触点 QF_2、合闸线圈 YC、低气压闭锁继电器动断触点 KM_2，使合闸线圈 YC 受电，合闸电磁铁动作，断路器合闸，同时带动转换开关转动，触点 QF_2 切断合闸回路，触点 QF_1（使用了断路器的 4 个动合辅助触点，每两个动合触点串联后再并联，减少了辅助触点故障对跳闸造成的影响概率）接通跳闸回路。

2）就地合闸：1QK 在“就地”状态时，合闸回路由手动合闸操作按钮 SBC、KCF 的动断触点、KM 的动断触点、KM_3 的动断触点、KM_1 的动断触点、断路器转换开关两个动断触点 QF_2、合闸线圈 YC 和 KM_2 的动断触点组成。合闸回路处于准备状态时，按下手动合闸操作按钮 SBC 即可完成合闸。

（2）跳闸控制回路

1）远方跳闸：对断路器而言，远方跳闸是指一切通过微机操作箱发来的跳闸指令，它包括使用微机操作箱上的操作把手跳闸、使用综合自动化系统后台软件跳闸、使用远动功能在集控中心跳闸等，这些指令都是通过微机操作箱的跳闸控制电路传送到断路器的。

断路器处于合闸状态，断路器转换开关触点 QF_1 为接通状态，KM_2 的动断触点为闭合状态。从端子 T9 来的远方跳闸操作信号，经触点 QF_1、跳闸线圈 YT 和 KM_2 的动断触点使跳闸电磁铁动作，断路器跳闸，同时带动转换开关转换，触点 QF_1 切断跳闸回路，辅助触点 QF_2 接通合闸回路。

2）就地跳闸：1QK 在“就地”状态时，跳闸回路由手动跳闸操作按钮 SBT、断路器转换开关动合触点 QF_1、跳闸线圈 YT 和 KM_2 的动断触点组成。跳闸回路处于准备状态时，按下手动跳闸操作按钮 SBT 即可完成跳闸。

（3）电气防跳回路　合闸信号给出后，断路器合闸，辅助触点 QF_1 接通，使得防跳继电器 KCF 动作，其动合触点 KCF 闭合，经电阻 R_1 使防跳继电器自保持，在合闸回路的动断触点 KCF 断开，切断合闸回路。如果合于永久故障上，继电保护又控制断路器跳闸，若此时合闸信号未撤除，合闸回路被 KCF 断开，断路器不能合闸。只有合闸信号撤除，防跳继电器 KCF 复位，合闸回路接通后，才能再次合闸。

（4）电动机控制及保护回路　电动机回路包括电动机控制回路和电动机电源回路。考虑事故情况下全站失电压的情况，为保证对断路器的多次控制，目前多采用直流电

动机。电动机控制回路由合闸弹簧限位开关动断触点 S 和合闸弹簧储能电动机接触器 KM 组成，断路器合闸操作后，弹簧能量释放，合闸弹簧限位开关 S 闭合，它同时启动储能电动机接触器 KM 和合闸弹簧未储能继电器 KM_1，储能电动机接触器动合触点 KM 闭合，起动电动机储能，其动断触点 KM 断开合闸回路，表示正在储能，实现闭锁功能；合闸弹簧未储能继电器 KM_1 的动断触点断开合闸回路，防止弹簧未完成储能进行合闸，实现闭锁功能。储能电动机接触器动合触点 KM 闭合接通电动机回路，电动机运转对合闸弹簧储能（拉开弹簧），当弹簧储能到位时，限位开关 S 打开，合闸弹簧储能电动机接触器 KM 失电，其动合触点 KM 断开电动机回路，电动机停止运转。其在合闸回路的动断触点 KM 闭合（表示电动机停止运转，但储能可能未完成，如电动机故障），同时合闸弹簧未储能继电器 KM_1 失电，其在合闸回路的动断触点 KM_1 闭合解除闭锁，表示“合闸弹簧已储能”。为防止过热或长时间运转损毁电动机，该断路器的控制回路中设计有电动机保护回路，电动机保护作用为：避免电动机运行时间过长，断路器合闸操作后，限位开关 S 闭合启动合闸弹簧储能电动机接触器 KM，同时也启动了电动机超时继电器 KT，其动合触点 KT 延时（20s）闭合，启动辅助继电器 KM_3，其动断触点 KM_3 打开，合闸弹簧储能电动机接触器 KM 失电，电动机停止运转，避免了电动机运行时间过长；电动机过载保护，当电动机过载时，过电流继电器 KAO 动作，KAO 的动合触点闭合，同样启动辅助继电器 KM_3，其动断触点 KM_3 打开，合闸弹簧储能电动机接触器 KM 失电返回，电动机停止运转。这时由于储能未完成，KM_1 未失电，其动断触点仍断开了合闸回路，不能进行合闸操作。

（5）信号回路　信号回路均为空触点形式，可接入光字牌报警系统或微机测控装置，主要包括“SF_6压力降低报警”“SF_6压力降低闭锁操作”“电动机故障”“合闸弹簧未储能”等。

（6）加热器回路　加热器回路由温湿度控制器自动控制。当断路器机构箱内温度偏低、湿度偏高时，温湿度控制器的动合触点启动加热器，对断路器机构箱进行加热、除潮，避免由于环境原因对机构运行造成影响。

KM_3 是一个辅助继电器，在电动机发生故障后，辅助继电器 KM_3 是由保护电动机过电流继电器 KAO 或电动机超时继电器触点 KT 起动的。辅助继电器 KM_3 起动后，通过其动合触点 KM_3 闭合与电阻 R_2 实现自保持，其在合闸回路的动断触点 KM_3 打开，断开合闸回路，实现闭锁功能。辅助继电器 KM_3 的动断触点闭合表示“电动机正常”。为了复归辅助继电器 KM_3 的自保持回路，可以在辅助继电器 KM_3 的自保持回路中串接一个复归按钮 SB。

断路器的动断辅助触点 QF_2 闭合表示的是“断路器处于跳闸状态”。从图中可以看出，有两个 QF_2 的常闭触点串联接入了合闸回路。这是由于，断路器的辅助触点和断路器的状态在理论上是完全对应的，但是在实际运行中，由于机件锈蚀等原因都可能造成断路器变位后辅助触点变位失败的情况。将两个辅助触点串联使用，可以确保断路器处于这种触点所对应的状态，断路器和其辅助触点的联动变位是通过机械传动实现的，将断路器动断辅助触点 QF_2 串入合闸回路的目的在于保证断路器处于跳闸状态，更重要的是，QF_2 用于在合闸操作完成后切断合闸回路。

由于泄漏等原因都会造成断路器内 SF_6 密度降低，不足以满足灭弧的需要，这时就要禁止对断路器进行操作。KM_2 是一个辅助继电器，在 SF_6 低气压时，KM_2 由监视 SF_6

密度的气体继电器的辅助触点 KP 启动。KM_2 带电后，其动断触点打开，合闸回路及跳闸回路均被断开，断路器的操作被闭锁。

第四节 10kV 高压开关柜中的断路器控制回路

高压开关柜的保护测量已微机化，断路器控制回路一般也做成通用插件，放在微机保护装置中。

一、10kV 高压开关柜中的断路器控制回路

图 8-11a 所示为 KYN28A－12 高压开关柜保护测控装置中的断路器控制回路和机构箱中的电气控制回路，图 8-11b 所示为储能电动机回路。

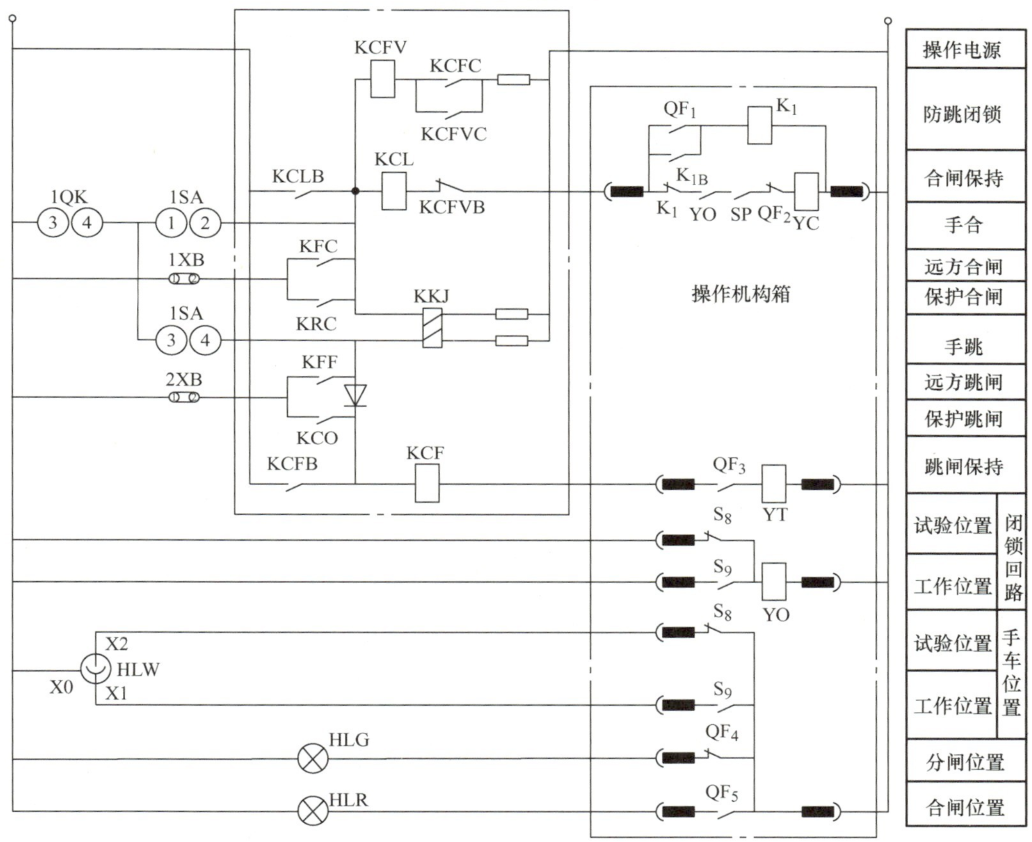

a) 断路器控制回路和机构箱中的电气控制回路

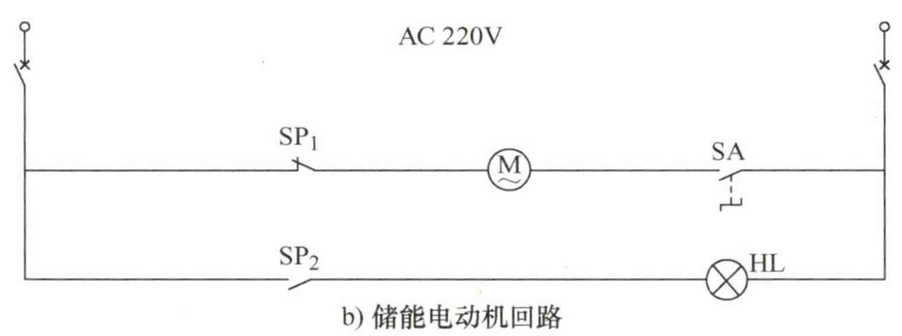

b) 储能电动机回路

图 8-11　10kV 开关柜中的断路器控制回路

1. 手动合闸

首先将开关柜上的“远方/就地”转换开关1QK转换到“就地”位置，其3－4触点闭合。手动合闸时再将“手合/手跳”控制开关1SA转换到“手合”位置，其1－2触点闭合，通过合闸保持继电器KCL的线圈、防跳继电器KCFV的动断触点KCFVB将合闸回路接通，合闸接触器线圈YC带电，断路器合闸。合闸完成之后，断路器的辅助触点QF_2断开切断合闸回路，断路器的辅助触点QF_3闭合为跳闸操作做好准备。辅助触点QF_4（动断触点）断开，绿灯熄灭，同时，辅助触点QF_5（动合触点）闭合，红灯亮，指示断路器处于合闸位置状态。手动合闸的同时启动合闸后位置继电器KKJ的动作线圈，其触点KKJ（图8-11中未画出）闭合给微机保护提供1SA处在合闸后位置信号，为保护跳闸时状态“不对应”做好准备。

2. 远方合闸与保护合闸

断路器在接收到后台机/远动发来的合闸命令后，KFC（KRC）闭合，通过合闸保持继电器KCL的线圈、防跳继电器KCFV的动断触点KCFVB将合闸回路接通，合闸接触器线圈YC带电，断路器合闸。合闸完成之后，断路器的辅助触点QF_2断开切断合闸回路，断路器的辅助触点QF_3闭合为跳闸操作做好准备。断路器的辅助触点QF_4（动断触点）断开，绿灯熄灭，同时，断路器的辅助触点QF_5（动合触点）闭合，红灯亮，指示断路器处于合闸位置状态。远方合闸的同时启动合闸后位置继电器KKJ的动作线圈，其触点KKJ闭合给微机保护提供1SA处在合闸后位置信号，为保护跳闸时状态“不对应”做好准备。此后运行人员应将控制开关1SA操作到合闸后位置。

微处理器插件所发出的合闸命令为一脉冲，为保证可靠合闸，在合闸命令发出到断路器合闸完成这一过程中，KCLB闭合，合闸保持继电器KCL一直处于自保持状态，它将使合闸线圈YC一直带电，直到合闸操作完成，断路器的辅助触点QF_2断开切断合闸回路为止。

3. 手动跳闸

首先将开关柜上的“远方/就地”转换开关转1QK换到“就地”位置，其3－4触点闭合，再将“手合/手跳”控制开关1SA转换到“手跳”位置，使其3－4触点闭合，通过跳闸保持继电器KCF的线圈和断路器的辅助触点QF_3将控制电压加到跳闸线圈YT上，断路器跳闸。手动跳闸的同时启动合闸后位置继电器KKJ的复归线圈使KKJ复归（1SA处在跳闸后），其触点KKJ断开给微机保护提供1SA处在跳闸后位置信号，而断路器处在跳闸位置，它们的状态“对应”，保护装置根据这点判定系统无故障，不发事故信号。跳闸完成后，断路器的辅助触点QF_3断开切断跳闸回路，断路器的辅助触点QF_2闭合为合闸操作做好准备。断路器的辅助触点QF_5（动合触点）断开，红灯熄灭，同时，断路器的辅助触点QF_4（动断触点）闭合，绿灯亮，指示断路器处于跳闸位置状态。

4. 远方跳闸

断路器控制回路在接收到后台机/远动发来的跳闸命令后，KFF闭合，通过跳闸保持继电器KCF的线圈和断路器的辅助触点QF_3（动合触点）将控制电压加到跳闸线圈YT上，断路器跳闸。远方跳闸的同时启动合闸后位置继电器KKJ的复归线圈，KKJ复归。其触点KKJ断开给微机保护提供1SA处在跳闸后位置信号，而断路器处在跳闸位置，它们的状态“对应”，保护装置根据这点判定系统无故障，不发事故信号。此后运行人员应将控制开关1SA操作到跳闸后位置。

断路器控制回路所发出的跳闸命令也是一脉冲，持续时间约为0.1s，为保证可靠跳闸，在跳闸过程中，跳闸保持继电器KCF带电，其触点KCFB闭合，跳闸保持继电器KCF将一直自保持，它将使跳闸线圈YT一直带电，直到跳闸操作完成，断路器的辅助触点QF_3断开为止。如果出现操动机构卡死或辅助触点不能断开的情况时，跳闸线圈可能因长时间带电而烧坏。

5. 保护跳闸

微处理器插件根据保护定值整定条件，当满足跳闸条件时，发出跳闸脉冲，保护跳闸继电器KCO动作，其触点KCO闭合，通过跳闸保持继电器KCF的线圈和断路器的辅助触点QF_3将控制电压加到跳闸线圈YT上，断路器跳闸。由于保护跳闸时不启动合闸后位置继电器KKJ复归线圈（保护跳闸和手动/遥控跳闸回路之间加的二极管就是为实现此目的），其触点KKJ保持闭合给微机保护提供1SA处在合闸后位置信号，而断路器在跳闸位置，1SA与断路器的状态“不对应”，保护装置根据这点判定发生了故障，发出事故信号。跳闸完成后，断路器的辅助触点QF_3断开，切断跳闸回路，断路器的辅助触点QF_2闭合并为合闸操作做好准备。断路器的辅助触点QF_5（动合触点）断开，红灯熄灭，同时，断路器的辅助触点QF_4（动断触点）闭合，绿灯亮，指示断路器处于跳闸位置状态。此后运行人员应将控制开关1SA操作到跳闸后位置。

6. 防跳原理

在远方合闸或手动合闸过程中，如果合于永久故障上，继电保护控制断路器跳闸，跳闸保持继电器KCF线圈带电，其动合触点KCFC闭合，使防跳继电器KCFV线圈（经由1SA的1－2触点提供电源）带电，其动合触点KCFVC闭合自保持，其动断触点KCFVB断开，切断合闸回路。此时，即使远方合闸命令未撤销或控制开关在“手合”位置未松开，也不会再次合闸。

如若没有防跳继电器KCFV，则当合闸开关未能很快松开且故障使继电保护动作于跳闸，又立即合闸，保护又跳闸，出现断路器反复切断电弧跳闸又合闸的“跳跃”现象。

二、10kV断路器机构箱中的电气控制回路

（1）合闸控制回路与合闸操作　断路器处于分闸状态，断路器辅助开关动合触点QF_1断开，防跳跃继电器K_1失电，其动断触点K_1闭合；手车处于工作位置，试验或工作状态继电器YO带电，其触点YO闭合；弹簧已储能，储能行程开关触点SP闭合；断路器辅助开关动断触点QF_2闭合。合闸信号经K_1－YO－SP－QF_2接通合闸接触器线圈YC，断路器合闸并带动辅助开关转换，辅助开关的动断触点QF_2断开切断合闸回路，同时动合触点QF_3闭合接通分闸回路，辅助开关的动合触点QF_1闭合接通防跳继电器K_1。

（2）电气防跳回路　当断路器合闸时，辅助开关的动合触点QF_1闭合接通防跳继电器K_1，如果此时合闸脉冲依旧存在，防跳继电器动作，其动断触点K_1将合闸回路断开，同时其动合触点K_{1B}闭合，防跳继电器处于自保持状态，在合闸信号没有撤除前，保持防跳回路导通。若合闸开关转换到“手合”位置未松开（其触点未返回）或合闸开关触点粘连，此时合闸到永久故障上，继电保护动作，断路器分闸切除故障，其辅助开关转换，动断触点QF_2闭合，由于K_1断开，合闸回路不导通，断路器不会再次合闸。只有合闸信号撤除后（合闸开关触点返回），防跳继电器复位，合闸回路才会接

通，为下次合闸操作做好准备。储能行程开关 SP 不能起到防跳作用，因为储能完成后 SP 还会闭合，若出现合闸开关触点粘连，断路器还会合闸。

断路器控制回路防跳与断路器机构箱内防跳原理上的不同之处在于：断路器控制回路防跳的工作原理是跳闸回路启动防跳回路，合闸回路自保持；断路器机构箱内防跳的工作原理是防跳回路启动及自保持均设在合闸回路。

由于断路器控制回路中也配置了防跳回路，两者用一个，10kV 开关柜多用断路器控制回路中的防跳回路，机构箱中的防跳回路可拆除。

（3）分闸控制回路与分闸操作　断路器处于合闸状态时，其辅助开关的动合触点 QF_3 闭合，分闸信号经 QF_3 接通分闸线圈 YT，使分闸电磁铁动作，从而断路器分闸并带动辅助开关转换，辅助开关的触点 QF_3 断开切断分闸回路。

（4）工作与试验位置　在柜内手车有“工作”与“试验”两个位置。

1）工作位置。开关小车机构摇至仓内，上下动触点和舱内静触点咬合到位。开关处于热备用状态。工作位置行程开关触点 S_9 闭合，YO 接通电源，其动合触点 YO 接通，允许合闸。手车位置指示灯 HLW 指示手车位置为工作位置（工作位置行程开关触点 S_9 闭合）。

2）试验位置。开关小车机构摇至仓口，上下动触点和舱内静触点分开，有一定的安全距离。开关处于试验状态。试验位置行程开关触点 S_8 闭合，YO 接通电源，其动合触点 YO 接通，允许合闸。手车位置指示灯 HLW 指示手车位置为试验位置（试验位置行程开关触点 S_8 闭合）。试验位置用来试验二次回路和断路器动作是否正常。

手车处在工作位置和试验位置之间的任何位置时，不允许合闸，如果此时合闸会造成断路器触头接触不良，导致触头过热甚至飞弧。在这些位置时，YO 不带电，其动合触点 YO 断开，合闸回路不通，实现了手车位置合闸闭锁。

3）检修位置（退出位置），就是把断路器拉出柜外。这时二次插座已拔下。

（5）弹簧未储能闭锁　高压开关柜现在一般采用弹簧操动机构，储能电动机回路如图 8-11b 所示。合闸完成后，储能行程开关触点 SP 断开，切断合闸回路（未储能时闭锁合闸回路）。储能电动机回路的行程开关触点 SP_1 闭合，开始储能，储能完成后，SP_1 断开，电动机停止运行，SP_2 闭合，储能指示灯亮，同时 SP 闭合，解除合闸回路未储能闭锁。旋钮开关 SA 是控制储能电动机的开关，开关打到储能处自动储能，电动机异常时，可用旋钮开关 SA 断开电动机。未储能时，储能行程开关触点 SP 断开，不允许合闸。

第五节　中 央 信 号

在发电厂和变电站中，为了随时掌握电气设备和电气系统的运行情况，需用信号及时显示当时的运行情况。中央信号是监视设备运行的一种信号装置。当发生事故或异常时能相应地发出灯光和音响信号，运行人员能够根据信号指示确定和了解事故或异常的性质、范围和地点从而做出正确的处理。所以，中央信号装置在发电厂和变电站中具有十分重要的作用。按用途，中央信号分为事故信号、预告信号、位置信号和其他信号。

一、传统的中央信号

对中央事故信号装置的要求是：在任一断路器事故跳闸时，能瞬时发出音响信号，

并在控制屏或配电装置上有表示事故跳闸的具体断路器位置的灯光指示信号。中央事故音响信号采用电笛，应能手动或自动复归。

对中央预告信号装置的要求是：当供电系统发生故障和不正常工作状态但不需立即跳闸的情况时，应及时发出音响信号，并有显示故障性质和地点的指示信号（光字牌指示）。预告音响信号通常采用电铃，应能手动或自动复归。

发电厂和变电站需装设能重复动作并延时自动解除音响的事故信号和预告信号装置。中央信号装置应满足的基本要求如下：

1）断路器事故跳闸时，能瞬时发出音响信号，并有表示事故跳闸的具体断路器位置的灯光指示信号。

2）发生故障和不正常工作状态但不需立即跳闸的情况时，应及时发出预告音响信号，并以光字牌指示显示故障性质和地点。

3）能进行事故信号和预告信号及光字牌完好性的试验。

4）能手动或自动复归音响，而保留光字牌信号。

5）对电源熔断应有监视接线。

6）对音响监视接线能实现亮屏或暗屏运行。

7）事故音响动作时需停事故电钟，但在事故音响信号试验时不应停钟。

8）试验遥信事故信号时，不应发出遥信信号。

1. 事故信号

事故信号包括灯光与音响信号，当电力系统的电气设备或设施发生事故，在继电保护作用下使相应的断路器事故跳闸时，电笛（蜂鸣器）发出音响，通知运行人员有事故，同时跳闸断路器位置信号灯绿灯开始闪光，指示跳闸断路器的位置，告诉运行人员事故地点，运行人员能够根据事故信号指示做出正确的处理。

2. 预告信号

当发电厂或变电站运行的电气设备发生危及安全运行的异常情况时，发出预告信号，即启动电铃发出预告信号音响和点亮显示异常情况内容的一组光字牌，通知运行人员进行处理，运行人员可根据预告信号判断处理，消除异常情况。为与事故音响区别，预告信号发出电铃声以区别于断路器事故跳闸时的电笛声。

电气设备的异常运行情况主要有：发电机过负荷，发电机轴承油温过高，发电机转子回路一点接地，发电机强行励磁动作；变压器过负荷，变压器油温过高，变压器轻瓦斯动作，变压器风扇故障；自动装置动作；事故照明切换动作；交流绝缘监视动作，直流绝缘监视动作；电压互感器熔断器熔断；6～10kV 配电装置各段信号；液压或气压过低等。

以往通常把预告信号分为瞬时预告信号和延时预告信号两种。经过多年的运行实践及分析证明，只要使用能重复动作并能自动消除音响的预告信号装置，并且回路中的冲击继电器带有 0.3～0.5s 的短延时，不必分为瞬时和延时两种预告信号，也能满足运行要求。这样，简化了预告信号回路的接线，提高了工作的可靠性。

3. 位置信号

位置信号用来监视断路器分合情况。位置信号一般采用双灯制，红灯亮发平光表示断路器在合闸位置，绿灯亮发平光表示断路器在分闸位置，操作开关位置与断路器

位置不对应（不一致）时，指示灯发闪光（断路器事故跳闸时绿灯发闪光，断路器自动合闸时红灯发闪光）。

二、计算机监控方式下的中央信号

随着科学技术的发展，发电厂和变电站已广泛采用计算机监控系统和计算机继电保护，传统的中央信号在新建的发电厂和变电站基本不再选用，控制室中传统的各种电气设备的控制屏已经取消而由计算机和显示器代替。计算机监控方式下新型的中央信号由数据采集（开关量硬接线方式采集或通信方式采集）、监控画面显示及声光报警等部分组成。报警信号由事故信号和预告信号组成，在发生事故断路器跳闸和异常运行情况时，在监控显示器上弹出画面并发出音响信号，事故信号与预告信号的画面显示和发出的音响应有区别。计算机监控方式下断路器事故跳闸时，在监控显示器上弹出的是反应事故跳闸断路器位置的主接线画面，事故跳闸断路器元件变为绿色闪动并由计算机发出事故信号音响，告诉运行人员发生事故了。当运行的电气设备发生危及安全运行的异常情况时，在监控显示器上弹出显示异常情况内容的光字牌，并由计算机发出预告信号音响，通知运行人员进行处理，消除异常情况。下面介绍一种型号为 XXS－2A－32（64）Q 的微机中央信号报警装置。

1. 简介

XXS－2A－32（64）Q 系列全功能微机闪光报警器广泛应用于电力、冶金、石化、铁路等自动控制领域。微机化、数字化集成监控技术的采用，使其具有可靠性高、抗干扰能力强、操作简单（中文 LCD 界面显示）、安装方便、重量轻、现场维护量小等优点。控制部分采用专用集成电路，由微处理器、程序存储器、数据处理器、时钟芯片、LCD 人机界面等组成微机集成系统。系统的输入、输出回路采用光电隔离电路可完成对报警信号的追忆；报警音响系统具有自动消音、瞬时、延时报警的功能；装置显示部分（光字牌）采用新型固体平面发光管（冷光源），其连续工作寿命大于 50000h。XXS－2A－32（64）Q 系列产品可实现 8～64 路通道报警。输入信号可采用无源（开关触点）方式及有源（DC－220V、DC－110V、DC－48V、DC－24V）等方式，通用性强，适用于需要显示报警的一切场合。

2. 工作原理

装置以高性能的智能控制单元为核心，配有可靠性保护电路，性能稳定，信号采用智能化集中管理，以 LCD 为人机对话界面，信号响应速度快，抗干扰能力强。系统功能框图如图 8-12 所示。

3. 功能

（1）双音双色　光字牌的两种颜色可分别对应两种报警音响，从视觉、听觉上可明显区别事故信号及预告信号。

（2）常开、常闭状态任意设定　可对 64 点输入信号的常开、常闭状态任意设定其闭合或断开报警的方式。

（3）自动确认　信号报警若不按确认键，可自动确认，光字牌由闪光转平光，音响停止。确认时间由 LCD 界面输入设定。

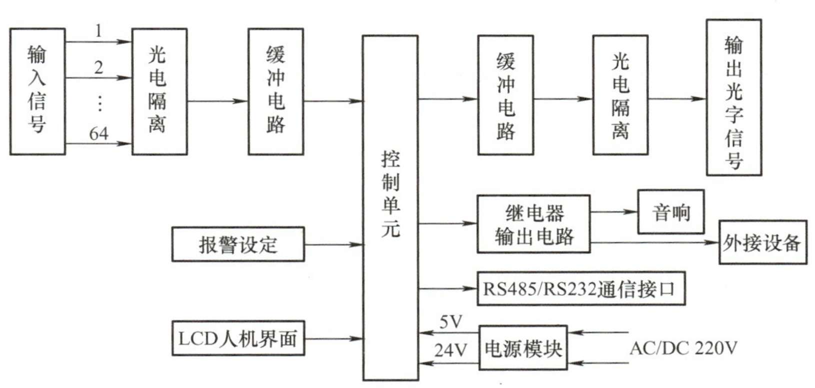

图 8-12 微机中央信号报警装置系统功能框图

（4）通信功能 多台报警器可并网使用，并网后多台报警器可以由一台报警器控制，通过预留 RS232 或 RS485 串行通信接口，可实现多台报警器中一台作为主机，其余作为子机，可直接与本地的 PC 通信或远程终端单元（RTU）通信，与站内远动遥信连接，实行远方调度，满足现场总线要求。

（5）追忆功能 报警信号可追忆，按下追忆键，报警信号按其报警先后顺序，在光字牌上逐个闪亮（1 个/s），可顺追、逆追。追忆中报警优先，最多可追忆 2000 个信号。

（6）掉电保护功能 报警器中采用了先进的掉电保护电路，若使用过程中发生断电，报警器中的记忆信号不会丢失。

（7）消除功能 若需消除报警器中的记忆信号，操作消除键即可。

（8）一对一接点输出功能 报警器在报警信号输入，点亮光字牌的同时，可对应输出无源常开触点，触点容量为 DC 24V、1A 或 AC 125V、0.3A，若触点容量较大时需配辅助继电器箱。

（9）功能触点输出（可与 RTU 通信） 报警器在光字牌输出的同时，还同时提供 6 对辅助触点输出，可实现事故总信号、事故停钟、预告总信号等输出。

（10）输入信号可选择 报警器的输入信号可以以触点方式输入，也可以从串行通信口输入。

（11）自锁功能 当报警器设置为自锁程序时，可将大于 20ms 的脉冲信号锁存，按持续信号报警处理，直至确认键按下后方可复位。

（12）延时报警 在非自锁程序状态下，通过设置可使信号报警时其音响报警延时触发，延时时间可在 3～27s 内设置调整。

思考题与习题

1. 什么叫发电厂的二次接线？其作用是什么？
2. 什么叫电气二次接线图？电气二次接线图包括哪几种？
3. 什么是发电厂和变电站的电气二次设备？
4. 对断路器控制回路的基本要求是什么？
5. 什么叫断路器的“跳跃”？在断路器控制回路中，防止断路器“跳跃”的措施

是什么？

6. 什么叫“不对应”，微机保护中的断路器控制回路如何判断“不对应”？

7. 当断路器处在合闸位置时，断路器的位置指示信号为（　　）。

A. 红灯闪光　B. 绿灯闪光　C. 红灯发平光　D. 绿灯发平光

8. 断路器“防跳”装置的作用是（　　）。

A. 防止断路器拒动　B. 保证断路器可靠地熄弧

C. 避免断路器发生单次“合一跳”　D. 避免断路器发生多次“合一跳”

9. 当断路器处在分闸位置时，断路器的位置指示信号为（　　）。

A. 红灯平光　B. 红灯闪光　C. 绿灯平光　D. 绿灯闪光

10. 中央信号装置由（　　）。

A. 事故信号装置和电笛组成　B. 事故信号装置和位置信号组成

C. 光字牌和电铃组成　D. 事故信号装置和预告信号装置组成

11. 断路器的位置指示信号为红灯闪光表示（　　）。

A. 手动准备合闸或自动跳闸　B. 手动准备跳闸或自动跳闸

C. 手动准备合闸或自动合闸　D. 手动准备跳闸或自动合闸

12. 断路器在手动预备合闸位置时的灯光信号为（　　）。

A. 绿灯发平光　B. 绿灯闪光　C. 红灯发平光　D. 红灯闪光

13. 断路器的位置指示信号为绿灯闪光表示（　　）。

A. 手动准备合闸或自动跳闸　B. 手动准备合闸或自动合闸

C. 手动准备跳闸或自动跳闸　D. 手动准备跳闸或自动合闸

14. 断路器事故跳闸发出的信号是（　　）。

A. 电铃响和位置指示信号为绿灯闪光　B. 电笛响和位置指示信号为绿灯闪光

C. 电铃响和光字牌亮　D. 电笛响和位置指示信号为红灯闪光

15. 操作开关位置与断路器位置不对应（不一致）时位置指示信号为（　　）。

A. 绿灯闪光　B. 绿灯平光或红灯平光

C. 红灯闪光　D. 绿灯闪光或红灯闪光

16. 计算机监控方式下的断路器事故跳闸发出的信号是（　　）。

A. 电笛响和监控显示器的主接线画面中对应断路器符号变绿色闪动

B. 电笛响和监控显示器的主接线画面中对应断路器符号变红色闪动

C. 电铃响和监控显示器中显示光字牌

D. 电铃响和监控显示器的主接线画面中对应断路器符号变绿色闪动

第九章 电力变压器的运行

电力变压器是发电厂和变电站中重要的一次设备之一，随着电力系统电压等级的提高和规模的扩大，电压升压和降压的层次增多，系统中变压器的总容量已达发电机装机容量的 7～10 倍。可见电力变压器的运行是电力生产中非常重要的环节。本章着重介绍电力变压器运行中的基本理论，详细阐明变压器温升的计算、等值老化原则、平均相对老化率的计算和变压器正常过负荷及事故过负荷能力的计算；详细分析自耦变压器的工作原理和运行特点及变压器并列运行的条件。

第一节 变压器的温升与温度计算

一、变压器的发热和散热

变压器在运行时，绕组、铁心和附加的电能损耗都将转变成热能，使变压器各部分的温度升高。图 9-1 示出了油浸式变压器中各部分温升的分布情况。从图中可以看出，变压器的各部分发热很不均匀，绕组温度最高，最热点在高度方向的 70%～75%，径向温度最高处位于绕组厚度（自内径算起）的 1/3 处。铁心、高压绕组、低压绕组所产生的热量都传给油，热量被循环流动的油带走，故它们的发热互不关联。

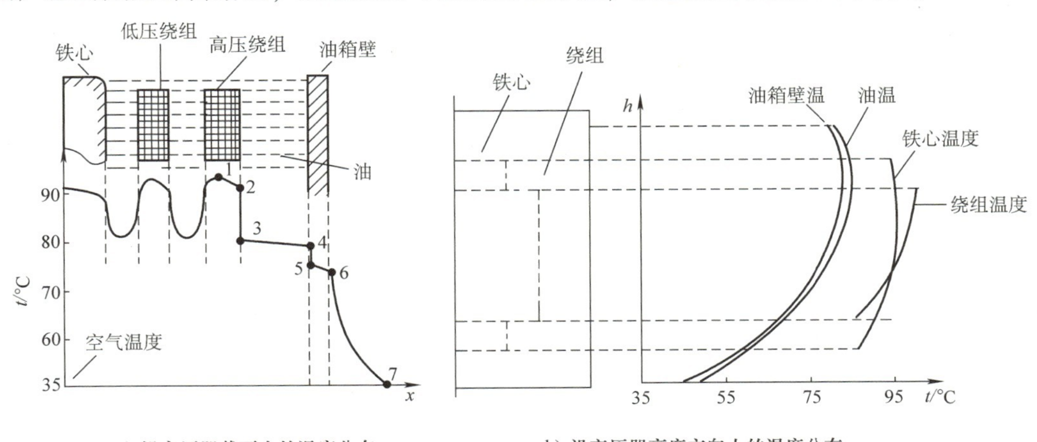

a) 沿变压器截面上的温度分布　　b) 沿变压器高度方向上的温度分布

图 9-1 油浸式变压器的温度分布

油浸式变压器的散热过程为：热量由绕组和铁心内部以传导方式传到导体和铁心的表面，如图 9-1a 中曲线 1—2；绕组和铁心表面的热量以对流方式传到变压器油中，如图 9-1a 中曲线 2—3，这部分占总温升的 20%～30%；径向油的温升变化不大，如

图 9-1a 中曲线 3—4；绕组和铁心附近的热油以对流方式传到油箱或散热器的内表面，如图 9-1a 中曲线 4—5；油箱或散热器内表面的热量以传导方式传到外表面，如图 9-1a 中曲线 5—6；这些热量最后以对流和辐射方式扩散到周围空气中，如图 9-1a 中曲线 6—7，这部分占总温升的 60% ~70%。

大容量变压器的电能损耗大，单靠油箱壁和散热器不能达到发热和散热的平衡，此时需要采用强迫油循环冷却或导向强迫油循环冷却方式。强迫油循环风冷或水冷是使热油经过强风或水冷却器冷却，散出热量后再用油泵送回变压器。导向强迫油循环冷却是强迫经冷却器冷却后的油沿一定的油路从绕组和铁心内部通过，带走大量热量，冷却效果较好。

二、变压器的温升计算

变压器的发热很不均匀，如图 9-2 所示，油浸式变压器的温升从底部到顶部，不论其冷却方式如何，绕组（*CD*）和油（*AB*）的温升都近似呈线性增加（在任意高度，绕组对油的温差均为一常数 g_r）。为了全面反映变压器的温升情况，绕组和油的温升通常都用其平均温升和最大温升来表示，绕组平均温升（*M* 点，是用电阻法测量得到的）和油平均温升（*N* 点）是指整个绕组温升和全部油温升的平均值，绕组的最高温度是指绕组热点（*E* 点）的温度，由于杂散损耗增加，它高于绕组的平均温升（*D* 点），油的最高温度是指绕组顶部油温（*B* 点），一般使用测量得到的顶层油温（*F* 点），*A* 点为测量得到的变压器底部油温。变压器在额定使用条件下带额定负荷运行时的平均温升和最大温升称为额定温升。由于变压器绕组和铁心的发热没有关联，根据变压器温升的分布，温度计算中的基本关系为

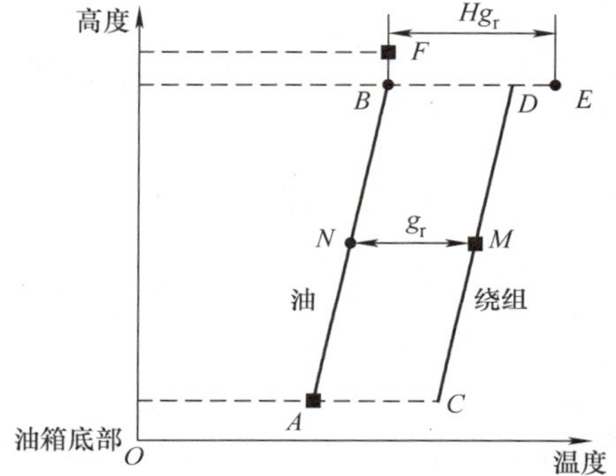

图 9-2　油浸式变压器温升分布图

绕组对空气的温升 = 油对空气的温升 + 绕组对油的温升

绕组的温度 = 空气温度 + 油对空气的温升 + 绕组对油的温升

我国国家标准规定变压器的额定使用条件为：最高气温 +40℃；最高日平均气温 +30℃；最高年平均气温 +20℃；最低气温 −30℃；变压器各部分的温升不得超过表 9-1 中的数值。

表 9-1　变压器各部分的允许温升　（单位：K）

	配电变压器（最大容量 2500kVA）	中型（三相容量最大 100MVA、单相容量 33.3MVA）或大型（三相容量在 100MVA 以上）电力变压器		
	ONAN（自然油循环自冷）	ON（非导向自然油流）	OF（非导向强迫油流）	OD（导向油流）
绕组对空气的平均温升	65	63	63	68
热点对绕组顶部油的温差	23	26	22	29
油对空气的平均温升	44	43	46	46
顶层油对空气的温升最大值	55	52	56	49
绕组热点对空气的温升	78	78	78	78
底层油对空气的温升	33	34	36	43

自然油循环冷却（ON）和强迫油循环冷却（OF）变压器的绕组热点温度比绕组的平均温度高15℃，强迫油循环导向冷却（OD）变压器高约10℃。采用A级绝缘材料的变压器，绕组热点温度为98℃时，使用寿命为20~30年。因此，自然油循环冷却变压器带额定负荷长期运行时的空气温度最高为98℃－15℃－63℃＝20℃。

顶层油（B点）对空气的温升$\Delta\theta_{or}=52℃$，绕组对油的平均温升$g_r=20℃$，油对空气的平均温升$\Delta\theta_{omr}=43℃$，绕组热点（E点）对顶层油的温升为$\Delta\theta_{hr}=43℃+20℃+15℃-52℃=26℃$。

上述温升值是对额定负荷而言的，如果变压器的负荷与额定负荷不同，需要对允许温升进行修正。设负载系数K为实际负荷与额定负荷之比，则任意负荷下顶层油对空气的温升$\Delta\theta_o$为

$$\Delta\theta_o=\Delta\theta_{or}\left(\frac{1+RK^2}{1+R}\right)^x \tag{9-1}$$

式中　$\Delta\theta_{or}$——额定负荷时，顶层油对空气的温升最大值；

R——额定负荷下，负载损耗与空载损耗之比，为2~6；

x——计算油的温升的指数，与变压器的冷却方式有关，对于ON方式配电变压器，$x=0.8$；对于中、大型电力变压器，ON方式取$x=0.9$、OF方式和OD方式取$x=1.0$。

任意负荷下绕组热点对顶层油的温升$\Delta\theta_h$为

$$\Delta\theta_h=Hg_rK^y \tag{9-2}$$

式中　H——热点系数；

g_r——额定电流下绕组平均温度与油平均温度的差值，根据H和g_r可以计算额定电流下绕组热点温度对顶层油温度的差值$\Delta\theta_{hr}$，$\Delta\theta_{hr}=Hg_r$；

y——计算绕组热点温升用的指数，也与变压器的冷却方式有关，对于ON方式配电变压器，$y=1.6$；对于中、大型电力变压器，ON方式和OF方式取$y=1.6$、OD方式取$y=2.0$。

三、变压器的稳态温度计算

根据变压器冷却方式的不同，任意负荷下绕组热点稳态温度的计算方法如下：

1. 自然油循环冷却（ON）

绕组热点温度＝空气温度＋顶层油对空气的温升＋绕组热点对顶层油的温升，即

$$\theta_h=\theta_a+\Delta\theta_{or}\left(\frac{1+RK^2}{1+R}\right)^x+Hg_rK^y$$

式中　θ_h——绕组热点温度（不考虑导线电阻随温度变化的影响）；

θ_a——空气（环境）温度。

2. 强迫油循环冷却（OF）

对于强迫油循环冷却（OF）和强迫油循环导向冷却（OD），顶层油对空气的温升等于底层油温升加上油对空气的平均温升与底层油对空气的温升之差的2倍。任意负荷时绕组热点温度按式(9-3)计算，即

$$\theta_h=\theta_a+\Delta\theta_{br}\left(\frac{1+RK^2}{1+R}\right)^x+2(\Delta\theta_{omr}-\Delta\theta_{br})K^y+Hg_rK^y \tag{9-3}$$

式中　$\Delta\theta_{br}$——额定负荷时，底层油对空气的温升；

$\Delta\theta_{omr}$——额定负荷时，油对空气的平均温升。

3. 强迫油循环导向冷却（OD）

$$\theta'_h = \theta_h + 0.15(\theta_h - \theta_{hr})$$

式中　θ'_h——绕组热点温度（考虑导线电阻随温度变化的影响）；

θ_{hr}——额定负荷时的绕组热点温度；

θ_h——负荷率为 K 时的绕组热点温度，按式(9-3)计算。

四、变压器的暂态温度计算

在变压器的运行中，负荷不断变化，周围环境温度也不断变化，因此，变压器绕组和油对空气的温升过程是不断变化的暂态过程，只要负荷与环境温度在变化，其温升就达不到稳定。对于两段式负荷曲线（见图9-3），经过时间 t 的变压器油对空气的暂态温升计算公式为

$$\Delta\theta_o(t) = \Delta\theta_{oi} + (\Delta\theta_o - \Delta\theta_{oi})(1 - e^{-t/\tau_o}) = \Delta\theta_o - \Delta\theta_o e^{-t/\tau_o} + \Delta\theta_{oi} e^{-t/\tau_o} \tag{9-4}$$

式中　$\Delta\theta_o$——时间 t 内所加负载的油的稳定温升；

$\Delta\theta_{oi}$——油的起始温升；

τ_o——油的发热时间常数（h），自然油循环取3.5h，强迫油循环取2.5h。

根据式(9-1)和式(9-4)可以得出自然油循环冷却变压器顶层油暂态温度 $\theta_o(t)$ 的计算公式为

$$\theta_o(t) = \theta_a + \Delta\theta_{oi} + \left\{\Delta\theta_{or}\left(\frac{1+RK^2}{1+R}\right)^x - \Delta\theta_{oi}\right\}(1 - e^{-t/\tau_o}) \tag{9-5}$$

对于ON方式的配电变压器取 $\tau_o = 3.0$h；对于中、大型电力变压器，ON方式取 $\tau_o =$ 2.5h；OF方式和OD方式取 $\tau_o = 1.5$h。

变压器油的发热时间常数一般为1.5～3.0h，变压器绕组的发热时间常数一般为5～6min，当负荷从 K_1 突变到 K_2 时，油对空气的温升不能突变，仍用式(9-5)计算。由于绕组的发热时间常数很小，计算中将此时间常数近似地看成等于零，故可认为绕组对油的温升能够突变，从 K_1 时的绕组对油的稳定温升跃变到 K_2 时的稳定温升。绕组对空气的温升曲线由油对空气的温升曲线加上相应段绕组对油的稳定温升组成。根据式(9-1)、式(9-2)和式(9-4)可以得出自然油循环冷却变压器绕组热点暂态温度 $\theta_h(t)$ 的计算公式为

$$\theta_h(t) = \theta_{oi} + \left\{\Delta\theta_{or}\left(\frac{1+RK^2}{1+R}\right)^x - (\theta_{oi} - \theta_a)\right\}(1 - e^{-t/\tau_o}) + Hg_r K^y \tag{9-6}$$

式中　θ_{oi}——开始时的顶层油温升，$\theta_{oi} = \theta_a + \Delta\theta_{oi}$。

变压器油的暂态温度和绕组最热点温度可以编程计算，用程序计算时，一般需要重复计算，直到周期（短期内日负荷曲线呈周期性）终了时的顶层油温与初始时的顶层油温差小于0.2℃。

负荷曲线一般是多阶段式，由于负荷的变化，每一段油对空气的温升一般都达不到稳定值，用式(9-4)一段一段计算较复杂，根据式(9-4)可以得到适合多阶段负荷曲线的暂态温升计算公式。

如果 t_1'，t_2'，…，t_j' 是各负荷时段的时间，t_1，t_2，…，t_j 是从起始时间开始到各负荷时段末的时间，令 $t_0=0$，并考虑到 $t_1'=t_1$，则第 j 段的温升为

$$\Delta\theta_{ot_j}=\Delta\theta_{oj}-\Delta\theta_{oj}e^{-t_j'/\tau_o}+\Delta\theta_{oij}e^{-t_j'/\tau_o}$$

上式两边乘以 e^{t_j'/τ_o}得　$\Delta\theta_{ot_j}e^{t_j'/\tau_o}=\Delta\theta_{oj}e^{t_j'/\tau_o}-\Delta\theta_{oj}+\Delta\theta_{oij}$

再将上式两边乘以 e^{t_{j-1}/τ_o}，计及 $t_j=t_j'+t_{j-1}$，得

$$\Delta\theta_{ot_j}e^{t_j/\tau_o}=\Delta\theta_{oj}e^{t_j/\tau_o}-\Delta\theta_{oj}e^{t_{j-1}/\tau_o}+\Delta\theta_{oij}e^{t_{j-1}/\tau_o}$$

从而有（j 取 1，2…，n）

$$\Delta\theta_{ot_1}e^{t_1/\tau_o}=\Delta\theta_{o1}e^{t_1/\tau_o}-\Delta\theta_{o1}e^{t_0/\tau_o}+\Delta\theta_{oi1}e^{t_0/\tau_o}=\Delta\theta_{o1}e^{t_1/\tau_o}-\Delta\theta_{o1}e^{t_0/\tau_o}+\Delta\theta_{oi1}$$

$$\Delta\theta_{ot_2}e^{t_2/\tau_o}=\Delta\theta_{o2}e^{t_2/\tau_o}-\Delta\theta_{o2}e^{t_1/\tau_o}+\Delta\theta_{oi2}e^{t_1/\tau_o}$$

$$\Delta\theta_{ot_3}e^{t_3/\tau_o}=\Delta\theta_{o3}e^{t_3/\tau_o}-\Delta\theta_{o3}e^{t_2/\tau_o}+\Delta\theta_{oi3}e^{t_2/\tau_o}$$

$$\cdots$$

$$\Delta\theta_{ot_n}e^{t_n/\tau_o}=\Delta\theta_{on}e^{t_n/\tau_o}-\Delta\theta_{on}e^{t_{n-1}/\tau_o}+\Delta\theta_{oin}e^{t_{n-1}/\tau_o}$$

由于前一段末油的温升就是下一段油的起始温升，例如 $\Delta\theta_{ot_1}=\Delta\theta_{oi2}$，$\Delta\theta_{ot_2}=\Delta\theta_{oi3}$ 等，将以上公式中的第一个公式代入第二个公式，再将第二个公式代入第三个公式，…，最后将第 $n-1$ 个公式代入第 n 个公式，得

$$\Delta\theta_{ot_n}e^{t_n/\tau_o}=\sum_{j=1}^{n}\Delta\theta_{oj}\left(e^{t_j/\tau_o}-e^{t_{j-1}/\tau_o}\right)+\Delta\theta_{oi1}$$

可以求出中间 x 段末时的温升为

$$\Delta\theta_{ot_x}=\frac{1}{e^{t_x/\tau_o}}\left[\Delta\theta_{oi1}+\sum_{j=1}^{x}\Delta\theta_{oj}\left(e^{t_j/\tau_o}-e^{t_{j-1}/\tau_o}\right)\right]$$

如果在第 n 段回到起点，考虑到短期内日负荷曲线具有周期性，有 $\Delta\theta_{ot_n}=\Delta\theta_{oi1}$，可以得到油的起始温升计算公式为

$$\Delta\theta_{oi1}=\Delta\theta_{ot_n}=\frac{1}{e^{t_n/\tau_o}-1}\sum_{j=1}^{n}\Delta\theta_{oj}\left(e^{t_j/\tau_o}-e^{t_{j-1}/\tau_o}\right)$$

【例 9-1】 某台油浸自冷变压器，屋外安装，当地日等值空气温度为 30℃，最高日气温为 40℃，负荷曲线为两段，如图 9-3 所示，$K_1=0.7$，$K_2=1.34$。请计算该变压器的绕组和油的温度并绘制温度曲线，油的发热时间常数为 3h，损耗比 $R=5$。

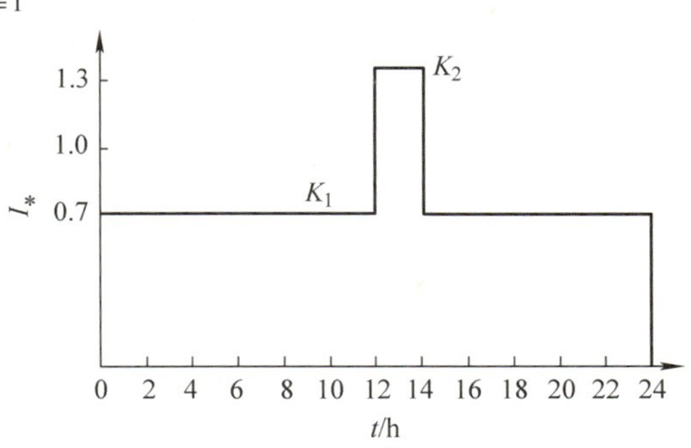

图 9-3　例 9-1 的负荷曲线

解：根据式(9-1)，$K_1=0.7$ 时的稳定温升

$$\Delta\theta_o=\Delta\theta_{or}\left(\frac{1+RK^2}{1+R}\right)^x=55\times\left(\frac{1+5\times0.7^2}{1+5}\right)^{0.8}℃$$

$$=35.33℃$$

$K_2=1.34$ 时的稳定温升

$$\Delta\theta_o=\Delta\theta_{or}\left(\frac{1+RK^2}{1+R}\right)^x=55\times\left(\frac{1+5\times1.34^2}{1+5}\right)^{0.8}℃=82.62℃$$

根据式(9-2)，绕组对油的温差为

$K_1=0.7$ 时

$$\Delta\theta_h=Hg_rK^y=23\times0.7^{1.6}℃=13.00℃$$

$K_2=1.34$ 时

$$\Delta\theta_h=Hg_rK^y=23\times1.34^{1.6}℃=36.74℃$$

人工计算时先计算起始温度（$t_0=0$），即

$$\theta_{oi1}=\theta_a+\Delta\theta_{oi1}=\theta_a+\frac{1}{e^{t_n/\tau_o}-1}\sum_{j=1}^{n}\Delta\theta_{oj}\left(e^{\frac{t_j}{\tau_o}}-e^{\frac{t_{j-1}}{\tau_o}}\right)$$

$$=40℃+\frac{1}{2981-1}\left[35.33\left(e^{\frac{12}{3}}-1\right)+82.62\left(e^{\frac{14}{3}}-e^{\frac{12}{3}}\right)+35.33\left(e^{\frac{24}{3}}-e^{\frac{14}{3}}\right)\right]℃$$

$$=76.15℃$$

0～12 点段末油的温度

油的温度是前一时间段末油的温度加上在此基础上的暂态温升，根据式(9-5）得

$$\theta_{ot1}=\left\{76.15+\left[55\times\left(\frac{1+5\times0.7^2}{1+5}\right)^{0.8}-(76.15-40)\right]\left(1-e^{-\frac{12}{3}}\right)\right\}℃=75.34℃$$

考虑最严重情况，空气温度应取最高日气温 40℃。

0～12 点段末绕组的温度

绕组的温度等于油的温度加上绕组对油的温差，根据式(9-6）得

$$\theta_{ht1}=\theta_{ot1}+23\times0.7^{1.6}℃=(75.34+13.00)℃=88.34℃$$

12～14 点段末油的温度

$$\theta_{ot2}=\left\{75.34+\left[55\times\left(\frac{1+5\times1.34^2}{1+5}\right)^{0.8}-(75.34-40)\right]\left(1-e^{-\frac{2}{3}}\right)\right\}℃=98.34℃$$

12～14 点段末绕组的温度

$$\theta_{ht2}=\theta_{ot2}+23\times1.34^{1.6}℃=(98.34+36.74)℃=135.08℃$$

14～24 点段末油的温度

$$\theta_{ot3}=\left\{98.34+\left[55\times\left(\frac{1+5\times0.7^2}{1+5}\right)^{0.8}-(98.34-40)\right]\left(1-e^{-\frac{10}{3}}\right)\right\}℃=76.15℃$$

14～24 点段末绕组的温度

$$\theta_{ht3}=\theta_{ot3}+23\times0.7^{1.6}℃=(76.15+13.00)℃=89.15℃$$

连接各点可以得到油和绕组的温度曲线，如图 9-4 所示。

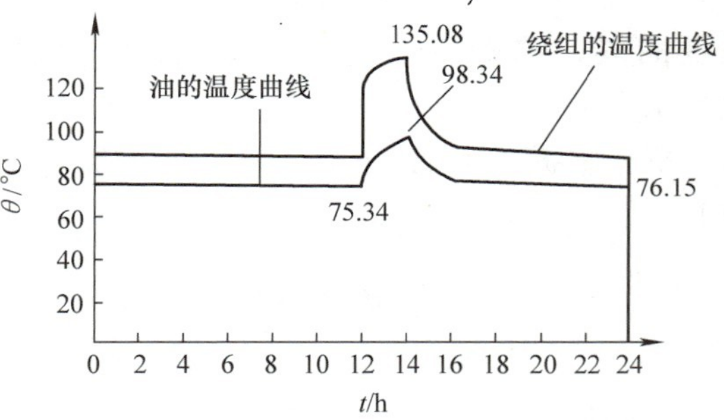

图 9-4　例 9-1 的温度变化曲线

第二节　变压器的绝缘老化

一、变压器的绝缘老化定律

变压器在长期运行中由于受到高温、湿度、氧化和油中分解的劣化物质等物理化学作用的影响，其绝缘材料逐渐失去机械强度和电气强度，称为变压器的绝缘老化。其中高温是绝缘老化的主要原因，绝缘的工作温度越高，氧化作用进行越快，绝缘老化速度越快，变压器的使用寿命越短。老化的绝缘材料只要没有机械损伤，仍可有相当高的电气强度。但老化的绝缘材料由于其纤维组织失去弹性，材料变脆且变得十分干燥，在电磁振动和电动力的作用下很容易产生机械损伤使材料破损，失去电气强度。因此，绝缘材料的老化程度主要由其机械强度的降低情况来决定。一般认为当变压器绝缘的机械强度降低至其额定值的15%~20%时，变压器的寿命即算结束，所经历的时间称为变压器的预期寿命。

电力变压器常采用A级绝缘（油浸电缆纸），有关研究结果表明，在80~140℃的范围内，变压器的预期寿命和绕组最热点温度之间的关系为

$$z = A\mathrm{e}^{-P\theta} \tag{9-7}$$

式中　A——常数；

P——温度系数。

如果变压器在额定负荷和空气温度为20℃条件下连续运行，绕组最热点温度维持在98℃，变压器能获得正常预期寿命20~30年，其每天的寿命损失为正常日寿命损失。变压器的正常预期寿命和绕组最热点温度之间的关系为

$$z_{\mathrm{N}} = A\mathrm{e}^{-P\times 98}$$

任意温度θ下的预期寿命z与正常预期寿命z_{N}之比，称为相对预期寿命z_*，则

$$z_* = \frac{z}{z_{\mathrm{N}}} = \mathrm{e}^{-P(\theta-98)}$$

相对预期寿命z_*的倒数称为相对老化率，即

$$\nu = \frac{z_{\mathrm{N}}}{z} = \mathrm{e}^{P(\theta-98)} \tag{9-8}$$

它表明了变压器绕组热点在任意温度θ下单位时间所损失的正常预期寿命。如果绕组热点在某温度θ下的相对老化率为ν，运行时间为T，则此时损失的寿命z_{T}为

$$z_{\mathrm{T}} = T\nu$$

如果在T时间内绕组热点温度是随时间变化的（用θ_{t}表示），计算损失的寿命z_{T}时需要积分为

$$z_{\mathrm{T}} = \int_0^T \nu \mathrm{d}t = \int_0^T \mathrm{e}^{P(\theta_t-98)}\mathrm{d}t \text{ 或 } z_{\mathrm{T}} = \sum_{n=1}^{N} \nu_n t_n \tag{9-9}$$

式中　ν_n——第n个时间间隔内的相对老化率；

t_n——第n个时间间隔的时间；

n——序数；

N——时间间隔总数。

当绕组最热点温度低于80℃时，相对老化率为ν，很小，实际寿命损失可忽略不计。相对老化率的计算以2为底较方便，则

$$\nu=\frac{z_N}{z}=e^{P(\theta-98)}=2^{\log_2 e^{P(\theta-98)}}=2^{P(\theta-98)\log_2 e}=2^{\frac{P(\theta-98)}{0.693}}$$

根据试验和统计资料可以得出

$$\frac{0.693}{P}\approx 6℃$$

则

$$\nu=2^{\frac{\theta-98}{6}} \quad 和 \quad z=z_N 2^{-\frac{\theta-98}{6}}$$

这意味着绕组温度每增加6℃，老化加倍，绝缘使用寿命缩短一半，此即绝缘老化的六度规则（油浸变压器）。例如，绕组热点在104℃下的老化率为2，运行24h损失的寿命为$2\times24h=48h$，寿命减少了一半。

二、等值老化原则

变压器在运行中，绕组温度受环境温度（气候或季节）和负荷波动的影响，随时间变化，且变化范围很大，不可能维持在98℃不变。如何才能使变压器获得正常的预期寿命？等值老化原则回答了这个问题：在一定的时间间隔T内，一部分时间内绕组温度高于98℃，而在另一部分时间内绕组温度低于98℃，只要使变压器在温度高于98℃时所多损失的寿命与温度低于98℃时少损失的寿命相互补偿，变压器的预期寿命可以和绕组温度维持在98℃运行时的预期寿命相同。换句话说，等值老化原则就是：在一定的时间间隔T内，绕组温度变化时损失的寿命等于恒温98℃运行时的正常寿命损失T。等值老化原则可以用式(9-10)表示：

$$\int_0^T e^{P(\theta_t-98)}dt = Te^{P(98-98)} = T \tag{9-10}$$

变压器在一定的时间间隔T内实际所损失的寿命与恒温98℃运行时的正常寿命损失T的比值，称为平均相对老化率λ，即

$$\lambda = \frac{1}{T}\int_0^T e^{P(\theta_t-98)}dt \tag{9-11}$$

显然，当$\lambda>1$时，变压器的老化大于正常老化，预期寿命缩短；当$\lambda<1$时，变压器的负荷能力未得到充分利用；当$\lambda=1$时，变压器有正常的预期寿命，它也是变压器正常过负荷运行的主要依据。

第三节　变压器的正常过负荷

一、变压器的负荷能力

变压器的额定容量即铭牌容量，其含义是在制造厂所规定的额定环境温度下，保证变压器有正常使用寿命（20~30年）所能长时间连续输出的最大功率。变压器的负荷能力是指变压器在短时间内所能输出的功率，在一定条件下，为满足负荷的需要，它可能超过额定容量。负荷能力的大小和持续时间取决于：①变压器的电流和温度容许限值；②负荷变化和周围环境温度以及绝缘老化的程度，只要变压器在欠负荷运行

时少损失的寿命与超过额定容量运行所多损失的寿命相互补偿，不超过绝缘的正常老化即可。变压器负载超过额定容量时的电流和温度的限值见表 9-2。

表 9-2　变压器负载超过额定容量时的电流和温度的限值

负荷类型	配电变压器（2500kVA 以下）	中型电力变压器（100MVA 以下）	大型电力变压器（100MVA 以上）
通常周期性负荷电流（标幺值） 热点温度及与绝缘材料接触的金属部件的温度/℃	1.5 140	1.5 140	1.3 120
长期急救周期性负荷电流（标幺值） 热点温度及与绝缘材料接触的金属部件的温度/℃	1.8 150	1.5 140	1.3 130
短时急救周期性负荷电流（标幺值） 热点温度及与绝缘材料接触的金属部件的温度/℃	2.0 —	1.8 160	1.5 160

二、负荷超过额定容量运行时的温度和电流的限值

变压器的负荷超过额定容量运行时，将产生下列不良效应：

1）绕组、线夹、引线、绝缘部分及油等的温度会升高，有可能超过容许值。

2）铁心外的漏磁通密度增加（大型变压器的漏磁通影响大），使耦合的金属部件出现涡流而使温度增高。

3）由于温度升高，固体绝缘物和油中的水分及气体成分发生变化。

4）套管、分接开关、电缆连接头和电流互感器等受到较大的热应力。

5）导体绝缘的机械特性受高温影响，加快了其热老化过程。

上述不良效应对不同容量的变压器是不同的，变压器超过额定容量运行时电流和温度限值也不同，国际电工委员会（IEC）建议变压器的电流和有关部分的温度不超过表 9-2 的规定。

三、等值空气温度

变压器的绝缘老化速度与绕组温度为指数函数非线性关系，在高温时绝缘老化的加速远远大于低温时绝缘老化的延缓，例如，绕组温度在 104℃时运行 12h，$\nu=2$，在 92℃时运行 12h，$\nu=0.5$，一天的平均温度为 98℃，一天损失的寿命为（$12\times2+12\times0.5$）h＝30h，高温时加速损失了 12h，低温时，仅延缓了 6h。因此，不能用平均温度来表示温度变化对绝缘老化的影响，通常用等值空气温度来代替。

等值空气温度是指某一空气温度，如果在一定时间间隔内维持此温度和变压器所带负荷不变，变压器所遭受的绝缘老化等于空气温度自然变化时的绝缘老化。等值空气温度可由下式求出：

$$Te^{P(\delta_{eq}+\tau-98)}=\int_0^T e^{P(\delta_t+\tau-98)}\mathrm{d}t$$

式中　δ_{eq}——等值空气温度；

δ_t——随时间变化的空气温度；

τ——绕组热点对环境的温升，负荷恒定时为一常数。

对上式化简得

$$Te^{P\delta_{eq}} = \int_0^T e^{P\delta_t} dt$$

两边取对数得

$$\delta_{eq} = \frac{1}{P}\ln\frac{1}{T}\int_0^T e^{P\delta_t} dt = \frac{2.3}{P}\lg\frac{1}{T}\int_0^T e^{P\delta_t} dt \tag{9-12}$$

空气温度的日或年的自然变化近似地认为是零轴被抬高的正弦曲线（例如季节的影响，冬、夏季空气温度出现峰值，春、秋季温度适中），即

$$\delta_t = \delta_{av} + \frac{1}{2}\Delta\delta\sin\frac{2\pi t}{T} \tag{9-13}$$

式中 δ_{av}——T 时间间隔内的平均空气温度；

$\Delta\delta$——最高温度和最低温度之差。

将式(9-13) 代入式(9-12)，可以计算出

$$\delta_{eq} = \delta_{av} + \Delta$$

式中 Δ—— 温度差，$\Delta = \frac{1}{P}\ln\frac{1}{T}\int_0^T e^{\frac{1}{2}P\Delta\delta\sin\frac{2\pi t}{T}} dt$。

从上式可以看出，等值空气温度高于平均空气温度一个数值，这是由于高温时绝缘老化加速远远大于低温时绝缘老化延缓的结果。有关资料显示，我国主要城市的年等值空气温度比平均空气温度高 3～8℃，我国广大地区的年等值空气温度为 20℃。如前所述，带恒定额定负荷的变压器绕组对空气的平均温升为 63℃，绕组最热点温升较绕组平均温升高 15℃，则绕组最热点温度为 63℃ +15℃ +20℃ =98℃。所以我国变压器的额定容量不必根据气温情况加以修正，冬、夏寿命损失自然补偿，就可以有正常的使用寿命，但在考虑变压器的过负荷能力时应考虑等值空气温度的影响。

考虑到 $P=0.1155$ 和 $e^{P\delta_t}\approx 10^{\frac{\delta_t}{20}}$，年等值空气温度可以近似按下式计算：

$$\delta_{eq} = 20\lg\left[\frac{1}{12}\sum_1^{12} 10^{\frac{\delta_{av}}{20}}\right]$$

式中 δ_{av}——月等值（或月平均）环境温度。

四、等值负荷的计算

变压器在运行中的负荷是经常变化的，计算绕组热点温度时较复杂，通常先将实际负荷曲线化为多阶段负荷曲线（见图 9-5），再将其归算为两段式等值负荷曲线：欠负荷段曲线和过负荷段曲线。依据等值发热，欠负荷段的等值负荷系数按下式计算：

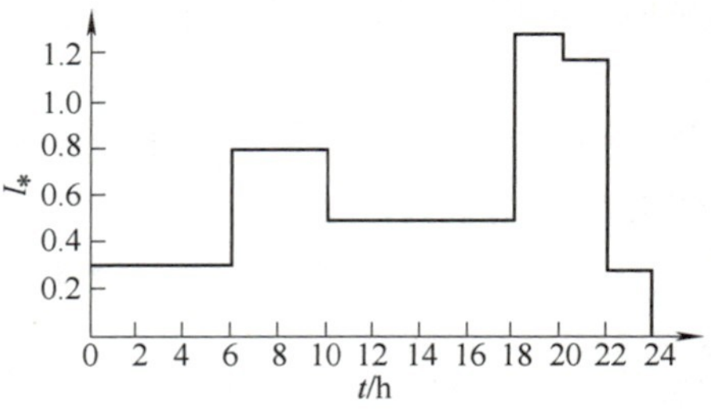

图 9-5 多阶段负荷曲线

$$K_1^2(t_1 + t_2 + \cdots + t_n) = I_1^2 t_1 + I_2^2 t_2 + \cdots + I_n^2 t_n$$

$$K_1 = \sqrt{\frac{I_1^2 t_1 + I_2^2 t_2 + \cdots + I_n^2 t_n}{t_1 + t_2 + \cdots + t_n}} \tag{9-14}$$

式中 I_1、I_2、…、I_n——各欠负荷段电流标幺值；

t_1、t_2、…、t_n——各欠负荷段的时间。

如果式(9-14)中为各过负荷段的电流标幺值及时间，也可以用来计算过负荷段的等值负荷倍数。

五、变压器的正常过负荷

依据变压器的寿命损失相互补偿，不增加变压器寿命损失的过负荷称为正常过负荷。变压器正常过负荷能力的制定是依照等值老化原则，使平均相对老化率 $\lambda=1$，不牺牲变压器的正常使用寿命。正常过负荷是有计划的、主动实施的过负荷。在确定过负荷值时，可根据实际负荷曲线和环境温度及变压器的数据，计算出变压器的平均相对老化率 λ，如果 $\lambda \leqslant 1$，则说明过负荷在容许范围内，可以按实际负荷曲线运行；如果 $\lambda>1$，则不允许过负荷运行。此方法计算复杂，为了简化计算，实际运行中，常采用查正常过负荷曲线的方法确定过负荷值。国际电工委员会（IEC）根据上述原则，制定了各种类型变压器的正常过负荷曲线，其中日等值空气温度为20℃时的自然油循环和强迫油循环变压器的过负荷曲线如图9-6a、b所示。图中，K_1 和 K_2 分别表示两段式负荷曲线中的欠负荷等值负荷系数和过负荷等值负荷倍数，T 为过负荷的容许持续时间。自然油循环变压器的过负荷倍数不能超过1.5，强迫油循环变压器的过负荷倍数不能超过1.3。

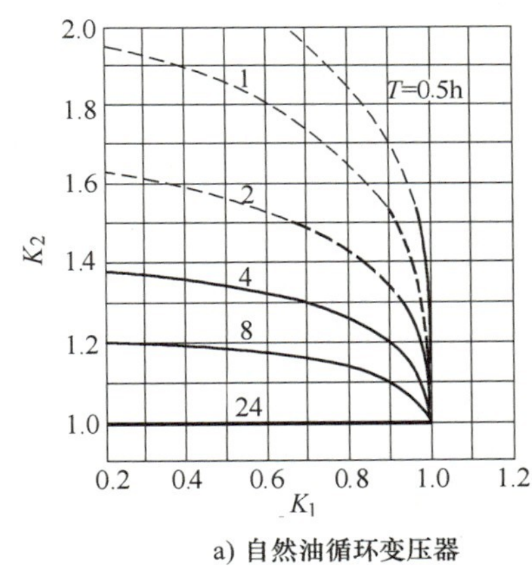

a) 自然油循环变压器

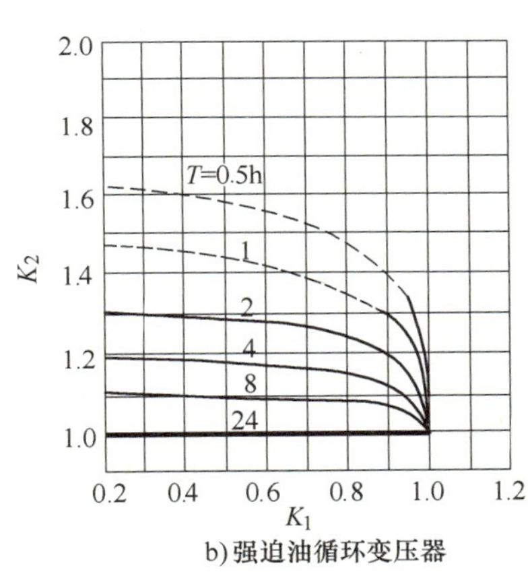

b) 强迫油循环变压器

图9-6　正常过负荷曲线（日等值空气温度为20℃）

利用正常过负荷曲线确定过负荷倍数的方法：

1）将实际连续变化的负荷曲线化为多段式负荷曲线。

2）按式(9-14)将多段式负荷曲线归算为两段式等值负荷曲线，计算出欠负荷等值负荷系数 K_1。

3）根据 K_1 和过负荷时间 T，从图9-6中过负荷曲线上查出过负荷等值负荷倍数 K_2。

【例9-2】 计算例9-1中变压器的日平均相对老化率。

解： 平均相对老化率 $\lambda=\dfrac{1}{24}\int_0^{24}\mathrm{e}^{P(\theta-98)}\mathrm{d}t$ 中温度随时间按指数函数变化，不易计算，可采用矩形面积法近似计算，即

$$\lambda = \frac{1}{T}\sum_{n=1}^{N} v_n t_n$$

矩形面积法是将一天分成 N 个时间间隔，认为在这个时间间隔内绕组的温度保持不变。环境温度按下述方法选择：

1）热老化计算采用等值空气温度，计算最大热点温度采用每月最大环境温度的平均值。

2）采用实际温度分布图。

3）采用双正弦函数（一个正弦函数表述全年的温度变化，另一个正弦函数表述每天的温度变化）。

本例采用将每个时间间隔的绕组温升加上日等值空气温度求出绕组温度，再求出各个时间段的相对老化率和寿命损失。油温采用例 9-1 的计算结果（空气温度 40℃，用日等值空气温度 30℃来代替）。

0～12 点时绕组的温度变化平坦，只分一段，绕组温度和相对老化率为

$$\theta_{h1} = (88.34 - 40 + 30)℃ = 78.34℃,\ \nu_1 = 2^{(78.34-98)/6} = 0.103187$$

损失的寿命为 0.103187×12h＝1.238244h。

14～24 点时绕组的温度变化也只分一段，绕组温度和相对老化率为

$$\theta_{h3} = (89.15 - 40 + 30)℃ = 79.15℃,\ \nu_3 = 2^{(79.15-98)/6} = 0.11331$$

损失的寿命为 0.11331×10h＝1.1331h。

12～14 点时绕组的温度变化只分一段计算损失的寿命误差较大，如

$$\theta_{h2} = (135.08 - 40 + 30)℃ = 125.08℃,\ \nu_2 = 2^{(125.08-98)/6} = 22.83751$$

损失的寿命为 22.83751×2h＝45.67502h，比实际值大得多。

本例将 12～14 点分为 8 个时间段，每个时间段为 0.25h。第 1 段时间油的温度为

$$\theta_{ot21} = \left\{75.34 + \left[55 \times \left(\frac{1+5\times1.34^2}{1+5}\right)^{0.8} - (75.34-40)\right]\left(1 - e^{\frac{-0.25}{3}}\right)\right\}℃ = 79.12℃$$

绕组温度为

$$\theta_{ht21} = \theta_{ot21} - (40 + 30 + 23\times1.34^{1.6})℃ = (79.12 + 36.74 - 40 + 30)℃ = 105.86℃$$

相对老化率为　$\nu_{21} = 2^{(105.86-98)/6} = 2.47823$

第 2 段时间油的温度为

$$\theta_{ot22} = \left\{75.34 + \left[55 \times \left(\frac{1+5\times1.34^2}{1+5}\right)^{0.8} - (75.34-40)\right]\left(1 - e^{\frac{-0.5}{3}}\right)\right\}℃ = 82.60℃$$

绕组温度为

$$\theta_{ht22} = \theta_{ot22} - (40 + 30 + 23\times1.34^{1.6})℃ = (82.60 + 36.74 - 40 + 30)℃ = 109.34℃$$

相对老化率为 $\nu_{22} = 2^{(109.34-98)/6} = 3.70395$，同理得

$$\nu_{23} = 2^{(112.53-98)/6} = 5.3605,\ \nu_{24} = 2^{(115.48-98)/6} = 7.532$$

$$\nu_{25} = 2^{(118.19-98)/6} = 10.29936,\ \nu_{26} = 2^{(120.68-98)/6} = 13.7353$$

$$\nu_{27} = 2^{(122.97-98)/6} = 17.900566,\ \nu_{28} = 2^{(125.08-98)/6} = 22.83751$$

根据式(9-9) 得 12～14 点损失的寿命为(83.847418×0.25)h＝20.96185446h。变压器的日总平均相对老化率为 λ ＝（1.238244 ＋ 20.96185446 ＋ 1.1331）/24 ＝

23.33319846/24 = 0.9722166 < 1，能按 1.34 倍过负荷运行 2h。

【例 9-3】 如果某变压器容量为 10000kVA，负荷曲线为两段式，欠负荷系数为 0.7，请利用过负荷曲线，求变压器历时 4h 的过负荷值。

解： 由欠负荷系数为 0.7，过负荷时间为 4h，查图 9-6a 曲线得过负荷倍数 $K_2 = 1.29$。

过负荷值为 1.29 × 10000kVA = 12900kVA，过负荷运行 4h 后必须降到 0.7 运行，否则 $\lambda > 1$，多损失了变压器的寿命。

【例 9-4】 某自然油循环变压器，当地日等值空气温度为 20℃，负荷曲线如图 9-5 所示，求历时 4h 的过负荷倍数。

解： 依等值发热得欠负荷系数为

$$K_1 = \sqrt{\frac{I_1^2 t_1 + I_2^2 t_2 + \cdots + I_n^2 t_n}{t_1 + t_2 + \cdots + t_n}} = \sqrt{\frac{0.3^2 \times 8 + 0.8^2 \times 4 + 0.5^2 \times 8}{8 + 4 + 8}} = 0.514$$

查图 9-6a 曲线得过负荷倍数 $K_2 = 1.33$。

第四节　变压器的事故过负荷

系统发生局部故障或变电所的某台变压器故障被切除，使部分不能切除的负荷转移到其他变压器上时，这些变压器的负荷会超过正常过负荷值很多，称为事故过负荷或短期急救负荷。在事故情况下，保证不间断供电、避免停电造成更大的损失是首要任务，防止变压器寿命损失加速是次要的，所以，事故过负荷是以牺牲变压器正常使用寿命为代价的。事故过负荷时，平均相对老化率 λ 可能远大于 1，绝缘老化加速，为了防止严重影响变压器的使用寿命，事故过负荷时绕组最热点温度不得超过 140℃，电流不得超过额定电流的 2 倍。

表 9-3 中列出了我国标准规定的自然油循环中、大型电力变压器事故过负荷 1h 的日寿命损失天数（以“正常日”数表示，即一个“正常日”寿命损失等效于变压器在环境温度 20℃ 及额定负载条件下，运行 1 天）。表中，K_1 表示事故过负荷前等值负荷系数，K_2 表示事故过负荷倍数，表中，“+”符号表示即使在最低环境温度下也不容许运行。表中列出的是环境温度为 20℃ 时的日寿命损失（天），如果环境温度不等于 20℃，应分别乘以表 9-4 中所列的修正系数。

绕组最热点温度等于热点温升加上环境温度，如果绕组最热点温度超过表 9-3 的数值，则这种事故过负荷是不允许的。由于绕组热点温度和日寿命损失是按周期性负荷计算的，事故过负荷不仅与事故前的负荷有关，还与变压器在此前后若干天的运行情况有关，如果事故过负荷前后若干天的负荷较低，则实际寿命损失小于表 9-3 中的数值。事故过负荷后应加强冷却，尽快转移负荷或减负荷，使变压器尽快回到正常过负荷范围内。

【例 9-5】 某中型自然油循环变压器，环境温度为 30℃，事故前 $K_1 = 0.7$，事故后 $K_2 = 1.5$，求事故过负荷运行 1h 的日寿命损失和绕组热点温度。

解： 根据已知条件查表 9-3 和表 9-4 可得

事故过负荷运行 1h 的日寿命损失为　　0.342 × 3.2 天 = 1.09 天（一天其余 23h 按 K_1 运行）

绕组热点温度为（104 + 30）℃ = 134℃，绕组热点温度小于 140℃，可以按 K_2 过负荷运行。

表 9-3　自然油循环中、大型电力变压器事故过负荷 1h 的日寿命损失（天）和绕组热点温升

（单位:℃）

K_2	K_1										
	0.25	0.5	0.7	0.8	0.9	1.0	1.1	1.2	1.3	1.4	1.5
1.0	0.002	0.006	0.031	0.087	0.276	1.0					
	51	57	64	68	73	78					
1.1	0.003	0.009	0.038	0.100	0.306	1.08	4.30				
	58	64	71	75	80	85	91				
1.2	0.005	0.014	0.053	0.128	0.363	1.21	4.66	20.5			
	66	71	78	83	87	93	98	104			
1.3	0.011	0.026	0.084	0.185	0.477	1.46	5.29	22.4	108		
	74	79	86	91	95	100	106	112	119		
1.4	0.024	0.055	0.158	0.317	0.733	2.00	6.56	25.7	119	631	
	82	88	95	99	104	109	114	120	127	134	
1.5	0.059	0.128	0.342	0.641	1.35	3.25	9.36	32.7	138	695	4040
	91	97	104	108	112	118	123	129	136	143	150
1.6	0.153	0.324	0.827	1.48	2.92	6.40	16.2	48.7	180	821	4480
	100	106	113	117	122	127	132	138	145	152	159
1.7	0.418	0.875	2.17	3.81	7.20	14.8	34.0	89.4	281	1100	5360
	110	115	122	127	131	136	142	148	155	161	169
1.8	1.21	2.50	6.11	10.6	19.5	38.9	84.0	201	549	1800	7400
	120	125	132	137	141	146	152	158	165	171	179
1.9	3.65	7.52	18.2	31.2	57.0	111	233	527	1310	3730	+
	130	136	143	147	152	157	162	168	175	182	+
2.0	11.6	23.8	57.1	97.3	176	341	701	1540	+	+	+
	141	147	154	158	162	168	173	179	+	+	+

表 9-4　不同环境温度时的校正系数

环境温度/℃	40	30	20	10	0	-10	-20	-25
校正系数	10	3.2	1	0.32	0.1	0.032	0.01	0.0055

第五节　自耦变压器的工作原理与运行

一、自耦变压器的工作原理

如图 9-7a 所示，自耦变压器由两个绕组串联组成一次绕组 bd，匝数为 N_1，其中一个绕组又作为变压器的二次绕组 cd，匝数为 N_2，称为“公共绕组”，为一、二次侧所共有。属于一次绕组且与公共绕组串联的绕组 bc，匝数为$N_1 - N_2$，称为“串联绕组”。

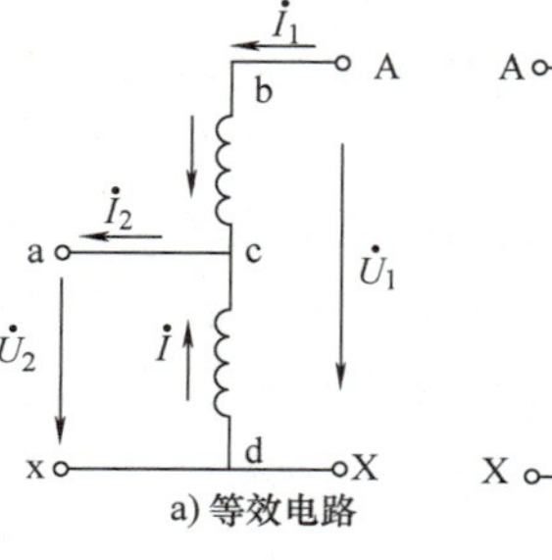

a) 等效电路

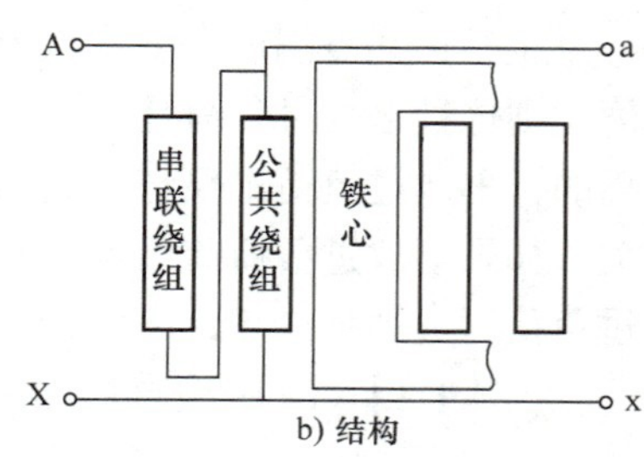

b) 结构

图 9-7　自耦变压器原理图

1. 自耦变压器的容量关系

（1）电压及电流关系　一次绕组电压 $\dot{U}_1$ 和二次绕组电压 $\dot{U}_2$（空载）与对应绕组的匝数成正比，即

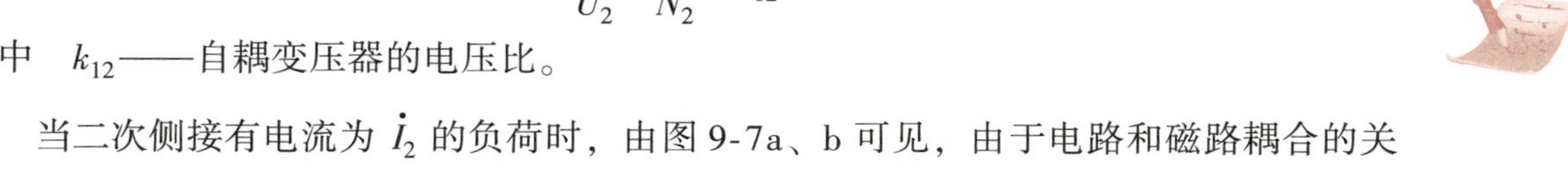

$$\frac{U_1}{U_2}=\frac{N_1}{N_2}=k_{12}$$

式中　k_{12}——自耦变压器的电压比。

当二次侧接有电流为 $\dot{I}_2$ 的负荷时，由图 9-7a、b 可见，由于电路和磁路耦合的关系，在串联绕组流过电流 $\dot{I}_1$，公共绕组流过电流 $\dot{I}$。根据基尔霍夫电流定律可得出它们之间的关系为

$$\dot{I}=\dot{I}_2-\dot{I}_1$$

略去自耦变压器的励磁电流，串联绕组和公共绕组的磁动势相互抵消，即

$$\dot{I}_1(N_1-N_2)=\dot{I}N_2=(\dot{I}_2-\dot{I}_1)N_2$$

根据以上电路和磁动势关系可得：公共绕组电流 $\dot{I}$(或 $\dot{I}_c$) 与一次(或串联绕组) 电流 $\dot{I}_1$(或 $\dot{I}_s$) 之间的关系为

$$\frac{\dot{I}}{\dot{I}_1}=\frac{N_1-N_2}{N_2}=k_{12}-1 \tag{9-15}$$

一次(或串联绕组) 电流 $\dot{I}_1$ 与二次电流 $\dot{I}_2$ 之间的关系为

$$\frac{\dot{I}_2}{\dot{I}_1}=k_{12} \tag{9-16}$$

公共绕组电流 $\dot{I}$ 与二次电流 $\dot{I}_2$ 之间的关系为

$$\frac{\dot{I}}{\dot{I}_2}=\frac{\dot{I}}{k_{12}\dot{I}_1}=\frac{1}{k_{12}}(k_{12}-1)=\left(1-\frac{1}{k_{12}}\right) \tag{9-17}$$

(2) 自耦变压器的额定容量和标准容量　根据自耦变压器的电压和电流关系，有

$$\dot{U}_1\dot{I}_1^*=\dot{U}_2\dot{I}_2^*=\dot{U}_2\dot{I}_1^*+\dot{U}_2\dot{I}^*=\frac{\dot{U}_2\dot{I}_2^*}{k_{12}}+\dot{U}_2\dot{I}_2^*\left(1-\frac{1}{k_{12}}\right)$$

式中　$\dot{I}_1^*$、$\dot{I}_2^*$、$\dot{I}^*$——电流相量 $\dot{I}_1$、$\dot{I}_2$ 和 $\dot{I}$ 的共轭相量。

由上式可见，自耦变压器的传输功率由两部分组成：一部分 $\dot{U}_2\dot{I}_1^*$ 为一次侧经串联绕组由电路直接传输到二次侧的功率，另一部分 $\dot{U}_2\dot{I}^*$ 为通过公共绕组由电磁感应传输到二次侧的功率。

在额定情况下，$S_N=U_{N1}I_{N1}=U_{N2}I_{N2}$，称为自耦变压器的额定通过容量，又称为自耦变压器的额定容量。通过电磁感应传输的最大功率，即公共绕组的容量

$$S_c=S_a=U_{N2}(I_{N2}-I_{N1})=U_{N2}I_{N2}\left(1-\frac{1}{k_{12}}\right)=\left(1-\frac{1}{k_{12}}\right)S_N$$

它等于自耦变压器的标准容量 S_a。而此时串联绕组的容量为

$$S_s=(U_{N1}-U_{N2})I_{N1}=U_{N1}I_{N1}\left(1-\frac{1}{k_{12}}\right)=\left(1-\frac{1}{k_{12}}\right)S_N$$

可见串联绕组的容量与公共绕组的容量相等且都等于自耦变压器的标准容量。

2. 自耦变压器的效益系数

变压器铁心和绕组的截面积、尺寸及损耗是由绕组容量决定的，与同容量的（额定容量都为 S_N）普通双绕组变压器相比，自耦变压器的绕组容量等于标准容量为 $S_a=\left(1-\frac{1}{k_{12}}\right)S_N$，因为 $1-\frac{1}{k_{12}}<1$，故自耦变压器有较小的绕组容量，因此所用铁心材料省，尺寸小，重量轻，造价较低，极限制造容量大，具有较好的经济效益。

标准容量与额定容量之比，称为自耦变压器的效益系数 K_b，即

$$K_b=1-\frac{1}{k_{12}}$$

电压比 k_{12} 越小，K_b 越小，绕组容量越小，采用自耦变压器经济效益越显著。为保证自耦变压器的经济效益，应使其电压比 $k_{12}\leqslant 3$。自耦变压器也存在缺点：一次和二次绕组之间有直接的联系，所以二次绕组的绝缘必须按较高电压设计；一次和二次绕组之间的漏磁较小，电抗较小，短路电流比普通双绕组变压器大；一次和二次侧的三相绕组联结组必须相同，即均为星形或三角形；由于运行方式多样化，继电保护整定困难；自耦变压器调整电压困难，不易取得绕组间的电磁平衡。

3. 自耦变压器的过电压

自耦变压器高压与中压绕组有电路的直接连接，任一侧发生过电压，都可能传递到另一侧，使其绝缘受到危害。当高压侧发生过电压时，它可以通过串联绕组进入公共绕组和中压系统，当中压侧发生过电压时，它可以进入串联绕组和高压系统。为使其绝缘免遭损坏，自耦变压器高压和中压侧出口端都必须装设避雷器进行保护。由于不允许自耦变压器不带避雷器运行，避雷器必须装设在自耦变压器和连接自耦变压器的隔离开关之间，当自耦变压器某侧断开时，该侧避雷器仍与自耦变压器保持连接，另外，避雷器回路中不应装设隔离开关。

自耦变压器的中性点必须直接接地或经小电抗接地，以避免高压侧电网发生单相接地时，在非接地相的中压绕组出现过电压。如果中性点不接地，当高压电网发生 a 相接地时中性点发生偏移，如图 9-8 所示，非接地的 b、c 相中压侧相电压为

$$\begin{aligned}U&=\sqrt{(U_{a1}+U_{b2}\sin 30°)^2+(U_{b2}\cos 30°)^2}\\&=\sqrt{\left(k_{12}U_{b2}+\frac{1}{2}U_{b2}\right)^2+\frac{3}{4}U_{b2}^2}\\&=U_{b2}\sqrt{k_{12}^2+k_{12}+1}\end{aligned}$$

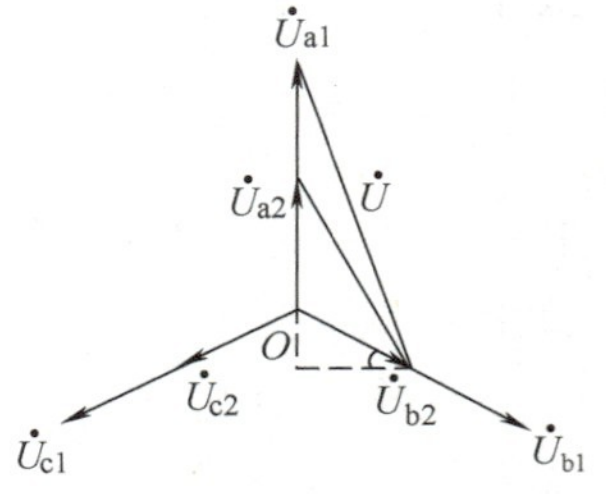

图 9-8　自耦变压器中性点不接地时高压侧单相接地电压相量图

式中　k_{12}——自耦变压器高、中压电压比。

从上式可以看出，中压侧的过电压倍数与电压比 k_{12} 有关，k_{12} 越大，过电压倍数越大，例如 220/110kV 自耦变压器的中压侧的过电压倍数为 2.64，过电压值为 $2.64\times 110\text{kV}/\sqrt{3}=168\text{kV}$，如

果自耦变压器中性点直接接地，中性点不会发生偏移，则可以避免上述过电压，故自耦变压器的中性点必须直接接地或经小电抗接地。自耦变压器的高压和中压电压等级必须是1000kV、750kV、500kV、330kV、220kV和110kV。

4. 三绕组自耦变压器

对于Yd联结的普通三相双绕组变压器，在一次侧星形联结的绕组中相位之间相差360°的三相三次谐波电流同相位无法通过，励磁电流为正弦波，铁心饱和使主磁通呈平顶波形，平顶波磁通在二次绕组产生的感应电动势呈尖顶波形，含有三次谐波电动势。但三次谐波电动势产生的三相同相位的三次谐波电流在二次侧三角形联结的绕组中可以流通，因此在二次侧电流中存在所需要的三次谐波分量，从而一次绕组和二次绕组的合成主磁通呈正弦波，使相电动势呈正弦波。因为铁心中的主磁通取决于一次绕组和二次绕组的合成磁动势，所以三角形联结的绕组在一次侧或二次侧没有区别，故上述结论也适合于Dy联结的三相变压器。我国制造的1600kVA以上的双绕组变压器，一次侧、二次侧总有一方是接成三角形的。三绕组变压器的高压和中压绕组一般是星-星联结，第三绕组（低压绕组）一般接成三角形。

与普通星-星联结变压器相同，双绕组自耦变压器励磁电流为正弦波时，由于铁心饱和使主磁通呈平顶波形，绕组的感应电动势呈尖顶波形，含有三次谐波电动势。为了消除三次谐波电动势，以及减小自耦变压器的零序阻抗，自耦变压器一般还增设一个接成三角形的第三绕组，它与串联绕组和公共绕组之间没有电路上的直接联系，只有电磁联系。除了用于消除三次谐波外，自耦变压器的第三绕组还可用来连接发电机、调相机或引接发电厂厂用备用电源等。

第三绕组的电压一般为6～110kV，与自耦变压器的电压等级有关，220kV电压等级采用6kV或10kV，330kV采用35kV，500kV采用35kV，大容量需控制短路电流时采用66kV，750kV采用66kV，1000kV采用110kV（也采用三角形接线）。第三绕组的容量，视其用途一般有两种。如果仅用来消除三次谐波电动势，其容量一般为标准容量的1/3左右（为满足低压侧短路时的热稳定和电动力稳定的要求，容量不能太小）。如果还用来连接发电机、调相机或引接发电厂厂用备用电源等，其容量最大等于自耦变压器的标准容量（因自耦变压器的铁心截面积和尺寸是根据标准容量设计的）。

二、自耦变压器的运行方式

三绕组自耦变压器各绕组传输的功率大小和方向随电力系统运行方式的不同而改变，某些情况下会造成三绕组自耦变压器的容量得不到充分利用或绕组过负荷，因此在发电厂、变电站主变压器的选择和运行时，必须知道各种运行方式下绕组间的功率分布，以确定是否采用自耦变压器或防止其绕组过负荷。自耦变压器常见的运行方式有两种：联合运行方式和自耦运行方式。自耦运行方式只在高-中压侧有功率交换，其最大传输功率等于自耦变压器的额定容量。最典型的联合运行方式有以下两种方式：

1. 运行方式一

高压侧同时向中压和低压侧（或中压和低压侧同时向高压侧）传输功率，如图9-9a所示。串联绕组和公共绕组中通过自耦方式传输的电流分别为 $\dot{I}_{as}$（由电路直接传到二

次侧）和 $\dot{I}_{ac}$（由电磁感应传到二次侧），通过变压方式传输的电流为 $\dot{I}_t$，高压侧、中压侧和低压侧的视在功率分别为 S_1、S_2 和 S_3，效益系数为 K_b，串联绕组中的电流为

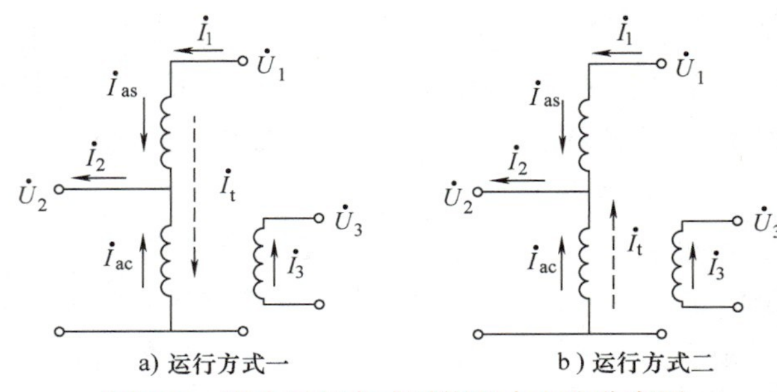

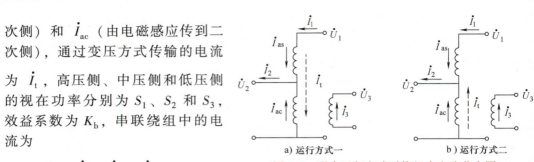

图 9-9　联合运行方式时绕组中电流分布图

$$\dot{I}_s = \dot{I}_{as} + \dot{I}_t$$

由
$$\dot{U}_2 \dot{I}_{as}^* = \dot{U}_2 \dot{I}_2^* \frac{1}{k_{12}} = \frac{P_2 + jQ_2}{k_{12}}$$

取电压为参考量得

$$\dot{I}_{as} = \frac{P_2 - jQ_2}{U_1}$$

低压侧功率为

$$\dot{U}_3 \dot{I}_3^* = P_3 + jQ_3$$

归算到高压侧的电流为

$$\dot{I}_t = \frac{\dot{I}_3}{k_{13}} = \frac{P_3 - jQ_3}{k_{13} U_3} = \frac{P_3 - jQ_3}{U_1}$$

$$\dot{I}_s = \frac{1}{U_1}[(P_2 + P_3) - j(Q_2 + Q_3)]$$

串联绕组中的功率为

$$S_s = (U_1 - U_2) I_s = \frac{U_1 - U_2}{U_1}\sqrt{(P_2 + P_3)^2 + (Q_2 + Q_3)^2} \tag{9-18}$$

当中、低压侧功率因数（为 $\cos\varphi$）相等时，有

$$S_s = \frac{U_1 - U_2}{U_1}\sqrt{(S_2\cos\varphi + S_3\cos\varphi)^2 + (S_2\sin\varphi + S_3\sin\varphi)^2} = K_b(S_2 + S_3)$$

由公共绕组和串联绕组的磁动势平衡可以求出 $\dot{I}_{ac}$，即

$$\dot{I}_{ac} N_2 = \dot{I}_{as}(N_1 - N_2)$$

$$\dot{I}_{ac} = \frac{N_1 - N_2}{N_2}\frac{1}{U_1}(P_2 - jQ_2) = \frac{U_1 - U_2}{U_2 U_1}(P_2 - jQ_2)$$

公共绕组中的电流为

$$\dot{I}_c = \dot{I}_{ac} - \dot{I}_t = \frac{1}{U_2}\left[\left(\frac{U_1 - U_2}{U_1}P_2 - \frac{U_2}{U_1}P_3\right) - j\left(\frac{U_1 - U_2}{U_1}Q_2 - \frac{U_2}{U_1}Q_3\right)\right]$$

计及 $K_b = \dfrac{U_1 - U_2}{U_1}$，则公共绕组中的功率为

$$S_c = U_2 I_c = \sqrt{\left(K_b P_2 - \frac{U_2}{U_1}P_3\right)^2 + \left(K_b Q_2 - \frac{U_2}{U_1}Q_3\right)^2} \tag{9-19}$$

当中、低压侧功率因数相等时，有

$$S_c = K_b S_2 - \frac{U_2}{U_1} S_3 = K_b(S_2 + S_3) - S_3$$

显然 $S_s > S_c$，串联绕组负荷较大，最大传输功率受到串联绕组容量的限制，运行中应注意监视串联绕组负荷。此运行方式适合于送电方向以低压和中压侧同时向高压侧送电为主、单机容量为 125MW 及以下的发电厂。

2. 运行方式二

中压侧同时向高压和低压侧（或高压和低压侧同时向中压侧）传输功率，如图 9-9b 所示。

变压方式的电流不通过串联绕组，故串联绕组电流为

$$\dot{I}_s = \dot{I}_{as} = \frac{1}{U_1}(P_1 - jQ_1)$$

串联绕组中的功率为

$$S_s = (U_1 - U_2) I_s = \frac{U_1 - U_2}{U_1}\sqrt{P_1^2 + Q_1^2} = K_b S_1 \tag{9-20}$$

由公共绕组和串联绕组的磁动势平衡可以求出 $\dot{I}_{ac}$，即

$$\dot{I}_{ac} N_2 = \dot{I}_{as}(N_1 - N_2)$$

$$\dot{I}_{ac} = \frac{U_1 - U_2}{U_1 U_2}(P_1 - jQ_1)$$

$$\dot{I}_t = \frac{\dot{I}_3}{k_{23}} = \frac{P_3 - jQ_3}{k_{23} U_3} = \frac{P_3 - jQ_3}{U_2}$$

公共绕组中的电流为

$$\dot{I}_c = \dot{I}_{ac} + \dot{I}_t = \frac{1}{U_2}\left[\left(\frac{U_1 - U_2}{U_1}P_1 + P_3\right) - j\left(\frac{U_1 - U_2}{U_1}Q_1 + Q_3\right)\right]$$

公共绕组中的功率为

$$S_c = U_2 I_c = \sqrt{(K_b P_1 + P_3)^2 + (K_b Q_1 + Q_3)^2} \tag{9-21}$$

当高、低压侧功率因数相等时，有

$$S_c = K_b S_1 + S_3$$

显然 $S_c > S_s$，公共绕组负荷较大，最大传输功率受到公共绕组容量的限制，运行中应注意监视公共绕组负荷。在此运行方式下运行时，自耦变压器的容量不能得到充分利用。以此运行方式为主的发电厂主变压器一般不选用三绕组自耦变压器。当变电站的自耦变压器第三绕组接有无功补偿设备时，应根据无功功率潮流校核公共绕组的容量。在负荷方向变化较大的情况，可以采用加大公共绕组容量的自耦变压器。

三、自耦变压器的有功功率损耗

1. 用普通三绕组变压器的方法计算有功功率损耗

设 ΔP_{1-2} 为高–中压间的负载损耗（以额定容量为基准），$\Delta P'_{2-3}$ 和 $\Delta P'_{1-3}$ 为中–低压间的短路损耗和高–低压间的负载损耗（以低压绕组容量为基准）。高、中和低压支路的额定负载损耗按下式计算：

$$\Delta P_1=\frac{1}{2}\left(\Delta P_{1-2}+\Delta P'_{1-3}\frac{S_N^2}{S_{N3}^2}-\Delta P'_{2-3}\frac{S_N^2}{S_{N3}^2}\right)$$

$$\Delta P_2=\frac{1}{2}\left(\Delta P'_{2-3}\frac{S_N^2}{S_{N3}^2}+\Delta P_{1-2}-\Delta P'_{1-3}\frac{S_N^2}{S_{N3}^2}\right)$$

$$\Delta P_3=\frac{1}{2}\left(\Delta P'_{1-3}\frac{S_N^2}{S_{N3}^2}+\Delta P'_{2-3}\frac{S_N^2}{S_{N3}^2}-\Delta P_{1-2}\right)$$

式中　　S_N 和 S_{N3}——自耦变压器额定容量和低压绕组额定容量；

ΔP_1、ΔP_2 和 ΔP_3——高、中和低压支路的额定负载损耗。

自耦变压器的总有功功率铜损为

$$\Delta P=\Delta P_1\left(\frac{S_1}{S_N}\right)^2+\Delta P_2\left(\frac{S_2}{S_N}\right)^2+\Delta P_3\left(\frac{S_3}{S_N}\right)^2$$

式中　S_1、S_2、S_3——高、中和低压侧的负荷。

2. 利用串联绕组、公共绕组和低压绕组的损耗计算有功功率损耗

在研究各绕组的发热时需要计算绕组损耗并利用绕组损耗计算自耦变压器的有功功率损耗。设 ΔP_s、ΔP_c 和 ΔP_t 分别是对应标准容量 S_a 的串联绕组、公共绕组和低压绕组的有功损耗，I'_{N1}、I'_{N2}和 I'_{N3}分别是折算到标准容量的高、中和低压绕组的额定电流，$\alpha=S_{N3}/S_a$。

（1）短路损耗的计算　自耦变压器短路试验接线如图 9-10 所示。

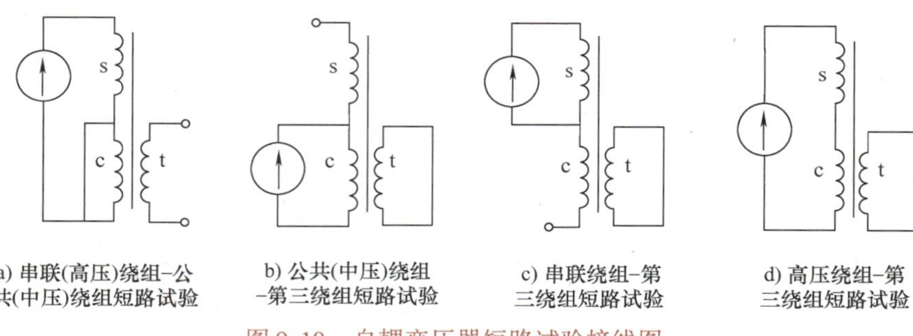

a) 串联(高压)绕组–公共(中压)绕组短路试验　b) 公共(中压)绕组–第三绕组短路试验　c) 串联绕组–第三绕组短路试验　d) 高压绕组–第三绕组短路试验

图 9-10　自耦变压器短路试验接线图

1）高-中压间短路试验。高压加电压，使串联绕组的电流为 $I'_{N1}\dfrac{S_N}{S_a}=\dfrac{I'_{N1}}{K_b}=I'_{N1}\dfrac{U_1}{U_1-U_2}$达到额定容量下的额定电流，串联绕组的负荷为 $(U_1-U_2)\dfrac{I'_{N1}}{K_b}=I'_{N1}U_1$ 达到标准容量，相应的铜损为 ΔP_s。由磁动势平衡关系可得公共绕组的电流为

$$\frac{I'_{N1}}{K_b}\frac{N_1-N_2}{N_2}=I'_{N1}\frac{N_1}{N_1-N_2}\frac{N_1-N_2}{N_2}=I'_{N1}k_{12}=I'_{N2}$$

公共绕组的负荷也达到标准容量，相应的铜损为 ΔP_c，故

$$\Delta P_{1-2}=\Delta P_{c-s}=\Delta P_s+\Delta P_c \tag{9-22}$$

2）中–低压间短路试验。中压加电压，使低压绕组的电流达到其本身额定容量下的额定电流 $\alpha I'_{N3}$（低压绕组的容量不一定等于 S_a），相应的铜损为 $\alpha^2\Delta P_t$（铜损与电流的二次方成正比）。此时公共绕组流过的电流为 $\alpha I'_{N2}$，其铜损为 $\alpha^2\Delta P_c$，故

$$\Delta P'_{2-3}=\Delta P'_{c-t}=\alpha^2\Delta P_c+\alpha^2\Delta P_t \tag{9-23}$$

3）高-低压间短路试验。高压绕组加电压，使低压绕组的电流达到其本身额定容量下的额定电流 $\alpha I'_{N3}$，相应的铜损为 $\alpha^2\Delta P_t$，此时串联绕组流过的电流为

$$I_s=\alpha\frac{I'_{N3}}{k_{13}}=\alpha I'_{N1}=\alpha\frac{U_1-U_2}{U_1}I'_{N1}\frac{U_1}{U_1-U_2}=\alpha K_b\frac{I'_{N1}}{K_b}$$

故其铜损为 $\alpha^2K_b^2\Delta P_s$。此时公共绕组流过的电流为 $I_c=\alpha I'_{N1}=\alpha I'_{N2}/k_{12}$，由于 $I_c=I'_{N2}$ 时，公共绕组的负荷达到标准容量，相应的铜损为 ΔP_c，故此时公共绕组的铜损为 $\left(\frac{\alpha}{k_{12}}\right)^2\Delta P_c$。

总的铜损为

$$\Delta P'_{1-3}=\alpha^2K_b^2\Delta P_s+\left(\frac{\alpha}{k_{12}}\right)^2\Delta P_c+\alpha^2\Delta P_t \tag{9-24}$$

4）串联绕组-低压绕组间短路试验。串联绕组加电压，使低压绕组的电流达到其本身额定容量下的额定电流 $\alpha I'_{N3}$，相应的铜损为 $\alpha^2\Delta P_t$。由磁动势平衡关系可得串联绕组的电流为 $\frac{\alpha I'_{N3}N_3}{N_1-N_2}=\frac{\alpha I'_{N3}N_3/N_1}{(N_1-N_2)/N_1}=\alpha\frac{I'_{N1}}{K_b}$，其铜损为 $\alpha^2\Delta P_s$，故

$$\Delta P'_{s-t}=\alpha^2\Delta P_s+\alpha^2\Delta P_t \tag{9-25}$$

（2）用 ΔP_{1-2}、$\Delta P'_{2-3}$ 和 $\Delta P'_{1-3}$ 计算绕组损耗　由式(9-22) 和式(9-23) 得 $\Delta P_s=\Delta P_{1-2}-\Delta P_c$ 和 $\Delta P_t=\frac{\Delta P'_{2-3}}{\alpha^2}-\Delta P_c$，代入式(9-24) 得

$$\Delta P'_{1-3}=\alpha^2K_b^2(\Delta P_{1-2}-\Delta P_c)+\left(\frac{\alpha}{k_{12}}\right)^2\Delta P_c+\alpha^2\left(\frac{\Delta P'_{2-3}}{\alpha^2}-\Delta P_c\right)$$

$$\alpha^2K_b^2\Delta P_c-\left(\frac{\alpha}{k_{12}}\right)^2\Delta P_c+\alpha^2\Delta P_c=\alpha^2K_b^2\Delta P_{1-2}+\Delta P'_{2-3}-\Delta P'_{1-3}$$

$$\alpha^2\left(K_b^2-\frac{1}{k_{12}^2}+1\right)\Delta P_c=\alpha^2K_b^2\Delta P_{1-2}+\Delta P'_{2-3}-\Delta P'_{1-3}$$

$$\alpha^2[K_b^2+K_b(2-K_b)]\Delta P_c=\alpha^2K_b^2\Delta P_{1-2}+\Delta P'_{2-3}-\Delta P'_{1-3}$$

可解得

$$\left.\begin{aligned}\Delta P_c&=\frac{\alpha^2K_b^2\Delta P_{1-2}+\Delta P'_{2-3}-\Delta P'_{1-3}}{2\alpha^2K_b}\\ \Delta P_s&=\Delta P_{1-2}-\Delta P_c\\ \Delta P_t&=\frac{\Delta P'_{2-3}}{\alpha^2}-\Delta P_c\end{aligned}\right\} \tag{9-26}$$

（3）用 $\Delta P_{c-s}=\Delta P_{1-2}$、$\Delta P'_{c-t}=\Delta P'_{2-3}$ 和 $\Delta P'_{s-t}$ 计算绕组损耗　将 $\Delta P_s=\Delta P_{1-2}-\Delta P_c$ 和 $\Delta P_t=\frac{\Delta P'_{2-3}}{\alpha^2}-\Delta P_c$ 代入式(9-25) 得

$$\Delta P'_{s-t}=\alpha^2\Delta P_{1-2}+\Delta P'_{2-3}-2\alpha^2\Delta P_c$$

将式(9-26) 中的第一个表达式代入上式并考虑到 $K_b=\frac{U_1-U_2}{U_1}$，得

$$\Delta P'_{s-t}=\alpha^2\Delta P_{1-2}-\alpha^2K_b\Delta P_{1-2}+\Delta P'_{2-3}-\frac{1}{K_b}\Delta P'_{2-3}+\frac{1}{K_b}\Delta P'_{1-3}$$

化简得
$$\Delta P'_{s-t}=\frac{U_1}{U_1-U_2}\Delta P'_{1-3}+\alpha^2\frac{U_2}{U_1}\Delta P_{1-2}-\frac{U_2}{U_1-U_2}\Delta P'_{2-3} \tag{9-27}$$

由式(9-22)、式(9-23)和式(9-25)联立求解可得

$$\left.\begin{aligned}\Delta P_c&=\frac{1}{2}\left(\Delta P_{c-s}+\frac{1}{\alpha^2}\Delta P'_{c-t}-\frac{1}{\alpha^2}\Delta P'_{s-t}\right)\\ \Delta P_s&=\Delta P_{c-s}-\Delta P_c\\ \Delta P_t&=\frac{\Delta P'_{c-t}}{\alpha^2}-\Delta P_c\end{aligned}\right\} \tag{9-28}$$

自耦变压器总的有功功率铜损

$$\Delta P=\Delta P_c\left(\frac{S_c}{S_a}\right)^2+\Delta P_s\left(\frac{S_s}{S_a}\right)^2+\Delta P_t\left(\frac{S_t}{S_a}\right)^2 \tag{9-29}$$

【例9-6】 已知容量为150MVA的三相三绕组自耦变压器，额定电压为242/121/11kV，容量比为100/100/50，$\Delta P_{1-2}=490\text{kW}$，$\Delta P'_{2-3}=340\text{kW}$，$\Delta P'_{1-3}=350\text{kW}$，低压侧接有60MW，功率因数为0.8的发电机一台，各侧功率因数相等。试求：

（1）发电机和110kV系统各向220kV系统传输功率75MVA，计算各绕组的负荷和相应的绕组损耗。

（2）如果220kV系统向110kV系统传输功率75MVA，低压侧的发电机还可以向110kV系统传输多少功率？

解：（1）属低、中压侧同时向高压侧送电的运行方式。

1）各绕组的负荷。

串联绕组负荷为　$S_s=K_b(S_2+S_3)=0.5\times(75+75)\text{MVA}=75\text{MVA}$

公共绕组负荷为　$S_c=K_bS_2-\frac{U_2}{U_1}S_3=(0.5\times75-0.5\times75)\text{MVA}=0\text{MVA}$

低压绕组负荷为　$S_t=75\text{MVA}$

此时，低压绕组和串联绕组满负荷，公共绕组负荷为0MVA。

2）绕组损耗。

方法一　用普通三绕组变压器的方法计算损耗：

$$\Delta P_{1-2}=490\text{kW}$$

$$\Delta P_{2-3}=\Delta P'_{2-3}\left(\frac{S_N}{S_{N3}}\right)^2=340\times\left(\frac{150}{75}\right)^2\text{kW}=1360\text{kW}$$

$$\Delta P_{1-3}=\Delta P'_{1-3}\left(\frac{S_N}{S_{N3}}\right)^2=350\times\left(\frac{150}{75}\right)^2\text{kW}=1400\text{kW}$$

$$\Delta P_1=\frac{1}{2}\times(490+1400-1360)\text{kW}=265\text{kW}$$

$$\Delta P_2=\frac{1}{2}\times(1360+430-1400)\text{kW}=225\text{kW}$$

$$\Delta P_3=\frac{1}{2}\times(1400+1360-490)\text{kW}=1135\text{kW}$$

总的有功功率铜损为

$$\Delta P=\left[265\times\left(\frac{150}{150}\right)^2+225\times\left(\frac{75}{150}\right)^2+1135\times\left(\frac{75}{150}\right)^2\right]\text{kW}=605\text{kW}$$

方法二　由 ΔP_{c-s}、$\Delta P'_{c-t}$和 $\Delta P'_{s-t}$计算以标准容量为基准的绕组损耗：

$$\alpha=1,\ \Delta P_{c-s}=\Delta P_{1-2}=490\text{kW},\ \Delta P'_{c-t}=\Delta P'_{2-3}=340\text{kW}$$

$$\Delta P'_{s-t}=\left(\frac{242}{242-121}\times350+\frac{121}{242}\times490-\frac{121}{242-121}\times340\right)\text{kW}=605\text{kW}$$

$$\Delta P_c=\frac{1}{2}\times(490+340-605)\text{kW}=112.5\text{kW}$$

$$\Delta P_s=(490-112.5)\text{kW}=377.5\text{kW}$$

$$\Delta P_t=(340-112.5)\text{kW}=227.5\text{kW}$$

总的有功功率铜损为

$$\Delta P=\left[112.5\times\left(\frac{0}{75}\right)^2+377.5\times\left(\frac{75}{75}\right)^2+227.5\times\left(\frac{75}{75}\right)^2\right]\text{kW}=605\text{kW}$$

方法三　由 ΔP_{1-2}、$\Delta P'_{2-3}$和 $\Delta P'_{1-3}$计算以标准容量为基准的绕组损耗：

$$\Delta P_c=\frac{\alpha^2K_b^2\Delta P_{1-2}+\Delta P'_{2-3}-\Delta P'_{1-3}}{2\alpha^2K_b}$$

$$=\frac{0.5^2\times490+340-350}{2\times0.5}\text{kW}=112.5\text{kW}$$

其余同方法二。显然 3 种方法计算结果相同。

（2）属高、低压侧同时向中压侧送电的运行方式。此运行方式下应监视公共绕组不要过负荷，公共绕组负荷最大为 75MVA。

串联绕组负荷为　　$S_s=K_bS_1=0.5\times75\text{MVA}=37.5\text{MVA}$

由　$S_c=K_bS_1+S_3$　得

低压绕组负荷为　$S_3=S_c-K_bS_1=(75-37.5)\text{MVA}=37.5\text{MVA}$

即低压侧的发电机还可以向 110kV 系统传输的功率为 37.5MVA。自耦变压器的输出功率达不到其额定容量。

第六节　变压器的并列运行

变压器并列运行是常见的运行方式，在发电厂和变电站，为了提高供电可靠性，通常采用两台及以上的变压器并列运行，当一台变压器因故障退出运行，其他变压器仍可继续供电。在变电站，两台及以上的变压器并列运行还可以满足经济运行的需要，在低负荷时，可以使部分变压器退出运行，以减少电能损耗。变压器的理想并列运行条件为：

1）电压比相等。

2）短路阻抗相等。

3）绕组联结组别相同。

在满足一定条件下，电压比不等和短路阻抗不等的变压器可以并列运行，但需要注意充分利用变压器的容量，采取相应的措施，避免某些变压器过负荷。

1. 电压比不同的变压器并列运行

如果 $k_{\text{I}}=\dfrac{U_{\text{N1 I}}}{U_{\text{N2 I}}}$、$k_{\text{II}}=\dfrac{U_{\text{N1 II}}}{U_{\text{N2 II}}}$分别是两台变压器的电压比；$k=\sqrt{k_{\text{I}}k_{\text{II}}}$ 为两台变压

器的电压比几何均值；$Z_{k\text{I}(1)}$、$Z_{k\text{II}(1)}$ 分别为两台变压器归算到一次侧的阻抗；$Z_{k\text{I}(2)}$、$Z_{k\text{II}(2)}$ 分别为两台变压器归算到二次侧阻抗，则

$$Z_{k\text{I}(1)}=k_{\text{I}}^2 Z_{k\text{I}(2)}\approx k^2 Z_{k\text{I}(2)}$$

$$Z_{k\text{II}(1)}=k_{\text{II}}^2 Z_{k\text{II}(2)}\approx k^2 Z_{k\text{II}(2)}$$

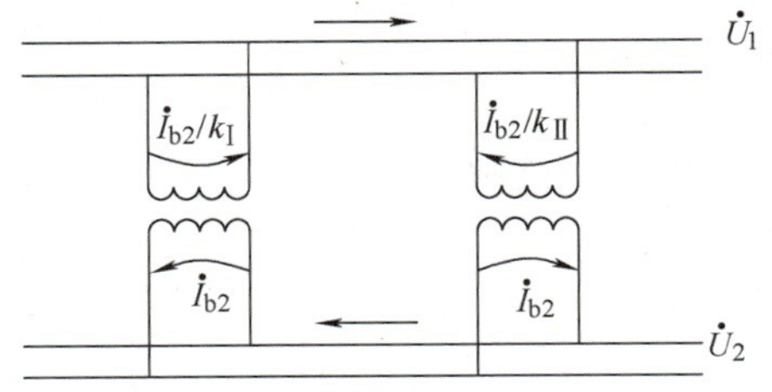

图 9-11　两台电压比不同的单相变压器并列运行

如图 9-11 所示，当并列运行的变压器一次侧接上电源后，由于变压器的电压比不相等，在二次绕组产生的电动势不相等，故在二次绕组中产生平衡电流，一次绕组也相应的出现平衡电流（因电压比不等，两台变压器的一次绕组平衡电流不相等，由电源平衡），近似为 $I_{b1}=I_{b2}/k$。二次绕组的平衡电流为

$$\dot{I}_{b2}=\frac{\dot{E}_{2\text{II}}-\dot{E}_{2\text{I}}}{Z_{k\text{I}(2)}+Z_{k\text{II}(2)}}=\frac{\dot{E}_1/k_{\text{II}}-\dot{E}_1/k_{\text{I}}}{Z_{k\text{I}(1)}/k_{\text{I}}^2+Z_{k\text{II}(1)}/k_{\text{II}}^2}$$

$$\approx\frac{\dot{U}_1(k_{\text{I}}-k_{\text{II}})/k^2}{(Z_{k\text{I}(1)}+Z_{k\text{II}(1)})/k^2}=\frac{\dot{U}_1(k_{\text{I}}-k_{\text{II}})}{Z_{k\text{I}(1)}+Z_{k\text{II}(1)}} \tag{9-30}$$

式中　$\dot{E}_{2\text{I}}$、$\dot{E}_{2\text{II}}$——两台变压器的二次侧电动势；

$\dot{E}_1$、$\dot{U}_1$——一次侧的电动势和电压。

式(9-30) 中的阻抗用复数计算较复杂，采用短路电压近似计算时，一次绕组的平衡电流为

$$I_{b1}=\frac{I_{b2}}{k}=\frac{U_1(k_{\text{I}}-k_{\text{II}})/k}{Z_{k\text{I}(1)}+Z_{k\text{II}(1)}}=\frac{U_1\Delta k_*}{\dfrac{u_{*k\text{I}}U_{N1\text{I}}}{I_{N1\text{I}}}+\dfrac{u_{*k\text{II}}U_{N1\text{II}}}{I_{N1\text{II}}}} \tag{9-31}$$

式中　$\Delta k_*=\dfrac{k_{\text{I}}-k_{\text{II}}}{k}$。

如果 $U_1=U_{N1\text{I}}=U_{N1\text{II}}$，令 $\alpha=\dfrac{I_{N1\text{I}}}{I_{N1\text{II}}}=\dfrac{S_{N\text{I}}}{S_{N\text{II}}}$，则

$$I_{b1}=I_{N1\text{I}}\frac{\Delta k_*}{u_{*k\text{I}}+\alpha u_{*k\text{II}}} \tag{9-32}$$

由式(9-32) 可以看出：平衡电流由 Δk_* 和变压器的短路电压决定，通常变压器的短路电压很小，即使两台变压器的电压比相差不大，也会产生很大的平衡电流。平衡电流的无功分量很大。当变压器带负荷运行时，平衡电流叠加在负荷电流上，使一台变压器的负荷增大，另一台变压器的负荷减轻，负荷增大的变压器可能过负荷。所以，一般 Δk_* 不得超过 0.5%。

【例 9-7】 两台并列运行的变压器，额定容量均为 10000kVA，阻抗电压都为 $u_k\%=10.5$，绕组联结组都相同。额定电压分别为 110/10.5kV 和 110/11kV。试求它们并列运行时的平衡电流。

解： $k_{\text{I}}=\dfrac{U_{N1\text{I}}}{U_{N2\text{I}}}=\dfrac{110}{10.5}=10.47619$ 和 $k_{\text{II}}=\dfrac{U_{N1\text{II}}}{U_{N2\text{II}}}=\dfrac{110}{11}=10$

$$k = \sqrt{k_{\mathrm{I}} k_{\mathrm{II}}} = \sqrt{10 \times 10.47619} = 10.235326$$

$$\Delta k_* = \frac{k_{\mathrm{I}} - k_{\mathrm{II}}}{k} = \frac{10.47619 - 10}{10.235326} = 0.0465241$$

因高压侧的额定电压相同，故

$$\alpha = \frac{I_{\mathrm{N1\,I}}}{I_{\mathrm{N1\,II}}} = \frac{S_{\mathrm{N\,I}} / (\sqrt{3} U_{\mathrm{N1\,I}})}{S_{\mathrm{N\,II}} / (\sqrt{3} U_{\mathrm{N1\,II}})} = 1$$

一次侧平衡电流 $I_{\mathrm{b1}} = I_{\mathrm{N1\,I}} \dfrac{\Delta k_*}{u_{*\mathrm{k\,I}} + \alpha u_{*\mathrm{k\,II}}} = \left(52.4864 \times \dfrac{0.0465241}{0.105 \times 2}\right)\mathrm{A} = 11.628\mathrm{A}$

二次侧平衡电流 $I_{\mathrm{b2}} = kI_{\mathrm{b1}} = (10.235326 \times 11.628)\mathrm{A} = 119\mathrm{A}$

2. 短路阻抗不同的变压器并列运行

如果 n 台并列运行的变压器，它们的短路阻抗分别为 $Z_{\mathrm{k\,I}}$、$Z_{\mathrm{k\,II}}$、…、$Z_{\mathrm{k}n}$ 且阻抗角相同，第 i 台变压器的额定容量、额定电压、额定电流、阻抗电压、负荷容量和负荷电流分别为 $S_{\mathrm{N}i}$、$U_{\mathrm{N}i}$、$I_{\mathrm{N}i}$、$u_{*\mathrm{k}i}$、S_i 和 I_i（$i=$ Ⅰ、Ⅱ、…、n），假定它们的电压比相同，额定电压相等，则第 k 台变压器的阻抗为

$$Z_{\mathrm{k}k} = \frac{u_{*\mathrm{k}k} U_{\mathrm{N}k}}{I_{\mathrm{N}k}}$$

n 台并列运行的变压器的总阻抗为

$$Z_\Sigma = \frac{1}{\sum_{i=\mathrm{I}}^{n} \frac{1}{Z_{\mathrm{k}i}}} = \frac{1}{\sum_{i=\mathrm{I}}^{n} \frac{I_{\mathrm{N}i}}{u_{*\mathrm{k}i} U_{\mathrm{N}i}}}$$

根据并联电路电压相等得

$$I_\Sigma Z_\Sigma = I_k Z_{\mathrm{k}k}$$

式中 $I_\Sigma = \sum_{i=\mathrm{I}}^{n} I_i$——$n$ 台并列运行的变压器的总负荷电流。

第 k 台变压器的电流为 $I_k = I_\Sigma \dfrac{Z_\Sigma}{Z_{\mathrm{k}k}} = I_\Sigma \dfrac{\frac{1}{Z_{\mathrm{k}k}}}{\frac{1}{Z_\Sigma}} = I_\Sigma \dfrac{\frac{I_{\mathrm{N}k}}{u_{*\mathrm{k}k} U_{\mathrm{N}k}}}{\sum_{i=\mathrm{I}}^{n} \frac{I_{\mathrm{N}i}}{u_{*\mathrm{k}i} U_{\mathrm{N}i}}} = \dfrac{\sum_{i=\mathrm{I}}^{n} I_i}{\sum_{i=\mathrm{I}}^{n} \frac{I_{\mathrm{N}i}}{u_{*\mathrm{k}i}}} \dfrac{I_{\mathrm{N}k}}{u_{*\mathrm{k}k}}$

第 k 台变压器的负荷为

$$S_k = \frac{\sum_{i=\mathrm{I}}^{n} S_i}{\sum_{i=\mathrm{I}}^{n} \frac{S_{\mathrm{N}i}}{u_{*\mathrm{k}i}}} \frac{S_{\mathrm{N}k}}{u_{*\mathrm{k}k}} \tag{9-33}$$

式中 $S_\Sigma = \sum_{i=\mathrm{I}}^{n} S_i$——$n$ 台并列运行的变压器的总负荷容量。

两台变压器并列运行时，变压器分配的负荷为

$$S_{\mathrm{I}} = \frac{S_\Sigma S_{\mathrm{N\,I}} u_{*\mathrm{k\,II}}}{S_{\mathrm{N\,I}} u_{*\mathrm{k\,II}} + S_{\mathrm{N\,II}} u_{*\mathrm{k\,I}}} \text{和}\ S_{\mathrm{II}} = \frac{S_\Sigma S_{\mathrm{N\,II}} u_{*\mathrm{k\,I}}}{S_{\mathrm{N\,I}} u_{*\mathrm{k\,II}} + S_{\mathrm{N\,II}} u_{*\mathrm{k\,I}}} \tag{9-34}$$

由式(9-34)可以看出：并列运行的变压器负荷分配与阻抗电压成反比，即阻抗电压小的变压器承担的负荷大，阻抗电压大的变压器承担的负荷小。由于一般容量大的变压器阻抗电压较大，容量小的变压器阻抗电压较小，故容量小的变压器承担的负荷大，有可能过负荷。一般规定阻抗电压之差不超过10%。阻抗电压不同的变压器，可适当提高短路电压大的变压器二次电压，使并列运行变压器的容量均能充分利用。《电力变压器选用导则》(GB/T 17468—2019)中规定并列运行的变压器容量比在0.5~2之间。

【例9-8】 两台并列运行的双绕组变压器，电压比和绕组联结组都相同，只是额定容量和阻抗电压不同。已知 $S_{N\,\mathrm{I}}=500\mathrm{kVA}$，$u_{k\,\mathrm{I}}\%=4$；$S_{N\,\mathrm{II}}=1000\mathrm{kVA}$，$u_{k\,\mathrm{II}}\%=4.5$。试求当供给负载1500kVA时，每一台变压器各供多大负荷？

解：

$$S_{\mathrm{I}}=\frac{S_{\Sigma}S_{N\,\mathrm{I}}u_{*k\,\mathrm{II}}}{S_{N\,\mathrm{I}}u_{*k\,\mathrm{II}}+S_{N\,\mathrm{II}}u_{*k\,\mathrm{I}}}=\frac{1500\times500\times4.5}{500\times4.5+1000\times4}\mathrm{kVA}=540\mathrm{kVA}$$

$$S_{\mathrm{II}}=\frac{S_{\Sigma}S_{N\,\mathrm{II}}u_{*k\,\mathrm{I}}}{S_{N\,\mathrm{I}}u_{*k\,\mathrm{II}}+S_{N\,\mathrm{II}}u_{*k\,\mathrm{I}}}=\frac{1500\times1000\times4}{500\times4.5+1000\times4}\mathrm{kVA}=960\mathrm{kVA}$$

从计算结果可以看出，容量小的变压器过负荷运行，容量大的变压器未能得到充分利用。

3. 绕组联结组不同的变压器并列运行

绕组联结组不同的变压器并列运行时，同名相电动势间的相位差为

$$\varphi=(N_{\mathrm{I}}-N_{\mathrm{II}})\times30°$$

式中　N_{I}、N_{II}——两台变压器的联结组号。

同名相电动势差为

$$\Delta E=2E_{\mathrm{I}}\sin\frac{\varphi}{2}$$

ΔE 作用在两台变压器的二次绕组上，产生的平衡电流归算到一次侧为

$$I_{b1}=\frac{\Delta E}{Z_{k\,\mathrm{I}(1)}+Z_{k\,\mathrm{II}(1)}}=\frac{2E_{\mathrm{I}}\sin\frac{\varphi}{2}}{\frac{u_{*k\,\mathrm{I}}U_{N1\,\mathrm{I}}}{I_{N1\,\mathrm{I}}}+\frac{u_{*k\,\mathrm{II}}U_{N1\,\mathrm{II}}}{I_{N1\,\mathrm{II}}}}$$

如果两台变压器的额定容量、额定电压和短路电压都相同，且 $E_{\mathrm{I}}=E_{\mathrm{II}}\approx U_{N1\,\mathrm{I}}=U_{N1\,\mathrm{II}}$，则

$$I_{b1}=\frac{\sin\frac{\varphi}{2}}{u_{*k\,\mathrm{I}}}I_{N\,\mathrm{I}}$$

例如，当相位差 $\varphi=30°$，短路电压 $u_{*k\,\mathrm{I}}=0.105$ 时

$$I_{b1}=\frac{\sin\frac{\varphi}{2}}{u_{*k\,\mathrm{I}}}I_{N\,\mathrm{I}}=2.465I_{N}$$

两台联结组不同的变压器并列运行的电动势相量图如图9-12所示。

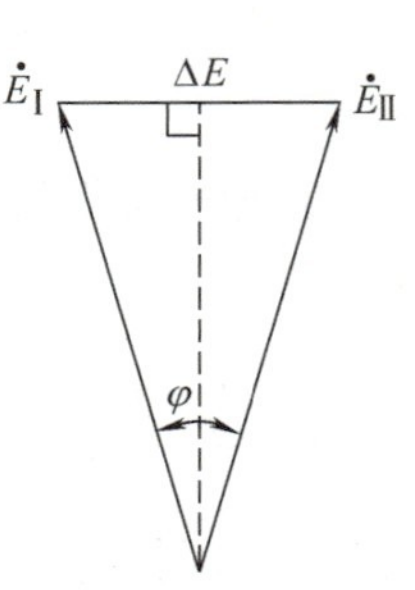

图9-12　两台联结组不同的变压器并列运行的电动势相量图

绕组联结组不同的变压器并列运行会产生几倍于额定电流的平衡电流，短时运行就会严重影响变压器的使用寿命，甚至可能使变压器的绕组烧坏。因此，绕组联结组不同的变

压器不能并列运行，只有将绕组联结组改变为同一联结组才能并列运行。

4. 三绕组变压器的并联运行

三绕组变压器的并联运行条件与双绕组变压器的并联运行条件相同，但由于多了一个第三绕组，因此，还存在两个绕组并联运行，第三绕组分别带负荷和三个绕组都并联运行的负荷分配问题。

变压器的并联运行计算是利用等效电路和基尔霍夫第一、第二定律进行的，需要注意的是电流和电压的实际值应归算至同一侧（待求侧）；并联的不同容量变压器的短路阻抗应归算至同一基准容量（以最大容量变压器的额定容量为基准容量）。

（1）三绕组变压器的两个绕组并联运行，第三绕组分别带负荷　两台三绕组变压器 T_1 和 T_2 两个绕组并联运行，第三绕组分别带负荷的接线图和等效电路图如图 9-13 所示。图 9-13b 中，Z_1、Z_2、Z_3 分别表示绕组 1、2、3 的阻抗。若各阻抗的阻抗角相等，可以用阻抗电压表示，则有

$$u'_{k1}=\frac{u'_{k12}+u'_{k13}-u'_{k23}}{2} \tag{9-35}$$

$$u''_{k1}=\frac{u''_{k12}+u''_{k13}-u''_{k23}}{2} \tag{9-36}$$

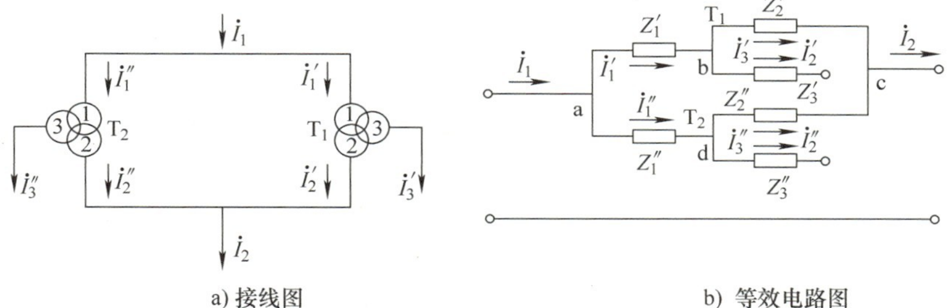

a) 接线图　　b) 等效电路图

图 9-13　两台三绕组变压器 T_1 和 T_2 两个绕组并联运行，第三绕组分别带负荷的接线图和等效电路图

设第二个绕组（不一定是中压绕组）的总负荷电流 $\dot{I}_2$，第三个绕组（不一定是低压绕组）的负荷电流 $\dot{I}'_3$ 和 $\dot{I}''_3$ 为已知，根据等效电路图和基尔霍夫定律对节点 b、c、d 列电流方程，对回路 abcda 列电压方程求解可得出

$$\dot{I}'_2=\frac{\dot{I}_2u''_{k12}+\dot{I}''_3u''_{k1}-\dot{I}'_3u'_{k1}}{u'_{k12}+u''_{k12}}$$

$$\dot{I}''_2=\dot{I}_2-\dot{I}'_2$$

当各侧功率因数相同时，用功率计算非常方便，二次侧的功率为

$$S'_2=\frac{S_2u''_{k12}+S''_3u''_{k1}-S'_3u'_{k1}}{u'_{k12}+u''_{k12}}$$

$$S''_2=S_2-S'_2$$

一次侧的功率为

$$S'_1=S'_2+S'_3$$

$$S''_1=S''_2+S''_3$$

结论：虽然第三绕组负荷没有参加并联运行，但并联绕组间负荷的分配受第三绕组负荷的影响，在某些情况下，可能引起某台变压器一侧过负荷，运行中要加以监视。

【例9-9】 某110kV变电站有两台三绕组降压变压器，联结组都是YNyn0d11，其参数见表9-5。

表9-5　变压器参数

名称	型号	容量比 /MVA	额定电压 /kV	短路阻抗 (%)(高-中)	短路阻抗 (%)(中-低)	短路阻抗 (%)(高-低)
T_1	SFSZ9-31500/110	31.5/31.5/31.5	110/38.5/10.5	10.21	6.31	17.88
T_2	SFSZ9-31500/110	31.5/31.5/31.5	110/38.5/11	9.53	6.65	17.6

分析两台三绕组降压变压器的并联运行方式。如果中压侧总负荷 $S_2=33\text{MVA}$，T_1 的低压侧负荷 $S_3'=12\text{MVA}$，T_2 的低压侧负荷 $S_3''=18\text{MVA}$，各侧功率因数相同，试根据选择的并联运行方式计算负荷分配。

解：

$$K_{13}'=110/10.5,\ K_{13}''=110/11$$

因高压和低压之间不满足电压比相等的并联条件，高压和中压之间满足电压比相等的并联条件，故只能高、中压侧并联运行，低压侧分别带负荷，负荷分配计算如下：

$$u_{k1}'=\frac{u_{k12}'+u_{k13}'-u_{k23}'}{2}=\frac{10.21+17.88-6.31}{2}=10.89$$

$$u_{k1}''=\frac{u_{k12}''+u_{k13}''-u_{k23}''}{2}=\frac{9.53+17.6-6.65}{2}=10.24$$

$$S_2'=\frac{S_2u_{k12}''+S_3''u_{k1}''-S_3'u_{k1}'}{u_{k12}'+u_{k12}''}=\frac{33\times9.53+18\times10.24-12\times10.89}{10.21+9.53}\text{MVA}=18.65\text{MVA}$$

$$S_2''=S_2-S_2'=(33-18.65)\text{MVA}=14.35\text{MVA}$$

$$S_1'=S_2'+S_3'=(18.65+12)\text{MVA}=30.65\text{MVA}$$

$$S_1''=S_2''+S_3''=(14.35+18)\text{MVA}=32.35\text{MVA}$$

可以看出，T_2 高压绕组过负荷。

（2）三绕组变压器的并联运行　两台三绕组变压器 T_1 和 T_2 3个绕组都并联运行，第三绕组分别带负荷的接线图和等效电路图如图9-14所示。若各阻抗的阻抗角相等，可以用阻抗电压表示。

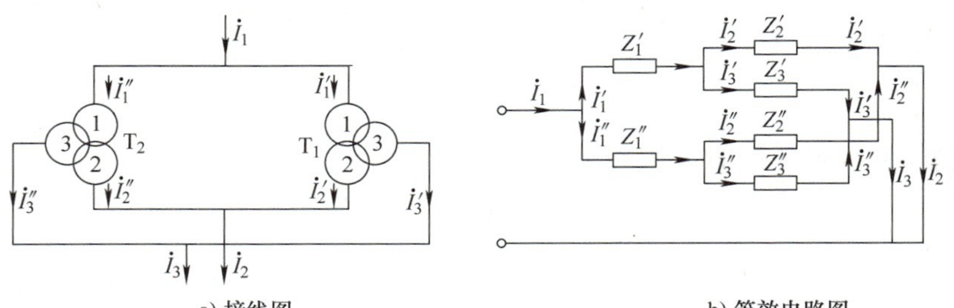

图9-14　两台三绕组变压器 T_1、T_2 3个绕组都并联运行，第三绕组分别带负荷的接线图和等效电路图

设第二个绕组（不一定是中压绕组）的总负荷电流 $\dot{I}_2$ 和第三个绕组（不一定是

低压绕组）的总负荷电流 $\dot{I}_3$ 为已知，根据等效电路图和基尔霍夫定律列出电流方程和电压方程，求解可得出

$$\dot{I}_3' = \frac{\dot{I}_2(\beta u_{k1}'' - \alpha u_{k12}'') + \dot{I}_3(\beta u_{k13}'' - \alpha u_{k1}'')}{\beta\gamma - \alpha^2} \tag{9-37}$$

$$\dot{I}_3'' = \dot{I}_3 - \dot{I}_3' \tag{9-38}$$

$$\dot{I}_2' = \frac{\dot{I}_2 u_{k12}'' + \dot{I}_3'' u_{k1}'' - \dot{I}_3' u_{k1}'}{u_{k12}' + u_{k12}''} \tag{9-39}$$

$$\dot{I}_2'' = \dot{I}_2 - \dot{I}_2' \tag{9-40}$$

u_{k1}' 和 u_{k1}'' 按式(9-35）和式(9-36）计算，而 α、β、γ 为

$$\alpha = u_{k1}' + u_{k1}''$$

$$\beta = u_{k12}' + u_{k12}''$$

$$\gamma = u_{k13}' + u_{k13}''$$

一些特殊情况都可以从上述公式中推导出。例如，一台三绕组变压器和一台双绕组变压器并联运行时，$\dot{I}_2$ 和 $\dot{I}_3''$ 为已知，$\dot{I}_3' = 0$，根据式(9-39）和式(9-40）得

$$\dot{I}_2' = \frac{\dot{I}_2 u_{k12}'' + \dot{I}_3'' u_{k1}''}{u_{k12}' + u_{k12}''}$$

$$\dot{I}_2'' = \dot{I}_2 - \dot{I}_2'$$

思考题与习题

1. 什么是变压器的负荷能力和绝缘老化六度规则？
2. 什么是等值老化原则？
3. 什么是等值空气温度？
4. 变压器的正常过负荷能力是依据什么原则制定的？
5. 在三相自耦变压器中，为何要增设一个三角形联结的第三绕组？第三绕组的容量一般制成多大？
6. 为什么三相自耦变压器的中性点必须接地？
7. 双绕组变压器并联运行的条件是什么？
8. 某降压变电所装有一台额定电压为 220/121/10.5kV，额定容量为 120000/120000/60000kVA 的三相三绕组自耦变压器，其效益系数和标准容量为多少？如果其低压侧接有 38400kW、功率因数为 0.8 的负荷，当各侧功率因数相等时，试求 220kV 系统还能向 110kV 系统输送多少容量？
9. 设有两台并列运行的双绕组变压器（变压器Ⅰ的型号及参数为 S_9-5000/35，$k=35/10.5$，$P_0=5.4$kW，$P_k=33$kW，$U_k\%=7$，$I_0\%=0.8$；变压器Ⅱ的型号为 S_9-6300/35，$k=35/10.5$，$P_0=6.56$kW，$P_k=36$kW，$U_k\%=7.5$，$I_0\%=0.7$)，两台变压器的电压比和绕组联结组都相同，只是额定容量和阻抗电压不同。已知 $S_{NI}=5000$kVA，$U_{kI}\%=7$；

$S_{N II}=6300kVA$，$U_{k II}\%=7.5$。试求：（1）当5000kVA变压器满负荷时，另一台变压器供多大负荷？其容量能否充分利用？（2）当供给负荷11300kVA时，两台变压器各供给多大负荷？

10. 某自然油循环变压器，当地日等值空气温度为20℃，负荷曲线如图9-15所示，求历时2h的过负荷倍数。

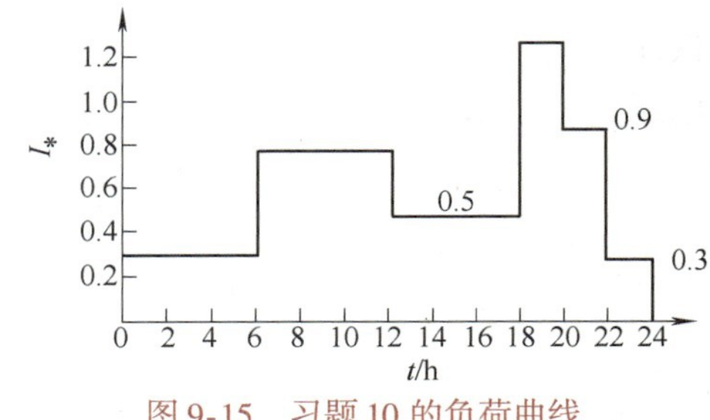

图9-15　习题10的负荷曲线

11. 某110kV变电站需要增容扩建，已有一台7500kVA，110/10.5kV，YNd11的主变压器，下列可以与其并列运行，允许的最大容量是哪一种？（　　）。

A. 7500kVA，YNd11　　B. 10000kVA，YNd11

C. 15000kVA，YNd5　　D. 20000kVA，YNd11

12. 自耦变压器在中压侧同时向高压和低压侧输送功率时，其最大传输功率受到（　　）。

A. 第三绕组容量限制　　B. 公共绕组容量限制

C. 串联绕组容量限制　　D. 额定容量限制

13. 当自耦变压器仅用来消除三次谐波时，第三绕组容量选（　　）。

A. 标准容量　　B. 额定容量

C. 标准容量的1/3左右　　D. 额定容量的1/3左右

14. 当自耦变压器用来接发电机等时，第三绕组容量选（　　）。

A. 标准容量　　B. 额定容量

C. 标准容量的1/3左右　　D. 额定容量的1/3左右

15. 额定电压为330/110/10.5kV的自耦变压器，其效益系数为（　　）。

A. 0.5　　B. 0.667　　C. 1　　D. 2

16. 有同一电源供电的两个变电站向某35kV变电站供电，下列各项中，请选择哪两台变压器的35kV侧在35kV变电站不能并列运行。（　　）

A. 220/110/35kV，Yyd联结组别主变压器与220/110/35kV，Yyd联结组别主变压器

B. 220/110/35kV，Yyd联结组别主变压器与110/35kV，Yd联结组别主变压器

C. 220/110/35kV，Yyd联结组别主变压器与110/35/10.5kV，Yyd联结组别主变压器

D. 220/35kV，Yd联结组别主变压器与220/110/35kV，Yyd联结组别主变压器

17. 变压器的各部分的发热很不均匀，绕组温度最高，最热点在高度方向的（　　）。

A. 50%～55%　　B. 60%～65%　　C. 70%～75%　　D. 80%～85%

18. 我国主要城市的年等值空气温度（　　）平均空气温度。

A. 大于　　B. 等于　　C. 小于　　D. 大于或等于

19. 绝缘老化的六度规则为绕组温度每增加6℃，（　　）。

A. 老化折半，绝缘使用寿命缩短一半　　B. 老化加倍，绝缘使用寿命增加一倍

C. 老化加倍，绝缘使用寿命缩短一半　　D. 老化折半，绝缘使用寿命增加一倍

20. 变压器正常过负荷能力的制定是不牺牲变压器的正常使用寿命，依照等值老化原则，使平均相对老化率（　　）。

A. 小于 1　　B. 等于 1　　C. 大于 1　　D. 远大于 1

21. 并列运行的变压器，其电压比的偏差不得超过（　　）。

A. 10%　　B. 5%　　C. 1%　　D. 0.5%

22. 变压器中温度最高的部位是（　　）。

A. 顶层油　　B. 铁心　　C. 绕组　　D. 底部油

23. 不适合使用三绕组自耦变压器的电压（kV）组合是（　　）。

A. 110/35/10　　B. 220/110/10　　C. 500/220/35　　D. 330/220/10

24. 属于自耦变压器第三绕组电压等级的是（　　）。

A. 3kV，6kV　　B. 3kV，10kV　　C. 10kV，35kV　　D. 3kV，66kV

25. 不是自耦变压器特点的描述是（　　）。

A. 自耦变压器有较小的绕组容量

B. 所用铁心材料省，尺寸小，重量轻，造价较低

C. 极限制造容量大，具有较好的经济效益

D. 绕组容量等于额定容量

26. 为避免高压侧电网发生单相接地时，在非接地相的中压绕组出现过电压，应（　　）。

A. 在高压侧装设避雷器　　B. 在中压侧装设避雷器

C. 将中性点直接接地　　D. 加强中压绕组的绝缘，按较高电压设计

27. 自耦变压器的（　　）出口端都必须装设避雷器进行保护。

A. 高压侧　　B. 中压侧　　C. 高压和低压侧　　D. 高压和中压侧

28. 500kV 变电站的主变压器采用三相三绕组自耦变压器时，其第三绕组电压应选（　　）。

A. 35kV　　B. 10kV

C. 35kV 或 66kV　　D. 110kV

29. 已知某降压变电站有一台电压为 220/121/6.6kV，容量为 120/120/60MVA 的自耦变压器，其低压侧接有一台 30MVA 的调相机向 110kV 系统输送无功功率（$P_3=0$，$Q_3=30\text{Mvar}$）。问当调相机按额定容量运行时，220kV 系统能向 110kV 系统输送多少容量（按 $\cos\varphi_1=1$ 和 $\cos\varphi_1=0.8$ 两种情况计算）？

第十章 同步发电机的运行

本章介绍大型发电机的参数及其特点，以及参数对电力系统运行的影响；分析同步发电机的正常运行方式、特殊运行方式和非正常运行方式及性能。

第一节　同步发电机的参数及其额定值

随着电力工业的发展，电力系统的规模和容量在不断扩大，电力系统内单机容量也在不断增大。目前，我国已能制造1100MW及以下各种冷却方式系列的汽轮发电机和水轮发电机。由于电力系统和机组向大型化发展，机组的结构、参数、运行特性以及发电厂电气主接线都发生较大的变化，这给电力系统的规划设计和运行也带来诸多影响。

一、同步发电机的主要参数

（1）对电力系统运行影响较大的同步发电机主要技术参数　电抗（标幺值）方面有纵轴同步电抗 x_d、纵轴暂态电抗 x_d'、纵轴次暂态电抗 x_d''。时间（单位为s）方面有发电机机械时间常数 T_m、定子非周期电流衰减时间常数 T_a、纵轴暂态电流衰减时间常数 T_d'、纵轴次暂态电流衰减时间常数 T_d''。

（2）发电机的额定参数　同步发电机根据其设计和制造所规定的条件长期连续运行，称为额定工况。表征额定工况的额定参数有额定电压、额定电流、额定容量、额定功率因数、额定转速、额定励磁电压、额定励磁电流、额定效率、额定冷却温度等。这些额定参数都标注在发电机的铭牌上，所以可以说，发电机的铭牌参数就是发电机的额定参数。

（3）发电机的长期允许温度　发电机运行时，其铁心和绕组中都会产生能量损耗，而引起各部分发热。在一定的冷却条件下，发电机的输出电流越大，其损耗越大，产生的热量越多，各部分的温升也越高。发电机的额定容量是指在一定的冷却介质温度（额定值为40℃）下，在定子和转子绕组以及铁心等各部分的长期允许发热温度的范围内，发电机的连续运行允许千伏安（kVA）数。

绕组和铁心的长期连续允许温度与所使用的绝缘材料有关。在使用130（B）级绝缘的情况下，定子绕组的允许温度不高于100～120℃，转子绕组的允许温度不高于105～145℃，当使用较高级［155（F）级或180（H）级］绝缘材料时，定子绕组的允许温度可达120～140℃，转子绕组的允许温度可达135～165℃。铁心的允许温度由附近安放绕组的允许温度来决定。大容量发电机一般采用155（F）级绝缘材料。

发电机在运行时，由于温度的影响使绝缘逐渐老化。温度越高，持续时间越长，

老化越快，使用期限越短。因此，发电机在运行时，必须遵照制造厂家规定，最高温度不得超过允许极限值。

发电机在额定工况下运行，具有最高的效率和规定的使用年限（一般为20～30年）。

二、运行参数不同于额定参数时，发电机的运行

发电机在实际运行时，运行条件往往与规定的额定条件不同，因此，发电机的容许输出功率也与铭牌中给出的额定功率不同，应做相应的修正。

1. 端电压不同于额定值时发电机的运行

（1）发电机电压的正常运行范围　发电机在正常运行时，其端电压允许偏离额定电压±5%。电压在这个范围内变化时，发电机仍可保持其额定输出功率不变。当定子电压降低5%时，定子电流可增加5%；当定子电压升高5%时，定子电流降低5%。在这样的变化范围内，定子绕组和转子绕组的温度都不会超过允许值。

（2）发电机电压的最低允许值　即使发电机电压在低于额定电压的95%以下运行，定子电流也不应超过额定值5%，发电机要降低输出功率，否则，定子绕组的温度要超过允许值。发电机运行电压的下限，是根据运行稳定性的要求确定的，一般不应低于其额定值的90%。

（3）发电机电压的最高允许值　发电机运行中，若其端电压达额定值的105%以上，则其输出功率必须降低。这是由于当电压升高时，铁心内磁通密度增加，则铁耗增加，会引起铁心温度和定子绕组温度升高。再则，若维持有功输出不变，电压升高运行时，励磁电流超过额定值，引起转子绕组温度升高，可能使转子绕组温度超过其允许限度。

（4）发电机运行的最高允许电压　应严格遵照制造厂的规定，最高值不得超过额定值的110%。当发电机的运行电压达额定值的110%以上时，会引起铁心过度饱和，使定子旋转磁场的漏磁通大大增加，在定子本体机架回路感应出很大的电流（有时可达数万安培），会导致机架的一些接缝处局部过热，甚至产生火花，造成机架损坏。

2. 运行频率不同于额定值时发电机的运行

（1）发电机频率的正常运行范围　我国采用的额定频率为50Hz。发电机在正常运行时，频率最好保持在额定值，但允许在一定范围内波动，目前，频率允许偏离额定值±0.5Hz。这时，允许发电机保持额定输出功率不变。

（2）运行频率高于额定值的不利影响　运行频率高于额定值时，发电机转速较高，转子所受离心力较大，可能使转子的某些部件损坏，因此，限制频率增高的主要因素是转子的机械强度。同时，频率增高，转速增加，在一定的定子电压下，磁通可小些，铁耗会有所降低，但此时通风摩擦损耗会相应增多，总体来说，发电机的效率是下降的。

（3）运行频率低于额定值的不利影响

1）若频率降低，即转速下降，使发电机两端的风扇鼓进的风量减少，发电机的冷却条件变坏，导致各部分的温度升高。

2）为了维持额定电压不变，转速降低时，就需要增加磁通，使铁心过度饱和，漏磁通的大量增加而引起发电机局部过热。

3）频率降低，厂用电动机转速下降，使厂用机械输出功率下降，危及电厂的安全稳定运行。

4）频率降低较多时，还可能引起汽轮机叶片损坏，导致汽轮机严重故障。

所以，发电机在运行中对频率的控制比较严格，以确保发电机的安全。

3. 功率因数不同于额定值时发电机的运行

发电机允许在不同的功率因数下运行，但受下列条件的限制：

1）高于额定功率因数时，定子电流不应超过允许值。

2）低于额定功率因数时，转子电流不应超过允许值。

3）在进相功率因数运行时，受到静态稳定极限的限制。

三、大型同步发电机参数的特点及对电力系统运行的影响

1. x_d、x_d'、x_d''增大

若发电机的线负荷为A，极距为τ，气隙磁密为B_δ，气隙长度为δ，则根据电机理论可知发电机的同步电抗为

$$x_d = \frac{A\tau}{B_\delta \delta}$$

大型同步发电机定子、转子铁心尺寸的增加，受到技术上和运输尺寸的限制，因而容量的增加，主要依靠改善发电机的冷却方法（一般采用直接冷却系统）来增大发电机线负荷，由于发电机有效材料利用率大大提高，线负荷增大，导致与线负荷成正比的电抗x_d增大。而气隙磁密受饱和限制，不能选择过大；对于气隙长度，若取较大数值，会使转子绕组中的电流和匝数相应增大，造成转子重量增加和机组造价提高，从简化电机结构出发，气隙长度总是尽量选取较小值。发电机的暂态电抗x_d'和次暂态电抗x_d''由转子和定子的漏磁通决定，次暂态电抗还取决于阻尼绕组的漏磁通，由于大型机组的线负荷A值较大，漏磁通也较大，所以x_d'和x_d''值也都增大。

电抗x_d增大，可使电力系统中的短路电流减小，这是有利的一面，但电抗值增大导致发电机的静过载能力减小，而在系统受到扰动时，会使系统运行稳定性降低，易于失去静稳定。如发电机通过输电线路与电力系统相连，则发电机的静态稳定极限功率为

$$P_{max} = \frac{E_q U}{x_d + x_s} \tag{10-1}$$

式中　U——系统母线电压；

E_q——发电机的电动势；

x_s——电网阻抗；

x_d——发电机的同步电抗。

由式(10-1)可见，当x_s一定且较小时，x_d值越大，静态稳定极限功率P_{max}越小，导致静态稳定储备降低，在受到干扰的情况下容易失去稳定。

电抗x_d增大还会使发电机平均异步转矩降低，因此大型发电机组失磁异步运行时转差大，从电网吸收的感性无功功率多，允许异步运行的负载小、时间短。此外，在暂态过程中，电机的最大电磁转矩基本与其暂态或次暂态电抗成反比，阻抗的增大将

使最大电磁转矩降低，降低暂态稳定性。

2. 定子绕组时间常数 T_a 增大

一般中小型发电机组的 T_a 为 0.10～0.16s，而国产 600MW 汽轮发电机组的 T_a 为 0.7s。

T_a 与绕组电抗及电阻有关，由于大型发电机机组加强冷却，采用的电流密度较大，大容量汽轮发电机组定子绕组的电阻较中小型机组定子绕组的电阻值稍大，但电抗增加较为明显，因此，T_a 增大。这使定子非周期电流相对于周期分量的衰减要缓慢得多，从而对电力系统的安全、可靠运行提出了更为严峻的条件，并且恶化了断路器开断条件和电流互感器（易饱和）的运行条件。

3. 机械时间常数减小

另外，在定子和转子尺寸没有明显增大的情况下，容量的增大导致发电机的机械时间常数减小，对电力系统稳定运行带来很不利的影响。机械时间常数减小，说明机组的惯性减小，当受到干扰后，机组的转速容易改变，易引起与系统失步。如暂态稳定保持同样的稳定极限角，则机械时间常数近似与临界切除时间的二次方成正比，机械时间常数减小一半，临界切除时间将缩短到原值的 1/4。

提高大型发电机并入系统稳定运行的措施可从两方面着手：①改善发电机的参数（如加大气隙长度等），但这样往往引起发电机尺寸、重量增大，提高造价；②合理选择和整定励磁控制系统的各种参数。采用这种方法，可以改善大型发电机参数对电力系统运行所带来的不利影响，在一定程度上改善了运行的稳定性，并且非常经济。

第二节　同步发电机的正常运行

同步发电机的正常运行状态是指发电机的有功功率、无功功率、电压、电流等均在允许范围之内，处于稳定、对称和长期连续运行的工作状态，并且应尽量接近于额定状态工作，以减小损耗和提高效率。发电机在运行过程中，为适应系统各种运行情况的需要，而要不断地调整其各种参数，如用调速器调节有功功率，用励磁调节器调节无功功率等。为了保证发电机的安全运行，调节时各个参数都不得超过允许范围，并应注意有些参量的调整速度。

一、稳态运行情况分析

在稳态运行条件下，发电机的阻尼绕组对运行没有影响，因此可以忽略，故分析中可以认为发电机只具有定子三相绕组和转子励磁绕组。

发电机的运行状态可用它输出的有功功率、无功功率、定子电压、工作频率以及励磁电流等运行参数来表征。这些参数通过发电机内部的电磁关系相互依存和相互制约。

1. 输出功率 P_e 与功率角 δ 的关系

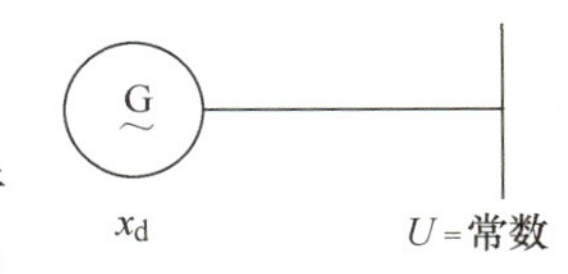

图 10-1　简单系统接线图

图 10-1 所示为一台同步发电机与无限大容量电力系统并联运行的接线示意图。图中，发电机电压 U＝常数，频率 f＝常数。假定发电机为隐极机，且工作于不饱和状态，当略去定

子电阻时，由电机学知识，可得到图 10-2 所示的隐极机简化电压相量图。图中，感应电动势 $\dot{E}_q$ 与端电压 $\dot{U}$ 之间的夹角 δ，称为功率角。功率角 δ 随负荷的不同而变化。若发电机的电抗为 x_d，则发电机的电磁功率 P_e 为

$$P_e = \frac{E_q U}{x_d}\sin\delta \tag{10-2}$$

由此可见，在 U = 常数时，若 δ 为正值，作为发电机运行，向系统供给有功功率；若 δ 为负值，作为电动机运行，吸收系统的有功功率。

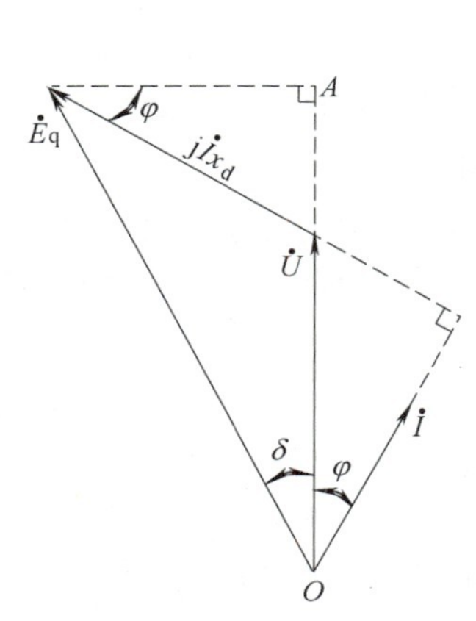

图10-2 隐极机的简化电压相量图

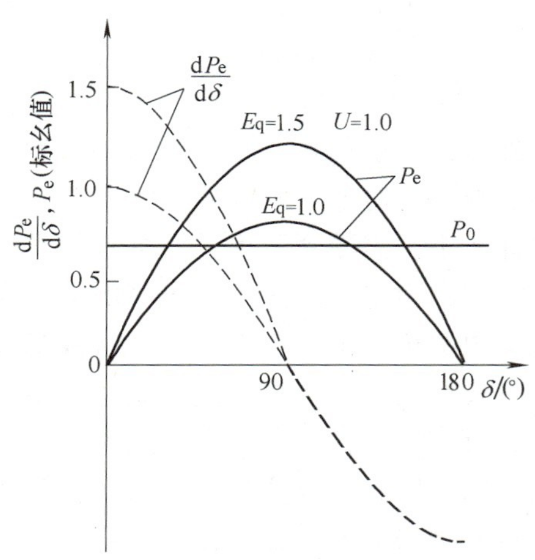

图 10-3 隐极同步发电机功角特性

由式(10-2) 可画出电磁功率 P_e 与功率角 δ 的关系曲线，即 $P_e=f(\delta)$ 关系曲线，通常称其为发电机的“功角特性”，如图 10-3 所示。它呈正弦形变化，其最大值发生在 $\delta=90°$ 时，故发电机的最大电磁功率为

$$P_{emax} = \frac{E_q U}{x_d}$$

2. 发电机有功功率的调节过程及稳定运行区间

调节原动机输入功率可以改变发电机 δ 角，从而使与系统并联运行的发电机的输出功率也发生相应的变化。

发电机发出有功功率的调节过程是：若逐步增加（或减少）原动机的输入功率 P_0，发电机转子加速（或减速），使 δ 角增大（或减小），随之相应的电磁功率 P_e 也增加（或减少），直到二者达到平衡，转子转速不再升高（或降低），δ 角维持在某一数值。

但是，当 $\delta=90°$ 时，电磁功率已达到最大值，再继续增加原动机的输入功率 P_0，则 $\delta>90°$，电磁功率 P_e 反而减小，会出现剩余功率，使发电机继续加速，从而失去平衡，最后导致“失步”，同步发电机失去了静态稳定。

通常用 $dP_e/d\delta$ 的正负作为同步发电机静态稳定判据：当 $dP_e/d\delta>0$ 时，能保持静态稳定运行；而当 $dP_e/d\delta<0$ 时，则不能保持静态稳定运行。在图 10-3 中，用虚线示出了 $dP_e/d\delta=f(\delta)$ 的关系曲线。显然，当 $\delta=90°$ 时，发电机处于稳定运行的极限状

态，此时所对应的电磁功率为稳定极限功率。在实际运行中，发电机应在稳定极限以内运行，且应留有一定的静态稳定储备，所以，发电机正常运行时的功率角 δ 一般为 $30° \sim 45°$。

二、同步发电机的 $P-Q$ 图和允许运行范围

发电机既是有功功率电源，也是无功功率电源。运行中，运行人员必须掌握功率因数变化时，发电机能发出的有功功率和无功功率的允许运行范围，这可以通过分析发电机 $P-Q$ 图来确定。发电机 $P-Q$ 图表示稳定运行时，发电机在各种功率因数下，允许输出的有功功率 P 和无功功率 Q 的关系曲线，又称为允许运行范围或安全运行极限。汽轮发电机的 $P-Q$ 图如图 10-4 所示。

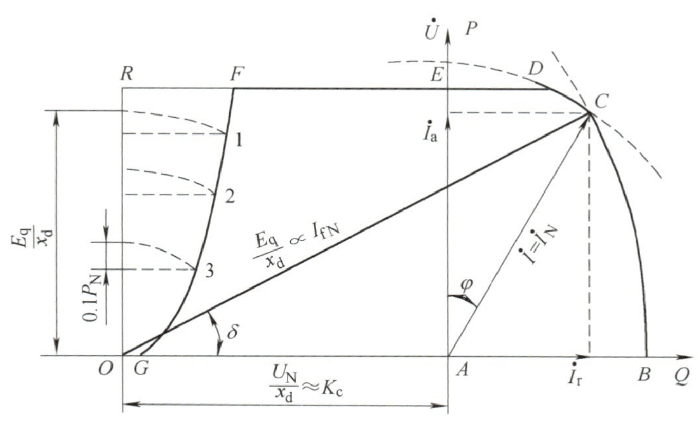

图 10-4　汽轮发电机的 $P-Q$ 图

将图 10-2 中电压相量图的各电压相量分别除以 x_d，即可得到图 10-4 中的电流三角形 $\triangle OAC$。其中 $\overline{OA} = U_N/x_d$，近似等于发电机的短路比 K_c，它正比于空载励磁电流 I_{f0}；$\overline{AC} = I_N x_d/x_d = I_N$，为定子额定电流；$\overline{OC} = E_q/x_d \propto I_{fN}$，即线段 $\overline{OC}$ 代表在额定状态下定子的稳态短路电流，它正比于转子额定电流 I_{fN}。

过 A 点作一条垂直于横轴的线段 $\overline{AU}$，且定义为纵轴，可见，它代表发电机端电压 $\dot{U}$ 的方向，电流 $\dot{I}$ 与线段 $\overline{AU}$ 的夹角 φ 就是功率因数角。电流相量 $\dot{I}$ 处在第一象限时，表示负荷为感性；处在第二象限时，表示负荷为容性。定子电流的纵向分量为有功分量 I_a，横向分量为无功分量 I_r。若以额定电压 U_N 乘以 I_a、I_r 和 I，则得到有功功率 $P = U_N I_a$、无功功率 $Q = U_N I_r$ 和视在功率 $S = U_N I$。所以，线段 $\overline{AC}$ 的长度既代表发电机定子额定电流 I_N，也可以一定比例代表发电机的额定容量 S_N；线段 $\overline{AC}$ 在纵轴和横轴上的投影分别代表 P_N 和 Q_N（额定功率因数时）。线段 $\overline{AC}$ 的位置可以表征 $\cos\varphi$ 的大小，所以，通过线段 $\overline{AC}$ 的位置可表示功率因数的变化对发电机出力的影响和限制。将图 10-4 中 B、C、D、E、F、G 点连成曲线就构成了发电机的允许运行范围，该曲线由 4 段组成：

1）发电机的额定容量，即由定子发热决定的允许范围（圆弧 $\overset{\frown}{CD}$））。

2）发电机的最大励磁电流，即由转子发热决定的允许范围（圆弧 $\overset{\frown}{CB}$）。

3）原动机输出功率极限，即由原动机额定功率决定的允许范围（线段 $\overline{FD}$）。

4）进相运行时静态稳定极限，即有10%安全储备的实际静态稳定极限所决定的允许范围（曲线 $\overset{\frown}{FG}$）。

下面详细讨论决定允许运行范围的4个限制条件。

（1）定子发热　定子绕组的发热温度∝定子铜耗∝I^2，为防止定子过热，大型发电机不允许连续过负荷运行。所以，在图中以 A 点为圆心，以 $\overline{AC}=I=I_N$ 为半径所画的圆弧 $\overset{\frown}{CD}$ 就是定子发热极限，在圆弧 $\overset{\frown}{CD}$ 以内运行是安全的，禁止在圆弧 $\overset{\frown}{CD}$）以外运行。

（2）转子发热　转子绕组的发热温度∝转子铜耗∝I_f^2。若在 C 点运行（额定工况），定子电流 $I=I_N$，励磁电流 $I_f=I_{fN}$，在此基础上，当感性的功率因数角 φ 增大而大于 φ_N 时，则意味着 $I_f>I_{fN}$，这样将导致转子过热。为防止转子过热，当 $\varphi>\varphi_N$（即 $\cos\varphi<\cos\varphi_N$）时，其运行极限由最大允许励磁电流 I_{fmax}（通常等于 I_{fN}）所决定。因此，以 O 点为圆心，以 $\overline{OC}=I_{fN}$ 为半径所画的圆弧 $\overset{\frown}{CB}$ 就是转子发热极限。为防止转子过热，禁止在圆弧 $\overset{\frown}{CB}$）以外运行。

（3）原动机输出功率限制　与发电机配套的原动机额定功率一般稍大于发电机的额定功率 P_N，若忽略损耗，则二者大约相等。图10-4中水平线段 $\overline{FD}$ 是由原动机最大安全输出功率所决定的，它稍大于发电机的额定功率 P_N。线段 $\overline{FD}$ 是发电机输出功率极限，禁止在 $\overline{FD}$ 上方运行。

（4）静态稳定运行极限　当发电机电流 $\dot{I}$ 超前其端电压 $\dot{U}$ 而进入进相运行时，$\dot{E}_q$ 与 $\dot{U}$ 之间的夹角（即功率角）δ 不断增大，此时发电机的有功功率输出受静态稳定运行条件极限的限制。图中左侧垂直线段 $\overline{OR}$ 是理论上的静态稳定运行边界，在该边界上运行时，功率角 $\delta=90°$。在实际运行中，发电机有突然过负荷的可能，所以发电机不能运行在理论稳定极限上，须留出一定的裕量，以便在不改变励磁的情况下能承受突然性的过负荷。为此，须找出一条实际静态稳定极限。

图10-4中，曲线 $\overset{\frown}{FG}$ 便是留有10%安全储备的实际静态稳定极限。求取曲线 $\overset{\frown}{FG}$ 的作图方法是：在理论稳定边界上先取一些点，然后保持各个 E_q/x_d 数值（长度）不变，画出数个圆弧；找出实际功率比先取的这些点降低 $0.1P_N$ 的一些新点，在这些新点处分别画水平直线，于是得到了若干个圆弧线与这些水平直线的交点，如图中1、2、3点。连接这些交点就构成了曲线 $\overset{\frown}{FG}$。

曲线 $\overset{\frown}{FG}$ 的位置与发电机端电压有关，当端电压比额定值大时，线段 $\overline{OA}$ 较长，相当于曲线 $\overset{\frown}{FG}$ 向左移动，安全运行范围变大；反之，曲线 $\overset{\frown}{FG}$ 向右移动，安全运行范围变小。

发电机只有在额定电压、额定电流和额定功率因数下运行时，视在功率才能达到额定值，其容量才能被最充分地利用。

水轮发电机（凸极机）的安全运行极限与汽轮发电机（隐极机）相类似。所不同

的是凸极机的电磁功率由两部分组成，即

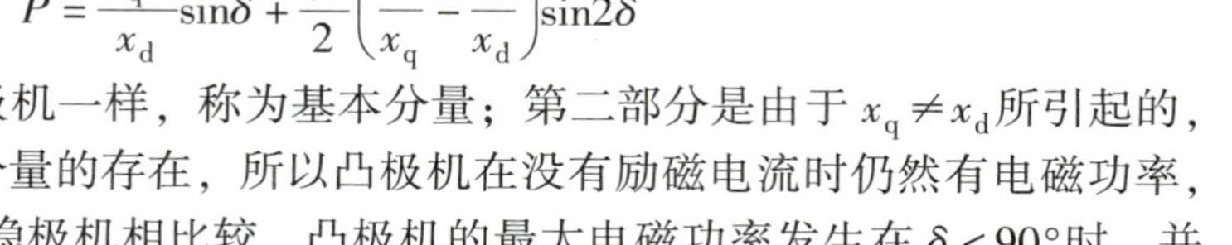

$$P=\frac{E_qU}{x_d}\sin\delta+\frac{U^2}{2}\left(\frac{1}{x_q}-\frac{1}{x_d}\right)\sin2\delta$$

第一项与不饱和的隐极机一样，称为基本分量；第二部分是由于 $x_q \neq x_d$ 所引起的，称为附加分量。由于附加分量的存在，所以凸极机在没有励磁电流时仍然有电磁功率，其数值大约为 $25\%P_N$。与隐极机相比较，凸极机的最大电磁功率发生在 $\delta<90°$ 时，并且其最大值较大；进相运行时，其安全运行极限面积也比较大。

三、同步发电机的正常运行分析

假定发电机在无穷大容量系统中运行，在正常运行的调整过程中，最常见的工作状态有两种：①维持励磁不变，而调整有功功率，即 E_q = 常数，P = 变数；②维持有功功率不变，而调整励磁，即 P = 常数，E_q = 变数。现将此两种工作状态分别予以讨论。

1. E_q 为常数，P 为变数

改变发电机的有功功率，就需要改变汽轮机的进汽门（或水轮机的导水翼）的开度。若增加发电机的有功功率，就增大开度，使原动机转矩增大，发电机转子加速，因而功率角 δ 增大。当原动机转矩与发电机的电磁转矩相互平衡时，功率角 δ 才能稳定，进入到一个新的稳定工作状态。反之，若减小发电机的有功功率，过程与上述相反，功率角 δ 也相应减小。图 10-5 所示为 E_q 为常数、P 为变数时同步发电机的工作状态图。

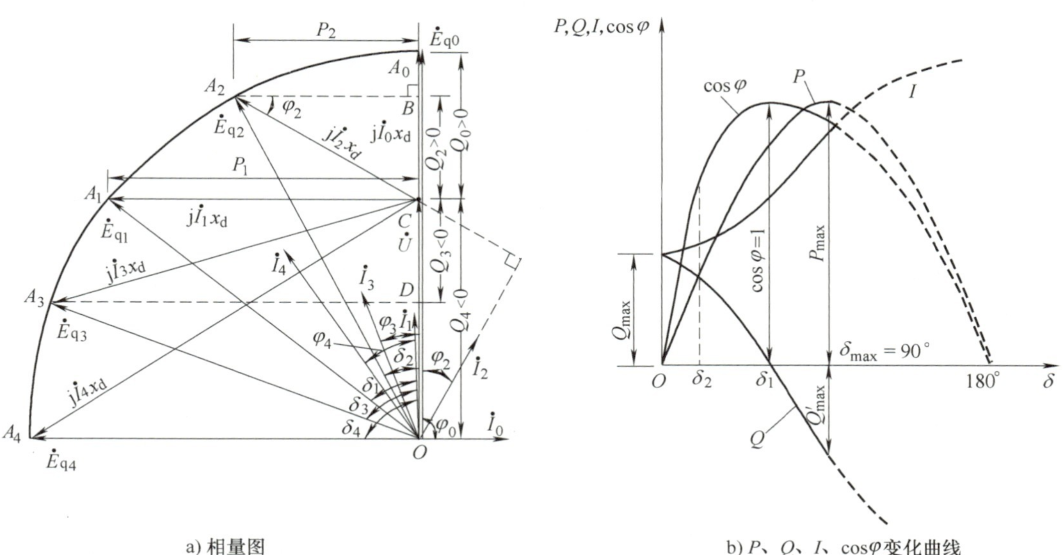

图 10-5　E_q 为常数、P 为变数时同步发电机的工作状态图

因假定 E_q 为常数，当发电机的有功功率变化时，E_q 的端点轨迹是一个以 O 点为圆心，E_q 为半径的圆弧。以下从几个方面分析其工作状态。

（1）发电机空载　$\dot{E}_{q0}$ 与 $\dot{U}$ 同方向，功率角 $\delta_0=0$，$P=0$，$Q=Q_0>0$，$\dot{I}_0$ 滞后于

$\dot{U}$ 的角度 $\varphi_0=90°$，$\cos\varphi_0=0$。此时，电压三角形$\triangle OCA_0$ 变成一条直线，$\cos\delta_0>U/E_q$。

（2）迟相运行状态　运行中，发电机基本上都处于这种工作状态，如图中的电压三角形$\triangle OCA_2$时，$E_{q2}=\overline{OA_2}$。电压降相量 $j\dot{I}_2x_d$ 在横轴和纵轴的投影分别代表发电机发出的有功功率和无功功率，此时，$P=P_2>0$，$Q=Q_2>0$，功率因数角 $\varphi=\varphi_2$，$\cos\varphi_2<1$（滞后）。功率角 $\delta=\delta_2$，$\cos\delta_2>U/E_q$。

（3）无功临界状态（即发电机既不发出也不吸收无功功率的工作状态）　此时，$E_{q1}=\overline{OA_1}$，功率角 $\delta=\delta_1$，电压三角形$\triangle OCA_1$为直角三角形，则有

$$\cos\delta_1=U/E_q$$

可见，无功临界状态时，$P=P_1>0$，$Q=Q_1=0$，功率因数角 $\varphi_1=0$，$\cos\varphi_1=1$。

（4）进相运行状态　在无功临界状态的基础上，继续增加有功功率 P，就进入了进相运行状态。如图中的电压三角形$\triangle OCA_3$时，$E_{q3}=\overline{OA_3}$。此时，$P=P_3>0$，$Q=Q_3<0$，功率因数角 $\varphi=\varphi_3$，$\cos\varphi_3<1$（超前）。功率角 $\delta=\delta_3$，$\cos\delta_3<U/E_q$。δ_3 接近 90°，静态稳定降低。

（5）静态稳定极限状态　在进相运行状态，继续增加有功功率 P，当功率角 $\delta=\delta_4=\delta_{max}=90°$，$P=P_{max}$时，就到了静态稳定极限。这时，若继续增加有功功率，发电机进入失步状态。

由以上分析可知，当 $\cos\delta=U/E_q$ 为无功临界；当 $\cos\delta>U/E_q$时，δ 显得比较小，运行稳定性好，发电机向系统输出有功功率和无功功率；当 $\cos\delta<U/E_q$时，δ 显得比较大，运行稳定性差，发电机从系统吸收无功功率。

从图 10-5 可见，E_q为一定值时，当增加有功功率时，功率角 δ 增大，发电机很可能从发出无功功率的运行方式变成吸收大量无功功率，并且静态稳定性降低。调整发电机的有功功率时，为了使功率角 δ 不过于增大，不使发电机从系统吸收过多的无功功率 Q，在增加有功功率的同时，须相应地增加励磁电流。

2. *P* 为常数，E_q为变数

这种工作状态的相量图和 P、Q、I、$\cos\varphi$ 变化曲线如图 10-6 所示。当发电机的电压 U = 常数，P = 常数和 x_d 不变时，励磁电流的改变必然引起 E_q、Q 和 δ 等参数的变化。

由图 10-6a 可见，发电机的有功功率 P（即电磁功率 $P_e=E_qU\sin\delta/x_d$）= 常数，也即 $E_q\sin\delta$ = 常数，所以 E_q端点的轨迹是一条与电压相量 $\dot{U}$ 平行的直线。根据运行时相量 $\dot{E}_q$的位置，很容易求出相应的无功功率 Q、定子电流 I、功率因数 $\cos\varphi$、功率角 δ 和励磁电流 I_f，从而由相量 $\dot{E}_q$的若干个位置，画出它们的关系曲线（见图 10-6b）。

无功临界时，电压三角形$\triangle OCA_2$为直角三角形，$\cos\delta_2=U/E_{q2}$，即励磁电流 $I_{f2}=E_{q2}=U/\cos\delta_2$（标幺值表示），$Q=Q_2=0$，$\cos\varphi_2=1$。

在无功临界的基础上，增加励磁电流到 $I_{f1}=E_{q1}>U/\cos\delta_1$，发电机处于过励状态，向系统输出无功功率，即 $Q=Q_1>0$，并且功率角 δ_1显得相当小。励磁电流越大，向系统输送的无功功率 Q 和定子电流 I 也越大，$\cos\varphi$ 则越小，此时最大励磁电流不应超过

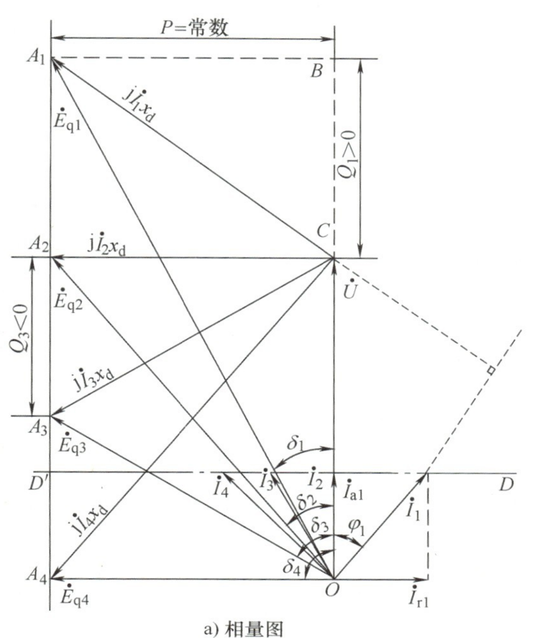

a) 相量图

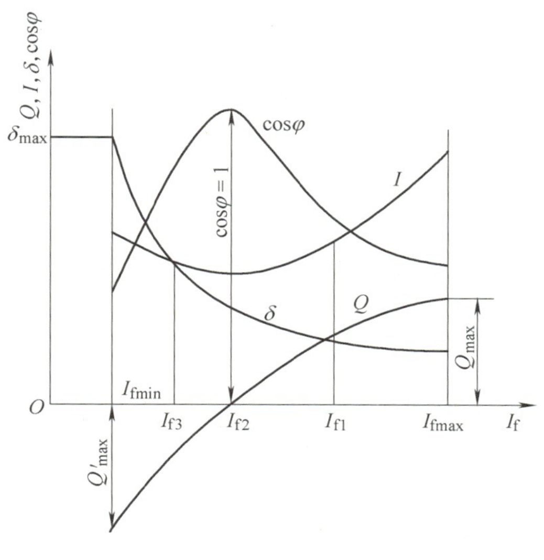

b) Q、δ、 I、cosφ变化曲线

图 10-6　P 为常数，E_q 为变数时同步发电机的工作状态图

转子的额定电流 I_{fN}，防止转子过热。

在无功临界的基础上，减小励磁电流到 $I_{f3}=E_{q3}<U/\cos\delta_3$，发电机处于欠励状态，从系统吸收无功功率，即 $Q=Q_3<0$。励磁电流越小，从系统吸取的无功功率越多，定子电流 I 和功率角 δ 也越大，$\cos\varphi$ 则越小。此时，最小励磁电流 I_{fmin} 由 $\delta=\delta_{max}\approx 90°$决定，为

$$I_{fmin}=E_{qmin}=Px_d/U \text{（标幺值）}$$

没有发电机的有功功率（$P=0$）时，最小励磁电流等于 0。发电机在进相运行时，励磁电流应大于最小励磁电流 I_{fmin}，以保证运行的稳定性。

第三节　同步发电机的特殊运行方式

同步发电机的特殊运行方式包括进相运行、调相运行和其他特殊方式(包括过励磁、高频度起动和停机、重合闸等)。

一、进相运行

在前面讲述发电机正常运行方式时，已对发电机的进相运行做过初步介绍，并没有全面讨论进相运行时可能会出现的问题。

我们已经知道，发电机进相运行时，其电流 $\dot{I}$ 超前于端电压 $\dot{U}$，有功功率 $P>0$，而无功功率 $Q<0$（即吸收系统的无功功率）。随着电力系统的发展，输电线路的容量和距离不断扩大，电压等级随之不断提高，高压输电线路的充电功率相应随之增大，加之配电网络电缆线路增多等原因，致使电力系统的电容电流增加，增大了系统的无

功功率。在系统负荷较轻时，特别在节假日和午夜等低负荷情况下，若不能有效地吸收多余的无功功率，会使系统电压升高，超过工作电压的允许范围。可以采用并联电抗器或利用调相机来吸收多余的无功功率，但这样会增加系统的设备投资。在系统低负荷期间，利用部分发电机的进相运行，不需要额外增加设备投资，就可吸收系统多余的无功功率，对电网电压进行调整，这是一种技术上简易可行，经济性较高的好办法。

发电机进相运行，从理论上分析是可行的。但由于发电机的类型、结构、冷却方式以及容量等的不同，在进相运行时，允许吸收多少无功功率，发出多少有功功率，理论上计算比较复杂，也不精确，因此一般都要通过运行试验来确定。发电机进相运行时存在的主要问题是：①静态稳定性降低；②发电机端部漏磁通增大引起发热；③厂用电压降低。现分别分析如下。

1. 静态稳定性降低

以隐极发电机为例，由发电机的功角特性可知，进相运行时，在输出一定有功功率 P 的条件下，随着励磁电流的减小，功率角 δ 就要增大，从而使静态稳定性降低。

实际系统中，发电机一般是经变压器、输电线路接到无限大容量电力系统上，当考虑这些外部元件的电抗 x_s 的影响时，运行的静态稳定性会进一步降低。图 10-7 所示为隐极发电机的可能出力曲线，即安全极限图。图中曲线 a 为转子发热限制极限；曲线 b 为定子发热限制极限；曲线 c 为定子端部发热限制极限；曲线 d 为外部电抗 $x_s=0$ 时的静态稳定限制极限；曲线 e 为外部电抗 $x_s\neq0$ 时的静态稳定限制极限。曲线 a 和曲线 b 的确定方法前面已经说明。曲线 c 通常由运行试验确定。下面讨论曲线 e 的确定方法。

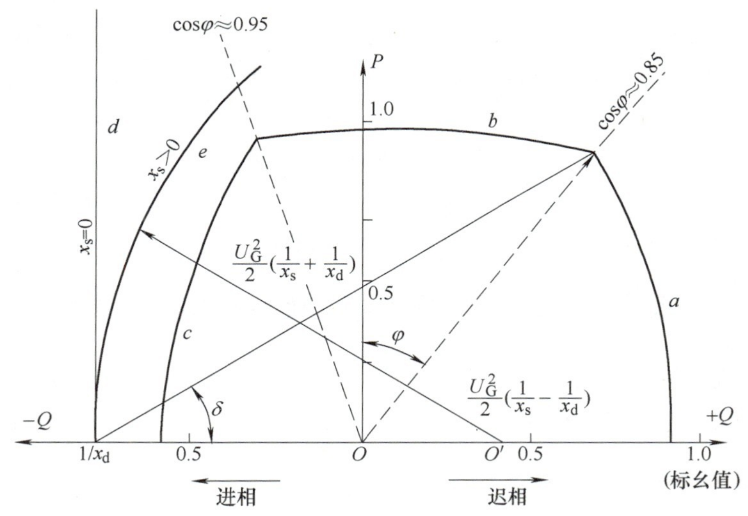

图 10-7　隐极发电机的可能出力曲线

图 10-8 所示为发电机经外部电抗 x_s 接入无限大系统，并作进相运行时的相量图。通过相量图分析，确定其进相运行时的静态稳定极限曲线 e。

由图 10-8 可得出极限运行时的有功功率和无功功率表达式为

$$P=U_GI\cos\varphi=U_GI\cos(\psi-\delta_G)=U_GI(\cos\psi\cos\delta_G+\sin\psi\sin\delta_G) \tag{10-3}$$

$$Q=-U_GI\sin\varphi=U_GI\sin(\psi-\delta_G)=U_GI(\sin\psi\cos\delta_G-\cos\psi\sin\delta_G) \tag{10-4}$$

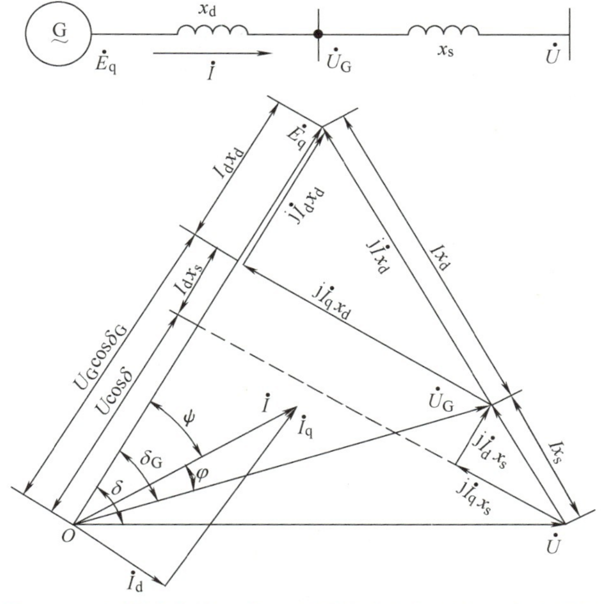

图 10-8 经外部电抗 x_s 接入系统的发电机进相运行相量图

由图 10-8 相量图可知

$$I\cos\psi = I_q \tag{10-5}$$

$$I\sin\psi = I_d \tag{10-6}$$

$$(I_d x_s + U\cos\delta)/U_G = \cos\delta_G \tag{10-7}$$

$$I_q x_d/U_G = \sin\delta_G \tag{10-8}$$

将式(10-7) 和式(10-8) 整理后代入式(10-5) 和式(10-6) 得

$$I\cos\psi = I_q = U_G\sin\delta_G/x_d \tag{10-9}$$

$$I\sin\psi = I_d = (U_G\cos\delta_G - U\cos\delta)/x_s \tag{10-10}$$

将式(10-9) 和式(10-10) 代入式(10-3) 和式(10-4)，经运算整理后得

$$P = \frac{U_G^2}{2}\left(\frac{1}{x_s} + \frac{1}{x_d}\right)\sin 2\delta_G - \frac{U_G U}{x_s}\cos\delta\sin\delta_G \tag{10-11}$$

$$Q = \frac{U_G^2}{2}\left(\frac{1}{x_s} - \frac{1}{x_d}\right) + \frac{U_G^2}{2}\left(\frac{1}{x_s} + \frac{1}{x_d}\right)\cos 2\delta_G - \frac{U_G U}{x_s}\cos\delta\cos\delta_G \tag{10-12}$$

式(10-11) 和式(10-12) 不仅可以计算发电机功率的大小，还可以用来判断系统的稳定性。当 $\delta = 90°$时，系统处于静态稳定极限，两式中的 $\cos\delta$ 项为零，此时，将两式整理后二次方相加得

$$P^2 + \left[Q - \frac{U_G^2}{2}\left(\frac{1}{x_s} - \frac{1}{x_d}\right)\right]^2 = \left[\frac{U_G^2}{2}\left(\frac{1}{x_s} + \frac{1}{x_d}\right)\right]^2 \tag{10-13}$$

由式(10-13) 可见，当计及外部电抗时，进相运行的静态稳定极限的轨迹为一个圆。其圆心在 Q 轴上，距原点的距离为$\frac{U_G^2}{2}\left(\frac{1}{x_s} - \frac{1}{x_d}\right)$，即点 O'；其半径长度为$\frac{U_G^2}{2}\left(\frac{1}{x_s} + \frac{1}{x_d}\right)$，如图 10-7 中曲线 e 所示。曲线 e 是理论上的最大允许值，实际运行中考虑到突然过负

荷等因素的影响，实际允许值还要比理论上的最大允许值低一些。

由此可知，进相运行时，由静态稳定条件决定的安全极限与外部电抗 x_s 的大小有关，x_s 越大（远离系统），轨迹圆的半径越小，静态稳定范围越小；反之，x_s 越小（与系统联系紧密），则静态稳定范围越大。在极端情况下，$x_s=0$，相当于发电机直接接至无限大容量系统母线运行，轨迹变成一条直线 d。另外，机组带的 P 越大，δ 越大，静态稳定运行范围越小。系统电压越高，无功储备越大，则发电机进相时端电压下降越少，发电机进相运行能力越强。

除此以外，进相运行时，由静态稳定极限决定的安全极限还与发电机有无自动电压调节器（AVR）以及发电机的短路比 K_c 等因素有关。发电机带有自动电压调节器时进相能力明显增强。发电机的短路比大（即 x_d 小）时，静态稳定运行范围大；反之，静态稳定运行范围小。

需要说明，若发电机的 x_d 大和外部电抗 x_s 也较大时，有可能曲线 e 位于曲线 c 的右侧，即曲线 e 比曲线 c 更靠近原点 O，此时静态稳定将成为限制进相运行允许出力的主要条件。

2. 端部漏磁引起的发热

发电机端部的漏磁是由定子绕组端部漏磁与转子绕组端部漏磁组成的合成漏磁通，会造成发电机定子端部铁心和金属结构件的过热。合成漏磁通的大小除与发电机的结构、型式、材料、短路比等因素有关外，还与定子电流的大小、功率因数的高低等因素有关。由于准确计算端部漏磁引起的发热很困难，实际运行时要通过现场试验的方法来测量进相运行发电机定子端部的发热温度，并作为进相运行范围的限制条件。为了降低进相运行发电机定子端部的温升，通常是根据机组情况，在设计制造机组时选择采取减少定子端部损耗和温升的措施。

下面以汽轮发电机为例来说明定子端部漏磁与运行方式的关系。汽轮发电机其简化的磁动势、电动势相量图如图 10-9 所示。图中，$\dot{E}_q$、$\dot{U}_G$、$\dot{I}$ 分别为发电机的电动势、端电压和定子电流；$\dot{F}_0$、$\dot{F}_a$、$\dot{F}$ 分别为发电机的励磁磁动势（转子磁动势）、电枢反应磁动势（定子磁动势）和合成磁动势（与定子端电压对应）。若不计铁心饱和，则磁动势三角形 ΔOAB 应与其对应的电压三角形相似。

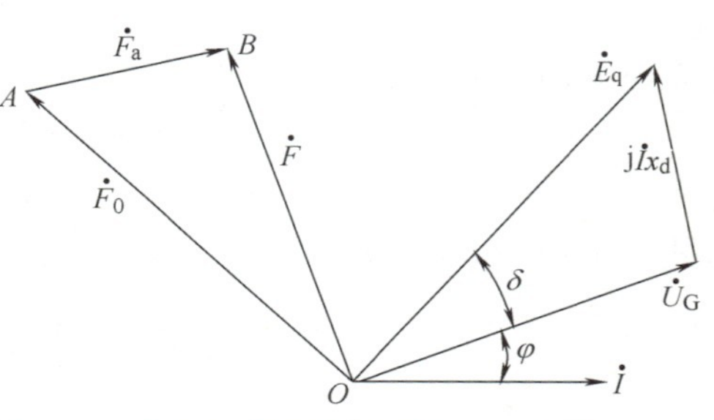

图 10-9　发电机简化的磁动势、电动势相量图

图 10-10a 所示的磁通相量图中，$\dot{\Phi}_0$ 是励磁磁动势 $\dot{F}_0$ 产生的磁通、$\dot{\Phi}_a$ 是电枢反应磁动势 $\dot{F}_a$ 产生的磁通、$\dot{\Phi}$ 是定子端电压对应的合成磁动势 $\dot{F}$ 产生的磁通，各磁通全部通过定子与转子间的气隙。由于各磁通分量所经过的气隙磁阻一样，因此 $\triangle OAB$ 也可表示气隙各磁通之间的相量关系。

图 10-10b 所示为端部漏磁通相量图。$\overline{OA}$ 代表励磁磁动势 $\dot{F}_0$ 产生的磁通 Φ_0，$\overline{AB}$ 代表电枢反应磁动势 $\dot{F}_a$ 产生的磁通 Φ_a，$\overline{OB}$ 代表定子端电压对应的合成磁动势 $\dot{F}$ 产生的

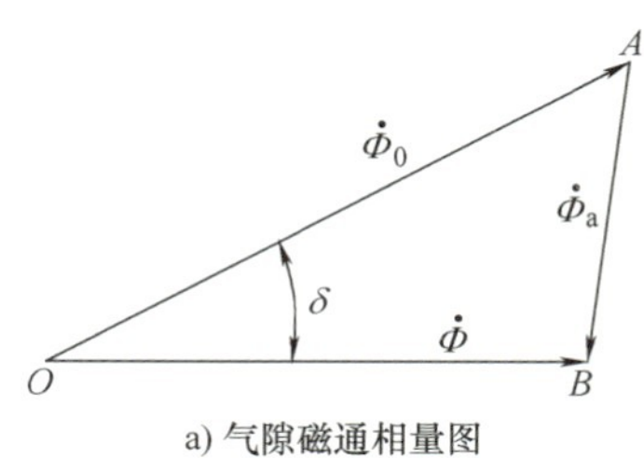

a) 气隙磁通相量图

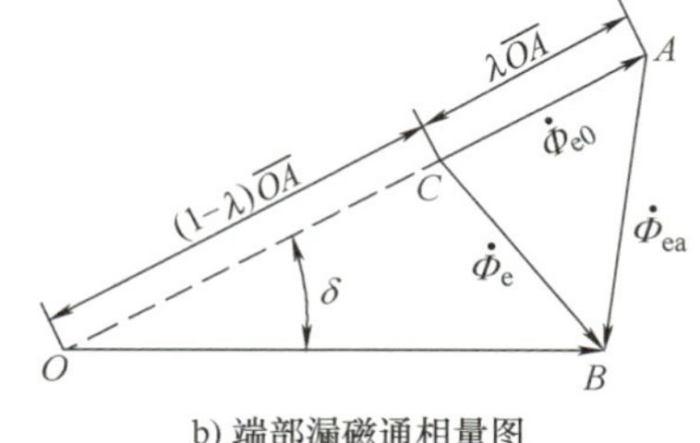

b) 端部漏磁通相量图

图 10-10　发电机磁通相量图

磁通 Φ。端部漏磁通的路径很复杂，某一点的磁通量取决于该点的磁阻，故漏磁通量各处不等。在定子铁心端部，由定子磁通势引起的端部漏磁通 $\dot{\Phi}_{ea}$易于通过，$\dot{\Phi}_{ea}$与电枢反应气隙磁通 $\dot{\Phi}_a$同方向，这里仍以$\overline{AB}$表示 Φ_{ea}，即漏磁通相量也画在图 10-10b 中。励磁磁动势 $\dot{F}_0$通过气隙在定子端部产生漏磁通 $\dot{\Phi}_{e0}$，它与 $\dot{\Phi}_0$同方向，由于磁阻较大，所以 $\dot{\Phi}_{e0}$较小，设以$\overline{CA}$表示 Φ_{e0}，其值为 Φ_0 的 λ 倍（$\lambda<1$，随铁心端部位置而异），即图中$\overline{CA}=\lambda\ \overline{OA}$。此时，端部的合成漏磁通为 $\dot{\Phi}_e=\dot{\Phi}_{e0}+\dot{\Phi}_{ea}$，其大小即图 10-10b 中的$\overline{CB}$。发电机在保持相同的转速和电压下，当功率因数 $\cos\varphi$ 由迟相转为进相运行时，若定子电流大小不变，则$\overline{AB}$长度不变，$\overline{OB}$长度也不变（定子端电压大小不变），当功率因数由迟相转为进相运行时，$\overline{AB}$（$\dot{\Phi}_{ea}$随着 $\dot{\Phi}_a$）会以 B 为原点逆时针方向转动，使得端部合成漏磁通（即图中$\overline{CB}$）增大，如图 10-11 所示。

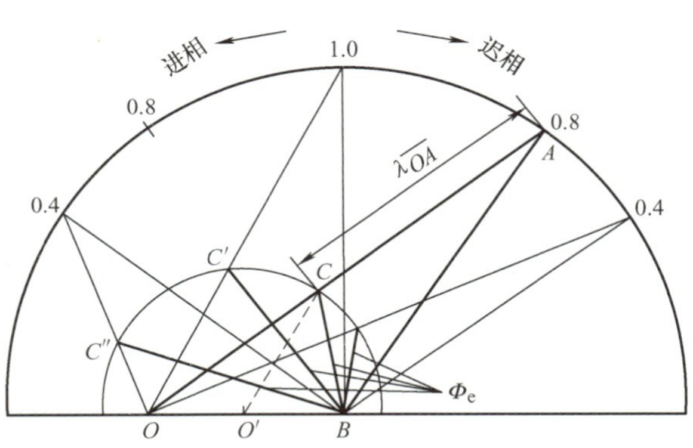

图 10-11　端部漏磁通与功率因数的关系

在图 10-11 中，由于电枢反应磁动势产生的端部漏磁通 Φ_{ea}不变，随着功率因数由迟相变为进相运行，虽然励磁电流减小，使励磁磁动势产生的端部漏磁通 $\dot{\Phi}_{e0}$相应减小，但其端部的合成漏磁通 $\dot{\Phi}_e$却逐渐增大，长度由$\overline{CB}$变为$\overline{C'B}$，再变为$\overline{C''B}$等。C 点的轨迹是一个圆弧，圆心为 O'（离 B 点为 $\lambda\ \overline{OB}$），半径为$\overline{O'C}$。从 C 点作$\overline{AB}$的平行线交$\overline{OB}$于 O'点，$\triangle OAB$ 与$\triangle OCO'$是相似三角形，有比例关系

$$\frac{\overline{OO'}}{\overline{OB}}=\frac{\overline{O'C}}{\overline{BA}}=\frac{\overline{OC}}{\overline{OA}}=1-\lambda$$

可得半径为$\overline{O'C}=(1-\lambda)\ \overline{BA}$，$O'$离 B 点长度为$\overline{O'B}=\overline{OB}-\overline{OO'}=\lambda\ \overline{OB}$。

若把功率因数 $\cos\varphi=1$ 时的端部合成漏磁通 Φ_e作为 1，则定子端部某一点的合成漏

磁通 Φ_e 随功率因数而变化的关系如图 10-12 所示。此图更明显地看出端部漏磁通随功率因数由迟相变为进相时的变化，随着功率因数的降低，合成漏磁通 Φ_e 越来越大，致使定子端部发热越来越严重。

当发电机的功率因数为一定时，端部漏磁通大约与发电机的输出功率（单位为 kVA）成正比，如图 10-13 所示。由图可见，如欲保持发电机端部发热为一定值，亦即发电机端部漏磁通为一定值，随着进相程度的增大（即进相运行功率因数数值减小），则发电机出力（单位为 kVA）应相应降低。

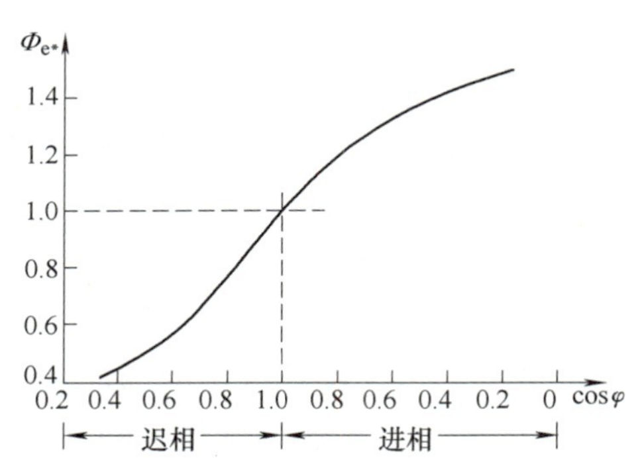

图 10-12　端部合成漏磁通随功率因数变化曲线

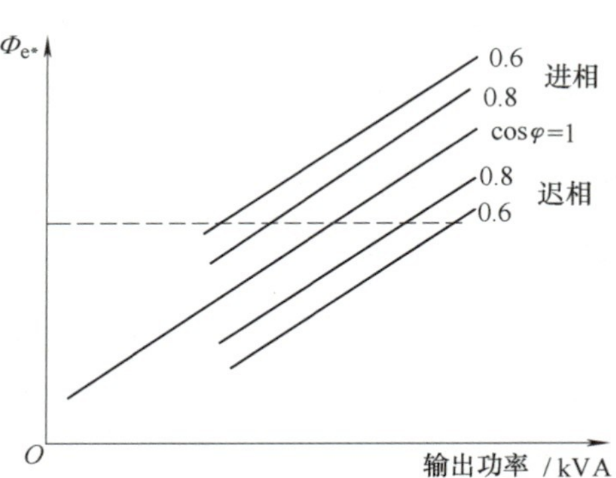

图 10-13　端部漏磁通与发电机输出功率的关系

3. 厂用电电压的降低

发电厂的厂用电通常从发电机出口处的主变压器低压侧引接，或从发电机电压母线上引接。发电机进相运行时，其端电压较低。当发电机电压降到额定值的 95% 时，厂用电电压会降到额定值的 90% 上下。此时，应能保证厂用大型电动机的连续运行。对于一个发电厂来说，并不是将全部机组同时进相运行，而是选 1～2 台进行进相运行，所以可以保持发电机机端电压在额定值的 95% 以上。但需特别注意的是，在进相运行时，厂用电支路上又发生故障，此时应能保证大型厂用电动机（例如给水泵电动机等）的自起动。此外，也需要考虑厂用低压电动机由于过电流而引起的过热问题。为了顺利地实施进相运行，可考虑采用带负荷调压的厂用变压器。

二、调相运行

所谓调相运行，是指同步发电机只发出或只吸收无功功率的运行方式。进行调相运行的机组往往是一些中小型机组。在以下几种情况下，同步发电机有必要进行调相运行：①水轮发电机在低水位或枯水季节时；②汽轮发电机的汽轮机处于检修期间；③汽轮发电机的技术经济指标很低时。

（1）运行状态　发电机调相运行时，根据系统的需要，可以过励磁（迟相）运行，也可以欠励磁（进相）运行。当系统出现无功功率不足，运行电压偏低，负荷又在电厂附近时，调相运行的发电机进行过励磁运行，向系统输出感性无功功率，以提高系统的运行电压。当系统无功功率过剩，运行电压较高，在低负荷期间且发电厂接有长距离输电线路时，进行调相运行的发电机应进行欠励磁运行，吸收系统过剩的无功功

率，以避免系统运行电压过度升高。

（2）原动机状态　发电机调相运行时，可以原动机（水轮机或汽轮机）与发电机不分离，也可以原动机与发电机分离。

发电机调相运行中，原动机与发电机不分离的优点是：①运行的灵活性较大，在不改动设备的情况下，既可调相运行，又可作为系统的旋转（热）备用，随时可以转为正常的发电运行方式；②起动机组非常方便，可先利用原动机作为动力，拖动发电机，待并入电网后，再将进汽（或进水）量减至最小，到能维持调相运行为止。其缺点是，调相运行时，带着原动机旋转，损耗较大。

另外，水轮机可无工质运行，但为了减少有功损耗，须用压缩空气将水轮机蜗壳内的水压出，使水轮机叶片在空气中旋转。对于汽轮机，若无工质运行，由于发热和散热的复杂性，会否产生某些部位的局部过热，是否允许无工质运行，须通过分析和实验才能决定。一般情况下，运行中的汽轮机须有小部分蒸汽通过其叶片，这就是所谓的最小允许有功功率，此功率为额定容量的10%～20%，具体视汽轮机的类型和容量而定。

（3）起动方式　调相运行的发电机的起动方法有以下3种：①原动机不分离时，利用原动机拖动起动；②电动机拖动起动，利用一台容量为发电机额定容量3%～5%的小容量电动机拖动发电机起动，待转速升至接近额定转速时，再将发电机并入系统；③异步起动，是将发电机直接接入或经电抗器接入系统，借助异步转矩进行起动。

三、其他特殊运行方式

其他特殊运行方式包括过励磁、高频度起动和停机、重合闸等。

1. *过励磁*

（1）过励磁的定义　从电机学可知，发电机的电压与磁通量和频率的乘积成正比，即电压越高、频率越低，则磁通量越大。当电压上升到一定范围，或频率下降到一定范围，或者两者变化到一定范围，发电机的磁通量将急剧上升，使发电机铁心严重饱和，发电机就进入了过励磁状态。因此规定，在电压上升到一定数值和频率下降到一定数值后的运行范围称为发电机的过励磁运行领域，如图10-14中斜线*AB*以左区域。图中框内为电压和频率的变化范围。

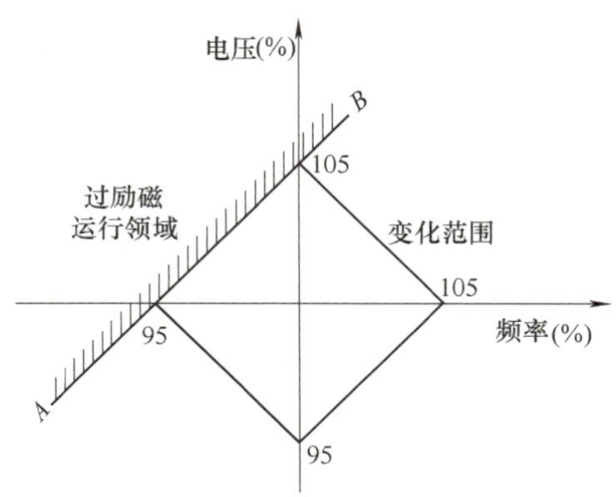

图10-14　发电机电压、频率变化范围和过励磁运行区域

（2）过励磁产生的原因　过励磁运行方式产生的原因有：①甩负荷后电压升高；②单机运行时，励磁电流过大；③测定发电机的空负荷饱和特性时。

（3）过励磁的允许范围　过励磁运行的允许范围与发电机的结构、冷却方式等很多因素有关。发电机短时间（几秒至几十秒）过励磁的允许范围决定于漏磁感应的循环电流以及由此而产生的局部过热等。长时间（几分钟至几十分钟）过励磁的允许范围决

定于铁损的增加和铁心过热。发电机制造厂家一般都提供过励磁运行允许范围曲线，须严格遵守。此外，发电机应装设过励磁保护。

2. 起停机、同期并列、重合闸等特殊运行方式

这几种特殊运行方式都有各自的运行特性，也有各种不同形式的约束，不同的监测和保护方式。

对于起停机，若起动停机频繁，会使发电机各个部分经常承受热胀冷缩、转子振动、遭受冲击，因此制造厂家都规定了每年或每月的允许起动停机次数。为了适应电力系统负荷变化的需要，系统中某些运行机组要求能高频度地起动停机，这需要在机组的设计和运行两方面采取措施。

对于重合闸特殊运行方式，研究证明，重合闸对机组的冲击与机组参数、故障类型、重合闸时序以及重合闸是否成功等因素有关。一般来讲，大型机组都能承受单相重合闸的冲击，轴系应力和疲劳不会超过允许限度。

第四节　同步发电机的非正常运行方式

同步发电机在运行过程中，由于系统或机组本身因素，有时会出现异常情况，导致发电机非正常运行。例如，发电机定子或转子电流超过额定值，即所谓的过负荷；发电机励磁系统故障引起的异步运行；由于系统负荷不对称引起的发电机不对称运行等。同步发电机的非正常运行方式属于只允许短时间运行的工作状态。

一、同步发电机的过负荷运行

发电机的过负荷运行是指发电机的定子电流和转子电流超过了额定值的运行。引起发电机短时过负荷的原因可能是系统发生短路故障、发电机失磁运行、强行励磁装置动作以及成群电动机起动等。而因系统负荷过重引起的发电机过负荷可能是较长时间的。过负荷运行的危害是，发电机绕组的温度会超过允许值，若过负荷数值较大，持续时间也较长的话，将引起发电机绕组绝缘加速老化，甚至因温度过高而造成发电机机械损坏。因此，发电机不允许经常过负荷运行，只有在系统事故情况下，为了防止系统静态稳定的破坏，保证连续供电，才允许发电机短时过负荷运行。

不同类型发电机（如冷却方式不同）的允许过负荷数值是不相同的，发电机定子和转子的允许过负荷数值和过负荷时间由制造厂家规定，运行中必须严格遵守。

二、同步发电机的异步运行

1. 异步运行的原因及发电机失磁后观察到的现象

发电机转子的转速与定子旋转磁场的转速不等，二者之间有相对运动的运行状态称为异步运行。引起同步发电机异步运行的常见原因有：励磁系统故障，误切发电机励磁开关而使发电机失磁，系统短路故障使发电机失步等。发电机失磁异步运行的意义：避免因失磁故障造成的停机，可以提高对用户的供电可靠性；减少因发电机停机和重新起机造成的经济损失和能源消耗。

发电机失磁后的异步运行状态与原先的同步运行状态相比，有许多不同之处，从表计观察到的现象有：①转子电流表的指示值降为零或降到接近于零；②定子电流表指针

摆动且指示增大；③有功功率表指示减小且指针摆动；④无功功率表指示负值，功率因数表指示进相，发电机母线电压表指示值下降并摆动；⑤发电机转子各部分温度升高。

2. 发电机失磁后的异步运行过程分析

发电机失磁后，随着励磁电流的减小，电动势也会减小，其电磁功率逐渐减小，原动机输入功率大于发电机发出的功率，这导致在转子上出现转矩不平衡，过剩的机械转矩驱使发电机加速，转子超出同步转速运行，即出现了失步，导致异步运行。

异步运行时，发电机转子与定子旋转磁场之间有了相对运动，于是在转子励磁绕组、阻尼绕组以及转子的齿与槽楔中，分别感应出频率为转差频率的交流电流，该差频电流产生制动的异步转矩，发电机向系统输出异步功率，异步功率随转子转速的升高而增大，一直持续到异步功率与原动机的输入功率达到平衡，发电机的制动异步转矩与原动机的驱动转矩相等为止，此时发电机进入稳定的异步运行状态。实际上转子转速高于同步转速时，调速器必然要动作，调速器自动关小汽门（或导水翼），使原动机的输入功率减小，原动机的驱动转矩减小，转子转速增速减缓，而发电机输出的与原动机的输入功率达到平衡的异步功率减小，因此发电机异步运行输出的有功功率一定小于失磁前的有功功率，有功功率减小的程度与调速器特性、发电机型式和结构等因素有关。

图 10-15 为发电机的平均异步转矩特性曲线，图中的曲线 4 表示原动机的转矩特性，随着转速的升高，即转差率 s 增大，引起调速器动作，关小汽门（或导水翼），减少进汽（或进水）量，减小原动机的输入转矩，因此，原动机的驱动转矩从 M_{m0} 逐渐下降，保证异步运行的发电机转速不会无限升高。曲线 4 与汽轮发电机的平均异步转矩特性曲线 1 相交于 A_1 点，与有阻尼水轮发电机的平均异步转矩特性曲线 2 相交于 A_2 点，与无阻尼水轮发电机的平均异步转矩特性曲线 3 相交于 A_3 点，这些点为转矩平衡点，此时发电机转速不再升高，在此转差率下维持稳定异步运行。所以，A_1、A_2 与 A_3 点称为稳定异步运行点。运行点的纵、横坐标值分别表示了发电机异步运行时输出有功功率的大小和对应的转差率。

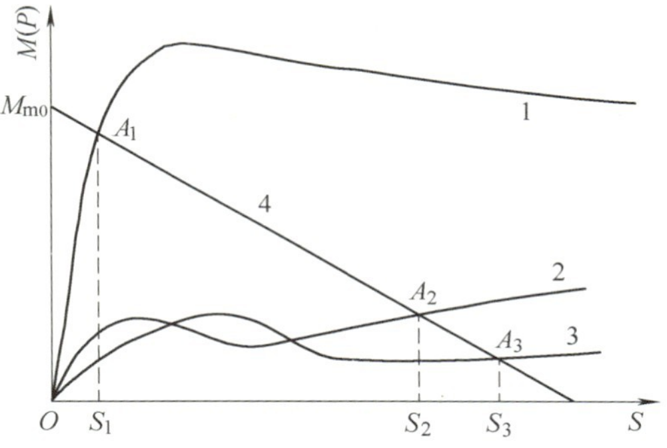

图 10-15 发电机平均异步转矩特性

1—汽轮发电机 2—有阻尼绕组水轮发电机
3—无阻尼绕组水轮发电机 4—原动机转矩特性
M_{m0}—原动机起始转矩即失磁前的原动机转矩

发电机异步运行时，需从系统吸收大量无功功率来建立内部磁场，这会引起发电机端电压和附近网络电压下降。所需无功功率的大小与发电机的同步电抗 x_d 以及转差率 s 有关，x_d 越大，s 越小，则所需无功功率也越小，所引起的发电机端电压和网络电压降低越少。汽轮发电机比水轮发电机的同步电抗更大，s 小很多，则其所需无功功率会较小，电力系统电压降低不多，若同步发电机失磁前输出的有功功率越大，则其失磁后转速就会越大，吸收的无功功率也就会越大。另外，异步运行发电机的励磁绕组、阻尼绕组、转子铁心等处产生转差电流，从而在转子上产生损耗使温度升高，特别是转子本体段部的温升更高。转子发热与异步电磁转矩和转差成正比，严重时将危及转子的安全运行。

由图 10-15 可见，汽轮发电机具有良好的平均异步转矩特性。异步后，在很小

（千分之几）的转差率 s_1 下，就能达到稳定异步运行点 A_1，此时调速器只把汽门稍微关小了一些，发电机还能输出相当大的有功功率。由于汽轮发电机的 x_d 较大，s 很小，异步运行时吸收的系统无功功率较少，所引起的发电机端电压和网络电压降低不多，转子损耗也不严重。所以，汽轮发电机可以短时间的异步运行，不会出现转子损耗过大、电压降低过多问题，当励磁恢复后，即可平稳地拉入同步。但长时间的异步运行会引起发电机定子和铁心端部过热（是进相运行的极端情况），转子也因感应电流产生较多热量而过热，甚至损伤。所以，汽轮发电机的异步运行受到时间限制，一般规定汽轮发电机的异步运行时间为 15 ~ 30min。若同步发电机失磁前输出的有功功率越大，则其失磁后转速就会越大，吸收的无功功率也就会越大，发电机在额定有功功率下失磁时，减负荷的速度要尽可能快，以减小对系统和厂用电电压的影响，200MW 机组失磁后可以带 40% ~ 50% 的额定有功功率。

水轮发电机一般不允许异步运行。由图 10-15 可见，水轮发电机的平均异步转矩特性较差。发生失磁后，由于转子结构因素，当转子转速增加很多，转差率 s 增至很大时，才出现转矩平衡，达到稳定异步运行点。有阻尼绕组和无阻尼绕组的水轮发电机，其稳定异步运行点分别为 A_2 和 A_3。它们在稳定异步运行点处的 s 都很大，会使转子过热，在这样大的转差下运行是不允许的。此外，水轮发电机的 x_d 较小，异步运行时定子电流很大，会引起定子绕组过热，所以也应限制其异步运行。另外，无阻尼绕组的水轮发电机异步运行特性最差，不可能产生很大的异步转矩，失磁后转速增大很多，而输出的有功功率会减到很小，所以也必须立即停机。对于有阻尼绕组的水轮发电机，特性稍好一些，在稳定异步运行点的 s 略低，发热虽然略轻，但定子电流和转子损耗都将会超过允许值，所以只允许短时间（几秒钟）异步运行，若在这几秒钟内励磁不能恢复，应使发电机停机。

三、同步发电机的不对称运行

发电机三相电流不对称或三相负荷不对称时的运行称为发电机的不对称运行。引起发电机不对称运行的原因很多，长时间不对称运行有三相负荷不对称，如由于电力机车、电炉等引起的；输电线路三相阻抗不对称，如输电线路不换位，低压电网采用的两相一地制等引起的。短时间的不对称运行是由于电力系统发生不对称短路故障时，断路器按相切除和投入等引起的非全相运行（断开一相或两相的工作状态）等。有的不对称状态是有可能避免的，如负荷不对称、线路的三相阻抗不对称。但不对称运行在电力系统是不可避免的，因为非全相运行作为事故后的应急措施是必要的，为此需要积极展开发电机不对称运行这方面的研究工作并通过试验确定允许负荷，设法减少负序电流的危害。

1. 不对称运行对发电机的影响

当同步发电机不对称运行时，由对称分量法可知，定子绕组中除了有正序分量电流外，还有负序分量电流。负序电流产生负序旋转磁场，负序旋转磁场以同步速度向转子运动的反方向旋转，即以 2 倍同步转速与转子相对运动，在转子绕组、阻尼绕组以及转子本体中感应出 2 倍额定频率（100Hz）的电流，引起转子过热和振动。由于此感应电流的频率较高，趋肤效应较大，不易穿入转子深处，只在转子表面的薄层中流过，引起转子表层严重发热，特别是在转子的槽楔与齿、齿与套箍等接触面处发热尤

为严重，可能产生局部高温，以致破坏转子部件的机械强度和绕组绝缘。负序旋转磁场还在转子上产生2倍额定频率的脉动转矩，使发电机产生100Hz的振动并伴有噪声，此振动将引起机件金属疲劳和机械损坏，给机组带来严重危害。

汽轮发电机的转子一般是隐极式的，磁极与轴为统一整体，定子铁心内圆与转子之间形成非常小而狭长的气隙，转子表层的热量不易散出，使转子表层产生高温，所以，负序分量电流产生的附加发热成为限制汽轮发电机不对称运行的主要条件。汽轮发电机转子是个圆柱体，其纵轴和横轴的磁导相差不大，引起的附加机械振动不大，故对机械强度危害小。

水轮发电机的转子是凸极式并多为立式结构，转子的磁极之间以及转子与定子之间的缝隙较大且缝隙短，散热条件好。当它与隐极机有相同程度的不对称运行状态时，其附加发热温升较低。如有阻尼绕组，虽可引起阻尼绕组的发热，但阻尼绕组可以削弱负序旋转磁场的影响，从而可减轻转子的发热程度。所以，发热对凸极式的水轮发电机危害不大。但是，水轮发电机的转子直径较大，纵轴和横轴的磁导相差也较大，因而由负序电流引起的机械振动较严重。水轮发电机的机座是焊接件，承受机械振动的能力较差，所以，负序分量电流产生的附加振动成为限制水轮发电机不对称运行的主要条件。

2. 发电机不对称运行时的允许负荷与允许不对称程度

发电机不对称运行时，其长时间允许负荷主要取决于下列条件：

1）负荷最大相的定子电流不应超过发电机的额定电流。

2）转子最热点温度不应超过绝缘材料等级和金属材料的允许值。

3）不对称运行机组的机械振动不应超过允许范围。

第1个条件是从定子绕组温度不超过允许值提出的。第2和第3个条件都是针对不对称运行时负序电流所造成的不良影响提出的，不同类型的发电机允许值是不同的。限制发电机不对称运行时负荷不对称程度要求相电流最大差值对额定电流之比，对汽轮发电机和水轮发电机的规定分别是不得超过10%和20%。或者负序电流与额定电流之比，对汽轮发电机和水轮发电机的规定分别是不得超过6%和12%。

为了保证机组的安全运行，不对称运行时，负序电流的允许值和允许持续时间都不应超出电机制造厂家规定的范围，如无制造厂家的规定，可参照我国规定的发电机不对称运行时的允许电流和允许持续时间来执行。有关规定见表10-1。

表10-1　同步发电机不对称运行时的允许电流和允许持续时间

序号	运行情况	容许不平衡电流与持续时间	发电机种类和冷却方式		
			隐极式发电机		凸极式发电机
			空气或氢气表面冷却	导线直接冷却	
1	不对称短路	I_2^2t 不应大于右边三列值	$K=30$	$K=15$	$K=40$
2	三相负荷不平衡、非全相运行、进行短时间的不平衡短路实验以及系统中设备发生故障的情况	负序电流标幺值	持续允许时间/min		
		0.4~0.6	立即停机	立即停机	3
		0.45	1	立即停机	5
		0.35	2	1	10
		0.28	3	2	
		0.20	5	3	
		0.12	10	5	

（续）

序号	运行情况	容许不平衡电流与持续时间	发电机种类和冷却方式		
			隐极式发电机		凸极式发电机
			空气或氢气表面冷却	导线直接冷却	
3	在额定负荷下连续运行	三相电流之差对额定电流之比，不超过右边三列值	0.1	0.1	0.2
		或负序电流标幺值不超过右边三列值	0.06	0.06	0.12

不对称短路短时允许负荷（表 10-1 中第 1 项）主要取决于短路电流中的负序电流，由于时间极短，可以认为负序电流在转子中引起的损耗，全部用于转子表面的温升，不向周围扩散。因此，允许的负序电流和持续时间取决于下式：

$$\int_0^t i_2^2 \mathrm{d}t = I_2^2 t \leqslant K$$

式中 i_2——负序电流瞬时值与额定电流的比值；

I_2——等值负序电流与额定电流的比值；

K——常数，与发电机的种类和冷却方式有关。对于大容量内冷式（即导线直接冷却）发电机 K 值很小，为 6 ~ 10，600MW 汽轮发电机的设计值为 4。

表 10-1 中第 3 项是指发电机在额定负荷下连续运行时的规定值，若发电机在低于额定负荷情况下运行，各相电流最大差值对额定电流之比可大于表中规定数值，但应根据试验最后确定。

一般在规定的允许不对称范围内，汽轮发电机的机械振动是微不足道的，水轮发电机的机械振动也不会超过允许范围。需要通过试验来确定不对称运行范围的机组，机械振动的允许值应按发电机制造厂家推荐的标准确定。

发电机运行中，若发现三相电流的不对称值超过表 10-1 中第 3 项规定的数值时，应立即查明原因并设法消除。若超出的负序电流数值和持续时间超过表 10-1 中第 2 项的规定，应立即停机。

思考题与习题

1. 大型发电机的参数有什么特点？对系统运行有什么影响？如何改善其对系统运行产生的影响？
2. 什么是发电机的额定工作状态？
3. 在调整发电机有功功率的同时，为什么需要调整发电机的励磁电流？
4. 发电机的允许运行范围由哪几个限制条件决定？
5. 发电机有哪几种非正常运行方式？不对称运行对汽轮发电机与水轮发电机的危害有什么不同？
6. 限制发电机进相运行程度的主要因素是什么？
7. 什么是发电机的过励磁运行？过励磁运行产生的原因是什么？

8. 同步发电机（　　）运行时，稳定性下降。

A. 正常励磁　　B. 欠励磁　　C. 过励磁　　D. 空载

9. 发电机高于额定功率因数下运行，受到（　　）的限制。

A. 转子电流不应超过允许值　　B. 稳定极限

C. 原动机功率　　D. 定子电流不应超过允许值

10. E_q为一定值时，当增加有功功率时，为了使功率角δ不过于增大，不使发电机从系统吸收过多的无功功率Q，须相应地增加（　　）。

A. 定子电流　　B. 发电机电压　　C. 励磁电流　　D. 原动机功率

11. 同步发电机处于欠励状态时，发电机（　　）。

A. 发出有功功率，吸收无功功率　　B. 发出有功功率，发出无功功率

C. 吸收有功功率，吸收无功功率　　D. 吸收有功功率，发出无功功率

12. 同步发电机进相运行时存在的主要问题是（　　）。

A. 静态稳定性降低、转子和金属结构件的过热

B. 定子端部铁心和金属结构件的过热

C. 静态稳定性降低、定子端部铁心和金属结构件的过热

D. 动稳定性降低、定子端部铁心和金属结构件的过热

13. 下列关于同步发电机维持励磁不变，而增加有功功率的正常运行方式的说法正确的是（　　）。

A. E_q的端点轨迹是一个圆弧，须相应地减小励磁电流

B. E_q的端点轨迹是一个圆弧，须相应地增加励磁电流

C. E_q的端点轨迹是一条直线，励磁电流应大于最小励磁电流

D. E_q的端点轨迹是一条直线，励磁电流应小于最小励磁电流

14. 汽轮发电机可以短时间的异步运行，运行时（　　）的情况。

A. 会出现定子损耗过大、电压降低过多

B. 不会出现转子损耗过大、电压降低过多

C. 会出现转子损耗过大、电压降低过多

D. 不会出现转子损耗过大、会出现电压降低过多

15. 水轮发电机不能异步运行的原因是（　　）。

A. 定子电流过大、电压降低过多　　B. 转子过热、电压降低过多

C. 定子过热、电压降低过多　　D. 转子过热、定子电流过大

16. 不对称运行对汽轮发电机的影响是（　　）。

A. 转子附加发热严重，引起的附加机械振动不大

B. 转子附加发热严重，引起的附加机械振动也严重

C. 转子附加发热不严重，引起的附加机械振动大

D. 转子附加发热不严重，引起的附加机械振动也不大

17. 同步发电机不对称运行时出现的转子发热和振动是由（　　）产生的。

A. 正常负荷电流　　B. 正序电流　　C. 负序电流　　D. 零序电流

附　　录

附录 A　常用电气设备技术数据

表 A-1　110kV 双绕组有载调压电力变压器产品技术参数

型号	电压组合及分接范围/kV		联结组	空载损耗/kW	负载损耗/kW	空载电流（%）	阻抗电压（%）	运输质量/t	总质量/t	长/mm×宽/mm×高/mm
	高压	低压								
SFZ10－6300/110	110（1±8×1.25%）	6.3 6.6 10.5 11	YNd11	7.6	34.9	0.4	10.5	18.2	21.5	4955×3485×4630
SFZ10－8000/110				9.1	42.5	0.4		21.1	25.6	5010×3770×4680
SFZ10－10000/110				11	50.2	0.3		22.5	28.5	5100×3880×4620
SFZ10－12500/110				12.7	59.5	0.3		23.2	29.7	5200×4040×4650
SFZ10－16000/110				15.4	73.1	0.2		28.4	36.7	5430×4130×4860
SFZ10－20000/110				18.2	88.4	0.2		32.2	41.4	6340×4250×5000
SFZ10－25000/110				21.2	104.6	0.2		52.4	60.4	6600×4600×5660
SFZ10－31500/110				25.6	125.8	0.2		52.4	61.5	6600×4600×5720
SFZ10－40000/110				30.7	147.9	0.2		51.0	66.2	7120×4720×5750
SFZ10－50000/110				36.3	183.6	0.1		62	77	7400×4900×4950
SFZ10－63000/110				43.3	221	0.1		74.5	83.5	7500×4530×5460
SFZ10－75000/110				49.3	251.9	0.1		84.9	95	7600×4900×5560

注：型号含义：S—三相；F—风冷（S—水冷）；Z—有载调压。

表 A-2　110kV 三绕组有载调压电力变压器产品技术参数

型号	电压组合及分接范围/kV			联结组	空载损耗/kW	负载损耗/kW	空载电流（%）	阻抗电压（%）		运输质量/t	总质量/t	长/mm×宽/mm×高/mm
	高压	中压	低压					升压变压器	降压变压器			
SFSZ10－6300/110					9.1	41.5	0.4			22.6	25.8	5430×3970×4510
SFSZ10－8000/110					11.0	53.6	0.4			25.7	29.5	5490×4010×4570
SFSZ10－10000/110					13.0	62.9	0.4	高-中	高-中	33.3	40.7	5890×4300×4670
SFSZ10－12500/110					14.9	74.0	0.4	17.5	10.5	31.5	36.6	5980×4430×4870
SFSZ10－16000/110		35	6.3		18.4	90.1	0.35			36.7	41.0	6000×4260×5200
SFSZ10－20000/110	110（1±8×1.25%）	36.6	6.6	YNyn0d11	21.8	106.3	0.35	高-低	高-低	43.3	51.6	7060×4560×4940
SFSZ10－25000/110		38.5（1±2×2.5%）	10.5		25.7	125.8	0.3	10.5	17.5	46.3	53.2	7130×4360×5110
SFSZ10－31500/110			11		30.6	148.8	0.3	中-低	中-低	57	71.5	7260×4400×5290
SFSZ10－40000/110					36.6	178.5	0.2	6.5	6.5	54	78.7	7380×4950×5510
SFSZ10－50000/110					43.6	212.5	0.2			84	102	8100×5100×6000
SFSZ10－63000/110					51.5	255	0.2			70	85.7	9000×5400×6350

注：型号含义：S—三相；F—风冷（S—水冷）；S—三绕组；Z—有载调压。

表 A-3　220kV 双绕组无励磁调压变压器技术参数

型号	额定容量/kVA	额定电压		联结组	损耗/kW		空载电流（%）	短路阻抗（%）	质量/t			外形尺寸		
		高压/kV	低压/kV		空载	负载			器身	油	总质量	长/mm	宽/mm	高/mm
SFP10－50000/220	50000		10.5		36.4	178.5	0.28		43.6	23.9	82.5	7800	4710	6740
SFP10－63000/220	63000				43.4	208.0	0.27		51.5	25.0	96.0	7810	4720	6780
SFP10－90000/220	90000		11		57.4	272.0	0.25		67.3	26.2	125.1	7820	4750	6830
SFP10－120000/220	120000				70.0	327.0	0.23		89.5	27.5	150.5	8030	4790	7690
SFP10－150000/220	150000	220 或 242	11，13.8		84.0	382.0	0.20	12～14	96.0	28.6	160.3	9370	4840	7710
SFP10－180000/220	180000	（1±2×	11	YNd11	95.9	433.0	0.20		109.2	29.2	172.3	10700	5010	7790
SFP10－240000/220	240000	2.5%）	13.8		119.0	535.0	0.15		122.7	32.3	184.5	12010	5160	7850
SFP10－300000/220	300000				140.0	637.0	0.15		134.5	34.5	196.7	13100	5320	7910
SFP10－360000/220	360000		15.75，18，		161.0	731.0	0.15		147.8	37.3	209.5	13980	5570	7990
SFP10－380000/220	380000		20		198	870.4	0.08	20	156		240			
SFP10－400000/220	400000				164.77	840.35	0.105	14	170	46.4	264			

注：型号含义：S—三相；F—风冷（S—水冷）；P—强迫油循环。

表 A-4　220kV 三绕组有载调压电力变压器技术参数

型号	额定容量/kVA	额定电压/kV			联结组	损耗/kW		空载电流（%）	短路阻抗（%）		质量/t			外形尺寸		
		高压	中压	低压		空载	负载		升压	降压	器身	油	总质量	长/mm	宽/mm	高/mm
SFPSZ10－50000/220	50000	220（1±8×1.25%）	69，121	10.5，11，35，38.5	YNyn0d11	46.2	212.0	0.26	高-中 22～24 高-低 12～14 中-低 7～9	高-中 12～14 高-低 22～24 中-低 7～9	52.5	32.9	92.7	7860	5050	5620
SFPSZ10－63000/220	63000					53.9	246.0	0.24			60.4	34.5	103.4	8780	5150	6020
SFPSZ10－90000/220	90000					70.0	331.0	0.22			80.0	38.3	135.2	10620	5590	7070
SFPSZ10－120000/220	120000					85.4	408.0	0.20			102.2	42.9	173.3	11080	5820	7420
SFPSZ10－150000/220	150000					100.1	484.0	0.18			123.8	44.0	199.8	11730	5910	7550
SFPSZ10－180000/220	180000					115.5	595.0	0.15			139.9	46.3	231.6	12380	6140	7600

注：型号含义：S—三相；F—风冷（S—水冷）；P—强迫油循环；S—三绕组；Z—有载调压。

表 A-5　矩形导体长期允许载流量（A）和趋肤效应系数 K_s

导体尺寸 h/mm×b/mm	铝导体 LMY								
	单　条			双　条			三　条		
	平放	竖放	K_s	平放	竖放	K_s	平放	竖放	K_s
25×4	292	308							
25×5	332	350							
40×4	456	480		631	665	1.01			
40×5	515	543		719	756	1.02			
50×4	565	594		779	820	1.01			
50×5	637	671		884	930	1.03			
63×6.3	872	949	1.02	1211	1319	1.07			
63×8	995	1082	1.03	1511	1644	1.10	1908	2075	1.20
63×10	1129	1227	1.04	1800	1954	1.14	2107	2290	1.26
80×6.3	1100	1193	1.03	1517	1649	1.18			
80×8	1249	1358	1.04	1858	2020	1.27	2355	2560	1.44
80×10	1411	1535	1.05	2185	2375	1.30	2806	3050	1.60

导体尺寸 h/mm×b/mm	铜导体 TMY								
	单　条			双　条			三　条		
	平放	竖放	K_s	平放	竖放	K_s	平放	竖放	K_s
25×3	323	340							
30×4	451	475							
40×4	593	625							
40×5	665	700							
50×5	816	860							
50×6	906	955							
60×6	1069	1125		1650	1740		2060	2240	
60×8	1251	1320		2050	2160		2565	2790	
60×10	1395	1475		2430	2560		3135	3300	
80×6	1360	1480		1940	2110	1.15	2500	2720	
80×8	1553	1690	1.10	2410	2620	1.27	3100	3370	1.44
80×10	1747	1900	1.14	2850	3100	1.30	3670	3990	1.60

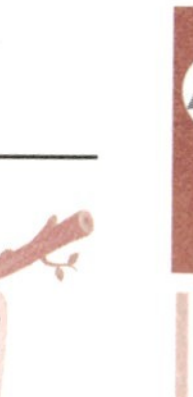

（续）

导体尺寸 $h/\mathrm{mm}\times b/\mathrm{mm}$	铝导体 LMY									导体尺寸 $h/\mathrm{mm}\times b/\mathrm{mm}$	铜导体 TMY								
	单　条			双　条			三　条				单　条			双　条			三　条		
	平放	竖放	K_s	平放	竖放	K_s	平放	竖放	K_s		平放	竖放	K_s	平放	竖放	K_s	平放	竖放	K_s
100×6.3	1363	1481	1.04	1840	2000	1.26				100×6	1665	1810	1.10	2270	2470		2920	3170	
100×8	1547	1682	1.05	2259	2455	1.30	2778	3020	1.50	100×8	1911	2080	1.14	2810	3060	1.30	3610	3930	1.50
100×10	1663	1807	1.08	2613	2840	1.42	3284	3570	1.70	100×10	2121	2310	1.14	3320	3610	1.42	4280	4650	1.70
125×6.3	1693	1840	1.05	2276	2474	1.28													
125×8	1920	2087	1.08	2670	2900	1.40	3206	3485	1.60	120×8	2210	2400		3130	3400		3995	4340	
125×10	2063	2242	1.12	3152	3426	1.45	3903	4243	1.80	120×10	2435	2650	1.18	3770	4100	1.42	4780	5200	1.78

注：1. 载流量是按最高允许工作温度为+70℃，基准环境温度为+25℃、无风、无日照计算的。

2. h 为导体的宽度，b 为导体的厚度。

表 A-6　裸导体载流量在不同海拔及环境温度下的综合校正系数

导体最高允许温度/℃	适应范围	海拔/m	实际环境温度/℃						
			+20	+25	+30	+35	+40	+45	+50
+70	屋内矩形、槽形、管形导体和不计日照的屋外软导体		1.05	1.00	0.94	0.88	0.81	0.74	0.67
+80	计及日照时屋外软导体	1000 及以下	1.05	1.00	0.95	0.89	0.83	0.76	0.69
		2000	1.01	0.96	0.91	0.85	0.79		
		3000	0.97	0.92	0.87	0.81	0.75		
		4000	0.93	0.89	0.84	0.77	0.71		
	计及日照时屋外管形导体	1000 及以下	1.05	1.00	0.94	0.87	0.80	0.72	0.63
		2000	1.00	0.94	0.88	0.81	0.74		
		3000	0.95	0.90	0.84	0.76	0.69		
		4000	0.91	0.86	0.80	0.72	0.65		

表 A-7　常用三芯（铝）电力电缆长期允许载流量

（单位：A）

缆芯截面积/mm²	6kV						10kV				20～35kV			
	黏性纸绝缘		聚氯乙稀绝缘		交联聚乙烯绝缘		黏性纸绝缘		交联聚乙烯绝缘		黏性纸绝缘		交联聚乙烯绝缘	
	直埋地下	置空气中	直埋地下	置空气中	直埋地下	置空气中	直埋地下	置空气中	直埋地下	置空气中	直埋地下	置空气中	直埋地下	置空气中
25	95	85	81	73	110	100	90	80	105	95	80	75	90	85
35	110	100	102	90	135	125	105	95	130	120	90	85	115	110
50	135	125	127	114	165	155	130	120	150	145	115	110	135	135
70	165	155	154	143	205	190	150	145	185	180	135	135	165	165
95	205	190	182	168	230	220	185	180	215	205	165	165	185	180
120	230	220	209	194	260	255	215	205	245	235	185	180	210	200
150	260	255	237	223	295	295	245	235	275	270	210	200	230	230
185	295	295	270	256	345	345	275	270	325	320	230	230	250	
240	345	345	313	301	395		325	320	375					

注：1. 基准环境温度（地下、空气中）为+25℃，土壤热阻系数为80℃·cm/W。

2. 电缆芯最高允许温度（℃）：①黏性纸绝缘电缆当电压为6kV、10kV、20～35kV时，分别为65、60和50；②聚氯乙稀绝缘电缆当电压为6kV时为65；③交联聚乙烯绝缘电缆当电压为6～10kV、20～35kV时，分别为90和80。

表 A-8 不同环境温度时电缆载流量的校正系数 K_t

缆芯工作温度/℃	环境温度/℃								
	+5	+10	+15	+20	+25	+30	+35	+40	+45
50	1.34	1.26	1.18	1.09	1.0	0.895	0.775	0.623	0.447
60	1.25	1.20	1.13	1.07	1.0	0.926	0.845	0.756	0.655
65	1.22	1.17	1.12	1.06	1.0	0.935	0.865	0.791	0.707
80	1.17	1.13	1.09	1.04	1.0	0.954	0.905	0.853	0.798

表 A-9 不同土壤热阻系数时电缆载流量的校正系数 K_3

缆芯截面积/mm^2	土壤热阻系数/℃·cm·W^{-1}				
	60	80	120	160	200
2.5~16	1.06	1.0	0.90	0.83	0.77
25~95	1.08	1.0	0.88	0.80	0.73
120~240	1.09	1.0	0.86	0.78	0.71

注：土壤热阻系数的选取：潮湿土壤取60~80（指沿海、湖、河畔及雨量较多地区，如华东、华南地区等）；普通土壤取120（指平原地区，如东北、华北地区等）；干燥土壤取160~200（指高原地区、雨量较少的山区、丘陵干燥地带）。

表 A-10 电缆直接埋地多根并列敷设时载流量的校正系数 K_4

电缆间净距/mm	并列根数											
	1	2	3	4	5	6	7	8	9	10	11	12
100	1.0	0.90	0.85	0.80	0.78	0.75	0.73	0.72	0.71	0.70	0.70	0.69
200	1.0	0.92	0.87	0.84	0.82	0.81	0.80	0.79	0.79	0.78	0.78	0.77
300	1.0	0.93	0.90	0.87	0.86	0.85	0.85	0.84	0.84	0.83	0.83	0.83

表 A-11 限流电抗器技术数据

型号	额定电压/kV	额定电流/A	电抗百分值（%）	三相通过容量/kVA	单相无功容量/kvar	单相损耗（75℃时）/W	稳定性	
							动稳定电流峰值/kA	热稳定电流/kA
XKK-10-200-4 5 6	10	200	4 5 6	3×1155	46.2 57.7 69.3	1816 2126 2377	12.75	5（4s）
XKK-10-400-4 5 6	10	400	4 5 6	3×2309	92.4 115.5 138.6	2865 3318 3746	25.5	10（4s）
XKK-10-600-4 5 6	10	600	4 5 6	3×3464	138.6 173.3 207.9	3224 4147 5258	38.25	15（4s）

（续）

型　号	额定电压/kV	额定电流/A	电抗百分值（%）	三相通过容量/kVA	单相无功容量/kvar	单相损耗（75℃时）/W	稳定性	
							动稳定电流峰值/kA	热稳定电流/kA
NKL－10－200－3			3				13.00	
4	10	200	4	3×1155	46.2	1976	12.75	14.13（1s）
5			5		57.6	2329	10.20	14.00（1s）
NKL－10－300－3			3		52	2015	19.5	17.15（1s）
4	10	300	4	3×1734	69.2	2540	19.1	17.45（1s）
5			5		86.5	3680	15.3	12.6（1s）
NKL－10－400－3			3		69.4	3060	26	22.25（1s）
4	10	400	4	3×2309	92.4	3196	25.5	22.2（1s）
5			5		115.5	3447	20.4	22.0（1s）
NKL－10－500－3			3		86.5	3290	23.5	27（1s）
4	10	500	4	3×2890	115.6	4000	31.9	27（1s）
5			5		144.5	5460	24.0	21（1s）
NKL－10－1500－10	10	1500	10	3×8660	866.0	11843	38.25	86.23（1s）
NKL－10－2000－10	10	2000	10	3×11547	1155.0	15829	51.00	90.75（1s）
XKK－10－1500－10	10	1500	10	3×8660	866.0	11552	95.63	37.5（4s）

注：XKK系列指干式空芯限流电抗器，环氧树脂固化，重量轻，稳定性好；NKL系列指水泥铝线电抗器，价格便宜。

表A-12　常用测量与计量仪表技术数据

仪表名称	型号	电流线圈				电压线圈				准确度等级
		线圈电流/A	二次负荷/Ω	每线圈消耗功率/VA	线圈数目	线圈电压/V	每线圈消耗功率/VA	cosφ	线圈数目	
电流表	16L1－A、46L1－A			0.35	1					
电压表	16L1－V、46L1－V					100	0.3	1	1	
频率表	16L1－Hz、46L1－Hz					100	1.2		1	
三相三线有功功率表	16D1－W、46D1－W			0.6	2	100	0.6	1	2	
三相三线无功功率表	16D1－var、46D1－var			0.6	2	100	0.5	1	2	
三相三线有功电能表	DS1、DS2、DS3	5	0.02	0.5	2	100	1.5	0.38	2	0.5
三相三线无功电能表	DX1、DX2、DS3	5	0.02	0.5	2	100	1.5	0.38	2	0.5

表A-13　TBB高压并联电容器成套装置

型　号	电容器组额定电压/kV	装置额定电压/kV	装置额定容量/kvar	电容器组额定电流/A	接线方式	并联电容器型号
TBB6－1200/50－AKW	6.6	6	1200	105	Y	BFM6.6/$\sqrt{3}$－50－1W
TBB6－1500/50－AKW	6.6	6	1500	131	Y	BFM6.6/$\sqrt{3}$－50－1W

（续）

型　号	电容器组额定电压/kV	装置额定电压/kV	装置额定容量/kvar	电容器组额定电流/A	接线方式	并联电容器型号
TBB6－2400/50－AKW	6.6	6	2400	210	Y	BFM6.6/$\sqrt{3}$－50－1W
TBB6－3000/100－AKW	6.6	6	3000	262	Y	BFM6.6/$\sqrt{3}$－100－1W
TBB6－3600/100－AKW	6.6	6	3600	315	Y	BFM6.6/$\sqrt{3}$－100－1W
TBB6－3000/200－AKW	6.6	6	3000	262	Y	BFM6.6/$\sqrt{3}$－200－1W
TBB6－3600/200－AKW	6.6	6	3600	315	Y	BFM6.6/$\sqrt{3}$－200－1W
TBB10－1200/50－AKW	11	10	1200	63	Y	BFM11/$\sqrt{3}$－50－1W
TBB10－1500/50－AKW	11	10	1500	79	Y	BFM11/$\sqrt{3}$－50－1W
TBB10－2400/50－AKW	11	10	2400	126	Y	BFM11/$\sqrt{3}$－50－1W
TBB10－2400/100－AKW	11	10	2400	126	Y	BFM11/$\sqrt{3}$－100－1W
TBB10－3000/100－AKW	11	10	3000	157	Y	BFM11/$\sqrt{3}$－100－1W
TBB10－3000/200－AKW	11	10	3000	157	Y	BFM11/$\sqrt{3}$－200－1W
TBB10－3600/200－AKW	11	10	3600	189	Y	BFM11/$\sqrt{3}$－200－1W
TBB10－4200/200－AKW	11	10	4200	200	Y	BFM11/$\sqrt{3}$－200－1W
TBB10－4800/200－AKW	11	10	4800	200	Y	BFM11/$\sqrt{3}$－200－1W
TBB10－6000/334－AKW	11	10	6000	334	Y	BFM11/$\sqrt{3}$－334－1W
TBB10－5400/300－AKW	11	10	5400	300	Y	BFM11/$\sqrt{3}$－300－1W
TBB10－7200/200－AKW	11	10	6000	200	Y	BFM11/$\sqrt{3}$－200－1W
TBB10－8000/334－AKW	11	10	8000	334	Y	BFM11/$\sqrt{3}$－334－1W

注：1. 型号中，T－成套装置，BB—并联补偿。第一特征号－装置额定电压（kV）。第二特征号－装置额定容量（kvar）。第三特征号－单台电容器额定容量（kvar）。A 表示 Y 接线，B 表示 Y－Y 接线；K 表示开口三角电压保护，C 表示电压差动保护，L 表示中性线不平衡电流保护；W 表示屋外装置，如不标注则为屋内。例如，TBB10－4200/200－AK 表示装置额定电压为 10kV，装置额定容量为 4200kvar，单台电容器容量为 200kvar，Y 接线，开口三角电压保护的户内式并联电容器装置。

2. 装置额定容量为 2400kvar 及以上型号也可以选 Y－Y 接线。

表 A-14　高压并联补偿电容器技术数据

型号	额定电压/kV	额定容量/kvar	额定电容/μF	相数	质量/kg	宽/mm×深/mm×高/mm
BFM6.6/$\sqrt{3}$－50－1W	6.6/$\sqrt{3}$	50	10.97	1	20	320×110×530
BFM6.6/$\sqrt{3}$－100－1W	6.6/$\sqrt{3}$	100	21.93	1	30	380×143×560
BFM6.6/$\sqrt{3}$－200－1W	6.6/$\sqrt{3}$	200	43.87	1	54	440×180×666
BFM6.6/$\sqrt{3}$－334－1W	6.6/$\sqrt{3}$	334	73.26	1	84	440×180×921
BFM11/$\sqrt{3}$－50－1W	11/$\sqrt{3}$	50	3.95	1	19	320×110×510
BFM11/$\sqrt{3}$－100－1W	11/$\sqrt{3}$	100	7.9	1	31	380×143×560
BFM11/$\sqrt{3}$－200－1W	11/$\sqrt{3}$	200	15.79	1	52	440×180×696
BFM11/$\sqrt{3}$－300－1W	11/$\sqrt{3}$	300	23.69	1	73	440×180×876
BFM11/$\sqrt{3}$－334－1W	11/$\sqrt{3}$	334	26.37	1	79	610×180×836

注：B—并联电容器；F—二芳基乙烷；M—全膜介质。第一特征号-额定电压（kV）。第二特征号-额定容量（kvar）。第三特征号（相数）1：表示单相，3：表示三相。尾注号 W：表示屋外式（无尾注号表示屋内式）。额定电压可选择 6.6/$\sqrt{3}$kV，7.2/$\sqrt{3}$kV，11/$\sqrt{3}$kV，12/$\sqrt{3}$kV。

表 A-15　10kV 断路器技术数据

型　号	额定电压/kV	额定电流/A	额定开断电流/kA	额定关合电流（峰值）/kA	动稳定电流（峰值）/kA	热稳定电流/kA				固有分闸时间/s	合闸时间/s	操动机构
						2s	3s	4s	5s			
SN10－10Ⅰ	10	630、1000	16	40	40	16				≤0.06	≤0.2	CD10－Ⅰ、Ⅱ
SN10－10Ⅱ	10	1000	31.5	80	80	31.5						CD10－Ⅱ
SN10－10Ⅲ	10	1250、2000、3000	40	125	125			40		≤0.06	≤0.2	CD10－Ⅲ
SN4－10G	10	4000	105		300				120	0.15	0.65	
SN5－20G	20	6000	105		300				120	0.15	0.65	
VS1－10（真空断路器）	3.6 7.2 12	630 1250 1600 2000 2500、3150	20 25 31.5 40 50	50 63 80 100 125	50 63 80 100 125			20 25 31.5 40 50		≤0.05	≤0.1	

注：SN—屋内少油式。

表 A-16　35～500kV 断路器技术数据

型　号	额定电压/kV	额定电流/A	额定开断电流/kA	额定关合电流（峰值）/kA	动稳定电流（峰值）/kA	热稳定电流/kA				固有分闸时间/s	合闸时间/s	操动机构
						2s	3s	4s	5s			
ZN72－40.5	40.5	630 1250 1600 2000 2500	25 31.5	63 80	50 63 80			25 31.5		≤0.07	≤0.09	CT
LW8－35（带 TA）	35	1600	25	63	63			25		≤0.06	≤0.1	CT14
LW35－126	126	3150	40	100	100		40			≤0.03	≤0.09	
LW35－252	252	4000	50	125	125			50		≤0.03	≤0.09	
LW10B－550	550	3150	50	125	125		50			≤0.022	≤0.066	

注：ZN—屋内真空式；LW—屋外 SF_6 式。

表 A-17　隔离开关和接地开关技术数据

型　号	额定电压/kV	额定电流/A	动稳定电流（峰值）/kA	热稳定电流/kA		备　注
				4s	5s	
GW5－35Ⅱ GW5－35ⅡD GW5－35ⅡW GW5－35ⅡDW	35	630	100	20		主刀操动机构：CS17G或CJ2－G 地刀操动机构：CS17G
		1000	100	31.5		
		1250	100	31.5		
		1600	100	31.5		
		2000	100	31.5		
GW13－35	35	630	55	16		中性点隔离开关，此外还有GW8型
GW13－110	110	630	55	16		
GW5－110Ⅱ GW5－110ⅡD GW5－110ⅡW GW5－110ⅡDW	110	630	100（50）	20		GW4－110型与对应的GW5－110型的技术数据基本相同，4型的差异部分在括号内
		1000	100（80）	31.5（25）		
		1250	100（80）	31.5		
		1600	100	31.5		
		2000	100	31.5		
		2000	125	50		
GW7－220 GW7－220D GW7－220W GW7－220DW	220	600	55	16		三柱式水平双断口
		1000	80		31.5（3s）	
		1250	80		31.5（3s）	
		2000	86	33		
GW6－220（D、W） GW10－220（D、W）	220	2500	100		40（3s）	剪刀式、单柱垂直伸缩
	220	3150	125		50（3s）	
GW16－220（D、DW）	220	2500	125		30（3s）	单柱垂直伸缩
GW11－220（D、DW）	220	1600	100		40（3s）	双柱水平伸缩式
		2500	125		50（3s）	
GW17－220（D）	220	2500	125		50（3s）	
JW2－220（W） JW3－220	220	600	100		40（2s）	CS9－G
			125		50（2s）	

注：GW—屋外式隔离开关；JW—屋外式接地开关；D—带接地开关；W—防污型。

表 A-18　高压熔断器技术数据

型　号	额定电压/kV	额定电流/A	最大开断电流/kA	最大开断容量/MVA	备　注
RN1－6	6	2～300	20	200	用于线路、变压器等过负荷及短路保护
RN5－6	6	2～200	20	200	
RN6－6	6	50～300	40	200	
XRNM1－6	6	160、224	40		
RN1－10	10	2～200	12	200	
RN5－10	10	2～100	12	200	

（续）

型　号	额定电压/kV	额定电流/A	最大开断电流/kA	最大开断容量/MVA	备　注
XRNT1－10	10	40、50、100、125	40		用于线路、变压器等过负荷及短路保护
RW7－10	10	50（100、200）		75（100）	
RW9－10	10	100		100	
RW10－10F	10	50、100、200		200	
RW9－15	15	200		150	
RN1－35	35	2～40	3.5	200	
RN3－35	35	7.5		200	
RN5－35	35	50、100、200		30～900	
RN2－6（10、15、20、35）	6（10、15、20、35）	0.5		1000	用于电压互感器短路保护
RN2－6（10）	6（10）	0.5		1000	
RN4－20	20	0.35		4500	
RW9－35	35	0.5		2000	
RW10－35	35	0.5		2000	
RXW0－35	35	0.5		1000	

注：国产熔断器熔体额定电流系列（A）：2、3、5、7.5、10、15、20、30、40、50、75、100、150、200、300、400。

表 A-19　支柱式绝缘子和穿墙套管主要技术数据

支柱式绝缘子				穿墙套管				
型　号	额定电压/kV	绝缘子高度/mm	机械破坏负荷/kN	型　号	额定电压/kV	额定电流/A（母线型套管内径/mm）	套管长度/mm	机械破坏负荷/kN
ZL－10/4	10	160	4	CB－10	10	200，400，600，1000，1500	350	7.5
ZL－10/8	10	170	8	CC－10	10	1000，1500，2000	449	12.5
ZL－10/16	10	185	16	CWLB2－10	10	200，400，600，1000，1500	394	7.5
ZS－10/4	10	210	4	CWLC2－10	10	2000，3000	435	12.5
ZS－10/5	10	220	5	CM－12－105	12	内径 105	484	23
ZS－20/8	20	350	8	CM－12－142	12	内径 142	487	30
ZS－20/10	20	350	10	CM－24－330	24	内径 330	782	40
ZL－35/4	35	380	4	CWLC2－20	20	2000，3000	595	12.5
ZL－35/8	35	400	8	CB－35	35	400，600，1000，1500	810	7.5
ZS－35/4	35	400	4	CWLB2－35	35	400，600，1000，1500	830	7.5
ZS－35/8	35	420	8	CRLQ1－110	126(相73)	1200	3660	

注：1. ZL—屋内联合胶装支柱绝缘子；ZS—屋外棒式支柱绝缘子。

2. 穿墙套管的热稳定电流：铝导体当额定电流为200A、400A、600A、1000A、1500A、2000A、2500A、3000A时分别为（5s）3.8kA、7.6kA、12kA、20kA、30kA、40kA、－、60kA；铜导体当额定电流为200A、400A、600A、1000A、1500A、2000A、2500A、3000A时分别为（10s）3.8kA、7.2kA、12kA、18kA、23kA、27kA、29kA、31kA。

表 A-20 LGJ 钢芯铝绞线的长期允许载流量（环境温度 25℃）

导线截面积/mm^2	长期允许载流量/A		导线截面积/mm^2	长期允许载流量/A	
	+70℃	+80℃		+70℃	+80℃
10	88	93	185	539	548
16	115	121	210	577	586
25	154	160	240	655	662
35	189	195	300	735	742
50	234	240	400	898	901
70	289	297	500	1025	1024
95	357	365	600	1187	1182
120	408	417	800	1413	1399
150	463	472			

表 A-21 ZTJD 型智能消弧限压装置技术数据

型 号	额定电压/kV	接地变压器		消弧线圈			备注
		型号	额定容量/kVA	型号	电流/A	额定容量/kVA	
ZTJD6-100	6	SJD9-100/6	100	XDZ-100/6	9~28	33~102	消弧线圈调流级数9~15档； 接地变压器额定一次电压为6.3（1±5%）kV和10.5（1±5%）kV
ZTJD6-125	6	SJD9-125/6	125	XDZ-125/6	11.5~34.5	42~126	
ZTJD6-160	6	SJD9-160/6	160	XDZ-160/6	15~44	55~160	
ZTJD6-200	6	SJD9-200/6	200	XDZ-200/6	18.5~55	67~200	
ZTJD6-250	6	SJD9-250/6	250	XDZ-250/6	23~69	84~251	
ZTJD6-315	6	SJD9-315/6	315	XDZ-315/6	29~87	105~316	
ZTJD6-400	6	SJD9-400/6	400	XDZ-400/6	37~110	135~400	
ZTJD6-500	6	SJD9-500/6	500	XDZ-500/6	46~138	167~502	
ZTJD6-550	6	SJD9-550/6	550				
ZTJD6-630	6	SJD9-630/6	630	XDZ-630/6	58~173	211~630	
ZTJD6-800	6	SJD9-800/6	800	XDZ-800/6	73.5~220	267~800	
ZTJD10-100	10	SJD9-100/10	100	XDZ-100/10	5.5~16.5	33~100	
ZTJD10-125	10	SJD9-125/10	125	XDZ-125/10	7~20.6	42~125	
ZTJD10-160	10	SJD9-160/10	160	XDZ-160/10	9~26.5	55~160	
ZTJD10-200	10	SJD9-200/10	200	XDZ-200/10	11~33	67~200	
ZTJD10-250	10	SJD9-250/10	250	XDZ-250/10	14~41	85~250	
ZTJD10-315	10	SJD9-315/10	315	XDZ-315/10	17~52	103~315	
ZTJD10-400	10	SJD9-400/10	400	XDZ-400/10	22~66	133~400	
ZTJD10-500	10	SJD9-500/10	500	XDZ-500/10	28~82	170~500	
ZTJD10-550	10	SJD9-550/10	550				
ZTJD10-630	10	SJD9-630/10	630	XDZ-630/10	35~104	212~630	
ZTJD10-800	10	SJD9-800/10	800	XDZ-800/10	44~132	266~800	
ZTJD10-1000	10	SJD9-1000/10	1000	XDZ-1000/10	55~165	333~1000	
ZTJD35-270	35			XDZ-250/35	3.7~11.2	82~249	
ZTJD35-315	35			XDZ-315/35	4.7~14.2	105~316	
ZTJD35-400	35			XDZ-400/35	6~18	133~400	
ZTJD35-500	35			XDZ-500/35	7.5~22.5	167~500	
ZTJD35-630	35			XDZ-630/35	9.4~28.3	209~629	
ZTJD35-800	35			XDZ-800/35	12~36	267~800	
ZTJD35-1000	35			XDZ-1000/35	15~45	334~1000	
ZTJD35-1250	35			XDZ-1250/35	18.7~56.2	416~1249	
ZTJD35-1600	35			XDZ-1600/35	24~72	536~1601	
ZTJD35-2000	35			XDZ-2000/35	30~90	667~2001	

表 A-22 LVQB－220 SF_6 电流互感器技术参数

额定电流比/A	准确度等级组合	额定输出/VA	3s 热电流/kA	额定动稳定电流/kA
2×300/5	0. 2/0. 5/5P/5P/5P/5P	30	31. 5－63	80－160
2×500/5		40		
2×600/5		50		
2×750/5		50		
2×1000/5		50		

注：L—电流互感器；V—倒立式；Q—气体绝缘；B—带保护绕组；220—额定电压（kV）。

表 A-23 LB9－220 电流互感器技术参数

额定电流比/A	准确度等级组合	额定输出/VA	3s 热电流/kA	额定动稳定电流/kA
2×600/5	0. 2S/0. 5/5P/5P/5P/5P	50/50/50/50/50/50	50～63	125～160
2×750/5				
2×1000/5				
2×1250/5				

注：L—电流互感器；B—带保护绕组；9—设计序号；220—额定电压（kV）。一次绕组分两段，通过串并联可方便改变换接电流比。

表 A-24 LVQB5－110W2 SF_6 电流互感器技术参数

额定电流比/A	准确度等级组合	额定输出/VA	3s 热电流/kA	额定动稳定电流/kA
2×300/5	0. 2/5P20/5P20/5P20	50	40	100
2×500/5				
2×600/5				
2×750/5				
2×1000/5				

注：L—电流互感器；V—倒立式；Q—气体绝缘；B—带保护绕组；5—设计序号；110—额定电压（kV）。一次绕组分两段，通过串并联可方便改变换接电流比。

表 A-25 LB7－110 电流互感器技术参数

额定电流比/A	准确度等级组合	额定输出/VA	1s 热电流/kA	额定动稳定电流/kA
2×50/5	5P、10P 0. 2、0. 2S 0. 5、0. 5S 任意组合	50	5. 3～42	13～105
2×75/5				
2×100/5				
2×150/5				
2×200/5				
2×300/5			31. 5～45	80～115
2×400/5				
2×500/5				
2×600/5			31. 5～45	80～115
2×750/5				
2×1000/5				

注：L—电流互感器；B—带保护绕组；7—设计序号；110—额定电压（kV）。一次绕组分两段，通过串并联可方便改变换接电流比。

表 A-26　三绕组型 35kV 电流互感器 LZZBJ9－35 技术参数

<table>
<tr><th rowspan="3">额定一次电流/A</th><th rowspan="3">热电流/kA（时间/s）</th><th rowspan="3">动稳定电流/kA</th><th rowspan="3">准确度等级组合</th><th colspan="8">额定二次输出/VA</th></tr>
<tr><th colspan="2">0.2(S)</th><th colspan="2">0.5(S)</th><th colspan="2">10P15</th><th colspan="2">5P20</th></tr>
<tr><th>1A</th><th>5A</th><th>1A</th><th>5A</th><th>1A</th><th>5A</th><th>1A</th><th>5A</th></tr>
<tr><td>150～200</td><td>31.5（1）</td><td rowspan="3">80</td><td>0.2(S)/0.2(S)/0.5(S)</td><td colspan="2" rowspan="2">10</td><td colspan="2" rowspan="2">15</td><td colspan="2">15</td><td colspan="2" rowspan="2">15</td></tr>
<tr><td>300～500</td><td>31.5（2）</td><td>0.2(S)/0.2(S)/5P</td><td colspan="2" rowspan="2">20</td></tr>
<tr><td>600～1250</td><td>31.5（4）</td><td>0.2(S)/0.5(S)/5P</td><td colspan="2">15</td><td colspan="2">20</td><td colspan="2" rowspan="3">20</td></tr>
<tr><td>1500～2000</td><td rowspan="2">40（4）</td><td rowspan="2">125</td><td>0.2(S)/5P/5P</td><td colspan="2" rowspan="2">20</td><td colspan="2" rowspan="2">30</td><td colspan="2" rowspan="2">25</td></tr>
<tr><td>2500</td><td>0.5(S)/5P/5P</td></tr>
</table>

注：L—电流互感器；Z—支柱式；Z—浇注式；B—带保护绕组；J—加强型；9—设计序号；35—额定电压（kV）。

表 A-27　三绕组型 10kV 电流互感器 LZZBJ9－10 技术参数

<table>
<tr><th rowspan="3">额定一次电流/A</th><th rowspan="3">1s 热电流/kA</th><th rowspan="3">动稳定电流/kA</th><th rowspan="3">准确度等级组合</th><th colspan="8">额定二次输出/VA</th></tr>
<tr><th colspan="2">0.2(S),0.5(S)</th><th colspan="2">0.2,0.5</th><th colspan="2">5P10</th><th colspan="2">5P20</th></tr>
<tr><th>1A</th><th>5A</th><th>1A</th><th>5A</th><th>1A</th><th>5A</th><th>1A</th><th>5A</th></tr>
<tr><td>30～200</td><td>30</td><td>75</td><td>0.2(S)/0.5(S)/5P</td><td colspan="2" rowspan="4">20</td><td colspan="2" rowspan="4">20</td><td colspan="2" rowspan="4">30</td><td colspan="2" rowspan="4">15</td></tr>
<tr><td>300～400</td><td>45</td><td>112.5</td><td>0.2(S)/0.2(S)/5P</td></tr>
<tr><td>600～800</td><td>63</td><td>120</td><td>0.5(S)/0.5(S)/5P</td></tr>
<tr><td>1000～1200</td><td>75</td><td>130</td><td>0.2(S)/5P/5P</td></tr>
<tr><td>1500～3150</td><td>100</td><td>140</td><td>0.5(S)/5P/5P</td><td colspan="2">25～30</td><td colspan="2">25～30</td><td colspan="2">40</td><td colspan="2">20</td></tr>
</table>

注：L—电流互感器；Z—支柱式；Z—浇注式；B—带保护绕组；J—加强型；9—设计序号；10—额定电压（kV）。

表 A-28　两绕组 10kV 电流互感器 LZZBJ10－10 技术参数

<table>
<tr><th rowspan="2">型号</th><th rowspan="2">电流比/A</th><th rowspan="2">准确度等级组合</th><th colspan="5">相应准确级下额定二次负荷/VA</th><th rowspan="2">额定短时热电流/kA（时间/s）</th><th rowspan="2">额定动稳定电流/kA</th></tr>
<tr><th>0.2</th><th>0.5</th><th>5P10</th><th>10P10</th><th>10P15</th></tr>
<tr><td rowspan="18">LZZBJ10－10</td><td>20/5</td><td rowspan="18">0.2/5P10
0.5/5P10 或
0.2/10P10
0.5/10P10 或
0.2/10P15
0.5/10P15</td><td rowspan="13">10</td><td rowspan="12">20</td><td rowspan="9">15</td><td rowspan="9">15</td><td rowspan="13">15</td><td>3（1）</td><td>7.5</td></tr>
<tr><td>30/5</td><td>4.5（1）</td><td>11.25</td></tr>
<tr><td>40/5</td><td>6.2（1）</td><td>15</td></tr>
<tr><td>50/5</td><td>8（1）</td><td>20</td></tr>
<tr><td>75/5</td><td>12（1）</td><td>30</td></tr>
<tr><td>100/5</td><td>15（1）</td><td>37.5</td></tr>
<tr><td>150/5</td><td>25（1）</td><td>62.5</td></tr>
<tr><td>200/5</td><td>25（2）</td><td>62.5</td></tr>
<tr><td>300/5</td><td>31.5（2）</td><td>62.5</td></tr>
<tr><td>400/5</td><td rowspan="3">20</td><td rowspan="3">20</td><td rowspan="3">31.5（3）</td><td rowspan="3">80</td></tr>
<tr><td>500/5</td></tr>
<tr><td>600/5</td></tr>
<tr><td>800/5</td><td rowspan="6">30</td><td rowspan="6">30</td><td rowspan="6">30</td><td rowspan="3">40（3）</td><td rowspan="3">100</td></tr>
<tr><td>1000/5</td><td rowspan="5">15</td><td rowspan="5">20</td></tr>
<tr><td>1200/5</td></tr>
<tr><td>1500/5</td><td rowspan="3">50（3）</td><td rowspan="3">125</td></tr>
<tr><td>2000/5</td></tr>
<tr><td>2500/5</td></tr>
</table>

注：L—电流互感器；Z—支柱式；Z—浇注式；B—带保护绕组；J—加强型；9—设计序号；10—额定电压（kV）。

表 A-29　电压互感器技术数据

型号	额定电压比/kV	准确度等级组合	额定输出/VA
JDZX10－6	$(6/\sqrt{3})/(0.1/\sqrt{3})/(0.1/3)$	0.2/6P,0.5/6P	15/50 30/50
JDZX16－6	$(6/\sqrt{3})/(0.1/\sqrt{3})/(0.1/3)$	0.2/6P(3P), 0.5/6P(3P)	20/100 60/100
JDZX16－10	$(10/\sqrt{3})/(0.1/\sqrt{3})/(0.1/3)$	0.2/6P(3P), 0.5/6P(3P)	20/100 60/100
JDZX9－10	$(10/\sqrt{3})/(0.1/\sqrt{3})/(0.1/3)$	0.2/6P,0.5/6P	20/50 50/50
JDZX10－10B	$(10/\sqrt{3})/(0.1/\sqrt{3})/(0.1/\sqrt{3})/(0.1/3)$	0.2/0.5/6P	15/20/50
JDZX9－35	$(35/\sqrt{3})/(0.1/\sqrt{3})/(0.1/3)$	0.2/6P(3P), 0.5/6P(3P)	20/100 60/100
JDZJ9－35	$(35/\sqrt{3})/(0.1/\sqrt{3})/(0.1/\sqrt{3})/(0.1/3)$	0.2/0.5/3P	30/30/100
JDZXW－35	$(35/\sqrt{3})/(0.1/\sqrt{3})/(0.1/3)$	0.2(0.5)/6P	20(60)/100
JDZXW9－35	$(35/\sqrt{3})/(0.1/\sqrt{3})/(0.1/\sqrt{3})/(0.1/3)$	0.2/0.5/6P	50/75/100
JDCF－66	$(66/\sqrt{3})/(0.1/\sqrt{3})/(0.1/\sqrt{3})/(0.1/3)$	0.2/0.5/3P	75/100/100
JDCF－110	$(110/\sqrt{3})/(0.1/\sqrt{3})/(0.1/\sqrt{3})/0.1$	0.2/0.5(3P)/3P	100/200(200)/300
TYD3－110	$(110/\sqrt{3})/(0.1/\sqrt{3})/(0.1/\sqrt{3})/0.1$	0.2/0.5/3P	150/150/100
TYD3－220	$(220/\sqrt{3})/(0.1/\sqrt{3})/(0.1/\sqrt{3})/0.1$	0.2/0.5(3P)/3P	150/150/100

注：J—电压互感器；D—单相式；Z—浇注式；X—带剩余电压绕组（辅助二次绕组）；C—串级式；F—二次绕组分开；W—适用于Ⅲ级污秽地区；TYD—电容式电压互感器。

附录 B　课程（毕业）设计任务书 1

题目：BY 市 110kV 降压变电站设计

一、设计原始资料

1. 建设性质和规模

本站位于 BY 市边缘，供给城市和近郊工业、农业及生活用电。

电压等级：

110kV：近期出线 2 回，远景发展出线 2 回；

10kV：近期出线 13 回，远景发展出线 2 回。

2. 电力系统接线简图（见图 B-1）

附注：(1) 最大运行方式时：$S_1=1250\text{MVA}$，$X_{s1}=0.6$；$S_2=350\text{MVA}$，$X_{s2}=0.8$。

(2) 最小运行方式时：$S_1=1150\text{MVA}$，$X_{s1}=0.65$；$S_2=300\text{MVA}$，$X_{s2}=0.85$

(3) $L_1=35\text{km}$，$L_2=16\text{km}$，$L_3=20\text{km}$，$L_4=12\text{km}$，$L_5=26\text{km}$。

3. 站址条件

(1) 地理位置　地理位置示意图如图 B-2 所示。

(2) 地形、地质、水文、气象条件　站址地区海拔 100m，地势平坦，交通方便，属轻震区，土壤性质为黄黏土。土壤热阻系数为 120℃·cm/W，土温为 20℃。年最高

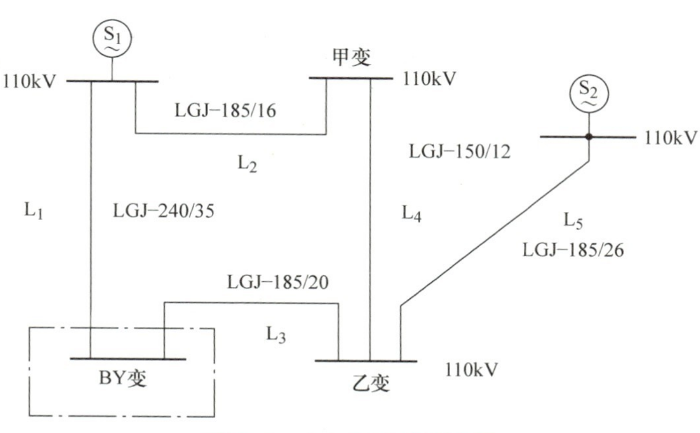

图 B-1　电力系统接线简图

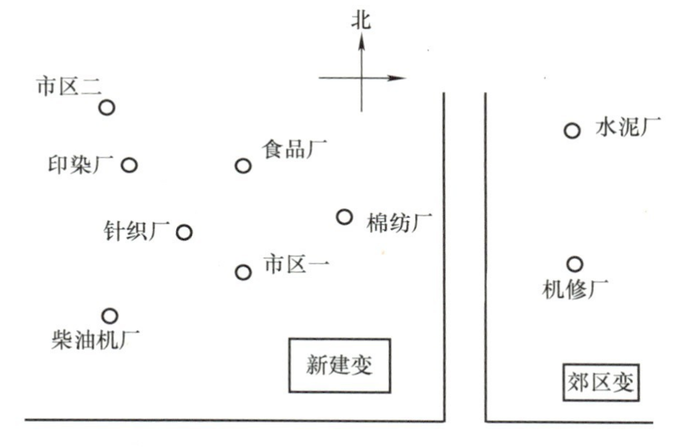

图 B-2　地理位置示意图

气温为+40℃，年最低气温为-18℃，年平均气温为+16℃，最热月平均最高温度为+32℃，最大风速为35m/s，主导风向西北，覆冰厚度小于10mm。微风风速为3.5m/s。

4. 负荷资料（10kV负荷的同时率K_t取0.85）

负荷资料见表B-1，请读者自己补全Ⅲ级负荷比例。

表 B-1　负荷资料

电压等级	负荷名称	最大负荷/MW		穿越功率/MW		负荷组成（%）			自然功率因数	年最大使用时间/h	线长/km
		近期	远景	近期	远景	Ⅰ级	Ⅱ级	Ⅲ级			
10kV	BS1线			10	15				0.9		
	B乙线			10	15				0.9		
	备用1		10						0.9		
	备用2		10						0.9		

（续）

电压等级	负荷名称	最大负荷/MW		穿越功率/MW		负荷组成（%）			自然功率因数	年最大使用时间/h	线长/km
		近期	远景	近期	远景	Ⅰ级	Ⅱ级	Ⅲ级			
10kV	市区1	2	3			30	40		0.8	4500	1
	市区2	2	3			30	40		0.8	4500	2.5
	食品厂	1	1.5			20	40		0.8	4000	1.7
	针织厂	1	1.5			20	40		0.78	4000	1.8
	棉纺厂1	2	3			30	40		0.75	5500	1
	棉纺厂2										
	印染厂1	3	4.5			35	40		0.78	5500	2
	印染厂2										
	柴油机厂1	2	3.5			30	40		0.8	5500	2.5
	柴油机厂2										
	水泥厂	1.5	3			25	30		0.8	3500	2.5
	机修厂	1.5	2			20	30		0.75	3000	2
	郊区变	1.5	3			15	30		0.8		1.5
	备用1		3			25	30		0.8		3
	备用2		3			25	30		0.8		3

二、设计内容

1. 总体分析与负荷分析

2. 电气主接线设计

（1）主变压器台数、容量、型式选择

（2）各电压级电气主接线方案设计（两个方案）

（3）站用电设计

（4）无功补偿设计

（5）中性点接地方式设计

3. 短路电流计算

（1）110kV 母线短路电流

（2）10kV 母线短路电流

（3）如需要限制 10kV 的短路电流，还应计算主变压器低压侧分列运行时 10kV 母线的短路电流

4. 电气设备选择

（1）110kV 主母线选择

（2）主变压器 10kV 进线母线桥导体（$a=0.7\text{m}$，$L=1.2\text{m}$）

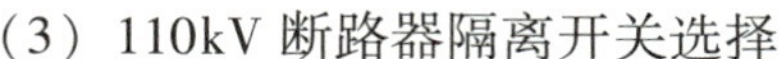

（3）110kV 断路器隔离开关选择

（4）10kV 进线和分段断路器选择

（5）10kV 出线断路器选择

注：主保护动作时间取 0.05s，后备保护动作时间按阶梯时限确定，简化为 10kV 线路保护取 2s，110kV 线路保护取 4s。以上为课程设计选做内容，每位同学的任务由老师指定，每位同学根据电气设备选择任务计算短路电流。

三、成品要求

1. 课程设计说明书

2. 画出变电站电气主接线图（参考图 3-35 110kV 降压变电站电气主接线图举例）

四、毕业设计部分

设计原始资料：拟新建某 110/10kV 降压变电站，变电站建设规模按照电网 5～10 年发展规划确定的主变压器为 3 台 63MVA 的三相双绕组变压器，近期 2 台，远期 1 台。电压等级：规划的 110kV 近期出线 2 回，远期发展 2 回，10kV（采用单母线 4 分段接线）出线近期 24 回，远期 12 回。电力系统接线简图和站址条件同一，无功补偿按在每台主变压器低压侧设置 3600kvar + 4800kvar 两组并联电容器考虑。站用电装设 3 台接地变压器，站用电容量为 100kVA，消弧线圈容量根据实际情况选择，接地变压器分别接在对应 10kV 母线上。

1. 总体分析

2. 电气主接线设计

（1）主变压器型式选择

（2）各电压级电气主接线方案设计

（3）站用电设计

（4）无功补偿设计

（5）中性点接地方式设计

3. 短路电流计算

（1）110kV 母线短路电流

（2）10kV 母线短路电流

（3）如需要限制 10kV 的短路电流，还应计算主变压器低压侧分列运行时 10kV 母线的短路电流

4. 电气设备选择

（1）110kV 主母线选择

（2）主变压器 10kV 进线母线桥导体（$a = 0.7\text{m}$，$L = 1.2\text{m}$）

（3）110kV 断路器隔离开关选择

（4）10kV 进线和分段断路器选择

（5）10kV 出线断路器选择

（6）10kV 出线电缆选择等

（7）各电压级互感器只选型号不校验

5. 配电装置设计

6. 电气总平面布置设计

7. 防雷保护设计

8. 成品要求

（1）毕业设计说明书

（2）电气一次部分图纸

1）电气主接线图（参考图3-35）

2）电气总平面布置图（参考图7-30）

3）110kV配电装置平面布置图、间隔断面图（参考图7-13～图7-15）

4）10kV配电装置平面布置图、间隔断面图（参考图7-11、图7-7）

5）避雷针平面布置及保护范围图

附录C　课程（毕业）设计任务书2

题目：某热电厂2×330MW机组电气部分初步设计

一、设计（论文）原始资料

1. 建设性质和规模

本厂位于某城市郊区，向城市和近郊工业、农业及生活用供电供热。近期建设2×330MW热电机组。

（1）发电机参数　发电机型号：QFSF－330－2，额定功率为330MW，额定电压为20kV，额定功率因数为0.85，$x_d''=0.165$，最大连续输出功率为354MW，额定转速为3000r/min。

（2）电压等级　升高电压等级220kV；近期输电线路2回。

（3）系统参数　系统为无限大功率电源，系统归算（以100MVA为基准电抗）到本电厂220kV母线上的正序电抗标幺值为0.02，零序电抗标幺值为0.0239。

2. 地形、地质、水文、气象条件

厂址地区海拔100m，地势平坦，靠近铁路和公路，交通方便，地震烈度8度，靠近水源，储灰场能够满足电厂半年的灰渣、石膏储存量。年最高气温为+40℃，年最低气温为－18℃，年平均气温为+16℃，最热月平均最高温度为+32℃，最大风速为35m/s，覆冰厚度小于10mm。微风风速为3.5m/s。

二、设计内容

1. 电气主接线设计

（1）发电机电压级电气主接线设计

（2）220kV电压级电气主接线方案设计（拟定两个方案）

（3）220kV主变压器中性点接地方式设计

（4）发电机中性点接地方式（单相接地电容电流为5.9A）设计

（5）主变压器的台数和容量选择（每台机组厂用电计算负荷为46MVA）

（6）绘制全厂电气主接线简图

2. 高压厂用工作变压器和起动/备用变压器的选择

（1）厂用电压等级的确定

（2）厂用电源的引接方式

（3）厂用电系统接线设计（绘制厂用电系统接线简图，参考第4章）

（4）厂用负荷计算（毕业设计选做，参考第4章）

（5）高压厂用工作和起动/备用变压器的选择（毕业设计选做，参考第4章）

（6）厂用电中性点接地方式设计（采用经40Ω电阻接地，毕业设计选做）

3. 短路电流计算

（1）220kV母线短路电流（三相短路、单相接地短路，220kV后备保护时间取4s）

（2）高压厂用工作变压器6kV侧短路电流（应计入异步电动机反馈电流，计入反馈电流的电动机总额定功率为16300kW，6kV后备保护时间取2s）

（3）高压厂用起动/备用变压器6kV侧短路电流（应计入异步电动机反馈电流，计入反馈电流的电动机总额定功率为16300kW）

（4）发电机出口短路电流

注：（2）~（4）毕业设计选做。

4. 电气设备选择

（1）220kV断路器、隔离开关选择

（2）220kV输电线路、主变压器进线导体选择

（3）220kV电流互感器选择（只选型号，不进行校验）

（4）220kV电压互感器选择（只选型号，不进行校验）

（5）发电机封闭母线的选择校验（毕业设计选做）

（6）6kV厂用电系统母线选择（毕业设计选做）

（7）厂用变6kV侧进线断路器选择（毕业设计选做）

5. 220kV配电装置设计（屋外分相中型，管形母线）

注：具体设计任务由指导老师根据设计时间指定。

三、成品形式

课程设计要求：

1. 课程设计说明书

2. 绘制330MW发电机组电气主接线图

注：330MW发电机组电气主接线参考图C-4。

毕业设计要求：

1. 毕业设计说明书

2. 绘制全厂电气主接线图（参考图7-20和图C-4）

3. 220kV配电装置电气总平面布置图（参考图7-19）

4. 220kV进线（主变压器、起动/备用变压器）间隔断面图（参考图7-16）

5. 220kV出线间隔断面图（参考图7-17）

6. 220kV母联间隔断面图（参考图7-18）

四、设计参考图（见图C-1~图C-4）

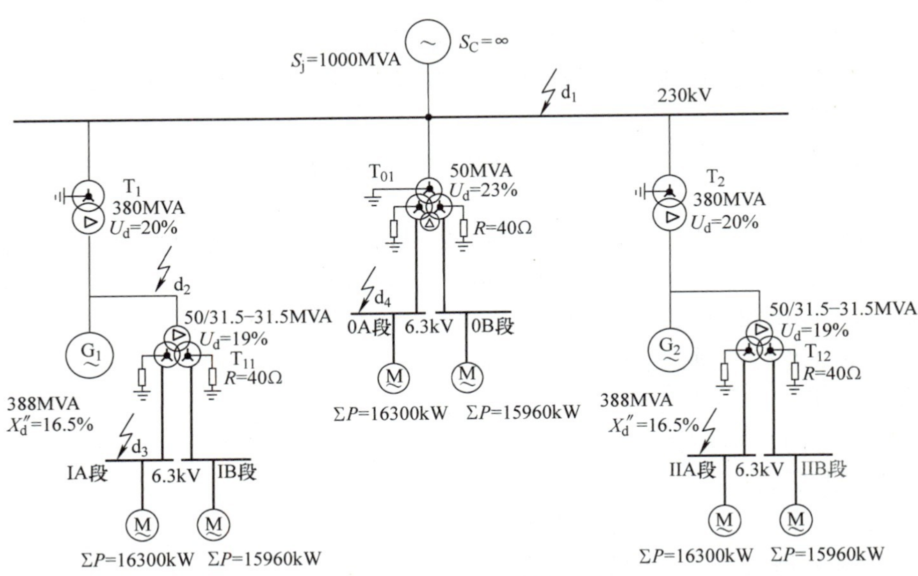

图 C-1 短路电流计算接线图

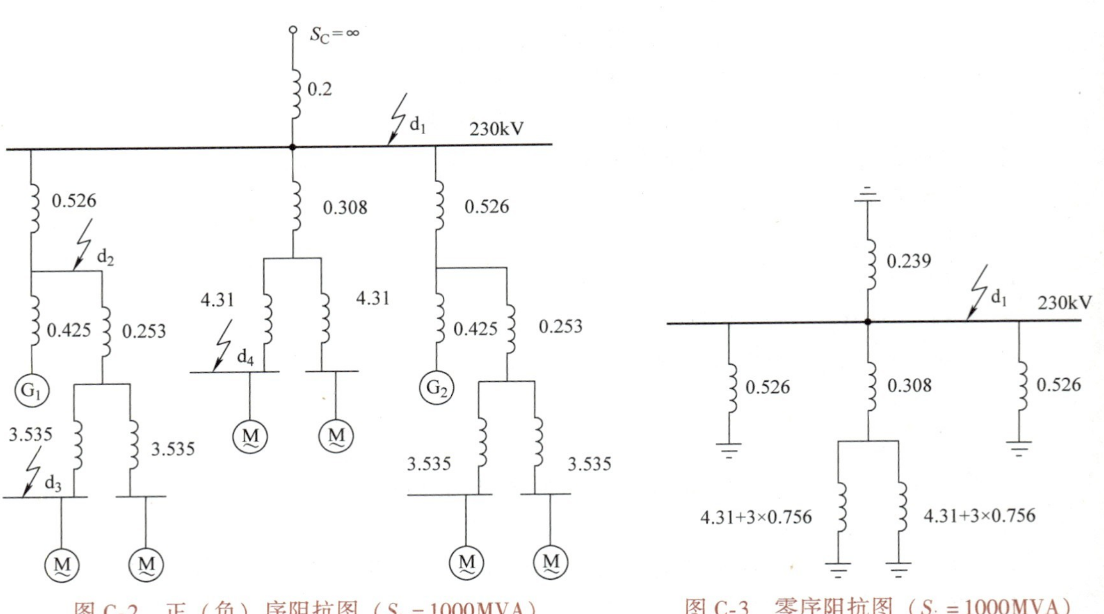

图 C-2 正（负）序阻抗图（S_j = 1000MVA）

图 C-3 零序阻抗图（S_j = 1000MVA）

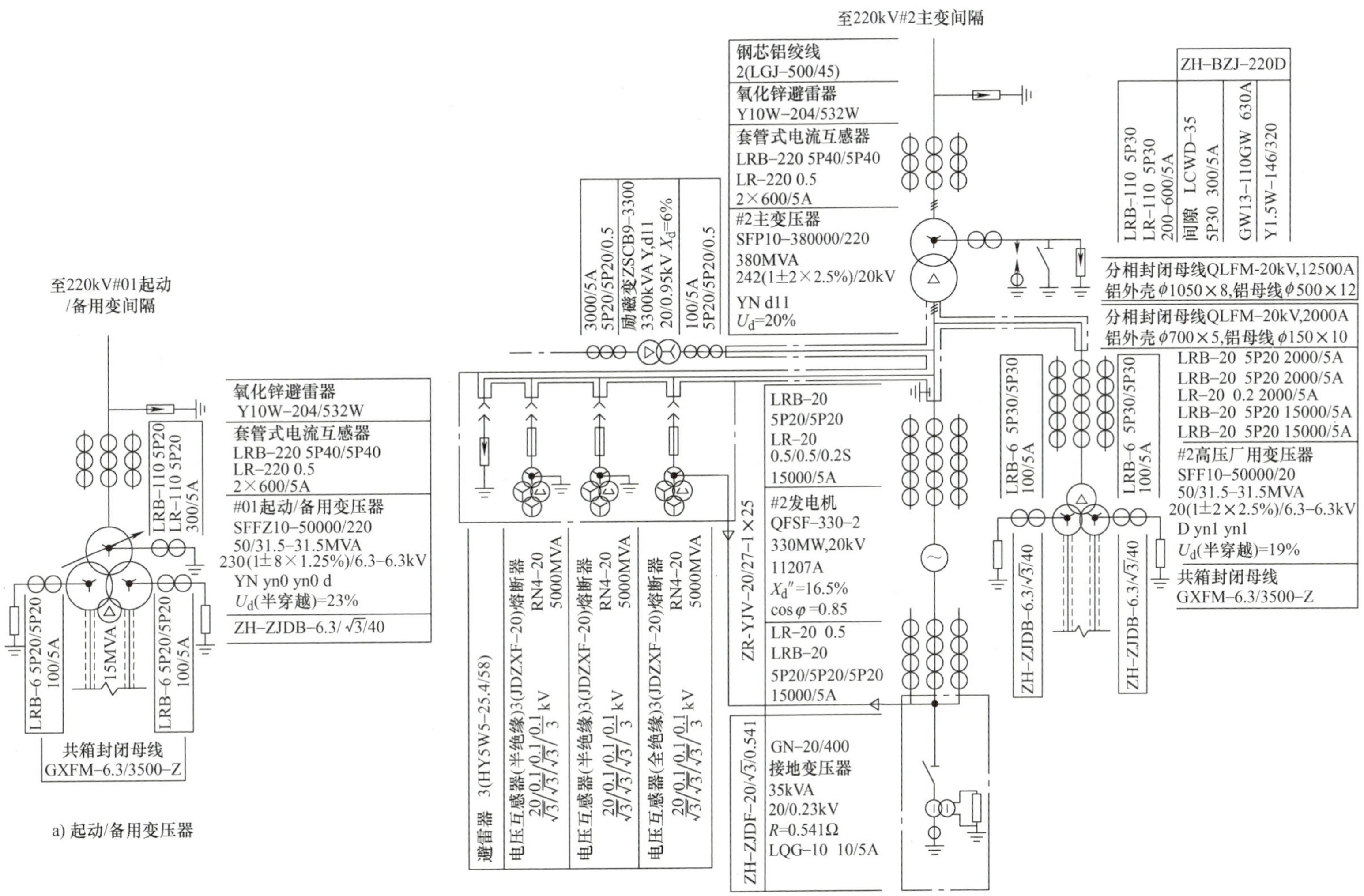

至220kV#01起动/备用变间隔

氧化锌避雷器
Y10W–204/532W
套管式电流互感器
LRB–220 5P40/5P40
LR–220 0.5
2×600/5A
#01起动/备用变压器
SFFZ10–50000/220
50/31.5–31.5MVA
230(1±8×1.25%)/6.3–6.3kV
YN yn0 yn0 d
U_d(半穿越)=23%
ZH–ZJDB–6.3/√3/40

LRB–110 5P20
LR–110 5P20
300/5A

LRB–6 5P20/5P20
100/5A

15MVA

LRB–6 5P20/5P20
100/5A

共箱封闭母线
GXFM–6.3/3500–Z

a) 起动/备用变压器

至220kV#2主变间隔

钢芯铝绞线
2(LGJ–500/45)
氧化锌避雷器
Y10W–204/532W
套管式电流互感器
LRB–220 5P40/5P40
LR–220 0.5
2×600/5A
#2主变压器
SFP10–380000/220
380MVA
242(1±2×2.5%)/20kV
YN d11
U_d=20%

ZH–BZJ–220D
LRB–110 5P30
LR–110 5P30
200–600/5A
间隙 LCWD–35
5P30 300/5A
GW13–110GW 630A
Y1.5W–146/320

分相封闭母线QLFM–20kV,12500A
铝外壳ϕ1050×8,铝母线ϕ500×12
分相封闭母线QLFM–20kV,2000A
铝外壳ϕ700×5,铝母线ϕ150×10

3000/5A
5P20/5P20/0.5
励磁变ZSCB9–3300
3300kVA Y,d11
20/0.95kV X_d=6%
100/5A
5P20/5P20/0.5

LRB–20
5P20/5P20
LR–20
0.5/0.5/0.2S
15000/5A
#2发电机
QFSF–330–2
330MW,20kV
11207A
X_d''=16.5%
$\cos\varphi$=0.85
LR–20 0.5
LRB–20
5P20/5P20/5P20
15000/5A

ZR–YJV–20/27–1×25

LRB–20 5P20 2000/5A
LRB–20 5P20 2000/5A
LR–20 0.2 2000/5A
LRB–20 5P20 15000/5A
LRB–20 5P20 15000/5A
#2高压厂用变压器
SFF10–50000/20
50/31.5–31.5MVA
20(1±2×2.5%)/6.3–6.3kV
D yn1 yn1
U_d(半穿越)=19%
共箱封闭母线
GXFM–6.3/3500–Z

LRB–6 5P30/5P30
100/5A
LRB–6 5P30/5P30
100/5A
ZH–ZJDB–6.3/√3/40
ZH–ZJDB–6.3/√3/40

避雷器 3(HY5W5–25.4/58)
电压互感器(半绝缘)3(JDZXF–20)熔断器
$\frac{20}{\sqrt{3}}/\frac{0.1}{\sqrt{3}}/\frac{0.1}{\sqrt{3}}/\frac{0.1}{3}$ kV
RN4–20
5000MVA
电压互感器(半绝缘)3(JDZXF–20)熔断器
$\frac{20}{\sqrt{3}}/\frac{0.1}{\sqrt{3}}/\frac{0.1}{\sqrt{3}}/\frac{0.1}{3}$ kV
RN4–20
5000MVA
电压互感器(全绝缘)3(JDZXF–20)熔断器
$\frac{20}{\sqrt{3}}/\frac{0.1}{\sqrt{3}}/\frac{0.1}{\sqrt{3}}/\frac{0.1}{3}$ kV
RN4–20
5000MVA

ZH–ZJDF–20/√3/0.541
GN–20/400
接地变压器
35kVA
20/0.23kV
R=0.541Ω
LQG–10 10/5A

b) 发电机电气接线

图 C-4 330MW 发电机电气接线图与起动/备用变压器接线图

附录 D 实验指导书

实验一 三相三绕组自耦变压器运行方式一仿真

实验名称：三相三绕组自耦变压器运行方式一仿真

实验性质：虚拟仿真实验

所属课程名称：发电厂电气主系统，专业必修课

实验计划学时：4 学时

一、实验目的

1）帮助理解自耦变压器运行方式一的原理。

2）掌握串联绕组和公共绕组负荷功率的计算方法。

3）掌握自耦变压器运行方式一功率传输的结论。

二、实验内容

1. 仿真实验任务

某变电站采用额定容量为 180000kVA 的三相三绕组有载调压自耦变压器，容量比为 100/100/50，电压比为 220(1 ± 8 × 1.25%)/121/10.5kV，P_0 = 68kW，P_k = 398kW，$I_0\%$ = 0.28，标准容量为 90000kVA，串联绕组和公共绕组的额定容量等于标准容量，绕组联结组别 YNa0d11，$X_{12}\%$ = 11，$X_{13}\%$ = 34，$X_{23}\%$ = 24。变电站采用高压侧同时向中压和低压侧传输功率的运行方式。用 MATLAB/Simulink 设计电路，进行高压侧同时向中压和低压侧传输功率的仿真。

2. 仿真参考电路

三相三绕组自耦变压器运行方式一仿真实验参考电路如图 D-1 所示。

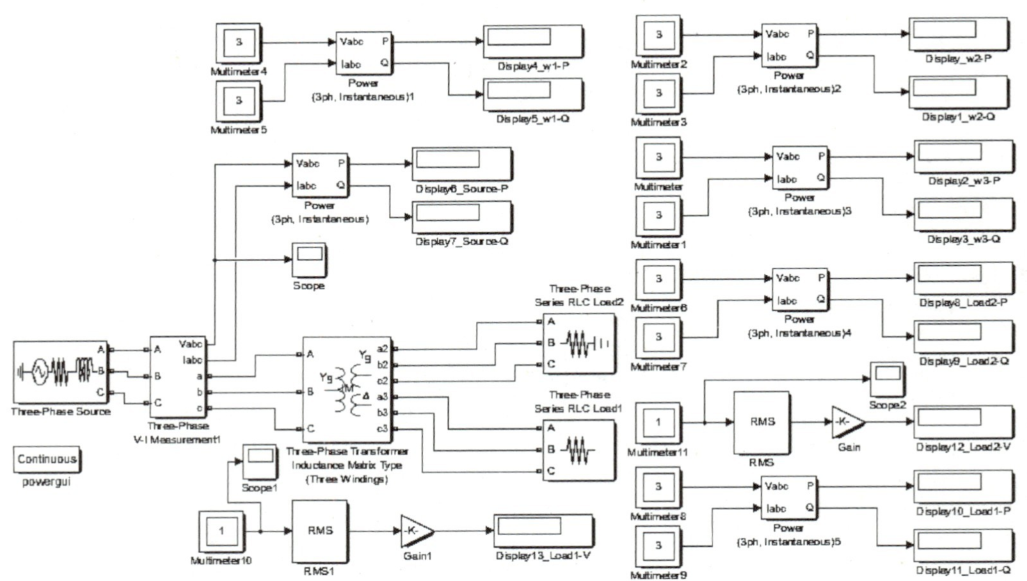

图 D-1 三相三绕组自耦变压器运行方式一仿真实验参考电路图

所用测量显示元件及作用如下：

Scope：显示的波形为一次（高压）侧三相电压；

Display6_Source－P 和 Display7_Source-Q：显示电源的有功功率和无功功率；

万用表元件 Multimeter10 和 Multimeter11：输出负荷 1 和负荷 2 的 a 相电压；

Scope1：显示的波形为负荷 1 的 a 相相电压；Scope2：显示的波形为负荷 2 的 a 相相电压；

Display12_Load2－V 和 Display13_Load1－V：显示三相 RLC 串联负荷 2 和三相 RLC 串联负荷 1 的线电压；万用表元件 Multimeter 和 Multimeter1：输出第三绕组 w3 的三相电压和电流；

Display2_w3－P 和 Display3_w3－Q：显示第三绕组 w3 的有功功率和无功功率；

Multimeter2 和 Multimeter3：输出公共绕组 w2 的三相电压和电流；

Display_w2－P 和 Display1_w2－Q：显示公共绕组 w2 的有功功率和无功功率；

Multimeter4 和 Multimeter5：输出串联绕组 w1 的三相电压和电流；

Display4_w1－P 和 Display5_w1－Q：显示串联绕组 w1 的有功功率和无功功率；

Multimeter6 和 Multimeter7：输出负荷 2 的三相电压和电流；

Display8_Load2－P 和 Display9_Load2－Q：显示三相 RLC 串联负荷 2 的有功功率和无功功率；

Multimeter8 和 Multimeter9：输出负荷 1 的三相电压和电流；

Display10_Load1－P 和 Display11_Load1－Q：显示三相 RLC 串联负荷 1 的有功功率和无功功率。

三、实验过程

1. 绘制仿真电路

采用 MATLAB/Simulink 软件（具有三相三绕组自耦变压器元件的版本）。

示波器元件（Scope）：在 Simulink 库中的 Sinks（输出方式）子模块中；

显示器元件（Display）：在 Simulink 库中的 Sinks（输出方式）子模块中；

方均根元件（signal rms，rms-Root Mean Square）：在 Simscape 电力系统仿真工具箱（SimPowerSystems）的 Specialized Technology 库中的 Control and Measurements library / Measurements 模块中；

三相电源元件（Three-Phase Sources）：在 Simscape 电力系统仿真工具箱（SimPowerSystems）的 Specialized Technology 库中的 Eletrical Sources 子模块中；

三相三绕组自耦变压器元件（Three-Phase Transformer Inductance Matrix Type（Three Windings））：在 Simscape 电力系统仿真工具箱（SimPowerSystems）的 Specialized Technology 库中的 Elements 子模块中；

三相电压电流测量元件（Three-Phase V-I Measurement）：在 Simscape 电力系统仿真工具箱（SimPowerSystems）的 Specialized Technology 库中的 Measurements 子模块中；

万用表元件（Multimeter）：在 Simscape 电力系统仿真工具箱（SimPowerSystems）的 Specialized Technology 库中的 Measurements 子模块中；

放大器（Gain）：在 Simulink 库中的 Math Operations 子模块中；

三相 RLC 串联负荷模块（Three-Phase Series RLC Load）：在 Simscape 电力系统仿真工具箱（SimPowerSystems）的 Specialized Technology 库中的 Elements 子模块中；

三相瞬时功率模块（Power（3Ph Instantaneous））：在 Simscape 电力系统仿真工具箱（SimPowerSystems）的 Specialized Technology 库中的 Measurements 子模块中；

电力图形用户分析界面模块 Powergui：在 Simscape 电力系统仿真工具箱（SimPowerSystems）的 Specialized Technology 库中；

分支的产生方法：将光标指向分支线的起点（已有信号线上的某点），按住 <Ctrl> 键，再按下鼠标左键，拖动鼠标至分支线的终点。

根据功能要求连接各元件。

2. 参数设置

（1）三相电源（Three-Phase Sources）参数设置

线电压有效值（Phase-to-Phase rms voltage）：设置为 220e3V；

三相电源 A 相初相位（Phase angle of Phase A）：设置为 0；

频率（frequency）：设置为 50Hz；

绕组联结方式（internal connection）：设置为 Yg；

选择 Specify impedance using short-circuit level 后，基准电压下的三相电源短路容量（3-Phase short-circuit level at base voltage）设置为 5000e6VA；三相电源基准线电压（Base voltage）设置为 220000V；X/R 比值（X/R ratio）设置为 10。

（2）三相三绕组自耦变压器（Three-Phase Transformer Inductance Matrix Type（Three Windings））参数设置

1）结构（Configuration）设置。

Core type 选择 Three-limb or five-limb core；

绕组 1（Winding 1 connection），即串联绕组 w1 的联结方式设置为 Yg；

绕组 2（Winding 2 connection），即公共绕组 w2 的联结方式设置为 Yg；

绕组 3（Winding 3 connection），即第三绕组 w3 的联结方式设置为 Delta（D11）；

选中连接绕组 1 和 2 为自耦变压器（Connect windings 1 and 2 in autotransformer Y, Y_n or Y_g）时变压器结构是自耦变压器，不选是普通三绕组变压器；

参数测量（Measurements）选 All Measurements。

2）参数（Parameters）设置。

容量（VA）和频率（Hz）（Nominal power and frequency）：设置为 [180e6　50]；

额定电压（V）（Nominal line-line Voltages）：V1、V2 和 V3 设置为 [220e3 121e3 10.5e3]；

绕组电阻（Winding resistances）：R1、R2 和 R3 标幺值（基准阻抗为 $Z_n = U_n^2/S_n$）设置为 [0.0011 0.0011 0.0022]；

励磁电流（%）（Positive-sequence no-load excitation current）设置为 0.28；

空载损耗（W）（Positive-sequence no-load losses）设置为 68000；

短路阻抗标幺值（Positive-sequence short-circuit reactances）：XHL、XHT 和 XLT（对应 X_{12}、X_{13} 和 X_{23}，T 表示第 3 绕组）设置为 [0.11　0.34　0.24]。其余参数未用到，采用默认值。

（3）三相 RLC 串联负荷模块（Three-Phase Series RLC Load）参数设置

1）静态负荷元件 1 电压（Nominal Phase - Phase Voltages Vn）：设置为 10200V

（三相 RLC 串联负荷功率大小受电压影响，考虑电源和自耦变压器内阻压降的影响）；

频率（Nominal frequency fn）：设置为 50Hz；

有功功率（Active power P）：设置为 90e6W；

感性无功功率（Inductive reactive power QL）：设置为 0；

容性无功功率（Capacitive reactive power Qc）：设置为 0；

三相负荷结构（Configuration）选择 Y（floating），为 Y 联结（且中性点内部悬空）；

参数测量（Measurements）：选 Branch Voltages and currents。

2）静态负荷元件 2 电压（Nominal Phase-Phase Voltages Vn）：设置为 118000V；

频率（Nominal frequency fn）：设置为 50Hz；

有功功率（Active power P）：设置为 90e6W；

感性无功功率（Inductive reactive power QL）：设置为 0；

容性无功功率（Capacitive reactive power Qc）：设置为 0；

三相负荷结构（Configuration）：选择 Y（grounded），为 Y 联结（且中性点内部接地）；

参数测量（Measurements）：选 Branch Voltages and currents。

（4）放大器（Gain）参数设置　Gain 设置为 1.732，将相电压转换为线电压。

（5）万用表元件（Multimeter）模块参数设置　模块主要用于测量电路中有关元件的支路电压和电流，无需电路连接就可以提供电路中所有具有 Measurements 功能元件的支路电压和电流参数。图 D-1 中万用表元件 Multimeter2 输出公共绕组 w2 的三相电压，参数设置时选择 Multimeter2 的 Available Measurements 选项中公共绕组 w2 的三相电压移到 Selected Measurements 中。其余万用表元件设置方法相同。

（6）设置 Simulink 仿真参数和选择解法器　选择三相三绕组自耦变压器运行模型窗口菜单 Simulation 中的 Model Configuration Parameters 项会显示设置 Simulink 仿真参数的窗体。设定 MATLAB/Simulink 仿真的开始时间（Start time）为 0.0 和结束时间（Stop time）为 0.2s。MATLAB/Simulink 仿真步长类型和数据计算方法设定：在仿真参数设置窗口中的 Type 下拉选项框中指定步长选取方式，此窗口中可供选择的有 Variable-step（变步长）和 Fixed-step（固定步长）两种方式。变步长模式可以在 MATLAB/Simulink 仿真的过程中改变步长，提供误差控制和过零检测。固定步长模式在 MATLAB/Simulink 仿真过程中提供固定的步长，不提供误差控制和过零检测。将“Type”设定为“Variable-step”，还要将“Solver”设定为“ode23t”。

3. 实验与计算内容

设置中压和低压侧均带 90MW 负荷（共 180MW），运行仿真程序。

1）观察各示波器波形。

2）观察负荷 1、2 的功率大小。

3）观察串联绕组 w1、公共绕组 w2 和第三绕组 w3 功率的大小。

4）用负荷元件 1 和负荷元件 2 的仿真结果计算串联绕组 w1 的功率（计算时忽略无功功率，自耦变压器的效益系数为 0.45）并与串联绕组 w1 的仿真结果进行比较。

5）用负荷元件 1 和负荷元件 2 的仿真结果计算公共绕组 w2 的功率（计算时忽略

无功功率，自耦变压器的效益系数为0.45）并与公共绕组 w2 的仿真结果进行比较。

6）比较串联绕组 w1 和公共绕组 w2 通过的功率，串联绕组 w1 是否接近满负荷？

7）用第九章第五节自耦变压器运行方式一的结论对仿真结果进行说明，并说明该变电站的主变压器能否采用三相三绕组自耦变压器。

四、实验报告要求

1）画出仿真电路。

2）复制各示波器波形。

3）写出上述计算的内容与结果。

4）对仿真计算结果进行分析，根据分析结果给出结论。

5）其他要求。

实验二　三相三绕组自耦变压器运行方式二仿真

实验名称：三相三绕组自耦变压器运行方式二仿真

实验性质：虚拟仿真实验

所属课程名称：发电厂电气主系统，专业必修课

实验计划学时：4 学时

一、实验目的

1）帮助理解自耦变压器运行方式二的原理。

2）掌握串联绕组和公共绕组负荷功率的计算方法。

3）掌握自耦变压器运行方式二功率传输的结论。

二、实验内容

1. 仿真实验任务

一台额定容量为180000kVA 的三相三绕组自耦变压器，容量比为100/100/50，电压比为220/121/10.5kV，$P_0=68$kW，$P_k=398$kW，$I_0\%=0.28$，标准容量为90000kVA，串联绕组和公共绕组的额定容量等于标准容量，绕组联结组别 YNa0d11，$X_{12}\%=11$，$X_{13}\%=34$，$X_{23}\%=24$。如果该变电站有时采用中压侧同时向低压和高压侧传输功率的运行方式，用 MATLAB/Simulink 设计电路，进行中压侧同时向低压和高压侧传输功率的仿真。

2. 仿真参考电路

三相三绕组自耦变压器运行方式二仿真实验参考电路如图 D-2 所示。

所用测量显示元件及作用如下：

Scope：显示的波形为二次（中压）侧三相电压；

Display6_Source－P 和 Display7_Source－Q：显示电源的有功功率和无功功率；

万用表元件 Multimeter10 和 Multimeter11：输出负荷 1 和负荷 2 的 a 相电压；

Scope1：显示的波形为负荷 1 的 a 相相电压；Scope2：显示的波形为负荷 2 的 a 相相电压；

Display12_Load2－V 和 Display13_Load1－V：显示负荷 2 和负荷 1 的线电压；

万用表元件 Multimeter 和 Multimeter1：输出第三绕组 w3 的三相电压和电流；

Display2_w3－P 和 Display3_w3－Q：显示第三绕组 w3 的有功功率和无功功率；

Multimeter2 和 Multimeter3：输出公共绕组 w2 的三相电压和电流；

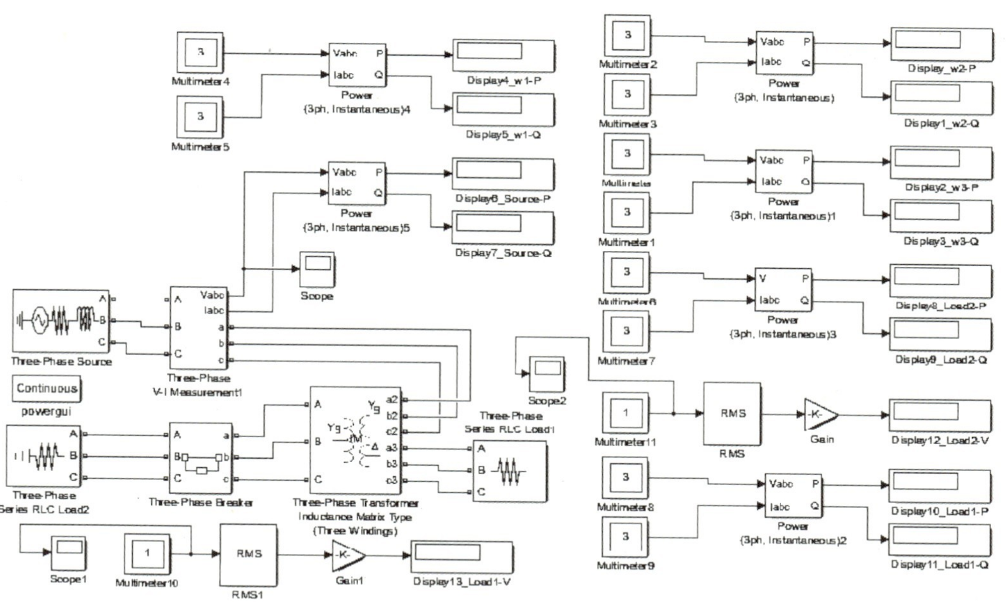

图 D-2 三相三绕组自耦变压器运行方式二仿真实验参考电路图

Display_w2 - P 和 Display1_w2 - Q：显示公共绕组 w2 的有功功率和无功功率；

Multimeter4 和 Multimeter5：输出串联绕组 w1 的三相电压和电流；

Display4_w1 - P 和 Display5_w1 - Q：显示串联绕组 w1 的有功功率和和无功功率；

Multimeter6 和 Multimeter7：输出负荷 2 的三相电压和电流；

Display8_Load2 - P 和 Display9_Load2 - Q：显示负荷 2 的有功功率和无功功率；

Multimeter8 和 Multimeter9：输出负荷 1 的三相电压和电流；

Display10_Load1 - P 和 Display11_Load1 - Q：显示负荷 1 的有功功率和无功功率。

三、实验过程

1. 绘制仿真电路

采用 MATLAB/Simulink 软件（具有三相三绕组自耦变压器元件的版本），打开电力系统仿真工具箱的元件库。选中各元件拖动复制到模型编辑窗口，根据功能要求连接各元件。

三相断路器模块（Three-Phase Breaker）：在 Simscape 电力系统仿真工具箱（SimPowerSystems）的 Specialized Technology 库中的 Elements 子模块中。

2. 参数设置

（1）三相电源（Three-Phase Sources）参数设置

线电压有效值（Phase-to-Phase rms voltage）：设置为 121000V；

三相电源 A 相初相位（Phase angle of Phase A）：设置为 0；

频率（frequency）：设置为 50Hz；

绕组联结方式（internal connection）：设置为 Yg；

选择 Specify impedance using short-circuit level 后，基准电压下的三相电源短路容量（3-Phase short-circuit level at base voltage）设置为 5000e6VA；三相电源基准电压（Base

voltage）设置为110000V；X/R 比值（X/R ratio）设置为10。

（2）三相三绕组自耦变压器（Three-Phase Transformer Inductance Matrix Type (Three Windings)）参数设置

1）结构（Configuration）设置。

Core type：选择 Three-limb or five-limb core；

绕组1（Winding 1 connection），即串联绕组 w1 的联结方式设置为 Yg；

绕组2（Winding 2 connection），即公共绕组 w2 的联结方式设置为 Yg；

绕组3（Winding 3 connection），即第三绕组 w3 的联结方式设置为 Delta（D11）；

选中连接绕组1和2为自耦变压器（Connect windings 1 and 2 in autotransformer Y, Y_n or Y_g）时变压器结构是自耦变压器，不选是普通三绕组变压器；

参数测量（Measurements）：选 All Measurements。

2）参数（Parameters）设置。

容量（VA）和频率（Hz）（Nominal power and frequency）：设置为［180e6　50］；

额定电压（V）（Nominal line-line Voltages）：V1、V2 和 V3 设置为［220e3　121e3　10.5e3］；

绕组电阻（Winding resistances）：R1、R2 和 R3 标幺值（基准阻抗为 $Zn = U_n^2/S_n$）设置为［0.0011　0.0011　0.0022］；

励磁电流（%）（Positive-sequence no-load excitation current）：设置为0.28；

空载损耗（W）（Positive-sequence no-load losses）：设置为68000；

短路阻抗标幺值（Positive-sequence short-circuit reactances）：XHL、XHT 和 XLT（对应 X_{12}，X_{13}和 X_{23}，T 表示第3绕组）设置为［0.11　0.34　0.24］。其余参数未用到，采用默认值。

（3）三相 RLC 串联负荷模块（Three-Phase Series RLC Load）参数设置

1）静态负荷元件1电压（Nominal Phase-Phase Voltages Vn）：设置为10300V（三相 RLC 串联负荷功率大小受电压影响，考虑电源和自耦变压器内阻压降的影响）；

频率（Nominal frequency fn）：设置为50Hz；

有功功率（Active power P）：设置为90e6W；

感性无功功率（Inductive reactive power QL）：设置为0；

容性无功功率（Capacitive reactive power Qc）：设置为0；

三相负荷结构（Configuration）：选择 Y（floating），为 Y 联结（且中性点内部悬空）；

参数测量（Measurements）：选 Branch Voltages and currents。

2）静态负荷元件2电压（Nominal Phase-Phase Voltages Vn）：设置为218000V；

频率（Nominal frequency fn）：设置为50Hz；

有功功率（Active power P）：设置为90e6W；

感性无功功率（Inductive reactive power QL）：设置为0；

容性无功功率（Capacitive reactive power Qc）：设置为0；

三相负荷结构（Configuration）：选择 Y（grounded），为 Y 联结（且中性点内部接地）；

参数测量（Measurements）：选 Branch Voltages and currents。

（4）放大器（Gain）参数设置　Gain 设置为 1.732，将相电压转换为线电压。

（5）万用表元件（Multimeter）参数设置　万用表元件 Multimeter2 输出公共绕组 w2 的三相电压，参数设置时选择 Multimeter2 的 Available Measurements 选项中公共绕组 w2 的三相电压移到 Selected Measurements 中。其余设置方法相同。

3. 实验与计算内容

（1）设置三相断路器为闭合状态，高压和低压侧均带 90MW 负荷（共 180MW），运行仿真程序

1）观察各示波器波形。

2）观察负荷 1、2 的功率大小。

3）观察串联绕组 w1、公共绕组 w2 和第三绕组 w3 的功率大小。

4）用负荷元件 1 和负荷元件 2 的仿真结果计算串联绕组 w1 的功率（计算时忽略无功功率，自耦变压器的效益系数为 0.45）并与串联绕组 w1 的仿真结果进行比较。

5）用负荷元件 1 和负荷元件 2 的仿真结果计算公共绕组 w2 的功率（计算时忽略无功功率，自耦变压器的效益系数为 0.45）并与公共绕组 w2 的仿真结果进行比较。

6）比较串联绕组 w1 和公共绕组 w2 通过的功率，问公共绕组 w2 是否过负荷？过负荷多少？

7）用教材中自耦变压器运行方式二的结论对仿真结果进行说明。

（2）设置三相断路器为断开状态，切除高压侧负荷元件 2，高压侧空载。低压侧带负荷元件 1 的 90MW 负荷，运行仿真程序

1）观察各示波器波形。

2）观察负荷 1、2 的功率大小。

3）观察串联绕组 w1、公共绕组 w2 和第三绕组 w3 的功率大小。

4）用负荷元件 1 的仿真结果计算串联绕组 w1 的功率（计算时忽略无功功率，自耦变压器的效益系数为 0.45）并与串联绕组 w1 的仿真结果进行比较。

5）用负荷元件 1 的仿真结果计算公共绕组 w2 的功率（计算时忽略无功功率，自耦变压器的效益系数为 0.45）并与公共绕组 w2 的仿真结果进行比较。

6）比较串联绕组 w1 和公共绕组 w2 通过的功率，问公共绕组 w2 是否接近满负荷？

7）用第九章第五节自耦变压器运行方式二的结论对仿真结果进行说明，并说明该变电站的主变压器能否采用三相三绕组自耦变压器。

四、实验报告要求

1）画出仿真电路。

2）复制各示波器波形。

3）写出上述计算的内容与结果。

4）对仿真计算结果进行分析，根据分析结果给出结论。

5）其他要求。

实验三　电压比不同的双绕组变压器并列运行仿真

实验名称：电压比不同的双绕组变压器并列运行仿真

实验性质：虚拟仿真实验

所属课程名称：发电厂电气主系统，专业必修课

实验计划学时：3～4 学时

一、实验目的

1）帮助理解电压比不同的双绕组变压器并列运行原理。

2）掌握双绕组变压器等效电路参数的计算原理与变压器元件参数设置方法。

3）了解励磁电流对一次绕组环流的影响。

4）了解变压器环流的性质，二次绕组电压与电流的相位关系。

5）了解电压比不同的双绕组变压器并列运行的后果。

二、实验内容

1. 仿真实验任务

两台额定容量均为10000kVA的变压器并列运行，型号及参数为 SFZ_9－10000/110，$P_0=11\text{kW}$，$P_k=53.1\text{kW}$，$U_k\%=10.5$，$I_0\%=0.6$。短路电压相等，绕组联结组别相同，额定电压分别为110/10.5kV和110/11kV。用MATLAB/Simulink设计电路，进行电压比不同的双绕组变压器并列运行仿真。

2. 仿真参考电路

电压比不同的双绕组变压器并列运行仿真实验参考电路如图D-3所示。

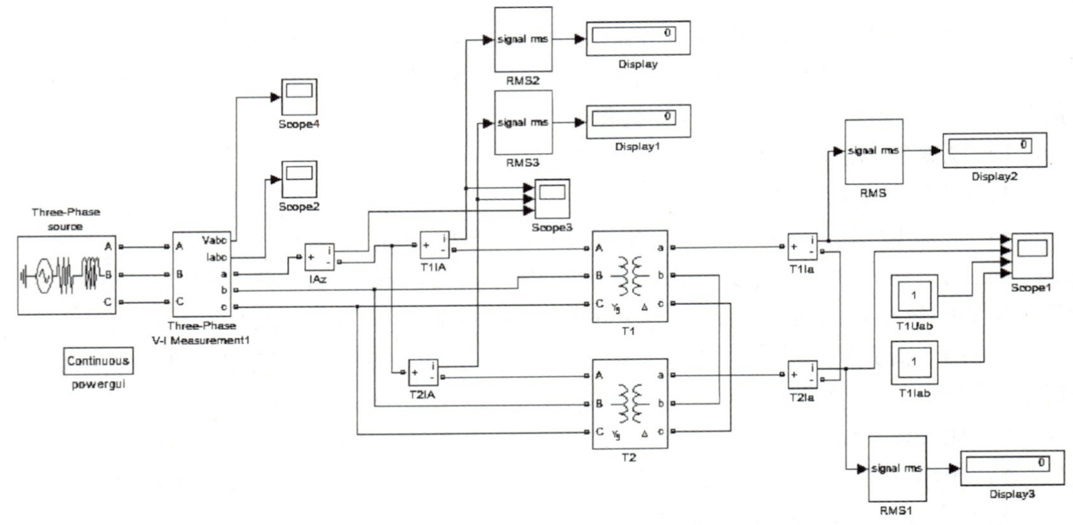

图 D-3 两台电压比不同的双绕组变压器并列运行仿真参考电路图

各测量显示元件的作用如下：

Scope1：显示的波形为T1和T2的二次绕组电流 i_{a1} 和 i_{a2}、T1二次侧 u_{ab} 和 i_{ab}，以便于对比相位角；Scope3：显示的波形为T1和T2的一次绕组电流 i_{A1} 和 i_{A2} 和A相总一次电流（因空载，主要成分是两台变压器的励磁电流之和），T1的 i_{A1} 为环流与励磁电流之差，T2的 i_{A2} 为环流与励磁电流之和；Scope2：显示的波形为一次侧三相总电流；Scope4：显示一次侧三相电压；

Display：显示T1的一次绕组电流 i_{A1} 的有效值；Display1：显示T2的一次绕组电流 i_{A2} 的有效值；Display2：显示T1的二次侧电流 i_{a1} 的有效值；Display3：显示T2的二次侧电流 i_{a2} 的有效值；

T1Uab 为万用表元件（Multimeter），选 T1 的 U_{ab}，T1Iab 为万用表元件（Multimeter）选 T1 的 I_{ab}。

3. 计算仿真电路中两绕组变压器元件参数

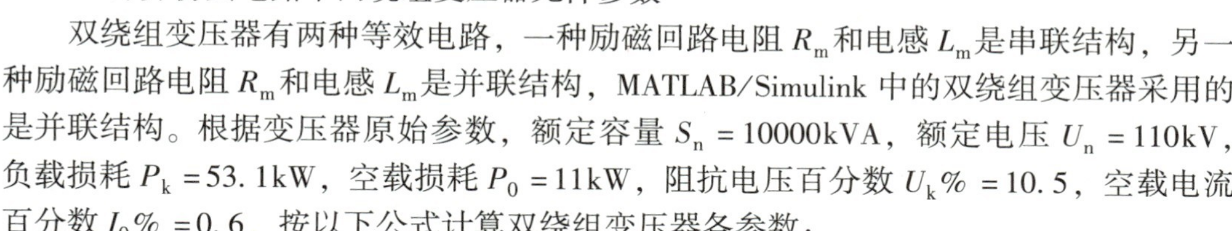

双绕组变压器有两种等效电路，一种励磁回路电阻 R_m 和电感 L_m 是串联结构，另一种励磁回路电阻 R_m 和电感 L_m 是并联结构，MATLAB/Simulink 中的双绕组变压器采用的是并联结构。根据变压器原始参数，额定容量 $S_n=10000\text{kVA}$，额定电压 $U_n=110\text{kV}$，负载损耗 $P_k=53.1\text{kW}$，空载损耗 $P_0=11\text{kW}$，阻抗电压百分数 $U_k\%=10.5$，空载电流百分数 $I_0\%=0.6$，按以下公式计算双绕组变压器各参数：

基准阻抗（kΩ）：$Z_n=U_n^2/S_n=1.21$；

额定电流（A）：$I_n=S_n/(\sqrt{3}U_n)=52.4864$；

励磁电阻（kΩ）：$R_m=(U_n^2)/P_0=1100$；

空载电流有名值（A）：$I_m=I_0I_n/100=0.3149$；

励磁阻抗(kΩ)：$Z_m=U_n/(\sqrt{3}I_m)=201.6667$；

励磁电抗（kΩ）：$X_m=\dfrac{U_n^2}{\sqrt{3U_n^2I_m^2-P_0^2}}=205.1436$；

绕组电阻（kΩ）：$R_k=P_k/(3I_nI_n)=0.006425$；

绕组阻抗（kΩ）：$Z_k=U_kU_n/(\sqrt{3}I_n)/100=0.12705$；

绕组电抗（kΩ）：$X_k=\sqrt{Z_k^2-R_k^2}=0.126887$；

励磁电阻标幺值：$R_m=R_m/Z_n=909.090909$；

励磁电感标幺值（与励磁电抗标幺值相等）：$L_m=X_m/Z_n=169.54$；

一次绕组电阻标幺值：$R_1=R_k/Z_n/2=0.002655$；

二次绕组电阻标幺值：$R_2=R_k/Z_n/2=0.002655$；

一次绕组电感标幺值：$L_1=X_k/Z_n/2=0.052433$；

二次绕组电感标幺值：$L_2=X_k/Z_n/2=0.052433$；

三、实验过程

1. 可采用 MATLAB/Simulink 软件（7.0 及以上版本）

2. 建立仿真电路

示波器元件（Scope）：在 Simulink 库中的 Sinks（输出方式）子模块中；

显示器元件（Display）：在 Simulink 库中的 Sinks（输出方式）子模块中；

方均根元件（signal rms，rms-Root Mean Square）：在电力系统仿真工具箱（SimPowerSystems）库中的 Extra library/Measurements 模块中；

三相电源元件（Three-Phase Sources）：在电力系统仿真工具箱（SimPowerSystems）库中的 Eletrical Sources 子模块中；

三相双绕组变压器元件（Three-Phase Transformer（Tow Windings））：在电力系统仿真工具箱（SimPowerSystems）库中的 Elements 子模块中；

三相电压电流测量元件（Three-Phase V-I Measurement）：在电力系统仿真工具箱（SimPowerSystems）库中的 Measurements 子模块中；

电流测量元件（Current Measurement）：在电力系统仿真工具箱（SimPowerSystems）

库中的 Measurements 子模块中；

万用表元件（Multimeter）：在电力系统仿真工具箱（SimPowerSystems）库中的 Measurements 子模块中；

电力图形用户分析界面模块（Powergui）：在电力系统仿真工具箱（SimPowerSystems）中；

分支的产生方法：将光标指向分支线的起点（已有信号线上的某点），按住 <Ctrl> 键，再按下鼠标左键，拖动鼠标至分支线的终点。

根据功能要求连接各元件。

3. 元件参数设置

（1）三相电源元件（Three-Phase Sources）参数设置

线电压有效值（Phase-to-Phase rms voltage）：设置为 110000V；

三相电源 A 相初相位（Phase angle of Phase A）：设置为 0；

频率（frequency）：设置为 50Hz；

绕组联结方式（internal connection）：设置为 Yg；

选择 Specify impedance using short-circuit level 后，基准电压下的三相电源短路容量（3-Phase short-circuit level at base voltage）设置为 500e6VA；三相电源基准电压（Base voltage）设置为 110000V；X/R 比值（X/R ratio）设置为 10。

（2）双绕组三相变压器元件（Three-Phase Transformer（Tow Windings））参数设置

变压器 T1 的容量（VA）和频率（Hz）（Nominal power and frequency）：设置为 [10000e3, 50]；

一次绕组联结（Winding 1（ABC）connection）方式：选 Yg；

一次绕组参数（Winding parameters）：V1（V）、R1 和 L1 标幺值设置为 [110e3, 0.002655, 0.052433]；

二次绕组联结（Winding 2（abc）connection）方式：选 delta（D11）；

二次绕组参数（Winding parameters）：V2（V）、R2 和 L2 标幺值设置为 [10.5e3, 0.002655, 0.052433]。

励磁电阻标幺值（Magnetization resistance Rm）：设置为 909；

励磁电感标幺值（Magnetization resistance Lm）：设置为 170；

参数测量（Measurements）：选 All Measurements。

变压器 T2 的容量（VA）和频率（Hz）（Nominal power and frequency）：设置为 [10000e3, 50]；

一次绕组联结（Winding 1（ABC）connection）方式：选 Yg；

一次绕组参数（Winding parameters）：V1（V）、R1 和 L1 标幺值设置为 [110e3, 0.002655, 0.052433]；

二次绕组联结（Winding 2（abc）connection）方式：选 delta（D11）；

二次绕组参数（Winding parameters）：V2（V）、R2 和 L2 标幺值设置为 [11e3, 0.002655, 0.052433]。

励磁电阻标幺值（Magnetization resistance Rm）：设置为 909；

励磁电感标幺值（Magnetization resistance Lm）：设置为 170；

参数测量（Measurements）：选 All Measurements。

（3）设置 Simulink 仿真参数和选择解法器　选择三相变压器并列运行模型窗口菜单“Simulation”→“Configuration Parameters”项会显示设置 Simulink 仿真参数的窗体。设定三相变压器并列运行 MATLAB/Simulink 仿真的开始时间（Start time）为 0.0 和结束时间（Stop time）为 0.2s。三相变压器并列运行 MATLAB/Simulink 仿真步长类型和数据计算方法设定：在仿真参数设置窗口中的 Type 下拉选项框中指定步长选取方式，此窗口中可供选择的有 Variable-step（变步长）和 Fixed-step（固定步长）两种方式。变步长模式可以在 MATLAB/Simulink 仿真的过程中改变步长，提供误差控制和过零检测。固定步长模式在 MATLAB/Simulink 仿真过程中提供固定的步长，不提供误差控制和过零检测。将“Type”设定为“Variable-step”，还要将“Solver”设定为“ode23t”。

4. 观察与计算内容

1）观察各示波器波形和显示器结果。

2）根据波形分析两台变压器一次电流的方向。

3）分析两台变压器二次电流的方向。

4）根据 T1 的 U_{ab} 波形和 T1 的 I_{ab} 波形，估算相位差，结果说明了什么？

5）根据 Scope3 曲线峰值计算两台变压器的一次电流并与方均根元件（signal rms）的输出结果进行比较，两台变压器的一次电流为什么不相等？根据 Scope3 总励磁电流峰值计算每台变压器励磁电流的有效值。

6）根据 Scope1 曲线峰值计算两台变压器二次电流（环流）的有效值并与方均根元件的输出结果进行比较。

7）根据一次电流和励磁电流计算一次环流的大小。

8）对比例 9-7 的计算结果，计算仿真结果与计算结果的误差。

四、实验报告要求

1）画出仿真电路。

2）复制各示波器波形。

3）写出上述计算的内容与结果。

4）对仿真计算结果进行分析，根据分析结果给出结论。

5）其他要求。

附三相双绕组变压器励磁电阻和励磁电抗并联时阻抗的计算方法：

设三相双绕组变压器励磁电阻和励磁电抗串联时阻抗（单位为 kΩ）为 $R_0+\mathrm{j}X_0$，励磁电阻和励磁电抗并联时阻抗为 $R_m+\mathrm{j}X_m$，有

$$Z_0=R_0+\mathrm{j}X_0=\frac{R_m(\mathrm{j}X_m)}{R_m+\mathrm{j}X_m}=\frac{R_m(\mathrm{j}X_m)(R_m-\mathrm{j}X_m)}{(R_m+\mathrm{j}X_m)(R_m-\mathrm{j}X_m)}=R_m\frac{X_m^2}{R_m^2+X_m^2}+\mathrm{j}X_m\frac{R_m^2}{R_m^2+X_m^2}$$

可以解出 $R_m=\dfrac{R_0^2+X_0^2}{R_0}$，$X_m=\dfrac{R_0^2+X_0^2}{X_0}$

忽略三相双绕组变压器一次绕组阻抗，励磁电阻和励磁电抗串联时三相双绕组变压器的励磁阻抗和励磁电阻的计算公式为

$$Z_0=\frac{U_N}{\sqrt{3}I_0},\ R_0=\frac{P_0}{3I_0^2}$$

式中　U_N——额定电压（kV）；

P_0——空载损耗（kW）；

I_0——空载电流有名值（A）。

励磁电阻和励磁电抗并联时的三相双绕组变压器励磁电阻为

$$R_m = \frac{R_0^2 + X_0^2}{R_0} = \frac{Z_0^2}{R_0} = \left(\frac{U_N}{\sqrt{3}I_0}\right)^2 \Big/ \left(\frac{P_0}{3I_0^2}\right) = \frac{U_N^2}{P_0}$$

励磁电阻和励磁电抗并联时的三相双绕组变压器励磁电抗为

$$X_m = \frac{R_0^2 + X_0^2}{X_0} = \frac{Z_0^2}{X_0} = \left(\frac{U_N}{\sqrt{3}I_0}\right)^2 \Big/ \sqrt{\left(\frac{U_N}{\sqrt{3}I_0}\right)^2 - \left(\frac{P_0}{3I_0^2}\right)^2} = \frac{U_N^2}{\sqrt{3U_N^2 I_0^2 - P_0^2}}$$

实验四　短路阻抗不同的双绕组变压器并列运行仿真

实验名称：短路阻抗不同的双绕组变压器并列运行仿真

实验性质：虚拟仿真实验

所属课程名称：发电厂电气主系统，专业必修课

实验计划学时：3～4 学时

一、实验目的

1）帮助理解短路阻抗不同的双绕组变压器并列运行原理。

2）掌握双绕组变压器等效电路参数的计算原理与变压器元件参数设置方法。

3）掌握三相负荷元件参数的设置方法。

4）了解变压器容量大小与短路阻抗大小的关系。

5）了解短路阻抗不同的双绕组变压器并列运行的后果。

二、实验内容

1. 仿真实验任务

两台短路阻抗不同的双绕组变压器并列运行，变压器 1 的型号及参数为 $S_9-5000/35$，$k=35kV/10.5kV$，$P_0=5.4kW$，$P_k=33kW$，$U_k\%=7$，$I_0\%=0.8$；变压器 2 的型号为 $S_9-6300/35$，$k=35kV/10.5kV$，$P_0=6.56kW$，$P_k=36kW$，$U_k\%=7.5$，$I_0\%=0.7$。当供给负载视在功率为 11300kVA（功率因数设置为 0.8）时，用 MATLAB/Simulink 自己设计电路，进行短路阻抗不同的双绕组变压器并列运行仿真。

2. 仿真参考电路

短路阻抗不同的双绕组变压器并列运行仿真实验参考电路如图 D-4 所示。

各测量显示元件的作用如下：

Scope2：显示 T1 的一次绕组电流 i_{A1}；Scope3：显示 T2 的一次绕组电流 i_{A2}；Scope4：显示 T1 的二次侧电流 i_{a1}；Scope5：显示 T2 的二次侧电流 i_{a2}。

万用表模块 Multimeter1：输出三相 RLC 串联负荷的三相电压；Scope6：显示三相 RLC 串联负荷的三相电压；万用表模块 Multimeter2：输出三相 RLC 串联负荷的三相电流；Scope7：显示三相 RLC 串联负荷的三相电流。

PRLC1 和 QRLC1：显示 RLC 负荷的三相有功和无功功率。

万用表模块 Multimeter：输出三相 RLC 串联负荷的 a 相相电压。

Display：显示三相 RLC 串联负荷的线电压。

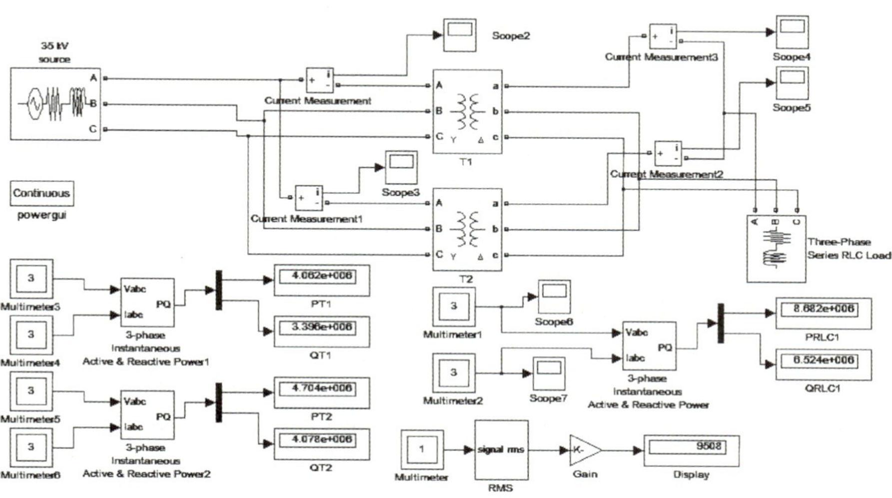

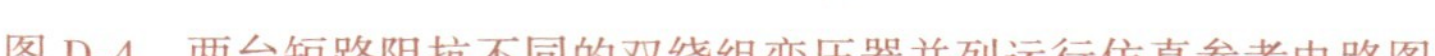
图 D-4　两台短路阻抗不同的双绕组变压器并列运行仿真参考电路图

Multimeter 3 和 Multimeter 4：输出 T1 的三相电压和电流；Multimeter 5 和 Multimeter6：输出 T2 的三相电压和电流。

PT1 和 QT1：显示 T1 的有功和无功功率；PT2 和 QT2：显示 T2 的有功和无功功率。

3. 计算仿真电路中两绕组变压器元件的参数

利用实验三公式，计算变压器元件的参数，记录计算结果备用。

三、实验过程

1. 可采用 MATLAB/Simulink 软件（7.0 及以上版本）

2. 建立仿真电路

三相 RLC 串联负荷模块（Three-Phase Series RLC Load）：在电力系统仿真工具箱（SimPowerSystems）库中的 Elements 子模块中；

三相瞬时功率模块（3 - Phase Instantaneous Active & Reactive Power）：在电力系统仿真工具箱（SimPowerSystems）库中 Extra Library 子库中的 Measurements 子模块中；

三相电源模块（Three-Phase Sources）：在电力系统仿真工具箱（SimPowerSystems）库中的 Eletrical Sources 子模块中；

三相双绕组变压器模块（Three-Phase Transformer（Tow Windings））：在电力系统仿真工具箱（SimPowerSystems）库的 Elements 子模块中；

电流测量模块（Current Measurement）：在电力系统仿真工具箱（SimPowerSystems）库的 Measurements 子模块中；

万用表模块（Multimeter）：在电力系统仿真工具箱（SimPowerSystems）库的 Measurements 子模块中；

多路分配器（Demux）：从 Matlab/Simulink 库中 Commonly Used Blocks 子模块中选中多路分配器（Demux），Demux 用来将一个复合输入转化为多个单一输出，多路分配器模块输出的数量默认值为 2；

电力图形用户分析界面模块（Powergui）：在电力系统仿真工具箱（SimPowerSystems）中。

3. 元件参数设置

（1）三相电源元件（Three-Phase Sources）参数设置

线电压有效值（Phase-to-Phase rms voltage）：设置为35000V；

三相电源A相初相位（Phase angle of Phase A）：设置为0；

频率（frequency）：设置为50Hz；

绕组联结方式（internal connection）：设置为Y；

选择Specify impedance using short-circuit level后，基准电压下的三相电源短路容量（3-Phase short-circuit level at base voltage）设置为600e6VA；三相电源基准电压（Base voltage）设置为35000V；X/R比值（X/R ratio）设置为10。

（2）双绕组三相变压器元件（Three-Phase Transformer（Tow Windings））参数设置

T1的容量（VA）和频率（Hz）（Nominal power and frequency）：设置为［5000e3，50］；

T1的一次绕组参数（Winding parameters）：V1（V）、R1和L1标幺值设置为［35e3，0.0033，0.03484］；

T1的二次绕组参数（Winding parameters）：V2（V）、R2和L2标幺值设置为［10.5e3，0.0033，0.03484］；

励磁电阻（Magnetization resistance Rm）：设置为926；

励磁电感（Magnetization resistance Lm）：设置为126。

T2的容量（VA）和频率（Hz）（Nominal power and frequency）：设置为［6300e3，50］；

T2的一次绕组参数（Winding parameters）：V1（V）、R1和L1标幺值设置为［35e3，0.002857，0.03739］；

T2的二次绕组参数（Winding parameters）：V2（V）、R2和L2标幺值设置为［10.5e3，0.002857，0.03739］；

励磁电阻（Magnetization resistance Rm）：设置为960；

励磁电感（Magnetization resistance Lm）：设置为144。

其余参数两台变压器设置相同：一次绕组联结（Winding 1（ABC）connection）方式选Y；二次绕组联结（Winding 2（abc）connection）方式选delta（D11）；参数测量（Measurements）选All Measurements。

（3）三相RLC串联负荷模块（Three-Phase Series RLC Load）：参数设置

静态负荷元件电压（Nominal Phase-Phase Voltages Vn）：设置为10000V；

频率（Nominal frequency fn）：设置为50Hz；

有功功率（Active power P）：设置为0.8*11300e3W；

感性无功功率（Inductive reactive power QL）：设置为0.6*11300e3var；

容性无功功率（Capacitive reactive power Qc）：设置为0；

三相负荷结构（Configuration）：选择Y（floating），为Y联结（且中性点内部悬空）；

参数测量（Measurements）：选Branch Voltages and currents。

（4）万用表元件（Multimeter）参数设置　万用表元件Multimeter输出负荷的a相电压，参数设置时选择Multimeter的Available Measurements选项中负荷的a相电压移到Selected Measurements中。

4. 观察和计算内容

1）观察各示波器波形和显示器结果。

2）计算变压器1负荷的视在功率。

3）计算变压器2负荷的视在功率。

4）计算分析两台变压器并列运行时的负荷分配情况。

5）对比第九章习题9的计算结果，分析两者的误差（产生误差的原因主要是实际负荷小于11300kVA）。

四、实验报告要求

1）画出仿真电路。

2）复制各示波器波形。

3）写出计算内容与结果。

4）对仿真计算结果进行分析，根据分析结果给出结论。

5）其他要求。

附录E　选择题和部分计算题参考答案

第二章

16. B　17. A　18. B　19. C　20. A　21. C　22. C　23. B　24. B　25. D　26. A　27. D　28. D　29. A　30. A　31. C　32. C　33. B　34. D　35. A　36. D　37. C　38. B

部分题解答：

22　由 $S_{N2}=I_{N2}^2Z_{N2}$，得 $Z_{N2}=30/25\Omega=1.2\Omega$，应选C。

第三章

13. (1) B，(2) C　14. (1) B，(2) C　15. D　16. A　17. C　18. B　19. B　20. A　21. B　22. (1) D，(2) C，(3) C　23. (1) D，(2) C　24. D　25. A　26. B　27. B　28. C　29. A　30. B　31. D　32. B　33. B　34. C　35. D　36. B　37. C　38. A　39. D　40. D　41. C　42. B　43. B　44. D　45. D

部分题解答：

13　(1) 220kV侧穿越功率为200MVA，排除A；110kV应采用双母线接线，排除C；220kV不应采用双母线接线，排除D，应选B。

(2) 总电容电流为 $6\times6\times2\text{A}=72\text{A}$

$Q=KI_C\frac{U_N}{\sqrt{3}}=1.35\times72\times\frac{10}{1.732}\text{kVA}=561.2\text{kVA}$，应选C。

14 (1)　主变压器需要经常切换，110kV线路较短，有20MVA的穿越功率，选外桥接线B。

(2)　桥回路持续工作电流为 $I=\frac{31.5+20}{\sqrt{3}\times110}\text{A}=270.3\text{A}$，应选C。

15　一类负荷17000kVA，二类负荷13000kVA，总和31000kVA，总负荷为48000kVA，

总负荷的60%为28800kVA，根据停运一台应满足一类负荷和二类负荷总和，满足总负荷的60%，应选D。

22 （1）按主变容量的10%～30%考虑，合理范围150Mvar～450Mvar，应选D。

（2）每相60000/3kvar=20000kvar，单星形每相两串，共20台，双星形联结共40台，单台电容器的容量为20000/40kvar=500kvar，应选C。

24　总容量为2×5×500×3×2kvar=30000kvar，应选D。

第四章

17. B　18. D　19. B　20. C　21. D　22. C　23. D　24. C　25. B　26. C　27. C　28. D

部分题解答：

16 （1）厂用高压母线电压U_{*1}的校验。厂用高压母线的合成负荷标幺值为

$$S_{*H}=S_{*0}+\frac{K_1P_{1m\Sigma}}{S_{t1}\eta\cos\varphi}=\frac{5500}{27000}+\frac{5.5\times13600}{27000\times0.95\times0.8}=3.849$$

高压变压器电抗标幺值为

$$x_{*t}=1.1\times\frac{U_k\%}{100}\frac{S_{2N}}{S_{1N}}=1.1\times\frac{19\times27000}{100\times43000}=0.1312$$

厂用高压母线电压标幺值为

$$U_{*1}=\frac{U_{*0}}{1+x_{*t1}S_{*H}}=\frac{1.1}{1+0.1312\times3.849}=\frac{1.1}{1.505}=0.731>0.7$$

（2）厂用低压母线电压U_{*2}的校验。厂用低压母线的合成负荷标幺值为

$$S_{*L}=\frac{K_2P_{2m\Sigma}}{S_{t2}\eta\cos\varphi}=\frac{5.5\times550}{1000\times0.95\times0.8}=3.98$$

低压变压器电抗标幺值为

$$x_{*t2}=1.1\times\frac{U_k\%}{100}=1.1\times\frac{6}{100}=0.066$$

厂用低压母线电压标幺值为

$$U_{*2}=\frac{U_{*1}}{1+x_{*t2}S_{*L}}=\frac{0.731}{1+0.066\times3.98}=\frac{0.731}{1.26268}=0.5789>0.55$$

高低压母线电压都满足要求，能实现自起动。

24　$R=\frac{U_N}{\sqrt{3}I_R}\times10^3=\frac{6.3}{\sqrt{3}\times100}\times10^3\Omega=36.37\Omega$，应选C。

25　$x_{*t}=1.1\times\frac{U_k\%}{100}=1.1\times\frac{10}{100}=0.11$

$$S_{*m}=\frac{K_1P_N}{S_t\eta\cos\varphi}=\frac{6\times200}{1250\times0.95\times0.8}=1.26$$

$$U_{*1}=\frac{U_{*0}}{1+x_{*t}S_{*m\Sigma}}=\frac{1.05}{1+(0.65+1.26)\times0.11}\approx0.87$$

第五章

11. B　12. C　13. C　14. C　15. B　16. A　17. C　18. B　19. B

部分题解答：

17　最大短路电流热效应（$30^2 \times 2 + 0.1 \times 30^2$）$kA^2s = 1890kA^2s$，应选 C。

第六章

13. （1）D，（2）B　14. A　15. D　16. C　17. C　18. D　19. A　20. C　21. C　22. A　23. B　24. A　25. C　26. A　27. B　28. C　29. A　30. B　31. C　32. B　33. A　34. A　35. B　36. C

部分题解答：

20　$I_{max} = \dfrac{1.05 \times 340}{\sqrt{3} \times 220}A = 936.9A$

$S = \dfrac{936.9}{0.72}mm^2 = 1301.26\ mm^2$

选 $2 \times 630mm^2 = 1260mm^2 <$ 经济截面积 $1301.26mm^2$，应选 C。

21　$S_{min} = \dfrac{1}{C}\sqrt{Q_k} = \dfrac{1}{150}\sqrt{38^2 \times 0.25}\,mm^2 = 126.67mm^2$

选 $3 \times 150mm^2 > 3 \times 126.67mm^2$，应选 C。

22　$I_{max} = \dfrac{1.05 \times 25000}{\sqrt{3} \times 10.5}A = 1443.4A$

冬季有冰雪天气，应选 A。

23　$\Delta U_{re}\% = x_L\% \dfrac{I''}{I_N} = \dfrac{3 \times 21}{100 \times 1} = 63\%$

24　$i_{sh} = \sqrt{2} \times 1.8 \times 25kA = 63.64kA$

$K_{es} \geqslant \dfrac{63.64 \times 1000}{\sqrt{2} \times 1200} = 37.5$

26　见 DL/T 5352—2018《高压配电装置设计规范》3.0.13 条。

第七章

10. A　11. C　12. D　13. A　14. D　15. A　16. A　17. C　18. B　19. B　20. C　21. D　22. B　23. D　24. D　25. A　26. B　27. C　28. C　29. A　30. B

第八章

7. C　8. D　9. C　10. D　11. D　12. B　13. A　14. B　15. D　16. A

第九章

11. C　12. B　13. C　14. A　15. B　16. C　17. C　18. A　19. C　20. B　21. D　22. C　23. A　24. C　25. D　26. C　27. D　28. C

部分题解答：

9 （1） 由 $S_{\mathrm{I}}/S_{\mathrm{II}}=[5000\times7.5/(6300\times7)]$kVA，得 $S_{\mathrm{II}}=[S_{\mathrm{I}}\times6300\times7/(5000\times7.5)]$kVA $=5880$kVA，容量不能充分利用。

11 《电力变压器选用导则》（GB/T 17468—2019）中规定并列运行的变压器容量比在0.5～2之间，排除D，YNd5能与YNd11并联运行，应选C。

16 前者110/35kV是yd联结组别，后者110/35kV是Yy联结组别，应选C。

29 当 $\cos\varphi_1=1$ 时，$Q_1=0$，$P_1=103.9$MVA。

当 $\cos\varphi_1=0.8$ 时，$S_1=74$MVA。

第十章

8. B　9. D　10. C　11. A　12. C　13. B　14. B　15. D　16. A　17. C

参考文献

[1] 熊信银．发电厂电气部分［M］．4版．北京：中国电力出版社，2009.
[2] 姚春球．发电厂电气部分［M］．北京：中国电力出版社，2007.
[3] 郑新才，蒋剑．怎样看110kV变电站典型二次回路图［M］．北京：中国电力出版社，2009.
[4] 水利电力部西北电力设计院．电力工程电力设计手册：电气一次部分［M］．北京：水利电力出版社，1989.
[5] 刘志远，王仲奕，张炫，等．线圈式纵向磁场真空灭弧室磁场特性［J］．电工技术学报，2007，22（1）：47-53.
[6] 胡敏强，黄学良，黄允凯，等．电机学［M］．3版．北京：中国电力出版社，2014.
[7] 徐树铨．电力变压器运行［M］．北京：水利电力出版社，1993.
[8] 吴励坚．大电流母线的理论基础与设计［M］．北京：水利电力出版社，1985.
[9] 傅知兰．电力系统电气设备选择与实用计算［M］．北京：中国电力出版社，2004.
[10] 关金锋，李加护．发电厂动力部分［M］．3版．北京：中国电力出版社，2015.
[11] 中国电力企业联合会．35kV～110kV变电所设计规范：GB 50059—2011［S］．北京：中国计划出版社，2011.
[12] 周德贵，巩北宁．同步发电机运行技术与实践［M］．2版．北京：中国电力出版社，2004.
[13] 黄纯华．大型同步发电机运行［M］．2版．北京：水利电力出版社，1992.
[14] 电力规划设计总局．220kV～750kV变电站设计技术规程：DL/T 5218—2012［S］．北京：中国计划出版社，2012.
[15] 钱亢木．大型火力发电厂厂用电系统［M］．北京：中国电力出版社，2001.
[16] 刘忠战，任稳柱．电子式互感器原理与应用［M］．北京：中国电力出版社，2014.
[17] 朱培勇．《油浸式电力变压器负载导则》讲座：下［J］．供用电，2000，17（2）：51-55.
[18] 王耀辉，吴建生．二滩水电站厂用电设计［J］．水电站设计，1998，14（3）：92-97.
[19] 蔡云鹏，2014全国注册电气工程师执业资格考试辅导书：重点难点解析与典型例题精讲 发输变电专业［M］．2版．北京：机械工业出版社，2014.
[20] 徐宴珍．发电机断路器（GCB）在三峡右岸电站的应用分析［J］．水电站机电技术，2007，30（7）：30-31.
[21] 望亭发电厂．660MW超超临界火力发电机组培训教材：锅炉分册［M］．北京：中国电力出版社，2012.
[22] 王娜，万全，邵霞，等．全光纤电流互感器的建模与仿真技术研究［J］．湖南大学学报（自然科学版），2011，38（10）：44-49.
[23] 张朝阳，张春熹，王夏霄，等．数字闭环全光纤电流互感器信号处理方法［J］．中国电机工程学报，2009，29（30）：42-46.
[24] 刘振亚．特高压直流输电理论［M］．北京：中国电力出版社，2009.
[25] 孟凡钟．真空断路器实用技术［M］．北京：中国水利水电出版社，2009.
[26] 崔景春，等．高压交流断路器［M］．北京：中国电力出版社，2016.
[27] 陈蕾，陈家斌．SF_6断路器实用技术［M］．2版．北京：中国水利水电出版社，2014.
[28] 许珉，孙丰奇，车仁青．发电厂电气主系统［M］．3版．北京：机械工业出版社，2016.
[29] 中国电力工程顾问集团有限公司．电力工程设计手册 火力发电厂电气一次设计［M］．北京：中国电力出版社，2018.

[30] 中国电力工程顾问集团有限公司．电力工程设计手册 火力发电厂电气二次设计［M］．北京：中国电力出版社，2018.
[31] 杨嗣彭．同步电机运行方式的分析［M］．成都：成都科技大学出版社，1989.
[32] 倪慧君．走进国家电网［M］．北京：中国电力出版社，2018.
[33] 龙启峰．一起断路器防跳回路异常的分析与改进［J］．陕西电力，2015，43（5）：85-87.
[34] 崔志铭．电容式电压互感器速饱和阻尼器优化计算模型研究［D］．武汉：华中科技大学，2015.
[35] 中国电力工程顾问集团有限公司．电力工程设计手册 变电站设计［M］．北京：中国电力出版社，2019.